中国古代建筑文献集要

【先秦—五代】 （修订本）

程国政 编注

路秉杰 主审

同济大学出版社

内 容 提 要

本册按照时代顺序，精选上古至唐五代有关建筑的文献，内容涉及历史脉络、建筑文化、建筑技术、建筑制度及著名都城营造等方面内容，力求通过文章的遴选绘出这一时期建筑历史发展的轨迹。

单篇文字按照提要、正文、作者简介和注释等组成，试图为读者提供宏观有挂依、微观可解惑的阅读条件。全书文字较为简约、精到。

本书为国内目前首部建筑文献读本，适合广大建筑专业本、专科生及古建筑工作者和爱好者阅读、收藏。

图书在版编目（CIP）数据

中国古代建筑文献集要. 先秦—五代/程国政编注.
--修订本. --上海：同济大学出版社，2016.8
　ISBN 978 - 7 - 5608 - 6517 - 1

　Ⅰ. ①中… 　Ⅱ. ①程… 　Ⅲ. ①建筑学-古籍-中国-
先秦时代—五代（907 - 960）　Ⅳ. ①TU - 092.2

中国版本图书馆 CIP 数据核字（2016）第 208791 号

上海市"十二五"重点图书
上海文化发展基金会图书出版专项基金项目

中国古代建筑文献集要　先秦—五代（修订本）
程国政　编注　路秉杰　主审
责任编辑　封　云　　　责任校对　徐春莲　　　封面设计　陈益平

出版发行　同济大学出版社　　www.tongjipress.com.cn
　　　　　（地址：上海市四平路1239号　邮编：200092　电话：021 - 65985622）
经　　销　全国各地新华书店
印　　刷　浙江广育爱多印务有限公司
开　　本　787mm×1092mm　1/16
印　　张　154.75
字　　数　3 863 000
版　　次　2016 年 10 月第 1 版　2016 年 10 月第 1 次印刷
书　　号　ISBN 978 - 7 - 5608 - 6517 - 1

定　　价　980.00 元（全 8 册）

序　言

　　1986 年前后,同济大学建筑与城市规划学院建筑历史与理论专业硕士、博士研究生导师陈从周教授,鉴于研究生古代汉语能力明显不足,甚至连普通的繁体字都不识,严重制约了中国建筑历史与理论研究的开展与深入,因此,建议设置"古代汉语"课,特聘海宁蒋启霆(字雨田)老先生授课,我负责具体依据考查研究需要选择合适的文章和组织上课。每周 2 学时,共计 32 学时,计 2 学分。

　　在教学过程中,我们逐步体会到我们所需要的并不仅仅是古代汉语,而是"古代汉文"。古代汉文实在太多了,汗牛充栋,时间有限,我只能选一些与建筑有关而又简单的文章。因此,直到 1996 年我将 10 余年来的讲课成果集结成书时,正书名还是用的《古代汉语》,副书名才是《中国古代建筑文选》。2000 年以后,才正式改成《中国古代建筑文献》。

　　因为博士研究生入学考试的专业课与硕士生的专业课原来都是三门:建筑历史(含中外)、建筑设计、建筑文献,现在国家规定只准考两门,三门课中的中外建筑史是必考的,因此,只能在古代汉语与建筑设计中选一门作为第二门考试科目。经过再三考虑和比较,最后我们保留了古代汉语即中国建筑文献课。因为考建筑历史与理论专业的几乎全是建筑学专业的,对建筑的认识和理解以及实际设计能力已达到了一定水平,而所缺少的却是中国文化的兴趣与素养、语言文字的识别和理解能力。而要培养出优秀的中国古建筑研究家来,必须从根本上提高他们中国文化的素质和修养,只有这样,才有可能达到目的。最后,我们选择了古代汉语,也正式改称"中国古代建筑文献"课。

　　1986 年集结成书的教材,共计 87 篇。文章顺序按时代先后,由近及远,这是考虑到难易问题,最后才涉及青铜器、金石铭文,但也不是我们全部教学过的。此外,还考虑到有关中国建筑的文献散布零落且流布极广,极不易搜寻。易得易寻的,我们就少选或不选了。尽量选一些对我们很有意义又不太易搜寻到的,以减少同学们的搜寻之苦。有些选文直接和建筑相关,有些则间接相关,有些则纯粹是思想方法和理论指导性的。

到最后,我们仍是感到不能满足,后来又逐渐发现了许多很精彩的篇章,如南宋董楷《受福亭记》,可以说是上海有建制以来关于市镇记载的第一篇;杜佑《通典·食货志》"黄帝经土设井"段,完全是一篇小区规划理论……于是,我又补充了18篇。这些文章有的有注解,有的无注解,文字极不规范,也不统一。要想将其全部加以注解,非一两人短期内所能胜任,因此,长期以来仅是维持教学而已。我曾先后邀请几位专门研究古文、古文献的专家协助进行注释,结果也都没有完成。

幸而近年得识程国政同志,武汉大学古文献整理与研究专业1987届研究生毕业,从周大璞、李格非、宗福邦等师受业,受过较为严格的古文献整理、研究方法之训练。来同济大学,闻古建筑文献读本阙如之情形,立下宏愿,广搜典籍,汇文成册,矢志补建筑历史与理论专业长期无正式入门教材之憾。

这些年,程国政同志在繁重的工作之余,始终如一地坚持从浩瀚的文献海洋中搜寻、甄别散落的篇章段落。据我所知,他浏览过的古籍在万种以上,册数难以计数,寒暑假、节假日,他都跋涉在故纸堆里;近年,他的搜寻又扩展到古代各类营造文献,有些篇目已经选入这套书中了,他说"正在酝酿更大的计划"。

皇天不负躬耕人。令人欣喜的是,这套丛书得到了上海文化发展基金会图书出版专项基金的多次资助,并被列入"上海市重点图书"、"上海市'十二五'重点图书";同时还获得多个奖励,这些奖掖都有效地促进了这项工作的持续推进。这正应了"慧眼识珠"的老话,可喜可贺。

光阴倏忽,寒暑迭易,转眼间到了2013年的春天,"末日"没有来临,集腋终而成裘,数百篇、几百万字的《中国古代建筑文献集要》就要出版了。此书有幸面世,对中国古代建筑文化研究之作用,甚有益补。吾虽老眼昏花,犹朦胧望见矣!

壬辰冬腊月初六日
东郡小邑 路秉杰
谨撰于上海同济新村旧寓

修订本前言

　　光阴荏苒，一眨眼《中国古代建筑文献集要》出版已经4年了；更没想到的是，这样一部专业性、学术性极强的图书居然受到读者的热情支持和点赞，初版的图书很快就销售一空。

　　对于我而言，《中国古代建筑文献集要》的出版只是我漫长的古代营造文献整理研究工作的第一步，本人的研究整理工作一直在继续。这次，出版社资深编辑封云先生说该书列入出版计划，这几年的修订成果、部分增补篇目也可一并纳入。

　　这次新增的篇目大多以专题的形式，或是某个古代作家的专题，或为某一著名营造案例、某一地域里的集中大规模营造等。

　　像李邕，稍稍了解书法史的人都知道，他的行书碑堪称遗世独立，其《麓山碑》《李思训碑》，世人谓之"书中仙手"。但你可曾知道，他还写有国清寺、曲阜孔子庙、东林寺及五台山等著名寺庙的碑文，这些寺庙在唐高宗、武则天到唐玄宗时代，大多是国字号寺庙。

　　还有孙樵，对长安到四川这一带似乎独有情钟，其《兴元路记》《梓潼移江记》生动地记录了中古时期我国开道路、修水利的生动历史。《兴元路记》中，孙樵亲身实地考察之后，经过深入地比较研究，认为新修的文川驿道比褒斜道散关褒城线好。虽然新道也有需要改进的地方，但荥阳公"其始立心，诚无异于古人，将济斯民于艰难也。然朝廷有窃窃之议，道路有唧唧之叹，岂荥阳公之始望也！"但是，这条新道修成一年不到，就被废弃了。虽然文川驿道很便捷，但从眉县林溪驿到城固县文川驿，尤其是中段平川驿到四十八窟窿，道路蜿蜒于红岩河中流的深山峡谷中，激流陡崖，险阁危栈，困难万重。青松驿以南，又要连续翻越好几座高山峻岭，山深林密，野兽出没，居民稀少，给养供应十分困难。更加上仓促修成的道路，基础不固，设备不全，一遇暴雨水涨，山塌水冲，桥阁摧毁，修复尤难，常致道路阻绝，使命中断，行旅商贩搁而不通。所以修成之后不到一年，又回到散关褒城线的旧驿道了。而《梓潼移江记》记录的则是唐朝一位官员为涪江将郪（今四川三台）民众谋福利的故事。涪江将郪（县）紧紧缠绕，所以每到三秋涨水季节，就如蟠龙迫城，洪水卷着狂澜冲突堤坝、啃咬崖岸，吞屋噬人，地方官员深以为忧但也无可奈何。荥阳公郑复来了，他知道前观察使想凿江东软地另开一条新江，让怒号的江水不再祸害百姓。可是，就像许多新工程一样，这样的民生工程

"役兴三月,功不可就"。什么原因? 原来是因为"江势不可决,讹言不可绝"。于是荥阳公说厚其值、戮其将、动其卒,种种方法都被认为不可。最后,荥阳公"视政加猛,决狱加断""杖杀左右有所贰事,鞭官吏有所阻政者",扰政、懒政官吏都受到惩罚;对百姓,他下令称"开新江非我家事,将脱郡民于鱼腹耳。民敢横议者死。"新江修好了,事迹汇报上去之后,你猜猜什么结果? 有关部门说:事先不报告就擅自开工,"诏夺俸钱一月之半"。

著名的工程像诸葛武侯祠的历代兴建,敦煌莫高窟、武当山、普陀山的营造,郧阳、安庆等新设省府营造,等等,还有石鼓书院、安庆府学,等等,都是以专题的形式呈现的。武当山的营造既罗列了历代帝王的诏书赐牒,也汇聚了赋文游记,等等。普陀山成为我国佛教四大名山,则与康熙、雍正和乾隆的襄助关系极大:南京明故宫的黄瓦龙宫都被移来,没有皇帝旨意谁能做到? 法雨寺新造大铜镬,裘琏不但把锻造文字写得活灵活现,还把工匠锻造的"潜规则"描画得栩栩如生,这些都是方丈亲口告诉他的。看来,工匠的江湖一样水深啊!

还有郧阳府,其实就是明朝时的特区。当剿灭政策发生逆转,转为安抚和给予户籍之后,原本的流民就成为了郧阳(今天鄂陕豫交界一带)民众,于是郧阳府、郧阳府学、郧阳府学孔子庙、书院、藏经阁、提督军务行台(类似今天的军分区),还有供大家登高赏美的镇郧楼、春雪楼都得一一建起来,于是在很长时间内,营造便时时生发,郧阳也从特区渐渐变成了大明治域里的一个副省级行政区。

安庆府也一样,其成长的过程同样漫长而有序。造衙门,造城,先是安庆府,后来渐渐成长为清朝的一个省级行政区,处理公务、修桥筑路、登临游观、训教生民、教育后生,乃至求雨弥龙王、礼贤敬烈的祠庙建筑一一都得安阶就列,悉心建造。从康熙朝的《安庆府志》看,安庆的营造最为崇隆就是学校书院的建设了,可谓是历代沿袭,从未断绝,可见中华民族对教育、教化的重视。尤其需要指出的是,那时学校书院的建设是没有专门经费的,只有官员解囊、百姓捐助,加上羡银余帑这样东拼西凑得来资金,并且一任接着一任干才能最后完成。看来古人的"立德立功立言"不是一句随便说说的话。

现在,有学者提出"中国需要重构社会科学",在我看来,重构社会科学首先要回望、重估数千年支撑这个民族的传统文化价值。不能因为近代以来我们挨打了、落后了,我们就抛弃了民族的精神内核和日常人文。回望、评估,要从大处着眼、细处入手,而脚踏实地的开展古代文献的整理研究就是中华社会科学体系重塑的第一步。

拉拉杂杂,是为序。

编者于同济园
二〇一六年十月　丹桂飘香时节

前　言

　　1930年,朱启钤创办中国营造学社,是因其认识到华夏建筑与文化的深切关系。营造学社在动荡的岁月里开始了中国古建筑的实地踏访和典籍整理工作。以梁思成、刘敦桢两位先生为代表的我国第一代建筑史家在1932年开始的10余年时间内,倾尽营造学社有限的人力和财力,对中国11省190县市共2 783处古建筑遗存做了现代意义的实地考察,并对照实例勘校、整理《营造法式》《工部工程做法则例》《园冶》《哲匠录》等古代建筑典籍,是为中国古建筑典籍的第一次大规模系统整理。因此,营造学社也已成为中国建筑学术界的一座圣殿。

　　中国地域广大,气候差异明显,农业文明长期作为社会的基础,宗法血缘制社会结构极为稳定,儒道并存、海纳百川的政治、文化背景……虽有改朝换代,但中国古代建筑始终有着稳定的精神内核以维系其发展、进化,尽管有转折、递变,而自原始社会末期一直到宗法血缘制封建王朝结束,其间的积淀与渐变一直没有停歇。研究中国建筑,便可以找到中国社会的宗法秩序的文化象征系统。从城市与建筑的布局,到梁柱间架的多寡,形体、构件的比例,再到斗拱的等级,甚至装修、彩画、着色的规格,门簪、门钉的数量,等等,都包含着宗法秩序等丰富的信息。传延不衰的"工官制度"和匠作传统,就是对空间习俗及其营造制度的真实注解。

　　与此相应,中国代代传续的典籍浩如烟海,其间隐藏、包含着极为丰富的建筑历史、制度、技术甚至风土人情等信息。《史记》《汉书》这样的正史自不必言,先秦诸子、诗经、楚辞、国别史书中也藏有大量的建筑文化信息,甚至代代相传的大量伪书中的相关信息也十分丰富,可是,在"道"、"器"、"本"、"末"分野极为分明的社会气候之中,读书人要做的是"学而优则仕"的功课,问道求本不惜其力,服从于"礼"的建筑始终摆脱不了"末"的命运,文人雅士是吝其精力为之潜心研磨、撰文饰词的。这就决定了中国古建筑史的命运:大量古遗存遍布神州,可是文字记载的脉络却若现还隐、大音也稀,很难找到几部系统而又全面的建筑典籍。

不可否认,欲系统而又全面地整理散落在浩如烟海古文献中的建筑文献,非一人、非文献学家或建筑史家所能单独完成的,它是一项浩瀚复杂的大工程。但是,这项工作却又不能不做,而且早做要比晚做好,更何况随着考古的不断发现,许许多多的地下文献重见天日,很多原本难以解释,甚至误读的东西得以正名。所有这一切,都需要我们摈除浮躁和急功近利,静心息气地坐下来,做踏实而又细致的整理工作。

古建筑历史脉络的厘清向来都是需要现场和典籍两只"脚"的,而且还不能是功利主义的"脚"。遗憾的是,除了国难时期营造学社的工作较为系统外,时至今日,依然未见系统而成规模的建筑文献整理迹象,每每念此,食寝难安。

凭一两人之力无法完成系统的古代建筑文献的整理工作,但为青年学子、古建筑从业人员编一本入门性的建筑文献还是能够做到的。2003年,同济大学出版社有出版此类书籍的计划,于是,本人不揣愚陋,开始了缓慢而又艰难的资料爬梳和整理注释工作。断断续续持续了四年多,这本不成熟的读本终于完成了。

本书以路秉杰先生《中国古代建筑文选》油印讲义之目录为基点,同时扩大了文献征释范围;遵循历史脉络主线编排文字;具体篇目按照提要、正文、作者简介及注释进行编排。全书共选文158篇,其中正选篇目143篇,力求涵盖重要历史事件、著名建筑、建筑思想和技术等,期望为有志于此类工作的人们提供一个入门读本。但是,工作效果则受到学识和能力的限制。无论如何,有一个读本总是比没有的好。

希望我们的工作能为后来者提供一个靶子,后出转精也是学术前进的规律。念此,于是我们甘当这个靶子!

编者
二〇一二年冬月

凡　　例

一、取材原则及范围

1. 以古代建筑文化及技术发展史中有代表性的篇目为主,兼及地域及时代特色。

2. 以经、史、集部典籍为主,兼顾子集。

3. 考虑到阅读对象特点,所选篇目出处均以书名、出版社及年份构成。如:《十三经注疏》(中华书局 1980 年影印本)。

二、选文顺序

大体按照作者生卒时间顺序排列文字;作者生平不详者,依帝王年代、事件发生年月等酌定次序。

三、提要及作者简介

1. 提要:为本文阅读提示,力求用简洁的文字厘清所选篇目的内容、价值及背景线索等。

2. 作者简介:除简要介绍其生平事迹外,尽量介绍与选文有关的内容。

四、注释体例

1. 注释对象及单篇注释数量

注释对象以建筑、当事者、时代背景的词语为主,兼及有关文意理解的关键词语;篇幅较大者注释数量限定在 100 个左右。

2. 注释格式

词语注释:先释词义,后释字义;注释用语力求规范、简洁。

注音:生僻词语先注意后释义;词语中单字注意则先释词义,后注单字音、释义;单字先注音,后释义。

例:① 词语。

　　鞑靼:音 dádá,我国古代北方一少数民族。

　　诡谲:阴险狡诈。谲,音 jué,欺诈,玩弄手段。

② 单字

　　耷,音 dā,向下垂,[书]大耳朵。

③ 句子

　　疑难句子先释全句句意,后释疑难词汇、单字。如,"儒其居"句:谓平常读书人家。槁腴:谓干枯丰腴。

3. 古今字

有些古文字简化后字义扞格者,保持原貌。如:"束脩","甚夥"等。

目　录

秦汉魏晋南北朝

隋 唐 五 代

盘 庚（上）

【提要】

本文选自《尚书正义》卷九（中华书局 1980 年影印《十三经注疏》本）。

商朝建立后，从仲丁到盘庚的 100 多年间，统治集团内部在很长时间内出现了诸子弟争相代立的王位纷争局面。商朝历史进入中衰时期。为摆脱政治动乱和灾害困扰，商王先后 5 次迁都：仲丁自亳迁于嚣（今河南荥阳）；河亶甲自嚣迁相（今河南内黄）；祖乙居庇（今山东定陶）；南庚自庇迁奄（今山东曲阜）。

公元前 14 世纪，为避免水患、遏制奢靡之风等，商朝第 20 位君王盘庚下令迁都到殷（今河南安阳小屯村）。盘庚迁殷是商代历史的一个重要转折点，扭转了王朝的颓势，商朝走上了中兴的道路。从此，商王朝结束了屡次迁都的动荡岁月，直至商亡再也不曾迁都。此三篇是盘庚迁殷前、中、后告诫群臣的话。

盘庚五迁，将治亳殷[1]，民咨胥[2]怨。作《盘庚》三篇。

盘庚迁于殷，民不适有居，率吁众慼[3]出，矢[4]言曰："我王来，既爰宅于兹[5]，重我民，无尽刘[6]。不能胥匡[7]以生，卜稽[8]曰：'其如台？'[9]先王有服[10]，恪谨天命，兹犹不常宁；不常厥邑，于今五邦[11]。今不承于古[12]，罔知天之断命[13]，矧曰其克从先王之烈[14]？若颠木之有由蘖[15]，天其永我命于兹新邑[16]，绍复[17]先王之大业，厎绥[18]四方。"

盘庚敩[19]于民，由乃在位，以常旧服[20]，正法度。曰："无或敢伏小人之攸箴！"[21]王命众[22]悉至于庭。

王若曰："格[23]汝众，予告汝训汝，猷黜乃心[24]，无傲从康[25]。

"古我先王，亦惟图任旧人共政。王播告之修[26]，不匿厥指[27]。王用丕钦[28]；罔有逸[29]言，民用丕变。今汝聒聒[30]，起信险肤[31]，予弗知乃所讼[32]。

"非予自荒兹德，惟汝含德，不惕[33]予一人。予若观火，予亦拙谋，作乃逸[34]。若网在纲，有条而不紊；若农服田力穑[35]，乃亦有秋。汝克黜乃心[36]，施实德于民，至于婚友，丕乃[37]敢大言汝有积德。乃不畏戎毒于远迩[38]，惰农自安，不昏[39]作劳，不服田亩，越其[40]罔有黍稷。

"汝不和[41]吉言于百姓，惟汝自生毒[42]，乃败祸奸宄[43]，以自灾于厥身。乃既先[44]恶于民，乃奉其恫[45]，汝悔身何及！相时憸民[46]，犹胥顾于箴言，其发有逸口[47]，矧予制乃短长之命！汝曷[48]弗告朕，而胥动以浮言，恐沈[49]于众？若火之燎于原，不可向迩，其犹可扑灭。则惟汝众，自作弗靖[50]，非予有咎。

"迟任[51]有言曰:'人惟求旧,器非求旧,惟新。'古我先王暨乃祖乃父,胥及逸勤[52],予敢动用非罚[53]?世选[54]尔劳,予不掩尔善。兹予大享[55]于先王,尔祖其从与享之。作福作灾,予亦不敢动用非德[56]。

"予告汝于难,若射之有志[57]。汝无侮老成人,无弱孤有幼[58]。各长于厥居[59]。勉出乃力,听予一人之作猷[60]。

"无有远迩,用罪伐厥死[61],用德彰厥善。邦之臧[62],惟汝众;邦之不臧,惟予一人有佚罚[63]。凡尔众,其惟致告:自今至于后日,各恭尔事[64],齐乃位,度[65]乃口。罚及尔身,弗可悔。"

【作者简介】

《尚书》的作者,历来说法不一。司马迁和班固认定是孔子编纂。孔子晚年将其主要精力都花在编订《诗》《书》《礼》《乐》《易》《春秋》六经,并以之授徒。

由于司马迁认定《尚书》为孔子编订,因此汉以来,《尚书》被列为儒家经典之一。其实,作为上古之书,《尚书》非一时一人所成。

【注释】

[1]亳殷:古都邑名。即今河南安阳小屯村。

从 1928 年殷墟正式发掘至今,考古学家基本上探明了殷都遗址的布局。洹河南岸今小屯村一带的宫殿区是古都城的中心。殷墟南北长约 6 公里,东西宽约 5 公里,总面积约 2 400 公顷。都城分为宫殿宗庙区、王陵区和族邑聚落区、家族墓地群等,甚至还有甲骨窖穴、铸铜工场、制玉作坊、制骨作坊等场所。

殷都皇城南北长 1 000 多米,东西宽 600 多米。它的北、东两面有洹水环流,西、南两面有一人工大壕沟,两端与洹水相接,构成长方形防御带。宗庙宫殿区内,发掘出 53 座王宫建筑基址,自北向南,分为甲、乙、丙三组。甲组 15 座为居室、宫殿建筑,时代最早;乙组 21 座,是宗庙性建筑,时代次之;丙组 17 座,是祭祀坛台,时代最晚。1989 年,在乙 20 基址南又发现一处面积为 5 000 平方米的工字形大型宫殿基址。从 1928 年至今,殷墟遗址时有新的基址被发现,这些发现不断改变着人们对殷——中国最古老都城的认识。

渡河而北,是巨大的王陵区。这里先后发掘出 11 座殷王大墓,大的占地 1 000 多平方米。墓中有大量文物,司母戊大方鼎便出土于此。王陵东区发掘出的大型祭祀场面积达数万平方米,是商王进行各种祭祀活动的场所。

[2]胥:相。

[3]感:贵戚大臣。感:同"戚"。

[4]矢:陈述。

[5]爰:易,改。兹:指奄。

[6]刘:伤害。

[7]匡:救助。

[8]卜稽:由占卜而考测。稽,考证。

[9]其如台:将如何呢。如台:如何。台:音 yí。

[10]服:事。

[11]五邦:指商五迁之都。见提要。

[12]承:继承。古:指先王谨遵天命。

[13]断命:断绝我命。

[14]"矧曰"句:更何况说能继承先王的事业呢?矧:音 shěn,况且。烈:这里指事业。

[15]蘖:音 niè,砍倒的树木长出的新芽。

[16]新邑:指奄。

[17]绍复:继续复兴。

[18]厎绥:安定。厎,音 dǐ,定;绥,安。

[19]敩:音 xiào,教,开导。

[20]"由乃"句:又教导在位大臣遵守旧制。由:《方言》:"正也。"乃:其;常:遵守。

[21]"无或"句:不要有人敢于凭借小民的蛊惑,反对迁都。伏:凭借。攸:所。箴:规劝。
这里语气有贬义。

[22]众:群臣。

[23]格:来。

[24]猷:可。黜:降。黜乃心:希望群臣降心相从。

[25]"无傲"句:不要傲上以安。康:安乐。

[26]"王播告"句:指修明王之教令。播告:教令。

[27]指:通"旨",意旨。

[28]丕钦:大敬重。丕:大。钦:敬重。

[29]逸:过。

[30]聒聒:音 guō,声音嘈杂,喧闹。这里指拒绝好意而自以为是。

[31]"起信"句:起来申说危害虚浮的言论。信:伸。肤:虚浮。

[32]讼:争辩。

[33]惕:通"施"。

[34]乃逸:则错了。逸:过错。

[35]穑:指耕种。

[36]乃心:你们的傲慢之心。

[37]丕乃:于是。

[38]"乃不畏"句:如果你们不怕远近会出现大灾害。乃:如果。戎毒:大灾害。此指水患。

[39]昏:加强。

[40]越其:于是就。

[41]和:宣布。

[42]毒:祸害。

[43]奸宄:在外作恶曰奸,在内作恶曰宄。宄:音 guǐ。

[44]先:倡导。

[45]奉:承受。恫:痛苦。

[46]恮民:小民。恮:音 xiǎn,邪僻。

[47]逸口:错误言论。

[48]曷:为什么。

[49]恐:恐吓。沈:通"扰"。指造谣惑众。

[50]靖:善。

[51]迟任:古代贤吏。

[52] 逸勤:安乐,勤劳。

[53] 非罚:不当的惩罚。

[54] 选:数说。

[55] 享:祭祀。

[56] 非德:不当的恩惠。

[57] 志:箭靶。

[58] 侮老:轻视。有:及。

[59] 长:长官。厥居:此指头领各自封邑。

[60] 作猷:所作所谋。猷:音 yóu,谋,谋划。

[61] "用罪"句:用刑罚惩办那些坏的。罪:刑罚。死:恶。

[62] 臧:善。

[63] 佚罚:罪过。

[64] 恭尔事:履行你们的职责。

[65] 度:音 dǔ,通"斁",闭塞。

盘 庚 (中)

盘庚作[1],惟涉河[2]以民迁。乃话民之弗率[3],诞告用亶[4]。其有众咸造[5],勿亵在王庭[6],盘庚乃登进厥民,曰:"明听朕言,无荒失朕命! 呜呼! 古我前后,罔不惟民之承[7]保;后胥慼鲜,[8]以不浮[9]于天时。殷降大虐[10],先王不怀厥攸作[11],视民利用迁[12]。汝曷弗念我古后之闻? 承汝俾汝,惟喜康共[13],非汝有咎,比于罚[14]。予若吁怀兹新邑[15],亦惟汝故,以丕从厥志[16]。

"今予将试以汝迁,安定厥邦。汝不忧朕心之攸困,乃咸大不宣[17]乃心,钦念以忱[18],动予一人。尔惟自鞠[19]自苦,若乘舟,汝弗济,臭厥载[20]。尔忱不属[21],惟胥以沉。不其或稽[22],自怒曷瘳[23]? 汝不谋长,以思乃灾,汝诞劝[24]忧。今其[25]有今罔后,汝何生在上?

"今予命汝一[26],无起秽[27]以自臭,恐人倚乃身[28],迁[29]乃心。予迓[30]续乃命于天,予岂汝威,用奉畜[31]汝众。

"予念我先神后[32]之劳尔先,予丕克羞尔[33],用怀尔然。失于政,陈于兹,高后丕乃[34]崇降罪疾,曰'曷虐朕民?'汝万民乃不生生[35],暨予一人猷[36]同心,先后丕降与汝罪疾,曰:'曷不暨朕幼孙有比[37]?'故有爽[38]德,自上[39]其罚汝,汝罔能迪[40]。古我先后既劳乃祖乃父,汝共作我畜民[41],汝有戕则在乃心[42]! 我先后绥[43]乃祖乃父,乃祖乃父乃断[44]弃汝,不救乃死。

"兹予有乱政同位[45],具乃贝玉[46]。乃祖乃父丕乃告我高后曰:'作丕刑于朕孙!'迪[47]高后,丕乃崇降弗祥。

  "呜呼！今予告汝不易[48]！永敬大恤[49]，无胥绝远[50]！汝分[51]猷念以相从，各设中[52]于乃心。乃有不吉不迪[53]，颠越[54]不恭，暂遇[55]奸宄，我乃劓殄[56]灭之，无遗育[57]，无俾易[58]种于兹新邑。

  "往哉！生生！今予将试以汝迁，永建乃家。"

【注释】

  [1]作:此指立为君。

  [2]惟:谋。河:黄河。此番迁都需要渡黄河。

  [3]话:会合。率:循。此句大意是集合了那些不愿随迁的臣民。

  [4]诞:大。亶:音 dǎn，诚，实在。

  [5]造:到。

  [6]"勿亵"句:未近在王庭。亵:近。

  [7]"罔不"句:没有谁不想顺承和安定人民。保，安也。

  [8]句谓君主清楚,贵戚明白。后:指君主。胥:古"谞"字,清楚,清爽。感:通"戚",贵族大臣。

  [9]浮:惩罚。

  [10]殷:盛。降:下。虐:此指洪水灾害。

  [11]攸作:指所作之居邑。

  [12]"视民"句:视民利所在以迁徙。

  [13]"承汝"句:我顺从你们喜欢安乐和稳定的想法。共:通"拱",稳固。

  [14]非:反对。比:陷入。

  [15]吁:呼吁。新邑:指奄。

  [16]厥志:先王保民之志。句意是:也是思念你们的灾祸而永遵先王保民之志吗?

  [17]宣:和协。

  [18]钦:甚。忱:音 shèn,不正当的话。

  [19]鞠:穷困。

  [20]臭:朽,败。载:事。

  [21]忱:诚。属:合,亲合。

  [22]"不其"句:谓不能前进。或:克。稽:当作"迪",进也。

  [23]瘳:音 chōu,病好了。

  [24]劝:安于。

  [25]其:将。

  [26]一:同志一心。

  [27]秽:污秽,喻谣言。

  [28]倚乃身:使你们身子不正。

  [29]迂:歪斜。

  [30]迓:音 yà,劝请。

  [31]畜:养。

  [32]神后:神圣的君主。

  [33]"予丕"句:我不能使你们前进以安定你们。丕:当作"不"。羞尔,使你们前进。羞,进也。

[34] 丕乃:于是就。

[35] 生生:营生。

[36] 猷:谋求。

[37] 幼孙:盘庚自称。有比:亲近。

[38] 爽:羞错。

[39] 上:上天。

[40] "汝罔"句:你们不能长久。迪:音 yōu,长也。

[41] "汝共"句:你们都作为我养育的臣民。作:为。畜:养。

[42] "汝有"句:你们内心却又怀着恶念。有:又。戕:残害。则:通"贼",害。

[43] 绥:安。

[44] 断:断然。

[45] 乱政:乱政之臣。同位:同事。

[46] 贝玉:此指财物。

[47] 迪:语首助词。

[48] 易:变,动摇。

[49] "永敬"句:永远警惕大的忧患。敬:戒备。恤:忧患。

[50] 绝远:隔绝疏远。

[51] 分:当。

[52] 中:和。

[53] 吉:善。迪:正道。

[54] 颠越:坠落违法。颠:陨。越:越轨。

[55] 暂:欺诈。遇:音 yú,奸邪。

[56] 劓:音 yì,断也。殄:音 tiǎn,灭绝。

[57] 育:音 zhòu,后代。

[58] 俾易:使延续。俾:使。易:延续。

盘 庚 (下)

盘庚既迁,奠[1]厥攸居,乃正厥位,绥爰有众[2]。曰:"无戏怠,懋建大命[3]!今予其敷心腹肾肠[4],历告尔百姓于朕志[5]。罔罪尔众,尔无共怒,协比[6]谗言予一人。古我先王,将多于前功[7],适[8]于山。用降我凶[9],德[10]嘉绩于朕邦。今我民用荡析[11]离居,罔有定极[12],尔谓朕曷震动[13]万民以迁?肆[14]上帝将复我高祖之德,乱越我家[15]。朕及[16]笃敬,恭承[17]民命,用[18]永地于新邑。肆予冲人[19],非废厥谋,吊由灵各[20];非敢违卜,用宏兹贲[21]。

呜呼!邦伯师长百执事之人[22],尚皆隐哉[23]!予其懋简相尔,念敬我众[24]。

朕不肩好货^[25]，敢恭^[26]生生。鞠^[27]人谋人之保居，叙钦^[28]。今我既羞告尔于朕志，若否^[29]，罔有弗钦！无总^[30]于货宝，生生自庸^[31]。式敷民德^[32]，永肩^[33]一心。"

【注释】

[1] 奠:定也。

[2] "绥爰"句:然后告诫众人。绥:告诉。爰:于。

[3] 无:通"毋"。懋:勉力。建:布告。

[4] "今予其"句:现在我将披肝沥胆。敷:布。

[5] 历:数说。百姓:百官。于:以。

[6] 协比:协调一致。

[7] 前功:前人的功劳。多:音 chǐ,光大。

[8] 适:迁往。

[9] "用降"句:因此减少了(洪水)带给我们的灾祸。降:减少。

[10] 德:升。

[11] 荡析:(洪水)咆哮奔腾貌。

[12] 极:止。

[13] 震动:惊动。

[14] 肆:今。

[15] "乱越"句:光大我们的国家。乱:治。越:扬,光扬。

[16] 及:汲汲,急切貌。

[17] 承:延续。

[18] 用:率领。

[19] "肆予"句:所以我这个年轻人。肆:所以。冲人:年幼的人。

[20] "吊由"句:(要)善于遵行上帝的考虑。吊:善。灵各:上帝。

[21] "用宏"句:要发扬光大上帝的美好旨意。宏:弘扬。贲:音 bì,装饰,打扮。引申为美好。

[22] 邦伯:诸侯;师长:众位长官。百执事:行使政务的众官员。

[23] 尚:庶几,都要。隐:考虑。

[24] "予其"句:我将要尽力考察你们惦念敬重我的民众实际情况。懋:勉力。简相:阅视,视察。

[25] 肩:任用。好货:喜欢钱物的官吏。

[26] 恭:举用。

[27] 鞠:抚养。

[28] 叙:次序。钦:敬。

[29] 羞:进。若否:顺否。

[30] 总:聚敛。

[31] 庸:功,此指建功。

[32] "式敷"句:应当把好处施予民众。式:应当。敷:施予。德:恩惠。

[33] 肩:能够。

说 命（上）

【提要】

本文选自《尚书正义》卷十（中华书局 1980 年影印《十三经注疏》本）。

《史记·殷本纪》等典籍载：商王武丁即位（前 1250）以后，三年没有理政，国事全由家宰管理，他从旁观察，思索复兴殷商的方略。

傅说，一名在傅岩（今山西平陆东）地方从事版筑的普通奴隶。这里因山涧的流水常常冲坏道路，奴隶们就以版筑修路、护路。傅说天资聪颖，虽生为奴隶，但由于精明能干，又善于思考，所以传说中"版筑"技术的发明者便附之于他。

苦苦找寻贤人的武丁在平陆遇上正在"版筑"的傅说。傅说谈天说地，证古论今，谈笑风生，头头是道，令武丁心悦诚服，于是排除世俗干扰，拜傅说为相，辅佐国政。傅说入主朝政，即实行"治乱罚恶、畏天保民、选贤取士、辅治开化"等一系列政治措施，缓解了各王室宗亲、国家与奴隶之间的矛盾，使殷商出现政治开明、国泰民安、百废俱兴的局面。武丁一朝，成为商代后期的极盛时期。

至今，山西平陆县尚保存有傅说当年版筑遗址、傅说庙、傅说墓等。

傅说从政经历的传说，出于东晋时期的《伪古文尚书》。《说命（上）》叙述傅说初见武丁的过程及劝其虚心纳谏的言论。

王宅忧[1]，亮阴三祀[2]。既免丧，其惟弗言[3]，群臣咸谏于王曰："呜呼！知之曰明哲，明哲实作则[4]。天子惟君[5]万邦，百官承式[6]，王言惟作命，不言，臣下罔攸禀令[7]。"

王庸[8]作书以诰曰："以台[9]正于四方，惟恐德弗类[10]，兹故弗言。恭默思道，梦帝赉予良弼[11]，其代予言。"乃审厥象，俾以形，旁[12]求于天下。说筑傅岩[13]之野，惟肖[14]。爰[15]立作相。王置诸其左右。

命之曰："朝夕纳诲，以辅台德。若金[16]，用汝作砺[17]；若济巨川，用汝作舟楫；若岁大旱，用汝作霖雨。启乃心，沃朕心[18]。若药弗瞑眩[19]，厥疾弗瘳[20]；若跣[21]弗视地，厥足用伤。惟暨乃僚，罔不同心，以匡乃辟[22]。俾率先王，迪我高后[23]，以康兆民。呜呼！钦予时[24]命，其惟有终[25]。"

说复于王曰："惟木从绳[26]则正，后从谏则圣。后克圣，臣不命其承[27]，畴敢不祗若王之休命[28]？"

【注释】

[1] 王宅忧:王,武丁;宅,居;忧,指武丁居父小乙之丧。

[2] 亮阴:信默,指信任家宰而不言。祀:年。

[3] 其惟弗言:他还是不论政事。

[4] 则:法则。

[5] 君:君临,统治。

[6] "百官"句:百官按程式办事。式:法式。

[7] "不言"句:王不说,臣子就无从接受教命。禀:承也。

[8] 庸:用。

[9] 台:音 yí,我。

[10] 弗类:不善。

[11] 赉:给予。良弼:良臣。

[12] 旁:普遍。

[13] 傅岩:今山西平陆县一带。按:平陆处虞(今山西平陆县)、虢(今河南三门峡市境)要道。

[14] 肖:相似。

[15] 爰:于是。

[16] 金:此指金属工具。

[17] 砺:磨刀石。

[18] 启乃心,沃朕心:敞开你的心泉来灌溉我的心田吧。沃:灌溉,滋润。

[19] 瞑眩:眼睛昏花。此句喻良言若药石。

[20] 瘳:音 chōu,病好了。

[21] 跣:赤脚。

[22] "以匡"句:来匡扶你的君王。

[23] 迪:蹈,追随。高后:指成汤。

[24] 时:是,这。

[25] "其惟"句:要谋求获得成功。其:表祈使。惟:考虑,谋求。有:取得。终:成,成功。

[26] 绳:木工的绳墨。

[27] 不命其承:不等接到命令就会承意进行。承:承意。

[28] 畴:谁。祇:敬。若:顺。

说 命 （中）

【提要】

本篇记录的是傅说向武丁建议治国方略。其"非知之艰,行之惟艰"传颂至今。

惟说命总百官[1],乃进于王曰:"呜呼!明王奉若[2]天道,建邦设都,树后王君公[3],承以大夫师长[4],不惟逸豫,惟以乱[5]民。惟天聪明,惟圣时宪[6],惟臣钦若,惟民从乂。惟口起羞[7],惟甲胄起戎,惟衣裳在笥[8],惟干戈省厥躬[9]。王惟戒兹,允兹克明,乃罔不休[10]。惟治乱在庶官。官不及私昵,惟其能;爵罔及恶德,惟其贤。虑善以动,动惟厥时。有其善,丧厥善;矜其能,丧厥功。惟事事[11],乃其有备,有备无患。无启宠纳侮[12],无耻过作非[13]。惟厥攸居[14],政事惟醇。黩[15]予祭祀,时谓弗钦。礼烦则乱,事神则难。"

王曰:"旨哉!说。乃言惟服[16]。乃不良于言,予罔闻于行[17]。"说拜稽首曰:"非知之艰,行之惟艰。王忱[18]不艰,允协于先王成德[19];惟说不言,有厥咎。"

【注释】

[1] 总百官:即冢宰。

[2] 奉若:承受顺从。

[3] 后王:侯王。君公:诸侯。

[4] 承:辅佐。大夫师长:指一般行政官员。

[5] 乱:治,治理。

[6] 时宪:效法它。时:代词。宪:法,效法。

[7] "惟口"句:惟口出令不善以起羞辱(孔颖达语)。言(君)不可轻出号令。

[8] 笥:音 sì,箱子。

[9] "惟干戈"句:干戈在库而不用来除奸息暴,将会伤害自身。

[10] "乃罔"句:(国事)就无不美好了。

[11] 事事:做事情。前一"事"作动词,做也。

[12] "无启宠"句:不要开启宠幸之门而受侮辱。

[13] "无耻过"句:不要以改过为耻而酿成大非。

[14] 攸:所。居:当,担任。

[15] 黩:轻慢,轻忽。

[16] 惟服:当行。

[17] "罔闻"句:我就不能勉力去做。

[18] 忱:诚,信。

[19] 成:盛。

说 命 (下)

【提要】

本篇系傅说与武丁讨论学习问题。傅说称学习目的是为了建立事业,态度要谦逊,要时时努力勤奋。

王曰:"来！汝说。台小子旧学于甘盘[1],既乃遁[2]于荒野,入宅于河[3]。自河徂亳,暨厥终罔显[4]。尔惟训[5]于朕志,若作酒醴,尔惟麴蘖[6];若作和羹[7],尔惟盐梅。尔交修予[8],罔予弃,予惟克迈[9]乃训。"

说曰:"王！人求多闻,时惟建事,学于古训,乃有获。事不师古,以克永世,匪说攸闻[10]。惟学逊志[11],务时敏,厥修乃来[12]。允怀于兹,道积于厥躬。惟敩学半[13],念终始典[14]于学,厥德修[15]罔觉。监[16]于先王成宪,其永无愆[17]。惟说式[18]克钦承,旁招俊乂[19],列于庶位。"

王曰:"呜呼！说,四海之内,咸[20]仰朕德,时乃风[21]。股肱[22]惟人,良臣惟圣。昔先正保衡[23],作我先王,乃曰:'予弗克俾厥后惟尧舜,其心愧耻,若挞于市[24]。'一夫不获[25],则曰时予之辜。佑我烈祖[26],格[27]于皇天。尔尚明保[28]予,罔俾阿衡[29]专美有商。惟后非贤不乂,惟贤非后不食[30]。其尔克绍乃辟于先王,永绥[31]民。"

说拜稽首[32]曰:"敢对扬天子之休命[33]。"

【注释】

[1]甘盘:殷代贤臣。

[2]遁:出巡。

[3]宅:居。河:此指河洲。

[4]"暨厥"句:到后来学习没有明显进展。暨:到。

[5]训:顺。

[6]醴:甜酒。麴蘖:发酵剂、酒酵母。麴,音 qū。

[7]和羹:五味调和的汤汁。

[8]交:多次。修:治。

[9]迈:履行。

[10]攸闻:所知。

[11]逊志:谓谦逊其志。

[12]来:通"俫"(lái),招俫。引申为伸展,增长。

[13]敩:见《盘庚》(上)注[19]。

[14]典:常。

[15]德修:德的增长。

[16]监:察,借鉴。

[17]愆:过失。

[18]式:用,因。

[19]俊乂:才能超群之人。

[20]咸:都。

[21]风:教化。

[22]股肱:足手。

[23] 保衡:指伊尹。

[24] 挞:鞭挞。市:集市,闹市。

[25] 不获:不得其所。

[26] 烈祖:有功业之祖,指成汤。

[27] 格:嘉许。

[28] 明:勉力。保:护持。

[29] 阿衡:伊尹。

[30] 食:录用。

[31] 绥:安。

[32] 稽首:拜跪。

[33] 休命:美好的教导。

泰 誓 (上)

【提要】

本文选自《尚书正义》卷十一(中华书局 1980 年影印《十三经注疏》本)。

据《史记》等史书记载,公元前 11 世纪中叶,商纣王昏乱暴虐,淫乱不止。在国都北边的沙丘圈养四方进贡的珍禽异兽,在首都的南边修建鹿台存放珍宝财物;酒池肉林,每天和妃子、大臣们在其中嬉戏,甚或裸体游乐;用"炮烙"等酷刑,强迫犯人在涂满膏脂的铜柱上行走,下面摆放炽热的炭火,走柱犯人,几无生还。

诸侯纷纷叛离殷商而归顺西伯姬昌(周文王)。

周文王卒,武王即位,以太公望、周公旦等人为辅佐,师修文王之业。武王十三年(前 1048),东观兵于孟津(今洛阳孟津县东北,时为黄河重要渡口),"诸侯不期而会盟津(孟津)者八百",诸侯都说可以伐纣,武王则认为灭商时机还不成熟,于是退兵。公元前 1046 年,武王灭商。

本篇记述的是周武王十三年诸侯大会于孟津,武王告诫友邦诸侯和辅政大臣的话。

惟十有三年[1]春,大会于孟津[2]。

王曰:"嗟!我友邦冢君[3],越我御事庶士[4],明听誓。

惟天地,万物父母;惟人,万物之灵。亶聪明,作元后[5],元后作民父母。今商王受[6],弗敬上天,降灾下民。沉湎冒色[7],敢行暴虐,罪人以族,官人以世[8]。惟宫室、台榭、陂池[9]、侈服,以残害于尔万姓。焚炙[10]忠良,刳剔[11]孕妇。皇天震怒,命我文考[12],肃将天威,大勋未集[13]。肆予小子发[14],以尔友邦冢君,观政于商。惟受罔有悛心,乃夷居,弗事上帝神祇,遗厥先宗庙弗祀。牺牲粢盛[15],既[16]

于凶盗。乃曰:'吾有民有命!'罔惩其侮[17]。

"天佑下民,作之君,作之师,惟其克相上帝,宠绥四方。有罪无罪,予曷敢有越厥志[18]?同力度[19]德,同德度义。受有臣亿[20]万,惟亿万心;予有臣三千,惟一心。商罪贯盈[21],天命诛之。予弗顺天,厥罪惟钧[22]。

"予小子夙夜[23]祗惧,受命文考,类[24]于上帝,宜于冢土[25]。以尔有众,厎天之罚。天矜[26]于民,民之所欲,天必从之。尔尚弼[27]予一人,永清四海。时哉,弗可失!"

【注释】

[1] 有:又。指周武王十三年(前 1048)。

[2] 孟津:在今河南孟津县东北。

[3] 冢君:大君。

[4] 越:与。御事:治理大臣。庶士:众士。

[5] 亶:诚。元后:大君。

[6] 商王受:商纣王名受。

[7] "沉湎"句:沉湎于酒,贪恋女色。冒:贪。

[8] 世:世袭。

[9] 陂:堵住泽水的堤坝。池:水停处曰池。

[10] 焚炙:焚烧。此指炮烙之刑。

[11] 刳剔:割剥,解剖。

[12] 文考:指周文王。

[13] 集:成。

[14] 小子发:发,武王名发。小子:武王谦称自己。

[15] "牺牲"句:牛羊黍稷等祭品。牺牲,牛羊等动物祭品。粢:音 zī,黍稷等农作物。盛:音 chéng,祭品装在器皿中曰盛。

[16] 既:尽。

[17] 惩:改变。侮:轻侮,轻慢。

[18] 越:失。厥志:此指天的意志。

[19] 度:度量,权衡。

[20] 亿:十万。

[21] 贯:穿物之串。盈:满。贯盈:喻极多。

[22] 钧:平,等。

[23] 夙夜:夜未明,早夜。

[24] 类:祭天。

[25] 宜:祭社。冢土:大社。

[26] 矜:怜悯。

[27] 弼:辅佐。

考工记·百工

【提要】

本文选自《周礼》(中华书局 1980 年影印《十三经注疏》本)。

《考工记》是我国先秦典籍中一部重要著作,也是我国第一部手工业工艺技术典籍,包含着大量的手工制作技术、工艺过程及丰富的科技思想。

《考工记》一书包括两个部分。第一部分为总论,主要述说了"百工"的含义,其社会位置及分工,还论述了获得优良产品的自然的和技术的条件;第二部分则分别论述了各工种的职能及其理想化的工艺规范。这些工种包括车人、匠人、函人、桃人等 30 个工种。

《考工记》记述的工种涉及先秦官府手工业的主要领域。不但涉及产品的形制、结构和工艺技术规范,还大量谈及物理、化学、天文、数学、生物等。仅数学领域,书中大量地记载了分数、倍数以及割圆、弧度等知识,并且最早探索了角度。《考工记·冶氏》中甚至还记载了勾股定理的实例。

《考工记》中许多文字都是生产经验的总结,有的技术规范则是周王朝的典章制度,由此可见我国先秦时代工艺水平之一斑。如"玉人之事"条说:"镇圭尺有二寸,天子守之;命圭九寸,谓之桓圭,公守之;命圭七寸,谓之信圭,侯守之;命圭七寸,谓之躬圭,伯守之。"

《考工记》成书年代众说不一,一般认为不会晚于战国初期。《考工记》一书是作为《周礼》一个部分出现的。汉末,《考工记》被刘歆自皇家密府发掘出来,东汉末被郑玄列为《三礼》之一,至唐孔颖达为其作疏并刻入"开成石经",进入《十三经》,便成为后来知识分子必读的经书了。

本篇总论百工,居篇首。坐而论道者、审面曲直者、通四方珍异者、力耕农亩者,或智者创物,或巧者循述,不一而足,均称"工"。

国有六职[1],百工与居一焉。或坐而论道,或作而行之,或审曲面势[2],以饬五材[3],以辨民器,或通四方之珍异以资[4]之,或饬力[5]以长地财,或治丝麻以成之。

坐而论道,谓之王公;作而行之,谓之士大夫;审曲面势,以饬五材,以辨民器,谓之百工;通四方之珍异以资之,谓之商旅;饬力以长地财,谓之农夫;治丝麻以成之,谓之妇功。

粤无镈[6],燕无函[7],秦无庐[8],胡无弓车。粤之无镈也,非无镈也,夫人而能为镈也[9];燕之无函也,非无函也,夫人而能为函;秦之无庐也,非无庐也,夫人而能为庐也;胡之无弓车也,非无弓车也,夫人而能为弓车也。知者创物,巧者述[10]之,守之世,谓之工[11]。

百工之事,皆圣人之作也。烁金以为刃,凝土以为器,作车以行陆,作舟以行水,此皆圣人之所作也。

天有时,地有气,材有美,工有巧,合此四者,然后可以为良。材美工巧,然而不良,则不时[12],不得地气也。橘逾[13]淮而北为枳,鹳鹆[14]不逾济,貉[15]逾汶则死,此地气然也;郑之刀,宋之斤[16],鲁之削[17],吴粤之剑,迁乎其地而弗能为良,地气然也。燕之角[18],荆之干[19],妢胡之笴[20],吴粤之金锡,此材之美者也。天有时以生,有时以杀;草木有时以生,有时以死;石有时以泐[21];水有时以凝,有时以泽:此天时也。

凡攻[22]木之工七,攻金之工六,攻皮之工五,设色之工五,刮摩[23]之工五,搏埴[24]之工二。

攻木之工:轮、舆、弓、庐、匠、车、梓[25];攻金之工:筑、冶、凫、㮚、段、桃[26];攻皮之工:函、鲍、韗、韦、裘[27];设色之工:画、缋、钟、筐、㡛[28];刮摩之工:玉、栉、雕、矢、磬[29];搏埴之工:陶、旊[30]。

有虞氏上陶[31],夏后氏上匠[32],殷人上梓,周人上舆。故一器而工聚焉者,车为多。

车有六等之数:车轸[33]四尺,谓之一等;戈柲[34]六尺有六寸,既建而迤[35],崇[36]于轸四尺,谓之二等;人长八尺,崇于戈四尺,谓之三等;殳长寻[37]有四尺,崇于人四尺,谓之四等;车戟常,崇于殳四尺,谓之五等;酋矛[38]常有四尺,崇于戟四尺,谓之六等。车谓之六等之数。

凡察车之道,必自载[39]于地者始也,是故察车自轮始。凡察车之道,欲其朴属[40]而微至。不朴属,无以为完久也;不微至[41],无以为戚速[42]也。轮已崇,则人不能登也;轮已庳,则于马终古登阤[43]也。故兵车之轮六尺有六寸,田车之轮六尺有三寸,乘车之轮六尺有六寸。六尺有六寸之轮,轵[44]崇三尺有三寸也,加轸与辁[45]焉,四尺也。人长八尺,登下以为节[46]。

【注释】

[1]六职:即王公、士大夫、百工、商旅、农夫、妇工。

[2]审曲面势:审视其曲直、方面、形势,因材施策。

[3]饬:音 chì,整治、整修。五材:金、木、皮、玉、土,郑玄谓"五材"。

[4]资:助。

[5]饬力:致力,努力。

[6]镈:音 bó,锄田的农具。

[7]函:铠甲。

[8]庐:矛戈等长兵器的柄。

[9]"夫人"句:是因为那里人人都能制作农具。

[10]述:遵循,依照。

[11]工:工匠。

[12]不时:不应时(天时与地气)。

[13]逾:越过。

[14]鸜鹆:音 qú yù,鸟名,或谓八哥。

[15]貉:音 hé,兽名,形似狸,以虫类为生。

[16]斤:平木之器,即刨子。亦曰先秦时工匠所用的小斧头。

[17]削:曲刀,用来刻削竹木。

[18]角:牛角。

[19]干:柘也,可用来制作弓弩。

[20]妢胡:地名,在今安徽省阜阳县西北。笴:音 gǎn,箭杆。

[21]泐:音 lè,石头裂开。岩石因风霜雨雪侵蚀风化,渐成土,飞散。

[22]攻:治,制作。

[23]刮摩:刮修打磨(使之滑润)。

[24]搏:音 tuán,将……聚拍成团。埴:黏土。

[25]轮:车轮。轮人主要制作马车的车轮和车盖等。舆:车箱。舆人主要制作马车车箱。庐:兵器柄。庐人主要制作殳、矛、戈、戟等兵器的柄。匠:测量、营建等工种,类似今日之规划、设计。匠人负责都邑测量营建及沟洫类水利设施等。车:木牛车。车人主要负责耒和木牛车制作。梓:木工。梓人主要制作编钟悬架、木饮器、箭靶等。

[26]筑:即筑氏。职官名。掌作书刀之职,属攻金之工。冶:即冶氏。掌戈戟等制作。凫:凫氏为钟。栗:栗氏为量器。段:段氏为大钟。桃:桃氏为剑。

[27]函:铠甲。函人做铠甲。鲍:通"鞄",揉皮。鲍人鞣皮。韗:音 yùn,韗人制作皮鼓。韦:音 yù,加工过的熟皮,此指揉制皮料之人。裘:皮衣,指加工皮衣之人。

[28]缋:音 huì,着彩。钟:钟氏染羽。筐:方形竹制容器,筐人为其着色。幌:音 huāng,幌人为丝绢着色。

[29]玉:玉人专制各种礼仪用玉器。栉:音 zhì,梳子、篦子通称栉,栉人制作玉梳。雕:雕人刻玉。矢:箭簇,矢人制玉镞。磬:音 qìng,石制敲打乐器。磬氏制石磬。

[30]陶:陶人制作盆、甑(zèng,陶制煮饭器皿)、鬲(lì,鼎一类烹饪器)等陶器。旊:音 fǔ,旊人制簋(guǐ,盛食物的圆形器皿)、豆(高脚状盛食器)。

[31]有虞氏:舜国号。上:尚,崇尚。

[32]夏后氏:大禹乃夏后氏部落首领。匠:制作沟洫的工官。

[33]车轸:马车厢底部后横木。轸:音 zhěn。轸四尺,言车之舆床高了。

[34]柲:音 bì,(戈矛)的柄。

[35]迤:音 yǐ,斜也。

[36]崇:高。此数句文意为:六尺六寸的戈,斜插于地比轸高四尺。

[37]殳:音 shū,如杖,有棱无刃的兵器,长有一丈二尺。寻:八尺。

[38]酋矛:首领之矛。

[39]载:始也。

[40]朴属:附着坚固的样子。

[41]微至:言车轮与地面接触面极小。

[42]戚速:快捷。戚:同"促"。

[43]终古:郑玄注:齐人之言终古,犹言常也。终古,常常。阤:音 tuó,不平的斜坡称阤。

[44]轵:音 zhǐ,车轴之端,位于轮中央。

[45]䡅:音 bú,车伏兔。伏于毂上轴内两旁以承舆。

[46]"登下"句:谓上下车的时候恰到好处。

考工记·轮人

【提要】

本文选自《周礼》（中华书局 1980 年影印《十三经注疏》本）。

本篇谈论的是毂、辐、牙三材的加工工艺，其中包括车轮的尺寸、各部分技术要求以及工艺标准等。

"凡察车之道……不微至，无以为速也。"《轮人篇》在论述车轮制造时，对车轮受力、运动和接触地面面积等影响因素一一加以考虑，称车轮与地面接触少，就容易转得快。怎样才能做到"微至"？"欲其微至也，无所取之，取诸圜（圆）。"即要尽量把轮子做成理想的圆。这是对速度与滚动物体的接触面积大小的经验总结，是符合近代摩擦理论的。如何检验轮子各部分是否均匀？"楑辐必齐，平沈（沉）必均。""水之以视其平沈（沉）之均也。"这里"水之"，即浸入水中，如果"平沈"即浮沉相同，则轮子各部分必定是均匀的，就符合制作轮子的要求了。浮力原理巧妙用到车轮制造之中。

类似的论述，文中颇多。

轮人为轮。斩三材[1]必以其时。

三材既具，巧者和之。毂[2]也者，以为利转[3]也。辐[4]也者，以为直指[5]也。牙[6]也者，以为固抱也。轮敝，三材不失职，谓之完。

望而视其轮，欲其帱尔而下迤[7]也。进而视之，欲其微至也。无所取之，取诸圜也。望其辐，欲其掣尔[8]而纤也。进而视之，欲其肉称[9]也。无所取之，取诸易直也。望其毂，欲其眼[10]也，进而视之，欲其帱[11]之廉也。无所取之，取诸急也。视其绠[12]，欲其蚤[13]之正也，察其菑蚤不齵[14]，则轮虽敝不匡[15]。

凡斩毂之道，必矩[16]其阴阳。阳也者，稹[17]理而坚；阴也者，疏理而柔。是故以火养其阴，而齐诸其阳，则毂虽敝不藃[18]。

毂小而长则柞[19]，大而短则挚[20]。是故六分其轮崇，以其一为之牙围，三分其牙围而漆其二[21]。椁其漆内而中诎之[22]。以为之毂长，以其长为之围，以其围之阞捎其薮[23]。

五分其毂之长，去一以为贤[24]，去三以为轵[25]。容毂[26]必直，陈篆[27]必正，施胶必厚，施筋必数[28]，帱必负干[29]。既摩[30]，革色青白，谓之毂之善。三分其毂长，二在外[31]，一在内，以置其辐。

凡辐，量其凿深以为辐广。辐广而凿浅，则是以大枘[32]，虽有良工，莫之能固。凿深而辐小，则是固有余而强不足也，故竑其辐广以为之弱[33]，则虽有重任，縠不折。三分其辐之长而杀其一,则虽有深泥,亦弗之溓[34]也。三分其股围[35],去一以为骹围[36]。揉辐必齐,平沈[37]必均,直以指牙。牙得,则无桡而固;不得,则有桡必足见[38]也。六尺有六寸之轮,绠三分寸之二[39],谓之轮之固。

凡为轮,行泽者欲杼[40],行山者欲侔[41]。杼以行泽,则是刀以割涂[42]也,是故涂不附。侔以行山,则是抟[43]以行石也,是故轮虽敝,不甐[44]于凿。

凡揉牙,外不廉而内不挫,旁不肿[45],谓之用火之善。是故规之以视其圜也,矩之以视其匡[46]也。县之以视其辐之直也[47],水之以视其平沉之均也,量其薮以黍[48],以视其同也,权之以视其轻重之侔也。故可规、可矩、可水、可县、可量、可权也,谓之国工。

轮人为盖,达常围三寸;桯围倍之,六寸[49]。信其桯围以为部广[50],部广六寸。部长[51]二尺,桯长倍之[52],四尺者二。十分寸之一谓之枚[53],部尊[54]一枚,弓凿[55]广四枚,凿上二枚,凿下四枚,凿深二寸有半,下直[56]二枚,凿端[57]一枚。

弓长六尺谓之庇轵[58],五尺谓之庇轮,四尺谓之庇轸,三分弓长而揉其一[59],三分其股围[60],去一以为蚤围[61]。三分弓长,以其一为之尊[62],上欲尊而宇欲卑,上尊而宇卑,则吐水疾而霤[63]远。盖已崇,则难为门也;盖已卑,是蔽目也。是故盖崇十尺。良盖弗冒弗纮[64],殷亩而驰[65],不坠,谓之国工。

【注释】

[1] 三材:用来做縠、辐、牙的材料。

[2] 縠:车轮中心的圆木,周围与车辐一端相接,中有圆孔,可插轴;外周中部凿出一圈榫眼以装车辐。

[3] 利转:转动灵活。

[4] 辐:车轮的辐条。类似今自行车钢丝。

[5] 直指:谓辐直指入孔,没有偏倚。

[6] 牙:半轴的外缘圆周,即轮圈。

[7] 帾:音 mì,郑玄:均致貌。《周礼》注:以巾覆物曰帾。迆:音 yǐ,斜行。下迆:轮牙圆,故视之皆向下斜。

[8] 掣:音 xiāo,人手臂。掣尔:如人手臂般渐渐变细。

[9] 肉称:辐从粗处渐小而至细处,均匀渐变而无臃肿陷凹之状。

[10] 眼:谓如大眼般凸出。

[11] 帱:音 dào,覆盖。谓(革)紧紧裹贴覆盖,隐约可见隆起的縠端。

[12] 绠:音 gěng,辐的下端入牙不满曰绠。研究者认为,各辐装好后均向縠偏斜。于是,从外侧看,整个轮子形成一个中凹的浅盆状。

[13] 蚤:辐的下端杀削入牙中称蚤。

[14] 菑:音 zī,辐的上端入縠中谓菑。龋:音 qǔ,不平。此谓菑蚤不齐正。

[15] 匡:枉曲。

[16] 矩:刻识。

[17] 稹:音 zhěn,禾密曰稹。此指纹理细密。

[18] 歠:音 gǎo,亦作"槁"。谓木干槁而缩则帱革蓬松而不致密。

[19] 柞:狭窄。

[20] 挚:动摇不密的样子。

[21] "三分"句:谓(除了践地及左右两侧距地一寸处外)其他约当牙围三分之二都要涂漆。

[22] 诎:音 qū,弯曲。"中诎之"谓以两漆之中六尺四寸折半取之,作为毂的长度。

[23] 朸:音 lè,通"仂",余数。此谓三分之一。薮:音 sǒu,人或东西聚集的地方。此谓众辐趋聚。

[24] 贤:轮的内侧其径大曰贤。

[25] 轵:轮的外侧其径小曰轵。

[26] 容毂:郑珍云,治经火养之木为圆长二尺二寸之轮形,是曰容毂。

[27] 篆:毂体上的纹饰。

[28] 数:频数,谓用筋密密缠绕。

[29] 负干:帱革紧紧贴着毂干。

[30] 既摩:(革覆毂工序完成后,以黍及骨灰擦磨,等干后发现不光润的地方)再以石磨平,(然后以漆上色)。

[31] 在外:在辐之外,即毂的近轵处。

[32] 扤:音 wù,摇动。

[33] 弦:音 hóng,量度。弱:菌也。谓辐端没入毂中。"凡辐……毂不折"一节讨论的是辐宽与毂凿深关系:只有当辐宽与毂的凿深相等时,车轮既能坚固胜重,毂又不致破坏。

[34] 溓:音 lián,通"粘",粘着。

[35] 股围:股之围。辐近毂处称股。

[36] 骹围:骹之围。骹:音 qiāo,辐近牙处谓骹。

[37] 平沈:沉木入水,测其轻重,相同者称之。

[38] 柒:音 xiè,木楔。足见:辐蚤入牙,榫头大凿孔小则不得入,反之则太松。太松则柒未必见于践地一边的孔。

[39] "绠三分"句:绠三分之二寸。

[40] 杼:音 zhù,削薄。谓削薄其践地者。

[41] 侔:音 móu,相等,等同。

[42] 割涂:割途泥。谓泥不附轮。

[43] 抟:音 tuán,圆。此谓轮圆厚。

[44] 瓵:音 lìn,敝旧。此谓因轮厚,石虽磨啮,轮虽磨旧,犹健行也。

[45] 不肿:不臃肿。谓旁侧(因用火揉牙)不会爆裂而臃肿。

[46] 匡:方也。

[47] 县:通"悬"。

[48] "量其薮"句:用黍测量毂中空的地方的容量是否相同。

[49] 达常:车盖上柄。盖柄有二节,上节称达常。桯:车盖柄的下节,也称杠。达常插入桯中。

[50] 信:申,伸展。部广:谓盖斗直径。

[51] 部长:此谓达常(盖斗下的柄)。达常与盖斗相连,实为一木,故达常也可统称部。

[52] "桯长"句:下柄比上柄(部长)长一倍。

[53] 枚:量词,一分。

[54] 部尊:盖斗上端隆起的高度。

[55] 弓凿:盖斗周围嵌入盖斗的孔。

[56] 下直:谓内孔外孔下端相平。

[57] 凿端:指弓凿的横直径。谓渐内而渐小,至凿里端为一分。

[58] 庇轵:谓车盖大小正好遮盖两轵。庇,覆盖。

[59] 揉:义同"煣",用火炙烤木使之弯曲。

[60] 股围:谓弓上端凿孔之围。

[61] 蚤围:谓弓末之围。

[62] "三分弓长"句:谓弓末与盖斗的距离(高度)为弓长的三分之一,弓近盖斗三分之一部长为尊。

[63] 霤:音 liù,屋檐处流下的水。此句谓斜度大则水流畅,不湿轵轮。

[64] 冒:蒙在盖弓上的幕帷。纮:车盖周围缀于弓末的绳子。

[65] 股首:横穿垄上。

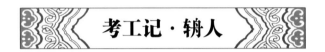

考工记·辀人

【提要】

本文选自《周礼》(中华书局 1980 年影印《十三经注疏》本。)

本篇专门谈论辀人制作车辕的工艺。

"劝登马力,马力既竭,辀尤能一取焉。"意即马拉车的时候,马已停止用力了,但车还能前进一段路程。这里谈论的物理惯性作为物体的一种基本属性,是世界上对惯性现象的最早论述;再如"龙旗九游",意即画龙于衣,以祭宗庙。说明那时龙袍已经作为象征最高统治者的服装而出现了,这表明中国服饰艺术的原始宗教色彩开始褪去,政治伦理观念开始走上主导地位。

辀人为辀[1]。辀有三度[2],轴有三理[3]。国马之辀,深四尺有七寸;田马之辀,深四尺;驽马之辀,深三尺有三寸。轴有三理:一者,以为媺[4]也;二者,以为久[5]也;三者,以为利[6]也。轴前十尺,而策半之[7]。

凡任木:任正者[8],十分其辀之长,以其一为之围。衡任[9]者,五分其长,以其一为之围。小于度,谓之无任。五分其轸间,以其一为之轴围。十分其辀之长,以其一为之当兔[10]之围。参分其兔围,去一以为颈围[11]。五分其颈围,去一以为踵[12]围。

凡揉辀,欲其孙而无弧深[13]。今夫大车之辕挚[14],其登又难。既克其登,其覆车也必易。此无故,唯辕直且无桡[15]也。是故大车,平地既节轩挚之任[16],及其登阤[17],不伏其辕,必缢[18]其牛。此无故,唯辕直且无桡也[19]。故登阤者,倍任者也,犹能以登;及其下阤也,不援其邸[20],必缢[21]其牛后。此无故,唯辕直且无桡也。

是故辀欲颀典[22],辀深则折,浅则负[23]。辀注则利准[24],利准则久,和则安。

辀欲弧而折,经[25]而无绝。进则与马谋,退则与人谋。终日驰骋,左不楗[26];行数千里,马不契需[27];终岁御,衣衽不敝。此唯辀之和也。劝登马力,马力既竭,辀犹能一取焉。良辀环灂[28],自伏兔不至軓七寸,軓中有灂,谓之国辀。

轸之方也,以象地也;盖之圜也,以象天也;轮辐三十,以象日月也[29];盖弓二十有八,以象星也;龙旗九斿[30],以象大火[31]也;鸟旟七斿,以象鹑火[32]也;熊旗六斿,以象伐[33]也;龟蛇四斿,以象营室[34]也;弧旌枉矢[35],以象弧[36]也。

【注释】

[1]辀:音 zhōu,车辕。大车曰辕,小车曰辀。

[2]三度:即下文所称国马之辀、田马之辀、驽马之辀三种深浅之度数。

[3]三理:谓轴之分理有三。即三项指标:美、久、利。

[4]媺:音 měi,美。媺,古"美"字。

[5]久:坚韧。此谓木质坚韧则可持久。

[6]利:顺也,滑密。此谓轴与毂严丝合缝旋转灵活而不摇动。

[7]軓:音 fàn,古代车厢前面的挡板。策:马鞭。

[8]任木:担负车舆重力的木材。任正:谓保持车舆形正的舆下三面材。其与后方的轸共同构成车厢的方矩形,故称任正。

[9]衡任:两軏之间的着力处曰衡任。按:衡之围,五分其长,以其一为之围,其长也称衡长。

[10]当兔:辀后端位于轴中央凸起入舆底对应方孔,且与左右齐平者称当兔。戴震曰:当兔在舆下正中,其两旁置伏兔者。作为当兔的木块上、下两面均呈内凹弧形,以便托辀含轴。

[11]颈:辀前持衡者。按:若兔围是一尺四又五分之二寸,则颈围应为九又十五分之九寸。

[12]踵:足跟。此谓辀的后端承轸处。

[13]"凡揉辀"句:凡是用火揉辀,要顺木理,弧度不要太深。孙:顺。弧深,指辀下平舆上曲高度过深则曲度必大,其木便容易折断。

[14]挚:指车辕低。按:车辕低,爬坡便吃力。

[15]桡:音 náo,弯曲,此言曲木。此句谓大车辕直而不曲。

[16]"是故大车"句:所以大车在平地行驶,前后轻重均匀,便于负重。

[17]阤:音 tuó,古同"陀"。山坡,斜坡。

[18]縊:勒,扼。

[19]"此无故"句:这无其他原因,只因车辕平直不曲而已。

[20]邸:车尾。同"柢"。

[21]绠:音 qiū,驾车器具。按:用生革缕绊牛尾下,引而至牛背上,与系軏革缕相接,下坡时平衡轴上舆前后重量,避免车舆重心前倾而致倾覆。

[22]是故辀欲颀典:所以辀要屈曲而坚韧。

[23]浅则负:辀深度太浅,车舆便容易磨压牛马之股,就如给牛马驮负重物。

[24]辀注:深浅适中。利准:快捷而平稳。

[25]经:顺,顺木理。

[26]楗:音 jiàn,郑玄注称或作"券"。券,今"倦"字也。

[27]契需:谓马蹄因开裂受伤而畏惧奔驰。契:开,开裂。需:同"偄(ruǎn)",弱也。

[28] 瀸:音 zhuó,漆。

[29] "象日月"句:谓 30 日日月一会。

[30] 斿:音 liú,游也。

[31] 大火:即苍龙心宿,在天空中最明帝星也。

[32] 旟:音 yú,绘有鸟隼图像的旗。鹑火:星名,十二次之一。鹑火七星,在南方,即井、鬼、柳、星、张、翼、轸。

[33] 伐:星名。白虎宿三。中三星中央三小星名伐。三三合之,称六。

[34] 营室:星名,属玄武宿。营室二星,与东壁二星连为四方,为四辅。故称。

[35] 弧:张旗的弓。以利旗飘扬。枉矢:谓在弓衣上画矢。

[36] 弧:星名。参宿东有大星曰狼,狼星东南有九星名弧。史记称"天弓也,以伐叛怀远"。

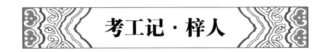

考工记·梓人

【提要】

本文选自《周礼》(中华书局 1980 年影印《十三经注疏》本)。

本篇讨论的是梓人制作乐器架、饮器及箭靶的工艺。

"若是者以为磬虡,是故击其所县,而由其虡鸣。"作者对乐器架制作工艺与环境、欣赏音乐的种种心理因素进行综合考虑,主张因类纹饰,让人产生物、乐混一的愉悦,所论确乎精辟、睿智。

梓人为笋虡[1]。天下之大兽五:脂者、膏者、臝者、羽者、鳞者[2]。宗庙之事,脂者、膏者以为牲,臝者、羽者、鳞者以为笋虡。外骨、内骨[3]、却行、仄行、连行、纡行[4],以脰鸣者、以注鸣者、以旁鸣者、以翼鸣者、以股鸣者、以胸鸣者[5],谓之小虫之属,以为雕琢。

厚唇弇[6]口,出目[7]短耳,大胸燿[8]后,大体短脰,若是者谓之臝[9]属。恒有力而不能走,其声大而宏。有力而不能走,则于任重宜;大声而宏,则于钟宜。若是者以为钟虡,是故击其所县,而由其虡鸣[10]。

锐喙决吻[11],数目顾脰[12],小体骞[13]腹,若是者谓之羽属。恒无力而轻,其声清阳而远闻。无力而轻,则于任轻宜;其声清阳而远闻,于磬宜。若是者以为磬虡,故击其所县,而由其虡鸣。

小首而长,抟身而鸿,若是者谓之鳞属,以为笋。

凡攫杀、援噬之类,必深其爪,出其目,作其鳞之而,则于视必拨尔而怒[14]。苟拨尔而怒,则于任重宜,且其匪色必似鸣矣。爪不深,目不出,鳞之而不作,则必颓尔如委矣。苟颓[15]尔如委,则加任焉,则必如将废措[16],其匪色必似不鸣矣。

梓人为饮器,勺一升,爵一升,觚三升[17]。献以爵而酬以觚。一献而三酬,则一豆[18]矣;食一豆肉,饮一豆酒,中人之食也。凡试梓饮器,乡衡而实不尽[19],梓师罪之。

梓人为侯,广与崇方[20]。参分其广,而鹄居一焉。上两个,与其身三[21];下两个,半之。上纲与下纲出舌寻,缜寸焉[22]。张皮侯而栖鹄,则春以功[23];张五采之侯,则远国属[24];张兽侯,则王以息燕[25]。

祭侯之礼,以酒、脯、醢[26]。其辞曰:"惟若宁侯[27],毋或若女不宁侯,不属于王所。故抗而射女,强饮强食,诒女[28]曾孙诸侯百福。"

【注释】

[1]筍:音 sǔn,悬挂乐器架中间横木曰筍。虡:音 jù,悬挂乐器架的两旁直柱。

[2]脂者:牛、羊等动物。膏者:猪、熊等无角而多脂肪类动物。羸者:虎豹之类。鳞者:龙蛇类。

[3]外骨:外有坚硬甲壳者,如龟。内骨:指鳖、甲鱼。因其外有肉裙,故称。

[4]却行:指蚯蚓类。仄行:旁行,指蟹类。连行:指鱼类。纡行:蛇类行走的样子。纡:音 yū,弯曲。

[5]脰:音 dòu,脖子,如蛙类。旁:通"膀",即以肋发声,如蝉。股:谓振股而鸣。

[6]奰:音 yǎn,深也。

[7]出目:谓眼睛鼓出。

[8]燿:音 yào,谓渐后渐小。

[9]臝:音 luǒ,裸,赤体。

[10]"是故"句:若以此类动物作为钟虡的刻饰,敲打钟磬,声音便像是由钟虡发出的一样。县,同"悬"。

[11]喙:音 huì,嘴,一般指鸟类。决吻:谓口唇开张。吻:口边。

[12]数:细小,谓眼细小。顅:音 qiān,谓颈项长直。

[13]奯:音 qiān,谓腹部凹陷。

[14]攫杀:扑而杀之。攫:音 jué。杀:"杀"之伪字。箁:"噬"之古字,吞也。而:颊毛。凡鳞毛之下垂者也称"而"。

[15]颓:音 tuí,不振。

[16]措:置,安置。此谓困厄艰难。

[17]勺:取酒器具。爵:酒器。觚:音 gū,亦酒器。

[18]豆:四升为豆,量词,与下文"豆"义不同。

[19]"乡衡"句:平爵向口,爵里仍有余酒。衡:平,水平。

[20]侯:箭靶。广:长。崇:高。古时箭靶多用兽皮或布麻制成。靶的中心区域称为侯中。正方形,绘有鹄。

[21]广:张侯的布,也称舌。此句谓上个长为侯身的两倍,加侯身为三。

[22]纲:系靶于长木的绳索。出舌寻:谓上下纲各出舌外八尺。缜:音 yún,持纲纽也,类似今窗帘挂环。

[23]"张皮侯"句:以虎熊皮为鹄的。"则春"句:春日比武以校群臣功夫。

[24]五采:(箭靶从中心至边缘所涂)朱、白、苍、黄、黑五色。

[25]息燕:饮酒而射曰息燕。

[26]脯:音 fǔ,干肉。醢:音 hǎi,肉酱。

[27]宁侯:安顺的诸侯。

[28]女:同"汝",你。诒:贻,赠。

【提要】

本文选自《周礼》(中华书局 1980 年影印《十三经注疏》本)。

本篇讨论的是王城、诸侯都和卿大夫采邑乃至道路、农田水利、普通房屋的营造,从礼制规范到规划、施工工艺——涉及。

从"国中九经九纬"到诸侯、大夫采邑,以王城为标准的宫室逐渐递减的制度,不仅是礼制的要求,更能体现国家的权威。

再如"水地以县,置槷以县",所谈的借助水准仪和线坠来测量场地、定测平直的方法至今仍在使用,虽然工具可能更先进了,但原理仍如当时;"茸屋三分、瓦屋四分",谈的则是不同屋面其坡度要求不同的问题,这些后来演变成传统营造活动中的举架制度。

匠人建国,水地以县[1],置槷以县[2],视以景[3]。为规[4],识日出之景与日入之景。昼参诸日中之景,夜考之极星,以正朝夕[5]。

匠人营国,方九里,旁三门[6]。国中九经九纬[7],经涂九轨[8]。左祖右社[9],面朝后市,市朝一夫[10]。

夏后氏世室,堂修二七,广四修一[11]。五室[12],三四步,四三尺,九阶。四旁两夹窗[13],白盛[14]。门堂三之二,室三之一[15]。

殷人重屋,堂修七寻,堂崇三尺,四阿重屋[16]。

周人明堂,度九尺之筵,东西九筵,南北七筵,堂崇一筵[17]。五室,凡室二筵。室中度以几,堂上度以筵,宫中度以寻,野度以步,涂度以轨[18]。庙门容大扃七个,闱门容小扃三个,路门不容乘车之五个,应门二彻参个[19]。内有九室,九嫔[20]居之。外有九室,九卿[21]朝焉。九分其国,以为九分,九卿治之。王宫门阿之制五雉,宫隅之制七雉,城隅之制九雉[22]。经涂九轨,环涂七轨,野涂五轨[23]。门阿之制,以为都城[24]之制。宫隅之制,以为诸侯[25]之城制。环涂以为诸侯经涂,野涂以为都经涂[26]。

匠人为沟洫[27]。耜广五寸,二耜为耦[28]。一耦之伐,广尺、深尺,谓之甽[29];田首倍之,广二尺,深二尺,谓之遂[30]。九夫为井,井间广四尺,深四尺,谓之沟。

方十里为成^[31]，成间广八尺、深八尺，谓之洫；方百里为同，同间广二寻，深二仞，谓之浍^[32]。专达于川，各载其名。

凡天下之地势，两山之间，必有川焉；大川之上，必有涂焉。凡沟逆地防，谓之不行^[33]；水属不理孙^[34]，谓之不行。梢沟^[35]三十里，而广倍。凡行奠水，磬折以参伍^[36]。欲为渊，则句于矩^[37]。凡沟必因水势，防必因地势。善沟者，水漱之；善防者，水淫之^[38]。凡为防，广与崇方，其杀三分去一，大防外杀^[39]。凡沟防，必一日先深之以为式^[40]。里为式，然后可以传众力。凡任，索约大汲其版，谓之无任^[41]。

葺屋三分，瓦屋四分^[42]。囷、窖、仓、城，逆墙六分^[43]。堂涂^[44]十有二分。窦^[45]，其崇三尺。墙厚三尺，崇三之^[46]。

【注释】

[1] 国：王城，都城。水地：注水以测地之平整与否。县：通"悬"，谓悬绳坠物以正柱之直否。

[2] 槷：通"臬(niè)"，测日影的杆子。

[3] 景：通"影"。

[4] 规：画一圆。意谓日出之影与日入之影环杆成为一正圆，东西便正。

[5] 参：校核。极星：北极星。此谓应日参星以定东西南北。类于今日的勘察。

[6] 旁三门：(王城四面)各开三门。

[7] 经：南北向道路为经。纬：东西向路为纬。

[8] 涂：通"途"，道路。轨：两轮间距称之。周制一轨八尺。

[9] 祖：祖庙。帝、侯家庙曰祖。社：土神。此谓祭祀土地神及五谷神的社稷坛。

[10] 夫：百亩为一夫，方圆百步。

[11] 夏后氏：指禹或其后代建立的夏朝。世室：大室，谓举行重大活动的殿堂。堂：台基，宫室立其上。修：进深。二七：二七一十四步。

[12] 五室：堂上建五室以象五行(金木水火土)。

[13] 四旁两夹窗：贾公彦疏：四旁者，五室室有四户，四户之旁皆有两夹窗，则五室二十户，四十窗也。

[14] 白盛：用白灰粉刷墙壁，使工程完工。盛，音chéng，成。

[15] 门堂：门侧之堂。室：门堂内左右两室。

[16] 重屋：重檐之屋。阿：栋也。谓二重之屋，上部覆盖中央五室，下部覆四堂。形制为屋顶四面皆坡，相交成脊，类似今日庑殿顶。

[17] 度：音duó，丈量、计算。筵：音yán，竹制垫席，长九尺。

[18] 几：音jī，小桌，低矮便凭依、置物件。野：郊外称野。步：长度单位。历代不一，周以八尺为步。

[19] 扃：音jiōng，从外关门的门闩、钩等。闱门：庙中小门。路门：寝宫区之总门，门外为朝，内为寝室。应门：宫城正南门。彻：通"辙"。

[20] 嫔：宫中女官，嫔妃。

[21] 九卿：周以少师、少傅、少保、冢宰、司徒、宗伯、司马、司空、司寇为九卿。

[22] 门阿：台门中脊的标高，亦说为天子五门之制。雉：音zhì，计算城墙的面积单位，雉高一丈、长三丈，因此计长一雉为三丈，高一雉一丈。隅：音yú，角落，此谓城上角楼。

[23] 经涂:指王城内纵横大道。环涂:环绕王城的干道。野涂:王畿内的干道。

[24] 都城:王之子弟、卿大夫等受封之都邑,(都高五雉)。

[25] 诸侯:指诸侯城(都高七雉)。

[26] "环涂"句:意谓王城环路规格(七轨)就是诸侯经纬路宽度,而王城郊区路宽就是采邑经纬路宽(五轨)。

[27] 为:开挖。洫:音 xù,田间水道。

[28] 耜:音 sì,古代类似锹的农具。耦:音 ǒu,二人并肩耕作。

[29] 伐:翻土。畎:音 quǎn,"甽"之异体字,田间的水沟。

[30] 遂:井田制三夫为屋,夫与夫之间有界沟,名遂。因此,临遂两夫的边缘称田首。

[31] 成:十井为通,十通曰成,亦三百屋为成也。

[32] 仞:长度单位,古以七尺或八尺为一仞。浍:音 kuài,田间通水大沟。

[33] 沟:开挖沟渠。防:音 lè,地势。不行:水流不畅。

[34] 属:音 zhù,流注。孙:顺。

[35] 梢沟:指水流自然冲激而成的沟,由近而远,渐远渐宽。郑玄注:"不垦地之沟也"。

[36] 奠水:止水。磬折:谓止水引流当如折磬之形。参伍:参照,谓以折磬裂处之形为依,使水流三拐五折,缓流而溉田。

[37] 句:同"勾",弯曲。矩:画直角或方形的尺。此句谓欲蓄水成渊潭,水道须迂曲盘旋,以利地势凹处冲刷而成。

[38] 漱:音 shù,冲刷。淫:借水力以积淤土。

[39] 杀:音 shā,通"杀",减也。

[40] 式:标准。

[41] 任:使用。索:绳子。约:约束,收紧。汲:引也。谓以绳缩版,若引之太过,版则伤而变形,束土无力,无异于不缩。

[42] 葺:音 qì,指用茅草盖屋。三分:谓屋脊到屋檐的高度应是房屋跨度的三分之一。瓦屋:用瓦盖屋。我国西周早期便已出现。

[43] 囷:音 qùn,圆形粮仓。仓:方形粮仓。城:此谓城墙。逆墙:谓筑墙时的收分,使墙截面呈梯形。标准是墙的顶部厚度为墙高的六分之一。

[44] 堂涂:堂阶前的甬道。

[45] 窦:音 dòu,孔穴,此指宫中地下水道。

[46] 三之:三倍之。

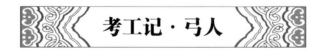

考工记·弓人

【提要】

本文选自《周礼》(中华书局 1980 年影印《十三经注疏》本)。

本篇对制弓技术、工艺作了详细的总结。文中详细论述了材料的采择、加工的方法、部件的性能及其组合方法,对工艺上应防止的弊病,也进行了分析。不仅如此，还对射箭活动中精神气质和弓箭特性的互补关系进行了论述。

关于制弓材料。制弓以干、角、筋、胶、丝、漆，合称"六材"："干也者，以为远也；角也者，以为疾也；筋也者，以为深也；胶也者，以为和也；丝也者，以为固也；漆也者，以为受霜露也。"作者对木材、动物角、动物肌筋、动物胶、漆等制弓、强弓材料意义详细讨论，而且对制弓的物候选择也极为精细。尤值一提的是，文中谈到的复合弓制造不但是中国古代制弓术的高峰，也是世界上最早详细记载此项技术的文字。

关于射箭活动中人的精、气、神和弓箭特性的关系。《弓人》中说：长得矮胖、意念宽缓、动作舒迟的人（安人），应使用刚劲的弓（危弓），配以柔缓的箭（安矢）；刚毅果敢、火气大、行动急的人（危人），交选用柔软一些的弓（安弓），配以剽疾的箭（危矢）。宽缓舒迟之人（安人），如果用柔软的弓（安弓）、柔缓的箭（安矢），箭行的速度就慢，射中也不能深入。刚毅果敢的人、性情急躁的人（危人），再用刚劲的弓（危弓）、剽疾的箭（危箭），就不能又稳又准地射中目标。这也是世界上较早谈论人弓关系的文字。

弓人为弓。取六材[1]必以其时。六材既聚，巧者和之。

干也者，以为远也；角也者，以为疾也；筋也者，以为深也；胶也者，以为和也；丝也者，以为固也；漆也者，以为受霜露也。凡取干之道七：柘[2]为上，檍[3]次之，檿桑[4]次之，橘次之，木瓜次之，荆次之，竹为下。凡相干，欲赤黑而阳声，赤黑则乡心，阳声则远根[5]。凡析干，射远者用势[6]，射深者用直。居干之道，菑栗不迤，则弓不发[7]。

凡相角，秋䖡者厚，春䖡者薄，稚牛之角直而泽，老牛之角紾而昔[8]。疢疾、险中[9]。瘠牛之角无泽。角欲青白而丰末。夫角之本，蹙于脑而休于气[10]，是故柔，柔故欲其势也；白也者，势之征也。夫角之中，恒当弓之畏，畏也者必桡[11]。桡，故欲其坚也；青也者，坚之征也，夫角之末；远于脑而不休于气，是故脆[12]，脆故欲其柔也；丰末也者，柔之征也。角长二尺有五寸，三色不失理，谓之牛戴牛[13]。

凡相胶，欲朱色而昔[14]。昔也深，深瑕而泽，紾而抟廉[15]。鹿胶青白，马胶赤白，牛胶火赤，鼠胶黑，鱼胶饵，犀胶黄。凡昵之类不能方[16]。

凡相筋，欲小简而长，大结而泽。小简而长，大结而泽，则其为兽必剽[17]。以为弓，则岂异于其兽？筋欲敝之敝。漆欲测[18]，丝欲沈[19]，得此六材之全，然后可以为良。

凡为弓，冬析干而春液角，夏治筋，秋合三材，寒奠体，冰析灂[20]。冬析干则易，春液角则合，夏治筋则不烦，秋合三材则合，寒奠体则张不流[21]，冰析灂则审环[22]，春被弦则一年之事。析干必伦，析角无邪，斫目必荼[23]。斫目不荼，则及其大修[24]也，筋代之受病。夫目也者必强，强者在内而摩其筋，夫筋之所由嶦[25]，恒由此作，故角三液而干再液。厚其帤[26]则木坚，薄其帤则需[27]，是故厚其液而节其帤。约之不皆约[28]，疏数必侔，斫挚[29]必中，胶之必均。斫挚不中，胶之不均，则及其大修也，角代之受病，夫怀胶于内而摩其角，夫角之所由挫，恒由此作。

凡居角，长者以次需[30]，恒角[31]而短，是谓逆桡。引之则纵，释之则不校[32]。恒角而达，譬如终绁[33]，非弓之利也。今夫茭解中有变焉，故挍[34]；于挺臂中有柎[35]焉，故剽。恒角而达，引如终绁，非弓之利。挢干欲孰于火而无赢[36]，挢角欲孰于火而无燂[37]，引筋欲尽而无伤其力，鬻[38]胶欲孰而水火相得，然则居旱亦不动，居湿亦不动。苟有贱工，必因角干之湿以为之柔，善者在外，动者在内[39]。虽善于外，必动于内，虽善亦弗可以为良矣。

凡为弓，方其峻而高其柎[40]，长其畏而薄其敝，宛之无已，应[41]。下柎之弓，末应将兴[42]。为柎而发，必动于軵，弓而羽[43]軵，末应将发。弓有六材焉，维干强之。张如流水，维体防之，引之中参[44]。维角揫之[45]，欲宛而无负弦[46]，引之如环，释之无失体，如环。材美，工巧，为之时，谓之三均[47]。角不胜干[48]，干不胜筋，谓之三均。量其力，有三均[49]。均者三，谓之九和。九和之弓，角与干权，筋三侔，胶三锊，丝三邸，漆三斞[50]。上工以有余，下工以不足。

为天子之弓，合九而成规；为诸侯之弓，合七而成规；大夫之弓，合五而成规；士之弓，合三而成规。

弓长六尺有六寸，谓之上制，上士服之；弓长六尺有三寸，谓之中制，中士服之；弓长六尺，谓之下制，下士服之。

凡为弓，各因其君之躬志虑血气，丰肉而短，宽缓以荼。若是者为之危弓[51]，危弓为之安矢；骨直以立，忿埶以奔[52]。若是者为之安弓，安弓为之危矢。其人安，其弓安，其矢安，则莫能以速中，且不深；其人危，其弓危，其矢危，则莫能以愿中[53]。往体多，来体寡，谓之夹臾之属，利射侯与弋[54]。往体寡，来体多，谓之王弓之属，利射革与质[55]。往体来体若一，谓之唐弓[56]之属，利射深。

大和无灂[57]，其次筋角皆有灂而深，其次有灂而疏，其次角无灂[58]。合灂若背手文。角环灂，牛筋蕡灂[59]，麋筋斥蠖灂[60]。和弓击摩，覆之而角至，谓之句弓[61]。覆之而干至，谓之侯弓[62]。覆之而筋至，谓之深弓。

【注释】

[1]六材：即下文提及的干、角、筋、胶、丝、漆等六种制弓材料。

[2]柘：音 zhè，落叶乔木，干疏直，木里有纹，叶比桑叶稍硬。

[3]檍：杻木。叶似杏叶但稍尖，色白，皮正赤，树干多曲，可作弓干。

[4]檿桑：山桑。叶呈卵形，缘有粗锯齿。其材亦可做弓干。檿，音 yǎn。

[5]乡心：向于木心。乡：通"向"，近。此句谓凡选择木材，要选颜色赤黑、敲击发出的是清亮之声的，因为颜色赤黑之木近于木心，声音清扬近于树根。

[6]势：木之曲势，此谓射远的弓要反顺木曲势选材。

[7]菑：音 zī，剖。栗：栗木。发：王引之释为拨，枉曲。此句谓剖制弓干不斜行悖理，那发弓射箭便得心应手。

[8]羺：音 shā，杀也，此指杀牛。疹：音 zhěn，转也，弯曲。昔：通"焟"，干燥。

[9]疢：音 chèn，热病，引申为久病。此句谓牛久病，则角里伤。

[10]"夫角"句：谓角底近牛脑，受脑气的蒸润，所以较为柔润。休：音 xǔ，通"煦"，温暖、温热。

[11]畏：通"隈"，弓箫弣之间弯曲处。又弓末曰箫，中央曰弣(fǔ)。桡：曲也。

[12] 脆:软、弱,易断也。

[13] 三色:谓牛角角抵白、中间青、角尖丰大。牛戴牛:谓这样一只角就与整牛价值齐等了。

[14] "凡相胶"句:凡是选择胶,要色红而干燥。昔:干燥。

[15] 瑕:裂。廉:厅堂侧边曰廉,此谓棱凸。此句谓干燥而裂痕深且纹理交错折凸。

[16] 昵:音 zhǐ,粘,脂膏。方:比方,等同。

[17] 简:筋条。"大结"句:谓大的筋条须圆润而有光泽,那有这种筋条的兽行动一定迅捷。剽:音 piāo,轻捷。

[18] 测:清也。清可测,故云。

[19] 丝欲沈:谓丝的颜色要像在水里一样。沈,通"沉"。

[20] 液:浸泡。奠:音 dìng,定也,此谓冬天胶坚,弓入匣中,以定合适形状。潴:音 zhuó,水小声也,此谓天极寒时,张弛其弓,漆不脱落则为佳。

[21] 流:移也,谓弓体变移、变形。

[22] 审环:谓审察其漆是否如环形也。

[23] 伦:理也,谓顺木纹理。邪:斜。斫:音 zhuó,砍,削。荼:舒缓。

[24] 修:久。此句谓如削除木节不舒缓,节会暴起,那弓用久了,张筋拉弦力道必偏。

[25] 幨:音 chān,凸起也。谓目强磨筋而悖其理,则筋不附干而凸起变形。

[26] 帤:音 nú,弓杆上衬的薄木。此谓所衬薄木要厚。

[27] 需:音 rú,软、弱。

[28] 约:约束。此谓缠绕的丝胶须疏密均匀合度。

[29] 挚:精致。

[30] 需:当为"輭(ruǎn)",弱、软。指弓隈处。弓曲隈处较软,故以角之长者居之,助力使之不软。

[31] 恒:长。句谓如终其长角还短于隈干,拉弓时萧力强于隈力,则反桡。

[32] 纵:缓也,谓缓而无力。校:此指归于原位。

[33] 绁:音 xiè,牵牲畜的绳子。此谓角太长而到了萧头,拉弓射箭,箭行便绵软无力。

[34] 茭解:谓接中,即弓隈与弓萧之角相接处,其接缝较细。茭,音 qiāo,郑玄曰同"骹"。人胫近足处细如股,曰骹。校:音 jiàn,古同"校"。

[35] 柎:弓把两侧贴附的骨片。弓持握处,柎内垫薄木片,两侧贴以骨,故其骨干亦通称柎。

[36] 挢:音 jiǎo,通"矫",揉。赢:谓过熟也。

[37] 燂:音 qián,烤烂。谓炙烤太过。

[38] 鬻:音 zhōu,同"煮"。

[39] 动者在内:谓其内变动。

[40] 峻:指弓末的萧,形方,隆起,使弦绷紧。

[41] 畏:柎的表角上下。敝:谓人所握持手蔽之处。宛:曲。此谓引之也。应:谓不疲软。"宛之无已,应"句:谓弓虽多次引拉,弓势与弦缓急必定相应,不会疲软无力。

[42] 末:即弓末之萧。兴:伤动。

[43] 羽:通"扈",缓也。

[44] 维体防之:谓防弓体变形;引之中参:引弓合乎伸张三尺的要求。

[45] 维角撑之:谓以角柱抵之,增其力。撑,音 chèng,柱。

[46] 负弦:谓角与弦不相应而斜扭。负:背,悖。

[47] 三均:谓材、工、时三者恰到好处。

[48] 角不胜干:谓角与干不相害而相得益彰。

[49] "量其力"句:谓干胜一石力,加角二石,加筋三石。均:平均。

[50] 权:衡也,得。侔:等,均等,此谓数量。锊:音lüè,量词,合六又三分之二两(按:还有其他说法)。邸:音dǐ,量词,具体不详。斞:音yǔ,十钟曰斞。

[51] 危弓:疾弓,射箭速度快的弓。

[52] "骨直"句:谓若刚强果毅、行动急迫的(人)。埶:音shì,古通"势"。

[53] 愿中:如愿而中。谓矢力强劲则行必过急,常越物而不能贯中。

[54] "往体"句:弓体外曲的多,内向的少,称为夹臾之类,适于射靶、射猎。臾:弱。

[55] 革:皮革。质:此谓木椹,指木制的射靶。

[56] 唐弓:大弓。

[57] 灂:音jiào,用漆涂合。此谓漆痕。

[58] 其次角无灂:其次角(隈里)没有漆痕,其他地方都有。

[59] 蕡:音fén,麻子。此谓漆灂的纹理如麻子。

[60] 斥蠖:虫名。色青,形细小,喜蜷曲行进,常居草木叶上。此谓漆痕纹理如斥蠖。蠖:音huò。

[61] 击:同"拂"。谓拂去尘土。句弓:曲弓。句,音gōu,曲也。

[62] 覆:察也。此句谓角和干优良的,称为侯弓。

大雅·公刘

【提要】

本诗选自《诗经》(中华书局1980年影印《十三经注疏》本)。

《诗经》是中国最早的诗歌总集,共有诗歌305首,因此又称"诗三百"。《诗经》所录诗歌起西周初年(前11世纪),迄春秋中叶(前6世纪),涵盖黄河以北至江汉流域广大地区的社会生活。

《诗经》分《风》《雅》《颂》三部分。《风》有十五国风,收录各地民歌,成就最高;《雅》分《大雅》《小雅》,多为贵族祭祀之诗歌,《小雅》中也有部分民歌;《颂》则为宗庙祭祀之诗歌。

孔子给予《诗经》很高的评价,说"诗三百,一言以蔽之,曰:思无邪"。

《诗经》开启了中国数千年来现实主义文学的先河。《诗经》中的诗歌,对于我们考察中华民族先民的宗教、社会生活面貌,价值很高。

本篇描述的是公刘由邰迁豳开疆创业的事迹。上承《生民》,下接《绵》,构成周人史诗系列。

全诗共六章,每章六句。第一章写公刘带领生民做出发前的准备,粮食、武器齐备然后浩浩荡荡向豳进发;以下各章写到达豳地后划定疆域、勘查地形、测量土地以定种植、居住、养殖等事。跟随作者笔触，一幅远古时代民族祖先开疆土、立邦国、事耕养的生活图景如在眼前。

笃公刘，匪居匪康[1]。乃埸[2]乃疆，乃积乃仓。乃裹糇粮，于橐于囊[3]。思辑用光[4]，弓矢斯张[5]，干戈戚扬[6]，爰方启行。

笃公刘，于胥斯原[7]，既庶既繁，既顺乃宣[8]，而无永叹。陟则在巘[9]，复降在原。何以舟之[10]？维玉及瑶，鞞琫[11]容刀。

笃公刘，逝彼百泉，瞻彼溥原[12]。乃陟南冈，乃觏[13]于京。京师之野，于时处处[14]，于时庐旅[15]，于是言言，于时语语。

笃公刘，于京斯依[16]，跄跄济济，俾筵俾几[17]。既登乃依，乃造其曹[18]。执豕于牢，酌之用匏[19]。食之饮之，君之宗之[20]。

笃公刘，既溥既长，既景[21]乃冈，相其阴阳[22]，观其流泉。其军三单[23]，度其隰原[24]，彻田[25]为粮。度其夕阳[26]，豳居允荒[27]。

笃公刘，于豳斯馆[28]。涉渭为乱，取厉取锻[29]。止基乃理[30]，爰众爰有。夹其皇涧，溯其过涧[31]。止旅乃密，芮鞫之即[32]。

【注释】

[1]笃：音dǔ，忠厚诚实。公刘：后稷后代。公，爵位；刘，名。后世多合而称之。匪：不。句谓不贪图居处的安逸。

[2]埸：音yì，田界。

[3]糇粮：干粮，糇音hóu。橐、囊：装干粮的口袋，有底曰囊，无底曰橐(tuó)。

[4]思辑：谓和睦团结。思：发语词。辑：通"戢"，和睦。用光：以为荣光。

[5]张：张开，谓准备好。

[6]干：盾牌。戚：斧。扬：大斧。

[7]于：在。胥：察看。斯原：这里的原野。

[8]庶、繁：谓居之者众。顺：谓民心归顺。宣：舒畅。

[9]陟：音zhì，攀登。巘：音yǎn，小山。

[10]舟：同"周"，谓身上的佩带。

[11]鞞：音bǐ，刀鞘。琫：音běng，刀鞘口上的饰物。

[12]逝：往也。百泉：泉水多的地方。溥：音pǔ，广大。

[13]觏：音gòu，察看。

[14]京：高丘，或曰豳之地名。于时：于是。处处：居住。

[15]庐旅：寄居。此谓宾旅馆舍。

[16]依：凭依。此谓安顿建房。

[17]跄跄：音qiāng，有节奏行走发出的声音。济济：从容端庄貌。俾：使。筵：铺在地上坐的席子。几：置于席上的小矮桌。

[18]依：谓凭几。造：谓告祭。曹：通"褿"，祭猪神。

[19]牢：猪圈。酌之：谓斟酒。匏：音páo，葫芦。一剖为二作酒器，称匏爵。

[20] 君之:谓当君主。宗之:谓当宗族之主。

[21] 景:通"影",谓考日影以定方位。

[22] 相:察看。阴阳:山南水北曰阳,反之曰阴。

[23] 三单:谓轮流值班。分军为三,以一军服役,他军轮换。单:音shàn,通"禅"。此谓轮班。

[24] 隰原:低平之地,适于耕种。隰,音xí。

[25] 彻田:周人管理田亩的制度,后来井田制创于此(朱熹《诗集传》)。彻,通也。

[26] 夕阳:谓山西面。

[27] 允荒:确实广大。

[28] 豳:音bīn,今陕西旬邑、彬县一带。馆:建房。

[29] 渭:即渭水,源出甘肃渭原县,东南入今陕西境,贯穿渭河平原。乱:横流而渡。厉:同"砺",磨刀石。锻:谓捶物的石锤。

[30] 止:同"之",兹,这。基:基址。理:治理。

[31] 皇涧:豳地涧名。溯:面向。过涧:豳地涧名。

[32] 密:众多。谓前来定居的人口日渐稠密。芮:音ruì,水名,"出吴山西北,东入泾。"(朱熹《诗集传》)或作汭,水边内凹处。鞫:音jū,水边外凸处。即:往,就。

大 雅·绵

【提要】

本诗选自《诗经》(中华书局1980年影印《十三经注疏》本)。

这首是周部族史诗之一,叙述太王古公亶父迁居岐周的伟大业绩。公刘由邰(今陕西武功)迁徙至豳(今陕西彬县、旬邑一带),历十世,传到古公亶父,因受狄人威胁,又迁到岐山之南的周原,从此渐渐强大起来。到文王时,其国力可以与殷相抗衡了。正因为古公亶父的功绩,周人把他看作继后稷、公刘之后,最受崇敬的祖先。

全诗九章。首章赞叹太王迁岐措施的英明及其初至岐的艰难;第二章写太王偕姜女亲至岐地察看地形;第三章写太王确定定居肥美的周原;第四章写太王安顿居民,并规划农业生产;第五章写太王指派主管官吏营造宗庙;第六章写筑墙劳动场面热烈而紧张;第七章写太王立城门、宫门、社等,赞美他为周奠定了典章制度;第八、第九两章转到赞美文王继承太王遗烈,对外、对内政绩卓著,从而见出周兴于太王、光大于文王的意思。

这首诗叙事条理清晰,场面描写尤为活灵活现。特别是第六章刻画筑墙的劳动动作和浩大宏伟的场面,非常形象生动,至今诵之犹如目前,充分显示了诗人非凡的观察力和表现力。

绵 绵瓜瓞[1]。民之初生[2],自土沮漆[3]。古公亶父[4],陶复陶穴[5],未有家室[6]。

古公亶父，来朝走马[7]。率西水浒[8]，至于岐下[9]。爰及姜女[10]，聿来胥宇[11]。

周原膴膴[12]，堇荼如饴[13]。爰始爰谋，爰契我龟[14]。曰止曰时[15]，筑室于兹。

乃慰乃止，乃左乃右[16]；乃疆乃理，乃宣乃亩[17]。自西徂东，周爰执事[18]。

乃召司空，乃召司徒，俾立室家[19]。其绳则直，缩版以载，作庙翼翼[20]。

捄之陾陾，度之薨薨[21]。筑之登登，削屡冯冯[22]。百堵皆兴，鼛鼓弗胜[23]。

乃立皋门，皋门有伉[24]。乃立应门，应门将将[25]。乃立冢土，戎丑攸行[26]。

肆不殄厥愠，亦不陨厥问[27]。柞棫拔矣，行道兑矣[28]。混夷駾矣，维其喙矣[29]！

虞芮质厥成，文王蹶厥生[30]。予曰有疏附[31]，予曰有先后[32]，予曰有奔奏[33]，予曰有御侮[34]。

【注释】

[1] 绵绵:谓连绵不绝。瓞:音 dié,小瓜。

[2] 民:指周人。初生:指周族开始发展的阶段。

[3] 土:音 dù,古水名,位于豳地。在今陕西旬邑县西南。沮:音 cú,借为"徂",到。漆:古水名,岐山(今陕西宝鸡市境东北部)域内。

[4] "古公"句:古公,号;亶父,名或字。亶:音 dǎn。

[5] 陶:借为"掏";复:借为"窊",从山崖边往里掏的洞叫窊,即窑洞。穴:往下掏的洞叫穴。

[6] 家室:房屋。

[7] 来朝:第二天早上。走马:驰马。

[8] 率:沿着。西水:豳城西边的水。浒:水边。

[9] 岐下:岐山之下。

[10] 爰:乃,于是。姜女:亶父妻,姓姜,亦称太姜。

[11] 聿:音 yù,发语词。胥:察看,视察。宇:居处。

[12] 周原:地名,在岐山下。膴(wǔ)膴:肥美的样子。

[13] 堇:音 jǐn,多年生草木植物,亦名堇堇菜。荼:苦菜。饴:糖,麦芽糖。

[14] 始:同"谋",计划。契:钻刻。龟:龟甲。古时占卜用龟甲火烤前需钻孔,然后烤而看裂纹以断吉凶。此谓亶父占卜确定是否定居周原。

[15] 曰:发语词。止:居住。时:与"止"义同。

[16] 乃慰:谓占卜结果与人的愿望相同,于是心安理得。止:谓安顿下来。左、右:谓划定左右区域。

[17] 疆:修起边界。理:治理土田。宣:翻土耕地。亩:开沟筑垄。

[18] 周:遍也。谓人人各忙其事。执事:所干的事。

[19] 司空:掌管工程的官。司徒:即司土,掌管土地和调配劳力的官。俾:音 bǐ,使。立:建立,建筑。

[20] 绳:绳墨,建筑前用它正地基。缩:捆束。版:筑墙夹土的长板。以:于。载:同"栽",

筑墙所立的木柱。筑墙时,沿板两头立木柱,捆板于柱,墙两面皆是,成槽状,填土入内,舂之使坚,最后去除柱板,墙成。庙:宗庙。翼翼:严正貌。

[21] 捄:音 jū,铲土入筐。陾陾:铲土声。陾,音 réng。度:音 duó,投,谓抛土入版。薨薨:土入版筑发出的声音。薨,音 hōng。

[22] 筑:打夯,使土坚实。登登:打夯的声音。屡:同"娄",墙土溢出凸起的地方。冯冯:削除凸块发出的声音。冯,音 píng。

[23] 堵:墙。兴:动工。馨鼓:大鼓。馨:音 gāo。句谓建筑工地的各种声音即使巨大的鼓声也赛不过。

[24] 皋:音 gāo,郭门,此谓外城门。伉:音 kàng,高大的样子。

[25] 应门:王宫正门。将将:庄严堂皇的样子。将,音 qiāng。

[26] 冢土:大社,谓祭土神的庙。戎:昆夷。丑:周对敌人的蔑称。攸:所也。行:行走。此句谓建立社台在昆夷来犯的路上。

[27] 肆:既也。殄:音 tiǎn,消灭。厥:其。愠:音 yùn,愤怒。陨:坠落,此谓断绝。此句言亶父对昆夷的愤怒并不消除,怀着复仇、收复土地的决心。

[28] 柞:音 zuò,柞树。棫:音 yù,丛生小木。兑:通畅,通达。

[29] 混夷:昆夷。混,音 kūn。骏:音 tuì,受惊奔窜。维其:何其。喙:音 huì,通"瘃",疲劳病困的样子。

[30] 虞、芮:二国名。虞在今山西平陆,芮在今陕西大荔。质:致。成:城。蹶:音 guì,嘉奖。生:音 xìng,官吏。此句谓文王伐虞、芮,两国献城归降,文王嘉奖其官吏。

[31] 予:我,此处为诗人代文王自称。疏:辅。附:归附。此句谓团结群臣,亲近归附众臣。

[32] 先后:文王身边众臣。

[33] 奔奏:奔走效力之臣。

[34] 御侮:抵御外侮之臣。

大 雅 · 灵 台

【提要】

本诗选自《诗经》(中华书局 1980 年影印《十三经注疏》本)。

这是歌颂周文王建成灵台和游赏奏乐的诗。诗共四章,第一章写民众踊跃为文王兴建灵台,第二章写文王游览灵囿、灵沼的快乐,第三、第四章写文王在辟雍奏乐自娱的盛况。

灵台究竟何谓? 历来说法不一。有称游乐之台者,有称观象之台者。笔者认为,孟子所言:"文王以民力为台为沼。而民欢乐之,谓其台曰灵台,谓其沼曰灵沼,乐其有麋鹿鱼鳖。古之人与民偕乐,故能乐也。"(《孟子·梁惠王上》)较为允当。

全诗以生动的语言称颂了周文王在文治方面的成就,其描绘鹿、鸟、鱼等都很简洁生动、活灵活现。当然,诗歌要表现的还是文王有德,民竞乐于归附,而这种归附就是通过众人同心建造灵台、辟雍来体现的,实现的方式就是君民共同游乐。

经始灵台[1],经之营之。庶民攻之[2],不日成之。经始勿亟,庶民子来[3]。王在灵囿,麀鹿攸伏[4]。麀鹿濯濯,白鸟翯翯[5]。王在灵沼,於牣鱼跃[6]。虡业维枞,贲鼓维镛[7]。于论鼓钟,于乐辟雍[8]。
于论鼓钟,于乐辟雍。鼍鼓逢逢,矇瞍奏公[9]。

【注释】

[1]经始:开始筹划建造。灵台:古台名。故址位于今陕西西安西北。

[2]庶民:众民。攻:谓建造。

[3]亟:同"急"。子:同"孜",急急、快速。

[4]灵囿:指文王蓄养禽兽的林苑。《孟子》称"文王之囿方七十里"。可见其大。麀:音yōu,母鹿。

[5]濯濯:肥壮貌。濯:音zhuó。翯翯:洁白貌。翯,音hè。

[6]灵沼:文王林苑中的池沼。於:音wū,赞叹声。牣:音rèn,盈满。句谓啊呀满池鱼儿欢蹦蹦。

[7]虡:音jù,悬挂钟、磬等乐器的木架。业:虡上的挂钟横板。贲:音fén,大鼓。镛:音yōng,大钟。

[8]辟雍:音bì yōng,离宫名。异于后学校之称,详见戴震《毛郑诗考证》。

[9]鼍:音tuó,扬子鳄,皮蒙鼓声极佳。逢逢:鼓声。矇瞍:音méng sǒu,盲人,古时乐官多为盲人。公:或训"事",指奏乐。

小雅·斯干

【提要】

本诗选自《诗经》(中华书局1980年影印《十三经注疏》本)。

这首诗是周天子宫室落成的颂歌,《诗序》指实为周宣王"考(成)室",恐未必是。从诗的内容考察,说是周王朝通用的颂诗似较合理。

首章总述新居环境面山临水,风景优美;次章写继承先祖建造大量宫室,宗族安乐;第三、第四、第五章赞美宫室牢固美观,阳光充裕,适宜君子居住;第六、第七、第八、第九章预祝主人幸福美满,生男将贵为王侯,生女善事夫家。

作者在描写宫室时,由略至详、由远至近、由外至内,层层推进、逐步展开。先写环境,再写建筑因由,再到建筑面貌、宫室外形,最后是近景特写,层次十分清楚,重点相当突出。不仅如此,"如竹苞矣,如松茂矣"等句,既赞美了环境的优美,又暗喻了主人的高洁品格,可谓是笔端生花。

秩秩斯干[1],幽幽南山[2]。如竹苞矣[3]! 如松茂矣! 兄及弟矣,式相好矣,无相犹矣[4]。

似续妣祖[5],筑室百堵[6],西南其户[7]。爰居爰处,爰笑爰语[8]。

约之阁阁[9],椓之橐橐[10]。风雨攸除[11],鸟鼠攸去[12],君子攸芋[13]。

如跂[14]斯翼,如矢斯棘[15],如鸟斯革[16],如翚[17]斯飞,君子攸跻[18]。

殖殖[19]其庭,有觉其楹[20],哙哙其正,哕哕其冥[21],君子攸宁[22]。

下莞上簟[23],乃安斯寝。乃寝乃兴,乃占我梦。吉梦维何? 维熊维罴,维虺维蛇[24]。

大人[25]占之:维熊维罴,男子之祥[26]。维虺维蛇,女子之祥。

乃生男子,载寝之床。载衣之裳,载弄之璋[27]。其泣喤喤[28],朱芾斯皇[29],室家[30]君王。

乃生女子,载寝之地。载衣之裼,载弄之瓦[31]。无非无仪,唯酒食是议[32]。无父母诒罹[33]。

【注释】

[1]秩秩:水流貌。斯:语助词,此有"之"义。干:通"涧",山间小溪。

[2]幽幽:深远貌。南山:即终南山。

[3]如:有。苞:竹丛生貌。谓贵族家庭兴旺如茂盛的松竹。

[4]式:发语词。犹:欺诈。此谓兄弟和睦,不必分家,宜扩建房屋。

[5]似:通"嗣",继。妣:逝母曰妣。

[6]堵:一面墙。百堵,谓百间房屋。

[7]户:单门曰户。此谓开门。

[8]"爰笑"句:谓大家庭一起生活和睦相处、笑声不断。

[9]约:捆束(筑墙板)。阁阁:象声词,谓绳索、筑板摩擦发出的声音。

[10]椓:音zhuó,用杵夯土。橐橐:夯土发出的声音。橐,音tuó。

[11]攸:于是。

[12]"鸟鼠"句:谓鸟鼠不能穿墙入室为害。意即墙体坚固。

[13]芋:借为"宇"。居住。

[14]跂:音qí,疑借为雉(zhī),喜鹊类鸟名。此谓房顶犹如鸟儿张开的翅膀。

[15]棘:借为"翮"(hé),鸟羽毛附着之硬管曰翮。此谓房屋周正挺括。

[16]革:借为"翮"(gé),翅膀。此谓房顶四角如鸟儿展翅欲飞。

[17]翚:音huī,野鸡,亦会飞也。

[18]跻:音jī,登。

[19]殖殖:平正貌。

[20]觉:觉觉,高大挺直。楹:屋廊柱。

[21]哙哙:明亮貌。哙,音kuài。哕哕:深暗貌。此谓房屋面积巨大。哕,音huì。

38

[22] 宁:安定,安居。

[23] 莞:音 guān,蒲草。簟:竹席。

[24] 罴:音 pí,兽,类熊,比熊大。虺:音 huǐ,毒蛇。

[25] 大人:占卜官。

[26] 祥:吉兆。谓熊罴是阳物,是生男吉兆。

[27] 载:则。弄:玩。璋:玉制礼器。半圭为璋。

[28] 喤喤:谓婴儿哭声响亮。

[29] 朱芾:谓天子诸侯的礼服。芾:音 fú,同"韨",古代礼服上黑青相间的花纹。斯皇:皇皇,光明的样子。

[30] 室家:周天子的家族。此谓男孩成人后将是家长。

[31] 地:周人室内不设床,席地而卧,故云。瓦:古时纺线用陶制纺锤。

[32] 非:错误。仪:同"议"。议:商讨。此谓女子德仪,不弄是非,只一心持家做饭。

[33] 诒:通"贻",留给。罹:音 lí,忧虑。句谓不给父母带来忧愁。

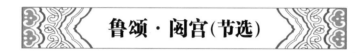

鲁颂·閟宫（节选）

【提要】

本诗选自《诗经》(中华书局 1980 年影印《十三经注疏》本)。

《閟宫》是一首以鲁僖公作閟宫为题材,较为全面地歌颂其文治武功,表达的是希望鲁国恢复在周初尊长地位的强烈愿望。

全诗分 10 章,共 120 句。首尾叙述僖公作庙,中间写祖先功德、僖公祭祖、僖公武功以及家人群臣情况。全诗结构严密、起伏跌宕,或铺张扬厉,或密密浅吟,犹如八月十五钱塘,潮水盖顶而来,气势不可阻挡。

閟宫即诗中提到的新庙,是鲁国祭祀列祖的场所。鲁立国初期是诸侯中第一等大国,地域广阔、兵强马壮,伯禽治国时代战功赫赫。到僖公时,鲁国号召力下降了,就连僖公本人也只能借助齐国实力走上君位。因此,诗人着重祭祀和武事的描画,强烈反映出光复祖先荣光的愿望。

这里节选首尾两段。

閟宫有侐,实实枚枚[1]。赫赫姜嫄,其德不回[2],上帝是依[3]。无灾无害,弥月不迟[4]。是生后稷,降之百福。黍稷重穋,稙稚菽麦[5]。奄有下国,俾民稼穑[6]。有稷有黍,有稻有秬[7]。奄有下土,缵禹之绪[8]。

……

徂来之松[9],新甫之柏[10],是断是度[11],是寻是尺[12]。松桷有舄[13],路寝孔硕[14],新庙奕奕[15]。奚斯所作,孔曼且硕,万民是若[16]。

【注释】

[1]闷宫:神庙,指后稷母姜嫄的庙。闷,音 bì,闭,神也。侐:音 xù,清静貌。实实:广大貌。枚枚:细密貌。句谓闷宫殿堂阔大而结构紧密。

[2]赫赫:显赫。姜嫄:周始祖后稷之母。回:邪。

[3]依:凭依。

[4]弥:满,谓怀胎十月。

[5]黍:小米。稷:高粱,或曰谷物。重穋:音 tóng lù,早种晚熟的谷物曰重,晚种早熟者为穋。稙:音 zhí,早种的谷物。稚:晚种的谷物。菽:音 shū,豆类总称。

[6]奄:包括。下国:谓天下。俾:音 bǐ,使。稼:耕种。穑:收获。稼穑:统谓农事。

[7]秬:音 jù,黑黍。

[8]下土:谓天下。缵:继承。绪:业绩。

[9]徂来:山名,在今山东泰安境内。亦作"徂徕"。

[10]新甫:山名,在泰山旁。

[11]度:通"剫",劈开。

[12]寻:八尺曰寻。寻、尺,这里均作动词。

[13]桷:音 jué,方椽。舄:音 xì,大貌。

[14]路寝:君王处理政事的宫殿。

[15]新庙:指闷宫。奕奕:美好貌。

[16]曼:长。是若:谓善其作是诗也。

鄘风·定之方中

【提要】

本诗选自《诗经》(中华书局 1980 年影印《十三经注疏》本)。

本篇歌颂的是卫文公重建卫国的业绩。卫懿公九年(前 660),北方狄人侵入卫国,懿公败死,卫国被灭。其残部在宋国的帮助下,逃过黄河,在曹(今河南滑县南)暂时落脚,立戴公,当年就死了。次年卫文公即位,在齐桓公的扶持下,由曹迁到楚丘(今河南滑县东),重建家园。

卫文公归国后,大力建设,大兴农业,繁殖六畜,克勤克俭,将一个残破的卫国逐步恢复起来,因此受到人们的赞扬。

全诗三章。第一章叙述在楚丘重建家园;第二章追记当初对楚丘的慎重选择;最后用事实赞美卫文公勤于农桑畜牧,务实有远见。纪实平易简洁,叙事条理清晰,所谓大音稀声。

定之方中,作于楚宫[1]。揆之以日,作于楚室[2]。树之榛栗[3],椅桐梓漆[4],

爰伐[5]琴瑟。

升彼虚矣[6]，以望楚矣。望楚与堂[7]，景山与京[8]，降观于桑[9]。卜云其吉，终然允臧[10]。

灵雨既零，命彼倌人[11]。星言夙驾，说于桑田[12]。匪直[13]也人，秉心塞渊[14]，騋牝[15]三千。

【注释】

[1] 定:星名，又名营室，二十八宿之一。方中:谓十月之交，定星位于天中位置，宜造屋。于:音义同为。楚:地名，楚丘，今河南滑县东、濮阳西。

[2] 揆:音 kuí，度量。日:日影。楚室:楚丘的宫室。

[3] 树:种植。榛、栗:树名。

[4] 椅桐梓漆:均为树名。

[5] 伐:击，弹。

[6] 虚:同"墟"，大丘，或曰故城。

[7] 堂:地名，楚丘旁邑。

[8] 景山:大山。京:高丘。

[9] 桑:桑林。此谓文公遍历高山、田野察看地形、筹划复国。

[10] 允:信，确实。臧:好，善。

[11] 倌人:驾车小官。

[12] 言:语助词，无实义。夙驾:清晨驾车出行(视察)。说:shuì，通"税"，休息。此谓文公勤政亲民。

[13] 匪直:不仅。

[14] 秉心:用心，操心。塞渊:诚实深远。

[15] 騋:音 lái，大马。牝:母马。此三句谓文公为民为国，勤奋务实、心思深远，终使国家振兴。

范无宇论国为大城未有利

【提要】

本篇选自《国语·楚语》(上海古籍出版社 1988 年版)。

《国语》是我国最早的国别体史书，共二十一卷，按周、鲁、齐、晋、郑、楚、越分国编次，记载了从周穆王始，至鲁悼公止(前 1001—前 440)，前后 500 余年的史事。但并不是系统记述，而是有重点地记载若干重大事件。如《吴语》《越语》只记述了吴越两国争霸的经过。

《国语》详于记言，着重记录"邦国成败，嘉言善语"，故名《国语》。此书既有"尚实录，寓褒贬"的史风，又能运用形象思维来写史，具有较强的文学和史学价值。

《国语》的作者,历来说法不一。一般的看法是,《国语》的成书有一个过程,最初是左丘明传诵,然后是时人传习,最后经列国之瞽史改编、润色而成。时代大约在战国初年。

本篇讲的是楚国的一段史实。灵王派人修筑陈国、蔡国、不羹的城墙,想通过此举让诸侯归附。范无宇却称"国为大城,未有利者",并列举众多实例加以劝服,可是楚灵王听不进去,最终导致杀身之祸。

楚灵王是楚共王的第二个儿子,杀了楚王熊麇而自立。他贪婪暴虐,奸险狡诈,野心勃勃。做了楚王后,对内大兴土木,穷奢极欲。筑章华台,建章华宫,尽选细腰美女入宫,故章华宫又称"细腰宫";对外穷兵黩武,发动侵略,灭了陈、蔡两国。致使楚国民疲财竭,人民备受荼毒,百姓怨声载道。当蔡人朝吴、蔡洧联络灵王弟弟公子弃疾起兵讨罪时,楚国举国上下一致响应,很快推翻了他的统治。

灵王城陈、蔡、不羹[1],使仆夫子晳问于范无宇[2],曰:"吾不服诸夏而独事晋何也,唯晋近我远也。今吾城三国,赋皆千乘,亦当晋矣。又加之以楚,诸侯其来乎?"对曰:"其在志也,国为大城,未有利者。昔郑有京、栎[3],卫有蒲、戚[4],宋有萧、蒙[5],鲁有弁、费[6],齐有渠丘[7],晋有曲沃,秦有徵、衙[8]。叔段以京患庄公[9],郑几不克,栎人实使郑子不得其位[10]。卫蒲、戚实出献公[11],宋萧、蒙实弑昭公[12],鲁弁、费实弱襄公[13],齐渠丘实杀无知[14],晋曲沃实纳齐师,秦徵、衙实难桓、景[15],皆志于诸侯,此其不利者也。

"且夫制城邑若体性[16]焉,有首领股肱,至于手拇毛脉,大能掉小,故变而不勤。地有高下,天有晦明,民有君臣,国有都鄙[17],古之制也。先王惧其不帅[18],故制之以义,旌之以服,行之以礼,辩之以名,书之以文,道之以言。既其失也,易物之由。夫边境者,国之尾也,譬之如牛马,处暑之既至[19],虻蜚之既多[20],而不能掉其尾,臣亦惧之。不然,是三城也,岂不使诸侯之心惕惕焉[21]。"

子晳复命,王曰:"是知天咫,安知民则?是言诞也[22]。"右尹子革侍[23],曰:"民,天之生也。知天,必知民矣。是其言可以惧哉[24]!"三年,陈、蔡及不羹人纳弃疾而弑灵王[25]。

【注释】

[1]灵王:楚灵王。陈:楚地名,原为陈国,鲁昭公八年(前534)灭于楚。蔡:楚地名,原为蔡国,鲁昭公十一年(前531)被楚国吞并。不羹:楚地名,原为不羹国,有东西二不羹,被楚吞并。

[2]仆夫子晳:即仆晳父,楚大夫。范无宇:即申无宇,楚大夫。

[3]京:郑邑名,郑庄公之弟共叔段封邑,在今河南荥阳东南。栎:音lì,郑庄公儿子子元封邑,在今河南禹县。

[4]蒲:卫邑名,卫国大夫宁殖封邑,在今河南长垣。戚:卫国大夫孙林父封邑,在今河南濮阳北。

[5]萧、蒙:宋邑名,公子鲍封邑。萧:今安徽萧县。蒙:今河南商丘东北。

[6]弁、费:鲁大夫季氏封邑。弁:今属山东。费:今山东费城。

[7]渠丘:即葵丘,齐大夫雍廪封邑。在今山东临淄西。

[8]微、衙:秦邑名,秦公子铖封邑。均在今陕西境内。

[9]"叔段以京"句:意谓郑庄公弟段的邑城规模大于庄公都城,渐渐成为其心腹之患,最终引发"克段于鄢"(《左传·昭公十七年》)。

[10]栎人:郑大夫傅瑕。郑子:郑庄公儿子子仪。鲁庄公十四年(前680),郑历公入侵郑国,俘获傅瑕,与之结盟。后傅瑕杀了郑子,迎郑历公复位。

[11]献公:卫献公。鲁襄公十四年(前559)蒲地的宁殖和戚地的孙林父驱逐了卫献公,献公逃至晋国。

[12]"宋萧"句:谓鲁文公十六年(前611)宋昭公的哥哥公子鲍弑昭公而自立为君。

[13]"鲁弁"句:谓鲁襄公十一年(前562)鲁卿季武子自建三军,削弱了襄公军力。

[14]"齐渠"句:谓鲁庄公九年(前685)齐国大夫雍廪杀了公孙无知。

[15]桓、景:指秦桓公和秦景公。桓公儿子铖受桓公溺爱,景公即位后,与景公如同二君并列。鲁昭公六年(前541),铖逃至晋国。以上历数各诸侯国尾大不掉,邑强于邦最终导致难以收拾,造成国伤元气的史实。

[16]体性:身体特点。谓城邑之制就像人之体貌特征。

[17]都鄙:都城、边邑。

[18]帅:遵循。

[19]处暑:二十四节气之一,阴历八月下旬。

[20]蝱蜹:牛虻,大曰蝱,小曰蜹(wèi)。

[21]惕:音tì,担心,提心吊胆。

[22]诞:荒诞。

[23]右尹:官名,楚国长官多称尹。子革:楚国大夫,亦称郑丹或然当,以字称。郑国大夫子然之子。

[24]惧:此谓引起警惕。

[25]弃疾:楚恭王之子,楚灵王之弟,名熊居,即楚平王,前528—前516年在位。

伍举论台美而楚殆

【提要】

本篇选自《国语·楚语》(上海古籍出版社1988年版)。

公元前541年,楚灵王即位伊始,便下令营造章华宫。章华宫是一座规模宏大的游宫,其主体工程是章华台。6年后,章华台竣工,楚灵王举行盛大的落成典礼。陪同楚灵王登台的大夫伍举说,此台"以土木之崇高、彤镂为美",但国家"财用尽焉,年谷败焉,百官烦焉",耗尽国力,因此台美而国殆。

章华宫遗址位于湖北潜江市龙湾区的沱口乡,其建筑主体部分是章华台。

章华台遗址南北长 25.95 米，东西宽 12.8 米，东西两面有回廊。考古发现，筑台所用的砖是扁平、正方形的红色火烧砖；部分筒瓦带有榫卯的钩孔；台基东侧有蚌壳铺筑的路面；台基柱洞方、圆、半方半圆、六边形，洞形复杂，可见其结构的繁复。

楚式宫殿园林建筑章华宫是一座十分华美的建筑，代表了东周各诸侯国建筑技术的最高水平。《楚辞·招魂》用"层台累榭，临高山些"来描述它，可见它非常讲究建筑与环境的和谐。这座楚式宫殿园林建筑也成为后世江南园林的渊薮。

灵王为章华之台，与伍举升焉[1]，曰："台美夫！"对曰："臣闻国君服宠以为美，安民以为乐，听德以为聪，致远以为明。不闻其以土木之崇高、彤镂[2]为美，而以金石匏竹之昌大、嚣庶为乐[3]；不闻其以观大、视侈、淫色以为明，而以察清浊为聪。

"先君庄王为匏居之台[4]，高不过望国氛，大不过容宴豆[5]，木不妨守备，用不烦官府，民不废时务，官不易朝常。问谁宴焉，则宋公、郑伯[6]；问谁相礼，则华元、驷骓[7]；问谁赞事，则陈侯、蔡侯、许男、顿子[8]，其大夫侍之。先君以是除乱克敌，而无恶于诸侯。今君为此台也，国民罢焉，财用尽焉，年谷[9]败焉，百官烦焉，举国留之，数年乃成。愿得诸侯与始升焉，诸侯皆距无有至者。而后使太宰启疆请于鲁侯[10]，惧之以蜀之役[11]，而仅得以来。使富都那竖赞焉，而使长鬣之士相焉[12]，臣不知其美也。

"夫美也者，上下、内外、小大、远近皆无害焉，故曰美。若于目观则美，缩于财用则匮，是聚民利以自封而瘠民也，胡美之为？夫君国者，将民之与处；民实瘠矣，君安得肥？且夫私欲弘侈，则德义鲜少；德义不行，则迩者骚离而远者距违。天子之贵也，唯其以公侯为官正，而以伯子男为师旅。其有美名也，唯其施令德于远近，而小大安之也。若敛民利以成其私欲，使民蒿[13]焉望其安乐，而有远心[14]，其为恶也甚矣，安用目观？

"故先王之为台榭也，榭不过讲军实[15]，台不过望氛祥。故榭度于大卒之居，台度于临观之高。其所不夺穑地，其为不匮财用，其事不烦官业，其日不废时务，瘠硗[16]之地，于是乎为之；城守之木，于是乎用之；官僚之暇，于是乎临之；四时之隙，于是乎成之。故《周诗》曰：'经始灵台[17]，经之营之。庶民攻之，不日成之。经始勿亟，庶民子来。王在灵囿[18]，麀鹿攸伏[19]。'夫为台榭，将以教民利也，不知其以匮之也。若君谓此台美而为之正，楚其殆矣！"

【注释】

[1] 灵王：楚灵王，芈（mǐ）熊虔，前540—前529年在位。伍举：即椒举，楚大夫。升：登。

[2] 彤镂：刻画。彤：朱红色。此谓描画。镂：镂刻。

[3] 金：钟，石：磬。匏：音 páo，笙。竹：箫。

[4] 匏居：台名。

[5] 豆：装食物的高脚盘。

[6] 宋公：宋文公鲍，前610—前589年在位。郑伯：郑襄公，名坚，前604—前587年在位。

[7] 华元：宋国卿。驷骓：即公子骓，郑穆公的儿子。

[8] 陈侯:指陈成公,名午,前 598—前 570 年在位。蔡侯:谓蔡文公,名申,前 611—前 592 年在位。许男:许昭公,名锡我,前 622—前 598 年在位。顿子:顿国国君。此谓楚王当年作台会诸侯而一飞冲天事。

[9] 年谷:年成。句谓庄稼收成不好。

[10] 启疆:即选(yuàn)子,楚国卿。鲁侯:鲁昭公,名稠。前 542—前 511 年在位。

[11] 蜀:鲁地名。鲁成公二年(前 590)楚攻至鲁国蜀地,鲁惧,与楚结盟。

[12] "使富"句:谓俊伟之人辅助宴会事务,美髯之士导引朝见。

[13] 民蒿:民众贫耗敝败。蒿:音 hāo,消耗。

[14] 远心:离心。

[15] 军实:军事。

[16] 瘠硗:贫瘠。硗:音 qiāo。

[17] 灵台:周台名,今陕西境内。

[18] 灵囿:周天子畜养鸟兽的林苑。

[19] 麀鹿:母鹿。麀:音 yōu。

匠师庆谏庄公丹楹刻桷

【提要】

本文选自《国语·鲁语》上(上海古籍出版社 1988 年版)。

本篇谈论的是鲁庄公粉饰先父宗庙的事,讨论克勤克俭问题。

匠师庆的"无益于君,而替前之令德",至今读来,振聋发聩。

庄公丹桓宫之楹,而刻其桷[1]。匠师庆言于公曰[2]:"臣闻圣王公之先封[3]者,遗后之人法,使无陷于恶。其为后世昭前之令闻也,使长监[4]于世,故能摄固不解[5]以久。今先君俭而君侈,令德替[6]矣。"公曰:"吾属欲美之。"对曰:"无益于君,而替前之令德,臣故曰庶可已矣。"公弗听。

【注释】

[1] 桓宫:鲁庄公父鲁桓公的宗庙。丹:用红漆涂抹。楹:柱子。桷:音 jué,方形椽子。

[2] 匠师庆:即鲁国主管工匠事务的大夫御孙,名庆。

[3] 先封:谓先祖。封:封疆,封域。

[4] 长监:长久为鉴。监:通"鉴"。

[5] 摄固不解:谓疆国稳固,绵延久远。

[6] 替:更替,泯灭。

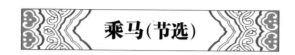

乘马(节选)

春秋·管　仲

【提要】

本篇选自《管子》(商务印书馆1934年版)。

乘马,意指计算筹划。本文较为详细地讨论了立都治国方方面面的因素,从具体择地营都,直至国家治理网络的建立,论述十分详细。其篇首一段被后来的风水理论广为推崇,其实,管子所论与风水之事距离甚远。

《管子》一书系西汉刘向编订,共有86篇,现存76篇。《乘马》等数篇,学术界认为是管仲遗说,较为真切地记录了管子的思想。郭沫若、闻一多、许维遹的《管子集校》把前人研究《管子》的成果收集在一起,颇便读者。

凡立国都[1],非于大山之下,必于广川之上[2]。高毋近旱而水用足,下毋近水而沟防省[3]。因天材[4],就地利,故城郭不必中规矩[5],道路不必中准绳[6]。

【作者简介】

管子(前725－前645),春秋初期颍上(今安徽境内)人。名夷吾,字仲,是我国古代著名的政治家、军事家、经济学家、哲学家。他帮助齐桓公"九合诸侯,一匡天下"(《论语·宪问》),使齐国成为春秋时期第一个称霸诸侯的大国。其思想主要表现为"予之为取"的藏富于民思想、"一体之治"的综合治理思想、礼法并用的统治术、国家积极干预经济的轻重观、寓兵于农的户籍制度等方面。他是春秋时期非常务实、才干卓著的政治家之一。

【注释】

[1]国都:大小都城。国:王都。都:诸侯都城。

[2]广川:大河。

[3]沟防:排水沟和堤坝。

[4]天材:自然条件。

[5]规矩:圆规和曲尺。此谓方圆的规定。

[6]准绳:水准仪和墨线。此谓平直标准。

度 地

春秋·管 仲

【提要】

本文选自《管子》(商务印书馆 1934 年版)。

《度地》篇主要谈的是国都乃至邦邑营造的择地、堤防修筑技术,以及如何变水害为水利的问题。

"善为国者,必先除其五害",水、旱、风雾雹霜、厉(瘟疫)和虫等五种灾害中,又以水害最为严重。防治水害需采取三方面的措施:设水官,顺时节,重平时。也就是说,选择那些熟悉习水性的人充当治水官吏,冬备具,春筑堤,平时勤查勤修堤防,做好应急准备,防患于未然。这样的话,水就便人、利人了。

关于国都择地。文中"向山,左右经水若泽"等文字周详而明白地表明农业社会的国都之要;国都如此,各邦、州都城营造等莫不如此。城市营造,趋水之利避水之害当然是第一要务,尤其是在黄河地区。

至于筑堤技术。文中说"作堤大水之旁,大其下,小其上,随水而行"。堤防下部大、上部小以图稳固。不仅如此,还提出因水性、地势为蓄水潭、为小堤、种植固堤、分段设防等措施,堤防建设技术和管理制度相当完备。

《度地》篇为战国时人托管子之名而作的,文中也体现了管子的顺天意而彰人力的思想。

昔者桓公问管仲曰:"寡人请问度地形而为国者[1],其何如而可?"管仲对曰:"夷吾之所闻,能为霸王者,盖天下圣人也。故圣人之处国[2]者,必于不倾[3]之地,而择地形之肥饶者,向山[4],左右经水若泽[5],内为落渠之泻[6],因大川而注焉[7]。乃以其天材、地之所生利,养其人,以育六畜。天下之人,皆归其德而惠其义[8]。乃别制断[9]之,州者谓之木[10],不满术者谓之里。故百家为里,里十为术,术十为州,州十为都,都十为霸国[11]。不如霸国者,国也,以奉天子。天子有万诸侯也,其中有公侯伯子男焉,天子中而处[12]。此谓因天之固[13],归地之利。内为之城,城外为之郭,郭外为之土阆[14]。地高则沟之,下则堤之,命之曰金城[15]。树以荆棘[16],上相穑著者[17],所以为固也。岁修增而毋已[18],时修增而毋已。福及孙子,此谓人命[19]万世无穷之利,人君之葆守也[20]。臣服之以尽忠于君,君体有之,以临天下,故能为天下之民先也[21]。此宰之任,则臣之义也[22]。故善为国者,必先除其五害,人乃终身无患害而孝慈焉。"

桓公曰:"愿闻五害之说。"管仲对曰:"水,一害也;旱,一害也;风雾雹霜,一害也;厉[23],一害也;虫,一害也。此谓五害。五害之属,水最为大。五害已除,人乃可治。"桓公曰:"愿闻水害。"管仲对曰:"水有大小,又有远近[24]。水之出于山而流入于海者,命曰经水;水别于他水[25],入于大水及海者,命曰枝水;山之沟,一有水,一毋水者[26],命曰谷水;水之出于他水[27],沟流于大水及海者,命曰川水;出地而不流者,命曰渊水。此五水者,因其利而往之可也[28],因而扼之可也,而不久常有危殆矣。"桓公曰:"水可扼而使东西南北及高乎[29]?"管仲对曰:"可。夫水之性,以高走下则疾,至于漂石[30];而下向高,即留而不行。故高其上领瓴之[31],尺有十分之三,里满四十九者[32],水可走也,乃迁[33]其道而远之,以势行之。水之性,行至曲必留退,满则后推前,地下则平行,地高即控[34],杜曲则捣毁[35]。杜曲激则跃,跃则倚,倚则环,环则中,中则涵,涵则塞,塞则移,移则控,控则水妄行[36];水妄行则伤人,伤人则困[37],困则轻法,轻法则难治,难治则不孝,不孝则不臣矣。故五害之属,伤杀之类,祸福同矣[38]。知备此五者,人君天地矣。"

桓公曰:"请问备五害之道。"管子对曰:"请除五害之说,以水为始。请为置水官,令习水者为吏,大夫、大夫佐各一人[39],率部校长、官佐各财足[40]。乃取水(官)左右各一人,使为都匠水工[41]。令之行[42]水道、城郭、堤川、沟池、官府、寺舍及州中,当缮治者,给卒财足[43]。令曰:常以秋岁末之时[44],阅其民,案家人,比地[45],定什伍口数[46],别男女大小。其不为用者辄免之,有锢病不可作者疾之[47],可省作者半事之[48]。并行以定甲士[49],当被兵之数[50],上其都。都以临下,视有余不足之处,辄下水官。水官亦以甲士当被兵之数,与三老、里有司、伍长行里,因父母案行阅具备水之器[51]。以冬无事之时笼、臿、板、筑各什六[52],土车什一,雨蔂什二[53],食器两具,人有之,锢藏里中[54],以给丧器[55]。后常令水官吏与都匠,因三老、里有司、伍长案行之。常以朔日始,出具阅之,取完坚,补弊久,去苦恶[56]。常以冬少事之时,令甲士以更次益薪,积之水旁,州大夫将之,唯毋后时[57]。其积薪也,以事之已[58];其作土也,以事未起。天地和调,日又长久。以此观之,其利百倍。故常以毋事[59]具器,有事用之,水常可制,而使毋败。此谓素有备而预具者也[60]。"

桓公曰:"当何时作之?"管子曰:"当春三月[61],天地干燥,水纠列[62]之时也。山川涸落[63],天气下,地气上,万物交通[64]。故事已,新事未起,草木黄[65],生可食。寒暑调,日夜分[66]。分之后,夜日益短,昼日益长,利以作土功之事,土乃益刚。令甲士作堤大水之旁,大其下,小其上,随水而行。地有不生草者,必为之囊[67]。大者为之堤,小者为之防[68]。夹水四道,禾稼不伤。岁埤增之[69],树以荆棘,以固其地;杂之以柏杨,以备决水。民得其饶,是谓流膏[70]。令下贫守之,往往而为界,可以毋败[71]。当夏三月,天地气壮,大暑至,万物荣华,利以疾藨杀草秽[72],使令不欲扰,命曰不长[73]。不利作土功之事,妨农焉,利[74]皆耗十分之五,土功不成。当秋三月,山川百泉涌,下雨降,山水出,海路距,雨露属,天地凑汐,利以疾作,收敛毋留[75]。一日把,百日铺[76]。民毋男女,皆行于野。不利作土功之事,濡湿日生[77],土弱难成,利耗十分之六,土工之事,亦不立。当冬三月,天地闭藏,暑雨止,大寒起,万物实熟。利以填塞空隙,缮边城,涂郭术,平度量,正权衡,虚牢狱,实廥仓,君修乐,与神明相望[78]。凡一年之事毕矣,举有功,赏贤,罚有罪,迁有司之吏而第之[79]。不利作土工之事,利耗十分之七,土刚不立[80]。昼日益短,而夜日益长,利以作室,不利以作堂[81]。四时以得,四害皆服。"

桓公曰:"寡人悖[82],不知四害之服,奈何?"管仲对曰:"冬作土功,发地藏[83],则夏多暴雨,秋霖[84]不止。春不收枯骨朽脊[85],伐枯木而去之,则夏旱至矣。夏有大露原烟,噎下百草,人采食之,伤人[86]。人多疾病而不止,民乃恐殆。君令五官之吏[87],与三老、里有司、伍长行里顺[88]之,令之家起火为温[89],其田及宫[90]中皆盖井,毋令毒下及食器,将饮伤人。有下虫伤禾稼。凡天灾害之下也,君子谨避之,故不八九[91]死也。大寒、大暑、大风、大雨,其至不时[92]者,此谓四刑[93]。或遇以死,或遇以生[94],君子避之,是亦伤人。故吏者所以教顺也,三老、里有司、伍长者,所以为率也[95]。五者已具,民无愿者,愿其毕也[96]。故常以冬日顺三老、里有司、伍长,以冬赏罚[97],使各应其赏而服其罚。五者不可害,则君之法(不)犯矣。此示民而易见,故民不比也[98]。"

桓公曰:"凡一年之中十二月,作土功,有时[99]则为之,非其时而败,将何以待之[100]?"管仲对曰:"常令水官之吏,冬时行堤防,可治者,章而上之都[101]。都以春少事作之。已作之后,常案行,堤有毁,作[102]大雨,各葆其所可治者趣治[103];以徒隶给[104]大雨,堤防可衣者衣之[105],冲水可据者据之[106],终岁以毋败为固。此谓备之常时,祸何从来?所以然者,浊水蒙壤自塞而行者[107],江河之谓也[108]。岁高其堤,所以不没也[109]。春冬取土于中[110],秋夏取土于外,浊水入之,不能为败。"

桓公曰:"善!仲父之语,寡人毕矣,然则寡人何事乎哉?亟为寡人教侧臣[111]。"

【注释】

[1]为国:建都。

[2]处国:设立国都。

[3]倾:斜,倒塌。

[4]向:趋向。此谓依托。

[5]经水:大河。

[6]落渠:纵横交错的排水渠。落:通"络"。

[7]注:注入。谓城中排水渠里的水顺着地势都注入大河去了。

[8]归:归向。惠:顺从。

[9]制断:统治。

[10]术:州、术、里、都均为邦邑名,只是城的形制不同而已。

[11]霸国:大诸侯国。

[12]中而处:居国之中心。

[13]因天之固:凭借天然的牢固形势。

[14]土阆:护城壕。阆:音 láng。

[15]金城:坚固的城堡。

[16]荆棘:带刺的灌木。

[17]上:指护城沟上。此谓护城沟、城墙之间种荆棘以障固城墙。

[18] 毋已:不停止。

[19] 人命:谓由人掌控。

[20] 葆守:屏障。

[21] "臣服"句:谓众臣服城巍峨所以对君王忠心不二,君王凭城之雄壮庄严统治天下,所以国都能成为发号施令的中心。

[22] 宰:宰相。句谓缮修城墙是宰相群臣的义务。

[23] 厉:瘟疫。

[24] 远近:此谓水流长短。

[25] "水别"句:谓从其他河流中分出来的水流。

[26] 毋:无。谓有时有水,有时无水。

[27] 他水:别的源、流称之。

[28] 往:引导。

[29] "水可扼"句:谓可否人力改变水的流向并把水引向高处呢?

[30] 漂石:飘起石头。此谓水流太急,可把石头冲走。

[31] "故高"句:谓所以在水上游筑坝以提高水位。瓴:音 líng,盛水瓶子。此谓水坝。

[32] "里满"句:或谓水渠长度。此二句承上,谓利用水的特性,筑坝蓄势以利水行远。

[33] 迁:曲折。此谓改变水流通道。

[34] 控:谓(水势)受阻而激荡。

[35] 杜:同"堵",堤防,此谓堤防弯曲处易被水冲毁。

[36] 跃:翻腾。倚:偏,谓水流偏转。环:打转。中:和缓,谓流速减缓。涵:沉淀,谓泥沙沉淀。塞:谓河道淤塞。移:移动,谓水流找寻出路。妄行:谓泛滥。

[37] 困:谓因水灾而生活困难。

[38] 祸福:谓祸患。

[39] 大夫、大夫佐:谓正副水官。

[40] 财足:谓治水物资充分。

[41] 都匠水工:治水工匠负责人。

[42] 行:巡视。

[43] "当缮治"句:谓应当修缮的地方,给甲士足够的物资。

[44] 秋岁末:谓秋冬农闲时。

[45] 阅:看,普查。案:检查。谓普查人口,确定人、地比例。

[46] 什伍:齐国户籍单位,寓军于民也。十家为什,五家为伍。

[47] 锢病:年久不愈的病。疾之:按病人对待。

[48] 可省作者:谓半劳力。

[49] "并行"句:谓同时确定可充兵源的人。

[50] 被兵:被征当兵之人。

[51] 三老、里有司、伍长:均谓基层官吏。里:乡里。阅:检察、查点。

[52] 筏:土匡。臿:音 chā,锹,铁锹。板:谓筑版。筑:筑墙用木杵。

[53] 雨銮:防雨车篷。銮:音 fán,同"幡"。车篷。

[54] 锢藏:谓妥善保管。

[55] 以给丧器:用以补充损坏的工具。

[56] 苦恶:质量不好的(工具)。

[57] 唯毋后时:千万不要错过时间。

[58] 事:谓农事。

[59] 毋事:谓水患到来之前。

[60] "此谓"句:谓平时充分准备,便可防患于未然。

[61] 当春三月:在春季的三个月里。

[62] 纠列:谓水流细小。

[63] 涸落:干涸水少。涸:音 hé。

[64] 交通:(阴阳交合)而恢复生机。

[65] 黄生:初生。黄:音 tí。

[66] 日夜分:白天、夜晚时间均等。分:平分。

[67] 囊:谓贮水池。

[68] 防:小堤。

[69] 埤:音 pí,增加。

[70] 流膏:谓水驯而沃,赐民福泽。

[71] 下贫:贫困的人。界:划界。谓划分好地段守之。

[72] 薅:音 nòu,除,铲除。草秽:杂草。

[73] 命:征发劳役。句谓不能长时间征役。

[74] 利:谓兴修水利的功效。

[75] 雨降:大雨。降:通"洚",大水泛滥。距:阻隔。属:连续。凑汐:谓雨多水大。收敛:谓谷物归仓。

[76] 把:收割。饷:吃。

[77] 濡湿:潮湿。濡,音 rú。

[78] 涂郭术:修理城墙和道路。虚牢狱:处理狱中罪人。与神明相望:谓祭祀神明。廥仓:粮仓。廥:音 kuài。

[79] 迁:升降。有司:官衙。第之:确定等级。

[80] 土刚:谓泥土因冻结而坚硬。

[81] "利以"二句:谓适合营建居室(小工程),不利建造殿堂(大工程)。

[82] 悖:背,谓糊涂。

[83] 发地藏:谓地气蒸发。

[84] 秋霖:秋雨。

[85] 胔:同"瘠"。句谓春天不掩埋朽烂的尸骨。

[86] 原烟:地气,瘴气。噎:凝结,凝聚,涵吸。

[87] 五官:各类官府。

[88] 顺:通"训",教训,教育。

[89] 起火为温:生火熏烤室内。

[90] 宫:此谓宫院内。先秦时"宫"尚未专属王宫。

[91] 八九:十之八九。

[92] 不时:谓不按一定时间(降临)。

[93] 四刑:四种灾难。

[94] 生:通"眚",音 shěng,生病。

[95] 率:表率,谓带头干。

[96] 五者:谓防止五害。愿:要求。

[97] 冬:通"终",完成。

[98] 不比:不结党。

[99] 有时:谓合适的时候。

[100] 何以待之:谓怎么办。

[101] 章:奏章。句谓书面汇报给水官。

[102] 毁作:毁坏。

[103] 趣治:迅速治理。趣:通"趋",急促。

[104] 徒隶:在押犯人。

[105] 衣:覆盖。

[106] 据:阻挡。

[107] "浊水"句:谓泥沙俱下,水道尽淤,水流不畅。蒙壤:夹带泥沙。

[108] "江河"句:江河都是如此。

[109] 没:淹没,谓水漫出河堤。

[110] 中:谓河道中。

[111] 亟:急,赶快。侧臣:近臣。句谓赶紧把这些道理教给近臣们吧。

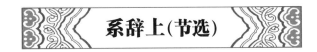

系辞上(节选)

【提要】

本文选自《周易》(中华书局 1980 年影印《十三经注疏》本)。

《周易正义》是众多释易著作中最为通行的一部,晋人王弼、韩康伯注,唐人孔颖达疏。此外还有朱熹的《周易本义》可供参考。

《易经》是中国古代一部神秘色彩颇为浓厚的著作,从其编排体例及文字内容看,是占卜用书。秦始皇焚书坑儒之时,李斯偷偷将《易经》列入医术占卜之书而得以幸免。

关于其作者,《史记》载"文王拘而演周易",后人多认同《易经》乃周文王所著。《易经》在春秋战国时便已不易读懂,因此出现了《易传》以解读《易经》。今天我们所说的"周易"通常就指《易经》和《易传》二者的结合。

《易经》是一部伟大的著作,儒家、道家都从中吸取营养。中国哲学中阴阳相生相克、对立统一的基础理论,便是根植于《易经》。后人从《易经》中发展出了复杂的哲学系统,今人更是从《易经》中解读出哲学、政治、历史、军事、民俗等诸多学科,该书对建筑学,尤其是古代建筑技术及理论的发展的影响也极为深远。

《周易》成书时间历来颇多争论。《易经》的成书年代古老,至少在春秋以前。《易经》六十四卦体例完整和谐不可分割,文字风格前后一致,当属一气呵成,而非几个时代的断续之作。只是其中的卦画(即八卦和六十四卦的画法,不含文字),有可能是更早时流传下来的;而《易传》的文字则明显易懂且多变,不大可能是一时一人所写。《易传》作者,《史记》载为孔子,目前尚无定论。

《易传》中儒家观点颇多,道家辩证特色亦相当明显。中国古代哲学的诸多思想,诸如本体论、阴阳论、辩证观等,都能在此书中找到源头。

天尊地卑,乾坤定矣[1]。卑高以陈,贵贱位矣[2]。动静有常,刚柔断矣[3]。方以类聚,物以群分,吉凶生矣[4]。在天成象,在地成形,变化见矣[5]。

是故刚柔相摩,八卦相荡[6],鼓之以雷霆,润之以风雨,日月运行,一寒一暑。乾道成男,坤道成女[7]。乾知太始,坤作成物[8]。乾以易知,坤以简能[9]。易则易知,简则易从[10]。易知则有亲,易从则有功。有亲则可久,有功则可大。可久则贤人之德,可大则贤人之业。易简而天下之理得矣,天下之理得而成位乎其中矣[11]……

易与天地准,故能弥纶天地之道[12]。仰以观于天文,俯以察于地理,是故知幽明之故[13]。原始反终[14],故知死生之说。精气为物,游魂为变,是故知鬼神之情状[15]。与天地相似[16],故不违;知周乎万物而道济天下,故不过[17];旁行而不流[18],乐天知命,故不忧;安土敦乎仁[19],故能爱;范围天地之化而不过,曲成万物而不遗[20],通乎昼夜之道而知。故神无方而易无体[21]。

一阴一阳之谓道,继之者善也,成之者性也[22]。仁者见之谓之仁[23],知者见之谓之知,百姓日用而不知,故君子之道鲜矣[24]。

夫易广矣,大矣,以言乎远则不御,以言乎迩则静而正,以言乎天地之间则备矣[25]。夫乾,其静也专,其动也直,是以大生焉[26]。夫坤,其静也翕[27],其动也辟,是以广生焉。广大配[28]天地,变通配四时,阴阳之义配日月,易简之善配至德……

是故阖户谓之坤,辟户谓之乾,一阖一辟[29]谓之变,往来不穷谓之通,见[30]乃谓之象,形乃谓之器,制而用之[31]谓之法,利用出入,民咸用之,谓之神[32]。

是故易有太极[33],是生两仪[34],两仪生四象[35],四象生八卦,八卦定吉凶,吉凶生大业。是故法象莫大乎天地,变通莫大乎四时,悬象著明莫大乎日月,崇高莫大乎富贵,备物致用,立成器[36]以为天下利,莫大乎圣人。探赜索隐,钩深致远,以定天下之吉凶,成天下之亹亹者,莫大乎蓍龟[37]。是故天生神物,圣人则之[38];天地变化,圣人效之;天垂象见吉凶,圣人象之[39];河出图,洛出书[40],圣人则之……

是故形而上者谓之道,形而下者谓之器[41],化而裁之谓之变[42],推而行之谓之通,举而措之天下之民[43],谓之事业。

是故夫象,圣人有以见天下之赜,而拟诸其形容,象其物宜[44],是故谓之象。圣人有以见天下之动,而观其会通[45],以行其典礼[46],系辞焉以断其吉凶[47],是故谓之爻。极天下之赜者存乎卦,鼓天下之动者存乎辞[48],化而裁之存乎变,推而行之存乎通,神而明之存乎其人[49],默而成之,不言而信,存乎德行[50]。

【注释】

[1]乾坤:(筮法)乾坤两卦。(物)天地德性。

[2]以:已。贵贱:谓爻法上爻所处的地位,引申为贵贱等级。

[３]常:谓阴阳二爻变化的法则,引申为事物变化的规律。刚柔:阳爻与阴爻,引申为事物刚健或柔顺的特点。断:区分。

[４]方:性质,句谓事物因类聚集。吉凶:谓爻辞凶吉,引申指吉凶之事。

[５]象:谓日月星辰。形:谓山川草木。见:通"现"。

[６]摩:摩挲、交错,句谓阴阳二爻相互交错。荡:激荡,句谓八卦相相互激荡形成六十四卦,引申指天、地、雷、山、火、水、泽、风相互激荡。

[７]"乾道"二句:谓得到乾道的成为男性事物,得到坤道的成为女性事物。

[８]知:主管。二句谓乾道主管事物肇始,坤道让万物成形。

[９]"乾以"二句:谓乾道以平易为主,坤道以简易为能。

[10]知:知道,理解。从:从属,服从。句谓平易便易理解,简易就容易服从。

[11]成位乎其中:谓人在天地之中的作用就彰显出来了。成位:居位。中:谓天地之中。

[12]易:指易的道理。准:符合,等同。纶:丝,丝线。弥纶:谓弥合。

[13]幽明之故:有形和无形的原因。

[14]原:谓考察。反:通"返",谓归结。

[15]情状:情形状况。此三句谓精气聚而为形体,灵魂离体而游荡则起变化,因此而知鬼神情况。人活精气聚,人死精气离散尔。

[16]"与天地"句:谓人的精、气、神类天。

[17]知:智慧。道:道德。济:济救。过:错,违背。

[18]旁:通"溥",普遍。流:流溢,放纵。

[19]安土:安其居。敦:厚。仁:仁德。

[20]范围:效法,模仿。曲成:普遍助成。

[21]方:所,处所。体:形体。句谓神妙而无固定场所,变化而无固定形体。

[22]一阴一阳:筮法,阴阳二爻总是同时兼备。万事万物,阴阳亦相对相依。

[23]"仁者"句:谓仁者只看到道的一个方面,便称之为仁。

[24]鲜:少。

[25]不御:无止境。静而正:宁静而不邪僻。备:完备。

[26]专:专一。直:刚直。

[27]翕:音 xī,闭合。

[28]配:匹配。

[29]阖:闭。辟:开。

[30]见:通"现",显现。

[31]制而用之:制成器具而使用。

[32]利用出入:谓日常生活方便利用。神:神妙。

[33]太极:筮法中,筮草棍混在一起谓之。引申谓天地混沌状态。

[34]两仪:阴阳二爻,天地。

[35]四象:筮法中,谓太阳(⚌)、太阴(⚏)、少阳(⚎)、少阴(⚍)。引申谓春夏秋冬。

[36]立成器:造成器具。

[37]赜:音 zé,繁杂。索:求。钩:追寻。亹亹:音 wěi,微细。蓍龟:蓍草和龟甲,谓卜筮。

[38]神物:谓蓍草和龟甲。则:取法。

[39]垂象:显示天象。

[40]河出图,洛出书:传说黄河中曾涌出一种图,洛水曾涌出书。或谓八卦及洪范九畴。

[41] 形而上:有形之上,谓无形。形而下:谓有形。

[42] 化:自然变化。裁:人为裁制。

[43] 措:置。句谓变通施于万民。

[44] 象其物宜:象征事物之所宜。

[45] 会通:相会相通,联系。

[46] 典礼:谓合适的制度。

[47] 系辞:卦辞。谓说明的言辞。

[48] 卦:卦象。辞:爻辞。

[49] 神而明之:谓通晓神妙的道理。存乎其人:谓在于圣人。

[50] "默而"三句:谓沉默不说话就能成事,不言语人们便相信,在于圣人的德行。

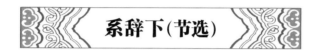

系辞下(节选)

【提要】

本文选自《周易》(中华书局 1980 年影印《十三经注疏》本)。

《系辞传》(上、下)与《彖传》《象传》《文言》等 10 篇传述《易经》的书合称"十翼"。

《系辞传》:"易有太极,是生两仪,两仪生四象,四象生八卦",谈论"生生之德",这构成了易传的基本精神;《系辞传》还认为,宇宙万物都是处在永不止息的生化过程中,而这些生化过程都是由阴阳二气交合变化而成的,也都是有规律可循的,所以"一阴一阳谓之道"。生化无形,而其生化的万物是有形迹的、可把握的,所谓"形而上者谓之道,形而下者谓之器"。文中大量使用了天地、寒暑、刚柔、动静、屈伸等,对矛盾对立双方相互交感、相互推荡从而引发生化作用有着深刻的了解。

"穷则变,变则通,通则久。"《系辞传》等对汤武"革命"等变易事件的赞扬影响深远。

天地之道,贞观者也[1];日月之道,贞明者也;天下之动,贞夫一者也[2]。夫乾,确然[3]示人易矣;夫坤,隤然[4]示人简矣。爻也者,效此者也,象也者,像此者也。爻象动乎内[5],吉凶见乎外,功业见乎变,圣人之情见乎辞。天地之大德曰生,圣人之大宝曰位,何以守位曰仁,何以聚人曰财,理财正辞[6]、禁民为非曰义。

古者包牺氏之王天下也,仰则观象于天,俯则观法于地[7],观鸟兽之文与地之宜[8],近取诸身,远取诸物;于是始作八卦以通神明之德[9],以类万物之情[10]。作结绳而为网罟,以佃以渔[11],盖取诸离[12]。包牺氏没,神农氏作,斲木为耜[13],揉木为耒[14],耒耨之利[15],以教天下,盖取诸益[16]。日中为市,致天下之民,聚天下之货,交易而退,各得其所,盖取诸噬嗑[17]。神农氏没,黄帝、尧、舜氏作,通其变使民不倦[18],神而化之[19],使民宜之。《易》穷则变,变则通,通则久。是以"自天佑之,吉无不利"[20]。黄帝、尧、舜垂衣裳而天下治,盖取诸乾、坤。刳[21]木为舟,剡[22]木为楫,舟楫之利,以济不通,致远以利天下,盖取诸涣[23]。服牛乘马,引重致远,以利天下,盖取诸随[24]。重门击柝,以待暴客,盖取诸豫[25]。断木为杵,掘地为臼,杵臼之利,万民以济,盖取诸小过[26]。弦木为弧,剡木为矢,弧矢之利,以威天下,盖取诸睽[27]。上古穴居而野处,后世圣人易之以宫室,上栋下宇,以待风雨,盖取诸大壮[28]。古之葬者,厚衣之以薪,葬之中野,不封不树,丧期无数,后世圣人易之以棺椁,盖取诸大过[29]。上古结绳而治,后世圣人易之以书契,百官以治,万民以察,盖取诸夬[30]。

易曰:憧憧往来,朋从尔思[31]。子曰:天下何思何虑? 天下同归而殊涂,一致而百虑。天下何思何虑[32]? 日往则月来,月往则日来,日月相推而明生焉[33]。寒往则暑来,暑往则寒来,寒暑相推而岁成焉。往者,屈也;来者,信也;屈信相感而利生焉[34]。尺蠖[35]之屈,以求信也;龙蛇之蛰[36],以存身也。精义入神,以致用也;利用安身,以崇德也[37]。过此以往,未之或知也。穷神知化,德之盛也[38]……

子曰:乾坤,其易之门邪[39]? 乾,阳物也;坤,阴物也。阴阳合德而刚柔有体[40],以体天地之撰[41],以通神明之德……

易之兴也,其当殷之末世,周之盛德也,当文王与纣之事也,是故其辞危[42]。危者使平,易者使倾[43],其道甚大,百物不废,惧以终始[44],其要无咎[45]。此之谓易之道也。

【注释】

[1] 贞:正,常。观:谓呈象以示人。

[2] 一:谓不变的样子。句谓天下万物变动无穷,却有不变的规律。

[3] 确然:刚健貌。

[4] 隤然:柔顺貌。隤:音 tuí。

[5] 内:卦内。

[6] 正辞:端正言辞。

[7] 象:星象。地:谓地上万事万物。

[8] 文:通"纹"。宜:适宜。地之宜:谓适于土地的物产。

[9] 神明之德:微妙而显著的德性,谓变易运动。

[10] 类:似。

[11] 佃:打猎。

[12] 取诸离:谓观目的象而制造了网罟(gǔ)。离:离卦。《说卦传》:"离为目"。

[13] 斲:音 zhuó,砍,削。

[14] 揉:使……弯曲。耒耜:音 lěi sì,起土工具。耒为柄,耜为舌。

[15] 耨:音 nòu,锄草工具。

[16] 取诸益:谓益(☲☳)震下巽上,震为动象,巽为木象,木在土中动,观益卦之象,发明了耒耜。益:益卦。

[17] 噬嗑:卦名,☲☳。取诸噬嗑:噬嗑震下离上,离为日象,震为大路象。日照大路,示日中。观此卦,创集市贸易。

[18] 通其变:谓改变旧器具加以推广。

[19] 神而化之:谓巧妙地运用。

[20] 自天佑之,吉无不利:大有卦上九爻辞。

[21] 刳:音 kū,剖,剖开。

[22] 剡:音 yǎn,削尖。

[23] 涣:散。卦辞曰:"利涉大川,利贞。"

[24] 随:随宜也,谓服牛乘马,随物所之,各得其宜。

[25] 柝:音 tuò,巡夜打更的梆子。豫:防备。

[26] 小过:小者过越而亨也。谓利小也。

[27] 睽:乖离,谓作弓矢以镇服乖离之人。

[28] 大壮:卦象之一。下体为乾,上体为震,震为雷。雷滚于天,强盛壮大,故名。

[29] 大过:卦象之一。卦辞:"栋桡,利有攸往。亨。"谓凡事均要适度。

[30] 夬:音 guài,卦象之一。决断。《杂卦》:"刚决柔也。"

[31] 憧憧:往来不绝,谓心未定。朋从尔思:谓朋友们听从你所想的。此二句为咸卦九四爻辞。

[32] "子曰"句:谓虽途径不同,天下万物归宿相同。想法不同但目的一样。天下事何须多虑。子:传授周易之师。

[33] 相推:相互推移。

[34] 屈信:屈伸。利生:谓日月相推而生明,寒暑相推而成岁。

[35] 尺蠖:蛾的幼虫。蠖:音 huò。

[36] 蛰:伏。

[37] "精义"四句:谓精研道理,以致神妙,是为应用;便利应用,安定心身,是为提高道德。

[38] 盛:隆盛。句谓穷事物之神妙,知事物化生,便是最高道德。

[39] 门:根源。句谓乾坤是事物化生摩荡的根源。

[40] 阴阳合德:谓阴的德性和阳的德性相互配合。刚柔有体:谓阴、阳爻配合各有其制。

[41] 撰:度,或谓事物。句谓体现天地万物的法度。

[42] 危:危惧。

[43] 易:懈怠。

[44] 惧以终始:谓始终怀着怵惕之心。

[45] 要:要领,总归。

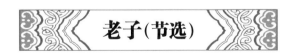

老子(节选)

春秋·老 子

【提要】

本文选自《老子新译》(上海古籍出版社 1978 年版)。

《老子》亦称《道德经》。道家的主要经典。相传春秋末老聃著,原名姓李名耳,字伯阳。此书共分两大部分,道经和德经,共计81章。

"道"是《老子》一书的基本概念和最高范畴。"道生一,一生二,二生三,三生万物""人法地,地法天,天法道,道法自然",这里的"道"有两方面的意思:一是化生和支配万物的精神实体,一是万事万物存在与变化的普遍原则和根本规律。

老子认为,事物都是从无到有、从小到大、积少成多、滴水成河变化发展而来的,是多种因素和合而成的,事物都朝着相反的方面发展,这种运动变化永不停止。所谓"有无相生,难易相成,长短相形,高下相倾,音声相和,前后相随"。因此,圣人清静无为,因势利导,不勉强、不强争。

事物相互依存关系的表述在书中俯拾皆是。美丑、难易、长短、高下、损益、刚柔、祸福、强弱、智愚、巧拙、大小、攻守、进退、静躁、生死、胜败等,在这些矛盾着的关系面前,人该怎么办?老子认为,要自然无为、柔弱不争、致虚守静,所谓"大音希声,大象无形"是也。这些思想和儒家守仁崇礼思想一起,成为构成中国传统的两大主线。

《老子》通行本是王弼注本。1973年长沙马王堆出土两种帛书本《老子》,1993年湖北郭店楚墓发现竹简《老子》,可供研究。

道可道,非常道[1]。名可名,非常名[2]。无名,天地之始;有名,万物之母[3]。故常无欲以观其妙,常有欲以观其徼[4]。此两者同出而异名,同谓之玄[5]。玄之又玄,众妙之门[6]。　　　　　　　　　　　　　　　　　　(第一章)

天下皆知美之为美,斯恶矣;皆知善之为善,斯不善矣[7]。故有无相生,难易相成,长短相形,高下相倾,音声相和,前后相随[8]。是以圣人处无为之事,行不言之教,万物作焉而不为始[9];生而不有,为而不恃,功成而弗居[10]。夫唯弗居,是以不去。　　　　　　　　　　　　　　　　　　　　　　　　　(第二章)

致虚极,守静笃,万物并作,吾以观其复[11]。夫物芸芸[12],各复归其根。归根曰静,静曰复命[13]。复命曰常,知常曰明[14]。不知常,妄作,凶。知常容,容乃公,公乃王,王乃天,天乃道,道乃久,殁身不殆[15]。　　　　　　　(第十六章)

曲则全[16],枉则直[17],洼则盈[18],敝则新[19],少则得,多则惑[20]。是以圣人抱一为天下式[21]。不自见故明[22],不自是故彰[23],不自伐故有功[24],不自矜故长[25]。夫唯不争,故天下莫能与之争。古之所谓曲则全者,岂虚言哉?诚全而归之[26]。　　　　　　　　　　　　　　　　　　　　　　　(第二十二章)

上士闻道,勤而行之;中士闻道,若存若亡;下士闻道,大笑之[27]。不笑不足以为道[28]。故建言有之[29],明道若昧[30],进道若退,夷道若纇[31],上德若谷,大白若辱[32],广德若不足,建德若偷[33],质真若渝[34],大方无隅,大器晚成,大音希声[35],大象无形[36]。道隐无名。夫唯道,善贷且成[37]。

(第四十一章)

道生一,一生二,二生三,三生万物[38]。万物负阴而抱阳[39],冲气以为和[40]。人之所恶,唯孤、寡、不穀[41],而王公以为称。故物或损之而益,或益之而损。人之所教,我亦教之[42]。强梁者不得其死,吾将以为教父[43]。

(第四十二章)

天下之至柔,驰骋天下之至坚[44]。无有入无间[45]。吾是以知无为之有益。不言之教,无为之益,天下希及之[46]。

(第四十三章)

大成若缺,其用不敝[47]。大盈若冲,其用不穷[48]。大直若屈,大巧若拙,大辩若讷[49]。躁胜寒[50],静胜热。清静为天下正[51]。

(第四十五章)

道生之,德畜之。物形之,势成之[52]。是以万物莫不尊道而贵德。道之尊,德之贵,夫莫之命而常自然[53]。故道生之,德畜之,长之、育之,亭之、毒之,养之、覆之[54]。生而不有,为而不恃,长而不宰,是谓玄德[55]。

(第五十一章)

天下有始,以为天下母[56]。既得其母,以知其子[57];即知其子,复守其母,殁身不殆。塞其兑,闭其门,终身不勤[58]。开其兑,济其事,终身不救。见小曰明,守柔曰强。用其光,复归其明,无遗身殃,是谓习常[59]。

(第五十二章)

知不知,上;不知知,病[60]。夫唯病病,是以不病[61]。圣人不病,以其病病[62],是以不病。

(第七十一章)

天之道,其犹张弓与[63]！高者抑之,下者举之;有余者损之,不足者补之。天之道,损有余而补不足。人之道则不然,损不足以奉有余。孰能有余以奉天下?唯有道者。是以圣人为而不恃,功成而不处,其不欲见贤[64]。

(第七十七章)

天下莫柔弱于水,而攻坚强者莫之能胜,其无以易之[65]。弱之胜强,柔之胜刚,天下莫不知,莫能行。是以圣人云:受国之垢,是谓社稷主[66];受国不祥,是为天下王[67]。正言若反[68]。

(第七十八章)

【作者简介】

老子,生卒年不可考。春秋时思想家,道家的创始人。一说即老聃,姓李名耳,字伯阳,楚国苦县(今河南鹿邑县)人。做过周朝"守藏室之史"(管理藏书的史官)。孔子曾向他问礼,后退隐,著《老子》。一说老子即太史儋,或老莱子。

传说老子见周王室衰微,弃官西去,至函谷关遇见关令尹喜。尹喜请求他著书,"于是老子乃著书上下篇,言道德之意,五千余言,而去",最终成了隐士,"莫知所终"(《史记》)。

【注释】

[1] 可道:可以言说。常道:恒常的道。

[2] 可名:可以称呼。句谓可称呼的名不是恒常之名。

[3] 无名句:谓无是天地的开端,有是万物之母。

[4] 常无:永恒的无。常有:永恒的有。徼:音 jiǎo,边界,归宿。

[5] 两者:谓有和无。同出:谓同出于道。异名:名称不同。玄:玄妙幽远。

[6] 玄之又玄:玄而又玄。众妙:谓变化着的万物。门:道,所出的地方。

[7] 斯:就。不善:恶。句谓天下尽知美之所以为美,就恶了。天下都知道善之所以为善,就恶了。

[8] 相生:相互为生。形:比较。倾:倚倾,谓高下相互为指。声:回声。前后相随:帛书后有"恒也"二字,谓前后相随,恒常如此。

[9] 始:音 sī,主宰。

[10] 生而不有:谓生成万物而不占有。为:施。恃:自恃,自以为尽力。不居:不自居。谓不自认为有功。

[11] 致:达到。虚极:虚空的顶点。笃:纯一。作:生长、兴起。复:往复,返回。

[12] 芸芸:众多貌。

[13] 复命:谓回到其本性。

[14] 常:常规。明:明智。

[15] 公:公正。王:谓天下归顺。殁身:终身。殆:危险。不殆,谓不受危害。

[16] 曲:委曲。句谓忍受委曲就能保全。

[17] 枉:弯曲。

[18] 洼:低洼、低下。

[19] 敝则新:敝旧反能新奇。

[20] 少则得,多则惑:谓知识少反有收获,多反而迷惑。

[21] 一:道。式:工具,亦作"栻",古代占卜工具。

[22] "不自见"句:谓不专靠自己的眼睛,所以看得清楚。

[23] 彰:彰显。

[24] "不自伐"句:谓不自己夸耀,所以才有功劳。

[25] 矜:音 jīn,自高自大。长:为长,领导。

[26] "诚全"句:实在能使人得到保全。

[27] 若存若亡:谓将信将疑。笑:笑而诽之。

[28] 不足以为道:谓那才是不正常的。

[29] 建言:任继愈谓谚语,或歌谣。

[30] 昧:暗,暗昧。

[31] 夷道若颣:平坦的道路却崎岖。夷:平坦。颣:音 lèi,崎岖。

[32] 辱:通"黥",污垢,暗昧。

[33] 偷:懈惰。句谓刚健的德好似懈惰。

[34] 渝:改变。

[35] 大音希声:最大的声音,听起来反而稀疏。

[36] 大象无形:最大的形象,看起来反而无形。

[37] 善贷且成:谓万物善始善终,离不开道。

[38] 一:混沌,谓天地未分貌。二:天地。三:阴、阳、和三气。

[39] 负:背负。抱:怀抱。

[40] 冲:交荡。和:和气,句谓阴阳二气摩荡而和合。

[41] 不穀:君王自称。穀:音 gǔ,善。

[42] "人之所教"句:谓人们相互教导的,我也以此教人。

[43] 强梁:强暴的人。父:始。句谓强暴之人不得好死,我就用这句话作为教训的开始。

[44] 驰骋:谓支配。

[45] "无有"句:谓无形无象的东西可穿透无空隙的物体。

[46] 希:少。

[47] 大成:谓最完美。敝:坏败。

[48] 冲:空虚。

[49] 讷:音 nè,迟钝,说话困难。

[50] 躁:急动。

[51] 正:君,长。

[52] 之:谓万物。畜:养。形:成形。势:谓环境。句谓道生万物,德抚万物,体质使万物得到形状,(具体的)器物使万物得以完成。帛书"势"作"器"。

[53] 莫之命:不发什么命令。自然:自然而然。

[54] 亭:定。亭之:谓使……结果实。毒之:谓使……成熟。盖之、覆之:覆盖,保护。

[55] 玄德:最深远的德。

[56] 始:开端,根源,谓"道"。母:源。

[57] 子:谓万物。

[58] 兑:谓耳目口鼻等。门:门户,义同"兑"。勤:帛书作"堇",通"瘽",疾病。

[59] 袭常:谓因袭常道。

[60] 病:毛病,缺点。二句谓知道自己不知道,这是最好。不知道而自认为知道,这是缺点。

[61] 病病:以病为病。第一"病",动词。句谓认真对待缺点,才可能没有缺点。

[62] "圣人"句:谓圣人是不病的,因其将缺点当作病,所以不病。

[63] 张弓:拉开弓(瞄准)。

[64] 见贤:表现才干。

[65] 易:改变,代替。

[66] 垢:污垢,谓屈辱。二句谓承受全国的屈辱,才算得国家的君主。

[67] 祥:福。受国不祥:承受全国的灾殃。

[68] 正言若反:正面的话恰似反面的话。

法仪[1](节选)

战国·墨 翟

【提要】

本文选自《墨子闲诂》(中华书局 1986 年版)。

《墨子》是阐述墨家思想的著作,原有 71 篇,现仅存 15 卷,53 篇,学术界一般认为是由墨子的弟子及其后学在不同时期记述编纂而成,反映了墨家学派不同时期的思想,是研究墨家学派的可靠资料。《墨子》一书一部分是记载墨子言行,阐述墨子思想,主要反映了前期墨家的思想;另一部分《经上》《经下》《经说上》《经说下》《大取》《小取》等 6 篇,一般称作墨辩或墨经,着重阐述墨家的认识论和逻辑思想,还包含许多自然科学的内容,反映了后期墨家的思想。

政治上墨子主张尚贤、尚同。尚贤是主张突破贵族世袭制度,有能则举之,无能则下之,反映了小生产者对政治上平等权利的要求。尚同则认为国家的职能在于统一全国思想,要求百姓逐级与上级官长保持一致,最后上同于天子,以天子之是非为是非,表现出专制主义的倾向。墨子突出强调了一切要依靠人自己的努力。他以直接经验为依凭,提出衡量人们言行是非的三表法:上古圣王的经验,百姓耳目之实和符合国家人民之利。这在中国哲学史和逻辑史上占有重要地位。墨子代表的是小生产者的特点和愿望。

《墨子》一书中,有不少篇幅记录、反映了墨子的工匠生活,《公输》《备城门》《备梯》《经说》(上、下)、《大、小取》等篇中,先秦时代筑造技术、生活都有不少记录。尤为难能可贵的是,书中阐述的逻辑思想,则已达到相当高的水平,是了解中国古代逻辑思想的重要著作。《墨子》疏注,清人孙诒让有《墨子闲诂》、毕沅有《墨子注》,近人王驾吾《墨子校释》、吴毓江《墨子校注》也可参阅。

子墨子曰:"天下从事者,不可以无法仪,无法仪而其事能成者,无有也。虽至士之为将相者,皆有法,虽至百工从事者,亦皆有法。百工为方以矩,为圆以规,直以绳,正以县[2]。无巧工不巧工[3],皆以此五者为法。巧者能中[4]之,不巧者虽不能中,放依以从事,犹逾己[5]。故百工从事,皆有法所度。今大者治天下,其次治大国,而无法所度,此不若百工,辩也。"

【作者简介】

墨子(约前 468—前 376),名翟,春秋末战国初鲁国人(一说宋国人)。原是手工工匠,善于制造守城器械等,学过儒学,后创墨家学派。墨子思想的根本精神是自苦利人。他倡导"兼相爱,交相利"以利人为义,亏人自利为不义,以是否利于人民作为衡量是非的重要标准。他的非攻、非乐、节用、节葬等主张,都体现了这一精神。同时他要求人们学习大禹治水、自苦为极的精神,在个人物质生活方面,只取最低的标准。

【注释】

[1] 本篇讨论的是社会实践必须遵循行为法则。那什么是法则? 父母、学、君皆不可作为法仪。墨子认为,可作为行为法则的唯有天,因天"行广而无私,施厚而不德,明久而不衰"。所以古之圣王法之。法仪:法则。

[2] 县:通"悬"。

[3] "无巧"二句:谓工匠无论巧拙。

[4] 中:符合,谓中的。

[5] 逾己:谓好于自行从事。

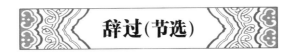

辞过（节选）

战国·墨 翟

【提要】

本文选自《墨子闲诂》(中华书局 1986 年版)。

《辞过》讨论的是宫室、衣服、饮食、舟车、私蓄等五种过失,一一列举古之圣人的简朴与今人的奢靡,指出:"俭节则昌,淫佚则亡,此五者不可不节。"称"夫妇节而天地和,风雨节而五谷孰,衣服节而肌肤和"。

子墨子曰:"古之民未知为宫室时,就陵阜而居,穴而处,下润湿[1]伤民,故圣王作为宫室[2]。为宫室之法,曰:'室高足以辟[3]润湿,边足以圉风寒[4],上足以待雪霜雨露,宫墙[5]之高足以别男女之礼。'谨此则止[6],凡费财劳力,不加[7]利者,不为也。役[8],修其城郭,则民劳而不伤;以其常正,收其租税,则民费而不病。民所苦者非此也,苦于厚作敛[9]于百姓。是故圣王作为宫室,便于生,不以为观乐也;作为衣服带履,便于身,不以为辟怪[10]也。故节于身,诲于民,是以天下之民可得而治,财用可得而足。当今之主,其为宫室则与此异矣。必厚作敛于百姓,暴夺民衣食之财以为宫室台榭曲直之望、青黄刻镂[11]之饰。为宫室若此,故左右皆法象[12]之。是以其财不足以待凶饥,振孤寡,故国贫而民难治也。君实欲天下之治而恶其乱也,当为宫室不可不节。"

【注释】

　　[1]润湿:潮湿。
　　[2]宫室:房屋。
　　[3]辟:通"避"。
　　[4]圉:音 yù,通"御",阻止。
　　[5]宫墙:谓居室墙壁。宫:室。
　　[6]谨此则止:谓严谨按此筑宫室,不越标准。
　　[7]加:增加。
　　[8]役:征发劳役。
　　[9]敛:聚敛。
　　[10]辟:同"僻"。辟怪:谓繁文缛饰。
　　[11]青黄:谓五彩。
　　[12]法象:效法。

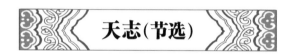

天志(节选)

战国·墨　翟

【提要】

　　本文选自《墨子闲诂》(中华书局 1986 年版)。

　　《天志》谈的是行义政、利天下、爱百姓。墨子将天描绘成全知全能、无所不在、行赏使罚的万物主宰,天具有了较为浓厚的宗教神秘色彩。

　　墨子说:"顺天意者,义政也。反天意者,力政也。"何谓顺天意? 大国不侵小国,大家不陵小家,强不劫弱,贵不傲贱。那么,谁握有天志,自然是像墨子这样的大智之人了。"我有天志,譬若轮人之有规,匠人之有矩,轮匠执其规矩,以度天下之方圆。"墨子还是喜欢以他熟悉的工匠之物比配之。

　　是故子墨子之有天之,辟人无以异乎轮人之有规,匠人之有矩也[1]。今夫轮人操其规,将以量度天下之圜与不圜[2]也,曰:中吾规者谓之圜,不中吾规者谓之不圜。是以圜与不圜,皆可得而知也。此其故何? 则圜法明也。匠人亦操其矩,将以量度天下之方与不方也。曰:中吾矩者谓之方,不中吾矩者谓之不方。是以方与不方,皆可得而知之。此其故何? 则方法明[3]也。

【注释】

　　[1]天之:谓天志。辟:通"譬",譬如。无以异乎:犹如,好像。

[2]圜:音 yuán,通"圆"。
[3]方:方形。

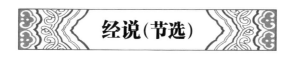

战国·墨　翟

【提要】

本文选自《墨子闲诂》(中华书局 1986 年版)。

《墨经》是《墨子》书中的重要部分。墨子,精通木工,墨派中多数人也大都是从事手工业的劳动者,长期的实践,潜心的钻研,墨家一派造就了先秦时代我国科学技术的高峰。这些科学知识、技术、活动等汇集成了今天我们所能看到《墨经》。《墨经》有《经上》《经下》《经说上》《经说下》四篇。《经说》是对《经》的解释或补充。有人认为《经》是墨家创始人墨翟主持编写成自著,《经说》则是其弟子们所著录。

《墨经》的《经上》《经下》《经说上》《经说下》,加上《大取》《小取》,涉及科学、哲学、逻辑学、道德诸多领域,其逻辑学思想堪称中国古代文化中的奇葩。从哲学文化形态上看,这 6 篇皆属求"真",阐述了春秋战国时代的科学、哲学、逻辑学、人伦道德之间互动互渗和相互发明利用的动向,初步实现了古代科学理性与价值理性的首次沟通。

《墨经》科学精神主要表现在以下几个方面:"摹略万物之然"即观察、模仿万物而用之的实证原则;"所若而然"的方法思想,主张从世代相传的百工技巧中,概括法则,汲取方法;"巧传则求其故"的理论意识,《墨经》十分注重从前代百工技巧中探求因果,建构科学理论。

《墨经》中不仅涉及了力学、光学、声学、热学、几何学、天文学,又涉及生理学、心理学各个领域。可以说,《墨经》是中国古代一部微型科学技术百科全书。

《经 说》上

圜,规写交也[1]。

方,矩见交也[2]。

倍,二尺与尺但去一[3]。

端,是无同也[4]。

间,谓夹[5]者也。尺前于区穴而后于端,不夹于端与区内[6]。

纑,间虚也者[7]。两木之间,谓其无木者也[8]。

盈,无盈无厚[9]。于尺无所往而不得[10]。

仳,两有端而后可[11]。

次,无厚而后可[12]。

权者,两而勿偏。

【注释】

[1] 规:谓画圆的工具。交:交叉,交汇。句谓以规画圆,圆内直径交汇于圆心。此条说明几何学中圆周和直径之理。

[2] 方:方形,谓正方形或长方形。矩:矩尺,一种画方的工具。

[3] 尺:尺寸。去:减。句谓二是一的倍数。

[4] 端:谓最前。是:通"题",头顶。无同:谓没有与之相同者。

[5] 夹:在两旁。谓夹住对象的东西,如尺。

[6] 区:区间,范围。端:始处。句谓几何学的点、线、面,以尺为喻。

[7] 纑:音 lú,麻线。间虚:谓两木之间的缝隙。

[8] "两木"句:谓两木之间的一条小缝。

[9] 盈:容纳。厚:谓山陵之厚,体积。句谓不充实无间,就没有体积。

[10] "于尺"句:谓就像山峰没有长宽高就不能称之为山峰。

[11] 仳:音 pǐ,此谓比较线之长短。两有:谓两种比较方法。句谓两种比较的方法都要有定点作为起始,然后才可进行。按:比较线段长短。一、平行相较;二、始同一圆点,短线的半径相较。

[12] 次:次序。句谓层叠而不黏合为一个整体,这才叫依次排列。按:如书,水浸渍则成块,无次矣。

[13] 权:衡称,衡量。

《经 说》下

鉴[1],鉴者近,则所鉴大,景亦大;其远,所鉴小,景亦小,而必正[2]。景过正。故招负衡木[3],加重焉,而不挠[4],极胜重也。右校交绳[5],无加焉而挠,极不胜重也。

衡,加重于其一旁,必捶[6]。权重相若也相衡,则本短标长[7]。两加焉,重相若,则标必下,标得权也[8]。

挈,有力也;引,无力也[9]。不正,所挈之止于施也[10]。绳制挈之也,若以锥刺之[11]。挈,长重者下,短轻者上,上者愈得,下者愈亡[12]。绳直,权重相若,则正矣[13]。收[14],上者愈丧,下者愈得,上者权重尽,则遂挈[15]。

谁(按:毕沅谓"唯")并石、絫石,耳夹寁者法也[16]。今也泼石于平地[17],方石去地尺,关石于其下[18],县丝于其上,使适至方石,不下,柱也[19]。胶丝去石,挈也[20]。丝绝,引也[21]。未变而名易,收也[22]。

【注释】

[1] 鉴:照影。

　　〔2〕正:谓不偏不斜。

　　〔3〕负:担负。衡木:杠杆。谓起支撑作用。

　　〔4〕挠:音náo,通"桡",弯曲。

　　〔5〕校:柱木。右校:谓把作为支点的柱木向右移。交:通"绞"。按:此谓支点及重心理论。

　　〔6〕衡:称杆。捶:下坠。

　　〔7〕本:称头。标:称尾。

　　〔8〕权:权衡。谓称锤在称尾的位置适当。按:此条论杠杆原理。

　　〔9〕挈:谓提着(传统杆秤)的二号秤纽。按:大杆秤本臂间支点有两个。一号秤纽离重点处很近;二号纽稍远,大约是二比五,载重量大约也是按此比例称量。句谓挈,挈向上有力,引向下无力。

　　[10]施:王引之:施与"迤、柂"并同,谓邪也。邪:同"斜"。

　　[11]锥刺:谓秤杆上固定秤纽的点越小越好。

　　[12]得:加。亡:减。句谓挈是提着二号纽,长的秤尾重而下垂,短的秤头轻而上翘,在向上的一端加重,下垂的一端相对减轻。

　　[13]绳直:谓系秤砣的绳子与秤杆垂直。权重:力点与重点。相若:相等。止:或作"正",亦通。

　　[14]收:谓提着(俗称秤杆)的一号秤纽。

　　[15]"上者"等句:谓这样上端减轻,下端加重,秤杆上的力点与重点失去平衡,则秤砣绳就会滑向二号秤纽(以至坠地)。

　　[16]絫:累。寑:同"寝"。耳夹寑:谓房屋的东西厢夹室及寝庙。句谓运好石料,垒石成墙,依次建成东西厢、夹室、寝庙等,称建筑。

　　[17]泼:放置。句谓在平地先放置标石。

　　[18]方石:标石。关:通"贯",谓依次排列。

　　[19]县:通"悬",悬挂。悬丝:即匠人使用的墨线。以丝制成。不下:谓后放石料与标石一般高下。柱:谓奠定屋基。

　　[20]胶:黏着。挈:谓石悬高不下。句谓砌放石头比标石高的,截除余高部分。

　　[21]丝绝:谓石头短小,达不到墨线高度。引:接。

　　[22]未变:谓石头大小长短合适。易:谓平正。收:谓奠基工程完工。

逸周书·作雒解

【提要】

　　本文选自《逸周书集训校释》(鄂官书处1912年重刊本)。

　　周人的势力和基地本在西方。武王灭商后考虑如何统治新得到的东方,东部作为天下之中,也是诸侯朝会、四方入贡的重要中心。

　　为了控制东方,威服南土,周公决定"作大邑成周于土中"。在今河南境内建造雒邑(今河南洛阳)。这里地处天下之中,是伊、洛、瀍、涧四水流经之地,土地宽平,沃野千里,是天然的粮仓。在它的东边,又有伊阙之险隘,进可攻、退可守,战略位置十分理想。于是,武王命周公旦赴当地"相土尝水",周密勘察,在西起周原、东至雒邑,即渭、泾、河、洛一带划定周王朝王畿之地。西边以镐京(今陕西西安)为中心,因是周人发祥之地,称为"宗周";东边以雒邑为中心,成为保护宗周的东大门。

《作雒》文中记载,"城方千七百二十丈"。据测算,雒邑规模已达 10 多平方公里。雒邑分为两部分,瀍水东岸称为成周。周王朝把殷"顽民"迁至这里,严密监视;瀍水西岸修建王城,是朝会诸侯的东都。近年来,这一带的考古发现,宫殿、坛庙、陵墓、官署、监狱、作坊、民居……中国传统建筑最主要的内涵都已经具备;以木柱梁为房屋结构的形式已经成为当时建筑的主流,夯土技术广泛用于筑城、大面积庭庙和建筑台基;陶制地砖、屋瓦、水管和铰叶等的使用普遍起来。中国传统营造技术的基本内容已经具备。

《逸周书》原名《周书》。西晋时,汲冢出土古文《周书》10 卷,世称《汲冢周书》。此书现存 10 卷 70 篇,记录上起西周文王、下到景王时期的政事、礼制、节令、地理、用兵等各个方面情况,涉及内容较为广泛,史料价值很高。《逸周书》古奥难解,至今尚无较为理想的注本,清人朱佑曾的《逸周书集训校释》可供参阅。

武王克殷,乃立王子禄父,俾守商祀[1]。建管叔于东,建蔡叔、霍叔于殷,俾监殷臣[2]。

王既归,乃岁十二月崩镐,窆于岐周[3]。周公立[4],相天子。三叔及殷、东、徐、奄及熊、盈以略[5]。周公、召公内弭[6]父兄,外抚诸侯,元年夏六月葬武王于毕[7]。二年又作师旅,临卫攻殷[8],殷大震溃。降辟三叔,王子禄父北奔,管叔经而卒,乃囚蔡叔于郭凌[9]。凡所征熊盈族十有七国,俘维九邑,俘殷献民迁于九毕,俾康叔宇于殷,俾中旄父宇于东[10]。

周公敬念于后曰[11]:"余畏周室不延,俾中天下[12]。"及将致政,乃作大邑成周于土中[13]。立城方千七百二十丈,郛方七十里,南系于雒水,北因于郏山,以为天下之大凑[14]。制郊甸方六百里,因西土为方千里[15]。分以百县,县有四郡,郡有四鄙[16]。大县立城方王城三之一,小县立城方王城九之一,都鄙不过百室,以便野事[17]。农居鄙得以庶士,士居国家得以诸公大夫[18]。凡工、贾、胥市,臣、仆州里,俾无交为[19]。

乃设丘兆于南郊[20],以祀上帝,配以后稷[21],日月星辰、先王皆与食。封人社壝,诸侯受命于周,乃建大社于国中[22]。其壝,东青土,南赤土,西白土,北骊土,中央衅以黄土[23]。将建诸侯,凿取其方一面之土,焘以黄土[24],苴以白茅[25],以为社之封,故曰受列土于周室[26]。

乃位五宫:大庙、宗宫、考宫、路寝、明堂[27]。咸有四阿、反坫、重亢、重郎、常累、复格、藻棁、设移、旅楹、舂常、画旅、内阶、玄阶、隄唐、山廧、应门、库台、玄阃[28]。

【注释】

［1］武王:即周武王姬发。王子禄父:指武庚,殷纣王之子。武王灭殷后,武庚获封诸侯,统殷遗氏,后叛周被杀。俾:音 bǐ,使。

［2］建:设。按:武周实行封藩建卫制度,子弟之属广为分封以屏障宗周。管叔:名叔鲜,武王弟。蔡叔:叔度,武王弟。霍叔:叔处,亦武王弟。

［3］"王既归"句:武王灭殷建国,返回镐京,这年十二月逝。乃:承上之词,是,这。殡:音 sì,停柩不葬。岐周:今陕西岐山县境。周王古公亶父迁周定都之地。

［4］周公:周旦。协助武王灭纣,辅佐成王,营建雒邑,定立制度,功勋卓著。

［5］三叔:谓管叔、蔡叔、霍叔。殷、东、徐、奄、熊、盈:均为殷王朝旧藩国。略:攻略,谓谋颠覆周。

［6］召公:姬奭(shì),时任太保。弭:安抚,谓安抚族兄弟。

［7］元年:谓周成王即位之年。毕:今陕西境内。

［8］卫:今河南淇县、卫辉一带。

［9］降辟:降伏治罪。经:上吊。囚:囚禁。郭凌:亦作郭邻,今河南上蔡县境。

[10]献民:谓殷贵族。九毕:谓雒邑。雒邑背倚邙山,邙山远望如壁。中旄父:《史记》谓康伯,康叔之子。平叛后,殷旧地地域太广,让康伯驭牧殷旧地东部。

[11]后:当谓武王之妻后。

[12]不延:不能延续。中:谓作雒邑。

[13]致政:谓还政于周成王。成周:即雒邑地区。土中:谓国家的中心地区。

[14]方:方圆。郭:音 fú,外城。邙山:即邙山。凑:会合,聚集。大凑:谓大都。按:雒邑规模据多种史料记载称天子之城方九里。

[15]郊甸:上古国都城外百里以内曰郊,郊外称甸。此谓王畿。

[16]县:王畿内行政区划单位。周时治域大于郡。

[17]野事:田野之事。指农事。

[18]农:农奴。句谓农奴从众士那里得到食物,士从诸公、大夫那里租到土地。

[19]工:手工业者。胥:小吏。市:谓交易。臣:战俘,奴隶。交:交往。

[20]丘兆:即圜丘兆域,祭天场所。

[21]后稷:周先祖,周人尊为农神。

[22]封人:官名。《周礼》谓地官司徒属官。掌管修筑王畿、封国、都邑四周疆界上的封土堆和树木。社壝:即社。壝:音 wěi,祭坛。大社:谓社壝。

[23]骊:黑色的马,此谓黑色。衅:缝隙,此谓祭坛中部以黄土筑造。

[24]冡:覆盖。

[25]苴:音 jū,包裹。

[26]列土:分封土地。

[27]位:立。路寝:谓放置先王遗物的宫室,位于宗庙后部。明堂:君王宣明政教的场所,凡朝会及祭祀、庆赏、选士、养老、教学等大典,均在其中进行。

[28]四阿:谓四面坡(宫屋)。反坫:谓四角出挑的飞檐,或谓室内搁放酒具等小件的土台。重亢:谓重檐屋顶的梁。或谓累栋。重郎:谓重屋。常翣:张于檐下的网,防鸟筑巢。复格:斗拱。藻棁:彩绘爪柱。棁:音 zhuō,梁上短柱。移:通"簃",侧室。旅楹:殿前楹柱。春常:彩绘藻井。画旅:君主专门的屏风,饰有王者纹样。内阶:王升朝用的台阶。玄:黑色。隄唐:殿堂前人行步道,中间略高,以利水流。廧:通"墙"。阃:音 kǔn,门槛。

越绝外传记吴地传(节选)

【提要】

本文选自《〈越绝书〉校释》(武汉大学出版社 1992 年版)。

《越绝书》是记载吴、越历史的重要典籍。书中记载的内容,以春秋末年、战国初期吴、越争霸的历史事实为主线,上溯夏禹,下至两汉,旁及诸侯列国,广泛记录了这一历史时期吴越地区的政治、经济、军事、天文、地理、历法、语言等诸多内容。不少为本书独详,因而向来为学者所重视。

出于种种原因,《越绝书》的成书年代、作者、卷数等存在许多争议。近年来,不少学者对这些问题倾注了大量精力,其中陈桥驿、黄苇、徐奇堂等先生都著有专文,李步嘉先生更是倾近 10 年之功,从辑佚入手、博采精释,完成《越绝书校释》,颇便学林。除此以外,张宗祥《越绝书校注》、乐祖谋《越绝书》点校本亦可参阅。

《吴地传》较为翔实地介绍了吴都都城规模、治域区划、建制、里路等情况。其中,都城的介绍从范围大小、城门形状,到游戏之台、阖庐之冢,十分周详。

昔者,吴之先君太伯,周之世,武王封太伯于吴[1]。到夫差,计二十六世,且千岁[2]。阖庐之时,大霸,筑吴越城[3]。城中有小城二。徙治胥山[4]。后二世而至夫差,立二十三年,越王勾践灭之[5]。

阖庐宫,在高平里。

射台[6]二,一在华池昌里,一在安阳里。

南城宫,在长乐里,东到春申君府[7]。

秋冬治城中,春夏治姑胥之台[8]。且食于纽山,昼游于胥母[9],射于鸥陂,驰于游台,兴乐石城,走犬长洲[10]。

吴王大霸,楚昭王、孔子时也[11]。

吴大城,周四十七里二百一十步二尺。陆门八[12],其二有楼。水门八[13]。南面十里四十二步五尺,西面七里百一十二步三尺,北面八里二百二十六步三尺,东面十一里七十九步一尺。阖庐所造也。吴郭周六十八里六十步。

吴小城,周十二里。其下广二丈七尺,高四丈七尺。门三,皆有楼,其二增水门二,其一有楼,一增柴路[14]。

东宫周一里二百七十步。路西宫在长秋,周一里二十六步。秦始皇帝十一年,守宫者照燕失火,烧之[15]。

伍子胥城,周九里二百七十步。

小城东西从武里,面从小城北。

邑中径从阊门到娄门[16],九里七十二步,陆道广二十三步;平门到蛇门,十里七十五步,陆道广三十三步。水道广二十八步。

……

阊门外郭中冢者,阖庐冰室也[17]。

阖庐冢,在阊门外,名虎丘。下池广六十步,水深丈五尺。铜椁[18]三重。潨池[19]六尺。玉凫之流,扁诸之剑三千[20],方圆之口三千。时耗、鱼肠之剑在焉[21]。十万人筑治之。取土临湖口。葬三日而白虎居上,故号为虎丘。

……

无锡城,周二里十九步,高二丈七尺,门一楼四。其郭周十一百二十八步,墙一丈七尺,门皆有屋。

……

今太守舍者,春申君[22]所造,后殿屋以为桃夏宫。

今宫者,春申君子假君宫也。前殿屋盖地[23]东西十七丈五尺,南北十五丈七尺。堂高四丈,十霤[24]高丈八尺。殿屋盖地东西十五丈,南北十丈二尺七寸。户霤高丈二尺。库东向屋南北四十丈八尺,上下户各二。南向屋东西六十四丈四尺,上户四,下户三。西向屋南北四十二丈九尺,上户三,下户二。凡百四十九丈一尺。檐高五丈二尺。霤高二丈九尺。周一里二百四十一步。春申君所造。

【注释】

[1] 太伯:周先祖古公亶父的长子,封于吴。

[2] 夫差:春秋吴国最后一个国君,阖闾之子。阖闾,一作阖庐,春秋五霸之一,前496年与越国作战时,被箭射中而死。夫差承父志,两年后,灭越。夫差不断对外用兵,耗尽国力,终于被卧薪尝胆的越王勾践所灭,夫差自杀身亡,时为公元前473年。

[3] 阖庐(? —前473):音 hé lú,名光。父诸樊逝后,阖庐得伍子胥之助刺杀吴王僚自立。

[4] 胥山:位于今江苏苏州城西南。阖庐在此筑造姑苏台。

[5] 勾践(? —前465):春秋时越国国君。灭吴后,率军渡淮,会盟齐、晋于徐州,成为春秋新霸主。

[6] 射台:吴王习射讲武之台。

[7] 春申君(? —前238):指黄歇。战国时楚贵族,先后担任楚顷襄王和考烈王令尹。公元前248年被考烈王徙封于吴,号春申君,门下食客三千,为战国四公子之一。烈王死,幽王立,春申君及其子为幽王所杀。

[8] 姑胥之台:即胥台、姑苏台。

[9] 胥母:胥母山,即今莫厘山。在今苏州太湖之滨东山镇。

[10] 走犬:谓狩猎。

[11] 楚昭王:春秋时楚国国君,前515—前489年在位。励精图治,与民休息,重用贤臣子西、子期、子闾等,终成霸业。

[12] 陆门八:即东娄门、匠门,南蛇门、盘门,西胥门、阊门,北平门、齐门。八门至今仍为苏州沿用。

[13] 水门:谓凌水而建的城门。阖庐城地处水乡,河湖水汊交织,故为水门。

[14] 小城:谓王城。柴路:柴薪入宫道路。今谓柴巷。

[15] 燕:谓饮宴。句谓东宫烧毁于始皇十一年,即前 236 年。

[16] 阊门到娄门:谓从西到东。

[17] 冰室:藏冰之所。

[18] 椁:音 guǒ,棺材外面的大棺材。

[19] 澒池:水银池。澒:音 hòng,水银。

[20] 玉凫:玉制水鸭、水鸟之属。扁诸:剑名。

[21] 时耗、鱼肠:均为剑名。时耗当为槃郢。相传是古代欧冶子为越王所铸名剑之一。

[22] "今太守舍"句:谓秦汉时期毗陵(今江苏常州)屋舍成为太守邸。

[23] 盖地:谓占地。

[24] 霤:音 liù,屋檐。

越绝外传记地传(节选)

【提要】

本文选自《〈越绝书〉校释》(武汉大学出版社 1992 年版)。

所记越国都城会稽,位于今绍兴、嵊县、诸暨和东阳间地域内。

越国都城屡迁,先后定都于古雷泽境(今山东菏泽)、吴越城(今江苏苏州吴中)、鸿城(今上海嘉定),战国初又迁琅琊(今山东胶南)。越王勾践(? —前 465)定都山阴(因处会稽山北而得名)大约在前 515—前 505 年之间。吴灭越后,勾践去国,卧薪尝胆,10 年生聚,10 年教训,忍辱负重 20 年,终灭强吴,完成霸业。

本文较为详细地介绍了山阴城的规模、形制以及域内环境,亭台楼阁、宫室台榭一应俱全。规模虽不及吴王都城,但足为观矣。

昔者,越之先君无余[1],乃禹之世,别封于越,以守禹冢[2]。

……

无余初封大越,都秦余望南,千有余岁而至句践。句践徙治山北[3],引属东海,内、外越别封削焉。句践伐吴,霸关东[4],徙琅琊,起观台,台周七里,以望东海……

句践小城,山阴城也。周二里二百二十三步,陆门四,水门一。今仓库是其宫台处也。周六百二十步,柱长三丈五尺三寸,霤高丈六尺。宫有百户,高丈二尺五寸。大城周二十里七十二步,不筑北面。而灭吴,徙治姑胥台[5]。

山阴大城者,范蠡[6]所筑治也,今传谓之蠡城。陆门三,水门三,决西北,亦有事。到始建国时,蠡城尽。

……

龟山者,句践起怪游台也。东南司马门,因以照龟[7]。又仰望天气,观天怪也。高四十六丈五尺二寸,周五百三十二步,今东武里。一曰怪山。怪山者,往古一夜自来,民怪之,故谓怪山。

驾台,周六百步,今安城里。

离台,周五百六十步,今淮阳里丘。

美人宫,周五百九十步,陆门二,水门一,今北坛利里丘土城,句践所习教美女西施、郑旦[8]宫台也。女出于苎萝山,欲献于吴,自谓东垂僻陋,恐女朴鄙,故近大道居[9]。去县五里。

乐野者,越之弋猎处,大乐,故谓乐野。其山上石室,句践所休谋[10]也。去县七里。

中宿台马丘,周六百步,今高平里丘。

东郭外南小城者,句践冰室,去县三里。

句践之出入也,齐于稷山[11],往从田里,去从北郭门。照龟龟山,更驾台,驰于离丘,游于美人宫,兴乐中宿,过历马丘。射于乐野之衢,走犬若耶,休谋石室,食于冰厨。领功铨土,已作昌土台。藏其形,隐其情。一曰:冰室者,所以备膳羞也。

……

阳城里者,范蠡城也。西至水路,水门一,陆门二。

北阳里城,大夫种城也,取土西山以济之。径百九十四步。或为南安。

……

安城里高库者,句践伐吴,禽夫差,以为胜兵,筑库高阁之。周二百三十步,今安城里。

故禹宗庙,在小城南门外大城内。禹稷在庙西,今南里。

【注释】

[1]无余:传说中的越人始祖。夏后帝少康封庶子无余于越,以祭禹。"无余质朴,不设宫室之饰,从民所居。"(《吴越春秋》)

[2]禹冢:大禹之墓,在山阴县会稽山上。传说会稽山本名苗山,禹更之。

[3]山北:会稽山北面。

[4]关东:谓函谷关以东。

[5]姑胥台:即姑苏台,旧址在今苏州西南姑苏山上。

[6]范蠡:字少伯,楚国南阳人,春秋末杰出的政治家。勾践入吴宫为奴,范蠡挺身而随,入吴养马驾车。勾践返国后,拜范为相。范蠡善理政、长谋划,是勾践"十年生聚,十年教训"的主要参与者和组织者。他主持建造了勾践小城(王城),接着又利用山形地势筑构大城。大小相连,互为倚仗。范蠡助勾践灭吴后,与美人西施泛舟齐国,经营商业,终成巨富,自号陶朱公。

[7]照龟:谓燃火以照龟鳖。

[8]西施:春秋时著名宫廷舞伎。勾践施美人计将她送给吴王夫差。夫差得到西施后,爱不释手。命人在御花园长廊中掏空地面,放入大缸,上铺木板,取名响屐廊。西施脚穿木屐,

裙系小铃舞《响屐舞》,木屐丁丁嗒嗒声和铃铛丁丁当当声声入耳。郑旦:勾践献给夫差的美女。

[9] 僻陋:谓越国所处偏僻,风俗陋俗。朴鄙:谓女子素朴局促,见识卑陋。

[10] 休谋:谓休息、谋划。

[11] 稷山:《越绝书》谓:"稷山者,勾践斋戒台也。"位于今浙江绍兴东。

释　宫

【提要】

本文选自《尔雅》(中华书局 1980 年影印《十三经注疏》本)。

《尔雅》是我国最早的一部解释词义的专著,也是第一部按照词义系统和事物分类来编纂的词典。尔:近也;雅:正也,此专指雅言,即在语音、词汇和语法等方面都合乎规范的语言。《尔雅》的意思是接近、符合雅言,即以雅正之言解释古语、方言,使之近于规范。

关于《尔雅》的写作年代及作者,历来说法不一。但从书中所用的资料来看,成书的上限不会早于战国,因为《楚辞》《庄子》《吕氏春秋》等书在《尔雅》中都有反映。西汉文帝已经设置了《尔雅》博士,还出现了犍为文学的《尔雅注》,据此可推断该书成书的下限不会晚于西汉初年。

《尔雅》是一部以解释五经的训诂为主,通释群书语义的训诂汇编。全书收词语 4 300 多个,分为 2 091 个条目。这些条目按类别分为"释诂""释言""释训""释亲""释宫""释器""释乐(yuè)""释天""释地""释丘""释山""释水""释草""释木""释虫""释鱼""释鸟""释兽""释畜(chù)"等 19 篇。前三篇释诂、释言、释训解释的是一般语词,类似后世的语文词典;后 16 篇是根据事物的类别来分篇解释各种事物的名称,类似后世的百科名词词典。其中"释亲""释宫""释器""释乐"等 4 篇解释的是亲属称谓和宫室器物的名称,类似于今天百科知识辞典。

由于《尔雅》汇总、解释了先秦古籍中的许多古词古义,成为儒生们读经、通经的重要工具书,因此备受推崇。汉代便被视为儒家经典,至宋被列为十三经之一。

《尔雅》首创的按意义分类编排的体例和多种释词方法,对后代词书、类书的发展产生了很大的影响。后人模仿《尔雅》,写了一系列"雅"书,《小尔雅》《广雅》《埤雅》《骈雅》《通雅》《别雅》等,不一而足。

《尔雅》现存的最早最完整的注本是晋代郭璞的《尔雅注》。清代,小学大兴,研究《尔雅》的著作不下 20 种,其中最著名的是邵晋涵的《尔雅正义》和郝懿行的《尔雅义疏》。

宫 谓之室,室谓之宫[1]。

牖户之间谓之扆,其内谓之家[2]。东西墙谓之序[3]。

西南隅谓之奥[4],西北隅谓之屋漏[5],东北隅谓之宦,东南隅谓之穾[6]。

柣谓之阈[7]。枨谓之楔[8]。楣谓之梁[9]。枢谓之椳[10]。枢达北方谓之落时,落时谓之戺[11]。

坪谓之坫,墙谓之塘[12]。

镘谓之杇[13]。椹谓之榩[14]。地谓之黝[15]。墙谓之垩[16]。

枳谓之杙[17],在墙者谓之楎[18],在地者谓之臬[19],大者谓之栱[20],长者谓之阁[21]。

闍谓之台,有木者谓之榭[22]。

鸡栖于弋为榤[23],凿垣而栖为埘[24]。

植谓之传,传谓之突[25]。

棟廇谓之梁,其上楹谓之棁[26]。闲谓之槏[27]。柣谓之襚[28]。栋谓之桴[29]。桷谓之榱[30]。桷直而遂谓之阅[31]。直不受檐谓之交[32]。檐谓之樀[33]。

容谓之防[34]。

连谓之簃[35]。

屋上薄谓之筄[36]。

两阶间谓之乡[37]。中庭之左右谓之位[38]。门屏之间谓之宁[39]。屏谓之树[40]。

闳谓之门[41]。正门谓之应门[42]。观谓之阙[43]。

宫中之门谓之闱,其小者谓之闺[44]。小闺谓之阁,衖门谓之闳[45]。门侧之堂谓之塾[46]。

橛谓之阒[47]。阖谓之扉[48]。所以止扉谓之闳[49]。

瓴甋谓之甓[50]。

宫中衖谓之壸[51]。庙中路谓之唐[52]。堂途谓之陈[53]。

路、旅,途也[54]。路、场、猷、行,道也[55]。

一达谓之道路,二达谓之歧旁,三达谓之剧旁,四达谓之衢,五达谓之康,六达谓之庄,七达谓之剧骖,八达谓之崇期,九达谓之逵[56]。

室中谓之时,堂上谓之行,堂下谓之步,门外谓之趋,中庭谓之走,大路谓之奔[57]。

隄谓之梁,石杠谓之徛[58]。

室有东西厢曰庙,无东西厢有室曰寝,无室曰榭。四方而高曰台,陜而修曲曰楼[59]。

【注释】

[1]"宫谓之室"句:先秦时,无论贵贱,住宅都可称宫。秦以后,区分渐出。

[2]牖:音yǒu,窗。扆:音yǐ,宫殿中置堂室之间的屏风。家:谓门以内的室内。

[3]序:谓正堂的东西墙。"堂上之墙曰序,堂下之墙曰壁,室中之墙曰塘。"(孔广森《大戴礼记补注》)

[4]隅:音yú,角落,室内屋角。奥:隐蔽的地方。按:古人房屋多东向开门,阳光不易照

到室内西南角,故云。

[5]屋漏:室内西北角。按:古人居室,西北角常设天窗,床常设北窗下,光线易漏入室,故云。

[6]宦:音 yí,养。按:东北阳气始起,万物所养,故云。又:古代庖厨事多设室内东北角,取应天也。交:音 yào,幽深,室内东南角。

[7]柣:音 zhì,门限,门槛。谓门之下设横木以为内外之限。阈:音 yù。

[8]枨:音 chéng,设于门两边的木柱,以防车过直接撞击门。

[9]楣:门框上的横梁。按:传统木门梁上有二圆槽,方便安插门枢,故云楔。

[10]枢:门上下凸出的转轴。椳:音 wēi。

[11]落时:传统建筑中撑持门枢之木。落:或曰络也,连缀。阤:音 shì。

[12]垸:音 guǐ,室内搁置食物的土台。坫:音 diàn,设于堂中,搁放祭祀礼器、宴会酒具的土台。墉:音 yōng,墙壁。

[13]镘:音 màn,涂饰墙壁的工具,即瓦刀,亦作动词。杇:音 wū,涂墙工具。

[14]椹:音 zhēn,劈砍木头时垫在下面的木板。椹:音 qián,木砧板。

[15]黝:音 yǒu,黑色,青黑色。此谓以黑饰地。

[16]垩:音 è,白土。

[17]枳:音 zhí,木桩。杙:音 yì。或俗称木料。

[18]楎:音 huī,钉在墙上的木橛(jué)。

[19]臬:音 niè,插在地上的木杆或木橛。或为测日影杆,或为箭靶,不一而足。

[20]栱:音 gǒng,斗栱,用以承重或装饰。栱呈弧形,斗为方形,皆木为之。

[21]閤:置于门旁固定已开门扇位置的长木。《说文》:閤,所以止扉也。按:此不同于后来之"閤"。

[22]阇:音 dū,城门之上土筑高台。榭:城门台上无墙而有柱楹的房子。

[23]弋:音 yì,通"杙",小木桩。樧:音 jié。

[24]垣:音 yuán,矮墙。坿:音 shí,鸡窝,墙上挖洞而成。

[25]植:门关后,从外插于门中间用以加锁的直木。

[26]宋廇,音 máng liú,屋大梁。上楹:梁上短柱。棁:音 zhuō。

[27]栟:音 biàn,柱上短木。栭(jí)、枅(jī)、欂(bó)、楷(tà)义与栟同。

[28]栭:音 èr,栟上托梁小方木,即斗栱。窫:音 jié。

[29]栋:房屋正梁。桴:音 fú,正梁外诸梁。统称曰栋梁。

[30]桷:音 jué,方形椽子。榱:音 cuī。《说文》:"秦名为屋椽,同谓之榱,齐鲁谓之桷。"

[31]遂:通"达"。谓桷的长度能够伸到屋檐处。

[32]檐:屋檐。

[33]楴:音 dí。

[34]容:小屏风。形如今日民间床头小曲屏风,游戏猜骰时防人窥视。

[35]连:谓楼阁旁小屋。簃:音 yí。

[36]薄:簾子。筄:音 yào,以苇或竹编成,铺椽、瓦之间。

[37]两阶间:谓堂之东西两阶间。鄉:音 xiàng,向。按:君王上朝,群臣列此也。

[38]庭:通"廷",堂前之地。中庭:君王受朝觐、施政令之地。位:列位。

[39]宁:音 zhù,君王视朝所宁之处。在殿门、屏风之间。

[40]树:门屏,照壁。谓人君别内外,于门树屏以蔽之。

[41]閍:音 bēng,庙门。

[42] 应门:王宫的南向正门,以应朝臣也。应:音 yīng。

[43] 观:音 guàn,宗庙或宫庭大门外两旁形制较高的建筑物,中有通道。按:由远走近,构筑物中间道路形似缺口,故云阙。

[44] 闱:宫中侧门。闺:宫中小门。

[45] 阁:音 gé,门旁小门。衖:音 xiàng,同"巷"。闳:音 hóng,巷门。

[46] 塾:宫门内东西两侧的房屋。

[47] 橜:短木桩,此谓门中央竖立的短木。闑:音 niè,竖立在大门中央的木柱。

[48] 阖:音 hé,门扇。

[49] 闳:当作"阁"。释义参前注[21]。

[50] 瓴甋:音 líng dì,砖。甓:音 pì。

[51] 壸:宫中巷。

[52] 唐:祖庙、宫庭中的道路。

[53] 堂途:殿堂下至门的通道。

[54] 旅:道路。

[55] 场:祭神道也。后引申为平坦的场地。

[56] 达:至。歧旁:两岔的道路。康:宽阔,广大。庄:盛大。故称康庄大道。骖:音 cān,四驾马车,两旁马曰骖。崇期:四通八达之路。逵:谓四通八达。按:提要中说"以雅正之言解释古语、方言,使之近于规范",此即一例。这些同表道路的词汇可能就是使用地域、通行范围的区别。

[57] 时:音 chí,通"跱",踟蹰,徘徊,意谓缓缓踱步。步:行走。趋:快走,小步快走。奔:跑。按:此谓不同场合,人行走步态不一,合礼中规也。

[58] 隄:音 dì,同"堤",堤坝,或谓水中筑以捕鱼的堰坝。石杠:石桥,或谓水中置石,以利涉河。徛:音 jì。

[59] 厢:正房两侧的房子。寝:宗庙后殿藏祖先衣冠的房子。陕:音 xiá,通"狭",狭窄。修:长。

逍遥游(节选)

战国·庄 子

【提要】

本文选自《庄子集释》(中华书局 1961 年版)。

《逍遥游》代表了庄子思想的最高境界,也是庄子学说的最高理想。"逍遥游"的基本主旨就是"闲放不拘,怡适自得,优游自在,无挂无碍"的精神解放和精神自由。实现超越和达到逍遥游境界的根本途径和手段是做到"心"的剥离,这种剥离就是对世俗社会的功名利禄及自己的舍弃,"乘天地之正,而御六气之辨,以游无穷",摆脱一切束缚而臻绝对自由。

特别需要指出的是,日本京都三大皇家园林之一的仙洞御所便取意《逍遥游》篇中藐姑山的意趣。1626年,日本后水尾天皇因不满幕府的公家法令和紫衣事件,突然宣布退位,决意隐居修行,慕庄子之意,命大造园家小堀远州造园,次年建成。御所又名仙院、绿洞、藐姑射山等。面积近5万平方米的御所内,山水庭园、亭台屋宇无不透着中国唐时浓郁的仙风道骨。

肩吾问于连叔曰[1]:"吾闻言于接舆[2],大而无当,往而不反。吾惊怖其言[3],犹河汉而无极也[4];大有迳庭,不近人情焉。"

连叔曰:"其言谓何哉?"

曰:"藐姑射之山[5],有神人居焉,肌肤若冰雪,绰约若处子[6]。不食五谷,吸风饮露,乘云气,御飞龙,而游乎四海之外。其神凝,使物不疵疠而年谷熟[7]。吾以是狂而不信也。"

连叔曰:"然。瞽者无以与乎文章之观,聋者无以与乎钟鼓之声[8]。岂唯形骸有聋盲哉?夫知亦有之。是其言也,犹时女也。之人也,之德也,将旁礴万物以为一。世薪乎乱[9],孰弊弊焉以天下为事!之人也,物莫之伤,大浸稽天而不溺,大旱金石流土山焦而不热。是其尘垢秕糠,将犹陶铸尧舜者也,孰肯以物为事!"宋人资章甫而适诸越[10],越人断发文身,无所用之。尧治天下之民,平海内之政,往见四子藐姑射之山,汾水之阳,窅然丧其天下焉[11]。

【作者简介】

庄子(约前369—前286),名周,字子休,战国时代宋国蒙(今安徽蒙城)人。著名思想家、哲学家、文学家,老子哲学思想的继承者和发展者,先秦庄子学派的创始人。他的学说涵盖当时社会生活的方方面面,但根本精神还是归依于老子的哲学。后世将他与老子并称为"老庄",他们的哲学为"老庄哲学"。

《庄子》共33篇,分内篇、外篇、杂篇三个部分,一般认为内篇的7篇文字是庄子所写,外篇15篇是庄子弟子所为,或谓庄子与弟子合写,反映的都是庄子真实的思想;杂篇11篇则是庄子学派或者后来的学者所写,反映的思想较为庞杂。

【注释】

[1]肩吾、连叔:都是古之怀道之人。

[2]接舆:即陆通,字接舆。楚之贤隐者,与孔子同时。佯狂不仕,躬耕为业。楚王闻其贤,重金厚载聘之,不受,携妻游山海,不知所终。

[3]惊怖:惊恐。

[4]河汉:谓奇异怪诞(之言)。

[5]藐:远。姑射之山:《山海经》:姑射山在寰海之外,有神圣之人、戢机应物。时须揖让,即为尧舜;时须干戈,即为汤武。

[6]绰约:柔弱。

[7]疵疠:音cī lì,疾病。年谷:一年中所种谷物谓之。

[8]瞽:音gǔ,瞎眼。

[9]蕲:音qí,通"祈",求。

[10]宋:今河南、安徽一部。资:货。章甫:帽子。句谓越人断发纹身,往其地贩帽子无用尔。

[11]四子:郭庆藩曰:四德。汾水:即今山西汾水。后人在今山西临汾附近名一山曰藐姑射山,用庄子文意。窅然:深远貌。窅:音yǎo。句谓圣人无心,有感斯应,即体即用,是以姑射不异汾阳,山林无殊华屋。后以"汾水游"谓超然物外的处世态度。

神 女 赋 并序

战国·宋 玉

【提要】

　　本文选自《昭明文选》(中华书局 1977 年版)。

　　《神女赋》为战国后期楚国辞赋家宋玉的作品,是中国历史上较早的一篇具体而细致地描写神女形象的作品。

　　闻一多指出,高唐神女即楚的先妣高阳,是楚国的先妣而兼神禖,与女娲、简狄、姜嫄同是华夏的先妣兼高禖女神。更有论者称高唐神女是兼有生殖女神、爱欲女神和自然女神等的复合体,是楚先人的集体无意识长期凝结的结果(张君《高唐神女的原型与神性》,载《文艺研究》1992 年第 3 期)。但梁萧统收《高唐》《神女》赋入《文选》时,有意删减巫山神女生前为帝王之女的文字,因为传统儒家思想是不允许神女做出"愿荐枕席"于楚王这种羞耻事情来的。

　　如果说《高唐赋》描写巫山高峻雄伟的自然风光极尽铺陈夸张之能事,为汉大赋描宫绘苑铺彩摘文奠定了基础的话,《神女赋》则是淋漓尽致地展示了神女的体态之美和细腻的心理变化,其内敛含蓄的审美情趣深深影响着后人。

　　《神女赋》托词微讽倾向明显。神女是一位美丽而圣洁的仙姝。她美艳无双、温文尔雅、举止高贵。楚王梦游高唐,不期而遇神女,一睹便"精神恍惚","寐而梦之,寤不自识;罔兮不乐,怅然失志"。然而,神女高贵绝伦,只可神交,不可亵渎,"欢情未接,将辞而去。迁延引身,不可亲附。似逝未行,中若相首。目略微眄,精彩相授",神女坚贞高洁、持之以礼的行为举止让楚王乍喜乍悲、无可排解。作者告诫楚王不可妄生荒淫之意,一心理政。

　　《神女赋》问世后,雄峻高绝的巫山又增添了一份文化意蕴,自然美和人的精神渐为一体。宋玉在此赋中尽情展现的细腻笔触、优美韵律,也为他赢得极高声誉。

楚襄王与宋玉游于云梦之浦,使玉赋高唐之事[1]。其夜王寝,果梦与神女遇，其状甚丽。王异之，明日以白玉。玉曰："其梦若何？"王曰："晡夕之后[2]，精神恍惚，若有所喜，纷纷扰扰，未知何意。目色仿佛，乍若有记。见一妇人，状甚奇异；寐而梦之，寤不自识[3]。罔兮不乐，怅然失志。于是抚心定气，复见所梦。"玉曰："状何如也？"王曰："茂矣美矣，诸好备矣！盛矣丽矣，难测究矣！上古既无，世所未见。环姿玮态，不可胜赞！其始来也，耀乎若白日初出照屋梁；其少进也，皎若明月舒其光。须臾之间，美貌横生；晔兮如华，温乎如莹，五色并驰，不可殚形[4]；详而视之，夺人目精。其盛饰也，则罗纨绮缋盛文章，极服妙采照万方，振绣衣，披袿裳，秾不短，纤不长[5]。步裔裔兮曜殿堂[6]，忽兮改容，婉若游龙乘云翔。嫷被服，悦薄装[7]。沐兰泽，含若芳。性和适，宜侍旁；顺序卑，调心肠[8]。"王曰："若此盛矣！试为寡人赋之！"玉曰："唯，唯。"

夫何神女之姣丽兮，含阴阳之渥饰[9]；被华藻之可好兮，若翡翠之奋翼[10]。其象无双，其美无极；毛嫱鄣袂，不足程式[11]；西施掩面，比之无色。近之既妖，远之有望；骨法多奇，应君之相[12]。视之盈目，孰者克尚[13]？私心独悦，乐之无量。交希恩疏，不可尽畅；他人莫睹，王览其状。其状峨峨，何可极言！貌丰盈以庄姝[14]兮，苞温润之玉颜。眸子炯其精朗兮，瞭[15]多美而可观。眉联娟以蛾扬兮，朱唇的其若丹[16]。素质干之酽实兮，志解泰而体闲[17]。既姽婳于幽静兮，又婆娑乎人间[18]。宜高殿以广意兮，翼放纵而绰宽[19]。动雾縠以徐步兮，拂墀声之珊珊[20]。望余帷而延视兮，若流波之将澜[21]。奋长袖以正衽兮，立踯躅而不安。澹清静其愔嫕兮，性沈详而不烦[22]。时容与以微动兮，志未可乎得原[23]。意似近而既远兮，若将来而复旋。褰余帱而请御兮，愿尽心之惓惓[24]！怀贞亮之吉清兮，卒与我兮相难。陈嘉辞而云对兮，吐芬芳其若兰。精交接以来往兮，心凯康以乐欢。神独亨而未结兮，魂茕茕以无端[25]。含然诺其不分兮，喟扬音而哀叹。颜薄怒以自持兮，曾不可乎犯干[26]。于是摇珮饰，鸣玉鸾[27]；整衣服，敛容颜。顾女师，命太傅[28]；欢情未接，将辞而去。迁延引身，不可亲附。似逝未行，中若相首。目略微眄，精彩相授[29]。志态横出，不可胜记。意离未绝，神心怖覆[30]。礼不遑讫，辞不及究。愿假须臾，神女称遽。回肠伤气，颠倒失据[31]。阇然而瞑，忽不知处。情独私怀，谁者可语？惆怅垂涕，求之至曙。

【作者简介】

宋玉（约前298—约前222），战国时楚人，与屈原同时而稍晚。史称"屈宋"。宋玉出身低微，曾为楚襄王小臣，遭谗被黜后抑郁而终。关于其生平记载较为可靠的是《史记》："屈原既死之后，楚有宋玉、唐勒、景差之徒者，皆好辞而以赋见称。然皆祖屈原之从容辞令，终莫敢直谏。"其作品，据《汉书·艺文志》载，有《九辩》《高唐赋》《神女赋》《登徒子好色赋》等赋16篇。

【注释】

[1]云梦：大泽名，今江汉平原。浦：水滨。高唐之事：指楚顷襄王与神女相会之事。

[2]晡夕：傍晚。晡：音bū。

[3]寐：睡着。寤：醒。

[4]晔：音yè，光亮、光鲜貌。温：温润。殚：尽。

[5] 罗纨绮缋:均谓丝绢,此谓衣着华丽。缋:音 huì。秾:衣厚貌。纤:衣长貌。句谓女子身材美妙,厚衣不显矮,长衣不显长。

[6] 裔裔:步履轻盈貌。

[7] 嫷:音 tuǒ,美好。侻:音 tuí,相宜。

[8] "顺序卑"二句:谓女子和顺柔婉,让人心气顺畅。

[9] 渥:谓厚美光润。

[10] 华藻:华丽的纹彩。可:合适。翡翠:谓翡翠鸟。

[11] 毛嫱:古代美女。鄣袂:谓以袖掩面。程式:效法。句谓毛嫱见了她,自愧不如。

[12] 骨法:骨相。

[13] 克尚:谓能超过。

[14] 庄姝:端庄姣好。姝:音 shū。

[15] 瞭:音 liǎo,眼珠明亮。

[16] 联娟:同"连娟",谓微微弯曲。的:鲜亮。

[17] 干:躯体。酖:厚。解泰:舒缓。闲:娴静。

[18] 媕婐:音 guǐ huà,美好貌。婆娑:盘旋舞蹈貌。

[19] 广意:谓放宽心意。翼放纵:谓像如鸟翅般随意放纵。

[20] 雾縠:轻薄如雾的绉纱。墀:音 chí,台阶。句谓女子行走的步履体态轻盈柔媚无比。

[21] 延视:谓久视。澜:谓起波澜。

[22] 愔嫕:音 yīn yì,和悦娴静。沈详:沉静安详。

[23] 容与:徘徊。原:原初之意。

[24] 褰:音 qiān,撩起。帱:床帐。御:侍奉。倦倦:通"拳拳",诚恳貌。

[25] 亨:通"达"。结:谓结爱。荧荧:微光闪烁貌。端:头绪。句谓心有所系,欲罢不能,欲行又止。

[26] 颒:音 pīng,嗔怒貌。干:冒犯。

[27] 玉鸾:鸾形佩饰。

[28] 女师、太傅:指神女侍从。

[29] 眄:谓侧目含情。句谓不忍离去。

[30] 怖覆:谓惧怕离去而反复之。

[31] 据:依靠。

登徒子好色赋

战国·宋　玉

【提要】

本文选自《昭明文选》(中华书局 1977 年版)。

　　本文记录的是作者与楚王(即楚顷襄王)的对话,表白自己如何不贪女色,指斥登徒子是好色之徒。文章从登徒子向楚顷襄王进谗言开始,引出那段关于女子形象的千古绝唱:"东家之子,增之一分则太长,减之一分则太短;著粉则太白,施朱则太赤。"以比较得出:宋玉非好色之徒,好色者恰恰是登徒子。细细琢磨,东家女子长得究竟如何?恐怕谁也说不清楚,但谁的心里都有一张属于自己的"美女图"。作者采取了暗示方法,运用烘托的手段,巧妙给出一张符合"距离产生美"原理的美女图。

　　此赋影响巨大,模仿者不绝于途。乐府民歌《陌上桑》写采桑女罗敷的美貌:"行者见罗敷,下担捋髭须;少年见罗敷,脱帽着帩头。耕者忘其犁,锄者忘其锄,来归相怨怒,但坐观罗敷。"罗敷究竟有多美丽? 你还得自己想象! 宋玉此法真可谓是"不著一字,尽得风流"(司空图《诗品》)。《登徒子好色赋》中使用的手法对中国传统建筑的藏、衬等方法的影响不可忽视。

　　需要指出的是,该文问世以后,登徒子便成了好色之徒的代称。但细读此文,登徒子始终不嫌弃他那"蓬头挛耳,龋唇历齿,旁行踽偻,又疥且痔",根本无色可言的妻子,实在称不上是好色之徒。

　　大夫登徒子侍于楚王,短宋玉曰[1]:"玉为人体貌闲丽[2],口多微辞[3],又性好色。愿王勿与出入后宫。"

　　王以登徒子之言问宋玉。玉曰:"体貌闲丽,所受于天也;口多微辞,所学于师也;至于好色,臣无有也。"王曰:"子不好色,亦有说乎[4]? 有说则止,无说则退[5]。"玉曰:"天下之佳人莫若楚国,楚国之丽者莫若臣里,臣里之美者莫若臣东家之子[6]。东家之子,增之一分则太长,减之一分则太短;著粉则太白,施朱则太赤;眉如翠羽,肌如白雪;腰如束素,齿如含贝,嫣然一笑,惑阳城,迷下蔡[7]。然此女登墙窥臣三年,至今未许也。登徒子则不然:其妻蓬头挛耳,龋唇历齿,旁行踽偻,又疥且痔[8]。登徒子悦之,使有五子。王孰察之[9],谁为好色者矣。"

　　是时,秦章华大夫在侧[10],因进而称曰:"今夫宋玉盛称邻之女,以为美色,愚乱之邪臣[11],自以为守德,谓不如彼矣。且夫南楚穷巷之妾,焉足为大王言乎? 若臣之陋目所曾睹者,未敢云也。"王曰:"试为寡人说之。"大夫曰:"唯唯。

　　臣少曾远游,周览九土,足历五都[12]。出咸阳,熙邯郸,从容郑、卫、溱、洧之间[13]。是时向春之末,迎夏之阳,鸧鹒喈喈,群女出桑[14]。此郊之姝,华色含光,体美容冶[15],不待饰装。臣观其丽者,因称诗曰:'遵大路兮揽子祛'[16]。赠以芳华辞甚妙。于是处子悦若有望而不来,忽若有来而不见。意密体疏,俯仰异观[17];含喜微笑,窃视流眄[18]。复称诗曰:'寤春风兮发鲜荣,洁斋俟兮惠音声,赠我如此兮不如无生。'因迁延而辞避。盖徒以微辞相感动,精神相依凭;目欲其颜,心顾其义,扬诗守礼,终不过差[19],故足称也。"

　　于是楚王称善,宋玉遂不退。

【注释】

　　[1]登徒子:宋玉虚设的人。后成好色之徒的代称。楚王:即楚顷襄王。短:说坏话。

［2］闲丽:娴雅俊朗。

［3］微辞:婉转得体之辞。

［4］说:说法,辩解。

［5］退:罢官。

［6］里:乡里。东家:邻居。

［7］阳城:今河南登封东南。下蔡:今属安徽阜阳。时均为楚地县名。句谓其媚足以迷倒阳城、下蔡贵公子。

［8］挛:音 luán,卷曲。龂:音 yàn,齿露唇外。历齿:牙齿稀疏。旁形踽偻:谓行走歪斜,弯腰驼背。踽偻:音 jǔ lǚ,伛偻,弯腰驼背。

［9］孰:同"熟",仔细。

［10］章华大夫:秦大夫。生于楚章华,入仕秦国。出使楚国。

［11］愚乱之邪臣:章华大夫自谦之词。

［12］九土:九州之土,谓全国。五都:各地都城。

［13］熙:同"嬉",游玩。郑、卫:古国名。溱、洧:郑国境内两条河。句谓郑、卫这些男女之恋较为自由的地方,男女有欢会河畔的风俗。

［14］向春、迎夏:谓阴历三、四月份。鸧鹒:音 cāng gēng,黄鹂。桑:谓采摘桑叶。

［15］体美容冶:谓身材姣好、容貌艳丽。

［16］袪:音 qū,袖口。

［17］意密体疏:谓情意绵绵而身体疏远。

［18］流眄:谓眼余光窃视,羞答答尔。眄:音 miǎn。

［19］过差:过错。

战国中山王陵兆域图

《中山王陵兆域铜版图》是20世纪70年代末从河北省平山县战国时期一座王陵的地宫中出土的一幅铜版地图。距今已有2 300年历史,被专家鉴定为世界上最早的地图。"兆"是中国古代对墓域的称谓,《兆域图》则是标示王陵方位、墓葬区域及建筑面积形状的平面规划图。墓主是战国时期一个小诸侯国"中山国"的第五代国王。

48 cm×94 cm铜版(线条为金银丝镶嵌)地图标示了王陵及王后、夫人等5个陵墓上建筑的方位,同时对王陵的"堂""宫""门"等位置标示得十分详细,伴有文字说明和图形符号,并刻有中山国王的"诏书"42字。

地图上的文字均用中国古代战国时期的"金文"书写。中国科学院历史研究所所长李学勤、北京大学朱德熙教授等全国10多位古文字研究专家,对文字进行了较长时间的释译,证明铭文是"中山国"国王生前下令为自己修筑陵寝,并绘制成一式两份《兆域图》作为建筑的依据,规定国王死后一幅《兆域图》随葬,一幅藏于宫内。《兆域图》上所标示的方位与现代地图相反,为上南下北。图上共标有各种文字注记33处,数字注记38处。图上所有线条符号及文字注记均按对称关系配置,布局严谨。地图中的尺寸采用"尺"和"步"两种度量单位表示,地图的比例尺约为1∶500。

地图的基本要素包括图形、符号、比例尺、方位和经纬度等内容,中国历史学家、考古学家等专家近年来共同研究的结果认为,《兆域图》除经纬度外,具备了其他所有内容,具有地图的基本要素。这幅地图不仅是目前世界上已发现的最早的地图,也是价值连城的文物精品。现藏于河北考古研究所。

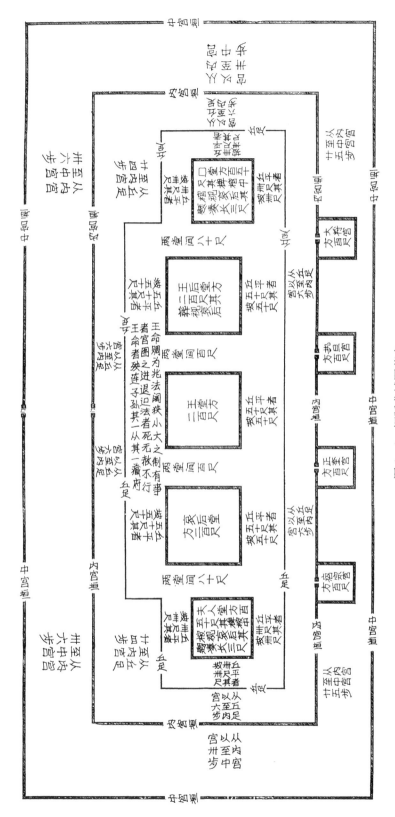

图 1-1 铜版兆域图摹本

（选自《建筑考古学论文集》，北京：文物出版社，1987年版）

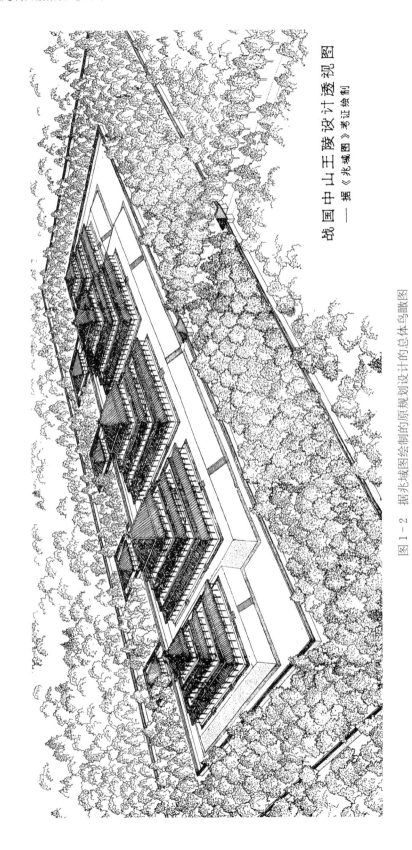

战国中山王陵设计透视图
——据《兆域图》考证绘制

图1-2 据兆域图绘制的原规划设计的总体鸟瞰图
(选自《建筑考古学论文集》,北京:文物出版社,1987年版)

秦·李　斯

【提要】

本文选自《骈体文钞》(岳麓书社1992年版)。

秦始皇嬴政统一中国之后,"车同轨,书同文",并且多次巡游各地并刻石表功。现存刻石共有7篇,这些刻石撰文、书写大都出自丞相李斯之手,以四字为句的韵文,用新定的小篆写成。

《泰山刻石》其词庄严规整,其体精深硕大:交代统一天下的时间、确立制度、彰明法制,表达秦朝顺承万古、永不更替的良好愿望。

泰山刻石原件现在只能见到13个字的残碑,堪称国宝。

皇帝临位,作制明法,臣下修饬[1]。二十有六年[2],初并天下,罔不宾服。亲巡远方黎民,登兹泰山,周览东极。从臣思迹,本原事业[3],祗诵功德。治道运行,诸产得宜,皆有法式。大义休明[4],垂于后世,顺承勿革[5]。皇帝躬圣,既平天下,不懈于治。夙兴夜寐[6],建设长利,专隆教诲。训经宣达,远近毕理,咸承圣志。贵贱分明,男女礼顺,慎遵职事[7]。昭隔内外,靡不清净,施于后嗣。化及无穷,遵奉遗诏,永承重戒。

【作者简介】

李斯(前280—前208),楚上蔡(今河南上蔡县西南)人。秦代政治家、文学家和书法家。字通古。从荀卿学帝王术,西仕于秦,为客卿。始皇定天下,李斯以杰出的政治远见和卓越才能,被任命为丞相。定郡县之制,下禁书令,变仓颉籀文为小篆,后世称其为"小篆之祖"。

李斯篆书"画如铁石,字若飞动,作楷隶之祖,为不易之法"(《书断》卷上《小篆》)。

【注释】

[1]修饬:修理,整理。

[2]二十有六年:谓秦始皇嬴政在位第26年时,统一中国。

[3]本原:谓思溯。作动词。

[4]休明:美好清明。

[5]革:更改。

[6]夙兴夜寐:早起晚睡。谓辛苦勤劳。

［7］职事:谓职守之事。

秦·李　斯

【提要】

本文选自《骈体文钞》(岳麓书社 1992 年版)。

《史记·秦始皇本纪》载,始皇统一六国后巡游各地,屡立纪功刻石。其中有峄山刻石、泰山刻石、琅琊刻石、之罘刻石、碣石刻石、会稽刻石等。

公元前 219 年,秦始皇东巡至峄山,命人在此刻石以颂秦德。该刻石是秦始皇东巡时立下七通刻石中的第一石,书体为小篆。刻石历数上古以来华夏裂疆分土、各自为国的历史,赞叹秦始皇帝统一六国,并成天下的丰功伟绩,并祝愿秦朝黔首安康,利泽长久。

《峄山刻石》一经问世,便成为历代摹拓的样本。前往峄山摹刻的人太多,以致当地应接不暇,便火烧此石。杜甫曾回忆说:“峄山之碑野火焚,枣木传刻肥失真。”可见原版《峄山刻石》的价值之高。

皇帝立国,维初在昔,嗣世称王[1]。讨伐乱逆,威动四极,武义直方[2]。戎臣奉诏,经时不久,灭六暴强。廿有六年,上荐高号,孝道显明。既献泰成,乃降专惠,亲巡远方。登于峄山[3],群臣从者,咸思攸长[4]。追念乱世,分土建邦,以开争理。攻战日作,流血于野,自泰古始。世无万数,阤及五帝,莫能禁止。乃今皇帝,一家天下,兵不复起。灾害灭除,黔首康定,利泽长久。群臣诵略,刻此乐石,以著经纪[5]。

皇帝曰:“金石刻,尽始皇帝所为也。今袭号而金石刻辞不称始皇帝,其于久远也,如后嗣为之者,不称成功盛德。”丞相臣斯、臣去疾、御史大夫臣德昧死言:“臣请具刻诏书金石刻,因明白矣。臣昧请死。”制曰:“可。”

【注释】

［1］嗣世:谓代代。
［2］直方:公正端方。
［3］峄山:在今山东邹县东南。
［4］攸长:长远。
［5］经纪:谓丰功伟绩。

五 帝 本 纪

西汉·司马迁

【提要】

　　本文选自《史记》(中华书局 1982 年版)。

　　《五帝本纪》是《史记》开篇之作。

　　《五帝本纪》记载的是远古传说中相继为帝的五个部落首领——黄帝、颛顼、帝喾、尧、舜的事迹,同时也记录了当时部落之间频繁的战争,部落联盟首领实行禅让,远古初民战猛兽、治洪水、开良田、种嘉谷、建居所、观测天文、推算历法、谱曲乐舞等多方面的情况。所记虽为传说,但近年来考古发现不断证实司马迁记录的内容并非子虚乌有。

　　《五帝本纪》写作主要依据《世本》《大戴礼记·五帝德》和《尚书》等先秦典籍,加上游历获得的口耳相传。五帝同写,司马迁安排时重点各各不同:黄帝主要突出其开疆列土而战蚩尤、战炎帝;而写尧时提出舜,重在突出尧知人善任;写舜时一方面继续扣紧对尧的叙写,一方面又突出了对舜的刻画,同时还带出了禹、契、后稷等,为以后各篇打下了基础。凡此种种,不一而足。

　　既充分尊重历史的本来面目,又写得环环相扣、跌宕起伏,司马迁不愧为史家之翘楚!

　　黄帝者,少典之子,姓公孙,名曰轩辕[1]。生而神灵,弱而能言,幼而徇齐,长而敦敏,成而聪明[2]。

　　轩辕之时,神农氏世衰[3]。诸侯相侵伐,暴虐百姓[4],而神农氏弗能征。于是轩辕乃习用干戈,以征不享,诸侯咸来宾从[5]。而蚩尤最为暴,莫能伐。炎帝欲侵陵诸侯[6],诸侯咸归轩辕。轩辕乃修德振兵,治五气[7],蓺五种[8],抚万民,度四方[9],教熊罴貔貅䝙虎[10],以与炎帝战于阪泉之野[11]。三战,然后得其志。蚩尤作乱,不用帝命。于是黄帝乃征师诸侯,与蚩尤战于涿鹿之野,遂禽杀蚩尤[12]。而诸侯咸尊轩辕为天子,代神农氏,是为黄帝。天下有不顺者,黄帝从而征之,平者去之[13],披山通道[14],未尝宁居。

　　东至于海,登丸山,及岱宗[15]。西至于空桐[16],登鸡头。南至于江,登熊、湘[17]。北逐荤粥[18],合符釜山[19],而邑于涿鹿之阿[20]。迁徙往来无常处,以师兵为营卫。官名皆以云命[21],为云师。置左右大监,监于万国。万国和,而鬼神山川封禅与为多焉[22]。获宝鼎,迎日推筴[23]。举风后、力牧、常先、大鸿以治民[24]。

顺天地之纪[25],幽明之占[26],死生之说,存亡之难[27]。时[28]播百谷草木,淳化鸟兽虫蛾[29],旁罗日月星辰水波土石金玉[30],劳勤心力耳目,节用水火材物[31]。有土德之瑞[32],故号黄帝。

黄帝二十五子,其得姓者十四人[33]。

黄帝居轩辕之丘,而娶于西陵之女,是为嫘祖。嫘祖为黄帝正妃,生二子,其后皆有天下[34]:其一曰玄嚣,是为青阳,青阳降居江水;其二曰昌意,降居若水[35]。昌意娶蜀山氏女,曰昌仆,生高阳,高阳有圣德焉。黄帝崩,葬桥山。其孙昌意之子高阳立,是为帝颛顼也。

【作者简介】

司马迁(前145—约前87),字子长,左冯翊夏阳人。司马迁10岁开始习古文,20岁开始游历四方,考察古迹,采集传说。其父司马谈死后,袭父职任太史令。因为李陵开脱罪责遭受腐刑后,愈勤奋,大约在征和二年(前91),基本上完成了《史记》的编撰工作。

《史记》是我国第一部纪传体通史。记录从传说中的黄帝到汉武帝元狩元年中国3 000年左右的历史。全书有本纪12篇,表10篇,书8篇,世家30篇,列传70篇,共130篇。《史记》最初没有固定书名,或称"太史公书",或称"太史公记"。

【注释】

[1]少典:远古部族名。

[2]神灵:谓有神异之气。弱:谓出生不久。徇:顺从。谓顺遵贤俊。聪明:谓闻见广博,精于决断。

[3]世:后代。

[4]百姓:谓百官贵族。战国前只有贵族有姓,故称。

[5]不享:不来朝拜头领。享:诸侯进贡朝拜曰享。

[6]侵陵:侵犯。陵:侵犯,欺侮。

[7]治五气:谓研究时令节气的变化。古代将五行与四时相配,春为木,夏为火,季夏(阴历六月)为土,秋为金,冬为水。

[8]蓺五种:谓种植黍、稷、麦、菽、稻等谷物。

[9]度四方:谓量度四方土地,规划宫舍耕地。

[10]熊罴貔貅貙虎:均为猛兽名,或谓可能是6个氏族的图腾。罴:音 pí;貔:音 pí;貙:音 chū。

[11]阪泉之野:谓今河北涿鹿一带,或谓今山西运城域内。

[12]蚩尤:传说中上古东方九黎族部落首领,又传为主兵之神。蚩尤部族活动于今河北、山东、河南及安徽北部。传说黄帝联合炎帝与其作战时,他口喷成雾,令炎黄部队迷失方向。黄帝作指南车,才将其斩杀。传说蚩尤部族残部南下与苗族融合杂居,又被称作是今苗瑶民族祖先。

[13]平者:谓平定了的地方。去:离开。

[14]披山:谓开山。句谓开山修路,方便交通。

[15]丸山:今山东临朐境内。丸:音 huán。岱宗:指泰山。

[16]空桐:山名,或谓在原州(今宁夏固原县)。

[17]江:长江。熊、湘:今湖南、湖北地区。

[18]荤粥:即匈奴。

[19] 合符:验证符契。符:古代王廷传达命令时用,各持一半,用时相合以验真伪。釜山:谓釜山瑞云与黄帝的黄云之瑞颜色一致。

[20] 阿:音 ē,大山。

[21] "官名"句:《史记集解》引应劭曰:"黄帝受命,有云瑞,故以云纪事也。春官为青云,夏官为缙云,秋官为白云,冬官为黑云,中官为黄云。"

[22] 封禅:古代帝王祭祀天地山川大典。在泰山筑坛祭天曰封,梁父山辟草祭地曰禅。

[23] 筴:音 cè,同"策",神策,谓占卜的蓍草。句谓黄帝观测太阳运行,运用神策推算历法,以预告日辰节气。

[24] 举:提拔任用。

[25] 天地之纪:谓四时交替更迭规律。纪:法度,规律。

[26] 幽明:谓阴阳。

[27] 难:音 nàn,辩论。

[28] 时:通"莳",种植。

[29] 淳化:驯养(使之成为家畜)。虫蛾:谓蚕。传说黄帝正妃嫘(léi)祖教民养蚕、缲丝、纺织。

[30] 旁罗:言广布。句谓帝德所及,日月扬光,山不藏珍,海不扬波。

[31] 节用:谓按时节伐木捕鱼围猎。

[32] 德:属性。瑞:祥瑞。

[33] 姓:远古氏族标记。《国语》载:黄帝子二十五宗,其得姓者十四人,为十二姓,姬、酉、祁、己、滕、箴、任、荀、僖、姞、儇(xuān)、依。

[34] "其后"句:谓其后人都为天子。

[35] 降居:谓封为诸侯。若水:位于今四川境内。

帝颛顼高阳者,黄帝之孙而昌意之子也[1]。静渊以有谋,疏通而知事[2];养材以任地[3],载时以象天[4],依鬼神以制义[5],治气以教化[6],絜诚以祭祀。北至于幽陵[7],南至于交阯[8],西至于流沙[9],东至于蟠木[10]。动静之物,大小之神,日月所照,莫不砥属[11]。

帝颛顼生子曰穷蝉[12]。颛顼崩,而玄嚣之孙高辛立,是为帝喾[13]。

【注释】

[1] 颛顼:音 zhuān xū。姓姬,号高阳。20 岁时,黄帝将帝位传给了他。

[2] 静渊:稳重老练,深沉镇定。疏通:通达。

[3] "养材"句:谓因地制宜。任地:开发地力。

[4] 载:推算记载。句谓推演四时历法。

[5] 鬼神:谓祖先、众神鬼。鬼神聪明正直,当尽心事之,因制尊卑之义。

[6] 气:谓四时五行之气。教化:教导化育万民。

[7] 幽陵:幽州,今河北、北京一带。

[8] 交阯:今越南河内一带。阯:音 zhǐ。

[9] 流沙:即今甘肃张掖一带。

[10] 蟠木:蟠桃之木。《海外经》谓:东海中有山名度索,上有大桃树,屈蟠三千里。一说,即扶桑。

[11]动静之物:谓草木鸟兽等天地万物。大小之神:谓五岳、四渎(江、河、淮、济)及丘陵平地众神灵。砥:磨刀石,引申为平定。砥属:谓征服,归附。

[12]穷蝉:舜帝高祖。

[13]颛顼崩:史载颛顼葬东郡濮阳顿丘,即今河南浚县一带。

帝喾高辛者[1],黄帝之曾孙也。高辛父曰蛟极,蛟极父曰玄嚣,玄嚣父曰黄帝。自玄嚣与蛟极皆不得在位,至高辛即帝位。高辛于颛顼为族子[2]。

高辛生而神灵,自言其名[3]。普施利物,不于其身。聪以知远,明以察微。顺天之义,知民之急。仁而威,惠而信,修身而天下服。取地之财而节用之,抚教万民而利诲之,历日月而迎送之,明鬼神而敬事之。其色郁郁,其德嶷嶷[4]。其动也时,其服也士[5]。帝喾溉执中而遍天下[6],日月所照,风雨所至,莫不从服。

帝喾娶陈锋氏女,生放勋。娶娵訾氏女,生挚。帝喾崩,而挚代立。帝挚立,不善[7],而弟放勋立,是为帝尧。

【注释】

[1]喾:音 kù,名俊。高辛:《集解》张晏曰:高阳、高辛皆所兴之地名。

[2]族子:侄子。

[3]自言其名:《正义》云:帝喾高辛,姬姓也。其母生见其神异,自言其名曰岌。

[4]嶷嶷:音 yí,高峻貌。此谓品德高尚。

[5]其服也士:谓穿戴与常人一样。

[6]溉执中:谓帝喾执政就如水流入田灌溉,公允平正。

[7]不善:谓政迹平平。

帝尧者,放勋[1]。其仁如天,其知如神。就之如日,望之如云[2]。富而不骄,贵而不舒[3]。黄收纯衣,彤车乘白马[4]。能明驯德,以亲九族[5]。九族既睦,便章百姓[6]。百姓昭明,合和万国[7]。

乃命羲、和[8],敬顺昊天[9],数法日月星辰,敬授民时[10]。分命羲仲,居郁夷,曰旸谷[11]。敬道日出,便程东作[12]。日中,星鸟,以殷中春[13]。其民析,鸟兽字微[14]。申[15]命羲叔,居南交。便程南为,敬致[16]。日永,星火,以正中夏[17]。其民因,鸟兽希革[18]。申命和仲,居西土,曰昧谷[19]。敬道日入,便程西成[20]。夜中,星虚,以正中秋[21]。其民夷易,鸟兽毛毨[22]。申命和叔,居北方,曰幽都[23]。便在伏物[24]。日短,星昴,以正中冬[25]。其民燠,鸟兽氄毛[26]。岁三百六十六日,以闰月正四时[27]。信饬百官,众功皆兴[28]。

尧曰:"谁可顺此事?"[29]放齐曰:"嗣子丹硃开明。"[30]尧曰:"吁!顽凶,不用。"尧又曰:"谁可者?"讙兜曰:"共工旁聚布功[31],可用。"尧曰:"共工善言,其用僻,似恭漫天,不可。"[32]尧又曰:"嗟,四岳[33],汤汤洪水滔天[34],浩浩怀山襄陵[35],下民其忧,有能使治者?"皆曰鲧可。尧曰:"鲧负命毁族[36],不可。"岳曰:"异哉,试不可用而已。"尧于是听岳用鲧。九岁,功用不成[37]。

尧曰:"嗟!四岳:朕在位七十载,汝能庸命[38],践朕位[39]?"岳应曰:"鄙德忝帝位。"[40]尧曰:"悉举贵戚及疏远隐匿者。"[41]众皆言于尧曰:"有矜在民间,曰虞舜。"[42]尧曰:"然,朕闻之。其何如?"岳曰:"盲者子。父顽,母嚚[43],弟傲[44],能和以孝,烝烝治[45],不至奸。"尧曰:"吾其试哉。"于是尧妻之二女[46],观其德于二女。舜饬下二女于妫汭,如妇礼[47]。尧善之,乃使舜慎和五典[48],五典能从。乃遍入百官,百官时序[49]。宾于四门[50],四门穆穆,诸侯远方宾客皆敬。尧使舜入山林川泽,暴风雷雨,舜行不迷。尧以为圣[51],召舜曰:"女谋事至而言可绩[52],三年矣。女登帝位。"舜让于德不怿[53]。正月上日[54],舜受终于文祖[55]。文祖者,尧大祖也。

于是帝尧老,命舜摄行天子之政,以观天命[56]。舜乃在璇玑玉衡,以齐七政[57]。遂类于上帝,禋于六宗,望于山川,辩于群神[58]。揖五瑞,择吉月日,见四岳诸牧,班瑞[59]。岁二月,东巡狩,至于岱宗,柴,望秩于山川[60]。遂见东方君长[61],合时月正日[62],同律度量衡[63],修五礼五玉三帛二生一死为挚[64],如五器[65],卒乃复[66]。五月,南巡狩;八月,西巡狩;十一月,北巡狩:皆如初。归,至于祖祢庙[67],用特牛礼[68]。五岁一巡狩[69],群后四朝[70]。遍告以言,明试以功,车服以庸[71]。肇十有二州,决川[72]。象以典刑[73],流宥五刑[74],鞭作官刑[75],扑作教刑[76],金作赎刑[77]。眚灾过,赦[78];怙终贼,刑[79]。钦哉,钦哉,惟刑之静哉[80]!

讙兜进言共工,尧曰不可而试之工师,共工果淫辟[81]。四岳举鲧治鸿水,尧以为不可,岳强请试之,试之而无功,故百姓不便[82]。三苗在江淮、荆州数为乱[83]。于是舜归而言于帝,请流共工于幽陵,以变北狄[84];放讙兜于崇山[85],以变南蛮;迁三苗于三危[86],以变西戎;殛鲧于羽山,以变东夷[87]:四罪而天下咸服[88]。

尧立七十年得舜,二十年而老[89],令舜摄行天子之政,荐之于天。尧辟位[90]凡二十八年而崩。百姓悲哀,如丧父母。三年,四方莫举乐,以思尧。尧知子丹朱之不肖[91],不足授天下,于是乃权授舜[92]。授舜,则天下得其利而丹朱病[93];授丹朱,则天下病而丹朱得其利。尧曰"终不以天下之病而利一人"[94],而卒授舜以天下。尧崩,三年之丧毕,舜让辟丹朱于南河之南[95]。诸侯朝觐者不之丹朱而之舜[96],狱讼者不之丹朱而之舜[97],讴歌者不讴歌丹朱而讴歌舜[98]。舜曰"天也",夫而后之中国践天子位焉[99],是为帝舜。

【注释】

[1]放勋:尧名。

[2]就:近,接近。

[3]舒:舒展,此谓放纵。

[4]黄收:黄色的帽子。夏朝称冕曰收。纯衣:黑衣。纯:音zī,同"缁"。

[5]九族:谓高祖至玄孙九代人繁衍而成为家族。

[6]便章:辨明。便:通"辨"。

[7]合和:谓和睦。

[8]羲、和:孔安国曰:"重黎之后,羲氏、和氏世掌天地之官。"

[9]昊天:谓上天。

[10] "数法"句:谓据日月星辰运行规律,制定历法。数:推演。

[11] 旸谷:日出之所。郁夷、旸谷俱东方地名。旸:音 yáng。

[12] 敬道日出:谓恭敬地迎接日出。便程:分别次第,按序做事。便:通"辨"。东作:谓春耕春播。

[13] 日中:谓春分。星鸟:谓星宿黄昏时现于天空正南。殷:正,动词。中春:仲春,阴历二月。中:音 zhòng。

[14] 民析:谓民老壮分离,壮年下田劳作。字微:谓交配生子。字:生子。微:通"尾",交尾。

[15] 申:告诫,此谓安排。

[16] 南为:谓夏季农事。致:谓获得成效。

[17] 日永:谓夏至,日最长谓永。星火:谓心宿黄昏时现于天空正南,心宿又名大火。中夏:仲夏。

[18] 因:谓老幼以助青壮力为农事。鸟兽希革:谓盛夏鸟兽毛、皮稀少。

[19] 昧谷:孔安国曰:"日入于谷而天下冥,故曰昧谷。"

[20] 敬道入日:谓迎接秋天的到来。西成:谓秋天万物皆熟。

[21] 夜中:谓秋分,这一天日夜等分。星虚:谓虚宿黄昏时现于天空正南。

[22] 夷易:谓气候温和,农活不紧,老壮俱在田收获、劳作。毨:音 xiǎn,谓秋季鸟兽新毛长出。

[23] 幽都:《山海经》:"北海之内有山名曰幽都。"冬之谓。

[24] 伏:谓储藏。

[25] 日短:谓冬至。星昴:谓昴宿黄昏时现于天空正南。昴:音 mǎo。中冬:指阴历十一月。

[26] 燠:音 yù,温暖,此谓防寒取暖。氄:音 rǒng,鸟兽细软的毛。

[27] 岁:一年。以日纪年,一年 366 天。以月纪年,一年 12 个月只有 354 天。先民以闰月解决阴阳合历的协调问题,使一年中节气与四季相配。不过,尧时对此认识可能没有到此等精确程度。

[28] 饬:通"敕",告诫。

[29] 顺:继承。谓将继尧登位。

[30] 丹硃:《帝王纪》云:"尧娶散宜氏女,曰女皇,生丹朱。"

[31] 旁聚:广泛聚集。

[32] 用僻:谓用心邪僻。似恭漫天:谓表面上给大家的印象是非常恭顺。

[33] 四岳:谓四方诸侯。

[34] 汤汤:音 shāng,水流盛大貌。

[35] 怀、襄:孔安国云:"怀,包;襄,上也。"句谓水流漫天,没山上陵。

[36] 负命:违背天命。毁族:毁败同族。

[37] 功用不成:谓水患不止。按:为禹伏笔。

[38] 庸:通"用"。庸命:谓顺应天命。

[39] 践:谓继任。朕:远古时为第一人称。

[40] 鄙德:谓德行浅薄。忝:辱,玷污。

[41] "悉举"句:谓尽数举荐远近大臣。

[42] 矜:音 guān,通"鳏",无妻中年男子,谓舜。

[43] 嚚:音 yín,愚顽。

[44] 傲:傲慢凶狠。

[45] 烝烝:音 zhēng,火烤。此谓德行醇美。

[46] "妻之"句:尧把两个女儿嫁给他。二女:谓尧女娥皇、女英。

[47] 饬:谓舜能让二女服于义理。妫汭:音 guī ruì,妫水拐弯处。妫:妫水,即阿姆河,源出兴都库什山,注入咸海。

[48] 五典:谓父义、母慈、兄友、弟恭、子孝五常之教。

[49] 入:谓加入。时序:谓有秩序。

[50] 四门:四方之门。马融曰:"诸侯群臣朝者,舜宾迎之,皆有美德也。"

[51] 圣:谓具备最高的智慧和德行。

[52] "女谋事"句:谓你谋划事情细致周到且绩效显著。

[53] 不怿:不悦。句谓舜以德行不够推辞。

[54] 上日:初一。

[55] 文祖:谓帝尧的祖庙。

[56] 于是:这个时候。摄行:代行。

[57] 璿玑玉衡:郑玄曰:浑天仪,或曰北斗七星。璿玑:斗魁,其第二星曰天璇,第三颗曰天玑。玉衡:斗柄。北斗:古人夜辨方向之星。七政:日月金木水火土曰七政。句谓观察天象,以断是否受禅。

[58] 类:临时祭天曰类。禋:音 yīn,置祭品于火上,烧出香味上达于天。六宗:马融曰天地四时。望:遥望山川举行祭祀曰望祭。

[59] 揖:聚敛。班瑞:此谓公侯伯子男所执符信之圭玉,瑞信之物。班:通"颁",分赐。句谓从此起,诸侯群臣听命于舜。

[60] 柴:同"柴",烧柴祭天曰柴祭。望秩:谓依次遥祭。

[61] 见:召见。

[62] 合:协调统一。正:校正。

[63] 同:统一。律:音律。度:尺寸,长度。量:斗斛。衡:称,重量标准。

[64] 五礼:谓吉、凶、宾、军、嘉五种礼仪。《正义》:"《周礼》以吉礼事邦国之鬼神祇,以凶礼哀邦国之忧,以宾礼亲邦国,以军礼同邦国,以嘉礼亲万民。"五玉:谓五瑞。三帛:谓诸侯朝见时赠天子的三种色彩不同的缯帛。二生:谓卿大夫朝见时赠天子的羔羊、雁。一死:谓士朝见时赠天子的雉鸡。挚:执。

[65] 五器:谓五玉、五瑞。

[66] 卒:谓朝见完毕。复:谓礼物如数归还。

[67] 祖祢:父亲的神主入庙后曰祢。祢:音 nǐ。

[68] 特:谓以一头牛当祭品的祭祀。

[69] 巡狩:天子视察诸侯治域曰巡狩。

[70] 后:指诸侯。

[71] 车服:谓赐予车服。庸:谓彰其功劳。

[72] 十二州:即冀、兖、青、徐、荆、扬、豫、梁、雍、并、幽、营。决川:谓疏通河道。

[73] 象:谓法,执法。典刑:常刑,即五刑。

[74] 流:流放。宥:宽赦。五刑:墨(脸上刺字)、劓(yì,割掉鼻子)、剕(断足)、宫(男割生殖器,妇毁生殖机能)、大辟(死刑通称)。

［75］官刑：官府中使用的刑罚。

［76］扑：打人刑具，以荆树枝等制成。教刑：学校中使用的刑具。

［77］“金作”句：谓可以金赎罪。

［78］眚灾：灾祸。眚：音 shěng，灾。

［79］怙终贼：谓仗势作恶。怙：音 hù，依仗。终：谓始终。贼：作恶。

［80］钦：慎重。静：谓审慎。

［81］淫辟：放纵邪僻。

［82］不便：谓不宜。按：史载鲧治水采取堵的办法，致水泛滥，民颇不便。

［83］三苗：我国古代部族名，居今湖北、湖南、江西、安徽交界地区。

［84］北狄：北方部族。

［85］崇山：今湖南张家界市西南。南蛮：南方部族。

［86］三危：今甘肃敦煌境内。

［87］殛：通“极”，谓流放远方。羽山：今苏鲁交界处。

［88］罪：治罪。

［89］老：告老。

［90］辟位：谓退位。辟：通“避”。

［91］不肖：不贤。

［92］权：权且。

［93］病：谓不利，遭殃。

［94］“终不”句：谓我最终不会以天下人受苦为代价而利一人（丹硃）。

［95］南河：尧都濮州北临漯水，黄河在国都南边，故曰南河。

［96］朝觐：谓诸侯朝见天子。春曰朝，秋曰觐。

［97］狱讼：打官司。

［98］讴歌者：谓作歌谣之人。

［99］中国：谓国都。

虞 舜者，名曰重华。重华父曰瞽叟，瞽叟父曰桥牛，桥牛父曰句望，句望父曰敬康，敬康父曰穷蝉，穷蝉父曰帝颛顼，颛顼父曰昌意：以至舜七世矣。自从穷蝉以至帝舜，皆微[1]为庶人。

舜父瞽叟盲，而舜母死，瞽叟更娶妻而生象，象傲。瞽叟爱后妻子，常欲杀舜，舜避逃；及有小过，则受罪。顺事父及后母与弟，日以笃谨，匪有解[2]。

舜，冀州之人也。舜耕历山[3]，渔雷泽[4]，陶河滨，作什器于寿丘[5]，就时于负夏[6]。舜父瞽叟顽，母嚚，弟象傲，皆欲杀舜。舜顺适不失子道，兄弟孝慈。欲杀，不可得；即求，尝[7]在侧。

舜年二十以孝闻。三十而帝尧问可用者，四岳咸荐虞舜，曰可。于是尧乃以二女妻舜以观其内，使九男与处以观其外[8]。舜居妫汭，内行弥谨。尧二女不敢以贵骄事舜亲戚，甚有妇道。尧九男皆益笃。舜耕历山，历山之人皆让畔[9]；渔雷泽，雷泽上人皆让居[10]；陶河滨，河滨器皆不苦窳[11]。一年而所居成聚，二年成邑，三年成都[12]。尧乃赐舜絺衣[13]，与琴，为筑仓廪，予牛羊。瞽叟尚复欲杀之，使舜上涂廪[14]，瞽叟从下纵火焚廪[15]。舜乃以两笠自扞而下[16]，去，得不死。后瞽叟又使舜穿井，舜穿井为匿空旁出[17]。舜既入深，瞽叟与象共下土实井，舜从匿空出，去。瞽叟、象喜，以舜为已死。象曰："本谋者象。"象与其父母分，于是曰："舜妻尧二女，与琴，象取之。牛羊仓廪予父母。"象乃止舜宫居[18]，鼓其琴。舜往见之。象鄂不怿[19]，曰："我思舜正郁陶！"[20]舜曰："然，尔其庶矣！"[21]舜复事瞽叟爱弟弥谨。于是尧乃试舜五典百官，皆治。

昔高阳氏有才子八人，世得其利，谓之"八恺"[22]。高辛氏有才子八人，世谓之"八元"。[23]此十六族者，世济其美，不陨其名[24]。至于尧，尧未能举。舜举八恺，使主后土[25]，以揆[26]百事，莫不时序。举八元，使布五教于四方，父义，母慈，兄友，弟恭，子孝，内平外成[27]。

昔帝鸿氏有不才子，掩义隐贼，好行凶慝，天下谓之浑沌[28]。少暤氏有不才子，毁信恶忠，崇饰恶言，天下谓之穷奇[29]。颛顼氏有不才子，不可教训，不知话言，天下谓之梼杌[30]。此三族世忧之。至于尧，尧未能去。缙云氏有不才子，贪于饮食，冒于货贿，天下谓之饕餮[31]。天下恶之，比之三凶。舜宾于四门，乃流四凶族，迁于四裔[32]，以御螭魅[33]，于是四门辟，言毋凶人也[34]。

舜入于大麓[35]，烈风雷雨不迷，尧乃知舜之足授天下。尧老，使舜摄行天子政，巡狩。舜得举用事二十年，而尧使摄政。摄政八年而尧崩。三年丧毕，让丹朱，天下归舜。而禹、皋陶、契、后稷、伯夷、夔、龙、倕、益、彭祖自尧时而皆举用，未有分职[36]。于是舜乃至于文祖，谋于四岳，辟四门，明通四方耳目，命十二牧论帝德[37]，行厚德，远佞人，则蛮夷率服。舜谓四岳："有能奋庸美尧之事者，使居官相事？"[38]皆曰："伯禹为司空，可美帝功。"舜曰："嗟，然！禹，汝平水土，维是勉哉。"禹拜稽首，让于稷、契与皋陶。舜曰："然，往矣。"舜曰："弃，黎民始饥，汝后稷播时百谷。"[39]舜曰："契，百姓不亲，五品不驯，汝为司徒，而敬敷五教，在宽。"[40]舜曰："皋陶，蛮夷猾[41]夏，寇贼奸轨[42]，汝作士，五刑有服[43]，五服三就[44]；五流有度[45]，五度三居[46]：维明能信。"舜曰："谁能驯予工？"皆曰垂可[47]。于是以垂为共工。舜曰："谁能驯予上下草木鸟兽？"皆曰益可。于是以益为朕虞[48]。益拜稽首，让于诸臣朱虎、熊罴。舜曰："往矣，汝谐。"[49]遂以朱虎、熊罴为佐。舜曰："嗟！四岳，有能典朕三礼？"[50]皆曰伯夷可。舜曰："嗟！伯夷，以汝为秩宗，夙夜维敬，直哉维静絜。"[51]伯夷让夔、龙。舜曰："然。以夔为典乐，教稚子，直而温，宽而栗[52]，刚而毋虐[53]，简而毋傲[54]；诗言意，歌长言，声依永，律和声，八音能谐，毋相夺伦[55]，神人以和。"夔曰："于！予击石拊石[56]，百兽率舞。"舜曰："龙，朕畏忌谗说殄伪[57]，振惊朕众，命汝为纳言，夙夜出入朕命[58]，惟信。"舜曰："嗟！女二十有二人，敬哉，惟时相天事。"三岁一考功，三考绌陟[59]，远近众功咸兴。分北三苗[60]。

此二十二人咸成厥功[61]：皋陶为大理，平，民各伏得其实[62]；伯夷主礼，上下咸让；垂主工师，百工致功[63]；益主虞，山泽辟[64]；弃主稷，百谷时茂[65]；契主司徒，百姓亲和[66]；龙主宾客，远人至；十二牧行而九州莫敢辟违[67]；唯禹之功为大，披九山，通九泽，决九河，定九州，各以其职来贡，不失厥宜[68]。方五千里，至于荒服。南抚交阯、北发,西戎、析枝、渠廋、氐、羌,北山戎、发、息慎,东长、鸟夷,四海之内咸戴帝舜之功[69]。于是禹乃兴《九招》之乐,致异物,凤皇来翔[70]。天下明德皆自虞帝始。

舜年二十以孝闻,年三十尧举之,年五十摄行天子事,年五十八尧崩,年六十一代尧践帝位。践帝位三十九年,南巡狩,崩于苍梧之野[71]。葬于江南九疑[72],是为零陵。舜之践帝位,载天子旗,往朝父瞽叟,夔夔唯谨[73],如子道。封弟象为诸侯。舜子商均亦不肖,舜乃豫荐禹于天[74]。十七年而崩。三年丧毕,禹亦乃让舜子,如舜让尧子。诸侯归之,然后禹践天子位。尧子丹朱,舜子商均,皆有疆土,以奉先祀[75]。服其服,礼乐如之[76]。以客见天子,天子弗臣[77],示不敢专也。

自黄帝至舜、禹,皆同姓而异其国号[78],以章明德[79]。故黄帝为有熊,帝颛顼为高阳,帝喾为高辛,帝尧为陶唐,帝舜为有虞。帝禹为夏后而别氏,姓姒氏[80]。契为商,姓子氏。弃为周,姓姬氏。

太史公曰:学者多称五帝,尚矣[81]。然《尚书》独载尧以来[82];而百家言黄帝,其文不雅驯[83],荐绅先生难言之[84]。孔子所传宰予问《五帝德》及《帝系姓》,儒者或不传[85]。余尝西至空桐,北过涿鹿,东渐[86]于海,南浮[87]江淮矣,至长老皆各往往称黄帝、尧、舜之处,风教固殊焉,总之不离古文者近是[88]。予观《春秋》《国语》,其发明《五帝德》《帝系姓》章矣[89],顾弟弗深考[90],其所表见皆不虚。《书》缺有间矣[91],其轶乃时时见于他说[92]。非好学深思,心知其意,固难为浅见寡闻道也[93]。余并论次[94],择其言尤雅者,故著为本纪书首。

【注释】

[1] 微:谓地位低贱。

[2] 匪有解:谓没有懈怠。匪:没有。解:同"懈"。

[3] 历山:今山东鄄城东南。

[4] 雷泽:今山东鄄城、菏泽一带。

[5] 河滨:今山东定陶西。什器:谓家用器物。什:十;各种各样的(物)。寿丘:今山东曲阜东北。

[6] 就时:谓经营商业。负夏:今河南濮阳。

[7] 尝:常。

[8] 外:在外。此谓尧欲以此考察舜的处世能力。

[9] 畔:田界。

[10] 居:住处,此谓捕鱼时立足之地。

[11] 苦窳:音 gǔ yǔ,粗劣。

[12] 聚:村落。邑:集镇。都:都市。

[13] 绨衣:细葛布织成的衣服。绨:音 chī。

[14] 涂:以泥涂抹。

[15] "瞽叟"句:谓让舜爬上仓顶,自己在下面放火烧仓(欲置舜于死地)。

[16] 扞:音 hàn,保护。

[17] 匿空:暗道。

[18] 宫:房屋。

[19]鄂:通"愕",吃惊。怿:悦。

[20]郁陶:闷闷不快貌。

[21]庶:谓差不多。

[22]八恺:指苍舒、隤皑(tuí ái)、梼戭(táo yǎ)、大(máng)降、庭坚、仲容、叔达。恺:和善、友好。

[23]八元:指伯奋、仲堪、叔献、季仲、伯虎、仲熊、叔豹、季狸。元:善良。

[24]济:成就,保全。陨:衰落。

[25]后土:谓掌管土地的官。

[26]揆:掌管、主持。

[27]内平外成:谓家庭和睦、社会安定。

[28]掩义隐贼:谓包庇奸邪。慝:音 tè,邪恶。浑沌:冥顽不化、野蛮无知的样子。

[29]穷奇:怪异、怪僻。

[30]不知话言:谓不分话的好歹。梼杌:音 táo wù,传说中的猛兽,此谓凶顽无比的样子。

[31]冒:贪。饕餮:音 tāo tiè,此谓贪婪。按:梼杌等均是传说中的恶兽、野人,此将三人与之相比。

[32]四裔:四方边远之地。

[33]螭魅:传说山林中的妖怪。

[34]毋:通"无"。

[35]麓:山脚。

[36]皋陶:字庭坚。契:殷人祖先。伯夷:齐太公祖先。益:伯翳,秦、赵祖先。彭祖:自尧时任职,历经夏朝、殷朝,封于大彭(今江苏徐州)。分职:谓分疆列土。

[37]帝德:谓尧之德。

[38]奋庸:发奋建功。庸:功。相:辅佐。句谓有无奋发建功、能先大尧帝事业者,让其入朝为官?

[39]播时:播种。

[40]五品:五伦,父、母、兄、弟、子曰五伦。敬敷:恭谨施行。宽:宽厚,或谓缓。

[41]猾:侵扰。

[42]奸轨:内外作恶。

[43]服:从,依据。

[44]三就:谓依刑轻重分就三处执行。马融曰:大罪在原野,次罪在市朝,族人犯罪送交甸师氏(掌田事职贡之官)。

[45]五流有度:谓依刑轻重流放地远近要适度。

[46]五度三居:流放地远近分为三等。《正义》:谓度其远近,为三等之居也。

[47]工:工匠。垂:舜廷司空,掌理百工之事。垂是中国历史上第一位见于典籍的营造官员。

[48]虞:掌管山林泽地的官名。

[49]汝谐:谓你们相互配合。

[50]三礼:谓祭天、祭地、祭鬼三种礼仪。

[51]秩宗:主郊庙祭祀之官,若太常。夙夜:早晚。直:正直。静絜:清明肃穆。按:孔安国云:"职典礼,施政教,使正直而清明。"

[52]稚子:谓天子及百官子弟。栗:同"慄",谓令人敬畏。

[53] 虐:暴虐。

[54] 简:大也,大智大勇,大仁大义。

[55] "诗言意"数句:谓诗、歌、乐的分工、关系及其作用。永:长,或谓歌咏。八音:金、石、丝、竹、匏、土、革、木,又中国古代乐器统称八音。伦:条理,顺序。

[56] 拊:音 fǔ,轻击,拍。

[57] 殄伪:谓伤天害理的行为。殄:音 tiǎn,灭绝。伪:通"为",行为。

[58] 出入:谓上传下达,传达旨意,报告民情。

[59] 绌陟:升降。绌:音 chù,通"黜",贬退。陟:音 zhì,提拔。

[60] 分北:分离,分解。北:通"背"。

[61] 厥:其,各自的。

[62] 平:谓断狱公平。伏:信服。

[63] 致功:谓做出成绩。

[64] 辟:开辟,开发利用。

[65] 时:应时,按时。

[66] 亲和:谓百官亲近和睦。

[67] 辟违:违背,违抗。

[68] 披:谓依山开道。职:贡赋。厥宜:其宜。句谓没有不合规定者。

[69] 南抚:谓帝舜之德泽及四方夷人。戴:拥戴。

[70] 九招:乐名,亦作九韶。异物:谓珍异祥瑞之物。凤皇:凤凰。

[71] 苍梧:今湖南宁远县南,有苍梧山。

[72] 九疑:今湖南永州境内,有九嶷山。

[73] 夔夔:音 kuí,和顺恭敬貌。

[74] 豫:通"预",事先。荐:谓告天使禹即帝位。

[75] 奉先祀:谓封其地以祀其祖先,(续香火)。

[76] "服其服"句:谓禹不让其变服色礼乐,准其沿袭家族传统,以示特殊尊重。

[77] 弗臣:谓禹不把其作为臣子对待,示尊重。

[78] 同姓:谓舜、禹同出少典氏;异其国号:谓获封诸侯时名号不同。

[79] 章:通"彰",彰明。

[80] 别氏:谓别出一氏。按:上古时代,姓为族号。族人繁衍分支移居他地,各分支的氏就成为新族号。战国后姓氏合一。

[81] 尚:久远。

[82] "然《尚书》"句:谓《尚书》首篇为《尧典》,不记尧以前事。

[83] 雅驯:合乎规范。驯:通"训"。

[84] 荐绅:缙绅,指读书人。荐:音 jìn,缙也。

[85] 《五帝德》《帝系姓》:均出自《大戴礼记》《孔子家语》,时人疑为伪书,多不传习。

[86] 渐:接近。谓到达。

[87] 浮:渡。

[88] 古文:谓古文典籍。按:汉通行隶书,非隶(如篆、蝌蚪文)谓古文。

[89] 发明:阐明。章:通"彰",明了。

[90] 弟:但,却。

[91] 有间:谓古典籍记载史迹缺失很多。

[92] 他说:谓其他典籍。

[93] 固:一定。难为:难以对。

[94] 论次:谓按照次序。

夏 本 纪

西汉·司马迁

【提要】

本文选自《史记》(中华书局 1982 年版)。

司马迁这篇传记根据《尚书》及有关历史传说,系统地叙述了由夏禹到夏桀约 400 年间的历史,向人们展示了由原始部落联盟向奴隶制社会过渡时期夏朝的政治、经济、军事、文化及人民生活等方面的概貌,尤其突出地刻画了夏禹这位部落首领和帝王的形象。

面对洪水滔天、民不聊生的情况,夏禹新婚四天就离家治水,行山表木,导九川,陂九泽,通九道,度九山,考察了九州的土地物产,规定了各地的贡品赋税,确定了各地朝贡的方便途径,并划定五服界域,终使全国形成众河入海、万方宗天的局面。

《夏本纪》是一部夏王朝的兴衰史。

夏禹,名曰文命。禹之父曰鲧,鲧之父曰帝颛顼,颛顼之父曰昌意,昌意之父曰黄帝。禹者,黄帝之玄孙而帝颛顼之孙也。禹之曾大父[1]昌意及父鲧皆不得在帝位,为人臣。

当帝尧之时,鸿水滔天,浩浩怀山襄陵,下民其忧[2]。尧求能治水者,群臣四岳皆曰鲧可[3]。尧曰:"鲧为人负命毁族,不可[4]。"四岳曰:"等之未有贤于鲧者,愿帝试之。"[5]于是尧听四岳,用鲧治水。九年而水不息,功用不成。于是帝尧乃求人,更得舜。舜登用,摄行天子之政,巡狩[6]。行视鲧之治水无状,乃殛鲧于羽山以死[7]。天下皆以舜之诛为是。于是舜举鲧子禹,而使续鲧之业。

【注释】

[1] 曾大父:即曾祖父。

[2] 鸿水:洪水;怀山:谓包围山峰。襄陵:谓淹没大丘。

[3] 四岳:尧时四诸侯。

[4] 负命毁族:谓违背天命,毁败同族。

[5]等：谓群臣。

[6]登用：谓提拔任用。摄行：谓代理行政。巡狩：巡察地方，考查官绩谓之。

[7]无状：谓无效果。殛：音jí，诛杀。羽山：在今苏、鲁交界处。

尧崩，帝舜问四岳曰："有能成美[1]尧之事者使居官?"皆曰："伯禹为司空，可成美尧之功。"舜曰："嗟，然！"命禹："女平水土[2]，维是勉之。"禹拜稽首，让于契、后稷、皋陶。舜曰："女其往视尔事矣。"[3]

禹为人敏给克勤[4]；其德不违，其仁可亲，其言可信；声为律，身为度，称以出[5]；亹亹穆穆[6]，为纲为纪。

禹乃遂与益、后稷奉帝命，命诸侯百姓兴人徒以傅土，行山表木，定高山大川[7]。禹伤先人父鲧功之不成受诛，乃劳身焦思，居外十三年，过家门不敢入。薄衣食，致孝于鬼神。卑宫室，致费于沟淢[8]。陆行乘车，水行乘船，泥行乘橇，山行乘檋[9]。左准绳，右规矩，载四时，以开九州，通九道，陂九泽，度九山[10]。令益予众庶稻，可种卑湿[11]。命后稷予众庶难得之食。食少，调有余相给，以均诸侯。禹乃行相地宜所有以贡，及山川之便利[12]。

【注释】

[1]成美：谓发扬光大。

[2]平水土：谓治理水患。

[3]视：谓办理。

[4]敏给克勤：谓敏捷勤劳。

[5]律：音律。身为度：谓身正。度：尺度。称以出：谓行为合乎法度。

[6]亹亹：音wěi，勤勉不倦貌。穆穆：庄重严肃貌。

[7]百姓：百官。傅土：谓划分九州土地。傅：通"敷"。表木：谓立木标识。

[8]沟淢：沟渠。淢：音yù。

[9]橇：音qiāo，泥上行走工具，形如箕。檋：音jú，山行工具。鞋底置铁椎头，随山形长短，以保上下山身体平衡。

[10]开九州：开发九州土地，九州谓冀、兖、青、徐、豫、荆、扬、雍、梁。九道：谓弱、黑、河、漾、江、沇(yǎn)、淮、渭、洛九水。九泽：谓雷夏、大野、彭蠡、震泽、云梦、荥播、菏泽、孟猪、豬野等湖泊湿地。九山：谓汧、壶口、太行等大山。

[11]众庶：平民。卑湿：低湿之地。

[12]相地宜所有以贡：谓根据田地所产确定进贡种类。便利：谓交通是否方便。

禹行自冀州始。冀州：既载壶口，治梁及岐[1]。既修太原，至于岳阳[2]。覃怀致功，至于衡漳[3]。其土白壤。赋上上错[4]，田中中[5]，常、卫既从[6]，大陆既为[7]。鸟夷皮服[8]。夹右碣石，入于海[9]。

济、河维沇州[10]：九河既道[11]，雷夏既泽[12]，雍、沮会同，桑土既蚕，于是民得下丘居土[13]。其土黑坟，草繇木条[14]。田中下，赋贞，作十有三年乃同[15]。其贡漆、丝,其篚织文[16]。浮于济、漯,通于河。

海岱维青州:堣夷既略,潍、淄其道[17]。其土白坟,海滨广潟,厥田斥卤[18]。田上下,赋中上。厥贡盐绨[19],海物维错[20],岱畎丝、枲、铅、松、怪石[21],莱夷为牧,其篚檿丝[22]。浮于汶,通于济。

海岱及淮维徐州:淮、沂其治,蒙、羽其艺[23]。大野既都,东原底平[24]。其土赤埴坟,草木渐包[25]。其田上中,赋中中。贡维土五色,羽畎夏狄,峄阳孤桐,泗滨浮磬,淮夷蠙珠臮鱼,其篚玄纤缟[26]。浮于淮、泗,通于河。

淮海维扬州:彭蠡既都,阳鸟所居[27]。三江既入,震泽致定[28]。竹箭既布[29]。其草惟夭,其木惟乔,其土涂泥[30]。田下下,赋下上上杂[31]。贡金三品,瑶、琨、竹箭、齿、革、羽、旄,岛夷卉服,其篚织贝,其包橘、柚锡贡[32]。均江海,通淮、泗。

荆及衡阳维荆州:江、汉朝宗于海。九江甚中,沱、涔已道,云土、梦为治[33]。其土涂泥。田下中,赋上下。贡羽、旄、齿、革、金三品,杶、榦、栝、柏、砺、砥、砮、丹,维箘簬、楛,三国致贡其名,包匦菁茅,其篚玄缥玑组,九江入赐大龟[34]。浮于江、沱、涔、汉,逾于洛,至于南河。

荆河惟豫州:伊、雒、瀍、涧既入于河,荥播既都,道菏泽,被明都[35]。其土壤,下土坟垆[36]。田中上,赋杂上中。贡漆、丝、絺、纻,其篚纤絮,锡贡磬错[37]。浮于洛,达于河。

华阳黑水惟梁州:汶、嶓既艺,沱、涔既道,蔡、蒙旅平,和夷底绩[38]。其土青骊[39]。田下上,赋下中三错。贡璆、铁、银、镂、砮、磬、熊、罴、狐、狸、织皮[40]。西倾因桓是来,浮于潜,逾于沔,入于渭,乱于河[41]。

黑水西河惟雍州:弱水既西,泾属渭汭[42]。漆、沮既从,沣水所同。荆、岐已旅[43],终南、敦物至于鸟鼠。原隰底绩,至于都野[44]。三危既度,三苗大序[45]。其土黄壤。田上上,赋中下。贡璆、琳、琅玕[46]。浮于积石,至于龙门西河,会于渭汭。织皮昆仑、析支、渠搜,西戎即序[47]。

道九山[48]:汧及岐至于荆山,逾于河;壶口、雷首至于太岳;砥柱、析城至于王屋;太行、常山至于碣石,入于海;西倾、朱圉、鸟鼠至于太华;熊耳、外方、桐柏至于负尾;道嶓冢,至于荆山;内方至于大别;汶山之阳至衡山,过九江,至于敷浅原。

道九川:弱水至于合黎,余波入于流沙[49]。道黑水,至于三危,入于南海。道河积石,至于龙门,南至华阴,东至砥柱,又东至于盟津,东过洛汭[50],至于大邳,北过降水,至于大陆,北播为九河[51],同为逆河[52],入于海。嶓冢道漾[53],东流为汉,又东为苍浪之水,过三澨,入于大别,南入于江,东汇泽为彭蠡,东为北江,入于海。汶山道江,东别为沱,又东至于醴,过九江,至于东陵,东迆北会于汇,东为中江,入于海。道沇水,东为济,入于河,泆为荥[54],东出陶丘北,又东至于荷,又东北会于汶,又东北入于海。道淮自桐柏,东会于泗、沂,东入于海。道渭自鸟鼠同穴,东会于沣,又东北至于泾,东过漆、沮,入于河。道雒自熊耳,东北会于涧、瀍,又东会于伊,东北入于河。

于是九州攸同,四奥既居,九山刊旅,九川涤原,九泽既陂,四海会同[55]。六府甚修,众土交正,致慎财赋,咸则三壤成赋[56]。中国赐土姓[57]:"祗台德先,不距朕行。"[58]

【注释】

[1]载:谓治理。梁:梁山,在今山西。岐:岐山,在今陕西。

[2]太原:谓广大的平原,后为郡名。岳阳:太岳之南。

[3]覃:长、深。衡漳:二水名。

[4]赋上上错:禹时赋税分九等。上上错:孔安国曰:"上上,第一。错,杂也,杂出第二之赋。"

[5]田中中:田地质量中中等,即第五等。

[6]常、卫:二水名。从:谓河道顺畅。

[7]大陆:泽名,在今河北。

[8]鸟夷:古族名。分布在中国东部沿海及海域中的岛屿上。

[9]"夹右碣石"二句:谓鸟夷族进贡路线。右碣石:当谓北平之碣石。按:如言,当在今河北境。

[10]济、河维沇州:谓沇(兖)州在济水、黄河间。

[11]道:疏通。

[12]泽:谓成为湖泽。

[13]下丘居土:谓下高丘,居平原。

[14]黑坟:谓土壤黑漆肥沃。繇:茂盛。条:高大。

[15]田中下:第六等。贞:第九等赋,以鼓励人民开荒种植。

[16]篚:音 fěi,圆形竹器。织文:谓有花纹的丝织品。

[17]堣夷:地名。堣:音 yú,同"嵎"。略:治。

[18]广潟:谓广阔而碱卤。潟:音 xī,盐碱地。

[19]绤:音 chī,细葛布。

[20]海物:海产品。错:杂。

[21]畎:音 quǎn,山谷。枲:音 xǐ,粗麻。

[22]檿丝:柞蚕丝。檿:音 yǎn。

[23]蓺:种植。

[24]都:通"潴",水停聚之地。底平:谓得到平复。

[25]埴:黏土。包:从生貌。

[26]土五色:五色土。夏狄:谓肥大的长尾野鸡。孤桐:独生桐,其木可用来制琴瑟。浮磬:谓以水中石制成的磬。蠙珠:蚌类、珍珠。泉:音 jì,古"暨"字,及、与。玄纤缟:极细的黑、白丝绢。

[27]阳鸟:大雁。

[28]入:谓入海。致定:谓修筑好堤防以蓄水。

[29]竹箭:箭竹。质坚硬,可制箭。

[30]夭:茂盛貌。乔:高大貌。涂泥:谓土质润湿。

[31]下上:第七等(赋)。上杂:谓夹有上一等赋。

[32]金三品:孔安国谓金、银、铜。瑶、琨:皆美玉。齿:象牙。旄:旄牛尾,以之为旌旗饰。卉服:革编衣服。织贝:贝形花纹锦缎。锡贡:谓天子有命乃贡。锡:通"赐"。

[33]其中:谓已有固定河道。

[34] 杶:音 chūn,木名,香椿。榦:音 gān,木名,柘树。栝:音 guā,桧树。砺、砥:磨刀石,砺粗砥细。砮:音 nǔ,可做箭簇的石头。箘簬:杆长节稀的竹子,可做箭杆。包匦青茅:包装在匣子里的青茅,祭祀时用以滤酒。匦:音 guǐ,匣子。

[35] 被:《尚书易解》:被同"陂",谓筑堤防。

[36] 下土:低洼地。坟垆:黑而坚实。

[37] 纻:音 zhù,纻麻纤维织的布。纤絮:细丝绵。磬错:制玉磬的石头。

[38] 旅:道路。厎绩:致功。厎:音 dǐ,致。

[39] 青骊:黑色。

[40] 璆:音 qiú,美玉。镂:质地极坚之铁,可镂刻其他金属。织皮:孔安国谓即前述"四兽之皮"。

[41] 乱:横渡。

[42] 属:注入。汭:音 ruì,河流会合处。

[43] 已旅:谓已成通途。

[44] 原隰:谓平原洼地。

[45] 三苗:三苗在江、淮、荆州。句谓经大禹的治理教化,三苗族已经归化。

[46] 琳:美玉。琅玕:音 láng gān,形如珠形美石。

[47] "织皮"二句:谓织皮族居于昆仑山、析支山、渠搜山,纷纷归顺。

[48] 道九山:谓开通九山之路。

[49] 流沙:谓沙漠,或指居延海。

[50] 洛汭:谓洛水入黄处。

[51] 播:分流。

[52] 同:合。逆河:上游分出下游合流之河。

[53] 道漾:谓水流平缓。

[54] 泆:音 yì,同"溢"。

[55] 九州攸同:谓九州一统。四奥:四方。刊旅:谓开通了道路。涤原:谓疏通水源。

[56] 六府:谓六类仓库。即金、木、水、火、土、谷六库。修:丰美。众土:指各地。交正:谓全都确定贡赋种类及等级。致慎:谓慎重确定赋贡标准。咸则:谓定下赋贡准则、等级。

[57] 中国:谓九州之中。土姓:谓土地和姓氏,指分封诸侯。

[58] 祗:音 zhī,恭敬。台:《尚书易解》曰:同"以"。距:同"拒",违背。朕行:谓各种措施、原则。

令天子之国以外五百里甸服[1]:百里赋纳总,二百里纳铚,三百里纳秸服,四百里粟,五百里米[2]。甸服外五百里侯服:百里采,二百里任国,三百里诸侯[3]。侯服外五百里绥服[4]:三百里揆文教,二百里奋武卫[5]。绥服外五百里要服:三百里夷,二百里蔡[6]。要服外五百里荒服:三百里蛮,二百里流[7]。

东渐于海,西被于流沙,朔、南暨[8]:声教讫于四海[9]。于是帝锡禹玄圭,以告成功于天下。天下于是太平治。

【注释】

[1] 国:国都。甸服:国都郊外的地区。

　[2]总:谓连穗带秆的禾把子。铚:音 zhì,短镰,此谓短镰收割的谷穗。秸服:带壳谷。粟:未去糠的粗米。

　[3]采:采邑,卿大夫封地。任国:谓较小的封国。

　[4]绥服:谓侯服外五百里的地区。

　[5]揆:音 kuí,测度,谓推行。奋武卫:谓振武威以卫天子。

　[6]夷:《周书·谥法》:"盖谓相约和平相处。"蔡:法,谓遵守天子法度。

　[7]流:谓居无定所。

　[8]暨:到。

　[9]讫:至,到。

皋陶作士以理民。帝舜朝,禹、伯夷、皋陶相与语帝前[1]。皋陶述其谋曰:"信其道德,谋明辅和。"[2]禹曰:"然,如何?"皋陶曰:"于!慎其身修,思长[3],敦序九族[4],众明高翼[5],近可远在已[6]。"禹拜美言[7],曰:"然。"皋陶曰:"于!在知人,在安民。"禹曰:"吁!皆若是,惟帝其难之。知人则智,能官人[8];能安民则惠,黎民怀之。能知能惠,何忧乎谨兜,何迁乎有苗,何畏乎巧言善色佞人?"[9]皋陶曰:"然,于!亦行有九德,亦言其有德。"乃言曰:"始事事,宽而栗,柔而立,愿而共,治而敬,扰而毅,直而温,简而廉,刚而实,强而义,章其有常,吉哉[10]。日宣三德,蚤夜翊明有家[11]。日严振敬六德,亮采有国[12]。翕受普施,九德咸事,俊乂在官,百吏肃谨[13]。毋教邪淫奇谋。非其人居其官,是谓乱天事[14]。天讨有罪,五刑五用哉。吾言底可行乎?"禹曰:"女言致可绩行。"皋陶曰:"余未有知,思赞道哉。"

帝舜谓禹曰:"女亦昌言。"[15]禹拜曰:"于,予何言!予思日孳孳。"[16]皋陶难禹曰[17]:"何谓孳孳?"禹曰:"鸿水滔天,浩浩怀山襄陵,下民皆服于水。予陆行乘车,水行乘舟,泥行乘橇,山行乘檋,行山刊木。与益予众庶稻鲜食。以决九川致四海[18],浚畎浍致之川[19]。与稷予众庶难得之食。食少,调有余补不足,徙居。众民乃定,万国为治。"皋陶曰:"然,此而美也。"[20]

禹曰:"于,帝!慎乃在位,安尔止[21]。辅德,天下大应[22]。清意以昭待上帝命,天其重命用休。"[23]帝曰:"吁,臣哉,臣哉!臣作朕股肱耳目。予欲左右有民,女辅之[24]。余欲观古人之象。日月星辰,作文绣服色,女明之[25]。予欲闻六律五声八音,来始滑,以出入五言,女听[26]。予即辟,女匡拂予[27]。女无面谀。退而谤予。敬四辅臣[28]。诸众谗嬖臣,君德诚施皆清矣。"[29]禹曰:"然。帝即不时,布同善恶则毋功。"[30]

帝曰:"毋若丹朱傲,维慢游是好,毋水行舟,朋淫于家,用绝其世[31]。予不能顺是。"禹曰:"予娶涂山,[辛壬]癸甲,生启予不子,以故能成水土功[32]。辅成五服,至于五千里,州十二师[33],外薄四海[34],咸建五长[35],各道有功[36]。苗顽不即功,帝其念哉[37]。"帝曰:"道吾德,乃女功序之也。"[38]

皋陶于是敬禹之德,令民皆则禹[39]。不如言,刑从之[40]。舜德大明。

【注释】

　[1]相与:相约。

〔2〕信其道德:谓遵循道德办事。辅:谓辅臣。

〔3〕思长:谓思虑长远。

〔4〕敦序九族:谓使九族亲厚而有顺序。

〔5〕众明:谓众多贤明的人。翼:辅佐。

〔6〕近可远在已:谓由近可以及远。

〔7〕美言:谓善其言。

〔8〕官人:谓任用人。

〔9〕善色:谓善于察言观色。

〔10〕事事:做事情。栗:威严。立:谓有主见。愿:老实。共:通"恭"。治而敬:谓办事干练而谨慎。扰:《集解》引徐广曰:"扰,亦作'柔'。"柔顺,驯服。简:简约,平易。廉:有棱角。义:合宜,讲道理。"章其"句:谓重用那些有德之士。

〔11〕夙:通"早"。翊明:恭敬努力。家:谓卿大夫的封地。

〔12〕振敬:恭敬。亮采:谓认真履职。

〔13〕翕受:谓全部具备。翕:音 xì,孔安国谓"翕,合也"。俊乂:谓有德有才之人。乂:音 yì。

〔14〕天事:谓管理天下之事。

〔15〕昌言:美言,善言。

〔16〕孳孳:音 zī,孜孜,勤勉貌。

〔17〕难:诘问。

〔18〕致:谓导入。

〔19〕畎浍:音 quǎn kuài,田间沟渠。

〔20〕而:你的。

〔21〕在位:谓在位之臣。安尔止:谓处理你的政务。

〔22〕辅德:谓辅佐的大臣有德行。

〔23〕清意以昭:谓清净其心。

〔24〕左右:帮助。

〔25〕文绣服色:谓参照日月星象绣做服装。

〔26〕六律五声八音:谓音乐。来始滑:《今文尚书》作"采政忽",谓由音乐来考察各地政教治乱。五言:谓五方的意见。

〔27〕辟:谓过失。匡拂:纠正。拂:音 bì,通"弼"。

〔28〕四辅臣:谓天子周围的辅佐大臣。

〔29〕嬖臣:宠臣。

〔30〕布同善恶:谓混同善恶。

〔31〕维慢游是好:谓喜好怠惰放荡。朋淫:谓聚众淫乱。用绝其世:因而绝其帝统。

〔32〕涂山:禹娶妻之地。〔辛壬〕癸甲:谓新婚四天又去治水。上古以天干记日,辛日至甲日共四天。子:抚养。

〔33〕州十二师:谓每州 3 万人。师:2 500 人一师。

〔34〕薄:迫近。

〔35〕五长:统率五个诸侯的首领。

〔36〕道:领导。

〔37〕苗顽:即三苗。即:成就。

[38] 道吾德:谓用我的德教来开导。乃:则。

[39] 则:效法。

[40] 如:顺从。

于是夔行乐,祖考至,群后相让,鸟兽翔舞,《箫韶》九成,凤皇来仪,百兽率舞,百官信谐[1]。帝用此作歌曰[2]:"陟天之命,维时维几。"[3]乃歌曰:"股肱喜哉,元首起哉,百工熙哉!"[4]皋陶拜手稽首扬言曰[5]:"念哉,率为兴事,慎乃宪,敬哉!"[6]乃更为歌曰:"元首明哉,股肱良哉,庶事康哉!"又歌曰:"元首丛脞哉,股肱惰哉,万事堕哉!"[7]帝拜曰:"然,往钦哉!"[8]于是天下皆宗禹之明度数声乐,为山川神主[9]。

帝舜荐禹于天,为嗣[10]。十七年而帝舜崩。三年丧毕,禹辞辟舜之子商均于阳城[11]。天下诸侯皆去商均而朝禹。禹于是遂即天子位,南面朝天下,国号曰夏后,姓姒氏。

帝禹立而举皋陶荐之,且授政焉,而皋陶卒。封皋陶之后于英、六,或在许。而后举益,任之政。

十年,帝禹东巡狩,至于会稽而崩。以天下授益。三年之丧毕,益让帝禹之子启,而辟居箕山之阳。禹子启贤,天下属意焉[12]。及禹崩,虽授益,益之佐禹日浅,天下未洽[13]。故诸侯皆去益而朝启,曰"吾君帝禹之子也"。于是启遂即天子之位,是为夏后帝启。

【注释】

[1]行乐:制作乐章。祖考:谓祖先之灵。群后:众诸侯。《箫韶》:舜制之乐名。九成:谓九遍。

[2]用此:于是。

[3]陟:谓遵循。维时维几:孔安国曰:"惟在顺时,惟在慎微。"几:细微之迹。

[4]元首:天子。百工:百官。熙:兴盛,光大。

[5]拜手:跪拜礼之一种。扬言:高声说。

[6]率:率领,领头。宪:法度。

[7]丛脞:细碎。脞:音cuǒ。

[8]往:谓往后。钦:谓敬职。

[9]宗:尊奉。神主:谓替山川神灵施行号令的帝王。

[10]嗣:谓继承帝位。

[11]辟:同"避"。阳城:今河南登封。《帝王世纪》:禹受封为夏伯,都阳城。

[12]属意:谓心归向之。日浅:时间不长。

[13]未洽:谓不和谐。

夏后帝启,禹之子,其母涂山氏之女也。

有扈氏[1]不服,启伐之,大战于甘。将战,作《甘誓》,乃召六卿申之[2]。启曰:

"嗟！六事之人，予誓告女：有扈氏威侮五行，怠弃三正，天用剿绝其命[3]。今予维共行天之罚。左不攻于左，右不攻于右，女不共命[4]。御非其马之政[5]，女不共命。用命，赏于祖；不用命，僇于社，予则帑僇女。"[6]遂灭有扈氏。天下咸朝。

夏后帝启崩，子帝太康立。帝太康失国，昆弟五人，须于洛汭，作《五子之歌》[7]。

太康崩，弟中康立，是为帝中康。帝中康时，羲、和湎淫[8]，废时乱日。胤往征之，作《胤征》。

中康崩，子帝相立。帝相崩，子帝少康立。帝少康崩，子帝予立。帝予崩，子帝槐立。帝槐崩，子帝芒立。帝芒崩，子帝泄立。帝泄崩，子帝不降立。帝不降崩，弟帝扃立。帝扃崩，子帝廑立。帝廑崩，立帝不降之子孔甲，是为帝孔甲。帝孔甲立，好方鬼神，事淫乱[9]。夏后氏德衰，诸侯畔之。天降龙二，有雌雄，孔甲不能食[10]，未得豢龙氏。陶唐既衰，其后有刘累，学扰龙[11]于豢龙氏，以事孔甲。孔甲赐之姓曰御龙氏，受豕韦之后。龙一雌死，以食夏后。夏后使求，惧而迁去。

孔甲崩，子帝皋立。帝皋崩，子帝发立。帝发崩，子帝履癸立，是为桀。帝桀之时，自孔甲以来而诸侯多畔夏，桀不务德而武伤百姓，百姓弗堪。乃召汤而囚之夏台[12]，已而释之。汤修德，诸侯皆归汤，汤遂率兵以伐夏桀。桀走鸣条，遂放而死。桀谓人曰："吾悔不遂杀汤于夏台，使至此。"汤乃践天子位，代夏朝天下。汤封夏之后，至周封于杞也。

太史公曰：禹为姒姓，其后分封，用国为姓，故有夏后氏、有扈氏、有男氏、斟寻氏、彤城氏、褒氏、费氏、杞氏、缯氏、辛氏、冥氏、斟戈氏。孔子正夏时，学者多传《夏小正》云[13]。自虞、夏时，贡赋备矣。或言禹会诸侯江南，计功[14]而崩，因葬焉，命曰会稽。会稽者，会计也。

【注释】

[1]有扈氏：古部族名，在今陕西户县。

[2]《甘誓》：见《尚书》，记录的是这次战争前的誓词。六卿：天子六军，首领称卿。

[3]威侮：轻蔑。五行：郑玄曰：四时盛德所行之政也。三正：谓天、地、人之正道。

[4]左：指车左，战车上的射手。右：指车右，掌刺杀。共命：遵从命令。

[5]非其马之政：谓不能使马整齐。政：同"正"。

[6]僇：音 lù，通"戮"。帑：通"奴"，奴婢。

[7]失国：谓攸游而殆国事。昆弟：兄弟。须：等待。

[8]羲、和：掌天地四时之官。湎淫：谓沉湎于酒，失其职。

[9]好方鬼神：谓迷信鬼神。

[10]食：音 sì，喂养。

[11]扰龙：驯龙。

[12]夏台：夏时监狱名。

[13]《夏小正》：历书。文载《大戴礼记》。

[14]计功：考核功绩。

殷本纪(节选)

西汉·司马迁

【提要】

本文选自《史记》(中华书局 1982 年版)。

《殷本纪》3 000 余言,记录了商殷约 600 年历史。

商代(约前 17 世纪—约前 11 世纪)是继夏代之后,中国历史上第二个世袭制王朝时代。自太乙(汤)至帝辛(纣),共 17 世、31 王。

商汤立国后,汲取夏代灭亡的教训,施行"宽以治民"的政策,加上伊尹和仲虺等贤臣辅佐,商朝很快就进入盛世。除了商汤,商朝历史上盘庚、武丁、帝辛都是著名的帝王。盘庚迁殷,使商朝进入了另一个盛世,他也被后世尊称为"中兴"之主;武丁继盘庚即位,兢兢业业、励精图治,辟疆略土,商代晚期社会经济进入繁荣时期;帝辛,即纣,荒淫暴虐无度。纣把殷都向南扩大到朝歌(今河南淇县),向北扩大到邯郸、沙丘(今河北平乡东北),在这一广大地区里广建离宫别馆、苑囿台榭;宠妲己,作淫声,造酒池,悬肉林,任用奸小,迫害忠良,终致武王起兵讨伐,众叛亲离,军队倒戈,自己也落得自焚于鹿台的下场。

商代被称为我国古代有信史可考的第一个朝代。政治制度方面,商朝中央和地方职官制度明确,贡纳、劳役体制相当严谨;经济文化方面:农业由于新的发明不断出现得到快速发展,全部由官府管理的手工业分工精细、规模巨大、种类多、产量大,工艺水平相当高,青铜器的铸造技术令人叹为观止。除此以外,商人已经发明了瓷器,掌握了纺织提花技术。商代甲骨文是我国成熟的文字,象形、会意、形声、假借、指事等多种造字方法均已娴熟运用。此外,科学方面,商代日历已有大小月之分,规定 366 天为一个周期,并用年终置闰的方法调整朔望月和回归年的长度。商代甲骨文多次记录了日食、月食和新星;商代甲骨文中已有明确的十进位制,奇数、偶数和倍数的概念,有了初步的计算能力。商代出土的微凸面镜,甚至能在很小的镜面上照出整个人面。

1899 年,一个偶然的机会使商代甲骨文重见天日,渐渐地世人对商代历史的认识具体而细致起来。郑州商城、偃师商城和安阳殷墟等都邑遗址面积均在 300 万平方米以上。专家在这些遗址中发现了大型宫殿基址、地窖、壕沟、墓葬及冶铜烧陶作坊等。从发掘情况看,建筑空间秩序井然、严谨规正;宫室里,梁柱绘以朱彩,白石凿饰花鸟虫鱼,柱下置有云雷纹的铜盘。

商代土木技术已相当发达。以墓葬为例:商代的大型墓葬面积达 400 余平方米,深度较浅的有七八米,最深的达十二三米。大墓的墓道有 2～4 个,长度达20～30 米。墓室有亚形、方形和长方形三种,以亚形最大。每个棺椁打制约需大木百根。大墓随葬物品有金、石、铜、玉、花骨、雕木等珍品数百件,殉人数百名。

建造这样的大墓室,需土、木工至少3 000人。

司马迁写《殷本纪》,商族兴起、盘庚迁殷、武丁中兴直至商纣亡国的历史在我们面前波澜壮阔地展现开来。成汤、盘庚、武丁的敬畏上天、克己奉公、施行德政,殷纣的刚愎自用、荒淫无度、残害贤良,他都浓墨重彩,娓娓道来。成汤祝网、太甲思过、武丁得说等凸现人物个性的史实,泼墨如注,叙述、描写,手法多样;至于纣,则纯用罗列,一一列举史实,衬以周文王、周武王,千古暴君跃然纸上。

殷

契,母曰简狄,有娀氏之女,为帝喾次妃。三人行浴,见玄鸟堕其卵[1],简狄取吞之,因孕生契[2]。契长而佐禹治水有功。帝舜乃命契曰:"百姓不亲[3],五品不训[4],汝为司徒而敬敷五教[5],五教在宽[6]。"封于商,赐姓子氏。契兴于唐、虞、大禹之际,功业著于百姓,百姓以平[7]。

……

成汤,自契至汤八迁[8]。汤始居亳,从先王居,作《帝诰》[9]。

汤征诸侯[10]。葛伯不祀,汤始伐之[11]。汤曰:"予有言:人视水见形,视民知治不[12]。"伊尹曰:"明哉! 言能听,道乃进。君国子民,为善者皆在王官[13]。勉哉,勉哉!"汤曰:"汝不能敬命,予大罚殛之,无有攸赦[14]。"作《汤征》。

伊尹名阿衡。阿衡欲奸汤而无由[15],乃为有莘氏媵臣[16],负鼎俎,以滋味说汤,致于王道[17]。或曰,伊尹处士,汤使人聘迎之,五反然后肯往从汤,言素王及九主之事[18]。汤举任以国政。伊尹去汤适夏[19]。既丑有夏[20],复归于亳。入自北门,遇女鸠、女房,作《女鸠》《女房》[21]。

汤出,见野张网四面,祝[22]曰:"自天下四方皆入吾网。"汤曰:"嘻,尽之矣!"乃去其三面,祝曰:"欲左,左。欲右,右[23]。不用命[24],乃入吾网。"诸侯闻之,曰:"汤德至矣,及禽兽。"[25]

当是时,夏桀为虐政淫荒,而诸侯昆吾氏为乱[26]。汤乃兴师率诸侯,伊尹从汤,汤自把钺[27]以伐昆吾,遂伐桀。汤曰:"格,女众庶,来,女悉听朕言[28]。匪台小子敢行举乱[29],有夏多罪,予维闻女众言[30],夏氏有罪。予畏上帝,不敢不正[31]。今夏多罪,天命殛之[32]。今女有众,女曰'我君不恤我众,舍我啬事而割政'[33]。女其曰'有罪,其奈何'? 夏王率止众力,率夺夏国[34]。有众率怠不和[35],曰'是日何时丧? 予与女皆亡'[36]! 夏德若兹,今朕必往。尔尚及予一人致天之罚,予其大理女[37]。女毋不信,朕不食言。女不从誓言,予则孥僇女[38],无有攸赦。"以告令师,作《汤誓》。于是汤曰"吾甚武"[39],号曰武王。

桀败于有娀之虚[40],桀奔于鸣条[41],夏师败绩。汤遂伐三㚇[42],俘厥宝玉,义伯、仲伯作《典宝》[43]。汤既胜夏,欲迁其社[44],不可,作《夏社》。伊尹报。于是诸侯毕服,汤乃践天子位,平定海内。

汤归至于泰卷陶,中垒作诰[45]。既绌夏命[46],还亳,作《汤诰》:"维三月,王自至于东郊。告诸侯群后[47]:'毋不有功于民,勤力乃事。予乃大罚殛女,毋予怨。'曰:'古禹、皋陶久劳于外,其有功乎民,民乃有安。东为江,北为济,西为河,南为淮,四渎[48]已修,万民乃有居。后稷降播[49],农殖百谷。三公[50]咸有功于民,故后有立。昔蚩尤与其大夫作乱百姓,帝乃弗予[51],有状。先王言不可不勉。'曰:'不道,毋之在国,女毋我怨。'[52]以令诸侯。伊尹作《咸有一德》,咎单作《明居》[53]。

汤乃改正朔,易服色,上白,朝会以昼。

……

帝阳甲崩,弟盘庚立,是为帝盘庚。帝盘庚之时,殷已都河北,盘庚渡河南,复居成汤之故居,乃五迁[54],无定处。殷民咨胥皆怨,不欲徙[55]。盘庚乃告谕诸侯大臣曰:"昔高后成汤与尔之先祖俱定天下[56],法则可修。舍而弗勉,何以成德!"乃遂涉河南,治亳,行汤之政,然后百姓由宁[57],殷道复兴。诸侯来朝,以其遵成汤之德也。

帝盘庚崩,弟小辛立,是为帝小辛。帝小辛立,殷复衰。百姓思盘庚,乃作《盘庚》三篇。帝小辛崩,弟小乙立,是为帝小乙。

帝小乙崩,子帝武丁立。帝武丁即位,思复兴殷,而未得其佐[58]。三年不言,政事决定于冢宰,以观国风[59]。武丁夜梦得圣人,名曰说。以梦所见视群臣百吏,皆非也。于是乃使百工营求之野,得说于傅险中[60]。是时说为胥靡[61],筑于傅险。见于武丁,武丁曰是也。得而与之语,果圣人,举以为相,殷国大治。故遂以傅险姓之,号曰傅说。

帝武丁祭成汤,明日,有飞雉登鼎耳而呴,武丁惧[62]。祖己曰:"王勿忧,先修政事。"祖己乃训王曰:"唯天监下典厥义[63],降年有永有不永[64],非天夭民[65],中绝其命。民有不若德[66],不听罪,天既附命正厥德[67],乃曰其奈何。呜呼!王嗣敬民,罔非天继,常祀毋礼于弃道。"[68]武丁修政行德,天下咸欢,殷道复兴。

……

帝乙长子曰微子启,启母贱[69],不得嗣。少子辛,辛母正后,辛为嗣。帝乙崩,子辛立,是为帝辛,天下谓之纣。

帝纣资辨捷疾,闻见甚敏[70];材力过人,手格[71]猛兽;知足以距谏,言足以饰非[72];矜人臣以能[73],高天下以声,以为皆出己之下。好酒淫乐[74],嬖于妇人[75]。爱妲己,妲己之言是从[76]。于是使师涓作新淫声,北里之舞,靡靡之乐[77]。厚赋税以实鹿台之钱[78],而盈钜桥之粟[79]。益收狗马奇物,充仞宫室[80]。益广沙丘苑台[81],多取野兽蜚鸟置其中[82]。慢于鬼神[83]。大冣[84]乐戏于沙丘,以酒为池,县肉为林,使男女倮相逐其间[85],为长夜之饮[86]。

百姓怨望[87]而诸侯有畔者,于是纣乃重刑辟,有炮格之法[88]。以西伯昌[89]、九侯、鄂侯为三公。九侯有好女,入之纣。九侯女不憙淫[90],纣怒,杀之,而醢九侯[91]。鄂侯争之强,辨之疾,并脯鄂侯[92]。西伯昌闻之,窃叹。崇侯虎知之,以告纣,纣囚西伯羑里[93]。西伯之臣闳夭之徒,求美女奇物善马以献纣,纣乃赦西伯。西伯出而献洛西之地,以请除炮格之刑。纣乃许之,赐弓矢斧钺,使得征伐,为西伯。而用费中为政。费中善谀,好利,殷人弗亲。纣又用恶来。恶来善毁谗,诸侯以此益疏。

西伯归,乃阴[94]修德行善,诸侯多叛纣而往归西伯。西伯滋大,纣由是稍失权重^[95]。王子比干谏，弗听。商容贤者，百姓爱之，纣废之。及西伯伐饥国，灭之，纣之臣祖伊闻之而咎周^[96]，恐，奔告纣曰："天既讫我殷命^[97]，假人元龟^[98]，无敢知吉，非先王不相我后人^[99]，维王淫虐用自绝^[100]，故天弃我，不有安食，不虞知天性^[101]，不迪率典^[102]。今我民罔不欲丧，曰'天曷不降威，大命胡不至'^[103]？今王其奈何？"纣曰："我生不有命在天乎！"^[104]祖伊反，曰："纣不可谏矣。"西伯既卒，周武王之东伐，至盟津^[105]，诸侯叛殷会周^[106]者八百。诸侯皆曰："纣可伐矣。"武王曰："尔未知天命。"乃复归。

纣愈淫乱不止。微子^[107]数谏不听，乃与大师、少师谋，遂去。比干^[108]曰："为人臣者，不得不以死争。"乃强谏纣。纣怒曰："吾闻圣人心有七窍。"剖比干，观其心。箕子^[109]惧，乃详狂为奴^[110]，纣又囚之。殷之大师、少师乃持其祭乐器奔周。周武王于是遂率诸侯伐纣。纣亦发兵距之牧野。甲子日^[111]，纣兵败。纣走，入登鹿台，衣其宝玉衣，赴火而死。周武王遂斩纣头，悬之白旗。杀妲己。释箕子之囚，封比干之墓^[112]，表商容之闾^[113]。封纣子武庚、禄父，以续殷祀，令修行盘庚之政。殷民大说^[114]。于是周武王为天子。其后世贬帝号，号为王。而封殷后为诸侯，属周^[115]。

周武王崩，武庚与管叔、蔡叔作乱，成王命周公诛之，而立微子于宋，以续殷后焉。

太史公曰：余以《颂》次契之事^[116]，自成汤以来，采于《书》《诗》^[117]。契为子姓，其后分封，以国为姓^[118]，有殷氏、来氏、宋氏、空桐氏、稚氏、北殷氏、目夷氏。孔子曰，殷路车^[119]为善，而色尚白。

【注释】

[1]契：殷商始祖。玄鸟：燕子。因燕子羽毛多黑色，故名。

[2]简狄生契：这是一个神话传说，见于先秦多部典籍。或谓玄鸟是殷商部族图腾。

[3]百姓：谓百官。

[4]五品：即五伦。训：顺。

[5]敬敷：恭敬施行。五教：谓五伦教育。

[6]宽：谓谨而有序地进行，或谓宽厚。

[7]平：安定。

[8]八迁：契至汤，迁都八次。

[9]先王：谓殷的始祖帝喾，他曾定都亳(今河南东部偃师一带)。《帝诰》：孔安国谓是一份向帝喾报告迁回亳地的文书。今已佚。

[10]汤征诸侯：孔安国谓汤为夏诸侯，掌征伐。

[11]葛伯：葛国国君。伐：讨伐。

[12]治不：治否。谓治理得好否。

[13]君国：谓作为国君。子民：谓抚育万民。王官：百官。

[14]敬命：敬天顺命。罚殛：惩罚。殛：音 jí，诛杀。攸：所。

[15]奸：音 gān，同"干"，求。此谓求见。

[16]媵臣：古代贵族女子陪嫁之人。《列女传》："汤妃有莘氏之女。"

[17]鼎俎：古代厨具。鼎：盛煮食物的容器。俎：砧板。致于王道：谓伊尹以煮汤之理，阐

115

述王者理国之道。

[18] 素王:或谓远古帝王,德高望重,无名号,故称。九主:谓三皇、五帝及大禹。

[19] 适:往,到……去。

[20] 丑:憎恶。有夏:谓夏朝。

[21]《女鸠》《女房》:孔安国曰:"鸠、房二人,汤之贤臣也。二篇言所以丑夏而还之意也。"今已亡佚。

[22] 祝:祝祷,祷告。

[23] 左、右:谓向左、向右。

[24] 用:使用,采用。

[25]"汤德"句:谓商汤之德已让禽兽归服。

[26] 昆吾氏:古部族名。在今河南濮阳西南居住,或谓许昌一带。

[27] 钺:音 yuè,古代兵器,形似斧。

[28]"格"句:谓众人你们都过来,听我说。格:来。

[29]"匪台"句:谓不是我胆敢作乱。匪:同"非"。台:音 yí,我。小子:汤自称。

[30] 维:通"虽"。

[31] 正:通"征"。

[32] 殛:音 jí,诛杀。

[33] 有众:众人。啬事:农事。啬:同"穑"。割政:谓夺民农时,即为割剥之政。

[34] 率:相率,都。

[35] 不和:谓不与夏王同心合作。

[36]"是日"二句:《尚书》曰:桀云"天有之日,犹吾之有民,日有亡哉,日亡吾亦亡矣"。

[37] 尚:通"倘",如果。理:通"赉",赏赐。

[38] 帑:通"奴",谓收为奴隶。或谓通"孥",妻儿。僇:通"戮",杀戮。

[39] 武:谓能征善战。

[40] 虚:通"墟"。

[41] 鸣条:今河南封丘东。

[42] 三嵕:国名,在今山东定陶一带。三嵕忠于桀,汤伐之。嵕:音 zōng。

[43]《典宝》:谓臣作文赞宝玉,称为"国之常宝"。其文今佚。

[44] 迁社:谓迁移夏社(土地及谷神曰社)。

[45] 陶:衍文。中垒:即仲虺。

[46] 绌:同"黜",谓终止。

[47] 群后:谓各诸侯国国君。

[48] 四渎:谓江、河、济、淮四条大河。渎:古时,有独立的入海口之河流称渎。

[49] 降播:谓诲民耕种。

[50] 三公:谓禹、皋陶、后稷。

[51] 予:授予,此谓赐福保佑。

[52] 不道:无道。之:动词,到。在国:谓诸侯所在之国。

[53]《咸有一德》:文在古文《尚书》,成文时间与此不合。《明居》:马融曰:"明居民之法也。"已佚。

[54] 五迁:谓汤至盘庚的五次迁都。

[55] 咨:嗟叹。胥:相。句谓殷百姓牢骚埋怨不愿迁徙。

[56] 高后:对成汤的敬称。

[57] 由:因而。

[58] 佐:佐臣,大臣。

[59] 国风:谓国家的情形。

[60] 百工:此谓百官。傅险:在今山西平陆县东南,亦称傅岩。

[61] 胥靡:谓当时传说是因犯法而服劳役的人。

[62] 雉:野鸡。呴:音 gòu,同"雊",野鸡叫。

[63] "唯天下"句:孔安国云:"言天视下民以义为常也。"典:以……为标准。

[64] 降年:谓天降寿命。永:长。

[65] 夭:夭折。

[66] 若:遵循。不若德:谓不义。

[67] 不听罪:谓不服罪。附:谓降下。

[68] "常祀"句:孔安国云:"祭祀有常,不当特丰于近也。"即不因亲近与否,祭礼有厚薄之分。

[69] 贱:谓启母不是正妃,地位不高。

[70] 资辨:谓天资口才。

[71] 格:格杀。《帝王世纪》云:"纣倒曳九牛,抚梁易柱。"

[72] 知:同"智"。距:同"拒",拒绝。

[73] 矜:夸,夸耀。

[74] 淫:过分,无节制。

[75] 嬖:宠爱。

[76] 妲己:有苏氏(居今河南武陟)女儿,纣征服其部族后,有苏氏献出美貌善舞的妲己。

[77] 北里之舞,靡靡之乐:均指淫靡柔媚之制,亡国乐舞。

[78] 鹿台:位于朝歌城内。朝歌在今河南淇县。《新序》云:"其大三里,高千尺。"

[79] 钜桥:商朝粮仓名。

[80] 仞:通"牣",满。

[81] 沙丘:位于今河北广宗县。此地修有纣王大量离宫别苑,每到湿热季节,纣王与其爱妃宠臣纵乐于此。

[82] 蜚:同"飞"。

[83] 慢:傲慢,不敬。

[84] 冣:音 jù,积,聚聚。

[85] 倮:通"裸"。

[86] 长夜:谓通宵达旦。

[87] 怨望:怨恨。

[88] 刑辟:刑法。炮格之法:《列女传》:"膏铜柱,下加之炭,令有罪者行焉,辄堕炭中,妲己笑,名曰炮格之刑。"炮格:常写作"炮烙"。

[89] 西伯昌:即周文王,姓姬名昌,有贤名。三公:掌管军政大权的最高官员。

[90] 喜:通"喜"。

[91] 醢:音 hǎi,肉酱。此谓剁成肉酱。

[92] 脯:音 fǔ,干肉。此谓将人制成肉干。

[93] 羑里:今河南汤阴县北。羑:音 yǒu。

[94] 阴:悄悄地。

[95] 稍:渐渐地。权重:权力。

[96] 咎:怪罪,怨恨。

[97] 讫:终止。

[98] 假人:此谓至人。元龟:大龟,占卜用具。按:孔安国曰:"至人以人事观殷,大龟以神灵考之,皆无知吉者。"

[99] 相:辅助。

[100] 用:因,因而。

[101] 安食:安心进食。谓度日。虞知:料知。

[102] 迪:由,遵循。率典:谓常法。

[103] 欲丧:谓欲纣灭亡。曷:何。大命:天命。

[104] "我生"句:谓我为天子不是天命由之!

[105] 盟津:今河南孟津县,其地有古黄河渡口。

[106] 会周:谓归汇于周。

[107] 微子:纣王的兄长,初封于微地。

[108] 比干:纣王叔父。

[109] 箕子:纣王叔父,或说兄长。

[110] 详:音 yáng,通"佯"。

[111] 甲子日:周朝历法纪年。周以十一月为岁首。

[112] 封:封合。

[113] 闾:古代一种居民组织单位。

[114] 说:通"悦"。

[115] 属:隶属。

[116] 《颂》:谓《诗经·商颂》。次:编次。

[117] 《诗》《书》:即《诗经》《尚书》。

[118] 以国为姓:上古姓为族名,因族成国,故名。

[119] 路车:谓车辆。殷墟先后发现了 18 辆车。独辀(车辕),车后端压在车厢下的车轴上,辀尾稍露在车厢后,前出车厢部分还渐扬起;车厢平面为长方形,可乘坐 2～3 人;车厢后面开门,以便上下;有衡轭,便驾驶;轮辐多为 18 根;车大多为两马驾辕。此后 1 000 多年,独辀车基本没有突破商代形制。

秦始皇本纪(节选)

西汉·司马迁

【提要】

本文选自《史记》(中华书局 1982 年版)。

《秦始皇本纪》以编年纪事的形式,记载了秦始皇及秦二世一生的主要活动和重大历史事件,展现了秦王朝建立前后40年间风云变幻的恢弘历史场面。

秦始皇(前259—前210),13岁即王位,39岁称帝,中国历史上第一个统一的、多民族的、中央集权制政权——秦朝的开国皇帝。嬴姓,名政。出生于赵国,故又名赵政。前246年,秦王嬴政即位,因年幼,朝政由太后和相国吕不韦及嫪毐掌管。前238年(秦王政九年),秦王政亲理朝政,除掉吕、嫪等人,重用李斯、尉缭。自公元前230年至前221年,先后灭韩、魏、楚、燕、赵、齐六国,完成了统一全国的大业。创立了"皇帝"的尊号,称始皇帝。

秦国,本是华夏西边小国。自襄公获封侯以后,经过二十几代人的苦心经营,天下终成一统。统一后,秦始皇又在政治、经济、军事、文化诸方面实施了一系列重大措施,"书同文,车通轨",由他领导制定的一系列管理国家的法令、制度、方针、政策对后世影响深远,对中华民族的形成和壮大贡献巨大。与此同时,秦始皇也是一位骄横残暴的君主,滥用民力,横征暴敛,严刑酷法。死后,秦二世继承了他的残暴衣钵,秦王朝迅速灭亡。

秦朝的建筑技术已经相当成熟,工艺水平颇为精湛。兵马俑、秦长城,自不待言;"直道通衢,堑山堙谷"的直道,从都城咸阳直通大漠深处九原(今内蒙包头西),全长700多公里,至今震撼人心。

雍城(今陕西凤翔县城南)作为秦统一中国前的国都,一直延续了250年。考古发现,秦雍城呈不规则的长方形,东西长约3 300米,南北宽约3 200米,面积约11平方公里。雍城周围白起河、雍水、凤凰泉水及人工河依依环绕。遗存的夯土城墙历经2 000多年风雨,仍有1~7米高、3~8米厚,由此可见当年之雄伟。宗庙西发现的3号建筑群遗址面积达两万多平米,五进院落布局严谨、气势恢弘。城内街道每条大街都在300米以上,布局井然有序。

咸阳城更是奢华非常。这座伴随秦140余年的皇都历经建设,到秦后期,已经是横跨渭河两岸、规模宏大的都市:城市采取了不对称的建筑群体组合形式,依山势地形修建城郭,突破了前代以宫室为中心的城市规划认识。手工业作坊和市场位于渭河北岸,长安宫、章台宫、兴乐宫、甘泉宫、华阳宫、阿房宫以及上林苑等皇家苑宥、祖庙、陵寝均在南岸。为方便两岸往来,渭河上建有宽约14米、长约420米的跨河大桥。秦始皇灭六国的过程中,也不断派人图绘六国宫殿,在渭河北岸照样建设,以纳"美人钟鼓"。阿房宫久负盛名,这是一座至秦亡国都未竣工的建筑群。司马迁记载,仅大殿面积,东西五百步(约合750米)、南北五十丈(约合116米),上可容万人坐。

1974年至1975年,咸阳市牛羊村发掘的编号为"一号"的宫殿遗址,其基址是一座高出地面6米、下深5米的大型夯土台基,东西长60米、南北宽45米,台基上耸立着三层构架的殿宇,内部由诸多用途不同的屋舍组成,殿周围分布多处排水池和下水管道,铺地砖、空心砖、筒瓦、板瓦、瓦当以及斗拱、金属构件等花样繁多、数不胜数。梁柱式构架、高台基、翼展式屋顶和对称式格局等中国传统建筑的基本技法都得到相当娴熟的运用。

这篇本纪写秦始皇吞并六国,粉碎嫪毐、吕不韦集团,李斯上书,尉缭献计,荆轲行刺,议帝号,改历法,易服色,分置三十六郡,统一律法,统一度量衡和文字,巡行刻石,南取陆梁地,北击匈奴,修筑长城、咸阳宫,焚书坑儒等,一一依年行文,娓娓道来。与此同时,入海求仙、大兴土木建造阿房宫和骊山陵墓、随意杀戮无辜也秉笔直书。秦始皇的政治、军事才能和礼贤下士、重用人才的作风,愚昧荒诞、暴虐凶残,为己享受而不惜民力民财的骄奢淫逸经由司马迁的笔两千年后仍历历在目。尤为可贵的是,司马迁把秦朝灭亡的原因归结为"仁义不施,攻守之势异也",其中表现出的进步历史观振聋发聩。

三十五年,除道[1],道九原抵云阳[2],堑山堙谷[3],直通之。于是始皇以为咸阳人多,先王之宫廷小,吾闻周文王都丰,武王都镐,丰镐之间,帝王之都也[4]。乃营作朝宫渭南上林苑中。先作前殿阿房[5],东西五百步,南北五十丈,上可以坐万人,下可以建五丈旗[6]。周驰为阁道[7],自殿下直抵南山[8]。表南山之颠以为阙[9]。为复道,自阿房渡渭,属之咸阳,以象天极阁道绝汉抵营室也[10]。阿房宫未成;成,欲更择令名名之[11]。作宫阿房,故天下谓之阿房宫。隐宫徒刑者七十余万人[12],乃分作阿房宫,或作丽山。发北山石椁[13],乃写蜀、荆地材皆至[14]。关中计宫三百,关外四百余。于是立石东海上朐界中[15],以为秦东门。因徙三万家丽邑,五万家云阳,皆复不事十岁[16]。

卢生说始皇曰:"臣等求芝奇药仙者常弗遇[17],类物有害之者[18]。方中[19],人主时为微行以辟恶鬼,恶鬼辟,真人至。人主所居而人臣知之,则害于神。真人者,入水不濡[20],入火不爇[21],陵云气[22],与天地久长。今上治天下,未能恬倓[23]。原上所居宫毋令人知,然后不死之药殆可得也[24]。"于是始皇曰:"吾慕真人,自谓'真人',不称'朕'。"乃令咸阳之旁二百里内宫观二百七十复道甬道相连,帷帐钟鼓美人充之,各案署不移徙[25]。行所幸[26],有言其处者,罪死。始皇帝幸梁山宫[27],从山上见丞相车骑众,弗善也[28]。中人或告丞相,丞相后损车骑[29]。始皇怒曰:"此中人泄吾语。"案问莫服。当是时,诏捕诸时在旁者,皆杀之。自是后莫知行之所在。听事[30],群臣受决事,悉于咸阳宫。

……

秦始皇陵

九月,葬始皇郦山。始皇初即位,穿治郦山[31],及并天下,天下徒送诣七十余万人,穿三泉[32],下铜而致椁[33],宫观百官奇器珍怪徙臧满之[34]。令匠作机弩矢[35],有所穿近者辄射之。以水银为百川江河大海,机相灌输,上具天文,下具地理。以人鱼膏为烛[36],度不灭者久之。二世曰:"先帝后宫非有子者,出焉不宜。"皆令从死[37],死者甚众。葬既已下,或言工匠为机,臧皆知之,臧重即泄。大事毕,已臧,闭中羡[38],下外羡门,尽闭工匠臧者,无复出者。树草木以象山[39]。

【注释】

[1] 除道:谓修路。

[2] 九原:今内蒙包头西。云阳:今陕西淳化县西北。

[3] 堑:挖。堙:音 yīn,填塞。

[4] 丰:今陕西西安南沣河以西。镐:今陕西长安县。

[5] 阿房:秦宫名。在今陕西西安西北。

[6] 建:谓树立。

[7] 阁道:复道,谓空中廊道。《索隐》:"象天文阁道绝议抵营室。"

[8] 南山:即终南山,在今西安南。

[9] 表:标识、标志。阙:宫殿前两边的楼台,中间有道路。远观似缺,故名阙。

[10] 绝:横渡。汉:银河。营室:星宿名。

[11] 令名:美名。

[12] 隐宫:宫刑。《正义》:"宫刑,一百日隐于阴室养之乃可,故曰隐宫。"

[13] 北山:今西安北。

[14] 写:输送。

[15] 朐:音 qú,今江苏连云港境内。

[16] 事:谓纳税服役。

[17] 常:一直。

[18] 类:好像。

[19] 方中:各家说法各异。试解为"比方说"。

[20] 濡:音 rú,浸,浸湿。

[21] 爇:音 ruò,燃烧。

[22] 陵:驾。

[23] 恬倓:谓清静无为。倓:音 tán,安。

[24] 殆:或许。

[25] 案:同"按"。署:登记。句谓各宫物、人各在其所。

[26] 幸:皇帝三宫六院、离宫别馆众多,所到之处曰幸。

[27] 梁山宫:位于今陕西乾县东。

[28] 善:喜欢。此谓心中不快。

[29] 中人:宦官。损:减少。

[30] 听事:谓处理政事。

[31] 穿:凿穿。

[32] 三泉:谓非常深。

[33] 下铜:谓以铜液填充石椁的缝隙。

[34] 徙:谓搬入地宫。臧:同"藏"。

[35] 机弩矢:谓有机关,一触便能自动发射弓箭的装置。

[36] 人鱼:鲵,娃娃鱼。

[37] 从死:谓殉葬。

[38] 羡:音 yán,通"埏",墓道。

[39] 树:种植。

高祖本纪(节选)

西汉·司马迁

【提要】

本文选自《史记》(中华书局 1982 年版)。

西汉高祖刘邦(前 256—前 195),沛郡丰邑人(今江苏丰县),字季。他在兄弟四人中排行第三。在秦末农民战争中因为被项羽立为汉王,所以在战胜项羽建国时,国号定为"汉",定都长安。史称"西汉"。

刘邦性格豪爽,不喜读书,不喜劳作,因此常被父亲斥为"无赖",但对人宽容。长大后,通过考试当上泗水亭长,和县吏混得厮熟,在当地小有名气。

前 209 年 9 月,刘邦在沛县聚众响应陈胜、吴广起义,称沛公。前 206 年 10 月,刘邦军队进抵霸上,废秦苛法,与关中父老约法三章:"杀人者死,伤人及盗抵罪。"因此受到民众欢迎。

刘邦心胸广阔,从善如流。称帝后,他认为自己是马上得天下,《诗》《书》没有用处。陆贾说:"马上得之,宁可以马上治乎?"刘邦便命陆贾著书论述秦失天下原因,以资借鉴。又命萧何重新制订律令,即"汉律九章"。刘邦采取了许多重要措施稳定政权,富国富民。如减轻田租,什五税一,"与民休息",凡民以饥饿自卖为奴婢者,皆免为庶人;士兵复员归家,豁免其徭役等;继续推行秦代依军功授田宅制度;规定商人不得衣丝乘车,并加重租税;剪除异姓诸侯王,加强统一的中央集权国家;分封同姓诸侯王;徙关东六国豪强、大族 10 余万口入关中定居;对匈奴采取和亲政策,开放汉、匈之间关市等。

高祖十二年(前 195),刘邦因讨伐英布叛乱,被流矢射中,其后病重不起,一代枭雄逝世,但由他开创的汉代基业延续了 200 余年。

本文选取的是萧何营造未央宫之事,虽片言只语,但刘邦、萧何对宫室的态度却历历如在目前。未央宫是一座规模宏大的宫殿,可惜毁于西汉末年战火。具体介绍见本册《三辅黄图·未央宫》。

萧丞相营作未央宫[1]，立东阙、北阙、前殿、武库、太仓[2]。高祖还，见宫阙壮甚，怒，谓萧何曰："天下匈匈苦战数岁[3]，成败未可知，是何治宫室过度也?"萧何曰："天下方未定，故可因遂就宫室[4]。且夫天子四海为家，非壮丽无以重威，且无令后世有以加也。"高祖乃说。

【注释】

[1] 营作：谓谋划营建。未央宫：位于今陕西西安西北。汉时长安城西南。详见《三辅黄图》卷一。

[2] 太仓：国之粮库。

[3] 匈匈：动荡纷乱貌。

[4] 就：成就，谓营建。

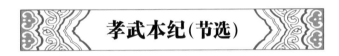

孝武本纪（节选）

西汉·司马迁

【提要】

本文选自《史记》（中华书局 1982 年版）。

汉武帝（前 156—前 87），名彻。汉景帝子，前 141—前 87 年在位。

汉武帝是一位雄才大略又善于用人的盛世君主。他承文景之治而即位，为巩固统一的封建国家和加强专制主义中央集权进行了多方努力，下推恩令，夺诸侯爵，考察吏治，独尊儒学，广兴水利，设御林军，击败匈奴。在他统治期间，以汉族为主体的统一的多民族的封建国家得到了巩固，中国开始以一个高度文明和富强的国家闻名于世。

汉武帝在位期间，中国逐渐成为地域广阔的统一帝国。元朔二年（前 127），卫青击败匈奴，收复了河南地（今内蒙古河套地区）。汉在那里置朔方郡、五原郡，徙内地 10 万余人定居；元狩二年（前 121）夏，霍去病攻至祁连山。汉在河西地区先后置武威、酒泉、张掖、敦煌四郡；利用闽越、东瓯和南越各部族政权之间矛盾，汉武帝分别加以征服，纳归汉朝管辖。为了发动对匈奴的攻势，汉武帝派遣张骞出使西域，汉与西域各族之间的联系得到加强。

好儒术的汉武帝幻想长生不死，又尊礼方士，迷信鬼神。晚年汉武帝面对起义蜂起、宫乱不已的局面，深悔自己过去劳民伤财。后元二年（前 87）武帝病死。

秦汉瓦当

上还,以柏梁灾故,朝受计甘泉[1]。公孙卿曰:"黄帝就青灵台[2],十二日烧,黄帝乃治明庭。明庭,甘泉也。"方士多言古帝王有都甘泉者。其后天子又朝诸侯甘泉,甘泉作诸侯邸。勇之乃曰:"越俗有火灾,复起屋必以大,用胜服之[3]。"于是作建章宫[4],度为千门万户。前殿度高未央,其东则凤阙[5],高二十余丈。其西则唐中[6],数十里虎圈。其北治大池,渐台高二十余丈[7],名曰泰液池[8],中有蓬莱、方丈、瀛洲、壶梁,象海中神山龟鱼之属。其南有玉堂[9]、璧门、大鸟之属。乃立神明台[10]、井干楼[11],度五十余丈,辇道相属焉。

【注释】

[1]柏梁:台名。汉武帝时筑,帝与群臣常在此饮宴赋诗。文学史上有"柏梁体",源于此。灾:天火,柏梁或为雷电所毁。计:谓各郡国上报的账目。甘泉:宫名,在长安西北。

[2]就:谓建成。

[3]"越俗"句:谓越地风俗、房屋被火烧后,重建之屋越过先前,以示压服(致火妖魔)。

[4]建章宫:汉长安三宫之一,在汉长安城西。汉武帝建于太初元年(前104)。建章宫是一座中轴线布局的宫殿,从正门圆阙,经玉堂、建章前殿至天梁宫,骀荡宫、凉风台、神明台等数十座形态各异的殿堂建筑分列中轴左右,以阁道围砌,建筑群外筑有城垣。建章宫北为人工开挖的太液池,池中筑有三神山,池畔有石雕,岸及水中遍植树木草卉。建章宫开中国自然山水宫苑先河,其太液池一池三山的布局对后世园林影响深远。

[5]凤阙:阙上作凤凰,铜铸,"高五尺,饰黄金,栖屋上,上有转枢,向风若翔,橡首薄以璧玉。"(《三辅黄图》)

[6]唐:《尔雅》谓庙中路谓之唐。

[7]渐台:颜师古曰:渐,浸也。台在池中,为水所浸,故曰渐台。

[8]泰液池:亦称太液池。位于建章宫前殿北,池中有瀛洲、蓬莱、方丈三山,以金石雕凿鱼龙异兽置其中。

[9]玉堂:宫名。《汉武故事》:玉堂基与未央前殿等,去地十二丈。

[10]神明台:位于建章宫内太液池北岸。为武帝置铜柱仙人,承接甘露之台。遗址位于今西安未央区孟家村北,1961年被国务院列为第一批重点文物保护单位。

[11]井干楼:《关中记》:宫北有井干台,高五十丈,积木为楼。谓累万木,转相交架,如井干。

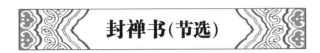

封禅书(节选)

西汉·司马迁

【提要】

本文选自《史记》(中华书局 1982 年版)。

封禅,是古代帝王在泰山举行的祭祀天神地祇的仪式,表示帝王受命于天。起源于春秋至战国时期,是当时齐、鲁儒生为适应渐趋统一的形势而提出的祭礼。他们认为泰山是人间最高的山,帝王应到这座最高的山上去祭天。

封禅之说,现存文献中最早提出者为《管子·封禅篇》,但秦始皇是第一位举行封禅大典的皇帝。他于前 219 年登泰山举行封禅大典,并立泰山碑作为纪念。

封禅仪式包括"封"和"禅"两部分。封是指在泰山之巅聚土筑圆台以祭天帝,增泰山之高以表功归于天;禅则是在泰山之下的小山丘上积土筑方坛以祭地神,增大地之厚以报福广恩厚。

汉朝立国,历高、惠、文、景四帝没有一位封禅,至好儒说的武帝,即位之初便命儒者赵绾、王臧等"草巡狩、封禅、改历、服色事"。元鼎六年(前 110),武帝封禅泰山。武帝钦定按祭祀太一神仪式复又加礼以示隆重来进行。为纪念这次封禅大典,汉武帝改元为元封元年(前 110)。

后来,汉武帝又多次到泰山封禅,在明堂中朝见群臣。

初,天子封泰山,泰山东北阯古时有明堂处[1],处险不敞。上欲治明堂奉高旁,未晓其制度。济南人公王带上黄帝时明堂图[2]。明堂图中有一殿,四面无壁,以茅盖,通水,圜宫垣为复道,上有楼,从西南入,命曰昆仑。天子从之入,以拜祠上帝焉。于是上令奉高作明堂汶上,如带图。及五年修封,则祠太一、五帝于明堂上坐,令高皇帝祠坐对之[3]。祠后土于下房,以二十太牢[4]。天子从昆仑道入,始拜明堂如郊礼。礼毕,燎堂下[5]。而上又上泰山,自有祕祠其巅[6]。而泰山下祠五帝,各如其方,黄帝并赤帝[7],而有司侍祠焉。山上举火,下悉应之。

【注释】

[1]明堂:古代天子宣明政教的场所。凡朝会、祭祀、庆赏、选士、养老、教学等大典,均在此举行。起源于周。关于明堂制度,东汉起历代礼家聚论纷纭,有说五室者,有说七室者,有说九室者,不一而足。由于证据缺乏,明堂制度定论为时尚早。

[2]公王带:王同"玉"。其人生平不详。

［3］祠坐:神坐,谓木主牌位。

［4］太牢:牲牛。牛猪羊三牲中,以牛最大,故称。

［5］燎堂下:谓把祭肉掷堂下火中,气味上达于天。

［6］有:同"又"。

［7］黄帝并赤帝:汉武封禅以太一为主神,居中央。五帝中本居中的黄帝便被移与赤帝同列了。

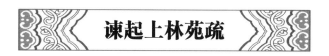

谏起上林苑疏

西汉·东方朔

【提要】

本文选自《汉书·东方朔传》(中华书局 1962 年版)。

汉武帝要在终南山建上林苑,东方朔直言进谏,痛陈终南一带土壤肥沃、物产丰富,乃"百工所取给,万民所卬足也"。而一旦苑林圈宥兴建开始,则势必"坏人冢墓,发人室庐",绝陂池水泽之利。他还历数历史上帝王营造宫室苑囿、靡费奢侈而导致亡国的教训,希望汉武帝能够引以为鉴,但汉武帝没有采纳。

臣闻谦逊静悫,天表之应,应之以福[1];骄溢靡丽,天表之应,应之以异。今陛下累郎台[2],恐其不高也;弋猎之处,恐其不广也。如天不为变,则三辅之地尽可以为苑,何必周至、鄠、杜乎[3]!奢侈越制,天为之变,上林虽小,臣尚以为大也。

夫南山,天下之阻也,南有江、淮,北有河、渭,其地从汧[4]、陇以东,商、雒以西,厥壤肥饶。汉兴,去三河之地,止霸、产以西,都泾、渭之南,此所谓天下陆海之地,秦之所以虏西戎兼山东者也。其山出玉石,金、银、铜、铁,豫章[5]、檀、柘[6],异类之物,不可胜原[7],此百工所取给,万民所卬[8]足也。又有粳稻、梨、栗、桑、麻、竹箭之饶[9],土宜姜芋,水多蛙鱼,贫者得以人给家足,无饥寒之忧。故丰、镐之间号为土膏[10],其贾亩一金。

今规以为苑,绝陂池水泽之利,而取民膏腴之地,上乏国家之用,下夺农桑之业,弃成功,就败事,损耗五谷,是其不可一也。且盛荆棘之林,而长养麋鹿,广狐兔之苑,大虎狼之虚,又坏人冢墓,发人室庐,令幼弱怀土而思,耆老泣涕而悲,是其不可二也。斥而营之,垣而囿之,骑驰东西,车骛南北,又有深沟大渠,夫一日之乐不足以危无堤之舆,是其不可三也。故务苑囿之大,不恤农时,非所以强国富人也。

夫殷作九市之宫而诸侯畔[11],灵王起章华之台而楚民散,秦兴阿房之殿而天下乱。粪土愚臣,忘生触死,逆盛意,犯隆指[12],罪当万死,不胜大愿,愿陈《泰阶六符》,以观天变,不可不省。

【作者简介】

东方朔(前154—前93),字曼倩,平原厌次(今山东惠民)人。性诙谐幽默,善辞赋。武帝即位,征四方士人,东方朔上书自荐,诏拜为郎。后任常侍郎、太中大夫等职。

【注释】

[1] 静悫:沉静谨慎。悫:音 què,谨慎,诚实。
[2] 郎台:高台。
[3] 周至:即今陕西周至县。鄂:今陕西户县。杜:在今西安东南。
[4] 汧:音 qiān,汧河,在今陕西。
[5] 豫章:木名。枕木与樟木的并称。
[6] 柘:音 zhè,一种常绿灌木。
[7] 胜原:谓胜数。原:源也。
[8] 卬:音 áng,通“仰”。
[9] 竹箭:细竹。
[10] 土膏:谓土地肥沃。
[11] 九市之宫:言其大。九市:谓街市。畔:通“叛”。
[12] 隆指:谓天子旨意。敬称。

将作大臣箴

西汉·扬 雄

【提要】

本文选自《骈体文钞》(岳麓书社 1992 年版)。

箴是一种规诫性的韵文。这篇文字列举上古以来宫室台观营造与兴亡的史事,告诫那些身任主管营造之职的将作大臣们,不可不遍览历代兴亡教训,在为帝王、达官营构殿宇时不可穷奢极侈,堆金砌玉。

本文作于汉代,至今读来仍如雷贯耳。

侃侃将作,经构宫室[1]。墙以御风,宇以蔽日。寒暑攸除,鸟鼠攸去[2]。王有宫殿,民有宅居。昔在帝世,茅茨土阶[3]。夏卑宫观,在彼沟洫。桀作瑶台,纣为璇室[4]。人力不堪,而帝业不卒。《诗》咏宣王,由俭改奢[5]。观丰上六,大屋小家[6]。《春秋》讥刺,书彼泉台[7]。两观雉门,而鲁以不恢[8]。或作长府,而闵子不仁[9]。秦作骊阿,嬴姓以颠。故人君无云我贵,榱题是遂[10];毋云我富,淫作极游;在彼墙屋,而忘其国戚。作臣司匠,敢告执猷[11]。

【作者简介】

扬雄(前53—公元18),字子云,西汉辞赋家、哲学家,蜀郡成都(今成都)人。成帝时为给事黄门郎。一生官职低微,历成、哀、平"三世不徙官"。悉心著述,除辞赋外,又仿《论语》作《法言》,仿《周易》作《太玄》,在思想史上有一定价值。另有语言学著作《方言》等。

【注释】

[1] 侃侃:胸有成竹,面色从容貌。

[2] 攸:助词,所。"攸"本义水流貌。

[3] 茅茨:茅屋。

[4] 瑶台:《汲冢古文册书》:桀饰倾宫,起瑶台,作琼室,立玉门。璇室:《淮南子》:"晚世之时帝有桀纣,为璇室、瑶台、象廊、玉床。"

[5] 宣王:西周第11代君主,在位46年,期间振兴宗周。晚年入于奢,周朝再次衰败。

[6] 丰:即丰镐,西周都城。

[7] 泉台:《资治通鉴》:鲁文公毁泉台,《春秋》讥之曰"先祖为之而己毁之,不如勿居而已。"以其无妨害于民也。

[8] 两观雉门:鲁雉门及两观灾,董仲舒以为天意欲诛季氏,去其高显而奢侈者也。雉门:古代诸侯之宫门名。季氏为大夫,僭越其制。

[9] 长府:鲁人为长府,闵子骞曰:仍旧贯,如之何,何必改作。长府:藏财货武器的府库。

[10] 榱题:屋椽的端头,通称出檐。

[11] 执猷:谓(兴亡)这个永恒的道理。

谏营延陵过奢疏

西汉·刘 向

【提要】

本文选自《汉书·刘向传》(中华书局1962年版)。

汉成帝刘骜(前51—前7),西汉的第十二位皇帝。成帝继位后开始重用他母亲的亲戚,这是西汉末王氏家族得势的开始,也是王莽篡权的开始;再者,废黜皇后,立赵飞燕为皇后,纳赵飞燕之妹赵合德为昭仪。汉成帝统治时期,政治腐败,社会黑暗,成帝纵情声色、淫乱无度,导致起义频发,汉朝渐渐病入膏肓。

刘向在这篇疏文中,历数上古以来陵墓奢俭成例,努力劝说成帝停止营造奢华陵寝,可是荒淫的成帝会听他的吗?在新丰县戏乡步昌亭营造的昌陵历时5年,枯竭天下还未成就。成帝死后葬延乡,故名延陵。

臣闻《易》曰:"安不忘危,存不忘亡,是以身安而国家可保也。"故贤圣之君,博观终始,穷极事情,而是非分明。王者必通三统,明天命所授者博,非独一姓也。孔子论《诗》,至于"殷士肤敏,祼将于京"[1],喟然叹曰:"大哉天命!善不可不传于子孙,是以富贵无常;不如是,则王公其何以戒慎,民萌何以劝勉?"[2]盖伤微子之事周[3],而痛殷之亡也。虽有尧、舜之圣,不能化丹朱之子[4];虽有禹、汤之德,不能训末孙之桀、纣[5]。自古及今,未有不亡之国也。昔高皇帝既灭秦,将都洛阳,感寤刘敬之言,自以德不及周,而贤于秦,遂徙都关中,依周之德,因秦之阻。世之长短,以德为效,故常战栗,不敢讳亡。孔子所谓"富贵无常",盖谓此也。

孝文皇帝居霸陵,北临厕[6],意凄怆悲怀,顾谓群臣曰:"嗟乎!以北山石为椁,用纻絮斫陈,蕶漆其间,岂可动哉[7]!"张释之进曰[8]:"使其中有可欲,虽锢南山犹有隙;使其中无可欲,虽无石椁,又何戚焉?"夫死者无终极,而国家有废兴,故释之之言,为无穷计也。孝文寤焉,遂薄葬,不起山坟。

《易》曰:"古之葬者,厚衣之以薪,臧之中野[9],不封不树。后世圣人易之以棺椁。"棺椁之作,自黄帝始。黄帝葬于桥山,尧葬济阴,丘垄皆小,葬具甚微[10]。舜葬苍梧,二妃不从[11]。禹葬会稽,不改其列。殷汤无葬处。文、武、周公葬于毕[12],秦穆公葬于雍橐泉宫祈年馆下,樗里子[13]葬于武库,皆无丘陇之处。此圣帝明王贤君智士远览独虑无穷之计也。其贤臣孝子亦承命顺意而薄葬之,此诚奉安君父,忠孝之至也。

夫周公,武王弟也,葬兄甚微。孔子葬母于防,称古墓而不坟,曰:"丘,东西南北之人也,不可不识也。"为四尺坟,遇雨而崩。弟子修之,以告孔子,孔子流涕曰:"吾闻之,古者不修墓。"盖非之也。延陵季子适齐而反[14],其子死,葬于嬴、博之间,穿不及泉,敛以时服,封坟掩坎,其高可隐,而号曰:"骨肉归复于土,命也,魂气则无不之也。"夫嬴、博去吴千有余里[15],季子不归葬。孔子往观曰:"延陵季子于礼合矣。"故仲尼孝子,而延陵慈父[15],舜、禹忠臣,周公弟弟,其葬君亲骨肉,皆微薄矣;非苟为俭,诚便于体也。宋桓司马为石椁,仲尼曰"不如速朽。"秦相吕不韦集知略之士而造《春秋》[16],亦言薄葬之义,皆明于事情者也。

逮至吴王阖闾,违礼厚葬,十有余年,越人发之[17]。及秦惠文、武、昭、孝文、严襄五王,皆大作丘陇,多其瘗臧[18],咸尽发掘暴露,甚足悲也。秦始皇帝葬于骊山之阿,下锢三泉[19],上崇山坟,其高五十余丈,周回五里有余;石椁为游馆[20],人膏为灯烛,水银为江海,黄金为凫雁。珍宝之臧,机械之变,棺椁之丽,宫馆之盛,不可胜原。又多杀宫人,生埋工匠,计以万数[21]。天下苦其役而反之,骊山之作未成,而周章百万之师至其下矣[22]。项籍燔其宫室营宇,往者咸见发掘。其后牧儿亡羊,羊入其凿,牧者持火照求羊,失火烧其臧椁。自古至今,葬未有盛如始皇者也,数年之间,外被项籍之灾,内离牧竖之祸[23],岂不哀哉!

是故德弥厚者葬弥薄,知愈深者葬愈微。无德寡知,其葬愈厚,丘陇弥高,宫庙甚丽,发掘必速。由是观之,明暗之效,葬之吉凶,昭然可见矣。周德既衰而奢侈,宣王贤而中兴,更为俭宫室,小寝庙。诗人美之,《斯干》之诗是也,上章道宫室之如制,下章言子孙之众多也。及鲁严公刻饰宗庙[24],多筑台囿,后嗣再绝,《春秋》刺焉。周宣如彼而昌,鲁、秦如此而绝,是则奢俭之得失也。

陛下即位,躬亲节俭,始营初陵,其制约小,天下莫不称贤明。及徙昌陵[25],增埤为高,积土为山,发民坟墓,积以万数,营起邑居,期日迫卒,功费大万百余。死者恨于下,生者愁于上,怨气感动阴阳,因之以饥馑,物故流离以十万数[26],臣甚愍焉[27]。以死者为有知,发人之墓,其害多矣;若其无知,又安用大?谋之贤知则不说,以示众庶则苦之;若苟以说愚夫淫侈之人,又何为哉!

陛下慈仁笃美甚厚,聪明疏达盖世,宜弘汉家之德,崇刘氏之美,光昭五帝、三王,而顾与暴秦乱君竞为奢侈,比方丘陇,说愚夫之目,隆一时之观,违贤知之心,亡万世之安,臣窃为陛下羞之。唯陛下上览明圣黄帝、尧、舜、禹、汤、文、武、周公、仲尼之制,下观贤知穆公、延陵、樗里、张释之之意。孝文皇帝去坟薄葬,以俭安神,可以为则;秦昭、始皇增山厚臧,以侈生害,足以为戒。初陵之橅[28],宜从公卿大臣之议,以息众庶。

【作者简介】

刘向(约前77—前6),又名刘更生,字子政。西汉经学家、目录学家、文学家。沛县(今属江苏)人。屡下狱,成帝时,任光禄大夫,改名为"向",官至中垒校尉。刘向著述颇丰,今存《新序》《说苑》《列女传》等。

【注释】

[1]"殷士"二句:语出《诗经·大雅·文王》。谓商朝的臣子多才而勤勉,在镐京为周王助祭。肤敏:勤勉。裸:音 guàn,宗庙祭祀的一种仪式,铺白茅于神位前,浇酒于茅,象征神灵饮酒。将:助词。

[2]民萌:同"民泯",民众。

[3]微子:名启,殷纣王的庶兄。见纣淫乱将亡,数谏,不听,遂出走。周武灭商,复其官。为周代宋国始祖。

[4]丹硃:尧嫡长子,无行,后被舜等囚禁,失去帝位。

[5]孙:通"逊"。

[6]孝文:西汉孝文帝刘恒。霸陵:汉文帝陵名。临厕:临近边侧。

[7]斲:音 zhuó,斩、击。纻絮:芒绵絮。纻:音 zhù。斲:音 zhuó,斩、击。薷:音 rú,粘著。

[8]张释之:字季,西汉南阳堵阳(今河南方城)人。汉代名宦。时人有"张释之为廷尉,天下无冤民"。

[9]中野:原野。

[10]桥山:在今陕西黄陵。济阴:今属山东荷泽市境。

[11]苍梧:今湖南宁远九嶷山。

[12]毕:在今西安西北。

[13] 樗里子:名疾,秦惠王弟。"滑稽多智,秦人号曰智囊。"(《史记》)

[14] 延陵季子:春秋时吴公子季札。礼而贤,不受国,赴延陵,终身不归矣。

[15] 瀛、博:今河北、山东间。

[16] 知略:才智与谋略。

[17] 阖闾(? —前496):名光,春秋末吴国君,又称阖庐。前514—前496年在位,灭徐破楚,败于勾践,重伤而死。

[18] 瘗臧:殉葬品。瘗:音yì,掩埋,埋葬。

[19] 锢:以熔化的金属堵塞空隙。

[20] 游馆:谓(石椁)成游走的椁舍。

[21] 薶:音mái,埋,埋葬。

[22] 周章:秦末农民起义将领。在张楚政权中任将军,率部攻入关中。

[23] 牧竖:谓牧童。

[24] 鲁严公:即鲁庄公。

[25] 昌陵:在今陕西临潼东北。

[26] 物故:死亡。

[27] 愍:音mǐn,痛也。

[28] 橅:音mó,同"模",法式,规范。

沟 洫 志

东汉·班 固

【提要】

本文选自《汉书》(中华书局1962年版)。

西汉时代在秦大规模兴修水利的基础上,继续广辟道路,加强河道治理及水路建设,历200余年,基本奠定了古代中国农业社会的格局,形成了较为完备的交通系统。

中华民族的母亲河黄河,在先秦时期,中游气候温和,森林覆盖率在50%以上;下游气候湿润,湖泊较多,流域内环境状况良好,适合农业生产。战国以来,这一区域的森林开始遭到破坏,到秦始皇时期,因大兴宫室,西安附近塬区森林和秦岭北坡边缘森林已被砍伐殆尽,导致水土流失日趋严重,黄河河水泥沙含量不断增加,河床因淤积而逐渐抬升,黄河开始泛滥。

汉武帝元封二年(前109)塞瓠子决口,泛滥16郡,汉武帝发动数万人抢修,并亲临现场,命随从的文武官员参与堵塞决口,终于成功,此后80多年黄河未成大灾。雄才大略的汉武帝在诏书中说:"农,天下之本也;泉流灌浸,所以育五谷也。"汉代统治者认识到农业是天下之本,水利是农业之本,故而上下动员,促使汉代重农抑商的基本国策不断得到巩固。

除了黄河,汉代农田水利工程分布以关中地区为中心,也逐步扩展到西北、西南等边远地区。六辅渠、白渠、成国渠、曹渠、龙首渠等灌溉工程的维修或营建,使"关中之地于天下三分之一,而人众不过什三,然量其富,什居其六";江淮、江汉之间的天然陂池亦修作堰,开设闸门,浚修水路,山陵地区筑坝拦洪。仅今河南南阳地区兴建的"六门陂"工程,"溉穰(邓县)、新野、昆阳(叶县)三县五千余顷";东南地区治理陂塘,天然湖泊中筑堤,兴建海塘等方兴未艾;汉武帝时,"朔方、西河、河西、酒泉,皆引河及川谷以溉田"。考古发现,在今轮台、沙雅等地还留存有汉代的沟渠遗迹,当地人称之为"汉人渠"。专家认为,新疆的特殊水利工程——坎儿井,其技术是从西汉修建龙首渠时运用的井渠技术转化而来的。

汉代的水陆交通随着水利建设的进展逐步发达起来。汉武帝平定两粤,均用水师。征南粤,以楼船十万师往讨之。楼船是汉代最负盛名的一种船,也是最能反映汉代造船技术水平的船只。楼船,即在船上建楼,一般根据船只的大小在甲板上建楼数层,最高可达三层。每一层都有专门名称:"船上屋曰庐,象舍也。其上重室曰飞庐,在上故曰飞也。又在其上曰雀室,于中候望,若鸟雀之惊视也。"(《释名·释船》)武帝元封五年(前106)南巡,"舳舻千里",虽有夸张成分,但史籍记载亦不是向壁虚构。造船技术的发达,使海上航行也成为家常便饭。

孙毓棠先生在《汉代的交通》(《孙毓棠学术论文集》,中华书局1995年版)中说:"交通的便利,行旅安全的保障,商运的畅通和驿传制度的方便,都使得汉代的人民得以免除固陋的地方之见,他们的见闻比较广阔,知识易于传达。汉代的官吏士大夫阶级的人多半走过很多地方,对于'天下'知道得比较清楚,对于统一的信念比较深。这一点不仅影响到当时人政治生活心理的健康,而且能够加强了全国文化的统一性。"于是,汉民族得以不断繁衍壮大。

《夏书》:禹堙[1]洪水十三年,过家不入门。陆行载车,水行乘舟,泥行乘橇,山行则梮,以别九州[2];随山浚川,任土作贡[3];通九道[4],陂九泽,度九山。然河灾之羡溢[5],害中国也尤甚。唯是为务,故道河自积石,历龙门,南到华阴,东下底柱,及盟津、洛汭,至于大伾[6]。于是禹以为河所从来者高[7],水湍悍,难以行平地,数为败,乃厮二渠以引其河[8],北载之高地,过降水[9],至于大陆,播为九河[10]。同为迎河,入于勃海[11]。九川既疏,九泽既陂,诸夏艾安[12],功施乎三代。

自是之后,荥阳下引河东南为鸿沟[13],以通宋、郑、陈、蔡、曹、卫,与济、汝、淮、泗会。于楚,西方则通渠汉川、云梦之际[14],东方则通沟江、淮之间[15]。于吴,则通渠三江、五湖[16]。于齐,则通淄、济之间。于蜀,则蜀守李冰凿离碓,避沫水之害,穿二江成都中[17]。此渠皆可行舟,有余则用溉,百姓享其利。至于它,往往引其水,用溉田,沟渠甚多,然莫足数也[18]。

魏文侯时,西门豹为邺令,有令名[19]。至文侯曾孙襄王时,与群臣饮酒,王为群臣祝曰:"令吾臣皆如西门豹之为人臣也!"史起[20]进曰:"魏氏之行田[21]也以百亩,邺独二百亩,是田恶也。漳水在其旁,西门豹不知用,是不智也。知而不兴,是不仁也。仁智豹未之尽,何足法也!"于是以史起为邺令,遂引漳水溉邺,以富魏之河内。民歌之曰:"邺有贤令兮为史公,决漳水兮灌邺旁,终古舄卤兮生稻粱"[22]。

其后韩闻秦之好兴事,欲罢之,无令东伐。及使水工郑国间说秦[23],令凿泾水,自中山西邸瓠口为渠,并北山,东注洛,三百余里,欲以溉田[24]。中作而觉,秦欲杀郑国。郑国曰:"始臣为间,然渠成亦秦之利也。臣为韩延数岁之命,而为秦建万世之功。"秦以为然,卒使就渠。渠成而用注填阏之水[25],溉舄卤之地四万余顷[26],收皆亩一钟。于是关中为沃野,无凶年,秦以富强,卒并诸侯,因名曰郑国渠。

汉兴三十有九年,孝文时河决酸枣[27],东溃金堤,于是东郡大兴卒塞之。

其后三十六岁,孝武元光中,河决于瓠子[28],东南注巨野[29],通于淮、泗。上使汲黯、郑当时兴人徒塞之,辄复坏[30]。是时,武安侯田蚡为丞相,其奉邑食鄃[31]。鄃居河北,河决而南则鄃无水灾。邑收入多。蚡言于上曰:"江、河之决皆天事,未易以人力强塞,强塞之未必应天。"而望气用数者亦以为然,是以久不复塞也[32]。

时郑当时为大司农[33],言:"异时关东漕粟从渭上[34],度六月罢,而渭水道九百余里,时有难处。引渭穿渠起长安,旁南山下[35],至河三百余里[36],径[37],易漕,度可令三月罢;而渠下民田万余顷又可得以溉。此损漕省卒,而益肥关中之地,得谷。"上以为然,令齐人水工徐伯表[38],发卒数万人穿漕渠,三岁而通。以漕,大便利。其后漕稍多,而渠下之民颇得以溉矣。

后河东守番系言[39]:"漕从山东西,岁百余万石,更[40]底柱之艰,败亡甚多而烦费。穿渠引汾溉皮氏、汾阴下,引河溉汾阴、蒲坂下,度可得五千顷[41]。故尽河壖弃地,民茭牧其中耳,今溉田之,度可得谷二百万石以上[42]。谷从渭上,与关中无异,而底柱之东可毋复漕。"上以为然,发卒数万人作渠田。数岁,河移徙,渠不利,田者不能偿种[43]。久之,河东渠田废,予越人,令少府以为稍入[44]。

其后人有上书,欲通褒斜道及漕,事下御史大夫张汤[45]。汤问之,言:"抵蜀从故道,故道多阪,回远。今穿褒斜道,少阪,近四百里,而褒水通沔,斜水通渭,皆可以行船漕[46]。漕从南阳上沔入褒,褒绝水至斜,间百余里,以车转,从斜下渭。如此,汉中谷可致,而山东从沔无限,便于底柱之漕。且褒斜材木竹箭之饶,似于巴、蜀。"上以为然。拜汤子卬为汉中守,发数万人作褒斜道五百余里。道果便近,而水多湍石,不可漕。

其后,严熊言[47]:"临晋民愿穿洛以溉重泉以东万余顷故恶地[48]。诚即得水,可令亩十石。"于是为发卒万人穿渠,自征引洛水至商颜下[49]。岸善崩,乃凿井,深者四十余丈。往往为井,井下相通行水[50]。水陨以绝商颜[51],东至山领十余里间。井渠之生自此始。穿得龙骨,故名曰龙首渠。作之十余岁,渠颇通,犹未得其饶。

自河决瓠子后二十余岁,岁因以数不登,而梁楚之地尤甚。上既封禅,巡祭山川,其明年[52],干封少雨。上乃使汲仁、郭昌发卒数万人塞瓠子决河[53]。于是上以用事万里沙,则还自临决河,湛白马玉璧[54],令群臣从官自将军以下皆负薪寘决河。是时,东郡烧草,以故薪柴少,而下淇园之竹以为楗[55]。上既临河决,悼功之不成,乃作歌曰:

瓠子决兮将奈何?浩浩洋洋,虑殚为河[56]。殚为河兮地不得宁,功无已时兮吾山平[57]。吾山平兮巨野溢,鱼弗郁兮柏冬日[58]。正道弛兮离常流,蛟龙骋兮放远游[59]。归旧川兮神哉沛,不封禅兮安知外[60]！皇谓河公[61]兮何不仁,泛滥不止兮愁吾人！啮桑浮兮淮、泗满,久不反兮水维缓[62]。

一曰:

河汤汤兮激潺湲,北渡回兮迅流难[63]。搴长茭兮湛美玉,河公许兮薪不属[64]。薪不属兮卫人罪,烧萧条兮噫乎何以御水[65]！颓林竹兮楗石菑,宣防塞兮万福来[66]。

于是卒塞瓠子,筑宫其上,名曰宣防[67]。而道河北行二渠,复禹旧迹,而梁、楚之地复宁,无水灾。

自是之后,用事者争言水利。朔方、西河、河西、酒泉皆引河及川谷以溉田[68]。而关中灵轵、成国、湋渠引诸川[69],汝南、九江引淮[70],东海引巨定[71],泰山下引汶水[72],皆穿渠为溉田,各万余顷。它小渠及陂山通道者[73],不可胜言也。

自郑国渠起,至元鼎六年[74],百三十六岁,而兒宽为左内史,奏请穿凿六辅渠[75],以益溉郑国傍高卬之田。上曰:"农,天下之本也。泉流灌浸,所以育五谷也。左、右内史地,名山川原甚众,细民未知其利,故为通沟渎,畜陂泽,所以备旱也。今内史稻田租挈重,不与郡同,其议减[76]。令吏民勉农,尽地利,平繇行水,勿使失时[77]。"

后十六岁,太始二年[78],赵中大夫白公复奏穿渠[79]。引泾水,首起谷口,尾入栎阳,注渭中,袤二百里,溉田四千五百余顷,因名曰白渠[80]。民得其饶,歌之曰:"田于何所？池阳、谷口[81]。郑国在前,白渠起后。举臿为云[82],决渠为雨。泾水一石,其泥数斗。且溉且粪[83],长我禾黍。衣食京师,亿万之口。"言此两渠饶也。

是时,方事匈奴,兴功利,言便宜者甚众。齐人延年上书言[84]:"河出昆仑[85],经中国,注勃海,是其地势西北高而东南下也。可案图书,观地形,令水工准[86]高下,开大河上领,出之胡中,东注之海。如此,关东长无水灾,北边不忧匈奴,可以省堤防备塞[87],士卒转输,胡寇侵盗,覆军杀将,暴骨原野之患。天下常备匈奴而不忧百越者,以其水绝壤断也。此功一成,万世大利。"书奏,上壮之,报曰:"延年计议甚深。然河乃大禹之所道也,圣人作事,为万世功,通于神明,恐难改更。"

自塞宣房后,河复北决于馆陶[88],分为屯氏河,东北经魏郡、清河、信都、勃海入海,广深与大河等[89],故因其自然,不堤塞也。此开通后,馆陶东北四五郡虽时小被水害[90],而兖州以南六郡无水忧。宣帝地节中[91],光禄大夫郭昌使行河。北曲三所水流之势皆邪直贝丘县[92]。恐水盛,堤防不能禁,乃各更穿渠,直东,经东郡界中,不令北曲。渠通利,百姓安之。元帝永光五年,河决清河灵鸣犊口,而屯氏河绝[93]。

成帝初,清河都尉冯逡奏言[94]:"郡承河下流,与兖州东郡分水为界,城郭所居尤卑下,土壤轻脆易伤。顷所以阔无大害者,以屯氏河通,两川分流也。今屯氏河塞,灵鸣犊口又益不利,独一川兼受数河之任,虽高增堤防,终不能泄。如有霖雨,旬日不霁,必盈溢[95]。灵鸣犊口在清河东界,所在处下,虽令通利,犹不能为魏郡、清河减损水害。禹非不爱民力,以地形有势,故穿九河,今既灭难明,屯氏河不流行七十余年,新绝未久,其处易浚[96]。又其口所居高,于以分流杀[97]水力,道里便宜[98]，可复浚以助大河泄暴水，备非常。又地节时郭昌穿直渠，后三岁[99]，河水更从故第二曲间北可六里，复南合。今其曲势复邪直贝丘，百姓寒心[100]，宜复穿渠东行。不豫修治，北决病四五郡，南决病十余郡，然后忧之，晚矣[101]。"事下丞相、御史，白博士许商治《尚书》，善为算，能度功用[102]。遣行视，以为屯氏河盈溢所为，方用度[103]不足，可且勿浚。

后三岁，河果决于馆陶及东郡金堤[104]，泛滥兖、豫，入平原、千乘、济南，凡灌四郡三十二县[105]，水居地十五万余顷，深者三丈，坏败官亭室庐且四万所。御史大夫尹忠对方略疏阔[106]，上切责之，忠自杀。遣大司农非调调均钱谷河决所灌之郡[107]，谒者二人发河南以东漕船五百艘[108]，徙民避水居丘陵，九万七千余口。河堤使者王延世使塞[109]，以竹落长四丈[110]，大九围，盛以小石，两船夹载而下之。三十六日，河堤成。上曰："东郡河决，流漂二州，校尉延世堤防三旬立塞。其以五年为河平元年[111]。卒治河者为著外繇六月[112]。惟延世长于计策[113]，功费约省，用力日寡，朕甚嘉之。其以延世为光禄大夫，秩中二千石，赐爵关内侯，黄金百斤。"

后二岁[114]，河复决平原，流入济南、千乘，所坏败者半建始时[115]，复遣王延世治之。杜钦说大将军王凤[116]，以为："前河决，丞相史杨焉言延世受焉术以塞之，蔽不肯见[117]。今独任延世，延世见前塞之易，恐其虑害不深[118]。又审如焉言，延世之巧，反不如焉。且水势各异，不博议利害而任一人，如使不及今冬成，来春桃华水盛，必羡溢，有填淤反壤之害[119]。如此，数郡种不得下，民人流散，盗贼将生，虽重诛延世，无益于事。宜遣焉及将作大匠许商、谏大夫乘马延年杂作[120]。延世与焉必相破坏，深论便宜，以相难极[121]。商、延年皆明计算[122]，能商功利，足以分别是非，择其善而从之，必有成功。"凤如钦言[123]，白遣焉等作治[124]，六月乃成。复赐延世黄金百斤，治河卒非受平贾者，为著外繇六月[125]。

后九岁，鸿嘉四年[126]，杨焉言："从河上下，患底柱隘，可镌广之[127]。"上从其言，使焉镌之。镌之裁没水中，不能去，而令水益湍怒[128]，为害甚于故。

是岁，勃海、清河、信都河水溢溢[129]，灌县邑三十一，败官亭民舍四万余所。河堤都尉许商与丞相史孙禁共行视[130]，图方略。禁以为："今河溢之害数倍于前决平原时。今可决平原金堤间，开通大河，令入故笃马河[131]。至海五百余里，水道浚利，又干三郡水地，得美田且二十余万顷，足以偿所开伤民田庐处，又省吏卒治堤救水，岁三万人以上。"许商以为："古说九河之名，有徒骇、胡苏、鬲津[132]，今见在成平、东光、鬲界中[133]。自鬲以北至徒骇间，相去二百余里，今河虽数移徙，不离此域。孙禁所欲开者，在九河南笃马河，失水之迹，处势平夷，旱则淤绝，水则为败，不可许。"公卿皆从商言。

先是，谷永[134]以为："河，中国之经渎，圣王兴则出图书，王道废则竭绝[135]。今溃溢横流，漂没陵阜，异之大者也。修政以应之，灾变自除。"是时，李寻、解光亦言[136]："阴气盛则水为之长，故一日之间，昼减夜增，江河满溢，所谓水不润下，虽常于卑下之地，犹日月变见于朔望，明天道有因而作也。众庶见王延世蒙重赏，竞言便巧，不可用。议者常欲求索九河故迹而穿之，今因其自决，可且勿塞，以观水势。河欲居之，当稍自成川，跳出沙土，然后顺天心而图之，必有成功，而用财力寡。"于是遂止不塞。满昌、师丹等数言百姓可哀[137]，上数遣使者处业振赡之[138]。

哀帝初，平当使领河堤[139]，奏言："九河今皆寘灭，按经义治水，有决河深川[140]，而无堤防雍塞之文。河从魏郡以东，北多溢决，水迹难以分明。四海之众不可诬，宜博求能浚川疏河者。"下丞相孔光、大司空何武[141]，奏请部刺史、三辅、三河、弘农太守举吏民能者[142]，莫有应书。待诏贾让奏言[143]：

治河有上、中、下策。古首立国居民，疆理土地[144]，必遗川泽之分，度水势所不及。大川无防，小水得入，陂障卑下，以为汙泽[145]，使秋水多，得有所休息，左右游波，宽缓而不迫。夫土之有川，犹人之有口也。治土而防其川，犹止儿啼而塞其口，岂不遽止，然其死可立而待也。故曰："善为川者，决之使道；善为民者，宣之使言。"盖堤防之作，近起战国，雍防[146]百川，各以自利。齐与赵、魏，以河为竟[147]。赵、魏濒山，齐地卑下，作堤去河二十五里。河水东抵齐堤，则西泛赵、魏，赵、魏亦为堤去河二十五里。虽非其正，水尚有所游荡。时至而去，则填淤肥美，民耕田之。或久无害，稍筑室宅，遂成聚落。大水时至漂没，则更起堤防以自救，稍去其城郭，排水泽而居之，湛溺自其宜也[148]。今堤防陿[149]者去水数百步，远者数里。近黎阳南故大金堤[150]，从河西西北行，至西山南头，乃折东，与东山相属[151]。民居金堤东，为庐舍，往十余岁更起堤，从东山南头直南与故大堤会。又内黄界中有泽[152]，方数十里，环之有堤，往十余岁太守以赋民，民今起庐舍其中，此臣亲所见者也。东郡白马故大堤亦复数重[153]，民皆居其间。从黎阳北尽魏界，故大堤去河远者数十里，内亦数重，此皆前世所排也。河从河内北至黎阳为石堤，激使东抵东郡平刚[154]；又为石堤，使西北抵黎阳、观下[155]；又为石堤，使东北抵东郡津北；又为石堤，使西北抵魏郡昭阳；又为石堤，激使东北。百余里间，河再西三东，迫厄[156]如此，不得安息。

今行上策，徙冀州之民当水冲者[157]，决黎阳遮害亭，放河使北入海。河西薄[158]大山，东薄金堤，势不能远泛滥，期月自定。难者将曰："若如此，败坏城郭田庐冢墓以万数，百姓怨恨。"昔大禹治水，山陵当路者毁之，故凿龙门，辟伊阙[159]，析底柱[160]，破碣石[161]，堕断天地之性。此乃人功所造，何足言也！今濒河十郡治堤岁费且万万，及其大决，所残无数。如出数年治河之费，以业所徙之民，遵古圣之法，定山川之位，使神人[162]各处其所，而不相奸[163]。且以大汉方制万里，岂其与水争咫尺之地哉？此功一立，河定民安，千载无患，故谓之上策。

若乃多穿漕渠于冀州地，使民得以溉田，分杀水怒，虽非圣人法，然亦救败术也。难者将曰："河水高于平地，岁增堤防，犹尚决溢，不可以开渠。"臣窃按视遮害亭西十八里，至淇水口[164]，乃有金堤，高一丈。自是东，地稍下，堤稍高，至遮害亭[165]，高四五丈。往六七岁，河水大盛，增丈七尺，坏黎阳南郭门，入至堤下。水未逾堤二尺所，从堤上北望，河高出民屋，百姓皆走上山。水留十三日，堤溃，吏民塞之。臣循堤上[166]，行视水势，南七十余里，至淇口，水适至堤半，计出地上五尺所。今可从淇口以东为石堤，多张水门。初元中[167]，遮害亭下河去堤足数十步，至今四十余岁，适至堤足。由是言之，其地坚矣。恐议者疑河大川难禁制，荥阳漕渠足以下之[168]，其水门但用木与土耳，今据坚地作石堤，势必完安。冀州渠首尽当印此水门[169]。治渠非穿地也，但为东方一堤，北行三百余里，入漳水中，其西因山足高地，诸渠皆往往股引取之；旱则开东方下水门溉冀州，水则开西方高门分河流。通渠有三利，不通有三害。民常罢于救水，半失作业；水行地上，凑润上彻[170]，民则病湿气，木皆立枯，卤不生谷；决溢有败，为鱼鳖食：此三害也。若有渠溉，则盐卤下湿，填淤加肥；故种禾麦，更为粳稻，高田五倍，下田十倍；转漕舟船之便：此三利也。今濒河堤吏卒郡数千人，伐买薪石之费岁数千万，足以通渠成水门；又民利其溉灌，相率治渠，虽劳不罢。民田适治，河堤亦成，此诚富国安民，兴利除害，支数百岁，故谓之中策。

若乃缮完故堤，增卑倍薄，劳费无已，数逢其害，此最下策也。

王莽时，征能治河者以百数，其大略异者，长水校尉平陵关并言[171]："河决率常于平原、东郡左右，其地形下而土疏恶。闻禹治河时，本空此地，以为水猥[172]，盛则放溢，少稍自索[173]，虽时易处，犹不能离此。上古难识，近察秦、汉以来，河决曹、卫之域，其南北不过百八十里者，可空此地，勿以为官亭民室而已。"大司马史长安张戎言："水性就下，行疾则自刮除成空而稍深。河水重浊，号为一石水而六斗泥。今西方诸郡，以至京师东行，民皆引河、渭山川水溉田。春夏干燥。少水时也，故使河流迟，贮淤而稍浅；雨多水暴至，则溢决。而国家数堤塞之，稍益高于平地，犹筑垣而居水也。可各顺从其性，毋复灌溉，则百川流行，水道自利，无溢决之害矣。"御史临淮韩牧[174]以为"可略于《禹贡》九河处穿之，纵不能为九，但为四五，宜有益。"大司空掾王横言："河入勃海，勃海地高于韩牧所欲穿处。往者天尝连雨，东北风，海水溢，西南出，浸数百里，九河之地已为海所渐矣。禹之行河水，本随西山下东北去。《周谱》云定王五年河徙，则今所行非禹之所穿也。又秦攻魏，决河灌其都，决处遂大，不可复补。宜却徙完平处，更开空[175]，使缘西山足乘高地而东北入海[176]，乃无水灾。"沛郡桓谭为司空掾[177]，典其议，为甄丰言："凡此数者，必有一是。宜详考验，皆可豫见，计定然后举事，费不过数亿万，亦可以事诸浮食无产业民[178]。空居与行役，同当衣食；衣食县官，而为之作，乃两便，可以上继禹功，下除民疾。"王莽时，但崇空语，无施行者。

赞曰：古人有言："微禹之功，吾其鱼乎！"[179]中国川原以百数，莫著于四渎[180]，而河为宗。孔子曰："多闻而志之，知之次也。"[181]国之利害，故备论其事。

【作者简介】

班固（32—92），东汉历史学家、文学家，扶风安陵（今陕西咸阳东北）人。承父志撰《汉书》，坚持 20 余年，终成《汉书》，书中详细地记载了西汉的历史。后因窦宪事牵连，死于狱中。

班固富于文才，其撰写的《两都赋》在中国文学史上有很高的地位。

【注释】

［1］禹：相传在 4 000 多年前的尧舜时代，我国黄河流域连续发生特大洪水，大水经年不

退,灾民们扶老携幼,到处漂流。整个民族陷入空前深重的灾难之中。素有治水经验的夏族首领鲧主持治水。鲧采用"堙障"办法,修筑堤坝围堵洪水,可是所修堤坝频繁地被冲垮。9年中耗费了无数的人力、物力,没有能制止水患,鲧被放逐到羽山(今山东郯城附近),被处死在那里。

唐尧死后,虞舜继任部落联盟领袖。鲧的儿子禹被推举为治水领袖。他采用疏导的策略,以水为师,因势利导地治理洪水。"左准绳,右规矩","行山表木,定高山大川",根据地形地势疏通河道,洪水和积涝得以回归河槽,流入大海。经过10多年的艰苦努力,终于制服了洪水。于是,人民纷纷从高地下来,回到平原上。接着,禹又带领人民开凿沟渠,引水灌溉,在黄河两岸的平原上开出了许多良田。

大禹平治水土、发展生产有功,虞舜去世以后,禹就接替舜当了部落联盟的领袖。他的儿子启,建立了我国第一个奴隶制国家夏朝。

堙:音 yīn,填塞。颜师古曰:"洪水泛滥,疏通而止塞之。"

[2]毳:音 cuì,一种在泥路上滑行的交通工具,形如箕。梮:音 jū,轿子。九州:即冀、兖、青、徐、扬、荆、豫、梁、雍。相传禹测山量川以别九地江河陂泽,划分九州。

[3]浚:疏浚。任土作贡:谓按照土地情况确定贡赋差别。贡:进献的物品。

[4]道:水道。

[5]羡:音 yán,剩余,此谓漫溢。

[6]积石:今青海境内。底柱:在今河南陕县北黄河中。大伾:在今河南浚县境内。

[7]所从来:谓黄河上游落差。

[8]酾:音 shī,斟酒。此谓分流,分其流以泄其势。

[9]泽水:今山西省境内。

[10]播:分布。

[11]勃海:即渤海。

[12]疏:分流。乂安:安定。乂音 yì。

[13]鸿沟:今河南境内,连通黄河与淮河。是我国见于史籍最早的人工河。

[14]汉川、云梦:均在今湖北境内长江以北。

[15]江、淮:谓长江、淮河。

[16]三江、五湖:各家解释不同。主要指今长江流域湖泊、水系。

[17]离碓:位于今四川灌县岷江南岸。离碓即开凿岩石后被隔开的石堆。沫水:岷江支流,即今大渡河。

[18]莫足数:谓难以胜数。

[19]魏文侯(?—前396):战国时魏国国君,公元前445—前396年在位。邺:今河北临漳西南;有令名:谓善政。

[20]史起:引漳溉田的名臣,史迹在《吕氏春秋》等典籍中。

[21]行田:谓付与。颜师古曰:赋田之法,一夫百亩。

[22]舄卤:谓土地盐碱化。舄:音 xì。

[23]郑国:战国时的水利专家。间说:谓游说以离间。

[24]泾水:在今陕西境内。瓠口:在今陕西淳化东南。

[25]注:引。填阏:淤泥。

[26]顷:量词,古制百亩为一顷。

[27]孝文:汉文帝刘恒。酸枣:谓汉文帝十二年(前168)黄河堤决于东郡酸枣(今河南延津西南)。

[28] 孝武元光中:指汉武帝元光三年(前132)。瓠子:在今河南濮阳西南。

[29] 巨野:泽名,在今山东巨野县北。

[30] 汲黯(? —前112):濮阳人,字长孺。曾官东海太守,主爵都尉。好黄老,常切言直谏,深受司马迁崇敬。郑当时:字庄,景帝时为太子舍人。武帝时,累迁鲁中尉、济南太守、江都相、汝南太守。

[31] 鄃:音 shù,今山东平原、夏津间。

[32] 望气:古代方术之一。望云气以附会人事,预言吉凶。用数:古代方术之一。以阴阳五行生克之数,断人事吉凶。

[33] 大司农:汉代九卿之一,掌财政税收事务。

[34] 关东:谓函谷关以东。

[35] 旁:同"傍"。南山:终南山,在今陕西西安南。

[36] 河:黄河。中国古代独称"河"者专指黄河。

[37] 径:直接,迅捷。

[38] 徐伯:汉代水利工程专家,史籍无传。表:勘察,测量。

[39] 番系:人名。番:音 pān。

[40] 更:历,经历。

[41] 皮氏:今山西河津。汾阴:今山西万荣西南。蒲坂:今山西永济西。

[42] 堧:音 ruán,河边软地。茭牧:谓放牧收茭草。茭:音 jiāo,干草饲料。

[43] 偿种:谓收获不敷所费。

[44] 少府:汉九卿之一,掌山海地泽收入。稍:渐也。颜师古曰:越人习于水田,又新至,未有业,故予之也。

[45] 褒斜道:古道名,在今陕西西南,其谷有水。张汤(? —前115):杜陵(今西安)人,小时随父出入衙门,历廷尉、御史大夫等,位列三公。

[46] 阪:音 bǎn,山坡。沔:沔水,即今汉水。

[47] 严熊:即庄熊罴,避东汉明帝刘庄讳,又省"罴"字。

[48] 临晋:今陕西大荔东。重泉:县名。今陕西大荔西、蒲城东南。

[49] 征:地名,今陕西大荔澄城一带。商颜:山名,即今铁镰山,位于陕西澄县一带。

[50] 井:即坎儿井。

[51] 陨:音 tuí,跌落,落下。

[52] 其明年:谓元封元年(前109)。

[53] 瓠子:今河南濮阳西南。公元前132年,黄河在此决口,第一次夺泗入淮。河水汹涌向东南直奔巨野泽,注入泗水、淮水,淹及十六郡。汉武帝派汲黯、郑当时率十万人堵塞,未成功。

[54] 万里沙:地名,位于今山东掖县东北。湛:通"沉",谓沉白马、玉璧以祭河神。

[55] 淇园:在今河南淇县北。楗:通"揵",堵塞。谓以树竹塞缺口,令水势渐弱,继而密插终堵塞之。

[56] 虑:王念孙曰:犹大抵。殚:音 dān,尽力。

[57] 吾山:一名鱼山,在今山东东阿县。此二句谓塞河久而无功,洪水高与山平,人民不得安宁。

[58] 弗郁:王念孙曰:读为沸渭,鱼众多貌。柏:通"迫",近也。此二句谓河溢巨野,遍地皆鱼,虽时近冬季,洪水仍在泛滥。

[59]正道:谓河的本来水道。弛:坏。离:失。骋:直驰貌。

[60]旧川:河的故道。沛:大貌。封禅:古祭祀名。报天之功曰封,报地之功曰禅。此二句谓希望河神使神力还河归故道:我如不东禅泰山,怎知函谷关外水灾如此严重。

[61]河公:即河神。

[62]啮桑:地名,今江苏沛县西南。浮:谓淹没。水维:水流,水文。此二句谓河决瓠子,溢泗入淮已经二十多年,尚不能还归故道,塞河工程进展太慢了。

[63]汤汤:音shāng,水大貌。潺湲:音chán yuán,水流缓慢貌。

[64]搴:音qiān,取,拔取。茭:巨璅曰:竹索。薪:草。属:音zhǔ,连缀。二句谓沉美玉求河神佑护,伐淇园之竹塞决口,但柴薪不属事难成。

[65]卫人:瓠子属古卫国。二句谓瓠子这地方人均烧草,山野萧条,无柴薪可供塞决口。

[66]陨:下坠。笛:音zī,《宋志》曰:马头锯牙,俗谓之矾阻。句谓下竹楗作为矾砠,堵塞决口。

[67]宣防:宫名,在今河南濮阳西南瓠子堤上。决口堵住后,武帝筑宫于其上。

[68]朔方:郡名,治所位于今内蒙古乌拉特前旗东南。西河:郡名,治所位于今内蒙古准格尔旗西南。河西:泛指黄河以西。酒泉:郡名,治所位于今甘肃酒泉。

[69]灵轵、成国、沣渠:渠名,位于今关中兴平、岐山一带。

[70]汝南:郡名,治所位于今河南上蔡西南。九江:郡名,治所位于今安徽寿春,辖今安徽,河南淮河以南,湖北黄冈以东及江西全境。

[71]巨定:泽名,今山东寿光西北,名清水泊。

[72]泰山:郡名,治所位于今山东泰安。汶水:位于山东中部。

[73]陂:音bēi,山坡,池塘。此谓依山凿渠。

[74]元鼎:汉武帝刘彻年号,前116—前111年。

[75]兒宽(?—前103):西汉千乘(今山东高清)人。家境贫寒,早知农作艰辛。为官后主缓赋税,国库大盈。元鼎上书主凿六辅渠。左内史:奏置官名,掌京畿地方事务。六辅渠:位于郑国渠上游,由六条小型水渠组成。

[76]畜:通"蓄"。租挈:谓租契,收租的契约。

[77]平繇行水:谓均摊修渠役务,共享水溉之利。

[78]太始:汉武帝刘彻年号,前96—前93年。

[79]赵:王国名,治所位于今河北邯郸。

[80]谷口:今陕西三原县西。栎阳:县名,今陕西富平东南。

[81]池阳:汉县名,今陕西泾阳县西北。谷口:谓白渠引泾水处,位于今陕西礼泉县东北。

[82]臿:音chā,通"锸",铁锹。

[83]粪:谓水携带淤泥可作粪肥。

[84]延年:颜师古曰:史不得其姓。

[85]昆仑:谓昆仑山脉。黄河发源地在今青海巴颜喀拉山北麓。

[86]准:一种测量水平的器具,此谓测定。

[87]备塞:谓防洪物资、人力之备。

[88]馆陶:县名,今河北馆陶。

[89]屯氏河:自馆陶分黄河水向东北流去,入渤海。魏郡:郡名,治所在今河北临漳西南。清河:郡名,治所在今河北清河东南。信都:王国名,治所在今河北冀县。

[90]被:音pī,遭受。

[91] 地节:汉宣帝刘询年号,前 69—前 66 年。

[92] 直:当。贝丘:今山东临清南。

[93] 永光:汉元帝刘奭(shì)年号,前 43—前 39 年。鸣犊口:在今山东高唐南。

[94] 成帝:汉成帝刘骜(áo),前 32—前 7 年在位。冯逡:字子产,上党潞(今山西潞县)人,举孝廉入仕。累官至陇西太守。《汉书》有传。

[95] 霖雨:久下不停之雨。霁:音 jì,雨后或雪后天晴。

[96] 浚:疏通。

[97] 杀:谓减。

[98] 便宜:谓因利乘便,相机行事。

[99] 后三岁:谓郭昌直渠完工后三年。

[100] 寒心:谓黄河水流向斜对贝丘,百姓提心吊胆。

[101] 豫:事先。病:谓殃及。

[102] 白:报告。许商:字长伯,长安人。累官将作大匠、河堤都尉、大司农等。

[103] 用度:谓国家财力。

[104] 东郡:郡名,治所在今河南濮阳西南。前 29 年(建始五年),黄河在馆陶、东郡金堤决口,32 县受灾。金堤:位于今河南浚县西南。

[105] 千乘:郡名,治所在今山东高青东北。

[106] 疏阔:谓不切实际。

[107] 非调:姓非,名调。调均:谓调拔分发赈灾钱粮。

[108] 谒者:官名。汉制,郎中令属官有谒者,少府属官亦有中书谒者。艘:音 sōu,量词,一船称一艘。

[109] 王延世:字长叔,犍为资中(今四川资中县)人,精通河道工程。陈直曰:两汉无治河专员,有河堤使者、河堤谒者、河堤都尉三种临时最高官名。

[110] 竹落:谓大竹筐。

[111] 河平元年:前 28 年。

[112] 著:谓登记入簿。外繇:谓戍边。句谓治河士卒因立功可抵销半年戍边时间。

[113] 计策:谓计算谋划。

[114] 后二岁:谓河平年间。

[115] 半:谓损失是建始决堤后的一半。

[116] 杜钦:字子夏,杜周孙。《汉书·杜周传》附其传。王凤(?—前 22):西汉外戚和权臣。汉成帝舅。

[117] 丞相史:丞相的属史。

[118] 虑:料想。

[119] 填淤反壤:谓水不走故道,漫溢冲刷,不如人愿淤积、冲走土壤(良田)。师古曰:反壤者,水塞不通,故令其土壤返还也。

[120] 乘马延年:姓乘马,名延年。乘:音 shèng。杂作:谓参与其中。

[121] 破坏:此谓意见针锋相对。难极:谓辩论各种细节。句谓多种不同意见碰撞,便能拿出万无一失的办法。

[122] 计算:谓筹划。

[123] 如:按照。

[124] 作治:谓塞河,整修缺口。

[125] 平贾:谓得钱以替人力役。

[126] 鸿嘉:汉成帝刘骜年号,前20—前17年。

[127] 镌:音 juān,凿,开掘。

[128] 湍怒:谓水流湍激愤怒。

[129] 湓:音 pén,大波上涌曰湓。

[130] 行视:谓巡察灾情。

[131] 笃马河:韦昭曰:在平原县。

[132] 徒骇:河名,位于今河北沧州。胡苏:河名,位于今河北东光。鬲津:河名,位于今山东德州东南。

[133] 界:地界,境域。

[134] 谷永:字子云。少为长安小吏,累官安定太守、凉州刺史、大司农。以病免官。

[135] 经渎:谓神河。图书:河图洛书。

[136] 李寻:字子长、平陵(今陕西咸阳)人,哀帝时迁黄门侍郎,拜骑都尉,使护河堤,坐事徙敦煌郡。解光:哀帝初为司隶校尉。

[137] 哀:同情、怜悯。

[138] 处业:谓安居乐业。振赡:救济帮助。

[139] 平当:字子思,梁国下邑(今安徽砀山)人。哀帝初征为光禄大夫。建平二年迁诸吏散骑,光禄勋,拜御史大夫,代朱博为丞相。

[140] 决河深川:谓分泄河水,疏浚大川。

[141] 孔光(前65—公元5):字子夏,鲁国(今山东曲阜)人,孔子第十四世孙。汉成帝卒时拜为丞相。为官严守秘密,坚持原则,以审理冤案闻名。何武:字君公,蜀郡郫人。累官兖州刺史、京兆尹。绥和初代孔光为御史大夫,改大司空。后被王莽所诬自杀。

[142] 部刺史:官名。汉武帝分金国为十三部(州),部置刺史以分管数个郡国。其主要职责是督察诸侯王、郡守及地方豪强。三辅:治理京畿地区的三个职官的合称,即京兆尹、左冯翊、右扶风。亦指其所辖地区。三河:谓河东、河内、河南三郡。弘农:郡名,治所弘农(今河南灵宝)。

[143] 贾让:汉代水利专家。其三种治河方案世称贾让三策。上策主张在冀州改河,在遮害亭一带掘堤,使河水北去,穿过魏郡中部入海。中策是在冀州多穿漕渠,以达到分洪、溉田的目的。下策为仍修缮故堤,增高加厚,劳费无已。贾让三策是中国保留至今最早、最全面的治河文献。

[144] 疆理:谓划分安排。

[145] 汙:音 wū,同"污",停积不流的水。

[146] 雍:通"壅",堵塞。

[147] 竟:通"境",边境。

[148] 湛:通"沉"。

[149] 陿:音 xiá,狭窄。

[150] 黎阳:县名,在今河南浚县东北。

[151] 相属:相连。

[152] 内黄:县名,在今河南内黄西北。

[153] 白马:县名,在今河南滑县东。

[154] 激:谓河堤紧要处以石砌加固,激去其水。平刚:疑为"刚平",地名。在今河南清丰

西南。

[155] 观:颜师古曰:县名。

[156] 迫厄:谓河水流局促困厄。

[157] 冀州:汉十三部州之一。辖地约当今河北中南部、河南及山东部分地区。

[158] 薄:迫,近。

[159] 辟:开辟。伊阙:今河南洛阳市南。

[160] 析:分。

[161] 碣石:山名,在古黄河入海处。

[162] 神人:谓河神、百姓。

[163] 奸:干涉,干扰。

[164] 淇水:黄河支流之一。发源于山西,流经河南淇县,与卫河合流后称浚水。

[165] 遮害亭:在今河南浚县境,临黄河。

[166] 循:巡察。

[167] 初元:汉元帝刘奭年号,前48—前44年。

[168] 荥阳:县名,今河南荥阳东北。

[169] 卬:通"仰",仗也。

[170] 凑润:谓湿润聚集。

[171] 平陵:县名,在今陕西咸阳西北。关并:字子扬。平陵(今陕西咸阳西北)人。有才智。

[172] 猥:通"隈",水弯曲处。

[173] 索:尽。

[174] 临淮:郡名,治所在今江苏泗洪南。韩牧:字子台。善治水。

[175] 空:谓穿。

[176] 西山:未明所指。足:谓山脚。

[177] 桓谭(前?—公元56):字君山,沛国相(今安徽淮北市)人,著名音乐家。官至议郎。无神论者。有著名的"灾异变怪者,天下所常有,无世而不然"观点。

[178] 浮食:谓无定业。

[179] "微禹"句:语出《左传·昭公元年》,为周大夫定公之辞。

[180] 四渎:谓黄河、长江、淮河、济水。

[181] "多闻"句:语出《论语·述而》。志:记。知:学而知之。

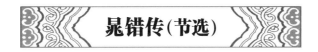

晁错传(节选)

东汉·班 固

【提要】

本文选自《汉书》(中华书局1962年版)。

晁错(? —前154),颍川(今河南禹县)人,西汉文景时期著名政治家。早年学法家学说,后又学今文《尚书》。事文帝任太子舍人、门大夫,升任博士。汉景帝即位后,更受信任,历任内史、御史大夫等职。主张加强中央政权,推行"削藩"政策,遭诸侯王和朝廷亲贵的激烈反对。景帝三年(前154),吴王刘濞(音 bì)借口"清君侧"举兵发动叛乱,景帝畏于七国连兵,将其处死。

政治上,晁错对于匈奴的不断侵扰、土地兼并等问题非常关心,数次上书力主积极备战,迎击匈奴;主张采取措施大力发展农业。他提出迁移百姓充实边境等主张,受到汉文帝的赞赏。

随后,他又提出了削夺诸侯王、修改法令等主张。汉朝实行郡县制,但同时又册封高祖子孙为 22 个诸侯国。汉景帝时,诸侯势力滋大,土地辽阔,城高壕深。齐国一地便有 70 多座城池,吴国也有 50 多座、楚国 40 多座城。各地诸侯渐渐不受朝廷约束,吴王刘濞更是骄横。他的封国靠海,还有铜矿,自己煮盐采铜,富可敌国,但他从不到长安朝见皇帝,吴国俨然是一个国中之国。身为御史大夫的晁错,力劝景帝削夺同姓诸侯王封地,巩固中央政权:"今削之亦反,不削亦反。削之,其反亟,祸小;不削之,其反迟,祸大。"极言早削藩的晁错终于引来杀身之祸。

因削藩而招致杀身,晁错与贾谊一起成为西汉初年两大政治冤案的主角。

晁错移民塞边和削藩思想,对汉代建筑兴衰、城市规划的影响是深远的。

晁错,颍川人也。学申、商刑名于轵张恢生所[1],与洛阳宋孟及刘带同师[2]。以文学为太常掌故[3]。

晁错为人峭直刻深[4]……以其辩得幸太子,太子家号曰"智囊"[5]。

……

错复言守边备塞、劝农力本,当世急务二事[6]……上从其言,募民徙塞下。

错复言:陛下幸募民相徙以实塞下[7],使屯戍之事益省,输将之费益寡[8],其大惠也。下吏诚能称厚惠,奉明法,存恤所徙之老弱,善遇其壮士,和辑其心而勿侵刻,使先至者安乐而不思故乡,则贫民相募而劝往矣[9]。臣闻古之徙远方以实广虚也[10],相其阴阳之和,尝其水泉之味,审其土地之宜,观其草木之饶,然后营邑立城,制里割宅[11],通田作之道,正阡陌之界,先为筑室,家有一堂二内[12],门户之闭,置器物焉,民至有所居,作有所用,此民所以轻去故乡而劝之新邑也。为置医巫,以救疾病,以修祭祀。男女有昏,生死相恤,坟墓相从,种树畜长[13],室屋完安。此所以使民乐其处而有长居之心也。

臣又闻古之制边县以备敌也,使五家为伍,伍有长;十长一里,里有假士[14];四里一连,连有假五百;十连一邑,邑有假候:皆择其邑之贤材有护[15],习地形知民心者,居则习民于射法[16],出则教民于应敌。故卒伍成于内,则军正定于外[17]。服习以成,勿令迁徙,幼则同游,长则共事。夜战声相知,则足以相救;昼战目相见,则足以相识;欢爱之心,足以相死[18]。如此而劝以厚赏,威以重罚,则前死不还踵矣[19]。所徙之民非壮有材力,但费衣粮,不可用也;虽有材力,不得良吏,犹亡功也。

……

错又言宜削诸侯事,及法令可更定者,书凡三十篇。孝文虽不尽听,然奇其材。当是时,太子善错计策,爰盎诸大功臣多不好错。

景帝即位,以错为内史[20]。错数请间言事,辄听,幸倾九卿,法令多所更定。丞相申屠嘉心弗便,力未有以伤。内史府居太上庙堧中[21],门东出,不便,错乃穿门南出,凿庙堧垣[22]。丞相大怒,欲因此过为奏请诛错。错闻之,即请间为上言之。丞相奏事,因言错擅凿庙垣为门,请下廷尉诛。上曰:"此非庙垣,乃堧中垣,不致于法。"丞相谢。罢朝,因怒谓长史曰:"吾当先斩以闻,乃先请,固误。"丞相遂发病死。错以此愈贵。

迁为御史大夫,请诸侯之罪过,削其支郡[23]。奏上,上令公卿、列侯、宗室杂议,莫敢难,独窦婴争之,由此与错有隙。错所更令三十章,诸侯欢哗。错父闻之,从颍川来,谓错曰:"上初即位,公为政用事[24],侵削诸侯,疏人骨肉,口让多怨,公何为也?"错曰:"固也[25]。不如此,天子不尊,宗庙不安。"父曰:"刘氏安矣,而晁氏危矣,吾去公归矣!"遂饮药死,曰"吾不忍见祸逮身。"

后十余日,吴、楚七国俱反,以诛错为名[26]。上与错议出军事,错欲令上自将兵,而身居守。会窦婴言爰盎,诏召入见,上方与错调兵食[27]。上问盎曰:"君尝为吴相,知吴臣田禄伯为人乎?今吴、楚反,于公意何如?"对曰:"不足忧也,今破矣。"上曰:"吴王即山铸钱,煮海为盐,诱天下豪杰,白头举事,此其计不百全,岂发乎?何以言其无能为也?"盎对曰:"吴铜、盐之利则有之,安得豪杰而诱之!诚令吴得豪杰,亦且辅而为谊,不反矣。吴所诱,皆亡赖[28]子弟,亡命铸钱奸人,故相诱以乱。"错曰:"盎策之善。"上问曰:"计安出?"盎对曰:"愿屏左右。"上屏人,独错在。盎曰:"臣所言,人臣不得知。"乃屏错。错趋避东箱[29],甚恨。上卒问盎,对曰:"吴、楚相遗书,言高皇帝王子弟各有分地,今贼臣晁错擅适诸侯[30],削夺之地,以故反名为西共诛错,复故地而罢。方今计,独有斩错,发使赦吴、楚七国,复其故地,则兵可毋血刃而俱罢。"于是上默然,良久曰:"顾诚何如[31],吾不爱一人谢天下。"盎曰:"愚计出此,唯上孰计之。"乃拜盎为太常,密装治行[32]。

后十余日,丞相青翟、中尉嘉、廷尉欧劾奏错曰[33]:"吴王反逆亡道,欲危宗庙,天下所当共诛。今御史大夫错议曰:'兵数百万,独属群臣,不可信,陛下不如自出临兵,使错居守。徐、僮之旁吴所未下者可以予吴[34]。'错不称陛下德信,欲疏群臣百姓,又欲以城邑予吴,亡臣子礼,大逆无道。错当要斩,父母妻子同产无少长皆弃市[35]。臣请论如法。"制曰:"可。"错殊不知。乃使中尉召错,绐载行市[36]。错衣朝衣,斩东市[37]。

错已死,谒者仆射邓公为校尉[38],击吴、楚为将。还,上书言军事,见上。上问曰:"道军所来,闻晁错死,吴、楚罢不[39]?"邓公曰:"吴为反数十岁矣,发怒削地,以诛错为名,其意不在错也。且臣恐天下之士拑口不敢复言矣。"上曰:"何哉?"邓公曰:"夫晁错患诸侯强大不可制,故请削之,以尊京师,万世之利也。计划始行,卒受大戮,内杜忠臣之口[40],外为诸侯报仇,臣窃为陛下不取也。"于是景帝喟然长息,曰:"公言善。吾亦恨之!"乃拜邓公为城阳中尉[41]。

【注释】

[1] 申:申不害(约前 385—前 337),战国时法家代表人物之一,精于刑名学,重术。主张君主应经常监督臣子,考核以升降。商:商鞅(前 390—前 338),卫国(今河南濮阳)人,从小好刑名之学。入秦后,推行中央集权制和农战政策,两次变法,秦益强大,终于统一全国。商鞅变法招致车裂而死,有《商君书》传世。轵:县名,在今河南济源东南。张恢:疑为秦代学者。生:先生。

[2] 宋孟、刘带:生平不详。

[3] 太常掌故:官名。太常属官。应劭曰:六百石史,主故事。

[4] 峭直刻深:谓严厉、刚直、苛刻、心狠。

[5] 智囊:谓足智多谋。

[6] 守边备塞、劝农力本:晁错呈《守边劝农疏》,力言此二事,汉书本传具其疏文。

[7] 幸:谓皇帝的举动。

[8] 输将:谓运输。

[9] 相募:当作"相慕",谓民慕先至者之安乐。劝往:谓争相前去。

[10] 广虚:通"旷墟",谓地广人稀之地。

[11] 割宅:谓划分住宅。

[12] 二内:谓堂后东房、西室。

[13] 畜长:犹畜养,谓饲养家畜。

[14] 假士:与下文"假五百""假候"均为汉基层编籍长官。

[15] 有护:谓有保护能力。

[16] 习:教习。于:以。

[17] 正:通"政"。

[18] 相死:谓相互为对方而死,亦即相护佑。

[19] 还踵:旋踵。句谓前赴后继,义无反顾。

[20] 内史:官名。掌治京师,同后世之京兆尹。

[21] 壖:音 ruán。师古曰:壖者,内垣之外游地也。

[22] 壖垣:谓庙围墙。

[23] 请:谓报请皇帝。支郡:谓诸侯国的边郡。

[24] 公:汉时常用称呼。

[25] 固:诚然,本来。

[26] 吴、楚七国俱反:景帝初年(前 154),以吴王刘濞、楚王刘戊为首的吴、楚、赵、胶东、胶西、济南、淄川七国,打着"诛晁错,清君侧"的旗号,欲夺景帝皇位。叛乱历时 3 个月,被周亚夫、窦婴剿灭。史称七国之乱。平定后,诸侯国领土削小,任免官吏之权收回。

[27] 调兵食:谓调兵粮。

[28] 亡赖:无赖。

[29] 箱:通"厢"。

[30] 适:通"谪",指责,谴责。

[31] 顾:念。诚:实。句谓要考虑实际情况究竟如何。

[32] 密装治行:谓秘整行装出发。

[33] 青翟:时丞相为陶青,翟当为衍文。嘉:不知其姓。欧:张欧(qū),字叔,文帝时以治刑之学著称,景帝时官至九卿。

[34]徐:县名,在今江苏泗洪县南。僮:县名,在今安徽泗县东北。

[35]要:通"腰"。同产:同胞,谓兄弟姐妹。

[36]绐:音 dài,哄骗,欺骗。行市:谓游街示众。

[37]朝衣:朝服。东市:汉行刑在长安东市,后世因称东市为刑场。

[38]谒者仆射:官名,掌接待及传达。邓公:成固(今陕西城固县)人,足智多谋,多奇计。校尉:职位低于将军的武官。

[39]道:由。

[40]杜:塞。

[41]城阳中尉:城阳王国的中尉,负责王国军事。

娄敬传(节选)

东汉·班 固

【提要】

本文选自《汉书》(中华书局 1962 年版)。

娄敬,汉初人。娄敬于中华民族有两大贡献,一是首倡和亲政策,二是说服汉高祖刘邦定都长安。

关于和亲。白登之围(前 200)后,匈奴不断南下侵扰,刘邦束手无策,亲自向娄敬询问对策。娄敬认为立国不久,根基未稳,经济残破,国力空虚,无力与匈奴争雄,讲和当为上策,提出将皇帝的女儿嫁给单于为妻及厚赠礼物的"和亲"主张。刘邦随即任命娄敬为"和亲"使者。公元前 199 年,娄敬护送皇室女、携带大量丝绸宝物前往匈奴,签订"和亲约"。此后七八十年间,西汉先后 6 次将汉宗室女嫁给匈奴单于。娄敬也被后人成为维护民族团结的杰出代表。白登之围解除后,娄敬获封关内侯,号为建信侯。

关于定都长安。公元前 201 年,刘邦打败项羽建立汉朝,定都何处成为急需解决的问题。跟随刘邦打天下的大臣大多建议定都洛阳,娄敬却建议把都城新址选在关中。认为关中地区"被山带河,四塞以为固,卒然有急,百万之众可具",同时又是"资甚美膏腴之地",进可攻,退可守。娄敬的主张得到了张良的支持:"阻三面而守,独以一面东制诸侯。"不仅如此,从发展的角度考虑,西汉王朝继秦而立,秦代开创的疆土东、南面面临大海,北面是茫茫草原,西部则是广阔无垠的疆域,定都关中将为开发西部奠定基础。刘邦采取了他的建议,随即定都长安,开始了西汉长达 200 多年的历史。娄敬被赐姓刘。

为加强中央政权,娄敬还建议高祖迁徙各地豪杰、名门居关中,获得批准。此后,散居各地的秦贵胄及六国豪强 10 余万口迁往长安周围。

娄敬晚年归隐,好仙术。

记录汉代都城长安的文献有《西京赋》《三辅黄图》等。

娄敬,齐人也。汉五年[1],戍陇西[2],过洛阳,高帝在焉。敬脱挽辂[3],见齐人虞将军曰:"臣愿见上言便宜。"虞将军欲与鲜衣[4],敬曰:"臣衣帛,衣帛见,衣褐[5],衣褐见,不敢易衣。"虞将军入言上,上召见,赐食。

已而问敬,敬说曰:"陛下都洛阳,岂欲与周室[6]比隆哉?"上曰:"然。"敬曰:"陛下取天下与周异。周之先自后稷,尧封之邰[7],积德累善十余世。公刘避桀居豳[8]。大王以狄伐故,去豳,杖马箠去居岐[9],国人争归之。及文王为西伯[10],断虞、芮讼[11],始受命,吕望、伯夷自海滨来归之[12]。武王伐纣,不期而会孟津上八百诸侯,遂灭殷[13]。成王即位,周公之属傅相焉[14],乃营成周都洛,以为此天下中,诸侯四方纳贡职[15],道里钧矣,有德则易以王,无德则易以亡。凡居此者,欲令务以德致人,不欲阻险,令后世骄奢以虐民也。及周之衰,分而为二[16],天下莫朝周,周不能制。非德薄,形势弱也。今陛下起丰、沛[17],收卒三千人,以之径往,卷蜀汉[18],定三秦,与项籍战荥阳[19],大战七十,小战四十,使天下之民肝脑涂地,父子暴骸中野,不可胜数,哭泣之声不绝,伤夷者未起,而欲比隆成、康之时,臣窃以为不侔矣[20]。且夫秦地被山带河[21],四塞以为固,卒然有急[22],百万之众可具。因秦之故,资甚美膏腴之地,此所谓天府[23]。陛下入关而都之,山东虽乱[24],秦故地可全而有也。夫与人斗,不搤其亢,拊其背,未能全胜[25]。今陛下入关而都,按秦之故,此亦搤天下之亢而拊其背也。"

高帝问群臣,群臣皆山东人,争言周王[26]数百年,秦二世则亡,不如都周。上疑未能决。及留侯明言入关便,即日驾西都关中[27]。

于是上曰:"本言都秦地者娄敬,娄者刘也。"赐姓刘氏,拜为郎中[28],号曰奉春君。

【注释】

[1]汉五年:汉高祖刘邦在位12年,五年即前202年。

[2]陇西:郡名,治所在今甘肃临洮县。

[3]辂:音lù,绑在车辕上用来牵引车子的横木。

[4]鲜衣:谓华丽的衣服。

[5]褐:音hè,粗布衣服。

[6]周室:周朝。东周平王东迁,都于洛阳四百余年。

[7]后稷:周人祖先,又名弃,传说尧舜时为农官。邰:今陕西武功县西南。

[8]公刘:相传为后稷曾孙,夏朝末年率族人迁居豳(今陕西彬县、旬邑一带)。

[9]大王:谓古公亶父,因受狄、戎逼迫,率族人由豳迁至岐山下的周,周人逐渐强盛起来。箠:音chuí,鞭子。

[10]文王:姓姬名昌,商末周人领袖,为西伯,都丰邑(今西安市郊沣水西岸)。

[11]虞、芮:均为周境近邻诸侯国。两国争田,文王为其调解,使之归于周。

[12]吕望:姜姓,吕氏,名尚,亦名牙,号称太公望,俗称姜太公。辅武王灭商,封于齐。伯夷:字公信,商末孤竹君长子。孤竹君死后,他与弟弟争避君位,后归周。

[13]孟津:黄河古渡口,位于今河南孟津县东北。

[14]成王:名诵,武王子,前827—前782年在位。周公:名旦,武王子。辅成王灭商,平

叛,营建洛邑,制礼作乐。

[15] 贡职:贡赋。

[16] 二:此谓东周君、西周君。

[17] 丰:邑名,在今江苏丰县。沛:县名,在今江苏沛县。

[18] 蜀:郡名,治所在今成都市。汉:汉中郡,治所在今陕西汉中东。

[19] 荥阳:县名,在今河南荥阳县东北。前 204 年,项羽围刘邦于荥阳,刘邦逃离。前 203 年,刘、项讲和,划鸿沟为界,东归楚,西归汉。

[20] 侔:相等。

[21] 披山带河:谓倚华山,临黄河。

[22] 卒:通"猝",谓突然。

[23] 天府:天造之府。谓条件优越,物产丰饶。

[24] 山东:谓太行山或崤山函谷关以东。

[25] 搤:音 è,通"扼",掐住。亢:通"吭",喉咙。

[26] 王:音 wàng,统治天下。

[27] 留侯:即张良。字子房,刘邦军师,开国元勋。高祖曰:"运筹帷幄中,决用胜千里外,子房功也。"

[28] 郎中:官名。始于战国,汉代沿置,管理车、骑、门户,并充内侍卫,外从作战。

叔 孙 通 传

东汉·班 固

【提要】

本文选自《汉书》(中华书局 1962 年版)。

叔孙通(？—约前 194),秦末汉初儒生。旧鲁地薛(今山东枣庄薛城北)人。初为秦待诏博士,后逃回老家。汉高祖二年(前 205),刘邦率领诸侯军队攻取彭城(今江苏徐州),通转投汉军,并举荐勇武之士为汉争取天下。汉王拜其为博士,号稷嗣君。汉王统一天下后,高祖下令废除秦礼仪法令,以简易礼法行之,随即出现君不君、臣不臣的局面。朝廷宴会上,群臣狂欢乱舞,拔剑击柱,争功自傲,刘邦目不忍视,担忧贻患无穷。叔孙通自荐制定朝仪,依古礼,参秦制,召儒生共订朝仪。

汉高祖七年(前 200),群臣在长乐宫举行隆重的朝岁大礼,仪式由叔孙通主持。天亮前,司仪引导群臣按官职大小,依次进入宫中,文武大臣各列东西;数百侍卫各执兵器旗旌,守侍殿阶西旁,数千人的大殿内外井然有序、静悄无声。随后的朝觐、宴饮,一切如仪,井井有条。仪式毕,刘邦高兴地说:"吾乃今日方知皇帝之贵也!"叔孙通因此拜奉常,其弟子也均晋封为郎。惠帝即位后,叔孙通又制定宗庙仪法及其他多种仪法。尽其一生,叔孙通共写下《汉仪十二篇》《汉礼度》《律令傍章十八篇》等专著,为汉朝政权的建立和巩固发挥了重要作用,为后人留下了一笔宝贵的文化遗产。司马迁尊其为汉家儒宗。

叔孙通,薛人也。秦时以文学征,待诏博士[1]。数岁,陈胜起,二世召博士诸儒生问曰:"楚戍卒攻蕲入陈,于公何如[2]?"博士诸生三十余人前曰:"人臣无将[3],将则反,罪死无赦。愿陛下急发兵击之。"二世怒,作色[4]。通前曰:"诸生言皆非。夫天下为一家,毁郡县城,铄其兵[5],视天下弗复用。且明主在上,法令具于下,吏人人奉职,四方辐辏[6],安有反者!此特群盗鼠窃狗盗,何足置齿牙间哉?郡守尉今捕诛,何足忧?"二世喜,尽问诸生,诸生或言反,或言盗。于是二世令御史按诸生言反者下吏[7],非所宜言[8]。诸生言盗者皆罢之。乃赐通帛二十匹,衣一袭,拜为博士。通已出,反舍,诸生曰:"生何言之谀也?"通曰:"公不知,我几不免虎口!"乃亡去之薛,薛已降楚矣。

及项梁之薛,通从之。败定陶,从怀王[9]。怀王为义帝,徙长沙,通留事项王。汉二年,汉王从五诸侯入彭城,通降汉王[10]。

通儒服,汉王憎之,乃变其服,服短衣,楚制。汉王喜[11]。

通之降汉,从弟子百余人,然无所进[12],专言[13]诸故群盗壮士进之。弟子皆曰:"事先生数年,幸得从降汉,今不进臣等,专言大猾,何也?"通乃谓曰:"汉王方蒙矢石争天下,诸生宁能斗乎?故先言斩将搴旗之士[14]。诸生且待我,我不忘矣。"汉王拜通为博士,号稷嗣君[15]。

汉王已并天下,诸侯共尊为皇帝于定陶,通就其仪号[16]。高帝悉去秦仪法,为简易。群臣饮争功,醉或妄呼,拔剑击柱,上患之。通知上益厌之,说上曰:"夫儒者难与进取,可与守成。臣愿征鲁诸生,与臣弟子共起朝仪。"高帝曰:"得无难乎?"[17]通曰:"五帝异乐,三王不同礼[18]。礼者,因时世人情为之节文者也[19]。故夏、殷、周礼所因损益可知者,谓不相复也。臣愿颇采古礼与秦仪杂就之。"上曰:"可试为之,令易知,度吾所能行为之。"

于是通使征鲁诸生三十余人。鲁有两生不肯行,曰:"公所事者且十主,皆面腴亲贵。今天下初定,死者未葬,伤者未起,又欲起礼乐。礼乐所由起,百年积德而后可兴也。吾不忍为公所为。公所为不合古,吾不行。公往矣,毋污我!"通笑曰:"若真鄙儒[20],不知时变。"

遂与所征三十人西,及上左右为学者与其弟子百余人为绵蕞野外[21]。习之月余,通曰:"上可试观。"上使行礼,曰:"吾能为此。"乃令群臣习肄,会十月[22]。

汉七年,长乐宫成[23],诸侯群臣朝十月。仪:先平明[24],谒者治礼[25],引以次入殿门。廷中陈车骑戍卒卫官,设兵,张旗志[26]。传曰"趋"[27]。殿下郎中侠陛,陛数百人[28]。功臣、列侯、诸将军、军吏以次陈西方,东向;文官丞相以下陈东方,西向。大行设九宾,胪句传[29]。于是皇帝辇[30]出房,百官执戟传警[31],引诸侯王以下至吏六百石以次奉贺[32]。自诸侯王以下莫不震恐肃敬。至礼毕,尽伏,置法酒[33]。诸侍坐殿下皆伏抑首,以尊卑次起上寿[34]。觞九行,谒者言"罢酒"。御史执法举不如仪者辄引去。竟朝置酒[35]，无敢欢哗失礼者。于是高帝曰："吾乃今日知为皇帝之贵也!"拜通为奉常[36]，赐金五百斤。

通因进曰："诸弟子儒生随臣久矣，与共为仪，愿陛下官之。"高帝悉以为郎[37]。通出，皆以五百金赐诸生。诸生乃喜曰："叔孙生圣人，知当世务。"

九年，高帝徙通为太子太傅[38]。十二年，高帝欲以赵王如意易太子，通谏曰："昔者晋献公以骊姬故[39]，废太子，立奚齐，晋国乱者数十年，为天下笑。秦以不早定扶苏[40]，故亥诈立，自使灭祀[41]，此陛下所亲见。今太子仁孝，天下皆闻之；吕后与陛下共苦食啖[42]，其可背哉！陛下必欲废适而立少，臣愿先伏诛，以颈血污地。"高帝曰："公罢矣，吾特戏耳。"通曰："太子天下本，本壹摇天下震动，奈何以天下戏!"高帝曰："吾听公。"及上置酒，见留侯所招客从太子入见[43]，上遂无易太子志矣。

高帝崩，孝惠即位，乃谓通曰："先帝园陵寝庙[44]，群臣莫习。"徙通为奉常，定宗庙仪法。及稍定汉诸仪法，皆通所论著也。惠帝为东朝长乐宫，及间往，数跸烦民，作复道，方筑武库南[45]。通奏事，因请间[46]，曰："陛下何自筑复道高帝寝[47]，衣冠月出游高庙? 子孙奈何乘宗庙道上行哉!"惠帝惧，曰："急坏之。"通曰："人主无过举[48]。今已作，百姓皆知之矣，愿陛下为原庙渭北[49]，衣冠月出游之，益广宗庙，大孝之本。"上乃诏有司立原庙。

惠帝常出游离宫[50]。通曰："古者有春尝果[51]，方今樱桃熟，可献，愿陛下出，因取樱桃献宗庙。"上许之。诸果献由此兴[52]。

【注释】

[1]博士：官名。备顾问，保管书籍。颜师古曰：于博士中待诏。

[2]蕲：音 qí，今湖北蕲春一带。陈：县名。今河南淮阳一带。

[3]将：谓谋乱，逆反。

[4]作色：谓脸色难看。

[5]铄：音 shuò，熔化。兵：兵器。

[6]辐辏：车轮辐条集中于毂上。此谓天下尽归服于朝廷。

[7]下吏：谓交付法吏处置。

[8]非所宜言：谓所言不当。

[9]定陶：县名，今山东定陶县境。怀王：战国时楚怀王孙，名心。项梁起兵后立其为楚王，仍称怀王，以召楚民反秦复国。心后被害。

[10]汉二年：公元前 205 年。五诸侯：颜师古以为是恒山王张耳、河南王申阳、韩王韩昌、魏王魏豹、殷王司马卬。

[11]汉王喜：汉王刘邦为楚人，见叔孙通衣楚衣，故喜。

[12]进：进荐，举荐。

[13]剸言：专言。剸：读如专。

[14]搴：音 qiān，拔取。

[15]稷嗣君：春秋末至战国，齐都临淄稷下学宫云集四方学者，相互辩难，招生授徒，一时名满天下。刘邦此封，彰叔孙通学稷下诸贤之意。

[16]就：谓制定。仪号：谓礼仪制度。

[17] 得无:谓该不会。

[18] 五帝:《史记》谓黄帝、颛顼、帝喾、尧、舜。三王:谓夏、商、周开创之君。

[19] 节文:节制,修饰,谓因时而变,各有损益。

[20] 鄙儒:陋儒。鄙:见识浅陋,不知顺时而变。

[21] 绵蕞:谓演习朝会礼仪。绵:谓以绳索圈定范围。蕞:音 zuì,谓以茅草等立于地面以标尊卑位次。

[22] 习肄:练习。肄:音 yì。

[23] 长乐宫:汉初将秦兴乐宫改建而成,汉高祖以此为处理政务之地。故址在今陕西西安长安故城东南隅,宫垣南北宽约 2 300 米,东西长约 2 900 米。汉惠帝末年,帝视朝移至未央宫,长乐宫遂为太后居处。

[24] 平明:天亮。

[25] 谒者:官名。掌朝会赞礼、引见宾客及奉诏出使等。

[26] 廷:同"庭"。志:同"帜"。

[27] 趋:小步快走,表恭敬。

[28] 侠:音 jiā,通"夹"。陛:宫殿台阶。

[29] 大行:官名。秦及汉初称典客,景帝中称大行,武帝初又改称大鸿胪。九卿之一,掌宾客朝觐之事。九宾:王先谦引刘邠曰:谓九个在宾主之间传言的接待人员。胪句传:依次传达皇帝的旨意。胪:音 lú,传达。

[30] 辇:音 niǎn,本指人拉的车,此谓皇帝用于宫中行进无轮无舆抬着走的器具。

[31] 传警:谓依次相传,高声警示。

[32] 六百石:谓官阶至月俸六百石。石,音 dàn。

[33] 法酒:谓朝廷礼宴。周寿昌认为官法酿制的酒称之。

[34] 上寿:举酒(向皇帝)祝寿。

[35] 竟朝:谓朝会至(酒宴后),礼毕。

[36] 奉常:即太常。九卿之一,掌礼乐祭祀之事。

[37] 郎:即郎中、中郎、侍郎等合称。平时守宫门,皇帝出行则从而警卫。

[38] 太子太傅:官名,负责教习太子。太子刘盈为吕后所生,过于仁弱。而刘邦称宠妃戚夫人所生赵王"如意类我",故欲废太子。

[39] 骊姬:晋献公(前 677—前 651 年在位)宠妃。骊姬为使己子奚齐能登君位,诬献公太子申生欲害父。献公信,申生自尽。献公死后,晋乱。

[40] 扶苏:秦始皇长子。始皇临终,幼子胡亥在其身边,赵高秘不发丧,假诏立胡亥为太子,赐扶苏自尽。终致秦至二世而亡。

[41] 祀:谓后代。

[42] 共苦食啖:谓同甘共苦。啖:音 dàn。

[43] 留侯所招客:谓东园公、甪里先生、绮里季、夏黄公等四隐士。刘邦欲废太子,吕后忧心如焚,问计于张良。良建议太子厚礼聘此四隐士入长安。刘邦见之,认为太子羽冀已成,遂罢。

[44] 园陵:指帝王墓地。寝:建于先皇墓地,贮藏先皇生前所用衣物的处所。庙:宗庙。

[45] 东朝:长乐宫处未央宫以东,太后居之,故称。间往:日常非正式谒见(太后)。跸:音 bì,帝出行,清道戒严,禁止通行。复道:架于空中,连接楼阁的道路。武库:储藏武器的地方,位于未央、长乐两宫间。

[46] 请间:谓请求单独接见。

[47] 帝寝:位于长安城门街东,当武库之南。惠帝在武库南修复道,正当请奉高帝衣冠仪仗之道。

[48] 过举:谓过失的举动。

[49] 原庙:谓正式宗庙之外另立之庙。

[50] 离宫:皇帝于正式宫殿外别筑之宫殿,便游览。

[51] 春尝果:古代春季鲜果成熟时,帝王以其献祭宗庙。

[52] 诸果献:谓应时节献祭鲜果于宗庙之祭礼。

东都赋及序

东汉·班　固

【提要】

本文选自《昭明文选》(中华书局 1977 年版)。

《两都赋》是班固的作品。

《汉书·艺文志》:"不歌而诵谓之赋。"赋是介于诗歌和文之间的文体,不像诗那样配乐歌唱,也不像文那样没有韵脚。赋发源于先秦,经过楚辞的广泛应用扩大了表现领域,成为汉代 400 年间文学的主要形式。

枚乘的《七发》为开端,此后 200 年间,铺张描写汉家宫殿、城阙、苑囿的大赋不断出现。除此以外,还有游猎类、记行类、述志类、咏物类等赋。汉赋较为充分地反映了汉朝政治经济的繁荣和贵族阶级特有的审美情趣,对我们认识汉代社会面貌具有积极的意义。

光武帝定都洛阳,引起朝野震动。杜笃作《论都赋》,称长安乃是"帝王渊囿,而守国之利器",主张返都长安,指出:"德衰而复盈,道微而复章,皆莫能迁于雍州而背于咸阳",以此证明长安为王气所在;而班固的《两都赋》以儒家学说为基本依据,比较长安与洛阳作为首都的优劣,歌颂东汉定都洛阳。在《两都赋》序中,班固指出:"海内清平,朝廷无事,京师修宫室,浚城隍,起苑囿,以备制度",而"西土耆老咸怀怨思,冀上之眷顾",于是,他作《两都赋》,申明法度。

班固的京都意识、京都美理想,集中体现在《东都赋》中。《东都赋》描绘的是国都洛阳的山水草木、鸟兽虫鱼、珍宝奇珍、城市宫殿、街衢市井、服饰人物……但更重要的是,班固在强调礼乐文明建设之于国都的重要性,即序言所称"折以今之法度",劝后人沿着光武帝、明帝的足迹继续进贤修德,完善文治。

赋中,他着力描绘了洛阳的法度之美。光武帝迁都改邑、汉明帝的崇盛礼乐,等等,东都法度之美与西都的不同是班固着墨重点。东都的宫室苑囿建设、天子出游田猎等,均在追求中和之美、化育生灵,体现出的都是礼制、法度的魅力。

结构上,班固以"西都宾"与"东都主人"的论辩展开内容,描述两都在写实基础上适度夸张,表现出的是一种以写实基础的典雅润丽。

《两都赋》后，描写国都的大赋基本格式也就固定下来了。

这里选《序》及《东都赋》。

《两都赋》序

或曰：赋者，古诗之流也。昔成康没而颂声寝[1]，王泽竭而诗不作。大汉初定，日不暇给[2]。至于武、宣之世，乃崇礼官，考文章，内设金马、石渠之署，外兴乐府协律之事，以兴废继绝，润色鸿业[3]。是以众庶悦豫，福应尤盛[4]。《白麟》《赤雁》《芝房》《宝鼎》之歌，荐于郊庙[5]；神雀、五凤、甘露、黄龙之瑞，以为年纪[6]。故言语侍从之臣，若司马相如、虞丘寿王、东方朔、枚皋、王褒、刘向之属[7]，朝夕论思，日月献纳；而公卿大臣，御史大夫倪宽、太常孔臧、太中大夫董仲舒、宗正刘德、太子太傅萧望之等[8]，时时间作。或以抒下情而通讽谕[9]，或以宣上德而尽忠孝，雍容揄扬[10]，著于后嗣，抑亦雅颂之亚也[11]。故孝成之世[12]，论而录之，盖奏御者千有余篇，而后大汉之文章，炳焉与三代同风。

且夫道有夷隆[13]，学有粗密，因时而建德者，不以远近易则[14]。故皋陶歌虞[15]，奚斯颂鲁[16]，同见采于孔氏，列于《诗》《书》，其义一也。稽之上古则如彼，考之汉室又如此。斯事虽细，然先臣之旧式[17]，国家之遗美，不可阙也。臣窃见海内清平，朝廷无事，京师修宫室，浚城隍[18]，起苑囿，以备制度。西土耆老[19]，咸怀怨思，冀上之眷顾，而盛称长安旧制，有陋洛邑之议[20]。故臣作《两都赋》，以极众人之所眩曜，折以今之法度[21]。

【注释】

[1]成、康：谓周成王、周康王，其统治时为周盛世。寝：停息。

[2]大汉：谓刘邦初定天下之时。日不暇给：谓来不及制定礼乐制度。

[3]武、宣：指汉武帝、汉宣帝，承文景之治，亦为治世。金马、石渠：均为汉长安宫名，分别是汉皇帝择士和藏书之所。鸿业：谓振国兴邦的大业。

[4]悦豫：愉快。福应：福运征兆。

[5]《白麟》等：均指武帝所获祥瑞之物，命乐府作的歌。

[6]"神雀"等：指汉宣帝时出现的祥瑞之物。年纪：汉宣帝以这些祥瑞之物的名字作为年号。

[7]虞丘寿王：姓虞丘，鄣（今河北沧州）人，文才出众，曾为皇帝设计上林苑，受嘉赞。枚皋：枚乘庶子，为文神速，受诏即成，武帝时任郎中。王褒：字子渊，蜀资中（今四川资阳）人，任汉宣帝朝，有《洞箫赋》等传世。刘向：字子政，汉宗室，成帝时为光禄大夫，负责校经传子集，有《新序》《说苑》等传世。

[8]倪宽：千乘（今山东广饶县）人，汉武帝时为御史大夫，劝农业，缓刑狱，是武帝时有名的良吏。孔臧：孔子后代。少以才名，武帝时任御史大夫。董仲舒：广川（今河北枣强）人。西汉著名儒学思想家，有天人感应说，有《春秋繁露》传世。刘德：武常时官至太中大夫。萧望之：东海兰陵（今属山东）人，宣帝时官至太子太傅。

[9]讽谕：谓以委婉的言语晓谕执政者。

[10] 揄扬:宣扬。

[11] 亚:次。谓上述诸人文章辞赋亦可比当雅、颂。

[12] 孝成:指汉成帝刘骜。其时刘向校经,辑录诸子诗赋。

[13] 夷隆:谓衰落兴隆。

[14] 则:基本法则。

[15] 皋陶:传说中舜帝的典刑狱大臣,作歌颂舜帝(有虞)。陶:音 yáo。

[16] 奚斯:鲁僖公大臣。

[17] 旧式:谓先前好的做法。

[18] 浚:挖深河道。城隍:护城河。

[19] 耆老:谓德高望重的老者。

[20] 陋:动词。以……陋。

[21] 折:服。法度:谓洛阳的礼乐制度。

其词曰:东都主人喟然而叹曰[1]:"痛乎风俗之移人也! 子实秦人,矜夸馆室,保界河山,信识昭襄而知始皇矣,乌睹大汉之云为乎? 夫大汉之开元也,奋布衣以登皇位[2],由数期而创万代,盖六籍所不能谈,前圣靡得言焉。当此之时,功有横而当天,讨有逆而顺民[3]。故娄敬度势而献其说,萧公权宜而拓其制[4]。时岂泰而安之哉? 计不得以已也。吾子曾不是睹,顾曜后嗣之末造,不亦暗乎。今将语子以建武之治,永平之事,监于太清,以变子之惑志[5]。

往者王莽作逆,汉祚中缺。天人致诛,六合相灭。于时之乱,生人几亡,鬼神泯绝,壑无完柩,郛[6]罔遗室。原野厌[7]人之肉,川谷流人之血。秦项之灾,犹不克半,书契以来,未之或纪。故下人号而上诉,上帝怀而降监,乃致命乎圣皇。于是圣皇乃握乾符,阐坤珍,披皇图,稽帝文。赫然发愤,应若兴云。霆击昆阳[8],凭怒雷震。遂超大河,跨北岳。立号高邑,建都河洛。绍百王之荒屯,因造化之荡涤[9]。体元立制[10],继天而作。系唐统[11],接汉绪。茂育群生,恢复疆宇。勋兼乎在昔,事勤乎三五[12]。岂特方轨并迹,纷纶后辟,治近古之所务,蹈一圣之险易云尔哉[13]?

且夫建武[14]之元,天地革命。四海之内,更造夫妇,肇有父子[15]。君臣初建,人伦实始,斯乃伏牺氏[16]之所以基皇德也;分州土,立市朝,作舟舆,造器械,斯乃轩辕氏之所以开帝功也;龚[17]行天罚,应天顺人,斯乃汤武之所以昭王业也;迁都改邑,有殷宗中兴[18]之则焉;即土之中,有周成[19]隆平之制焉;不阶尺土一人之柄,同符乎高祖[20];克己复礼,以奉终始,允恭乎孝文[21];宪章稽古,封岱勒成,仪炳乎世宗[22]。案六经而校德,眇古昔而论功,仁圣之事既该,而帝王之道备矣[23]。

至乎永平之际,重熙而累洽[24]。盛三雍之上仪,修衮龙之法服[25]。铺鸿藻,信景铄[26]。扬世庙,正雅乐。人神之和允洽,群臣之序既肃。乃动大辂,遵皇衢[27],省方巡狩,躬览万国之有无,考声教之所被,散皇明以烛幽。然后增周旧,修洛邑[28]。扇巍巍,显翼翼[29]。光汉京于诸夏,总八方而为之极。于是皇城之内,宫室光明,阙庭神丽。奢不可逾,俭不能侈[30]。外则因原野以作苑,填流泉而为沼。发蘋藻以潜鱼,丰圃草以毓兽[31]。制同乎梁邹,谊合乎灵囿[32]。

若乃顺时节而蒐狩,简车徒以讲武[33]。则必临之以《王制》,考之以《风》《雅》。历《驺虞》,览《驷铁》,嘉《车攻》,采《吉日》[34]。礼官整仪,乘舆乃出。于是发鲸鱼,铿华钟,登玉辂,乘时龙,凤盖棽丽,和銮玲珑[35]。天官景从,寝威盛容。山灵护野,属御方神,雨师泛洒,风伯清尘[36]。千乘雷起,万骑纷纭。元戎竟野,戈铤彗云,羽旄扫霓,旌旗拂天,焱焱炎炎,扬光飞文,吐焰生风,欲野歆山[37]。日月为之夺明,丘陵为之摇震。遂集乎中围,陈师按屯,骈部曲,列校队,勒三军,誓将帅[38]。然后举烽伐鼓,申令三驱[39]。辒车霆激,骁骑电骛[40]。由基发射,范氏施御[41]。弦不睼禽,辔不诡遇[42]。飞者未及翔,走者未及去。指顾倏忽,获车已实。乐不极盘,杀不尽物。马踠余足,士怒未渫[43]。先驱复路,属车案节。

于是荐三牺,效五牲,礼神祇,怀百灵[44]。觐明堂,临辟雍,扬缉熙,宣皇风[45]。登灵台,考休征[46]。俯仰乎乾坤,参象乎圣躬。目中夏而布德,瞰四裔而抗棱[47]。西荡河源,东澹海漘,北动幽崖,南耀朱垠[48]。殊方别区,界绝而不邻。自孝武之所不征,孝宣之所未目[49],莫不陆慴[50]水慄,奔走而来宾。遂绥哀牢,开永昌,春王三朝,会同汉京[51]。是日也,天子受四海之图籍,膺万国之贡珍。内抚诸夏,外绥百蛮。尔乃盛礼兴乐,供帐置乎云龙之庭。陈百寮而赞群后,究皇仪而展帝容。于是庭实千品,旨酒万钟,列金罍,班玉觞,嘉珍御,太牢飨。尔乃食举《雍》彻[52],太师奏乐。陈金石,布丝竹。钟鼓铿锽,管弦烨煜[53]。抗五声,极六律,歌九功,舞八佾,《韶》《武》备,泰古毕。四夷间奏,德广所及。《僸》《佅》《兜离》,罔不具集[54]。万乐备,百礼暨。皇欢浃,群臣醉。降烟煴,调元气。然后撞钟告罢,百寮遂退。

于是圣上睹万方之欢娱,又沐浴于膏泽[55],惧其侈心之将萌,而怠于东作也。乃申旧章,下明诏,命有司,班宪度。昭节俭,示太素。去后宫之丽饰,损[56]乘舆之服御。抑工商之淫业[57],兴农桑之盛务。遂令海内弃末而反本,背伪而归真。女修织纴,男务耕耘。器用陶匏,服尚素玄[58]。耻纤靡而不服,贱奇丽而弗珍。捐金于山,沉珠于渊[59]。于是百姓涤瑕荡秽,而镜至清,形神寂漠,耳目弗营。嗜欲之源灭,廉耻之心生。莫不优游而自得,玉润而金声。是以四海以内,学校如林,庠序盈门[60],献酬交错,俎豆莘莘[61],下舞上歌,蹈德咏仁。登降饫宴之礼既毕,因相与嗟叹玄德,谠言弘说[62]。咸含和而吐气,颂曰:盛哉乎斯世!

今论者但知诵虞夏之《书》,咏殷周之《诗》,讲羲、文之《易》,论孔氏之《春秋》,罕能精古今之清浊,究汉德之所由[63]。唯子颇识旧典,又徒驰骋乎末流。温故知新已难,而知德者鲜矣[64]!且夫僻界西戎[65],险阻四塞,修其防御。孰与处乎土中,平夷洞达,万方辐凑?秦岭九嵕,泾渭之川[66]。曷若四渎五岳,带河溯洛,《图》《书》之渊[67]?建章甘泉,馆御列仙。孰与灵台明堂,统和天人?太液昆明,鸟兽之囿。曷若辟雍海流[68],道德之富?游侠逾侈,犯义侵礼,孰与同履法度,翼翼济济也[69]?子徒习秦阿房之造天[70],而不知京洛之有制也;识函谷之可关,而不知王者之无外也。

主人之辞未终,西都宾矍然失容[71]。逡巡降阶,慄[72]然意下,捧手欲辞。主人曰:"复位,今将授子以五篇之诗。"宾既卒业[73],乃称曰:"美哉乎斯诗! 义正乎扬雄,事实乎相如[74]。匪唯主人之好学,盖乃遭遇乎斯时也。小子狂简[75],不知所裁。既闻正道,请终身而诵之。"其诗曰:

明堂诗

于昭明堂,明堂孔阳[76]。圣皇宗祀,穆穆煌煌[77]。上帝宴飨,五位时序[78]。谁其配之?世祖光武。普天率土,各以其职。猗欤缉熙,允怀多福[79]。

辟雍诗

乃流辟雍,辟雍汤汤[80]。圣皇莅止,造舟为梁[81]。皤皤国老[82],乃父乃兄。抑抑威仪,孝友光明。于赫[83]太上,示我汉行。洪化[84]惟神,永观厥成。

灵台诗

乃经灵台,灵台既崇。帝勤时登,爰考休征。三光宣精,五行布序[85]。习习祥风,祁祁甘雨[86]。百谷蓁蓁,庶草蕃庑[87]。屡惟丰年,于皇乐胥[88]。

宝鼎诗

岳修贡兮川效珍,吐金景兮歊浮云[89]。宝鼎见兮色纷缊,焕其炳兮被龙文[90]。登祖庙兮享圣神,昭灵德兮弥亿年[91]。

白雉诗

启灵篇兮披瑞图,获白雉兮效素乌,嘉祥阜兮集皇都[92]。发皓羽兮奋翘英[93],容洁朗兮于纯精。彰皇德兮侔周成,永延长兮膺天庆[94]。

【注释】

[1] 东都主人:虚构人物。喟然:叹息貌。喟:音 kuì。

[2] 大汉:谓汉朝。布衣:指刘邦。

[3] 顺民:谓使百姓归心。

[4] 娄敬:见本册《娄敬传》。萧公:萧何,刘邦丞相。

[5] 建武:汉武帝年号。永平:东汉明帝刘庄年号。监:通"鉴"。太清:谓清静无为之治世。惑志:谓糊涂想法。

[6] 郭:音 fú,外城。

[7] 厌:堆满。

[8] 昆阳:今河南叶县。

[9] 荒屯:谓艰难险阻。屯:读 zhūn。荡涤:谓清除邪恶。

[10] 体元立制:谓开辟纪元,创立帝制。

[11] 唐统:谓唐尧传统。

[12] 在昔:谓先人。三五:谓三皇五帝。

[13] 纷纶:多杂貌。后辟:谓君主。险易:谓治乱。

[14] 建武:光武帝刘秀年号,东汉立国。

[15] 更造:重建。肇:音 zhào,始。

[16] 伏牺氏:传说伏牺氏制定了嫁娶礼仪。

[17] 龚:通"恭"。

[18] 殷宗中兴:指商迁都至殷(今河南安阳西北),武丁帝振兴殷商。

[19] 周成:指周成王。

[20] 阶:凭借。尺土一人:谓封地,达官。句谓汉光武一介农夫而有天下。

[21] 允恭:真心恭敬。孝文:汉文帝刘恒。

[22] 封岱勒成:谓赴泰山封禅刻石。世宗:汉武帝庙号。

[23] 眇:音 miǎo,遥远。该:通"赅",完备。

[24] 永平:汉明帝刘庄年号。熙:光明。洽:和谐。

[25] 三雍:谓明堂、辟雍、灵台,东汉宫观名。衮龙:帝王礼服。衮:音 gǔn。

[26] 鸿藻:谓明帝发布的诏诰文书。信:同"申",表达。铄:音 shuò,美好。

[27] 辂:音 lù,引车横木,绑于车辕,此谓车。皇衢:谓驰道。

[28] 周旧:谓周成王所修洛阳旧城。

[29] 巍巍:谓宫观高耸。翼翼:谓宫观街道舒展如鸟翼。

[30] "奢不可逾"二句:谓洛阳城建筑合乎奢俭制度。

[31] 毓:音 yù,养育。

[32] 梁邹:帝王行猎之所。谊:仪。

[33] 蒐狩:狩猎。蒐:音 sōu,春天打猎。简:挑选。

[34] 《驺虞》等:均为《诗经》中有关狩猎的篇章。

[35] 鲸鱼:敲击发声的鲸鱼状木杵。铿:此谓撞击。时龙:谓良驹。凤盖:仪仗用羽盖。棽:音 chēn,繁蔚貌。銮:音 luán,铃。

[36] 泛洒:谓洒水除尘。清尘:谓清除道路。

[37] 元戎:谓大队人马。铤:音 chán,小矛。焱:音 yàn,与"炎"同,谓戈矛反射出的光芒。欱:音 hé,啜,吸。歕:音 pēn,吹,吐。

[38] 按屯:谓屯兵驻扎。骈:排列。部曲:部队。

[39] 三驱:三次围猎。按:古代狩猎不同今日,均带有实战演习的意味。

[40] 輶:音 yóu,古代一种轻便车辆。霆激、电骛:均谓速度极快。

[41] 由基:春秋楚人,善射。范氏:禹时御龙者。《括地图》曰:夏德盛,二龙降之。禹使范氏御之,以行经南方。

[42] 睅:音 tiàn,迎视。二句谓射者、御者技术高超,轻易便有斩获。

[43] 踠:音 wǎn,屈。渫:音 xiè,消散。二句谓狩猎适可而止。

[44] 效:谓进呈。百灵:百神。

[45] 明堂:君主朝会、祭祀场所。辟雍:东汉时指礼仪场所。缉熙:明媚祥和貌。

[46] 灵台:(东汉)观象台。休征:美好的征兆。

[47] 瞰:观察。抗棱:谓振威权。

[48] 河源:谓昆仑山。古人认为黄河源此。海漘:海涯。漘:音 chún,水边。燿:音 yào,同"耀"。

[49] 孝武:汉武帝。孝宣:汉宣帝。

[50] 詟:音 zhé,恐惧,慑服。

[51] 哀牢:汉时云南西部民族称之。永昌:东汉郡名,治所在今云南保山东北。三朝:指岁朝、月朝及元日之朝(觐天子)。

[52] 《雍》彻:古时食礼,食时奏乐,《雍》乐撤膳。彻:通"撤"。

[53] 铿鍧:钟鼓齐奏发出的声音。鍧:音 hōng。烨煜:音 yè yù,乐器发出的耀眼光芒。

[54] 傺:音 jìn。休:音 mài。与《兜离》均指少数民族的音乐。

[55] 膏泽:谓皇帝恩泽。

[56] 损:减少。

[57] 淫业:谓精制巧构物体的行当。

[58] 匏:音 páo,葫芦瓢。素玄:白、黑,谓去纹饰。

[59] 捐:放弃。二句谓尚节俭、贱财货。

[60] 庠序:乡学。

[61] 俎豆:祭祀器具。莘莘:音 shēn,众多貌。句谓习演礼仪的人很多。

[62] 饫宴:宴饮。饫:音 yù。谠言:公允正直的言论。谠:音 dǎng。

[63] 羲、文:谓伏羲、周文王,传说推演过《易》。清浊:善恶。所由:来历。

[64] 鲜:音 xiǎn,少。

[65] 西戎:谓秦地。

[66] 九嵕:山名,在今陕西礼泉境。嵕:音 zōng。

[67] 曷若:何如。四渎:黄河、长江、淮河、济水。带河溯洛:谓洛阳的帝王之气。

[68] 辟雍海流:《三辅黄图》:"辟雍,水四周于外,象四海。"谓帝于此宣教化,德化如海流,泽被天下。

[69] 翼翼济济:庄严恭敬貌。

[70] 造天:直达云天。

[71] 矍然:惊惧环视貌。矍:音 jué。

[72] 慑然:恐惧貌。慑:音 dié。

[73] 卒业:指西都宾(《西都赋》中人物)受诗之业已结束。

[74] 正、实:均作动词,如字义。

[75] 狂简:谓志大而不实际。

[76] 孔阳:灿烂。孔:很。

[77] 穆穆煌煌:端庄美好貌。

[78] 五位:指五方之神。

[79] 猗欤:叹词,表赞美。允怀:公正、诚笃。

[80] 汤汤:音 shāng,水流盛大貌。

[81] 莅止:谓驾幸。莅:音 lì,临。梁:桥梁。

[82] 皤皤:音 pó,发白貌。

[83] 于赫:赫赫。

[84] 洪化:谓洪大的教化。

[85] 三光:谓日、月、星。宣精:谓发出光芒。布序:排列次序。

[86] 祁祁:盛多貌。

[87] 蓁蓁:音 zhēn,茂盛貌。蕃庑:谓茂盛生长。庑:通"芜",草木茂盛。

[88] 乐胥:谓皇帝很高兴。乐民所乐。

[89] 修贡:谓山岳呈贡。歊:音 xiāo,热气上升。

[90] 纷缊:谓色彩纷呈。被:音 pī。

[91] 弥:充满。

[92] 素乌:白色乌鸦。阜:盛、多。

[93] 翘英:翅膀。

[94] 侔:音 móu,齐,相等。膺:受。

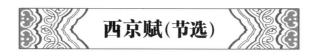

西京赋(节选)

东汉·张　衡

【提要】

本文选自《昭明文选》(中华书局 1977 年版)。

张衡用十年之功写下《二京赋》。

张衡(78—139),字平子,南阳西鄂(今河南南阳)人,曾任尚书和河间相等职。是东汉中期著名的科学家和文学家,他"不患位之不尊,而患德之不崇;不耻禄之不夥,而耻智之不博"。见承平日久,天下莫不逾侈,以"苟好剿民以媮乐,忘民怨之为仇"为宗旨,模仿班固《两都赋》创作《二京赋》,温柔地讽喻崇奢弃俭的风气。

《二京赋》以《西京赋》《东京赋》构成上下篇。

《西京赋》假托凭虚公子对长安繁盛富丽的称颂,叙长安地势之利,定都必然,继而依次绘出宫室辉煌、官署严整、后宫侈靡,离宫苑囿华美壮丽等,穿插以商贾游侠、角抵百戏、嫔妃邀宠等各阶层生活场景的描画,长安的繁荣富贵、穷奢极侈历历如在目前。仅"角抵百戏"的演出盛况就长达四百字。长安人们享受奢华与东京洛阳尚懿德、修礼教,奢但不侈、俭却不陋的礼治成就形成对比。

有凭虚公子[1]者,心侈体忲[2],雅好博古,学乎旧史氏,是以多识前代之载。言于安处先生,曰:"夫人在阳时则舒,在阴时则惨,此牵乎天者也。处沃土则逸,处瘠土则劳,此系乎地者也。惨则鲜于欢,劳则褊于惠,能违之者寡矣。小必有之,大亦宜然。故帝者因天地以致化,兆人[3]承上教以成俗。化俗之本,有与推移。何以核诸[4]?秦据雍而强,周即豫而弱。高祖都西而泰,光武处东而约。政之兴衰,恒由此作。先生独不见西京之事欤?请为吾子陈之:

汉氏初都,在渭之涘[5]。秦里其朔,实为咸阳。左有崤函重险,桃林之塞。缀以二华,巨灵赑屃[6],高掌远蹠[7],以流河曲,厥迹犹存。右有陇坻之隘,隔阂华戎[8]。岐梁汧雍,陈宝鸣鸡在焉[9]。于前则终南太一,隆崛崔崒,隐辚郁律[10]。连冈乎嶓冢,抱杜含鄠[11],欱沣吐镐[12],爰有蓝田珍玉,是之自出。于后则高陵平原,据渭踞泾。潬漫靡迤[13],作镇于近。其远则九嵕甘泉,涸阴冱寒[14]。日北至而含冻,此焉清暑。尔乃广衍沃野,厥田上上,实惟地之奥区神皋[15]。昔者大帝说秦缪公而觌之,飨以钧天广乐。帝有醉焉,乃为金策。锡用此土,而剻诸鹑首。是时也,并为强国者有六,然而四海同宅西秦,岂不诡哉?

自我高祖之始入也，五纬相汗，以旅于东井。娄敬委辂，斡非其议。天启其心，人甚[16]之谋。及帝图时，意亦有虑乎神祇。宜其可定，以为天邑。岂伊不虔思于天衢？岂伊不怀归于汾榆[17]？天命不滔，畴敢以渝！于是量径轮，考广袤[18]。经城洫，营郭郛[19]。取殊裁于八都，岂启度于往旧？乃览秦制，跨周法。狭百堵之侧陋，增九筵之迫胁。正紫宫于未央，表峣阙于阊阖。疏龙首以抗殿，状巍峨以岌嶪。巨雄虹之长梁，结棼橑[20]以相接。蒂倒茄于藻井[21]，披红葩之狎猎。饰华榱与璧珰，流景曜之韡晔[22]。雕楹玉磶，绣栭云楣[23]。三阶重轩，镂槛文㮰[24]。右平左城，青琐丹墀[25]。刊层平堂，设切厓隒，坻崿鳞眴，栈齴巉崄[26]。襄岸夷涂，修路陵险[27]。重门袭固，奸宄是防。仰福帝居，阳曜阴藏。洪钟万钧，猛虡趪趪。负笋业而余怒，乃奋翅而腾骧[28]。朝堂承东，温调延北。西有玉台，联以昆德。嵯峨崨嶪[29]，罔识所则。若夫长年神仙，宣室、玉堂、麒麟、朱鸟、龙兴、含章，譬众星之环极，叛赫戏以辉煌。正殿路寝，用朝群辟。大夏耽耽，九户开辟。嘉木树庭，芳草如积。高门有闶，列坐金狄[30]。内有常侍谒者，奉命当御。兰台金马，递宿迭居。次有天禄、石渠，校文之处。重以虎威章沟，严更之署。徼道外周，千庐内附[31]。卫尉八屯，警夜巡昼。植铩悬瞂，用戒不虞[32]。

后宫则昭阳、飞翔、增成、合欢、兰林、披香、凤皇、鸳鸾[33]。群窈窕之华丽，嗟内顾之所观。故其馆室次舍，采饰纤缛，裛以藻绣，文以朱绿，翡翠火齐，络以美玉[34]。流悬黎之夜光，缀随珠以为烛。金釭玉阶，彤庭辉辉[35]。珊瑚琳碧，瓀珉璘彬[36]。珍物罗生，焕若昆仑。虽厥裁之不广，侈靡逾乎至尊。于是钩陈之外，阁道穹隆，属长乐与明光，径北通乎桂宫[37]。命般、尔之巧匠，尽变态乎其中[38]。后宫不移，乐不徙悬，门卫供帐，官以物辨，恣意所幸，下辇成燕。穷年忘归，犹弗能遍。瑰异日新，殚所未见。

惟帝王之神丽，惧尊卑之不殊。虽斯宇之既坦，心犹凭而未摅[39]。思比象于紫微，恨阿房之不可庐。觌[40]往昔之遗馆，获林光于秦余。处甘泉之爽垲，乃隆崇而弘敷[41]。既新作于迎风，增露寒与储胥。讬乔基于山冈，直墆霓以高居[42]。通天訬以竦峙，径百常而茎擢[43]。上辨华以交纷，下刻陭其若削[44]。翔鹍仰而不逮，况青鸟与黄雀[45]。伏棂槛而颊[46]听，闻雷霆之相激。柏梁既灾，越巫陈方[47]。建章是经，用厌火祥[48]。营宇之制，事兼未央。圜阙竦以造天，若双碣之相望[49]。凤骞翥于甍标，咸溯风而欲翔[50]。阊阖之内，别风嶕峣[51]。何工巧之瑰玮，交绮豁以疏寮[52]。干云雾而上达，状亭亭以苕苕[53]。神明崛其特起，井干叠而百增[54]。跱游极于浮柱，结重栾以相承[55]。累层构而遂陉，望北辰而高兴[56]。消雰埃于中宸，集重阳之清澄[57]。瞰宛虹之长鬐[58]，察云师之所凭。上飞闼而仰眺，正睹瑶光与玉绳[59]。将乍往而未半，怵悼栗而怂兢[60]。非都卢之轻趫，孰能超而究升[61]？驰娑、骀荡，燾奡、桔桀[62]，枌诣、承光，睽眎，庨豁[63]。檽桴重桴，锷锷列列[64]。反宇业业，飞檐辙辙[65]。流景内照，引曜日月。天梁之宫，实开高闱[66]。旗不脱扃，结驷方蕲[67]。轹辐轻骛，容于一扉[68]。长廊广庑，途阁云蔓。闿庭诡异，门千户万[69]。重闱幽闳,转相逾延。望阍阇以径廷,眇不知其所返[70]。既乃珍台蹇产以极壮,磴道逦倚以正东[71]。似闾风之退坂,横西洫而绝金墉[72]。城尉不弛柝,而内外潜通[73]。

前开唐中,弥望广潒[74]。顾临太液,沧池漭沆[75]。渐台立于中央,赫昈昈以弘敞[76]。清渊洋洋,神山峨峨。列瀛洲与方丈,夹蓬莱而骈罗。上林岑以垒崪,下嶄岩以岩龉[77]。长风激于别隥[78],起洪涛而扬波。浸石菌于重涯,濯灵芝以朱柯[79]。海若游于玄渚,鲸鱼失流而蹉跎[80]。于是采少君之端信,庶栾大之贞固[81]。立修茎之仙掌,承云表之清露。屑琼蕊以朝飧[82],必性命之可度。美往昔之松、乔,要羡门乎天路[83]。想升龙于鼎湖[84],岂时俗之足慕? 若历世而长存,何遽营乎陵墓?

徒观其城郭之制,则旁开三门,参涂夷庭[85]。方轨十二,街衢相经。廛里端直,甍宇齐平[86]。北阙甲第,当道直启。程巧致功,期不陁陊[87]。木衣绨锦,土被朱紫。武库禁兵,设在兰锜。匪石匪董,畴能宅此? 尔乃廓开九市,通阛带阓,旗亭五重,俯察百隧,周制大胥,今也惟尉[88]。瑰货方至,鸟集鳞萃[89]。鬻者兼赢,求者不匮。尔乃商贾百族,裨贩夫妇,鬻良杂苦,蚩眩边鄙[90]。何必昏于作劳,邪赢优而足恃[91]。彼肆人之男女,丽美奢乎许、史[92]。若夫翁伯、浊、质、张里之家[93],击钟鼎食,连骑相过。东京公侯,壮何能加? 都邑游侠,张、赵之伦[94],齐志无忌,拟迹田文,轻死重气,结党连群,实蕃有徒,其从如云。茂陵之原,阳陵之朱,赴悍虓豁[95],如虎如豼,睢眄蚩芥,尸僵路隅。丞相欲以赎子罪,阳石污而公孙诛[96]。若其五县游丽[97],辩论之士,街谈巷议,弹射臧否,剖析毫厘,擘肌分理。所好生毛羽,所恶成创痏[98]。郊甸之内,乡邑殷赈,五都货殖,既迁既引,商旅联槅,隐隐展展[99]。冠带交错,方辕接轸[100]。封畿千里,统以京尹。郡国宫馆,百四十五。右极周至,并卷酆鄠[101]。左暨河、华,遂至虢土[102]。

上林禁苑,跨谷弥阜。东至鼎湖,邪界细柳[103]。掩长杨而联五柞,绕黄山而款牛首[104]。缭垣绵联,四百余里。植物斯生,动物斯止。众鸟翩翩,群兽骙骙[105]。散似惊波,聚以京峙。伯益不能名,隶首不能纪[106]。林麓之饶,于何不有? 木则枞栝棕柟,梓械梗枫[107]。嘉卉灌丛,蔚若邓林。郁蓊薆薱,橚爽櫹椮[108]。吐葩飏荣,布叶垂阴。草则葴莎菅蒯,薇蕨荎芵,王刍菌台,戎葵、怀羊,苹萍蓬茸,弥皋被冈[109]。筡筍敷衍,编町成篁[110]。山谷原隰,泱漭无疆[111]。乃有昆明灵沼,黑水玄阯[112]。周以金堤,树以柳杞。豫章珍馆,揭焉中峙。牵牛立其左,织女处其右[113]。日月于是乎出入,象扶桑与濛汜[114]。其中则有鼋鼍巨鳖,鳣鲤鲂鲖,鲔鲵鳡鲨,修额短项[115]。大口折鼻,诡类殊种。鸟则鹔鹴鸹鸨,驾鹅鸿鸧[116]。上春候来,季秋就温,南翔衡阳,北栖雁门[117]。奋隼归凫,沸卉軿訇[118]。众形殊声,不可胜论。

      ……

【注释】

[1] 凭虚公子:与下文的安处先生均为虚拟人物。

〔2〕忕:奢。

〔3〕兆人:指平民百姓。

〔4〕核诸:验证它。

〔5〕涘:音 sì,水边。

〔6〕赑屃:音 bì xì,又名霸下。龙九子之一。形似龟,好负重。

〔7〕蹠:音 zhí,谓足踏其下。薛综注:太华与少华山原为一山,河之神以手擘开其上,足踏离其下,中分为二,以通河流。

〔8〕陇坻:即陇山,在今陕西岐山北。隔阂:隔离。戎:西部少数民族。

〔9〕岐梁汧雍:四山名,俱在长安周边。陈宝:神名。其来,"声若雷,野鸡皆鸣,故曰鸡鸣神。"(《水经注·渭水》)

〔10〕崔崒:谓山峰丛簇。崒:通"萃";隐辚:崎岖不平貌。郁律:深峻貌。

〔11〕嶓冢:山名,在今甘肃天水市南。嶓:音 bō。鄠:音 hù,今陕西户县。

〔12〕欱:音 hē,吸,啜。沣、镐:二水名。

〔13〕澶漫:辽阔貌。澶:音 dàn。靡迤:平远。

〔14〕涸阴:谓寒气极盛。冱:音 hù,冻。

〔15〕奥区:深奥的腹地。皋:水边地。

〔16〕惎:音 jì,教导。

〔17〕粉榆:洛阳附近乡邑名。

〔18〕量径轮,考广袤:谓测量土地的面积。

〔19〕洫:护城河。郭郛:外城。郛:音 fú。

〔20〕棼橑:谓宫室繁复重构,堂套堂,室引室。橑:音 liáo,屋橼。

〔21〕倒茄:倒植荷梗。

〔22〕韡晔:音 wěi yè,明盛貌。

〔23〕玉碣:玉制柱础。碣:音 xì。栭:音 ér,斗拱。楣:屋顶架上横梁。

〔24〕三阶:指殿前一阶,左右各一阶。轩:长廊。槛:轩前栏杆。

〔25〕墄:音 cè,小级台阶。青琐:谓漆成青色的门户。墀:音 chí,地坪,殿内地面多以丹漆涂抹,故称。

〔26〕刊:削。切:通"砌"。厓陳:涯岸。陳:音 yǎn。坻崿:宫殿台基。鳞眴:谓构造如鳞令人眼花缭乱。眴:音 xuàn。栈齴:高峻貌。齴:音 yán。巉嶮:音 chán xiǎn,高耸貌。

〔27〕襄:高。

〔28〕笋:音 sǔn,乐器架横木,直为虡(jù)。骧:音 xiāng,高举。

〔29〕嵯峨:音 cuō é,高峻貌。嵲岇:音 jié yè,高耸壮观貌。

〔30〕高门:谓京城的外城门。阆:音 kàng,高门。金狄:即金人。

〔31〕徼道:宫外巡更的道路。庐:谓皇城卫士所住房屋。

〔32〕植:竖立。铩:音 shā,长刃矛,此谓有长柄类武器。瞂:音 fá,盾。

〔33〕"昭阳"等:均为后宫名。

〔34〕纤缛:纤细而富有文辱。褮:音 yì,缠。火齐:一种玫瑰红色珍珠。

〔35〕阤:音 shì,两阶之间垂直部分。辉辉:音 huī,霞光貌。

〔36〕琳:玉。瑀,珉:次于玉之石。瑀:音 ruǎn。璘彬:光彩闪烁貌。

〔37〕钩陈:星宿名。此谓未央后宫。穹隆:长而曲折。长乐、明光、桂宫:宫殿名。

〔38〕般、尔:谓公输般与王尔,均为古代巧匠。

[39] 摅:音 shū,舒展,腾跃。

[40] 覛:音 mì,视。

[41] 爽垲:谓地势高突,开敞明亮。垲:音 kǎi。弘敷:拓展。

[42] 厇:谓安排。埤霓:谓高处宫室如凝止的霓虹。埤:音 zhì。

[43] 抄:音 chāo,高渺。茎擢:如茎独出貌。擢:音 zhuó。

[44] 辬:同"斑",谓花纹斑驳。陠:同"峭",陡峭。

[45] 鹍:音 kūn,大鸟。句谓屋之高连大鸟都飞不过去。

[46] 頫:音 fǔ,低头。

[47] "柏梁"二句:《汉书·武帝纪》引文颖注:柏梁台火灾后,越巫名勇言越国有火灾,应起大宫室以厌胜。汉武帝作建章宫。

[48] 厌:通"压"。

[49] 圜:同"圆"。碣:指碣石山。

[50] 骞翥:飞翔。甍:音 méng,屋脊。

[51] 阊阖:宫门名。别风:阙名。嶕峣:音 jiāo yáo,高耸貌。

[52] 绮豂:谓浮雕上的镂空花纹。豂:音 liáo,小窗。

[53] 干:犯。亭亭:耸立貌。岑崟:高远貌。

[54] 神明:台名。井干:楼名。干:音 hán。增:层。

[55] 跱:音 zhì,置立。游极:梁上之梁。浮柱:梁上短柱。栾:梁上曲木。

[56] 隮:音 jī,升。兴:起。

[57] 雱埃:浓密的尘埃。雱:音 pāng,盛貌。中宸:谓殿宇半腰。重阳:谓天。

[58] 宛:曲。鬐:音 qí,脊。

[59] 飞闼:谓高高的门。闼:小门。瑶光、玉绳:均星宿名。

[60] 悚:音 sǒng,惊悚。

[61] 都卢:当时小国,其民善攀援。趫:音 qiáo,善缘木走的人。究:终极。

[62] 馺娑:音 sà suō,台名。骀荡:台名。骀:音 tái。焘覆:覆盖咬合。焘:音 ào,多力,用力。桔桀:形貌。

[63] 枍诣、承光:亦台名。枍:音 yì。睒睒:谓台如大张的网罟。罟:音 gū。庨豁:宫室高貌。庨:音 xiāo,宫室高邃貌。

[64] 橧:同"层"。栎:二梁以下的栋木。枌:音 fén,屋檐栋梁。锷锷列列:谓栋、椽如剑刃般齐齐排列。

[65] 反宇:谓上翘的屋檐。巕巕:音 niè,高而修长。

[66] 闱:宫中小门。

[67] "旗不"二句:谓因门高,旗帜出入不必开锁偃仆,四驾之车可并辔而入。蕲:音 qí,马嚼子。

[68] 轹:音 lì,车轮碾过。骛:驰。扉:一扇门距。

[69] 闬:音 hàn,隔。

[70] 窈窳:同"窈窕"。

[71] 蹇产:诘曲貌。墱道:阁道。逦倚:高低曲折。

[72] 阆风:神话中的仙山。坂:坡道。金墉:西方之城。

[73] 柝:音 tuó,打更的棒子。

[74] 唐中:池名。广潒:广阔貌。潒:音 dàng,水大貌。

[75] 漭沆:音 mǎng hàng,水大貌。

[76] 旴旴:音 hù,赤色纹饰。

[77] 垒嶵:险峻貌。嶵:音 zuì。岩崿:参差错落。崿:音 yǔ。

[78] 陾:音 dǎo,水中洲。

[79] 石菌、灵芝:仙人所食的仙草。朱柯:谓茎为赤色的神草。

[80] 玄渚:长安北宫中的小洲。鲸鱼:鲸鱼状刻石。蹉跎:虚度光阴。

[81] 少君:汉武帝时道士。栾大:胶东宫人,有大言,见《汉书·郊祀志》。

[82] 殽:音 xiǎng,通"享"。

[83] 松、乔:传说中的仙人。要:通"邀"。羡门:仙人名。

[84] 升龙:用黄帝铸鼎荆山(今陕西华阴县东),骑龙成仙故事。见《史记·封禅书》。

[85] 参途:三条大道。夷庭:平正之庭。

[86] 廛里:里巷。

[87] 程:核计。阤陊:音 zhì duò,崩落。

[88] 阛阓:音 huán huì,谓街市。旗亭:酒楼。隧:道路。大胥:周朝掌音乐的官员,此谓市场管理官员。尉:同"大胥"。

[89] 瑰:音 guī,奇异,珍奇。鸟集鳞萃:谓如鸟鱼般涌来。

[90] 裨贩:小贩。蛊眩:谓欺骗。边鄙:谓偏僻之地来的人。

[91] 昬:音 miǎn,勉强。邪赢:不正当得利。

[92] 许:谓汉元帝之母许皇后家。史:谓史良娣家。汉宣帝刘询出其家。两家在宣帝、成帝时俱为豪族。

[93] 翁伯、浊、质、张里:均为当时因生意而发家之人。

[94] 张、赵:张回、赵里,均为当时游侠名人。

[95] 原:原涉,时游侠首领。朱:朱安世,当时大侠。趫悍:敏捷强悍。趫:音 qiáo。虓豁:威猛。虓:音 xiāo。

[96] 丞相:指公孙贺。其子擅挪军费,下狱,时朝廷搜捕游侠朱安世,贺请捕之以赎子罪。果获安世。安世狱中上书,告其子与阳石公主私通等。公孙一家遭族诛。详见《汉书·公孙贺传》。

[97] 游丽:游附。

[98] 创痏:谓受害。痏:音 wěi,斑痕。

[99] 殷赈:富饶。槅:音 gé,大车轭。

[100] 冠带:指官吏。轸:车后横木。

[101] 周至:县名,今陕西周至县。鄠:县名,今陕西户县东。鄠:音 hù,县名,今陕西户县北。

[102] 华:华山。虢:音 guó,汉属弘农郡。故城在今河南陕县,后东迁。

[103] 细柳:细柳原,在今西安西南。

[104] 长杨、黄山:宫名。俱在长安城外。牛首:山名,在甘泉宫域内。

[105] 駓騃:音 bǐ sì,兽行走。趋曰駓,行曰騃。

[106] 伯益:舜时东夷部落首领,为嬴姓各族祖先。隶首:黄帝史官,始作算数。亦借指善算数者。

[107] 枞:音 cōng,与下均为木名。棫:音 yù。楩:音 pián。

[108] 菱菥:音 ài duì,草木茂盛貌。橚爽、橚槮:均谓草木茂盛。橚:音 sù。橚槮:音 xiāo sēn。

[109] 蒇莎:音 zhēn suō,与下俱草名。菅蒯:音 jiān kuǎi。芫:音 háng。茵:音 méng。苯
尊:草丛生貌。尊:音 zūn。

[110] 筹:音 dàng,大竹。敷衍:遍布。篁:竹林。

[111] 泱漭:广大貌。

[112] 沼:池。

[113] 牵牛、织女:谓昆明池边牵牛、织女石。

[114] 扶桑:日出处。濛汜:日落处。

[115] 鼋:音 yuán,大鳖。鼍:音 tuó,鳄。鳣:音 zhān,大鲤。鲔:音 yù,鲢鱼。鲖:音 tóng
黑鱼。鲔:音 wěi,或谓鲟鱼。鲿:音 cháng,黄颊鱼。

[116] 鹔鹴:音 sù shuǎng,雁类鸟。鸹:音 guā。鵔:音 jūn。

[117] 衡阳:传说衡山之南有回雁峰,雁至此折回。

[118] 軿訇:众鸟入水发出的声音。軿:音 píng。

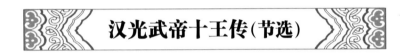

汉光武帝十王传(节选)

南朝宋·范 晔 等

【提要】

本文选自《后汉书》(中华书局 1965 年版)。

东汉开国皇帝刘秀,南阳蔡阳(今湖北枣阳西南)人。汉高祖刘邦九世孙,父
钦曾任南顿令。公元 25—57 年在位。

赤眉、绿林起义爆发后,地皇三年(22),刘秀与其兄刘縯为恢复刘姓统治,起
事于舂陵(今湖北枣阳南),组成舂陵军。经过不断地拼杀,收编割据武装,建武元
年(25),刘秀在群臣的拥戴下称帝于鄗(今河北柏乡北),重建汉政权,不久定都洛
阳,史称东汉。经过 12 年的时间,刘秀终于完成了统一事业。

刘秀是一位气度恢弘的开国皇帝,实行宽松统治。行政体制上,则仍沿西汉
置三公,但事归台阁,同时减省地方官吏;经济上,重新施行西汉初年三十税一制
度,安定民生,恢复经济;民族政策,采取适当措施处理与周边少数民族的关系;他还
遣散军队还乡务农、释放奴婢、兴修水利,包括他本人身体力行勤政节俭、遗诏薄葬
等。一系列措施使光武统治期间,政治较为稳定,经济恢复明显,史称"光武中兴"。

整顿吏治,加强专制主义中央集权的一项重要措施就是防止诸王干政。东
汉接受西汉衰亡的教训,采取"封列侯,奉朝请"措施,大力加强郡县权力,不让封
国掌实权,封国只食租税,封域减小,兵马数量压缩到最低限度。东汉的封国,一
等为王,相当于郡;二等为公国,分封功臣;三等为列侯,相当于县级。除此以外,
光武还采取获封郡王不准赴国,留在京师的政策。史载,刘秀的儿子东海王强、沛
王辅、楚王英、济南王康等大多都是在建武十七年(42)前后受封,但都在建武二十
八年才获准去自己的封地,远郡国便不能树势力。在京城,光武为子弟们设塾读

经，教以礼数，同时斩断宾客和诸侯王的一切联系。

光武诸子王国的封地范围都很小。《晋书·地理志》载，东海恭王彊被削太子，优以大封，食邑鲁郡二十九县，范围也不过一郡而已。到东汉明帝，封国更以租税为准，不封实地，至此，东汉王国威胁基本解除。

光武众子由于东汉的严密皇家政策，基本圈定在莫问国事、读书问道、享受奢华生活的范围内，加上珍惜亲情的光武帝率先垂范，结发妻子阴丽华的谦德贤惠，众子大多得以善终。

光武皇帝十一子：郭皇后生东海恭王彊[1]、沛献王辅、济南安王康[2]、阜陵质王延、中山简王焉，许美人生楚王英，光烈皇后生显宗、东平宪王苍[3]、广陵思王荆、临淮怀公衡、琅邪孝王京[4]。

东海恭王彊。建武二年[5]，立母郭氏为皇后，彊为皇太子。十七年而郭后废，彊常戚戚不自安，数因左右及诸王陈其恳诚，愿备蕃国。光武不忍，迟回者数岁，乃许焉。十九年，封为东海王，二十八年，就国。帝以彊废不以过，去就有礼，故优以大封，兼食鲁郡，合二十九县。赐虎贲旄头，宫殿设钟虡之县，拟于乘舆[6]。彊临之国，数上书让还东海，又因皇太子固辞。帝不许，深嘉叹之，以彊章宣示公卿。初，鲁恭王好宫室，起灵光殿，甚壮丽，是时犹存，故诏彊都鲁[7]。中元元年入朝，从封岱山，因留京师[8]。明年春，帝崩。冬，归国。

……

济南安王康，建武十五年封济南公，十七年进爵为王，二十八年就国。三十年，以平原之祝阿、安德、朝阳、平昌、隰阴、重丘六县益济南国[9]。中元二年，封康子德为东武城侯。

康在国不循法度，交通宾客[10]。其后，人上书告康招来州郡奸猾渔阳颜忠、刘子产等，又多遗其缯帛，案图书[11]，谋议不轨。事下考，有司举奏之，显宗以亲亲故，不忍穷竟其事，但削祝阿、隰阴[12]、东朝阳、安德、西平昌五县。

建初八年，肃宗复还所削地，康遂多殖财货[13]，大修宫室，奴婢至千四百人，厩马千二百匹，私田八百顷，奢侈恣欲，游观无节。永元初，国傅何敞[14]上疏谏康曰：

盖闻诸侯之义，制节谨度，然后能保其社稷，和其民人。大王以骨肉之亲，享食茅土[15]，当施张政令，明其典法，出入进止，宜有期度，舆马台隶，应为科品[16]。而今奴婢厩马皆有千余，增无用之口，以自蚕食。官婢闭隔，失其天性，惑乱和气。又多起内第，触犯防禁，费以巨万，而功犹未半。夫文繁者质荒[17]，木盛者人亡，皆非所以奉礼承上，传福无穷者也。故楚作章华以凶，吴兴姑苏而灭，景公千驷，民无称焉[18]。今数游诸第，晨夜无节，又非所以远防未然，临深履薄之法也。愿大王修恭俭，遵古制，省奴婢之口，减乘马之数，斥私田之富，节游观之宴，以礼起居，则敞乃敢安心自保。惟大王深虑愚言。

康素敬重敞，虽无所嫌忤[19]，然终不能改。

……

东平宪王苍,建武十五年封东平公,十七年进爵为王。

苍少好经书,雅有智思,为人美须髯,腰带八围,显宗甚爱重之[20]。及即位,拜为骠骑将军,置长史掾史员四十人,位在三公上。

……

后帝欲为原陵、显节陵起县邑[21],苍闻之,遂上疏谏曰:

伏闻当为二陵起立郭邑,臣前颇谓道路之言,疑不审实,近令从官古霸问涅阳主疾[22],使还,乃知诏书已下。窃见光武皇帝躬履俭约之行,深睹始终之分,勤勤恳恳,以葬制为言,故营建陵地,具称古典,诏曰'无为山陵,陂池裁令流水而已'。孝明皇帝大孝无违,奉承贯行。至于自所营创,尤为俭省,谦德之美,于斯为盛。臣愚以园邑之兴,始自强秦。古者丘陇且不欲其著明,岂况筑郭邑,建都郭哉!上违先帝圣心,下造无益之功,虚费国用,动摇百姓,非所以致和气,祈丰年也。又以吉凶俗数言之,亦不欲无故缮修丘墓,有所兴起。考之古法则不合,稽之时宜则违人,求之吉凶复未见其福。陛下履有虞之至性,追祖祢之深思[23],然惧左右过议,以累圣心。臣苍诚伤二帝纯德之美,不畅于无穷也。惟蒙哀览。

帝从而止。自是朝廷每有疑政,辄驿使咨问。苍悉心以对,皆见纳用……

琅邪孝王京,建武十五年封琅邪公,十七年进爵为王。

京性恭孝,好经学,显宗尤爱幸,赏赐恩宠殊异,莫与为比。永平二年,以太山之盖、南武阳、华,东莱之昌阳、卢乡、东牟六县益琅邪[24]。五年,乃就国。光烈皇后崩,帝悉以太后遗金宝财物赐京[25]。京都莒,好修宫室,穷极伎巧,殿馆壁带皆饰以金银[26]。数上诗赋颂德,帝嘉美,下之史官。京国中有城阳景王祠[27],吏人奉祠。神数下言宫中多不便利,京上书愿徙宫开阳,以华、盖、南武阳、厚丘、赣榆五县易东海之开阳、临沂,肃宗许之[28]。立三十一年薨,葬东海即丘广平亭,有诏割亭属开阳[29]。

【作者简介】

范晔(398—445),字尉宗,南朝宋顺阳(今河南淅川)人,史学家。

范晔累官至尚书吏部郎,宋文帝元嘉元年(424)因事触怒刘义康,左迁为宣城郡(郡治在今安徽宣城)太守。元嘉二十二年(445),因人告发其密谋拥立刘义康,被诛。

【注释】

[1]东海恭王彊:名刘彊(强),东汉光武帝与皇后郭圣通所生。光武复汉后不久,便被册立为太子。生母被废后,废太子,封东海王。就国后,光武划原鲁郡归东海国,强移居鲁灵光殿。刘强曾多次请求朝廷收回鲁郡,未获批准。

[2]济南王刘康:刘秀与郭皇后所生,先封济南公,公元41年进爵封为济南王,建都东陵(今山东章丘县西北),公元52年就国。刘康是个骄奢淫逸、不循法度、胡作非为的藩王。曾广交街井之徒,图谋不轨。事败,被削去5个县的封邑。此后,刘康又大兴土木、广建宫室、搜刮民财,仅奴婢便达1 400多人,当地百姓苦不堪言。刘康在位59年去世,谥为济南安王。

[3]东平宪王刘苍:光武帝与阴丽华皇后所生,汉明帝刘庄同母弟。刘苍建武十五年(39)受封东平公,十七年进封为东平王,定都无盐(今山东东平县东),永平五年(62)就国。史称刘苍自幼好读经书,长成后博学多才,见识高远。汉明帝刘庄即位后,刘苍随即被任命为骠

骑将军,辅政京师,位列三公之上。他与大臣共同拟定南北郊冠祀和冠冕车服等一整套礼乐制度,多次谏劝汉明帝不要在春耕季节狩猎游玩,以免耽误农事,都为明帝听取。刘苍为人低调,多次请求辞去辅政,以维护皇帝权威。永平五年(62),离开京师到东平。就国后,刘苍仍关心朝政,上奏劝阻汉章帝为光武、明帝陵墓立郭邑,提倡节俭,都被接受。刘苍极贤良,富文才,曾作《光武受命中兴颂》等,现均亡佚。

[4] 琅邪孝王刘京:光武帝与阴皇后所生,光武帝最小的儿子。刘京建武十七年封琅邪王,长期留居京师,直至汉明帝永平五年(62)就国。初都莒(今山东莒县),后迁都开阳(今山东临沂县东)。刘京好经学、有文才、性恭孝,深受帝后宠爱。赴国后,刘京好修宫室,"穷极伎巧,殿馆壁带皆饰以金银"。刘京在位30余年,谥为琅邪孝王。

[5] 建武:汉光武帝年号,25—55年。

[6] 虎贲、旄头:勇士。《汉官仪》:虎贲千五百人,戴鹖尾,属虎贲中郎将。又云:旧选羽林为旄头。虡:编钟等乐器悬架。县:通"悬"。

[7] 鲁恭王:鲁恭王刘余,汉景帝子。初为淮阳王,后封鲁王。恭王为人口吃难言,好营宫室、苑囿。作灵光殿,坏孔子旧宅以广其宫,于其壁中得古文经传。

[8] 中元:光武帝年号,56—57年。

[9] 平原:汉初置平原郡,辖境约今山东平原、陵县、禹城、临邑、惠民等县,治所在今山东平原县西南。

[10] 交通:谓往来交接。宾客:指街井之人。

[11] 图书:谓类似河图洛书之类灵异之文。

[12] 祝阿:今山东齐河县境。隰阴:今山东临邑县西。

[13] 建初:汉章帝刘炟(dá)年号,76—83年。殖:谓经营。

[14] 永元:汉和帝刘肇年号,89—104年。何敞:字文高,扶风平陵(今陕西咸阳西北)人,官至侍御史、尚书。为人性直,为济南王太傅,以宽和为政,断狱公允。

[15] 茅土:谓税赋。

[16] 科品:谓制度、等级。

[17] "夫文繁者"句:谓奢靡过度则人臣之守操荒颓,营建太侈则劳民伤财,作茧自灭。

[18] 章华:章华台。姑苏:姑苏台。事见本书《国语》篇。景公:齐景公名杵臼。在位58年。景公好治宫室,聚狗马,奢侈(《史记·齐太公世家》)。居然到了爱马死了,养马人也被处死的地步。

[19] 嫌忤:谓嫌隙冒犯。

[20] 显宗:汉明帝刘庄。

[21] 帝:汉章帝刘炟。原陵:光武帝陵,在今河南孟津县东北南依邙山。显节陵:汉明帝刘庄陵寝,位于邙山南,俗称"大汉冢"。

[22] 涅阳主:汉光武女,窦固妻。窦固好览书传,喜兵法,数年戍边,羌胡信服。章帝时,侍帝备问。生性谦俭,爱人好施,受人赞崇。

[23] 祖祢:祖先。祢:音 nǐ,祖庙。

[24] 永平:汉明帝刘庄年号,58—75年。

[25] 光烈:皇后阴丽华谥曰光烈。

[26] 莒:今山东莒县。

[27] 城阳景王祠:西汉城阳王刘章祠庙。应劭曰:刘章因诛吕氏有功,封城阳王,建都于莒。死后"自琅琊、青州六郡,及渤海都邑,乡亭聚落,皆立为祠"(民国《重修莒志》卷四十八载

《存城阳景王祠教》)。

　　[28] 肃宗:汉章帝刘炟谥曰肃宗。

　　[29] 即丘:今山东临沂东南。开阳:今临沂北。

鲁灵光殿赋

东汉·王延寿

【提要】

　　本文选自《昭明文选》(中华书局 1977 年版)。

　　《鲁灵光殿赋》是汉代摹写宫殿建筑最为详尽、水平最高的一篇大赋,也可以说是汉代最后一篇有名的大赋。

　　灵光殿是汉景帝的儿子鲁恭王刘余的宫殿。鲁恭王在汉景帝二年(前 155)立为淮阳王,后徙王鲁。"好治宫室苑囿狗马,季年好音,不喜辞辩。为人口吃难言。"(《汉书·景十三王传》)鲁恭王在鲁大修宫室、楼阁、钓台等建筑。传说在建筑群中穿行,"周行数里,仰不见日"。恭王无意间还做了一件对中华民族有益的事,"坏孔子旧宅以广其宫,闻钟磬琴瑟之声,遂不敢复坏,于其壁中得古文经传"(同上引),《古文尚书》等一批儒家典籍重见天日。

　　《鲁灵光殿赋》取材沿袭前人摹写都城路数,但写宫殿面貌另辟蹊径。按照由远而近、由外而内依次写来,从宫殿总貌到墙、阙、门、阶,巍巍迤逦而来,宫室、楼榭、驰道、渐台……最后复归于宫殿整体气势。犹如电影长镜头,远至近、近复推至远,宫殿雄伟的外观、殿内豪华的装饰、精巧的栋宇结构,一一细致摹描,开阖自如且大气磅礴。

　　《鲁灵光殿赋》对细部刻画尤为出色,殿内精美绝伦的雕刻、绘画,在他笔下栩栩如生。天花板上"圆渊方井,反植荷蕖",窗棂上"玉女窥窗而下视",椽上"猿狖攀椽而相追",楣上"胡人遥集于上楣,俨雅踞而相对"。还有山神海灵和古代神话史迹壁画等。王延寿通过他的笔告诉我们,这座宫殿内部不但广绘莲荷、水草,还有飞腾的龙、愤怒的奔兽,有红颜的鸟雀、展翅的凤凰,百样禽兽,一应俱全;有动物,更有山神、海灵、古代帝王、忠臣孝子、烈士贞女等神态各异的鬼神人物。"图画天地,品类群生。杂物奇怪,山神海灵。写载其状,托之丹青。千变万化,事各胶形。随色象类,曲得其情。"王延寿让我们领略到两千年前的这座奢华宫殿的奕奕风采,他也赢得了"辞赋英杰"的称誉。

　　鲁灵光殿者,盖景帝程姬之子恭王余之所立也。初,恭王始都下国[1],好治宫室,遂因鲁僖基兆而营焉[2]。遭汉中微,盗贼奔突,自西京未央、建章之殿,皆见爍[3]坏,而灵光岿然独存。意者岂非神明依凭支持以保汉室者也。然其规矩制度,上应星宿,亦所以永安也。予客自南鄙,观艺于鲁,睹斯而眙[4]。曰:嗟乎! 诗人之兴,感物而作。故奚斯颂僖,歌其路寝,而功绩存乎辞,德音昭乎声。物以赋显,事以颂宣,匪赋匪颂,将何述焉? 遂作赋曰:

粤若稽古帝汉,祖宗浚哲钦明[5]。殷五代之纯熙,绍伊唐之炎精。荷天衢以元亨[6],廓宇宙而作京。敷皇极以创业[7],协神道而大宁。于是百姓昭明,九族敦序,乃命孝孙,俾侯于鲁[8]。锡介圭以作瑞,宅附庸而开宇[9]。乃立灵光之秘殿,配紫微而为辅[10]。承明堂于少阳,昭列显于奎之分野[11]。

瞻彼灵光之为状也,则嵯峨嶵嵬,岿巍嶻嵲[12]。吁! 可畏乎? 其骇人也! 迢峣倜傥,丰丽博敞,洞轇輵乎,其无垠也[13]。遶希世而特出,羌瑰谲而鸿纷[14]。屹山峙以纡郁,隆崛岉乎青云[15]。郁块扎以增岰,岗缯绫而龙鳞[16]。泪硠硠以璀璨,赫炜炜而烛坤[17]。状若积石之锵锵[18],又似乎帝室之威神。崇墉冈连以岭属,朱阙岩岩而双立。高门拟于闶阆[19],方二轨而并入。

于是乎乃历夫太阶[20],以造其堂。俯仰顾眄,东西周章。彤彩之饰,徒何为乎? 澔澔涆涆[21],流离烂漫。皓壁暗曜以月照,丹柱歙赩而电烻[22]。霞驳云蔚,若阴若阳,濩濩磷乱,炜炜煌煌[23]。隐阴夏以中处,霭寥窲以峥嵘[24]。鸿炉炆以煴闻,飔萧条而清泠[25]。动滴沥以成响,殷雷应其若惊[26]。耳嘈嘈以失听,目瞳瞳而丧精[27]。骈密石与琅玕,齐玉珰与璧英[28]。

遂排金扉而北入,霄霭霭而晻暧[29]。旋室㛹娟以窈窕,洞房叫窱而幽邃[30]。西厢踟蹰以闲宴,东序重深而奥秘[31]。屹铿瞑以勿罔,屑黶黫以懿濩[32]。魂悚悚其惊斯,心㥽㥽而发悸[33]。

于是详察其栋宇,观其结构。规矩应天,上宪觜陬[34]。倔佹云起,嵚崟离娄[35]。三间四表,八维九隅,万楹丛倚,磊砢相扶[36]。浮柱岧嵽以星悬,漂峣峨而枝拄[37]。飞梁偃蹇以虹指,揭蘧蘧而腾凑[38]。层栌磥佹以岌峨,曲枅要绍而环句[39]。芝栭欑罗以戢孴,枝撑杈枒而斜据[40]。傍夭蛴以横出,互黝纠而搏负[41]。下岪蔚以璀错,上崎岖而重注[42]。捷猎鳞集,支离分赴,纵横骆驿,各有所趣[43]。

尔乃悬栋结阿,天窗绮疏[44]。圆渊方井,反植荷蕖,发秀吐荣,菡萏披敷[45]。绿房紫菂,窋咤垂珠[46]。云楶藻棁,龙桷雕镂[47],飞禽走兽,因木生姿。奔虎攫挐以梁倚,仡奋舋而轩鬐[48];虬龙腾骧以蜿蟺,颔若动而躨跜[49];朱鸟舒翼以峙衡,腾蛇蟉蚪而绕榱[50];白鹿子霓于欂栌,蟠螭宛转而承楣[51];狡兔跧伏于柎侧,猿狖攀椽而相追[52];玄熊舑舕以龂龂,却负载而蹲跠[53]。齐首目以瞪眄,徒脉脉而狋狋[54]。胡人遥集于上楹,俨雅跽而相对[55]。仡欺㥏以雕眼,鵙颓颜而睑睢,状若悲愁于危处,憯嚬蹙而含悴[56]。神仙岳岳于栋间,玉女窥窗而下视[57]。忽瞟眇以响像,若鬼神之仿佛[58]。

图画天地,品类群生。杂物奇怪,山神海灵。写载其状,托之丹青。千变万化,事各胶形[59]。随色象类,曲得其情。上纪开辟,遂古之初[60]。五龙比翼,人皇九头[61]。伏羲鳞身,女娲蛇躯[62]。鸿荒朴略,厥状睢盱[63]。焕炳可观,黄帝唐虞,轩冕以庸[64],衣裳有殊。下及三后[65],淫妃乱主。忠臣孝子,烈士贞女。贤愚成败,靡不载叙。恶以诫世,善以示后。

于是乎连阁承宫,驰道周环[66]。阳榭外望,高楼飞观。长途升降,轩槛曼延[67]。渐台临池,层曲九成[68]。屹然特立,的尔殊形[69]。高径华盖,仰看天庭[70]。飞陛揭孽,缘云上征[71]。中坐垂景,俯视流星[72]。千门相似,万户如一。岩突洞出,逶迤诘屈[73]。周行数里,仰不见日。何宏丽之靡靡,咨用力之妙勤[74]。非夫通神之俊才,谁能克成乎此勋[75]?

据坤灵之宝势,承苍昊之纯殷[76]。包阴阳之变化,含元气之烟煴[77]。玄醴腾涌于阴沟,甘露被宇而下臻[78]。朱桂黝儵于南北,兰芝阿那于东西[79]。祥风翕习以飒洒,激芳香而常芬[80]。神灵扶其栋宇,历千载而弥坚。永安宁以祉福,长与大汉而久存。实至尊之所御,保延寿而宜子孙。苟可贵其若斯,孰亦有云而不珍?

乱曰:彤彤灵宫,岿嶵穹崇,纷厖鸿兮[81]。嶵屼嵫厓,岑崟嵶嶷,骈嵬崞兮[82]。连拳偃蹇,仑菌踡嵂[83],傍欹倾兮。欻炎幽蔼,云覆霱霄[84],洞杳冥兮。葱翠紫蔚,礧硙瑰玮[85],含光晷兮。穷奇极妙,栋宇已来,未之有兮。神之营之,瑞[86]我汉室,永不朽兮。

【作者简介】

王延寿(约124—约148),字文考,又字子山,《楚辞章句》作者王逸之子。生平事迹不详。

【注释】

[1]下国:谓诸侯封地。

[2]鲁僖:谓春秋时鲁国国君僖公。基兆:谓屋基范围。

[3]隳:音huī,毁坏。

[4]南鄙:谓南方。艺:六艺,谓礼、乐、射、御、书、数。眙:音chì,惊愕。

[5]粤:同"曰",语气助词。浚哲:深远智慧。钦明:庄严明达。

[6]荷:担当。天衢:谓天下大任。元亨:谓安泰。

[7]皇极:谓皇帝的意志、法则。

[8]敦序:谓长幼尊卑秩序和睦。俾:音bǐ,使。

[9]锡:赐。介圭:大圭。

[10]紫微:指天子宫殿。

[11]明堂:星宿名,心宿。少阳:古代称东方为少阳,鲁在东,故称之。奎之分野:古人以天上二十宿所在位置,对应地域,鲁在奎、娄二星对应位置,故称。

[12]嵯峨、崨嵬、嵃巍、嶵嵥:高峻貌。嶵:音zuì。嶵嵥:音lěi kuì。

[13]迢峣:高耸貌。峣:音yáo。轇轕:音jiāo gé,谓参差纵横。

[14]邈:遥远。羌:助词。瑰谲:诡异。

[15]屹:高耸貌。纡郁:盘旋弯曲貌。崛吻:音jué wù,极高貌。

[16]块圠:音yǎng yà,高下错落貌。嶒嵘:音céng hóng,深远空灵貌。崱:音zè,高峻貌。缯绫:不平貌。

[17]汩:光洁貌。皑皑:音ái,高貌。赫:火红色。烨烨:音yì,光明貌。

[18] 积石:积石山,古人认为是黄河源头,极崇敬。锜锜:高大貌。

[19] 阊阖:音 chāng hé,传说中的天门,王者因以名之城门。

[20] 太阶:高阶。

[21] 澔澔涆涆:音 hào hàn,极光明盛大貌。

[22] 暗曤:白光。歊瓥:音 xī xì,赤色隆盛貌。蜒:音 yàn,光芒耀眼貌。

[23] 灌瀖:音 huò huò,光芒闪耀让人目眩貌。磷乱:同上释。炜炜煌煌:光彩鲜明貌。

[24] 阴夏:谓向北背阴的宫殿。霟:音 hóng,幽深貌。霩窲:音 liào cháo,义同上。

[25] 旷炾:音 kuàng huàng,宽敞明亮貌。熿阆:音 tǎng làng,义同上。

[26] 滴沥:水珠下滴。响:谓殿内回声。句谓一滴水珠从屋檐落下,殿中已应如雷鸣。

[27] 瞲瞲:音 xuān,眼花缭乱貌。

[28] 琅玕:似玉美石。句谓以美石铺地。玉珰:谓玉制椽头。璧英:美玉。

[29] 霄:通"宵",夜。霭霭:轻雾沉沉貌。晻暧:音 àn ài,幽昧昏暗貌。

[30] 旋室:曲折隐蔽之宫室,谓后宫。婵娟、窈窕:曲折深远貌。婵:音 pián。洞房:谓王、后寝宫。叫窱:同"窈窕"。

[31] 宴:安静。蚴蟉:相连貌。奥:藏。二句互文。

[32] 铿瞑:暗而不明貌。屑:微。黡黳:音 yǎn yì,幽暗不明貌。懿濞:深邃貌。濞:音 pì。

[33] 悚悚、愢愢:惊惧貌。悚:音 sǒng。愢:音 xǐ,又作"偲"。

[34] 觜陬:音 zī zōu,星宿名。十二星次之一。与二十八宿相配为室、壁两宿。古代传说主管架屋的星宿。

[35] 倔诡:变化多端。嶔岑:音 qīn yín,高大貌。离搂:众木交加貌。

[36] 三间四表:厢室三间,墙有四堵。八维:四方加四角称之。九隅:八维加中央称之。磊砢:精大貌。砢:音 luǒ。

[37] 浮柱:梁上短柱。岹嵽:音 tiáo dié,高远。峣峴:音 yáo niè,危险貌。

[38] 偃蹇:屈曲貌。揭:高举。蘧蘧:音 qú,高耸貌。腾凑:谓高空接合。

[39] 栌:斗拱。礌碨:音 lěi guǐ,累叠高危貌。岌:音 jí,高貌。枅:音 jī,柱上方木。要绍:弯曲貌。环句:谓如环相扣。句:音 gōu。

[40] 芝栭:梁上短柱,绘以芝草。欑:音 cuán,聚集。戢孴:音 jì yǐ,丛集貌。枝樘:斜柱。樘:音 chēng,同"樘、撑"。权枒:参差不齐貌。

[41] 夭蟜:频出貌。黝纠:谓柱木咬合缠结。搏负:相互负载。

[42] 菲蔚:凸起貌。璀错:繁盛貌。崎崅:高危貌。崅:音 yì。重注:谓相互勾连。

[43] 捷猎:参差连接。支离:分散。趣:通"趋"。

[44] 悬栋:屋下重梁。结阿:谓盘曲交错。绮疏:窗户上的镂饰。

[45] 反植:谓藻井池中荷花花叶向下,根在上。菡萏:荷花。披敷:散布。

[46] 绿房:莲蓬。紫菂:莲子。菂:音 dì。窋咤:音 zhú zhà,物在穴中鼓出貌。

[47] 桀:音 jié,梁上柱。棁:音 tuō,梁上楹柱。桷:音 jué,屋椽。句谓屋上梁柱椽斗,尽数纹饰。

[48] 攫拏:音 jué ná,搏斗貌。仡:音 yì,抬头。奋鬐:用力。衅:音 xìn,隙。轩鬐:颈项毛发向上掀起。鬐:音 qí。

[49] 蜿蟺:屈曲貌。蟺:音 shàn。夔跜:音 kuí ní,蠕动貌。

[50] 蟉虯:音 liú qiú,屈曲盘绕貌。樏:音 cuī,椽子。

[51] 子霓:音 jié ní,抬头而望貌。槾栌:斗拱。蟠螭:盘曲卧伏的龙。楣:门楣,门上横木,承枢。

[52] 跧:音 quán,蜷,身体弯曲。柎:音 fū,柱梁斗拱足部。狖:音 yòu,一种黑色长尾猿。

[53] 醰舕:音 tān yǎn,吐舌貌。舕:炎红色。龂龂:音 yín,齿露龈红貌。蹲跠:蹲坐。跠:音 yí。

[54] 㟋㟋:音 yí,怒视貌。

[55] 俨雅:端肃恭敬貌。跽:音 jì,长跪。双膝着地,上身挺直。

[56] 欺猲:丑陋貌。昢:音 xuè,惊视貌。鸒颋颏:音 āo yáo liáo,脑袋大而深目貌。睽睢:音 kuí suī,张目貌。

[57] 岳岳:挺立貌。

[58] 响像:若有似无的音貌。

[59] 缪形:形状千姿百态。

[60] 开辟:谓开天辟地。遂古:上古。

[61] 五龙:传说中的部落酋长名。人皇:三皇之一。

[62] 鳞身:鱼身。蛇躯:如蛇身躯。

[63] 朴略:质朴野略。睢盱:音 suī xū,粗朴。

[64] 庸:用。

[65] 三后:谓夏桀、殷纣、周幽王三暴君。

[66] 驰道:君王车马所行之道。

[67] 升降:谓行随路势升降。轩槛:谓宫殿台阁。

[68] 层曲:谓台榭层层叠叠、曲曲折折。

[69] 的尔:分明貌。

[70] 高径华盖:谓登至台顶,仿佛伸手触及华盖星。

[71] 陛:台阶。揭孽:极高貌。征:行。

[72] 中坐:谓坐在台顶中央。垂:垂挂。

[73] 诘屈:弯弯曲曲。句谓岩石突出,洞穴幽深,山形连绵曲折。

[74] 靡靡:富丽华美。咨:叹词。

[75] 勋:功绩。

[76] 坤灵:谓大地的灵气。纯殷:谓纯笃厚德。

[77] 烟煴:阴阳和合貌。煴:音 yūn。

[78] 醴:泉水。阴沟:地下水道。臻:至。

[79] 黝儵:音 yǒu shū,郁郁森森貌。阿那:同"婀娜",柔柔摇曳貌。

[80] 翕习:轻吹貌。翕:音 xī。激:散发。

[81] 岝崿、穹崇:高大貌。庬鸿:广大貌。庬:音 máng。

[82] 崱屴:音 zè lì,高耸貌。嵫厘:音 zī lí,高峻貌。岑崟:险峻貌。嶜嶮:音 zī yí,参差貌。龙嵷:音 lóng zōng,高峻貌。

[83] 仑菌:同"轮囷",蜷曲貌。蹲岭:音 quán chǎn,屈曲突起貌。

[84] 歇欻、幽蔼:深邃貌。欻:音 xū。霼霴:dàn duì,露垂貌。

[85] 礌硊:音 lěi wěi,大石。瑰玮:谓珍奇之物。

[86] 瑞:使……瑞。

三辅沿革·三辅治所

【提要】

　　本文选自《三辅黄图校证》(陕西人民出版社1982年版)。

　　春秋战国的秦武公和秦穆公时,西安地区(今西安附近)开始有行政区划,出现了最早的县——杜县(前687)。秦统一全国后,都城地方上实行郡、县两级行政建制,咸阳设内史辖京畿各县(内史政区与官职同名,为郡级建制)。

　　西汉高祖元年(前206)在秦原内史地设置渭南、中地、河上三郡,分别领有今西安市辖地。九年(前198)撤销三郡复置内史,治长安城中。汉景帝二年(前155)分置左右内史,武帝太初元年(前104)将右内史东部改为京兆尹,西部改为右扶风,左内史改为左冯翊,称为"三辅",共治长安城中。这三者既为地区名,也为官名,与郡守相当,共同管辖京畿地区。以后各代,虽有沿革,但直至唐末京畿行政性质没有大的变化。

　　《三辅黄图》专记秦、汉都城建设,以汉都长安为主。讲述长安地区区划沿革,长安城的布局、宫殿、楼阁、苑宥、台榭、府库、桥梁、文化及礼制建设等,条分缕析,甚为详备,是研究汉长安的重要文献。

　　《三辅黄图》也称西京黄图,或黄图。不著作者姓名,陈直先生认为其成书于"东汉末曹魏初"。该书通行本以陈直先生的《三辅黄图校证》为佳。

三 辅 沿 革

　　《禹贡》九州,舜置十二牧,雍其一也[1]。古丰、镐之地,平王东迁,以岐、丰之地赐秦襄公,至孝公始都咸阳[2]。咸阳在九嵕山[3]、渭水北,山水俱在南,故名咸阳。秦并天下,置内史以领关中。项籍灭秦,分其地为三:以章邯[4]为雍王,都废丘;司马欣为塞王,都栎阳[5];董翳为翟王,都高奴[6]。谓之三秦。汉高祖入关,定三秦,元年更为渭南郡,九年罢郡,复为内史。

　　五年,高帝在洛阳,娄敬说曰:"夫秦地被山带河,四塞以为固,卒然有急,百万众可立具。因秦之故资,甚美膏腴之地,此所谓天府。陛下入关而都之,山东虽乱,秦故地可全而有也。"

　　又田肯[7]贺高帝曰:"陛下治秦中。秦形势之国[8],带河阻山,持戟百万,秦得百二焉。地势便利,其以下兵于诸侯,犹居高屋之上建瓴水也[9]。"自是,汉始都之。

　　景帝分置左右内史,此为右内史。武帝太初元年改内史为京兆尹,与左冯翊,右扶风,谓之三辅。其理[10]俱在长安古城中。

【注释】

　　[1]雍:古雍州域大略在今陕、甘一带。

　　[2]丰:今陕西户县东。镐:今西安西南。岐:今陕西凤翔。

　　[3]九嵕山:位于今陕西礼泉县东北。嵕:音 zōng。

　　[4]章邯(? 一前 205):字少荣。秦末大将,秦二世元年(前 209)封雍王,都废丘(今陕西兴平东南)。章邯于公元前 206 年与刘邦屡战不利,退保废丘,次年城破自杀。

　　[5]栎阳:今西安阎良区武屯乡。

　　[6]高奴:今陕西延安延河东。

　　[7]田肯:与娄敬同言迁都事。

　　[8]形势之国:谓秦据山川形势之要。

　　[9]"犹居"句:谓居高临下,不可阻挡。瓴:音 líng,水瓶。

　　[10]理:同"治",治所。

三 辅 治 所

京兆[1],在故城南尚冠里。

冯翊[2],在故城内太上皇庙西南。

扶风[3],在夕阴街北。

　　三辅者,谓主爵中尉及左、右内史。汉武帝改曰京兆尹、左冯翊、右扶风,共治长安城中,是为三辅,三辅郡皆有都尉,如诸郡。京辅都尉治华阴,左辅都尉治高陵,右辅都尉治郿[4]。

　　王莽分长安城旁六乡,置帅各一人,分三辅为六尉郡。渭城、安陵以西,北至旬邑[5]、义渠十县,属京尉大夫,府居故长安寺。高陵[6]以北十县,属师尉大夫,府居故廷尉府。新丰[7]以东至湖十县,属翊尉大夫,府居城东。霸陵、杜陵以东至蓝田,西至武功、郁夷十县[8],属光尉大夫,府居城西。茂陵、槐里以西至汧十县[9],属扶尉大夫,府居城西。长陵、池阳以北至云阳[10]。役翊[11]十县,属烈尉大夫,府居城北。后汉光武[12]之后,扶风出治槐里,冯翊出治高陵。

【注释】

　　[1]京兆:陈直谓:京,大也。天子曰兆民。

　　[2]冯翊:陈直谓:冯,凭也。翊,辅也。

　　[3]扶风:陈直谓:扶,持也,助也,言助风化也。

　　[4]郿:音 méi,今陕西眉县。

　　[5]渭城:今西安西北。安陵:今陕西咸阳东北。旬邑:今陕西旬邑县北。

　　[6]高陵:今陕西高陵。

　　[7]新丰:在今陕西临潼。

　　[8]武功:今陕西武功县。郁夷:今陕西宝鸡、陇西一带。

　　[9]茂陵:今陕西兴平县东,原属槐里,汉武修陵后更名。槐里:今陕西兴平。汧:音 qiān,今陕西陇县。

[10] 池阳:今陕西泾阳西北。云阳:今陕西淳化西北。

[11] 役翊:音 duì yì,位于今陕西铜川市境内。

[12] 后汉光武:谓东汉光武帝刘秀,25—57 年在位。

咸 阳 故 城

【提要】

本文选自《三辅黄图校证》(陕西人民出版社 1982 年版)。

公元前 350 年,秦孝公迁都咸阳,开始了咸阳作为秦都的 144 年历史。秦都咸阳建设大致分为三个时期,初创时期:孝公时期;发展繁荣期:惠文王至庄襄王时期;鼎盛期:秦始皇时期。咸阳都城对汉以后都城的规划、建设具有十分重要的意义。

数十年来的考古发掘证实,咸阳故城的渭北部分西起石桥乡的何家、杨村,东至红旗乡的柏家嘴,东西长约 24 里。咸阳故城的整体介绍见《秦始皇本纪》。

咸阳宫是秦都咸阳的主要宫殿,即使渭河南岸修建了许多宫殿,秦始皇处理政务仍"悉于咸阳宫"(《史记·始皇本纪》)。很多惊心动魄的历史在这里上演,如荆轲刺秦王等。

"兴乐宫,秦始皇造。汉修饰之,周回二十余里,汉太后常居之。"(《三辅黄图》)兴乐宫在秦时已有相当的规模,成为皇帝经常临朝的宫殿。兴乐宫墙周长约 10 公里,到汉时,占地面积约 6 平方公里,面积占长安城总面积的 1/6。兴乐宫由前殿、临华殿、温室殿、长信宫等十数座宫殿台阁组成。宫城四面各设一座宫门,门外筑有阙楼,南宫门与覆盎门南北相对,有道路从覆盎门通过南宫门直达兴乐宫前殿。汉初,这座破坏不大的宫殿经过萧何主持修缮后就成为高祖最初理政的地方。

秦都城咸阳中的宫殿均为高台建筑,已发掘的 1 号、2 号、3 号、6 号建筑遗址无不如此。筑高台以立宫殿台榭建筑,既为防潮,更是为彰显帝王至高无上的权威。1 号宫殿遗址介绍已见《始皇本纪》;位于 1 号宫殿遗址西北的 2 号宫殿基址东西长 127 米,南北宽 32.8 米至 45.5 米,东南有回廊与 1 号、3 号遗址相通;3 号宫殿遗址处 1 号西南,东西长约 117 米、南北宽约 60 米。已发掘出的回廊东西坎墙壁上,有车马出行图、仪仗图、建筑图、麦穗图等大量反映秦社会生活的壁画,全长 32.4 米,构图鲜活新颖,色彩丰富多变。

自秦孝公至始皇帝、胡亥,并都此城。按孝公十二年作咸阳,筑冀阙,徙都之。

始皇廿六年,徙天下高赀富豪于咸阳十二万户。诸庙及台苑,皆在渭南。秦每破诸侯,彻其宫室,作之咸阳北坂上[1]。南临渭,自雍门以东至泾、渭,殿屋复道周阁相属,所得诸侯美人钟鼓以充之。

二十七年作信宫渭南,已而更命信宫为极庙,象天极。自极庙道骊山,作甘泉前殿,筑甬道,自咸阳属之。

始皇穷极奢侈,筑咸阳宫,因北陵营殿,端门四达,以则紫宫[2],象帝居。渭水贯都,以象天汉[3];横桥南渡,以法牵牛[4]。

桥广六丈,南北二百八十步,六十八间,八百五十柱,二百一十二梁。桥之南北堤,激立石柱。

咸阳北至九嵕甘泉,南至鄠、杜[5],东至河,西至汧[6]、渭之交,东西八百里,南北四百里,离宫别馆,相望联属。木衣绨绣[7],土被朱紫,宫人不移,乐不改悬,穷年忘归,犹不能遍。

【注释】

〔1〕坂:山坡。

〔2〕端门:宫殿的正门。紫宫:天宫谓之紫宫。此谓始皇陵寝布局。

〔3〕天汉:银河古称。

〔4〕牵牛:牵牛星,处银河西岸与织女相望。

〔5〕鄠:音 hù,县名,即今陕西户县。杜:谓杜陵,县名,今陕西西安市东南。

〔6〕汧:音 qiān,河名,发源于今陕西陇县吴山,北注入渭河。

〔7〕绨:一种粗厚光滑的丝织品。绨绣:谓绫罗绸缎。以下六句均出自《西京赋》,稍不同。

汉长安故城

【提要】

本文选自《三辅黄图校证》(陕西人民出版社 1982 年版)。

汉长安故城,位于今西安城西北约 5 公里处未央区汉城乡。西汉都城长安,是当时全国的政治、经济和文化中心。

汉长安城建设历经三个时期、近百年时间。第一个时期:汉高祖五年(前202),刘邦重修秦兴乐宫,改名为长乐宫,迁都城于此。同时,萧何还主持修建了太仓和武库。汉高祖七年(前200)建成未央宫。第二个时期:惠帝元年(前194)开始修筑长安城,惠帝五年(前190)城墙修筑完工。第三个时期:汉武帝太初元年(前104),兴建北宫、桂宫、明光宫、建章宫,开凿昆明池和上林苑。

汉长安城墙全部用黄土夯筑而成,高 12 米,宽 12～16 米;墙外有壕沟,宽 8米、深 3 米。城墙开建于长乐宫和未央宫竣工后,为迁就二宫的位置及城北渭河流向,城墙呈不规则的正方形状,东墙较直,南、北、西三面城墙弯曲,北城沿渭河弯曲之势像北斗星,南城墙的走向则像南斗星,因而时人亦称长安城为"斗城"。斗城周长 25.7 公里,面积 36 平方公里。

城内以 8 条大街纵横交错划分出 11 个区、160 个里巷。8 条大街长的约 5 400 米、短的约 470 米,均分为三道,中道宽 20 米。道旁遍植槐、榆、松、柏等,四时应景、风光宜人。长安九市,东市、西市、柳市、直市、交门市、孝里市、道亭市、高市等织成一张汇通全国、勾连欧亚的商业大网。

全城共有 12 个城门,每门 3 个门道。东面自北而南为宣平门、清明门、霸城门,南面自东而西为覆盎门、安门、西安门,北面自西而东为横门、厨城门、洛城门,西面自北而南为雍门、直城门、章城门。

长安城内主要建筑群有长乐宫、未央宫、北宫、桂宫、武库等。汉长安最盛时城内人口近 30 万,是中国历史上第一个规模巨大的城市。对城墙、椒房、桂宫、石渠阁等遗址的考古发现了大量建筑材料、汉俑、简册、秦汉封泥等。汉长安古城遗址是全国重点文物保护单位。

除了长安外,汉代还有"五都",分别是洛阳、成都、邯郸、临淄和宛(南阳),亦是具有相当规模的繁华都市。

汉之故都,高祖七年方修长安宫城,自栎阳徙居此城,本秦离宫也[1]。初置长安城,本狭小,至惠帝更筑之。

按惠帝元年正月,初城长安城。三年春,发长安六百里内男女十四万六千人,三十日罢。城高三丈五尺,下阔一丈五尺,六月发徒隶[2]二万人常役。至五年,复发十四万五千人,三十日乃罢。九月城成,高三丈五尺[3],下阔一丈五尺,上阔九尺。雉高三坂,周回六十五里。城南为南斗形,北为北斗形,至今人呼汉京城为斗城是也。

《汉旧仪》曰:"长安城中,经纬各长三十二里十八步,地九百七十三顷,八街九陌,三宫九府,三庙,十二门,九市,十六桥[4]。"地皆黑壤,今赤如火,坚如石。父老传云,尽凿龙首山[5]土为城,水泉深二十余丈。树宜槐与榆,松柏茂盛焉。城下有池,周绕广三丈,深二丈。石桥各六丈,与街相直。

(以上选自卷一)

【注释】

[1]离宫:谓皇帝正宫以外临时居住的宫殿。

[2]徒隶:谓犯人和奴隶。

[3]三丈五尺:约合今 8.25 米。武帝时,汉一尺约合今 23.5 厘米。

[4]经纬:谓长安城中南北东西主干道。据测,城内干道最长者 5 500 米,最短为 850 米。
十六桥:城内有王渠,自章城门入,穿长乐诸宫,贯穿全城,北汇渭水。架桥以便往来。

[5]龙首山:今西安北,萧何削其山营未央宫。亦称龙首原。

未 央 宫

【提要】

本文选自《三辅黄图校证》(陕西人民出版社 1982 年版)。

未央宫,位于长乐宫西约 1 里,建成于汉高祖七年(前 200)。未央宫四周筑以宫墙,形成宫城。宫墙夯筑,墙宽约 8 米。宫城平面基本呈方形,面积 5 平方公里,约占长安城面积的 1/7。宫城四面各开一门,称宫门,又称司马门,此外还有若干座"掖门"。宫城内干道有三条,两条东西向干路平行贯通宫城,中部一条南北向干路横贯其间。两条东西干道把未央宫分成南部、中部和北部。

前殿是未央宫的主体建筑,居未央宫正中,利用龙首山丘陵的自然高台作为殿址。前殿遗址至今仍高高耸立于汉长安城中,南北长 350 米、东西宽 200 米、高 15 米。前殿有前、中、后三座大殿;北部为后宫和皇室官署所在。后宫首殿——椒房殿的建筑规模宏大;后宫以北和西北有天禄阁、石渠阁等建筑,广泛搜罗来的大量图书就藏在这里;未央宫西北部是负责官营手工业的中央官署建筑群。

未央宫虽然壮丽非凡,但汉武帝仍对其进行了大规模扩建,增修高门、武台、麒麟、凤凰、白虎、玉堂等众多新建筑。还对诸如前殿等原有建筑进行了大规模修缮,木兰为栋、文杏为梁、金铺玉户、重轩镂槛,使之越发金碧辉煌,绚丽多彩。

未央宫的规划、建筑淋漓尽致地表现了西汉决策者们的城市、宫城设计思想,在数千年的中国古代城市发展史上有着十分重要的地位。

未央宫[1]。《汉书》曰:"高祖七年,萧何造未央宫,立东阙、北阙、前殿、武库、太仓[2]。上见其壮丽太甚,怒曰:'天下匈匈劳苦数岁,成败未可知,是何治宫室过度也!'何对曰:'以天下未定,故可因以就宫室。且天子以四海为家,非令壮丽,无以重威,无令后世有以加也。'上悦,自栎阳徙居焉[3]。"

未央宫周回二十八里,前殿东西五十丈,深十五丈,高三十五丈[4]。营未央宫因龙首山以制前殿[5]。至孝武以木兰为棼橑,文杏为梁柱,金铺玉户,华榱璧珰,雕楹玉磶,重轩镂槛,青琐丹墀,左城,右平[6]。黄金为壁带,间以和氏珍玉,风至其声玲珑也[7]。

未央宫有宣室、麒麟、金华、承明、武台、钩弋等殿[8]。又有殿阁三十二,有寿成、万岁、广明、椒房[9]、清凉、永延、玉堂、寿安、平就、宣德、东明、飞雨(《汉书》作"羽")、凤凰、通光、曲台、白虎等殿。

《庙记》曰:"未央宫有增成、昭阳殿。"《汉宫阙疏》曰:"未央宫有麒麟阁、天禄阁[10],有金马门、青锁门,玄武、苍龙二阙,朱鸟堂、画堂、甲观、非常室[11]。"又有钩盾署、弄田[12]。

《三辅决录》曰："未央宫有延年殿、合欢殿、回车殿。"又《汉宫阁记》云："未央宫有宣明、长年、温室、昆德四殿[13]"。又有玉堂、增盘阁、宣室阁。

《三辅旧事》云："武帝于未央宫起高门、武台殿。"《汉武故事》云："神明殿在未央宫。"王莽改未央宫曰寿成室，前殿曰王路堂，如路寝[14]也。按《旧图》，渐台、织室、凌室皆在未央宫[15]。

......

（以上选自卷二）

宣室、温室、清凉，皆在未央宫殿北。宣明、广明，皆在未央殿东。昆德、玉堂，皆在未央殿西。

宣室殿，未央前殿正室也。《淮南子》曰："周武王杀纣于宣室[16]。"汉取旧名也。《汉书》曰："文帝受厘宣室，夜半前席贾生，问鬼神之事[17]"即此也。又王莽地皇四年，城中少年朱弟、张鱼等烧宫，莽避火宣室前殿，火辄随之[18]。

温室殿，武帝建，冬处之温暖也。《西京杂记》曰："温室以椒涂壁，被之文绣，香桂为柱，设火齐屏风，鸿羽帐，规定以罽宾氍毹[19]"。《汉书》曰："孔光为尚书令，归休，与兄弟妻子燕语，终不及朝省政事[20]。或问温室省中树何木，光不应[21]。"

清凉殿，夏居之则清凉也，亦曰延清室。《汉书》曰"清室则中夏含霜"，即此也。董偃常卧延清之室[22]，以画石为床，文如锦，紫琉璃帐，以紫玉为盘，如屈龙，皆用杂宝饰之。侍者于外扇偃，偃曰：玉石岂须扇而后凉耶？又以玉晶为盘，贮冰于膝前，玉晶与冰同洁。侍者谓冰无盘，必融湿席。乃拂玉坠盘，冰玉俱碎。玉晶，千涂国所贡也，武帝以此赐偃。

麒麟殿，未央宫有麒麟殿。《汉书》："哀帝燕董贤父子于麒麟殿，视贤曰：吾欲法尧禅舜，如何？王闳曰：天下乃高皇帝天下，非陛下之天下也[23]。陛下奉承宗庙，当传之无穷，安可妄有所授！帝业至重，天子无戏言。上默然不悦。"

金华殿，未央宫有金华殿。《汉书》曰，"成帝初方向学，召郑宽中、张禹[24]，说《尚书》《论语》于金华殿中。"

承明殿，未央宫有承明殿，著述之所也。班固《西都赋》云："内有承明、金马，著作之庭。"即此也。《汉书》，武帝谓严助[25]曰："君厌承明之庐。"又成帝鸿嘉[26]二年，雉飞集承明殿屋。

苍龙、白虎、朱雀、玄武，天之四灵，以正四方，王者制宫阙殿阁取法焉。

掖庭宫，在天子左右，如肘膝。

椒房殿，在未央宫，以椒和泥涂，取其温而芬芳也。武帝时后宫八区，有昭阳、飞翔、增成、合欢、兰林、披香、凤凰、鸳鸯等殿。后又增修安处、常宁、茝若[27]、椒风、发越、蕙草等殿，为十四位[28]。

成帝赵皇后居昭阳殿，有女弟，俱为婕妤，贵倾后宫[29]。昭阳舍兰房椒壁，其中庭彤朱，而庭上髹漆[30]，切[31]皆铜沓，黄金涂，白玉阶，壁带往往为黄金釭[32]，函蓝田璧[33]，明珠翠羽饰之，自后宫未尝有焉。

　　高门殿,《汉书》曰:"汲黯[34]请见高门。"注曰:"未央宫高门殿也。"又哀帝时鲍宣[35]谏曰:"陛下擢臣岩穴,诚冀有益毫毛,岂欲臣美食大官,重高门之地。"

　　非常室,《汉书》"成帝绥和二年,郑通里人王褒,绛衣小冠,带剑入北司马门殿东门,上前殿,至非常室中,解帷组结佩之。召前殿署长业等曰:天帝令我居此。业等收缚考问,乃故公车大谁卒,病狂易,不自知入宫,下狱死。"

　　织室,在未央宫。又有东西织室,织作文绣郊庙之服,有令史。

　　凌室,在未央宫,藏冰之所也。豳诗《七月》篇曰:"纳于凌阴。"周官凌人,职掌藏冰。大祭祀饮食则供冰。《汉书》惠帝四年,"织室、凌室灾"。

　　暴室,主掖庭织作染练之署,谓之暴室,取暴晒为名耳,有啬夫官属[36]。

　　弄田,在未央宫。弄田者,燕游之田,天子所戏弄耳。《汉书·昭帝纪》曰:"始元元年,上耕于钩盾弄田。"应劭注云:"帝时年九岁,未能亲耕帝籍,钩盾宦者近署,故往试耕为戏弄。"成帝建始三年,小女陈持弓年九岁,阑入尚方掖门,至未央殿钩盾禁中[37]。

　　内谒者署,在未央宫,属少府。《续汉书》云:"掌宫中步帐襃物[38]。"丁孚《汉官》云:"令秩千石。"

　　金马门,宦者署,武帝得大宛马,以铜铸像,立于署门,因以为名。东方朔、主父偃、严安、徐乐[39],皆待诏金马门,即此。

　　路軨厩,在未央宫中,掌宫中舆马,亦曰未央厩。《汉书》曰:"武帝时期,门郎上官桀,迁为未央厩令。"

(以上选自卷三)

【注释】

　　[1]未央宫:位于汉长安城西南隅,又称西宫。

　　[2]萧何(? —前193):汉相国。主持未央宫等宫殿的营建。东阙:诸侯来朝常从东门进。北阙:士民向皇帝上书都从北门进。立阙以显二门庄严。

　　[3]栎阳:位于今西安市阎良区。

　　[4]深:进深。十五丈:约合今35米。三十五丈:约合今82米。

　　[5]龙首山:萧何营未央前殿,削山为基,由南至北逐步加高,形成数个台基。

　　[6]木兰:香木名,形似楠木,为上佳构件。棼:音fén,楼阁栋梁。橑:音liǎo,长木条,椽。文:通"纹"。文杏:谓有纹理的杏木。金铺:门上用于衔门环的铜铺首。华榱:谓描金铺彩的屋椽。榱:音cuī。璧珰:谓以玉制成的椽头装饰。玉础:谓玉制柱础。础:音xì。丹墀:谓红漆殿阶,礼,天子以丹漆涂地。城:音cè,台阶。左走人,右行车,故殿前左城右平。

　　[7]壁带:贯宫殿墙中的横木,形如带。玲珑:谓清脆作响。

　　[8]宣室:即宣室殿,布政教之室,是未央宫前殿正室。

　　[9]椒房:即椒房殿,皇后所居。以花椒和泥涂壁,"取其温而芳也"(颜师古注)。

　　[10]天禄阁:与石渠阁同为汉皇家藏典籍之所。位于未央宫前殿北。

　　[11]"朱鸟堂"句:皆未央宫中宫殿、室名。

　　[12]钩盾署:官署名,管理皇家苑林游观场所。弄田:专供皇帝宴游的地方。

　　[13]温室:谓温室殿,帝家冬居之所。

　　[14]路寝:谓皇帝正室。

[15] 渐台:未央宫中有沧池,池中修筑台榭。凌室:冰窖。织室:织造皇家衣饰之所。

[16] 武王杀纣:公元前 1046 年,武王军队攻入商都,见纣王已焚死鹿台宣室,获其头,挂于白旗之上示众。

[17] 胾:音 xī,祭余的肉。前席:谓(文帝)在坐席上称膝前倾,示尊重。

[18] 王莽(前 45—公元 23):西汉外戚,后为新朝皇帝。早以德著称,好粉饰,广罗儒生术士。初始元年(8)自立为帝,未能挽救社会危机。地皇四年(23),在渐台被杜吴所杀。朱弟、张鱼:时长安市民。绿林军围长安,民众纷纷响应,此二少年放火烧皇宫。

[19] 火齐:火候。罽宾:西域国名,在今克什米尔一带。罽:音 jì。氍毹:音 qú shū,地毯。

[20] 省:察看,此谓过问。

[21] 省:官署名。此谓温室庭院。

[22] 董偃:窦太主(武帝姑妈、陈皇后母)男嬖。本卖珠人子,貌俊美,随母入窦太主家。成人后,董偃内侍太主,外驾其车。见太主称"主人翁"。

[23] 哀帝:汉哀帝刘欣,前 6 至前 1 年在位。董贤:汉哀帝男宠。哀帝与其同寝卧,拜其为黄门郎、大司马。平帝时,被逐出宫,罢官爵,董贤上吊自尽。王闳:哀帝时为中常侍,进侍中,莽时为东郡太守。

[24] 郑宽中:咸阳人。事见《汉书·自序》。张禹:汉成帝刘骜(音 áo)师,官至丞相,封安昌侯。

[25] 严助(? —前 122):由拳(今浙江嘉兴)人,汉武初举贤良对策,擢为中大夫,后拜会稽太守,入为侍中。因与淮南王交私弃市。

[26] 鸿嘉:成帝年号,前 20—前 17 年。

[27] 茞:音 chǎi,香草名,即白芷。

[28] 位:坐位,此谓处。

[29] 赵皇后:赵飞燕,原名宜主,成帝后。因窈窕秀美,凭栏临风,翩然欲飞,乡邻称之飞燕。与妹赵合德同侍成帝,后被迫自尽。婕妤:音 jié yú,汉宫中女官名,一直沿用至明代。

[30] 髤:音 xiū,赤黑色的漆。

[31] 切:门限。

[32] 釭:音 gāng,壁中之横带。陈直先生《三辅黄图校证》"未央宫"按语:"后人对壁带之名词,与金釭之关系,多语焉不详,今试言其制作。壁带,谓墙壁中贯以横木,其形如带,在墙边露出之木,冒以涂金之釭,釭中再嵌以璧玉,交错条列,形似列钱也。"

[33] 函:包含,嵌入。兰田:今陕西兰田县。兰田玉多为黄色、浅绿色。

[34] 汲黯(? —前 112):汉濮阳(今河南濮阳西南)人,字长孺。好黄老,累官东海太守、淮阳太守,常切言直谏,反对武帝反击匈奴战争,深受司马迁尊敬。

[35] 鲍宣(前? —公元 3):字子都,渤海高城(今河北盐山东南)人。哀帝时为谏大夫,犯颜直谏。后官司隶。王莽时,被迫自杀。

[36] 啬夫:秦汉官职名。为某一地区或部门主事,下层官吏。啬:音 sè,本义为收获庄稼。

[37] 建始:汉成帝年号,前 32—前 29 年。建始三年,长安渭水边虒(sī)上村女孩陈持弓由于常逃水灾,方听洪水又来,惊窜入宫。

[38] 步帐:用于障蔽风尘、别内外的屏幕,通称步障。亵物:谓近身之物。亵:内衣。

[39] 东方朔(前 154—前 93):字曼倩,平原厌次(今山东惠民)人。西汉文学家。性格诙谐,言词敏捷,滑稽多智,常刺时政,终难获用。有《答客难》《非有先生论》等。主父偃(? —前 126):汉武帝时大臣。临淄人,学纵横术,后学《易》《春秋》。谒武帝,一年四迁。主推恩分封,

徙豪杰于茂陵(长安附近),拜为相。后因劫齐王被责令自杀,族诛。严安:临淄人。累官丞相史、骑马令。徐乐:燕郡无终(今天津蓟县)人,汉武帝元光中为郎中。

终 制 篇

三国魏·曹 丕

【提要】

本文选自《三国志·魏文帝纪》(中华书局 1959 年版)。

继曹操提出薄葬之后,曹丕步其后尘,专门发布了一道薄葬诏书。

在这篇文字中,曹丕从上古遗风、礼制、死后肢体无觉等方面言说自己死后"寿陵因山为体,无为树封,无立寝殿,造园邑,通神道",而且墓内也不要苇炭防腐,金银伴身。并且列举历史上众多厚葬带来的恶果,而且明确了"若违今诏"的严厉后果。

曹氏父子开魏晋一代薄葬务实之风。此后魏及两晋帝后,乃至贵戚重臣,纷纷效仿他实行薄葬,既不殉珍宝,更不筑大墓,无子女的姬妾也不用守寡明节。

礼,国君即位为椑[1],存不忘亡也。昔尧葬谷林[2],通树之;禹葬会稽[3],农不易亩,故葬于山林,则合乎山林。封树之制,非上古也[4],吾无取焉。寿陵因山为体,无为封树,无立寝殿,造园邑,通神道[5]。

夫葬也者,藏也,欲人之不得见也。骨无痛痒之知,冢非栖神之宅,礼不墓祭,欲存亡之不黩也[6],为棺椁足以朽骨,衣衾足以朽肉而已。

故吾营此丘墟不食之地,欲使易代之后不知其处。无施苇炭,无藏金银铜铁,一以瓦器,合古涂车、刍灵之义[7]。棺但漆际会三过,饭含无以珠玉,无施珠襦玉匣,诸愚俗所为也[8]。

季孙以玙璠敛,孔子历级而救之,譬之暴骸中原[9]。宋公厚葬,君子谓华元、乐莒不臣,以为弃君于恶[10]。汉文帝之不发,霸陵无求也[11];光武之掘,原陵封树也[12]。霸陵之完,功在释之[13];原陵之掘,罪在明帝[14]。是释之忠以利君,明帝爱以害亲也。忠臣孝子,宜思仲尼、丘明、释之之言,鉴华元、乐莒,明帝之戒,存于所以安君定亲,使魂灵万载无危,斯则贤圣之忠孝矣。

自古及今,未有不亡之国,亦无不掘之墓也。丧乱以来,汉氏诸陵无不发掘,至乃烧取玉匣金缕,骸骨并尽,是焚如之刑,岂不重痛哉!祸由乎厚葬封树。"桑、霍为我戒"[15],不亦明乎?

其皇后及贵人以下,不随王之国者,有终没皆葬涧西,前又以表其处矣。盖舜葬苍梧,二妃不从[16],延陵葬子,远在嬴、博[17],魂而有灵,无不之也,一涧之间,不足为远。若违今诏,妄有所变改造施,吾为戮尸地下,戮而重戮,死而重死。臣子为蔑死君父,不忠不孝,使死者有知,将不福汝。

其以此诏藏之宗庙,副在尚书、秘书、三府[18]。

【作者简介】

曹丕(187—226),字子桓,魏文帝。他是曹操与卞氏所生长子。8 岁即能为文,又善骑射,好击剑。公元 220 年 10 月,以"禅让"方式代汉自立,改元黄初。登基以后,在黄初三年、六年曾两次亲征孙吴,皆未果而还。曹丕诗文今存诗歌较完整的约 40 首,还有《典论》5 卷,《列异传》3 卷等。

【注释】

[1] 椑:音 bì,谓棺材。

[2] 谷林:《吕氏春秋》:"尧葬谷林。"谷林在今山东鄄城县城 7 公里的富春乡谷林。

[3] 会稽:今浙江绍兴。

[4] 封树:堆土为坟,植树为饰。古代士以上的葬礼。

[5] 神道:墓道。谓神行之道。

[6] 不黩:谓不污,不朽。

[7] 苇炭:芦苇木炭,防潮。涂车:泥车,古代送葬用的明器。刍灵:用稻草扎成的人马,古人送葬之物。

[8] 际会:遇合。饭含:古丧礼,以珠、玉、贝、米等物纳于死者之口。珠襦:谓珠玉制成的短袄。襦:音 rú。

[9] 季孙:鲁国权贵。玙璠:音 yú fán,美玉。

[10] 宋公:宋公文。春秋时宋国国君。《春秋左氏传》:"宋文公卒,始厚葬,益车马,始用殉,重器备。椁有四阿,棺有翰、桧。君子谓华元、乐莒于是乎不臣。"

[11] 汉文帝(前 202—前 157):刘恒,汉朝第四个皇帝,在位 23 年。他实行无为而治,在位期间,国家由初定逐渐走向繁荣。与其子景帝统治时期并称"文景之治"。霸陵:文帝陵寝名。

[12] 原陵:东汉光武帝刘秀陵墓,在今河南孟津。陵塚高大,周长约 1 400 米,高约 20 米,内植古柏千余株。

[13] 释之:张释之。汉文帝时任中郎将,谓文帝曰:使其中无可欲,虽无石椁,又何戚焉?

[14] 明帝:东汉明帝刘庄,光武帝第四子。

[15] 桑、霍为我戒:语出《汉书·张汤传》。桑:即桑弘羊。西汉理财专家,卷入谋反事件,被处死。霍:即霍光,西汉权臣。病死后,霍家遭灭门。

[16] 二妃:舜帝二妃娥皇、女英闻帝崩,追寻至洞庭湘江边,欲渡无楫,投湘江而死。

[17] 延陵:东汉逸民。《太平御览》载:延陵季子适齐,于其反也,其长子死,葬于嬴博之间。按:原注:嬴博,齐地,泰山县是也。

[18] 三府:汉制,三公(司马、司徒、司空)皆可开府,因称三公为"三府"。

洛 神 赋

三国魏·曹 植

【提要】

本文选自《昭明文选》(中华书局1977年版)。

《洛神赋》是三国时曹植的作品。

《洛神赋》是曹植赋中名作。曹植此赋受《神女赋》影响,熔铸神话题材,通过梦幻境界,描写的是人神恋爱的悲剧。"其形也,翩若惊鸿,婉若游龙……远而望之,皎若太阳升朝霞;迫而察之,灼若芙蕖出渌波。秾纤得衷,修短合度。肩若削成,腰如约素。延颈秀项,皓质呈露。"作者不惜笔墨,用大量篇幅描写洛神宓妃的容貌、姿态和装束,然后写到诗人的爱慕之情和洛神的感动:"于是洛灵感焉,徙倚彷徨,神光离合,乍阴乍阳。竦轻躯以鹤立,若将飞而未翔。践椒涂之郁烈,步蘅薄而流芳。超长吟以永慕兮,声哀厉而弥长。"通过这些动作的描绘把洛神多情的性格刻画得活灵活现。最后写到由于"人神之道殊",洛神含恨赠珰而去,空留诗人踟蹰徘徊,全诗悲剧气氛浓厚。

这篇赋是写给曹丕父子看的,以譬喻方法表达其忠君建功的理想追求。可是,雅爱文学的曹丕却始终未让他一展身手,现实中的曹植与诗中主人公何其相似!

《洛神赋》想象丰富,描写细腻,词采清丽,抒情意味和神话色彩浓厚,其魅力影响了后世无数的文人骚客、读书子弟。东晋画家顾恺之根据其描述画有《洛神赋图卷》,现存美国弗利尔美术馆;元朝书法大家赵孟頫书《洛神赋》,倪瓒称此书法作品"圆活道媚",并推其为元朝书法第一人。由于此赋的影响,人们甚至把曹植恋慕而不能娶的甄氏幻化成洛神。

黄初三年,余朝京师,还济洛川[1]。古人有言,斯水之神,名曰宓妃[2]。感宋玉对楚王神女之事[3],遂作斯赋。其辞曰:

余从京域,言归东藩[4]。背伊阙,越轘辕,经通谷,陵景山[5]。日既西倾,车殆马烦。尔乃税驾乎蘅皋,秣驷乎芝田,容与乎阳林,流眄乎洛川[6]。于是精移神骇,忽焉思散。俯则未察,仰以殊观,睹一丽人,于岩之畔。乃援御者而告之曰:"尔有觌于彼者乎?[7]彼何人斯?若此之艳也!"御者对曰:"臣闻河洛之神,名曰宓妃。然则君王所见,无乃是乎?其状若何?臣愿闻之。"

余告之曰:"其形也,翩若惊鸿,婉若游龙。荣曜秋菊,华茂春松。仿佛兮若轻云之蔽月,飘摇兮若流风之回雪。远而望之,皎若太阳升朝霞;迫而察之,灼若芙蕖出渌波[8]。秾纤得衷,修短合度。肩若削成,腰如约素[9]。延颈秀项,皓质呈露。芳泽无加,铅华弗御。云髻峨峨,修眉联娟。丹唇外朗,皓齿内鲜,明眸善睐,靥辅承权[10]。瑰姿艳逸,仪静体闲。柔情绰态,媚于语言。奇服旷世,骨像应图[11]。披罗衣之璀粲兮,珥瑶碧之华琚[12]。戴金翠之首饰,缀明珠以耀躯。践远游之文履,曳雾绡之轻裾[13]。微幽兰之芳蔼兮,步踟蹰于山隅。

于是忽焉纵体,以遨以嬉。左倚采旄,右荫桂旗[14]。攘皓腕于神浒兮,采湍濑之玄芝[15]。余情悦其淑美兮,心振荡而不怡[16]。无良媒以接欢兮,托微波而通辞。愿诚素之先达兮,解玉佩以要之。嗟佳人之信修,羌习礼而明诗[17]。抗琼珶以和予兮,指潜渊而为期[18]。执眷眷之款实兮,惧斯灵之我欺。感交甫之弃言兮,怅犹豫而狐疑。收和颜而静志兮,申礼防以自持。

于是洛灵感焉,徙倚彷徨,神光离合,乍阴乍阳。竦轻躯以鹤立,若将飞而未翔。践椒涂之郁烈,步蘅薄而流芳[19]。超长吟以永慕兮,声哀厉而弥长。

尔乃众灵杂沓,命俦啸侣[20],或戏清流,或翔神渚,或采明珠,或拾翠羽。从南湘之二妃,携汉滨之游女[21]。叹匏瓜之无匹兮,咏牵牛之独处[22]。扬轻袿之猗靡兮,翳修袖以延伫[23]。体迅飞凫,飘忽若神,凌波微步,罗袜生尘[24]。动无常则,若危若安。进止难期,若往若还。转眄流精,光润玉颜。含辞未吐,气若幽兰。华容婀娜,令我忘餐。

于是屏翳收风,川后静波,冯夷鸣鼓,女娲清歌[25]。腾文鱼以警乘,鸣玉鸾以偕逝[26]。六龙俨其齐首,载云车之容裔。鲸鲵踊而夹毂,水禽翔而为卫[27]。

于是越北沚,过南冈。纡素领[28],回清阳[29],动朱唇以徐言,陈交接之大纲。恨人神之道殊兮,怨盛年之莫当[30]。抗罗袂以掩涕兮,泪流襟之浪浪[31]。悼良会之永绝兮,哀一逝而异乡。无微情以效爱兮,献江南之明珰。虽潜处于太阴,长寄心于君王。忽不悟其所舍,怅神宵而蔽光[32]。

于是背下陵高,足往神留,遗情想像,顾望怀愁[33]。冀灵体之复形,御轻舟而上溯。浮长川而忘返,思绵绵而增慕。夜耿耿而不寐,沾繁霜而至曙。命仆夫而就驾,吾将归乎东路。揽騑辔以抗策,怅盘桓而不能去[34]。

【作者简介】

曹植(192—233),字子建。沛国谯(今安徽亳州市)人。三国魏杰出诗人。曹操第三子,封陈思王。因富才学,早年受操宠爱,一度欲立为世子,但因任性失宠。遭兄丕妒,屡遭贬爵,屡徙封地。曹睿即位,封为陈王,郁郁而死,年41岁。

【注释】

[1]黄初:魏文帝曹丕年号,220—226年。洛川:即洛水,源出陕西,经洛阳,入黄河。

[2]宓妃:传说伏羲之女,淹死于洛水,化为洛神。宓:音 fú。

[3]楚王神女:宋玉作《高唐》《神女》二赋,述赵王、神女事。

[4]东藩:时曹植受封为鄄城(今山东鄄城),位于洛阳东,故称。

[5]伊阙:山名,位于洛阳西南。辕辕:山名,在今河南偃师东南。通谷:山谷名,在洛阳城南。景山:山名,在今偃师西南。

[6]税驾:停车。皋:沼泽,水边地。秣驷:喂马。容与:悠然安闲貌。

[7]觌:音 dí,看见。

[8] 迫:近。灼:明亮。芙渠:荷花。

[9] "肩若"二句:谓两肩削窄天成,腰肢柔细浑圆。

[10] "明眸"二句:谓双眼顾盼生辉,酒窝衬映脸颊。靥:音 yè,酒窝。权:颧骨。

[11] 骨像:谓骨骼架构。

[12] 珥:音 ěr,戴。琚:佩玉。

[13] 文:通"纹",饰也。绡:音 xiāo,有花纹的薄丝绸。

[14] 旄:彩旗。桂旗:以桂木为杆之旗。

[15] 攘:谓捋袖伸手。湍濑:急速的水流。玄芝:黑色灵芝草。

[16] 怡:快乐。

[17] 信修:谓的姣好高洁。羌:语助词。习礼而明诗:谓谈吐高雅。

[18] 抗:举起。琼珶:美玉。潜渊:谓洛神居处。期:约会。

[19] 椒涂:谓涂有椒泥的道路。蘅薄:杜蘅丛生之地。

[20] 杂沓:众多貌。命俦啸侣:谓呼朋唤友。

[21] "从南湘"二句:《列女传》载:尧嫁长女娥皇、次女女英于舜,后舜南巡死于苍梧,二妃往寻,死于江、湘间,化为湘水之神。

[22] 匏瓜:星名,又名天鸡,在河鼓星东,不与它星相接。牵牛:星名,又名天鼓,与织女星各处河鼓一侧,每年七月七日乃得相会。

[23] 袿:音 guī,裾,女子上衣。翳:音 yì,遮蔽。延伫:长久等待。

[24] 尘:此谓水波。

[25] 屏翳:风神名。冯夷:河伯名。冯:音 píng。

[26] 文鱼:一种能跃出水面的鱼。警乘:警卫。玉鸾:车上鸾鸟形玉制铃铛。

[27] 六龙:传说月神出游御六龙之车。容裔:舒缓安详貌。鲸鲵:即鲸鱼。鲵:音 ní。夹毂:谓护卫车驾。

[28] 纡:音 yū,回。素领:谓雪白的颈项。

[29] 清阳:谓女人清秀的眉目。

[30] 莫当:颜师古曰:当,对偶也。谓没有相逢。

[31] 浪浪:泪流不流貌。

[32] 宵:冥暗。句谓洛神忽成一片黑暗,神采不现,我怅惘不已。

[33] 背:离开。陵:登。句谓上下找寻。遗情:谓思情绵绵不已。

[34] 骊:谓御车之马。辔:缰绳。策:马鞭。盘桓:徘徊不前。

景 福 殿 赋

三国魏·何 晏

【提要】

本文选自《昭明文选》(中华书局 1977 年版)。

景福殿完工于曹魏第三代君主曹睿之手。曹睿(205—239),亦作曹叡,字元仲,曹丕之子。好学多识,尤留意于法理。自蜀相诸葛亮去世之后,蜀停北伐,一时无事的曹睿开始大修宫殿,消耗无数,耽误农时,大臣多次劝谏也不能止。陈寿评曰:明帝"不先聿修显祖,阐拓洪基,而遽追秦皇、汉武,宫馆是营,格之远猷,其殆疾乎!"(《三国志·魏书·明帝纪》)

景福殿是许昌宫城(今河南许昌张藩镇)中的一座重要宫殿。张藩故城为内外两城,外城周长约7.5公里;内城为皇城,位于外城东南隅,方型,占地面积约1.44平方公里。内城建筑包括许昌宫、景福殿、承光殿、永始台、毓秀台、丞相府等。《三国志·魏书·明帝纪》载,太和六年(232)魏明帝曹睿始营景福殿。考古发掘出玉璧、青铜器、陶器及建筑构件等,证明张藩故城内的夯土宫殿基址即为许昌宫、景福殿、永始台等宫殿建筑基址。

《景福殿赋》是何晏的受命之作,基本上模仿汉代京城宫殿大赋,体制宏大,文辞典丽,但赋中"故将立德,必先近仁"的儒家思想浓厚。何晏写景福殿,建造缘起、规模、环境及景观等仍按前人路数排比铺陈,依序摹写。但并非依样画虎,而在宫殿具体营造、飞檐斗拱等的细部刻画上精雕细琢、泼墨如注。当然,描写的同时,他忘不了借题发挥,不时提出为政之道在爱民的"微言大义"。

《景福殿赋》是魏晋时期不可多得的一篇大赋。

大哉惟魏,世有哲圣。武创元基,文集大命。皆体天作制,顺时立政[1]。至于帝皇,遂重熙而累盛[2]。远则袭阴阳之自然,近则本人物之至情;上则崇稽古之弘道,下则阐长世之善经。庶事既康,天秩孔明。故载祀二三[3],而国富刑清。岁三月,东巡狩,至于许昌[4]。望祠山川,考时度方。存问高年,率民耕桑。越六月既望,林钟纪律,大火昏正[5]。桑梓繁庑[6],大雨时行。三事九司,宏儒硕生,感乎溽暑之伊郁[7],而虑性命之所平。惟岷、越[8]之不静,寤征行之未宁。

乃昌[9]言曰:"昔在萧公,暨于孙卿。皆先识博览,明允笃诚。莫不以为不壮不丽,不足以一[10]民而重威灵;不饬不美,不足以训后而永厥成。故当时享其功利,后世赖其英声。且许昌者,乃大运之攸戾,图谶之所旌[11]。苟德义其如斯,夫何宫室之勿营?"帝曰:"俞哉[12]!"

玄辂[13]既驾,轻裘斯御。乃命有司,礼仪是具。审量日力,详度费务。鸠经始之黎民,辑农功之暇豫[14];因东师之献捷,就海孽之贿赂[15];立景福之秘殿,备皇居之制度。

尔乃丰层覆之耽耽,建高基之堂堂[16]。罗疏柱之汩越,肃坻鄂之锵锵[17]。飞梱翼以轩翥,反宇辄以高骧[18]。流羽毛之威(葳)蕤,垂环玭之琳琅[19]。参旗九旒,从风飘扬[20]。皓皓旰旰,丹彩煌煌[21]。故其华表则镐镐铄铄、赫奕章灼,若日月之丽天也[22]。其奥秘则蘙蔽暧昧,仿佛退概,若幽星之绳连也[23]。既栉比而欑集,又宏琏以丰敞[24]。兼苞博落,不常一象[25]。远而望之,若摛朱霞而耀天文;迫而察之,若仰崇山而戴垂云。羌瑰玮以壮丽,纷或或其难分,此其大较也[26]。若乃高甍崔嵬,飞宇承霓,绵蛮黮霵,随云融泄,鸟企山跱,若翔若滞,峨峨岨岨,罔识所届[27]。虽离朱之至精，犹眩曜而不能昭晰也。[28]

尔乃开南端之豁达，张笋虡之轮菌[29]。华钟杙其高悬，悍兽仡以俪陈[30]。体洪刚之猛毅，声訇磤其若震[31]。爰有遐狄，镣质轮菌[32]。坐高门之侧堂，彰圣主之威神。芸若充庭，槐枫被宸，缀以万年，绯以紫榛[33]。或以嘉名取宠，或以美材见珍。结实商秋，敷华青春，蔼蔼萋萋，馥馥芬芬[34]。尔其结构，则修梁彩制，下褰上奇[35]。桁梧复叠，势合形离[36]。蜺如宛虹，赫如奔螭[37]。南距阳荣，北极幽崖[38]。任重道远，厥庸孔多[39]。

(宋)李嵩绘焚香祝圣图

于是列棼橑之绣栭，垂琬琰之文珰[40]。蜎若神龙之登降，灼若明月之流光[41]。爰有禁楄，勒分翼张[42]。承以阳马，接以员方[43]。斑间赋白，疏密有章[44]。飞柳鸟踊，双辕是荷[45]。赴险凌虚，猎捷相加。皎皎白间，离离列钱[46]。晨光内照，流景外烻[47]。烈若钩星在汉，焕若云梁承天[48]。骈徒增错，转县成郭[49]。茄蕾倒植，吐被芙蕖[50]。缭以藻井，编以绮疏[51]；红葩紃缛，丹绮离娄[52]；菡萏蜎翕，纤绣纷敷[53]。繁饰累巧，不可胜书。

于是兰栭积重，窭数矩设[54]。欂栌各落以相承，栾拱夭蟜而交结[55]。金楹齐列，玉舄承跋[56]。青琐银铺，是为闺闼[57]。双枚既修，重桴乃饰[58]。槐相缘边，周流四极[59]。侯卫之班，藩服之职[60]。温房承其东序，凉室处其西偏。开建阳则朱炎艳，启金光则清风臻。故冬不凄寒，夏无炎燀[61]。钧调中适，可以永年。墉垣碭基，其光昭昭[62]。周制白盛，今也惟缥。落带金钉，此焉二等[63]。明珠翠羽，往往而在。钦先王之允塞，悦重华之无为[64]。命共工使作缋，明五采之彰施。图象古昔，以当箴规；椒房之列，是准是仪。观虞姬之容止，知治国之佞臣[65]；见姜后之解佩，寤前世之所遵[66]；贤钟离之谠言，懿楚樊之退身[67]；嘉班妾之辞辇，伟孟母之择邻[68]。故将广智，必先多闻[69]；多闻多杂，多杂眩真[70]；不眩焉在，在乎择人。故将立德，必先近仁。欲此礼之不愆，是以尽乎行道之先民[71]。朝观夕览，何与书绅[72]？

若乃阶除连延，萧曼云征。梐槛邪张，钩错矩成[73]。楯类腾蛇，榴似琼英[74]。如螭之蟠，如虬之停[75]。玄轩交登，光藻昭明[76]。驺虞承献，素质仁形[77]。彰天瑞之休显，照远戎之来庭。阴堂承北，方轩九户。右个清宴，西东其宇[78]。连以永宁，安昌临圃[79]。遂及百子，后宫攸处。处之斯何，窈窕淑女。思齐徽音，聿求多祜[80]。其祜伊何，宜尔子孙。克明克哲，克聪克敏[81]。永锡难老，兆民赖止[82]。

于南则有承光前殿,赋政之宫[83]。纳贤用能,询道求中。疆理宇宙,甄陶国风[84]。云行雨施,品物咸融。其西则有左城右平,讲肄之场[85]。二六对陈,殿翼相当[86]。僻脱承便,盖象戎兵[87]。察解言归,譬诸政刑。将以行令,岂唯娱情。镇以崇台,实曰永始。复阁重闱,猖狂是俟[88]。京庾之储,无物不有[89]。不虞之戒,于是焉取。

尔乃建凌云之层盘,浚虞渊之灵沼[90]。清露瀼瀼,渌水浩浩[91]。树以嘉木,植以芳草。悠悠玄鱼,暐暐白鸟[92]。沈浮翱翔,乐我皇道。若乃虹龙灌注,沟洫交流。陆设殿馆,水方轻舟。篁栖鹓鹭,濑戏鰋鲉[93]。丰侔淮海,富赈山丘;丛集委积,焉可殚筹[94]?虽咸池之壮观,夫何足以比儔?

于是碣以高昌崇观,表以建城峻庐[95]。岧峣岑立,崔嵬峦居,飞阁干云,浮阶乘虚,遥目九野,远览长图,顾眺三市,孰有谁无[96]?睹农人之耘耔,亮稼穑之艰难。惟飨年之丰寡,思无逸之所叹[97]。感物众而思深,因居高而虑危。惟天德之不易,惧世俗之难知。观器械之良窳[98],察俗化之诚伪。瞻贵贱之所在,悟政刑之夷陂[99]。亦所以省风助教,岂惟盘乐而崇侈靡?屯坊列署,三十有二,星居宿陈,绮错鳞比,辛壬癸甲,为之名秩,房室齐均,堂庭如一[100]。出此入彼,欲反忘术。惟工匠之多端,固万变之不穷。物无难而不知,乃与造化乎比隆。儔天地以开基,并列宿而作制。制无细而不协于规景,作无微而不违于水臬[101]。故其增构如积,植木如林;区连域绝,叶比枝分[102];离背别趣,骈田胥附[103];纵横踰延,各有攸注[104]。公输荒其规矩,匠石不知其所斫。既穷巧于规摹,何彩章之未殚[105]。尔乃文以朱绿,饰以碧丹,点以银黄,烁以琅玕,光明熠爚,文彩璘班[106]。清风萃而成响,朝日曜而增鲜。虽昆仑之灵宫,将何以乎侈旃[107]。规矩既应乎天地,举措又顺乎四时。是以六合元亨,九有雍熙[108]。家怀克让之风,人咏康哉之诗[109]。莫不优游以自得,故淡泊而无所思。历列辟而论功,无今日之至治[110]。彼吴蜀之湮灭[111],固可翘足而待之。

然而圣上犹孜孜靡忒[112],求天下之所以自悟。招忠正之士,开公直之路。想周公之昔戒,慕咎繇之典谟[113]。除无用之官,省生事之故;绝流遁之繁礼,反民情于太素。故能翔岐阳之鸣凤,纳虞氏之白环[114]。苍龙觌于陂塘,龟书出于河源[115]。醴泉涌于池圃,灵芝生于丘园[116]。总神灵之贶佑,集华夏之至欢[117]。方四三皇而六五帝,曾何周夏之足言[118]!

【作者简介】

何晏(约193—249),字平叔,南阳宛(今河南南阳)人。汉大将军何进之孙,曹操为司空时纳其母,并收养晏。官至侍中、吏部尚书,为司马懿所杀。何晏主张儒道合同,引老以释儒,是魏晋玄学贵无派创始人。今存《论语集解》《景福殿赋》《道论》等。

【注释】

[1]"体天"二句:谓体天之意创立制度,顺时变化以立政刑。

[2]熙:光明。

[3]载祀:谓纪年。二三:谓明帝即位六年。

[4] 巡狩:谓巡视。

[5] 林钟:古乐律之一。古代十二月对应十二乐律,六月正对林钟。大火:谓东宫仲星氐、房、心三宿。其心宿中央红色大星六月份黄昏时分位于天空正南方。

[6] 桑梓:草木。庑:音 wǔ,通"芜",茂盛。

[7] 伊郁:烦热貌。

[8] 岷、越:谓蜀国、吴国。

[9] 昌:同"倡",建议。

[10] 一:动词。

[11] 攸戾:所达。戾:音 lì,达,止。旌:表,显示。

[12] 俞:表应允,犹言"好吧"。

[13] 辂:音 lù,车子。

[14] 鸠:召集。辑:凑集,利用。

[15] 东师:谓征吴之师。海孽:谓东吴。贿赂:财货。

[16] 层覆:指屋宇层叠。耽耽:深邃貌。

[17] 疏柱:画柱。汩越:明亮貌。坻鄂:堂基。锵锵:高貌。

[18] 桷翼:谓檐角如鸟翼。桷:通"檐"。翥:音 zhù,鸟飞。反宇:屋檐翻卷上翘。辴:音 niè,高貌。骧:音 xiāng,马昂首;此谓檐角上翘。

[19] 葳蕤:音 wēi ruí,众多貌。环玭:玉环和珍珠。玭:音 pín。

[20] 参旗:绘有日、月、星的旗帜。旒:音 liú,旗帜边缘悬垂的饰物。

[21] 旰旰:音 hàn,同皓皓、煌煌,盛明貌。

[22] 镐镐、铄铄、赫弈、章灼:谓光显昭明貌。铄:音 shuò。

[23] 退概:同翳蔽、暧昧、仿佛,谓幽深不明。蝒连:连绵不绝貌。

[24] 欑:音 cuán,聚。宏珪:壮美。珪:美。丰敞:宽敞。

[25] 博落:谓(屋宇)络绎相连。一象:一种景象。

[26] 彧彧:音 yù,文饰繁丽貌。大较:谓大致面貌。

[27] 甍:音 méng,屋脊。崔巍:高峻貌。黮霴:音 dàn duì,乌云堆集貌。企:立。岋岋:音 yè,高峻貌。届:到,往。

[28] 离朱:传说中视力极好的人。眩曜:谓眼花。

[29] 南端:谓宫殿正门,帝城正门朝南。笋虡:乐器架、悬钟磬。虡:音 jù。

[30] 杌:音 wù,摇动。丽陈:谓并列。二句谓架及乐器的纹饰。

[31] 訇磤:音 hōng yīn,雷声。

[32] 遐狄:谓狄人(塑像)。狄:古代北方氏族,体长。镣质:银质。轮菌:高大英武貌。

[33] 缀:音 cuì,间杂。紫榛:树木名。

[34] 商秋:谓秋天。青春:春天。

[35] 褰:音 qiān,撩起。

[36] 桁梧:音 héng wú,斗拱。

[37] 赩:音 xì,赤红色。螭:音 chī,传说中的无角龙。

[38] 阳荣:宫殿南檐。幽崖:宫殿北檐。

[39] 任重道远:谓椽拱交结、从南至北承重。庸:用。

[40] 髤:音 xiū,黑色漆。桷:音 jué,椽子。琬琰:玉名。琰:音 yǎn。文玙:饰彩瓦珰。

[41] 蜦:音 yūn,龙形蜿蜒貌。

[42]禁楄:谓附屋周四角檐下的短椽子。

[43]阳马:屋周四角的椽子,承短椽。员方:谓或圆或方的材料。

[44]赋:布。

[45]飞枊:斜椽,其形如飞鸟之翅。枊:音àng。辕:辕木,处椽下,承椽以荷众材。

[46]离离:分明貌。列钱:金钉。参见《未央宫》注[32]。

[47]㻭:音yàn,光盛貌。

[48]钩星:星名,九星相连如钩形。汉:银河。

[49]"骒徙"二句:谓屋顶繁复错落的营饰。骒:音guā,或为"蜗",蜗牛。县:通"悬"。

[50]茄蔤:芙蓉。蔤:音mì。吐披芙蓉:谓芙蓉花。

[51]缭:环绕。缀疏:李善:"绘五彩于刻镂之中。"

[52]翙韐:音xiá xiè,花开貌。离娄:雕镂。

[53]艳翁:谓红色荷花簇集。纤缛:精细繁盛貌。

[54]兰栭:兰香木制成的梁上短柱。筦数:置于头顶以负重的环形草垫。此谓短柱排列。矩设:谓列柱合乎规则。

[55]横枦:音jiān lù,曲短梁柱。各落:谓依次短落。栾:音luán,柱上曲木,两头受枦。天蛴:又长又粗貌。

[56]舄:音xì,同"砃",柱础。跋:谓柱脚。

[57]闺闼:内室。

[58]双枚:屋下重檐。修:长。桴:房屋的二梁。

[59]梶梠:音pí lǚ,屋檐板。

[60]班:次。句谓屋檐板犹护卫拱护。

[61]焯:音chǎn,灼热。

[62]埔垣:墙壁。砀:音dàng,有花纹的石头。

[63]落带:壁带。二等:谓金钉内置玉璧,悬列二重,故称。

[64]允塞:谓德信充塞天下。重华:指舜帝。

[65]虞姬:齐威王姬,曾助王致齐强盛。

[66]姜后:周宣王后。宣王曾晚起床,姜后谏之。寤:通"悟"。

[67]钟离:钟离春,战国齐无盐(今山东东平)人。貌奇丑而识大义,言四殆于齐宣王,获封王后。楚樊:楚庄王妃。曾与庄王论虞丘子之贤。退身:谓退不肖之位。

[68]班妾:班婕妤,汉成帝妃。

[69]广智:谓增广才智。

[70]眩真:谓使真性眩惑。

[71]愆:音qiān,过失,过错。

[72]书:书写。绅:古代士人束于衣外的大带。

[73]邳张:谓大力铺设。邳:音pí,同"丕",大。

[74]楯:音shǔn,栏槛。楹:音xí,楔。

[75]蟠:盘曲。

[76]轩:楯下板。登:升。藻:纹饰。

[77]驺虞:音zōu yú,传说中的黑纹白虎。

[78]个:东西厢房。清宴:殿名。西东其宇:谓东西走向。

[79]永宁等:均指殿名。

[80] 徽音:德音。聿:音 yù,语气助词。祜:福。

[81] 克:能。

[82] 锡:通"赐"。赖止:依赖。

[83] 承光:殿名,处皇城前部。赋政:布政。

[84] 疆理:治理。甄陶:谓理正(施政)。

[85] 堿:音 qì,台阶。讲肄:讲习武艺。肄:音 yì。

[86] 二六:谓两排对置,每排各六鞠室,每室一人。

[87] "僻脱"二句:谓蹴鞠(踢球)士兵腾挪轻捷,犹如身处战场一般。

[88] 猖狂:谓妄行之贼。俟:音 sì,防备。

[89] 庾:露天的谷仓。

[90] 虞渊:池沼名。

[91] 瀼瀼:音 ráng,露浓貌。

[92] 暟暟:音 hé,白皙貌。

[93] 篁:竹林。鹍:音 kūn,鸟名。濑:音 lài,激流。鰋鲉:音 yǎn chóu,谓鱼。

[94] 殚筹:难以计数。

[95] 碣:同"揭"。高昌、建城:二观名。

[96] 岧峣:音 tiáo yáo,高峻貌。峦居:谓殿室如连绵的山峦。浮阶:空中廊道。

[97] 飧年:享年,享国之年。

[98] 良窳:精良粗劣。窳:音 yǔ。

[99] 夷陂:谓公正偏斜。

[100] 屯坊:谓殿室连列。绮:屋宇错落呈现的纹络。辛壬癸甲:谓以天干次序排列房屋。

[101] 规景:树杆测日影以定殿宇走向。水臬:水准,定平整。

[102] 比:并列。

[103] 骈田:并列。胥附:互相附着。

[104] 攸注:所合。

[105] 规摹:谓规制摹画。殚:谓极致。

[106] 琅玕:音 láng gān,似珠美玉。熠爚:音 yì yuè,火焰貌。璘班:五彩缤纷。

[107] 旃:音 zhān,之,助词。

[108] 六合:谓四方和天地。元亨:善美。九有:九州。雍熙:和乐貌。

[109] 康哉之诗:谓歌颂太平之诗。典出《书·益稷》:"(皋陶)乃赓载歌曰:元首明哉,股肱良哉,庶事康哉。"歌词称颂君明臣良,诸事安宁。

[110] 辟:君主。

[111] 湮灭:灭亡。

[112] 靡:无。忒:音 tè,差错。

[113] 咎繇:音 gāo yáo,即皋陶,舜时掌刑狱。典谟:《尚书》中有《皋陶谟》等,述皋陶与舜论政事。

[114] 岐阳:岐山之阳。虞氏:指舜。白环:白玉。李善曰:舜时西王母献白环及珮。

[115] 觌:音 dí,见。

[116] 醴泉:甘泉。池圃:池塘、园圃。

[117] 贶:音 kuàng,赐。

[118]"方四"句:谓可与三皇五帝并列。四:谓今皇为第四皇。六:谓今皇为第六帝。

兰亭集序

晋·王羲之

【提要】

本文选自《晋书·王羲之传》(中华书局 1974 年版)。

晋穆帝永和九年(353)三月三日,王羲之和他的朋友谢安等 41 人在兰亭(今浙江绍兴)聚会,曲水流觞,饮酒赋诗,事后汇编成集。王羲之写下了这篇传颂千古的序言。

在玄风盛行的晋代,作者自然也流露出人生无常的情绪。其对流觞聚会的描述颇为生动,一定程度上反映了当时文人名士的冶游生活和营造山水亭园的旨趣。

永和九年[1],岁在癸丑。暮春之初,会于会稽山阴之兰亭,修禊事也[2]。群贤毕至,少长咸集。此地有崇山峻岭,茂林修竹。又有清流激湍,映带左右,引以为流觞曲水[3]。列坐其次[4],虽无丝竹管弦之盛,一觞一咏,亦足以畅叙幽情。

是日也,天朗气清,惠风和畅。仰观宇宙之大,俯察品类之盛[5],所以游目骋怀[6],足以极视听之娱,信可乐也!

夫人之相与,俯仰一世[7]。或取诸怀抱,晤言一室之内[8];或因寄所托,放浪形骸之外。虽趣舍万殊,静躁不同[9],当其欣于所遇,暂得于己,快然自足,不知老之将至。及其所之既倦,情随事迁,感慨系之矣。向之所欣,俯仰之间,已为陈迹,犹不能不以之兴怀[10],况修短随化,终期于尽?古人云:"死生亦大矣。"岂不痛哉?

每览昔人兴感之由,若合一契[11],未尝不临文嗟悼[12],不能喻之于怀。固知一死生为虚诞,齐彭殇[13]为妄作。后之视今,亦犹今之视昔,悲夫!故列叙时人,录其所述。虽世殊事异,所以兴怀,其致一也。后之览者,亦将有感于斯文。

【作者简介】

王羲之(303—361,一作 321—379),字逸少,琅琊临沂(今山东临沂)人,后徙居山阴(今浙江绍兴)。官至右军将军、会稽内史,世称王右军、王会稽。为人任性直率,胸襟豁达,深为时人敬重。

他是我国历史上最著名的书法家之一,人称"书圣"。作品有《兰亭序》《快雪时晴帖》《丧乱帖》等。诗文亦十分擅长,有《王右军集》传世。

【注释】

[1]永和九年:353 年。永和:东晋穆帝司马聃年号。

[2]会稽:郡名。在今江苏、浙江一带。修禊:古时,三月三日,民众到水边嬉戏,以被除不祥,称为修禊。禊:音 xì。

[3]流觞:修禊时的一种活动。以漆制羽觞,盛酒随溪水漂流,停在谁面前,谁便饮酒赋诗。

[4]列坐其次:谓依次坐在水边。

[5]品类:谓万物。

[6]游目骋怀:谓放眼四望,敞舒胸怀。

[7]俯仰:谓人生短暂。

[8]晤言:谓面对面交谈。

[9]趣舍:犹取舍。

[10]以之兴怀:谓由之产生感慨。

[11]契:契券。各持一半,两半合契则为凭信。

[12]嗟悼:哀伤悲叹。

[13]彭殇:犹言"寿夭"。语本《庄子·齐物论》。

芜 城 赋

南朝宋·鲍 照

【提要】

本文选自《昭明文选》(中华书局 1977 年版)。

《芜城赋》是南朝文学家鲍照的作品。

《芜城赋》是六朝抒情小赋的代表作之一,最为传诵。这篇赋写的是广陵(今扬州西北)昔盛今衰,抒发的是怀古之情和人生无常的感慨,无论思想内容还是艺术技巧都算得上是一篇杰作。

广陵,南朝宋时为文帝子竟陵王刘诞驻留。刘诞在广陵蓄精甲利兵,克力备武,宋孝武帝忌而惮之,多方用计而不奏效之后,于大明三年(459)四月遣兵攻打广陵。孝武部卒焚烧广陵城东门,填平护城沟堑,修整攻道,立行楼、土山并诸攻具,办法想尽但收效甚微。又逢大雨连绵,攻城迁延。孝武帝动怒,免主帅沈庆之官职,继而又下诏不予追究,以激其奋力攻城。庆之身先士卒,亲冒矢石,率部克广陵外城、内城,斩杀刘诞。战后,孝武帝欲尽杀广陵城中男女老少,后经沈庆之请求,犹杀男子3 000余,女悉充军赏。繁华历久的广陵顿成草莽之地。

这篇赋突出的特点是设置盛衰对比,运用夸张的笔墨渲染气氛。赋写"芜",但却从广陵昔日之盛写起,意在蓄势,追求强烈的对比效果。作为一篇抒情赋,《芜城赋》虽有汉大赋铺饰夸张痕迹,但粗线勾画的手法却避免了其堆砌板滞的弊病。最后一节"芜城之歌",安排得亦颇具匠心,余音袅袅,诵之令人哀伤不已。

写城官劫难的作品,此为开篇之作。城被毁后,星辰低垂、寒气透衣的时节,鲍照登临城楼,想昔日繁华铺地、歌吹沸天的广陵竟已是香销灯灭、光沉响绝,不觉黯然神伤,哀注笔端,于是有了本篇。

翻开历史长卷,变迁、战火,各种天灾人祸让多少智慧凝结而成的城池宫室灰飞烟灭! 人生无常,城亦无常!

沵迤平原,南驰苍梧涨海,北走紫塞雁门[1]。柂以漕渠,轴以昆岗[2]。重江复关之隩,四会五达之庄[3]。当昔全盛之时,车挂辖,人驾肩,廛闬[4]扑地,歌吹沸天。孳货盐田,铲利铜山[5]。才力雄富,士马精妍[6]。故能奓秦法,佚周令,划崇墉,刳浚洫,图修世以休命[7]。是以板筑雉堞之殷[8],井干烽橹之勤[9],格[10]高五岳,衰[11]广三坟,崪[12]若断岸,矗似长云[13]。制磁石以御冲,糊赪壤以飞文[14]。观基扃[15]之固护,将万祀而一君。出入三代,五百余载,竟瓜剖而豆分[16]。

泽葵依井,荒葛罥涂[17]。坛罗虺蜮,阶斗麏鼯[18]。木魅山鬼,野鼠城狐。风嗥雨啸,昏见晨趋。饥鹰厉吻,寒鸱嚇雏[19]。伏暴藏虎,乳血飧肤[20]。崩榛塞路,峥嵘古馗[21]。白杨早落,塞草前衰。稜稜霜气,蔌蔌风威。孤蓬自振,惊沙坐飞。灌莽杳而无际,丛薄纷其相依[22]。通池既已夷,峻隅[23]又以颓。直视千里外,唯见起黄埃。凝思寂听,心伤已摧。

若夫藻扃黼帐,歌堂舞阁之基[24];璇渊碧树,弋林钓渚之馆[25];吴蔡齐秦之声,鱼龙爵马之玩,皆熏歇烬灭,光沉响绝[26]。东都妙姬,南国丽人,蕙心纨质,玉貌绛唇,莫不埋魂幽石,委骨穷尘,岂忆同舆之愉乐,离宫之苦辛哉[27]?

天道如何,吞恨者多[28]。抽琴命操[29],为芜城之歌。歌曰:边风急兮城上寒,井径[30]灭兮丘陇残。千龄兮万代,共尽[31]兮何言!

【作者简介】

鲍照(约415—466),字明远。祖籍东海(治所在今山东郯城西南)。久居建康(今南京)。元嘉十六年(439),以诗谒见临川王刘义庆,任为临川国侍郎,宋孝武帝时官中书舍人、秣陵令等职。后转刑狱参军,故世称鲍参军。死于乱军之中。鲍照的诗、赋、文都有名篇。有《鲍参军集》传世,近人黄节有《鲍参军诗注》。

【注释】

[1]沵迤:音 mǐ yǐ,连绵斜平的样子。南驰:向南延伸。苍梧:汉代苍梧在今广西,治所

今梧州。涨海:即今南海。紫塞:谓长城。雁门:郡名,今山西朔州一带,其地有要塞名雁门关。

[2]柂:音 tuó,引。漕渠:谓运河。昆岗:指广陵岗,又名阜岗。句谓广陵城边有运河流过,城墙之下昆岗如车轴一般。

[3]隩:音 ào,山、水深曲处。庄:大道。

[4]軎:音 wèi,车轴末端。句谓车轴相碰,形容其多、其忙。廛闬:音 chán hàn,谓里巷之人繁多。廛:古代一户人家所占之地。闬:里巷之门。

[5]孽:滋生,此谓经营。铲利:谓谋利。二句谓广陵有生财的盐田,取利的铜山。

[6]妍:美好。句谓人精神,马壮实。

[7]夌:音 zhà,谓超过。佚:抛弃。墉:城墙。刳:音 kū,剖开,挖开。浚洫:深深的护城河。修世:永世。休:好。此数句谓超过秦朝城宫法度,抛弃周代规度,规划建设高峻的城墙。

[8]板筑:筑墙用的夹板和杵头。雉:墙高一丈长三丈谓一雉。堞:音 dié,城上齿状矮墙。殷:盛大。

[9]井干:谓筑城造屋的脚手架。烽:烽火台。橹:城墙上的望楼。勤:谓土工不息。

[10]格:高度。

[11]袤:宽广。

[12]崒:音 zú,高耸而险峻。

[13]矗似长云:谓墙高接云层。

[14]制磁石:谓以磁石制作城门。《三辅黄图》载:阿房宫"以木兰为梁,以磁石为门"。磁石为门,备防铁制利器入宫城。赪壤:红土泥巴。赪:音 chēng。文:通"纹",此谓墙上图案。

[15]基扃:谓城阙。

[16]三代:谓汉、魏、晋。瓜剖而豆分:谓如瓜豆般剖开。

[17]泽葵:苔藓类植物。罥:音 juàn,挂。句谓井边苔藓遍布,路边草葛乱挂。

[18]坛:土筑高台,引申为庭院。虺蜮:音 huì yù,毒蛇和一种能含沙射人的动物。麏:音 jūn,獐子。鼯:音 wú,鼯鼠,又称大飞鼠。

[19]吻:嘴唇。鸱:音 chī,鹞鹰。

[20]麏:音 bào,虎类猛兽。飧:音 sūn,吃。

[21]峥嵘:谓深险阴森。馗:通"逵",大道。

[22]灌莽:谓灌木杂树。杳:深远貌。丛薄:丛生的杂草。

[23]峻隅:谓高城。

[24]藻扃:饰彩之门。黼帐:绣花帐帷。

[25]璇渊:谓玉砌之池。弋林:弋射(鸟、禽)之林。

[26]熏:火烟。烬:火烧剩下的东西。

[27]蕙心:谓心如兰蕙。纨质:谓肤质如素绢。离宫:冷宫。

[28]吞恨:谓憾痛。

[29]抽:取出。命操:谱曲。

[30]井径:田间小路。

[31]共尽:谓一起灰飞烟灭。

梁建安王造剡山石城寺石像碑

南朝梁·刘　勰

【提要】

本文选自《〈会稽掇英总集〉点校》卷十六（人民出版社 2006 年 6 月版），参校《四库全书·会稽掇英总集》。

《梁建安王造剡山石城寺石像碑》记述的是南朝齐梁间一件盛事——在剡溪石城山造佛像。

文章详细记录了从齐永明四年（486）僧护来山中石室修行开始，时闻岩间仙乐之声，又现佛像之形，遂立愿造百尺弥勒；开凿积年，仅成面璞；随后，僧淑继力其事，亦因资力莫由而未果；最后到了梁天监十二年，建安王萧伟发愿，请定林寺僧佑专任像事。集数百工匠，凿岩壁五丈，终于镌成旷世鸿作——弥勒石像。

凿像场景虽然只有"扪虚梯汉，构立栈道。状奇肱之飞车，类仙腹之悬阁。高张图范，冠彩虹霓。椎凿响于霞上，剖石洒乎云表"等寥寥数句，但那种悬空作业、锤声轩响、碎石撒云的热闹劳作场面如在我们眼前，作者高超的刻画功夫令人叹为观止。

这件被誉为"不世之宝，无等之业"的弥勒像位于今浙江新昌县城西南的南明山石崖上。

夫道源虚寂，冥机[1]通其感；神理幽深，玄匠思其契[2]。是以四海将宁，先集威风之宝；九河方导，已致应龙之书[3]。况种智圆照，等觉遍知，扬万化于大千，擒亿形于法界[4]。当其云起摄诱之权，影现游戏之力，可胜言哉！自优昙[5]发华，而金姿诞应；娑罗[6]变叶，而塔像代兴。月喻论其迹隐，镜譬辩其常照。所以刻香望熛而自移，画木趣井而悬峙[7]；金刚泛海而遴集，石仪浮沪以遥渡[8]。并造由人功，而瑞表神力；形器之妙，犹或至此；法身之极，庸讵可思！

观夫石城[9]初立，灵证发于草创；弥勒建像，圣验显乎镌刻。原始要终，莫非祯瑞[10]。剡山峻绝，竞爽嵩华；涧崖烛银，岫巘蕴玉[11]。故六通之圣地，八辈之奥宇[12]。始有昙光比丘，雅修远离，与晋世于兰，同时并学[13]。兰以慧解[14]驰声，光以禅味消影。历游岩壑，晚届剡山，遇见石室，班荆宴坐[15]。始有雕虎造前，次有丹蟒依足，各受三皈，兹即引去[16]。后见山祇盛饰，造带讦谈，光说以苦谛，神奉以崖窟，遂结伽蓝，是名隐岳[17]。后兰公创寺，号曰元化。兹密通石城，而拱木扃阻，伯鸾所未窥，子平所不值[18]。似石桥之天断，犹桃源之地绝。荒茫以来，莫测年代;金刚欲基,斯路自启。野人伐木,始通山溪,翦棘艺麻,忽闻空响:此是佛地,不可种植。心悟神封,震惊而止。又光公禅室,耳属东岩,常闻弦管,韵动霄汉,流五结之妙声,凝九奏之清响[19]。由是兹山,号为天乐。

至齐永明四年,有僧护比丘,刻意苦节,戒品严净,进力坚猛,来憩隐岳,游观石城[20]。见其南骈两峰,北叠峻崿,东竦圆岑,西引斜岭[21]。四嶂相衔[22],郁如鹫岳;曲涧微转,焕若龙池。加以削成青壁,当于前巘[23],天诱其衷,神启其虑,心画目准,愿造弥勒,敬拟千尺,故坐形十丈。于是擎炉振铎,四众爰始胥宇[24],命曰石城。遂辅车两寺,鼎足而处[25]。克勤心力,允集劝助,疏凿积年,仅成面璞[26]。此外则硕树朦胧,巨藤交梗。后原燎及岗,林焚见石,有自然相光,正环像上,两际圆满,高焰峰锐,势超匠楷,功逾琢磨,法俗竦心,邑野惊观,佥曰冥造,非今朝也[27]。自护公神迁,事异人谢;次有僧淑比丘,纂修厥绪,虽劬劳招奖,夙夜匪懈,而运属齐末,资力莫由。千里废其积跬,百仞亏其覆篑[28]。

暨我大梁受历,道铸域中,秉玉衡而齐七政,协金轮而教十善[29]。地平天成,礼被乐洽。瞻行衢而交让,巡比屋其可封[30];慈化穆以风动,慧教涣[31]以景烛,般若炽于香城,表刹严于净土。希有之瑞,旦夕鳞集,难值之宝,岁时辐辏。镇南将军江州刺史建安王[32]道性自凝,神理独照,动容立礼,发言成德,英风峻于间平,茂绩盛乎鲁卫。自皇运惟新,宣力邦国,初镇樊沔[33],迁牧派江。酌实树声,鞅掌[34]于民政;率典颁职,密勿于官府[35]。炎凉舛和,爰动劳热,寝味贬常,兴居睽豫[36]。仁深祚远,德满庆钟。乘兹久祷之福,将致勿药之喜。所以休祯玄会,妙应旁通[37]。

有始丰县令吴郡陆咸[38],以天监六年十月二十二日,罢邑旋国,夕宿剡溪,值风雨晦冥,惊湍奔壮,中夜震惕,假寝危坐;忽梦沙门三人,乘流告曰:"君识性坚正,自然安隐;建安王感患未瘥,由于微障。剡县僧护造弥勒石像,若能成就,必获康复。冥理非虚,宜相开导。"咸还都经年,稍忘前梦。后出门遇僧,云听讲寄宿,因言:"去岁剡溪风雨之夜,嘱建安王事,犹忆此否?"咸当时怃然[39],答以"不忆"。道人笑曰:"但更思之!"仍即辞去,不肯留止。心悟非凡,倒屣谘访,而慢色颇形,诡辞难领[40]。拂衣高逝,直去靡回。百步追及,忽然不见。咸霍尔意解[41],且忆前梦,乃剡溪所见第三人也。再显灵机,重发神证,缘感昭灼,遂用滕启[42]。君王智境邈群,法忍超绝。迈优填之至心,逾波斯之建善[43];飨瑞言于群圣,膺福履于大觉。倍增恳到,会益喜舍。乃开藏写贝,倾邸散金,装严法身,誓取妙极[44]。以定林上寺祐律师[45],德炽释门,名盖净众,虚心弘道,忘己济物;加以贞鉴特达,研虑精深。乃延请东行,凭委经始,爰至启敕,专任像事。

律师应法若流,宣化如阳。扬舲浙水[46],驰锡禹山。于是扪虚梯汉[47],构立栈道,状奇肱之飞车,类仙腹之悬阁。高张图范,冠彩虹霓;椎凿响于霞上,剖石洒乎云表,命世之壮观,旷代之鸿作也。初,护公所镌,失在浮浅,乃铲入五丈,改造顶髻[48]。事虽因旧,功实创新。及岩窟既通,律师重履,方精成像躯,妙量尺度。时寺僧慧逞,梦黑衣大神,翼从风雨,立于龛前,商略分数[49]。是夜将旦,大风果起,拔木十围,压坏匠屋,师役数十[50],安寝无伤。比及诘朝[51],而律师已至。灵应之奇,类皆如此。既而谋猷四八之相,斟酌八十之好,虽罗汉之三观兜率,梵摩之再觇法身,无以加也[52]。寻岩壁缜密,表里一体,同影岫之缥章[53],均帝石之璁色,内无寸隙,外靡纤瑕,雕刻右掌,忽然横绝,改断下分,始合折中。方知自断之异,神匠所裁也。及身相克成,莹拭已定,当于胸万字,信宿隆起,色似飞丹,圆如植璧,感通之妙,孰可思议[54]!天工人巧,幽显符合。故光启宝仪,发挥胜相,磨砻[55]之术既极,绘事之艺方骋。弃俗图于史皇,追法画于波塞[56]。青腠与丹砂竞彩,白鋈共紫铣争耀[57];从容满月之色,赫奕聚日之辉[58]。至于顶礼仰虔,磬折肃望,如须弥之临大海,梵宫之峙上天[59]。说法视笑,似不违于咫尺;动地放光,若将发于俄顷,可使曼陀[60]逆风而献芬,旃檀随云而散馥。梵王四鹄[61],徘徊而不去;帝释千马,踯躅而忘归矣。

初,隐岳未开,野绝人径,有光公驯虎,时方雨雪,导迹污涂,始通西路。又东岩盘郁,千里联嶂,有石牛届止,至自始丰,因其蹄涔[62],遂启东道。寻石牛通岭[63],不资蜀丁之力;文虎摽径,无待为人之威。岂四天驱道,为像拓境者欤?以大梁天监十有二年,岁次鹑尾,二月十二日,开凿爰始,到十有五年,龙集涒滩[64],三月十五日,妆画云毕。像身坐高五丈,若立形,足至顶十丈,圆光四丈,座轮一丈五尺,从地随岌,光焰通高十丈[65]。自涅盘已后一百余年,摩竭提国始制石像,阿育轮王善容罗汉,检其所造,各止丈六。鸿姿巨相,兴我皇时,自非君王愿力之至,如来道应之深,岂能成不世之宝,建无等之业哉[66]!窃惟慈氏鼎来,拯斯忍刹,惟我圣运,福慧相符。固知翅城合契于今晨,龙华匪隔于来世[67]。四藏宝奇,可跷足而蹴;三会甘露,可洗心而待。睿王妙庆,现圣果于极乐;十方翾[68]动,蒙法缘而等度矣。思柱石于天梯,想灵碑于地塔;树兹绀碣,铭为胜幢,金刚既其比坚,铁围可与共久[69]。式奉偈赞,仍作颂曰:

　　法身靡二,觉号惟亿;百非绝名,万行焉测?群萌殊感,圣应分极;释尊隐化,慈氏现力。夐[70]哉住缘,邈矣来际!求名受别,无垢立誓。凝神寂天,降胎忍世,七获厥田,八万伊岁。夷荆沉砾,飞花散宝,夜燎明珠,晓漱翠草。一音阐法,三会入道,府岂虚植?缘固人造。曰梁启圣,皇实世雄。绀殿等化[71],赤泽均风。慈遍群有,智周太空;摄取严净,匡饰域中。英英哲王,德昭珪璧;乐善以居,礼仁是宅。慧动真应,福交瑞迹,仪彼旃檀,像兹宝石。五仞其广,百尺其衺,金颜日辉,绀螺云覆[72]。频果欲言,鹅纲将授。调御谁远?即心可觏。耆阇五峰[73],兹岳四岭,绿篆织烟,朱桂镂影。泉来石啸,风去岩净,梵释爰集,龙神载骋。至因已树,上果方凝,妙志何取?总驾大乘[74]。愿若有质,虚空弗胜。刹尘斯仰,邈劫永承。

【作者简介】

刘勰(约466—约539),字彦和,东莞郡莒县(今山东莒县)人。南朝齐、梁时期文学理论批评家。少孤、家贫,无力婚娶,曾依靠沙门僧祐居上定林寺10余年。梁武帝时,历任奉朝请、东宫通事舍人,世称刘舍人。晚年出家,法号慧地。他精研佛理,饱览经籍,著有《文心雕龙》《灭惑论》等。

【注释】

[1] 冥机:谓天机,天意。

[2] 玄匠:谓通神意之人。契:合。

[3] 应龙之书:谓帝王圣者受命祥瑞之书。

[4] 种智:佛教关于智慧的词汇之一,谓无所不知的佛智。法界:佛教语,谓各种事物的现象及本质。

[5] 优昙:优昙钵花,即无花果树。其花隐于花托内,一开即敛,不易看见。佛教认为优昙钵开花是佛的瑞应,称为祥瑞。

[6] 娑罗:梵音。即柳安,常绿大乔木,木质优良。

[7] 熛:音 biāo,火光。趣:趋。悬峙:谓悬立。

[8] 金刚:佛弟子。此谓金铜塑像。遴集:犹鳞集,谓多。石仪:石像。沪:捕鱼的竹栅,此谓水。

[9] 石城:谓剡山石城。剡山,在今浙江新昌。剡:音 shàn。

[10] 祯瑞:祥瑞。

[11] 岫𪩘:音 xiù yǎn,峰峦。

[12] 六通:佛教语。谓六种神通力。奥宇:谓天下。

[13] 昙光(286—396):东晋永和初(345)来剡县石城山,见南山一石室,歇其中修行。后信佛及学禅者于石室侧创立茅房,渐成寺宇,名隐岳寺。昙光年 110 岁坐化于寺。于兰:不详其人。

[14] 慧解:佛教语。谓智慧颖悟。

[15] 班荆:在地上铺开荆条坐下。宴:通"晏",安也。

[16] 雕虎:虎有似雕而成的斑纹,故称。丹蟒:赤红色蟒蛇。昙光初入剡山,群虎吼叫,山神作虎形蛇身来恐吓,光不惧。

[17] 山祇:山神。光入村乞讨,晚还石室,山神恐吓不倒昙光,遂曰:"即移章安县寒石山庄住。"以石室相让,遂定居。

[18] 伯鸾:东汉隐士梁鸿的字。后以之指隐逸不仕之人。子平:传说南北朝宋有徐子平,精于星命之学,故后世术士宗之。值:碰上,遇到。

[19] 耳属:谓石室犹如东岩上的一只耳朵。九奏:谓古代行礼奏乐九曲。

[20] 永明:齐朝萧赜年号,483—493 年。僧护(? —498):齐永明四年(486)来居石城山隐岳寺。寺北有青壁,直上数十丈,当中央有佛焰光之形,上有丛树,护每至壁所,则见光明焕炳,闻弦管歌赞之声,于是擎炉发愿:愿镌造十丈石佛。戒品:谓谨持戒律。

[21] 骈:并列。峻崿:高峻貌。岑:小而高的山。

[22] 嶂:谓山峰如屏障。

[23] 𪩘:山。

[24] 胥宇:谓察看房屋的地基和方向。

[25] 辅车:犹辅托。

[26] 面璞:谓佛面部大致模样。

[27] 原:平原。燎:火灾。匠楷:谓匠之典范之作。冥造:犹神造。

[28] 僧淑:齐末(501),僧淑继续凿修,然资力不济,未获完工。"千里"句:犹谓千里差半步。"百仞"句:犹谓百丈少半筐土。

[29] 玉衡:璇机玉衡。《尚书》:"在璇机玉衡,以齐七政。"金轮:佛教语。

[30] 比屋:谓家家户户。常喻众多,普遍。

[31]涣:散。

[32]建安王:南朝梁武帝萧衍同父异母弟萧伟征战中曾毁襄阳铜佛铸钱以助军。封建安王后,甚不安,引发恶疾,后得知石城山佛像事,派僧祐前往镌造。像成,其疾稍痊。

[33]樊沔:即今湖北襄樊市。

[34]鞅掌:谓职事繁忙。

[35]密勿:谓勤勉努力。

[36]舛和:谓生理失调而致病。睽豫:谓忧劳。睽:离。豫:愉快。

[37]休祯:吉祥的征兆。

[38]陆咸:梁天监六年(507),始丰(今浙江天台)令陆咸罢邑还国,夜宿剡溪,风雨交加,梦三道人来告:建安王感患未愈,造剡县石像可愈。咸还都经年渐忘前梦。经僧人提醒,驰启建安王。

[39]怃然:怅然失意貌。

[40]谘访:咨询访问。慢色:怠慢貌。

[41]霍尔:猛然。

[42]昭灼:光耀。滕:水向上腾涌。

[43]优填:即阿育王。古印度国王,曾大力推广佛教,建筑塔寺。波斯:今伊朗。

[44]开藏写贝:谓抄录佛经。

[45]定林:定林寺。位于今江苏南京城南约15公里处。祐:定林寺僧。受命前往专事造像。僧护所创,凿龛过浅,乃深入五丈,莹磨将毕,夜中忽当中"卐"字,色赤而隆起,不施金而赤。像天监十二年春完工。

[46]舲:音 líng,有窗小船。

[47]扪:抚持。汉:指天汉。

[48]顶髻:谓头顶的发髻。

[49]商略:品评,评论(佛像)。

[50]师役:谓施凿人员。

[51]诘朝:谓清晨。

[52]谋猷:谋略,谋划。兜率:佛教谓天分多层,四层称兜率天,内院是弥勒菩萨的净土,外院是天上众生居处。梵摩:谓佛教的护法神。

[53]缥章:忽隐忽现貌。缥:音 piāo。骢色:青白色。

[54]克成:完成。信宿:谓两三日。

[55]磨砻:磨石。

[56]史皇:即仓颉。传说中最早发明文字的人。波塞:或谓印度、波斯一带佛教发源地。

[57]青腹:一种青色矿物颜料。腹:音 huò。鋈:音 wù,白色金属。铣:音 xǐ,铣刀。

[58]赫奕:光辉美盛貌。

[59]罄折:音 qìng shé,曲躬如磬,表示谦恭。罄,同"磬",犹屈从。须弥:须弥山。佛采用印度传说中的须弥山指一个小世界的中心。

[60]曼陀:谓曼陀罗花。

[61]四鹄:谓四大金刚。

[62]蹄涔:谓蹄迹。涔:音 cén,谓雨水。

[63]崄:音 xiǎn,险阻。

[64]涒滩:岁阴申的别称。古代用以纪年。涒:音 tūn。

[65] 圆光:菩萨头顶的圆轮金光。座轮:谓蒲团。

[66] 愿力:谓善愿功德之力。

[67] 翅城:即天竺城。此城中有婆罗门名俱楼陀,聪明博达,天才超世,国人皆悉尊敬。龙华:龙华树。弥勒菩萨在树下开法会三次济度世人。

[68] 翾:音 xuān,小飞,急。

[69] 绀碣:黑中透红的石碑。幢:犹标记。铁围:犹铁围桶。

[70] 敻:音 xuàn,营求。

[71] 绀殿:谓佛寺。

[72] 绀螺:谓发髻。

[73] 耆阇:耆阇崛山的省称。又译灵鹫山,是释迦牟尼说法之地。

[74] 大乘:佛教派别。强调利他,普度众生。北传中国后又有发展。

释 老 志（一）

北齐·魏 收

【提要】

本文选自《魏书》(中华书局 1976 年版)。

本文是印度佛教东传中国历史的一篇极为重要的史料。

在这篇文字里,作者详细记录了佛教东传的最初时间、在北方中国的中国化及兴衰曲折。

佛教在北魏一朝的发展极为隆盛。带头礼君的法果说:"太祖明睿好道,即是当今如来,沙门宜应尽礼。"因此,他出任了北魏朝廷最高僧官。《洛阳伽蓝记》中记载,北魏都城洛阳"招提栉比,宝塔骈罗"。大同、洛阳这些曾经作为国都的地方大肆开凿石窟。鼎盛时,魏境有寺 3 万所,僧尼 200 万人。

可是,佛教在北魏同样遭受过毁灭性打击,发动打击的人就是太武帝。喜好穷兵黩武的太武帝在崔浩等人的鼓动下,在太延四年(438)颁旨令 50 岁以下沙门一律还俗;445 年,以沙门藏兵器"必与盖吴(北魏关中农民起义首领)通谋,欲为乱耳"为名开了杀戒;至太平真君七年二月(446 年 3 月),魏太武帝下令:先尽诛天下沙门,毁诸佛像。今后再敢言佛者,一律满门抄斩!

以后各代北魏君主大多采取了宽容或者管束措施,佛教在曲折中不断中国化,最终至唐代成为中土色彩浓厚的宗教。

大人有作,司牧生民,结绳以往,书契所绝,故靡得而知焉[1]。自羲轩已还,至于三代,其神言秘策,蕴图纬之文,范世率民,垂坟典之迹[2]。秦肆其毒,灭于灰烬;汉采遗籍,复若丘山。司马迁区别异同,有阴阳、儒、墨、名、法、道德六家之义。刘歆著《七略》[3],班固志《艺文》,释氏之学,所未曾纪。案汉武元狩中,遣霍去病讨匈奴,至皋兰,过居延,斩首大获[4]。昆邪王杀休屠王,将其众五万来降。获其金人,帝以为大神,列于甘泉宫。金人率长丈余,不祭祀,但烧香礼拜而已。此则佛道流通之渐也。

及开西域,遣张骞使大夏还,传其旁有身毒国,一名天竺,始闻有浮屠之教[5]。哀帝元寿[6]元年,博士弟子秦景宪受大月氏王使伊存口授浮屠经。中土闻之,未之信了也[7]。后孝明帝夜梦金人,项有日光,飞行殿庭,乃访群臣,傅毅始以佛对[8]。帝遣郎中蔡愔、博士弟子秦景等使于天竺,写浮屠遗范[9]。愔仍与沙门摄摩腾、竺法兰东还洛阳。中国有沙门及跪拜之法,自此始也。愔又得佛经《四十二章》及释迦立像。明帝令画工图佛像,置清凉台及显节陵上,经缄于兰台石室[10]。愔之还也,以白马负经而至,汉因立白马寺于洛城雍门西。摩腾、法兰咸卒于此寺。

(北魏)山西大同云冈石窟第十二窟东壁浮雕

浮屠正号曰佛陀,佛陀与浮图声相近,皆西方言,其来转为二音。华言译之则谓净觉,言灭秽成明,道为圣悟。凡其经旨,大抵言生生之类,皆因行业而起。有过去、当今、未来,历三世,识神常不灭。凡为善恶,必有报应。渐积胜业,陶冶粗鄙,经无数形,藻练神明[11],乃致无生而得佛道。其间阶次心行,等级非一,皆缘浅以至深,藉微而为著。率在于积仁顺,蠲嗜欲,习虚静而成通照也。故其始修心则依佛、法、僧,谓之三归[12],若君子之三畏也。又有五戒,去杀、盗、淫、妄言、饮酒,大意与仁、义、礼、智、信同,名为异耳。云奉持之,则生天人胜处,亏犯则坠鬼畜诸苦。又善恶生处,凡有六道焉[13]。

诸服其道者,则剃落须发,释累辞家,结师资[14],遵律度,相与和居,治心修净,行乞以自给。谓之沙门,或曰桑门,亦声相近,总谓之僧,皆胡言也。僧,译为和命众,桑门为息心,比丘为行乞。俗人之信凭道法者,男曰优婆塞,女曰优婆夷[15]。其为沙门者,初修十诫,曰沙弥,而终于二百五十,则具足成大僧。妇入道者曰比丘尼。其诫至于五百,皆以□为本,随事增数,在于防心、摄身[16]、正口。心去贪、恚、痴,身除杀、淫、盗,口断妄、杂、诸非正言,总谓之十善道。能具此,谓之三业清净[17]。凡人修行粗为极。云可以达恶善报,渐阶圣迹。初阶圣者,有三种人,其根业各差[18],谓之三乘,声闻乘、缘觉乘、大乘[19]。取其可乘运以至道为名。此三人恶迹已尽,但修心荡累,济物进德。初根人为小乘,行四谛法;中根人为中乘,受十二因缘;上根人为大乘,则修六度。虽阶三乘,而要由修进万行,拯度亿流[20],弥历长远,乃可登佛境矣。

【作者简介】

魏收(506—572),字伯起,巨鹿(今属河北)人。年十五,能属文,有华彩。仕北魏、北齐历官太学博士、著作郎、中书令等。收虽以文才显于当时,然其行鄙,其上奏书表时见其党齐毁魏,褒贬肆情,以致众怒沸腾,《魏书》也有"秽史"之号。北齐朝廷两次命魏收修改,始成定本,即传下来的这部《魏书》。

【注释】

[1]大人:谓先贤圣人。司牧:管理,统治。结绳:上古无文字,结绳以记事。书契:谓文字记载。

[2]羲轩:谓伏羲氏和轩辕黄帝。坟典:典籍。

[3]刘歆(?—23):字子骏,西汉末古文经学派的创始人,目录学家、天文学家。著有《七略》《三统历谱》等。

[4]元狩:汉武帝刘彻年号,前122—前117年。霍去病(前140—前117):河东平阳(今山西临汾)人,西汉大将军卫青外甥。元狩二年春夏,霍两度率精骑击匈奴,均大获全胜。皋兰:今甘肃兰州附近。居延:今宁夏居延县。

[5]张骞(?—前114):字子文,西汉成固(今陕西城固)人。公元前139年,两度受命率人赴西域。大夏:今阿富汗北部。身毒:今印度。浮屠:谓佛教。

[6]元寿:西汉哀帝刘欣年号,前2—前1年。

[7]信了:信从明了。

[8]孝明帝:名刘庄,在位18年,年号永平(58—75)。

[9]遗范:谓佛留下的法式、规范,或曰遗像。

[10]清凉台:位于洛阳白马寺,曾是汉明帝乘凉、读书的地方。显节陵:汉明帝陵寝,位于今河南洛阳邙山南。缄:封。

[11]藻练:修养磨炼。

[12]三归:亦谓三皈。

[13]六道:谓众生轮回的六去处:天道、人道、阿修罗道、畜生道、饿鬼道和地狱道。

[14]师资:师弟、师徒。资,为师所施教之资材,即弟子。

[15]优婆塞:信男。谓在家奉三宝、受五戒之男居士。优婆夷:信女。

[16]摄身:犹引身。

[17]三业:佛教语。谓身业、口业、意业,或谓善业、恶业、无记业(非善非恶业)。

[18]根业:谓根性与业力。

[19]声闻乘:称闻佛言教悟苦、集、灭、道四谛之真理而得道者。缘觉乘:佛教以车乘喻教法。佛说法一般分为声闻、缘觉、菩萨三乘,或加人乘、天乘为五乘。缘觉即三乘或五乘中之一乘。大乘:公元1世纪左右形成的佛教派别。大乘强调利他、普度一切众生。

[20]亿流:犹众生。佛谓众生由三惑之所流转,漂泊三界,不能返于涅槃彼岸。

所谓佛者,本号释迦文者,译言能仁,谓德充道备,堪济万物也。释迦前有六佛,释迦继六佛而成道,处今贤劫[1]。文言将来有弥勒佛,方继释迦而降世。释迦即天竺迦维卫国王之子。天竺其总称,迦维别名也。初,释迦于四月八日夜,从母右胁而生。既生,姿相超异者三十二种。天降嘉瑞以应之,亦三十二。其《本起经》说之备矣。释迦生时,当周庄王九年[2]。《春秋·鲁庄公》七年夏四月,恒星不见,夜明,是也。至魏武定八年[3],凡一千二百三十七年云。释迦年三十成佛,导化群生,四十九载,乃于拘尸那城娑罗双树间[4],以二月十五日而入般槃涅。涅槃译云灭度,或言常乐我净,明无迁谢及诸苦累也。

诸佛法身有二种义,一者真实,二者权应[5]。真实身,谓至极之体,妙绝拘累,不得以方处期,不可以形量限,有感斯应,体常湛然[6]。权应身者,谓和光六道[7],同尘万类,生灭随时,修短应物,形由感生,体非实有。权形虽谢,真体不迁,但时无妙感,故莫得常见耳。明佛生非实生,灭非实灭也。佛既谢世,香木焚尸。灵骨分碎,大小如粒,击之不坏,焚亦不焦,或有光明神验,胡言谓之"舍利"。弟子收奉,置之宝瓶,竭香花[8],致敬慕,建宫宇,谓为"塔"。塔亦胡言,犹宗庙也,故世称塔庙。于后百年,有王阿育[9],以神力分佛舍利,役诸鬼神,造八万四千塔,布于世界,皆同日而就。今洛阳、彭城、姑臧、临淄皆有阿育王寺,盖成其遗迹焉[10]。释迦虽般涅槃,而留影迹爪齿于天竺,于今犹在。中土来往,并称见之。

初,释迦所说教法,既涅槃后,有声闻弟子大迦叶、阿难[11]等五百人,撰集著录。阿难亲承嘱授,多闻总持,盖能综核深致,无所漏失。乃缀文字,撰载三藏十二部经,如九流之异统,其大归终以三乘为本。后数百年,有罗汉、菩萨相继著论,赞明经义,以破外道[12],《摩诃衍》,大、小《阿毗昙》,《中论》,《十二门论》,《百法论》,《成实论》等是也。皆傍诸藏部大义,假立外问,而以内法释之[13]。

【注释】

[1]贤劫:佛教宏观的时间观念之一。谓释迦佛等千佛出世的现在劫。

[2]周庄王九年:有误。释迦牟尼降生于公元前623年,圆寂于前543年,约当周襄王至周景王时。

[3]武定:东魏孝静帝元善见年号,543—536年。

[4]拘尸那城:在今印度。双树:佛教中有双林入灭的传说。

[5]法身:谓证得清净自性,成就一切功德之身。权应:与"真实"对应,丁福保谓佛生非实生、灭非实灭也。

[6]湛然:清澈貌。

[7]和光:语出《老子》:和其光,同其尘。谓与尘俗相合而不自立异。

[8]竭:谓让香花干燥。

[9]王阿育:古印度王子,初奉婆罗门教,后皈依佛教。执政后,颁布众多佛教治国的敕令,派员到国外传教。

[10]彭城:今江苏徐州。姑臧:今甘肃武威。临淄:今山东淄博东。

[11]大迦叶:佛十大弟子之一。人格清廉,佛入灭后,为教团首领,于王舍城召集第一次经典结集。阿难:亦为佛十弟子之一。善记忆,誉为多闻第一。天生俊美,出家后常受妇女诱惑,志操坚固。其对佛法传持功绩极大。

[12]外道:佛教徒称本教以外的宗教及思想为外道。

[13]内法:谓佛教教义。

汉章帝时,楚王英喜为浮屠斋戒,遣郎中令奉黄缣白纨三十匹,诣国相以赎愆[1]。诏报曰:"楚王尚浮屠之仁祠,洁斋三月,与神为誓,何嫌何疑,当有悔吝。其还赎,以助伊蒲塞、桑门之盛馔。"[2]因以班示诸国。桓帝时,襄楷言佛陀、黄老道以谏,欲令好生恶杀,少嗜欲,去奢泰,尚无为[3]。魏明帝曾欲坏宫西佛图。外国沙门乃金盘盛水,置于殿前,以佛舍利投之于水,乃有五色光起,于是帝叹曰:"自非灵异,安得尔乎?"遂徙于道东,为作周阁百间。佛图故处,凿为濛汜池[4],种芙蓉于中。后有天竺沙门昙柯迦罗[5]入洛,宣译戒律,中国戒律之始也。自洛中构白马寺,盛饰佛图,画迹甚妙,为四方式。凡宫塔制度,犹依天竺旧状而重构之,从一级至三、五、七、九。世人相承,谓之"浮图",或云"佛图"。晋世,洛中佛图有四十二所矣。汉世沙门,皆衣赤布,后乃易以杂色。

【注释】

[1]汉章帝:东汉刘炟(dá),76—88年在位。楚王英:汉光武刘秀庶子。他是个有野心之人,借信佛名义结交方士。汉明帝削其王位后,自杀。

[2]伊蒲塞:谓在家受五戒的男佛徒。桑门:沙门的异译,僧侣。

[3]桓帝:东汉桓帝刘志,147—167年在位。襄楷:字公矩,平原(今属山东济南)人,好学博古,善天文阴阳之术。

[4]濛汜池:在洛阳皇宫西。濛汜,音méng sì,古谓日落处。

[5]昙柯迦罗:中国佛教史上首创为僧人传戒的印度人。出身大富之家,天资过人。

晋元康中,有胡沙门支恭明译佛经《维摩》《法华》、三《本起》等[1]。微言隐义,未之能究。后有沙门常山卫道安[2]性聪敏,日诵经万余言,研求幽旨。慨无师匠,独坐静室十二年,覃思构精,神悟妙赜,以前所出经,多有舛驳,乃正其乖谬[3]。石勒时,有天竺沙门浮图澄,少于乌苌国就罗汉入道,刘曜时到襄国[4]。后为石勒所宗信,号为大和尚,军国规谟颇访之,所言多验。道安曾至邺[5]候澄,澄见而异之。澄卒后,中国纷乱,道安乃率门徒,南游新野[6]。欲令玄宗在所流布,分遣弟子,各趣诸方[7]。法汰诣扬州,法和入蜀,道安与慧远之襄阳[8]。道安后入符坚,坚素钦[9]德问,既见,宗以师礼。时西域有胡沙门鸠摩罗什[10],思通法门,道安思与讲释,每劝坚致罗什。什亦承安令问,谓之东方圣人,或时遥拜致敬。道安卒后二十余载而罗什至长安,恨不及安,以为深慨。道安所正经义,与罗什译出,符会如一[11],初无乖舛。于是法旨大著中原。

【注释】

[1]元康:晋惠帝司马衷年号,291—299年。支恭明(200—252):名谦,一名越,大月氏人。通六国语言。其译佛经在忠实原著基础上,力求文丽、简约,多用意译。

[2]常山:今河北正定。卫道安(314—385):中国佛教史上划时代的佛教学者和僧团领袖。

[3]覃思:深思。赜:音zé,深奥、玄妙。

[4]石勒(274—333):字世龙,上党武乡(今山西榆社)人,为十六国后赵始主,在位15年卒。在位时定九流,崇儒学,兴佛教。乌苌国:古印度属国,在今巴基斯坦北部。刘曜(?—328):字永明,十六国前赵国君,被石勒所灭。襄国:今河北邢台。

[5]邺:今河北临漳西南。

[6]新野:今河南新野。

[7]玄宗:佛教的深奥旨意。趣:往。

[8]法汰(320—387):东莞(今山东沂水)人,般若学派六家七宗中本无异宗代表人物。法和:前秦僧,荥阳(今属河南)人,避乱入蜀,后又参与道安长安译经工作。慧远(334—416):东晋名僧。雁门楼烦(今山西宁武)人,本姓贾,在东林寺修行30余年,为道安后佛教领袖。

[9]钦:敬佩。

[10]鸠摩罗什(344—413):龟兹国(今新疆疏勒)人,7岁随母出家,曾游天竺。是东晋时一大译经家。

[11]符会:符合。

魏先建国于玄朔[1],风俗淳一,无为以自守,与西域殊绝,莫能往来。故浮图之教,未之得闻,或闻而未信也。及神元与魏、晋通聘,文帝又在洛阳,昭成又至襄国,乃备究南夏佛法之事[2]。太祖平中山,经略燕赵,所迳郡国佛寺,见诸沙门、道士,皆致精敬,禁军旅无有所犯[3]。帝好黄老,颇览佛经。但天下初定,戎车屡动,庶事草创,未建图宇,招延僧众也。然时时旁求。先是,有沙门僧朗,与其徒隐于泰山之琨瑞谷[4]。帝遣使致书,以缯、素、旖罽、银钵为礼。今犹号曰朗公谷焉。天兴元年[5],下诏曰:"夫佛法之兴,其来远矣。济益之功,冥及存没,神踪遗轨,信可依凭。其敕有司,于京城建饰容范[6],修整宫舍,令信向之徒,有所居止。"是岁,始作五级佛图、耆阇崛山及须弥山殿,加以缋饰[7]。别构讲堂、禅堂及沙门座,莫不严具焉。太宗践位,遵太祖之业,亦好黄老,又崇佛法,京邑四方,建立图像,仍令沙门敷导民俗[8]。

初,皇始中,赵郡有沙门法果,诚行精至,开演法籍[9]。太祖闻其名,诏以礼征赴京师。后以为道人统,绾摄僧徒[10]。每与帝言,多所惬允,供施甚厚。至太宗,弥加崇敬,永兴中[11],前后授以辅国、宜城子、忠信侯、安成公之号,皆固辞。帝常亲幸其居,以门小狭,不容舆辇,更广大之。年八十余,泰常中卒[12]。未殡,帝三临其丧,追赠老寿将军、越胡灵公。初,法果每言,太祖明叡好道[13],即是当今如来,沙门宜应尽礼,遂常致拜。谓人曰:"能鸿道者人主也,我非拜天子,乃是礼佛耳。"法果四十,始为沙门。有子曰猛,诏令袭果所加爵。帝后幸广宗[14],有沙门昙证,年且百岁。邀见于路,奉致果物。帝敬其年老志力不衰,亦加以老寿将军号。

是时,鸠摩罗什为姚兴[15]所敬,于长安草堂寺集义学八百人,重译经本。罗什聪辩有渊思,达东西方言。时沙门道彤、僧略、道恒、道禤[16]、僧肇[17]、昙影等,与罗什共相提挈,发明幽致。诸深大经论十有余部,更定章句,辞义通明,至今沙门共所祖习。道彤等皆识学洽通,僧肇尤为其最。罗什之撰译,僧肇常执笔,定诸辞义,注《维摩经》,又著数论,皆有妙旨,学者宗之。

又沙门法显[18],慨律藏不具,自长安游天竺。历三十余国,随有经律之处,学其书语,译而写之。十年,乃于南海师子国[19],随商人泛舟东下。昼夜昏迷,将二百日。乃至青州长广郡[20]不其劳山,南下乃出海焉。是岁,神瑞二年也[21]。法显所迳诸国,传记之,今行于世。其所得律,通译未能尽正。至江南,更与天竺禅师跋陀罗辩定之,谓之《僧祇律》,大备于前,为今沙门所持受。先是,有沙门法领,从扬州入西域,得《华严经》本。定律后数年,跋陀罗共沙门法业重加译撰,宣行于时。

【注释】

[1] 玄朔:北方。

[2] 神元:谓北魏道武帝拓跋珪(371—409),与晋室通聘后,即信奉佛教。文帝:即北魏孝文帝元宏,471—499 年在位。昭成:北魏宗室,北魏烈帝遗命继承人,未果。南夏:在今内蒙鄂尔多斯境。

[3] 太祖:谓道武帝。迳:同"经"。

[4] 僧朗:俗姓李,北朝京兆(今陕西西安)人,入泰山琨瑞谷,聚徒建寺讲佛,受南燕、北魏帝王尊奉,"大起殿舍,连楼累阁"(郦道元《水经注》)。琨瑞:疑为"琨瑛",音 kūn ruǎn,美石。

[5] 天兴:拓拔珪年号,398—403 年。

[6] 容范:容貌风范。

[7] 耆阇崛山:即灵鹫山。缋饰:谓彩饰。缋,音 huì。

[8] 太宗:即北魏明元帝拓跋嗣,409—423 年在位。

[9] 皇始:道武帝年号,396—397 年。法果:北魏朝廷首任僧官。称皇帝即"当今如来","我非拜天子,乃是礼佛耳。"

[10] 绾摄:统领,掌握。

[11] 永兴:明元帝拓跋嗣年号,409—413 年。

[12] 泰常:明元帝年号,416—423 年。

[13] 明叡:同"明睿",谓聪明睿智。

[14] 广宗:今河北威县东南。

[15] 姚兴(366—416):字子略,姚苌长子,后秦国主。是十六国中为数不多的有为君主,兴儒学,倡佛教。

[16] 禤:音 biǎo。

[17] 僧肇(384—414):东晋时著名僧人,俗姓张。随罗什译经十余年,是其门下最年轻、

最有成就的弟子之一。

[18]法显(334—420):东晋平阳郡武阳(今山西临汾)人,一说上党襄垣(今属山西)人,佛教著名革新人物,也是第一位赴海外取经的中土佛徒。

[19]师子国:即今斯里兰卡。

[20]长广郡:今属山东。郡治在不其县城(今即墨市境),崂山在其境内。

[21]神瑞:北魏明元帝年号,414—415年。

世祖[1]初即位,亦遵太祖、太宗之业,每引高德沙门,与其谈论。于四月八日,舆诸佛像,行于广衢,帝亲御门楼,临观散花,以致礼敬。

先是,沮渠蒙逊[2]在凉州,亦好佛法。有罽宾[3]沙门昙摩谶,习诸经论。于姑臧[4],与沙门智嵩等,译《涅槃》诸经十余部。又晓术数、禁咒[5],历言他国安危,多所中验。蒙逊每以国事谘之。神麚[6]中,帝命蒙逊送谶诣京师,惜而不遣。既而,惧魏威责,遂使人杀谶。谶死之日,谓门徒曰:“今时将有客来,可早食以待之。”食讫而走使至。时人谓之知命。智嵩亦爽悟,笃志经籍。后乃以新出经论,于凉土教授[7]。辩论幽旨,著《涅槃义记》。戒行峻整,门人齐肃。知凉州将有兵役,与门徒数人,欲往胡地。道路饥馑,绝粮积日,弟子求得禽兽肉,请嵩强食。嵩以戒自誓,遂饿死于酒泉之西山。弟子积薪焚其尸,骸骨灰烬,唯舌独全,色状不变。时人以为诵说功报。凉州自张轨[8]后,世信佛教。敦煌地接西域,道俗交得其旧式,村坞相属,多有塔寺。太延[9]中,凉州平,徙其国人于京邑,沙门佛事皆俱东,象教弥增矣。寻以沙门众多,诏罢年五十已下者。

世祖初平赫连昌[10],得沙门惠始,姓张。家本清河,闻罗什出新经,遂诣长安见之,观习经典。坐禅于白渠北,昼则入城听讲,夕则还处静坐。三辅有识多宗之。刘裕[11]灭姚泓,留子义真镇长安,义真及僚佐皆敬重焉。义真之去长安也,赫连屈丐追败之,道俗[12]少长咸见坑戮。惠始身被白刃,而体不伤。众大怪异,言于屈丐。屈丐大怒,召惠始于前,以所持宝剑击之,又不能害,乃惧而谢罪。统万[13]平,惠始到京都,多所训导,时人莫测其迹。世祖甚重之,每加礼敬。始自习禅,至于没世,称五十余年,未尝寝卧。或时跣行,虽履泥尘,初不污足,色愈鲜白,世号之曰白脚师。太延[14]中,临终于八角寺,齐洁端坐,僧徒满侧,凝泊而绝。停尸十余日,坐既不改,容色如一,举世神异之。遂瘗寺内[15]。至真君六年[16],制城内不得留瘗,乃葬于南郊之外。始死十年矣,开殡俨然,初不倾坏。送葬者六千余人,莫不感恸。中书监高允[17]为其传,颂其德迹。惠始冢上,立石精舍,图其形像。经毁法时,犹自全立。

【注释】

[1]世祖:即北魏太武帝拓跋焘,424—452年在位。晚年崇道灭佛,是“三武灭佛”人物之一。

[2]沮渠蒙逊(386—433):临松卢水(今甘肃张掖黑河)人,十六国北凉的建立者。史称其“雄才有英略,滑稽善权变”(《晋书》)。

[3]罽宾:今克什米尔。罽,音jì。

[4]姑臧:今甘肃武威。

[5]禁咒:古代一种以真气、符咒等祛邪克异、禳除灾害的法术。

[6]神䴥:太武帝年号,428—431年。䴥:音jiā。

[7]凉土:谓北凉域内。

[8]张轨(225—314):字士彦,安定乌氏(今甘肃平凉市)人,十六国时前凉政权的奠基者之一。

[9]太延:北魏太武帝年号,435—439年。

[10]赫连昌:十六国夏国主,公元428年被北魏生俘,封秦王,旋被杀。

[11]刘裕(363—422):字德舆,小名寄奴,京口(今江苏镇江)人。废晋帝即位,国号宋,史称南朝宋。416年,身为东晋太尉的刘裕乘后秦姚兴新丧举兵北伐,克洛阳,占长安,生俘后秦国主姚泓至建康而杀之。

[12]道俗:出家之人与世俗之人。

[13]统万:今陕西靖边。时十六国夏都城。

[14]太延:北魏太武帝年号,公元435—440年。

[15]瘗:音yì,埋葬。

[16]真君六年:445年。

[17]高允(390—487):北魏大臣,学者。字伯恭,渤海(今属河北)人,为人刚正清廉,不畏权势。前后历事5帝,居要职50余年。

世祖即位,富于春秋。既而锐志武功,每以平定祸乱为先。虽归宗佛法,敬重沙门,而未存览经教,深求缘报之意。及得寇谦之[1]道,帝以清净无为,有仙化之证,遂信行其术。时司徒崔浩[2],博学多闻,帝每访以大事。浩奉谦之道,尤不信佛,与帝言,数加非毁,常谓虚诞,为世费害。帝以其辩博,颇信之。会盖吴[3]反杏城,关中骚动,帝乃西伐,至于长安。先是,长安沙门种麦寺内,御骖[4]牧马于麦中,帝入观马。沙门饮从官酒,从官入其便室,见大有弓矢矛盾,出以奏闻。帝怒曰:"此非沙门所用,当与盖吴通谋,规害人耳!"命有司案诛一寺,阅其财产[5],大得酿酒具及州郡牧守富人所寄藏物,盖以万计。又为屈室[6],与贵室女私行淫乱。帝既忿沙门非法,浩时从行,因进其说。诏诛长安沙门,焚破佛像,敕留台下四方令,一依长安行事。又诏曰:"彼沙门者,假西戎虚诞,妄生妖孽,非所以一齐政化,布淳德于天下也。自王公已下,有私养沙门者,皆送官曹,不得隐匿[7]。限今年二月十五日,过期不出,沙门身死,容止[8]者诛一门。"

时恭宗[9]为太子监国,素敬佛道。频上表,陈刑杀沙门之滥,又非图像之罪。今罢其道,杜诸寺门,世不修奉,土木丹青,自然毁灭。如是再三,不许。乃下诏曰:"昔后汉荒君[10],信惑邪伪,妄假睡梦,事胡妖鬼,以乱天常,自古九州之中无此也。夸诞大言,不本人情。叔季之世[11],暗君乱主,莫不眩焉。由是政教不行,礼义大坏,鬼道炽盛,视王者之法,蔑如也。自此以来,代经乱祸,天罚亟行,生民死尽,五服之内,鞠为丘墟,千里萧条,不见人迹,皆由于此[12]。朕承天绪,属当穷运之弊,欲除伪定真,复羲农之治。其一切荡除胡神,灭其踪迹,庶无谢于风氏矣。

自今以后,敢有事胡神及造形像泥人、铜人者,门诛。虽言胡神,问今胡人,共云无有。皆是前世汉人无赖子弟刘元真、吕伯强之徒[13],接乞胡之诞言,用老庄之虚假,附而益之,皆非真实。至使王法废而不行,盖大奸之魁也。有非常之人,然后能行非常之事。非朕孰能去此历代之伪物!有司宣告征镇诸军、刺史,诸有佛图形像及胡经,尽皆击破焚烧,沙门无少长悉坑之。"是岁,真君七年[14]三月也。恭宗言虽不用,然犹缓宣诏书,远近皆豫闻知,得各为计。四方沙门,多亡匿获免,在京邑者,亦蒙全济。金银宝像及诸经论,大得秘藏。而土木宫塔,声教所及,莫不毕毁矣。

始谦之与浩同从车驾,苦与浩诤,浩不肯,谓浩曰:"卿今促年受戮,灭门户矣。"后四年,浩诛,备五刑,时年七十。浩既诛死,帝颇悔之。业已行,难中修复。恭宗潜欲兴之,未敢言也。佛沦废终帝世,积七八年。然禁稍宽弛,笃信之家,得密奉事,沙门专者,犹窃法服诵习焉。唯不得显行于京都矣。

先是,沙门昙曜有操尚,又为恭宗所知礼。佛法之灭,沙门多以余能自效,还欲求见。曜誓欲守死,恭宗亲加劝喻,至于再三,不得已,乃止。密持法服器物,不暂离身,闻者叹重之。

【注释】

[1]寇谦之(365—448):名谦,字辅真。北魏著名道士,北天师道(新天师道)的改革者和代表人物。

[2]崔浩(? —450):字伯渊,清河东武城(今河北清河东北)人。博览经史,善书法,笃信道教。因纂国史开罪拓跋氏,450 年被诛。

[3]盖吴:卢水胡人,445 年,盖吴在杏城(今陕西黄陵西南)起义,上表附南朝宋,部众盛时达 10 余万。

[4]御驺:掌马官,兼掌御事。

[5]阅:清点。

[6]屈室:屈曲隐蔽之室。

[7]官曹:官府。

[8]容止:容留。

[9]恭宗:拓跋晃,太武帝长子,延和元年(432)立为太子。正平元年(451)卒,庙号恭宗。

[10]后汉:即东汉。

[11]叔季之世:谓末世将乱的时代。

[12]亟:音 jí,迅速,急。五服:五代。鞠为丘墟:谓祖坟荒颓,无人祭拜。

[13]刘元真:汉人,中州名僧。吕伯强:生平事迹不详。

[14]真君七年:446 年。

高宗践极[1],下诏曰:"夫为帝王者,必祗奉明灵,显彰仁道,其能惠著生民,济益群品者,虽在古昔,犹序其风烈[2]。是以《春秋》嘉崇明之礼,祭典载功施之族。况释迦如来功济大千,惠流尘境,等生死者叹其达观,览文义者贵其妙明,助王政之禁律,益仁智之善性,排斥群邪,开演正觉[3]。故前代已来,莫不崇尚,亦我国家常所尊事也。世祖太武皇帝,开广边荒,德泽遐及。沙门道士善行纯诚,惠始之伦,无远不至,风义相感,往往如林。夫山海之深,怪物多有,奸淫之徒,得容假托,讲寺之中,致有凶党。是以先朝因其瑕衅,戮其有罪。有司失旨,一切禁断。景穆皇帝每为慨然,值军国多事,未遑修复。朕承洪绪,君临万邦,思述先志,以隆斯道。今制诸州郡县,于众居之所,各听建佛图一区,任其财用,不制会限。其好乐道法,欲为沙门,不问长幼,出于良家,性行素笃,无诸嫌秽,乡里所明者,听其出家。率大州五十,小州四十人,其郡遥远台者十人。各当局分,皆足以化恶就善,播扬道教也。"天下承风,朝不及夕,往时所毁图寺,仍还修矣。佛像经论,皆复得显。

京师沙门师贤,本罽宾国王种人,少入道,东游凉城,凉平赴京。罢佛法时,师贤假为医术还俗,而守道不改。于修复日,即反沙门,其同辈五人。帝乃亲为下发。师贤仍为道人统。是年,诏有司为石像,令如帝身。既成,颜上足下,各有黑石,冥同帝体上下黑子。论者以为纯诚所感。兴光元年秋[4],敕有司于五级大寺内,为太祖已下五帝,铸释迦立像五,各长一丈六尺,都用赤金二万五千斤。太安初[5],有师子国胡沙门邪奢遗多、浮陀难提等五人,奉佛像三,到京都。皆云,备历西域诸国,见佛影迹及肉髻[6],外国诸王相承,咸遣工匠,摹写其容,莫能及难提所造者,去十余步,视之炳然,转近转微。又沙勒胡沙门,赴京师致佛钵并画像迹。

和平初[7],师贤卒。昙曜代之,更名沙门统。初昙曜以复佛法之明年,自中山被命赴京,值帝出,见于路,御马前衔曜衣,时以为马识善人。帝后奉以师礼。昙曜白帝,于京城西武州塞[8],凿山石壁,开窟五所,镌建佛像各一。高者七十尺,次六十尺,雕饰奇伟,冠于一世。昙曜奏:平齐户及诸民,有能岁输谷六十斛入僧曹者,即为"僧祇户",粟为"僧祇粟",至于俭岁,赈给饥民。又请民犯重罪及官奴以为"佛图户",以供诸寺扫洒,岁兼营田输粟。高宗并许之。于是僧祇户、粟及寺户,遍于州镇矣。昙曜又与天竺沙门常那邪舍等,译出新经十四部。又有沙门道进、僧超、法存等,并有名于时,演唱诸异。

【注释】

[1]高宗:即拓跋浚,北魏文成帝,庙号高宗,452—465年在位。

[2]风烈:谓风教德业。

[3]正觉:佛教语。谓真正的觉悟,成佛。

[4]兴光元年:454年。

[5]太安:北魏文成帝拓跋浚年号,455—459年。

[6]肉髻:传说释迦牟尼头顶有肉团隆起如髻。

[7]和平:文成帝年号,460—465年。

[8]武州塞:今山西大同西16公里有武周山,昙曜始在此开凿佛窟,所塑佛像风格强悍,西域色彩浓厚。

显祖[1]即位,敦信尤深,览诸经论,好老庄。每引诸沙门及能谈玄之士,与论理要[2]。初,高宗太安末,刘骏[3]于丹阳中兴寺设斋。有一沙门,容止独秀,举众往目,皆莫识焉。沙门惠璩起问之,答名惠明。又问所住,答云,从天安寺来。语讫,忽然不见。骏君臣以为灵感,改中兴为天安寺。是后七年而帝践祚,号天安元年[4]。是年,刘彧[5]徐州刺史薛安都始以城地来降。明年,尽有淮北之地。其岁,高祖诞载[6]。于时起永宁寺,构七级佛图,高三百余尺,基架博敞,为天下第一。又于天宫寺,造释迦立像。高四十三尺,用赤金十万斤,黄金六百斤。皇兴中[7],又构三级石佛图。榱栋楣楹,上下重结,大小皆石,高十丈。镇固巧密,为京华壮观。

【注释】

[1]显祖:北魏献文帝拓跋弘,466—470年在位。

[2]理要:谓事理要旨。

[3]刘骏(430—464):南朝宋第五位皇帝。初封武陵王。是宋诸帝中较有才华的皇帝和诗人。丹阳:今属江苏。

[4]天安元年:466年。

[5]刘彧(439—472):南朝宋明帝,466—472年在位。

[6]高祖:北魏孝文帝元宏,生于467年。

[7]皇兴:拓跋弘年号,467—470年。

高祖践位,显祖移御北苑崇光宫,览习玄籍。建鹿野佛图于苑中之西山,去崇光右十里,岩房禅堂,禅僧居其中焉。

延兴二年[1]夏四月,诏曰:"比丘不在寺舍,游涉村落,交通奸猾,经历年岁。令民间五五相保,不得容止。无籍之僧,精加隐括[2],有者送付州镇,其在畿郡,送付本曹。若为三宝巡民教化者,在外赍州镇维那文移[3],在台者赍都维那等印牒[4],然后听行。违者加罪。"又诏曰:"内外之人,兴建福业,造立图寺,高敞显博,亦足以辉隆至教矣。然无知之徒,各相高尚,贫富相竞,费竭财产,务存高广,伤杀昆虫含生之类。苟能精致,累土聚沙,福钟不朽。欲建为福之因,未知伤生之业。朕为民父母,慈养是务。自今一切断之。"又诏曰:"夫信诚则应远,行笃则感深,历观先世灵瑞,乃有禽兽易色,草木移性。济州东平郡[5],灵像发辉,变成金铜之色。殊常之事,绝于往古;熙隆[6]妙法,理在当今。有司与沙门统昙曜令州送像达都,使道俗咸睹实相之容,普告天下,皆使闻知。"

三年十二月,显祖因田鹰获鸳鸯一,其偶悲鸣,上下不去。帝乃恻然[7],问左右曰:"此飞鸣者,为雌为雄?"左右对曰:"臣以为雌。"帝曰:"何以知?"对曰:"阳性刚,阴性柔,以刚柔推之,必是雌矣。"帝乃慨然而叹曰:"虽人鸟事别,至于资识性情,竟何异哉!"于是下诏,禁断鸳鸯[8],不得畜焉。

承明元年八月[9],高祖于永宁寺,设太法供[10],度良家男女为僧尼者百有余人,帝为剃发,施以僧服,令修道戒,资福于显祖。是月,又诏起建明寺。太和元年二月[11],幸永宁寺设斋,赦死罪囚。三月,又幸永宁寺设会,行道听讲,命中、秘二省与僧徒讨论佛义,施僧衣服、宝器有差。又于方山[12]太祖营垒之处,建思远寺。自兴光至此,京城内寺新旧且百所,僧尼二千余人,四方诸寺六千四百七十八,僧尼七万七千二百五十八人。四年春,诏以鹰师为报德寺。九年秋,有司奏,上谷郡比丘尼惠香,在北山松树下死,尸形不坏。尔来三年,士女观者有千百。于时人皆异之。十年冬,有司又奏:"前被敕以勒籍之初,愚民侥幸,假称入道,以避输课[13],其无籍僧尼罢遣还俗。重被旨,所检僧尼,寺主、维那当寺隐审。其有道行精勤者,听仍在道;为行凡粗者,有籍无籍,悉罢归齐民。今依旨简遣,其诸州还俗者,僧尼合一千三百二十七人。"奏可。十六年诏:"四月八日、七月十五日,听大州度一百人为僧尼,中州五十人,下州二十人,以为常准,著于令。"十七年,诏立《僧制》四十七条。十九年四月,帝幸徐州白塔寺。顾谓诸王及侍官曰:"此寺近有名僧嵩法师,受《成实论》于罗什,在此流通。后授渊法师,渊法师授登、纪二法师。朕每玩《成实论》,可以释人染情[14],故至此寺焉。"时沙门道登,雅有义业,为高祖眷赏,恒侍讲论。曾于禁内与帝夜谈,同见一鬼。二十年卒,高祖甚悼惜之,诏施帛一千匹。又设一切僧斋,并命京城七日行道。又诏:"朕师登法师奄至徂背[15],痛怛摧恸,不能已已。比药治慎丧,未容即赴,便准师义,哭诸门外。"缁素荣之。又有西域沙门名跋陀,有道业,深为高祖所敬信。诏于少室山阴,立少林寺而居之,公给衣供。二十一年五月,诏曰:"罗什法师可谓神出五才,志入四行者也。今常住寺,犹有遗地[16],钦悦修踪,情深遐远,可于旧堂所,为建三级浮图。又见逼昏虐,为道殄躯[17],既暂同俗礼,应有子胤,可推访以闻,当加叙接。"

先是,立监福曹,又改为昭玄,备有官属,以断僧务。高祖时,沙门道顺、惠觉、僧意、惠纪、僧范、道弁、惠度、智诞、僧显、僧义、僧利,并以义行知重。

【注释】

[1] 延兴二年:472 年。

[2] 隐括:同"隐栝"。审度,查核。

[3] 维那:又作都维那,为寺院中统理僧众杂事之职僧。文移:文书。

[4] 印牒:印札,公文。

[5] 东平:今属山东。

[6] 熙隆:兴盛。

[7] 惕然:警觉省悟貌。

[8] 鸷:击杀鸟也。

[9] 承明:北魏孝文帝元宏年号,476 年。

[10] 法供:佛教语。谓对佛、法、僧三宝的供养。

[11] 太和:孝文帝元宏年号,477—499 年。

[12] 方山:位于今山西方山县,为国家级森林生态型自然保护区。

[13] 输课:谓纳捐交税。

[14] 染情:谓世俗之情。

[15] 奄至:突然地。徂背:亡故。徂,音 cú。

[16] 遗地:谓空闲的土地。

[17] 殄躯:谓献身。殄:音 tiǎn,尽竭。

世宗即位，永平元年秋[1]，诏曰：缁素既殊，法律亦异。故道教彰于互显，禁劝各有所宜。自今已后，众僧犯杀人已上罪者，仍依俗断，余悉付昭玄[2]，以内律僧制治之。二年冬，沙门统惠深上言："僧尼浩旷，清浊混流，不遵禁典，精粗莫别。辄与经律法师群议立制：诸州、镇、郡维那、上坐、寺主，各令戒律自修，咸依内禁，若不解律者，退其本次。又，出家之人，不应犯法，积八不净物[3]。然经律所制，通塞有方。依律，车牛净人[4]，不净之物，不得为己私畜。唯有老病年六十以上者，限听一乘。又，比来僧尼，或因三宝，出贷私财。缘州外[5]。又，出家舍著，本无凶仪，不应废道从俗。其父母三师，远闻凶问，听哭三日。若在见前，限以七日。或有不安寺舍，游止民间，乱道生过，皆由此等。若有犯者，脱服还民。其有造寺者，限僧五十以上，启闻听造。若有辄营置者[6]，处以违敕之罪，其寺僧众摈出外州。

僧尼之法，不得为俗人所使。若有犯者，还配本属。其外国僧尼来归化者，求精检有德行合三藏者听住，若无德行，遣还本国，若其不去，依此僧制治罪。"诏从之。

先是，于恒农荆山造珉玉丈六像一[7]。三年冬，迎置于洛滨之报德寺，世宗躬观致敬。

四年夏，诏曰："僧祇之粟，本期济施，俭年出贷，丰则收入。山林僧尼，随以给施；民有窘弊，亦即赈之。但主司冒利，规取赢息，及其征责，不计水旱，或偿利过本，或翻改券契，侵蠹贫下，莫知纪极[8]。细民嗟毒，岁月滋深。非所以矜此穷乏，宗尚慈拯之本意也。自今已后，不得传委维那、都尉，可令刺史共加监括[9]。尚书检诸有僧祇谷之处，州别列其元数，出入赢息，赈给多少，并贷偿岁月，见在未收，上台录记。若收利过本，及翻改初券，依律免之，勿复征责。或有私债，转施偿僧，即以丐民，不听收检。后有出贷，先尽贫穷，征债之科，一准旧格。富有之家，不听辄贷。脱仍冒滥，依法治罪。"

又尚书令高肇奏言[10]："谨案：故沙门统昙曜，昔于承明元年，奏凉州军户赵苟子等二百家为僧祇户，立课积粟，拟济饥年，不限道俗，皆以拯施。又依内律，僧祇户不得别属一寺。而都维那僧暹、僧频等，进违成旨，退乖内法，肆意任情，奏求逼召，致使吁嗟之怨，盈于行道，弃子伤生，自缢、溺死五十余人。岂是仰赞圣明慈育之意，深失陛下归依之心。遂令此等，行号巷哭，叫诉无所，至乃白羽贯耳[11]，列讼宫阙。悠悠之人，尚为哀痛，况慈悲之士，而可安之。请听苟子等还乡课输，俭乏之年，周给贫寡，若有不虞，以拟边捍。其暹等违旨背律，谬奏之愆，请付昭玄，依僧律推处。"诏曰："暹等特可原之，余如奏。"

世宗笃好佛理，每年常于禁中，亲讲经论，广集名僧，标明义旨。沙门条录，为《内起居》焉。上既崇之，下弥企尚[12]。至延昌中[13]，天下州郡僧尼寺，积有一万三千七百二十七所，徒侣逾众。

【注释】

　[1]世宗：北魏宣武帝元恪，庙号世宗。永平：世宗年号，508—511年。

[2]昭玄:北魏建昭玄寺,为僧尼之总管所。

[3]八不净物:佛教语。谓金、银、奴婢、牛、羊、仓库及贩卖、耕种等八种禁止比丘、比丘尼蓄积或从事之物。

[4]净人:谓奉侍比丘僧的俗人。丁福保谓:其人解比丘之净语,故称。

[5]缘州外:原注:按此三字文义不相连,疑有讹脱。

[6]辄:谓擅自。营置:谋划安排。

[7]恒农:在今河南三门峡市境。

[8]纪极:限度,终极。

[9]监括:监督搜括。

[10]高肇:字首文,孝文皇后之兄,尚孝文帝元宏妹高平公主。以外戚掌重权,后被孝明帝元诩赐死。

[11]白羽贯耳:谓状诉冤情者交塞耳鼓。白羽:又名羽檄,本谓征调军队的文书,插羽以示紧急。

[12]企尚:谓争相崇尚。

[13]延昌:宣武帝元恪年号,512—515年。

熙平元年[1],诏遣沙门惠生使西域,采诸经律。正光三年冬[2],还京师。所得经论一百七十部,行于世。

二年春,灵太后令曰[3]:"年常度僧,依限大州应百人者,州郡于前十日解送三百人,其中州二百人,小州一百人。州统、维那与官及精练简取充数。若无精行,不得滥采。若取非人,刺史为首,以违旨论,太守、县令、纲僚节级连坐,统及维那移五百里外异州为僧。自今奴婢悉不听出家,诸王及亲贵,亦不得辄启请。有犯者,以违旨论。其僧尼辄度他人奴婢者,亦移五百里外为僧。僧尼多养亲识及他人奴婢子,年大私度为弟子,自今断之。有犯还俗,被养者归本等。寺主听容一人,出寺五百里,二人千里。私度之僧,皆由三长罪不及已,容多隐滥。自今有一人私度,皆以违旨论。邻长为首,里、党各相降一等。县满十五人,郡满三十人,州镇满三十人,免官,僚吏节级连坐。私度之身,配当州下役。"时法禁宽褫[4],不能改肃也。

景明初,世宗诏大长秋卿白整准代京灵岩寺石窟[5],于洛南伊阙山[6],为高祖、文昭皇太后营石窟二所。初建之始,窟顶去地三百一十尺。至正始二年中[7],始出斩山二十三丈。至大长秋卿王质,谓斩山太高,费功难就,奏求下移就平,去地一百尺,南北一百四十尺。永平中[8],中尹刘腾奏为世宗复造石窟一[9],凡为三所。从景明元年至正光四年六月已前,用功八十万二千三百六十六。肃宗熙平中[10],于城内太社西,起永宁寺。灵太后亲率百僚,表基立刹。佛图九层,高四十余丈,其诸费用,不可胜计。景明寺佛图,亦其亚也。至于官私寺塔,其数甚众。

神龟元年冬,司空公、尚书令、任城王澄奏曰[11]:

仰惟高祖,定鼎嵩瀍[12],卜世悠远。虑括终始,制治天人,造物开符,垂之万叶。故都城制云,城内唯拟一永宁寺地,郭内唯拟尼寺一所,余悉城郭之外。欲令永遵此制,无敢逾矩。逮景明之初,微有犯禁。故世宗仰修先志,爰发明旨,城内不造立浮图、僧尼寺舍,亦欲绝其希觊[13]。文武二帝,岂不爱尚佛法,盖以道俗殊归,理无相乱故也。但俗眩虚声,僧贪厚润,虽有显禁,犹自冒营。至正始三年,沙门统惠深有违景明之禁,便云:"营就之寺,不忍移毁,求自今已后,更不听立。"先旨含宽,抑典从请。前班之诏,仍卷不行,后来私谒,弥以奔竞[14]。永平二年,深等复立条制,启云"自今已后,欲造寺者,限僧五十已上,闻彻听造。若有辄营置者,依俗违敕之罪,其寺僧众,摈出外州。"尔来十年,私营转盛,罪摈之事,寂尔无闻。岂非朝格虽明,恃福共毁,僧制徒立,顾利莫从者也。不俗不道,务为损法,人而无厌,其可极乎!

夫学迹冲妙[15],非浮识所辩;玄门旷寂,岂短辞能究。然净居尘外,道家所先,功缘冥深,匪尚华遁。苟能诚信,童子聚沙[16],可迈于道场;纯陀俭设,足荐于双树[17]。何必纵其盗窃,资营寺观。此乃民之多幸,非国之福也。然比日私造,动盈百数。或乘请公地,辄树私福;或启得造寺,限外广制。如此欺罔,非可稍计。臣以才劣,诚忝工务,奉遵成规,裁量是总。所以披寻旧旨,研究图格,辄遣府司马陆昶、属崔孝芬,都城之中及郭邑之内检括寺舍,数乘五百,空地表刹,未立塔宇,不在其数。民不畏法,乃至于斯!自迁都已来,年逾二纪,寺夺民居,三分且一。高祖立制,非徒欲使缁素殊途[18],抑亦防微深虑。世宗述之,亦不锢禁营福,当在杜塞未萌。今之僧寺,无处不有。或比满城邑之中,或连溢屠沽之肆[19],或三五少僧,共为一寺。梵唱屠音,连檐接响,像塔缠于腥臊,性灵没于嗜欲,真伪混居,往来纷杂。下司因习而莫非,僧曹对制而不问。其于污染真行,尘秽练僧,薰莸同器[20],不亦甚欤!往在北代,有法秀之谋;近日冀州,遭大乘之变。皆初假神教,以惑众心,终设奸诳,用逞私悖。太和之制,因法秀而杜远;景明之禁,虑大乘之将乱。始知祖宗睿圣,防遏处深。履霜坚冰,不可不慎。

昔如来阐教,多依山林,今此僧徒,恋著城邑。岂湫隘是经行所宜[21],浮谊必栖禅之宅[22],当由利引其心,莫能自止。处者既失其真,造者或损其福,乃释氏之糟糠,法中之社鼠[23],内戒所不容,王典所应弃矣。非但京邑如此,天下州、镇僧寺亦然。侵夺细民,广占田宅,有伤慈矜,用长嗟苦。且人心不同,善恶亦异。或有栖心真趣,道业清远者;或外假法服,内怀悖德者。如此之徒,宜辨泾渭。若雷同一贯,何以劝善。然睹法赞善,凡人所知;矫俗避嫌,物情同趣。臣独何为,孤议独发。诚以国典一废,追理至难,法网暂失,条纲将乱。是以冒陈愚见,两愿其益。

臣闻设令在于必行,立罚贵能肃物。令而不行,不如无令。罚不能肃,孰与亡罚。顷明诏屡下,而造者更滋,严限骤施,而违犯不息者,岂不以假福托善,幸罪不加。人殉其私,吏难苟劾[24]。前制无追往之辜,后旨开自今之恕,悠悠世情,遂忽成法。今宜加以严科,特设重禁,纠其来违,惩其往失。脱不峻检,方垂容借[25],恐今旨虽明,复如往日。又旨令所断,标榜礼拜之处,悉听不禁。愚以为,树榜无常,礼处难验,欲云有造,立榜证公,须营之辞,指言尝礼。如此则徒有禁名,实通造路。且徒御已后,断诏四行,而私造之徒,不惧制旨。岂是百官有司,怠于奉法?将由网漏禁宽,容托有他故耳。如臣愚意,都城之中,虽有标榜,营造粗功,事可改立者,请依先制。在于郭外,任择所便。其地若买得,券证分明者,听其转之。若官地盗作,即令还官。若灵像既成,不可移撤,请依今敕,如旧不禁,悉令坊内行止,不听毁坊开门,以妨里内通巷。若被旨者,不在断限。郭内准此商量。其庙像严立,而逼近屠沽,请断旁屠杀,以洁灵居。虽有僧数,而事在可移者,今就闲敞,以避隘陋。如今年正月敕后造者,求依僧制,案法科治。若僧不满五十者,共相通容,小就大寺,必令充限。其地卖还,一如上式。自今外州,若欲造寺,僧满五十已上,先令本州表列,昭玄量审,奏听乃立。若有违犯,悉依前科。州郡已下,容而不禁,罪同违旨。庶仰遵先皇不朽之业,俯奉今旨慈悲之令,则绳墨可全,圣道不坠矣。

奏可。未几,天下丧乱,加以河阴之酷,朝士死者,其家多舍居宅,以施僧尼,京邑第舍,略为寺矣。前日禁令,不复行焉。

【注释】

[1] 熙平:北魏孝明帝元诩年号,516—518 年。

[2] 正光:孝明帝年号,520—525 年。

[3] 灵太后:北魏司徒胡国珍女,初为尼,宣武召入掖宫,立为后。

[4] 褫:音 chǐ,夺去。

[5] 白整:上党(今山西长治一带)人,太监,有家室,家财巨万。代京灵岩寺石窟:即今大同云冈石窟。

[6] 伊阙山:又称龙门山、钟山。在今洛阳西南。

[7] 正始:宣武帝年号,504—508 年。

[8] 永平:宣武帝年号,508—512 年。

[9] 中尹:宦官名。

[10] 肃宗:即北魏孝明帝。熙平:孝明帝年号,516—518 年。

[11] 神龟元年:518 年。任城王澄:即元澄,封任城王。

[12] 嵩瀍:嵩山、瀍河,均在今河南境内。此谓定都洛阳。

[13] 希觊:妄想。

[14] 奔竞:谓为名利而奔走争竞。

[15] 冲妙:谓玄妙。

[16] 童子聚沙:谓年幼慕道,学佛论道。

[17] 俭设:俭朴的供设。双树:亦称双林,是释迦牟尼入灭处。

[18] 缁素:谓僧俗。僧徒衣黑,俗衣素,故称。

[19] 连溢:犹充塞。

[20] 薰莸:薰,香草,莸,音 yóu,臭草。此谓香臭。

[21] 湫隘:低洼狭小。

[22] 浮谊:谓喧哗。

[23] 社鼠:社庙中的鼠。喻有所依恃的小人。

[24] 劾:审理,判决。

[25] 容借:宽容。

元象元年秋[1],诏曰:"梵境幽玄,义归清旷,伽蓝净土,理绝嚣尘。前朝城内,先有禁断,自聿来迁邺[2],率由旧章。而百辟士民[3],届都之始,城外新城,并皆给宅。旧城中暂时普借,更拟后须,非为永久。如闻诸人,多以二处得地,或舍旧城所借之宅,擅立为寺。知非已有,假此一名。终恐因习滋甚,有亏恒式。宜付有司,精加隐括。且城中旧寺及宅,并有定帐,其新立之徒,悉从毁废。"冬,又诏:"天下牧守令长,悉不听造寺。若有违者,不问财之所出,并计所营功庸[4],悉以枉法论。"

兴和[5]二年春,诏以邺城旧宫为天平寺。

世宗以来至武定末[6],沙门知名者,有惠猛、惠辨、惠深、僧暹、道钦、僧献、道晞、僧深、惠光、惠显、法荣、道长,并见重于当世。

自魏有天下,至于禅让,佛经流通,大集中国,凡有四百一十五部,合一千九百一十九卷。正光已后[7],天下多虞[8],工役尤甚,于是所在编民,相与入道,假慕沙门,实避调役,猥滥之极,自中国之有佛法,未之有也。略而计之,僧尼大众二百万矣,其寺三万有余。流弊不归,一至于此,识者所以叹息也。

【注释】

　　[1]元象:东魏孝静帝元善见年号,539—542年。

　　[2]聿:语气词。邺:今河北临漳西南。

　　[3]百辟:百官。

　　[4]功庸:工程的耗费。

　　[5]兴和:东魏孝静帝年号,539—542年。

　　[6]武定:孝静帝年号,543—550年。

　　[7]正光:孝明帝年号,520—525年。

　　[8]虞:忧。

释 老 志(二)

北齐·魏 收

【提要】

　　本文选自《魏书》(中华书局1976年版)。

　　道教作为中国本土宗教,发源于东汉末,定型于北魏时代。

　　本篇详细介绍了道教与北魏朝廷的联姻过程。以寇谦之为代表的道教徒好仙道,事导引,得辟谷,不断丰富道教典籍,终于在崔浩的力荐之下获得朝廷支持。世祖亲至道坛,受符箓,道教一时兴盛。而其时,佛教则受到毁灭性的打击。

　　寇谦之在北魏,综合秦、汉、魏、晋的神仙方士之术,及役使鬼神、符箓、法术等流派,形成初期正式道教的规模。

北魏皇帝亲为选定道观地点,敕营建造,亦为一时盛事。

本篇与《释老志》(一)原为一篇。

道家之原,出于老子。其自言也,先天地生,以资万类。上处玉京[1],为神王之宗;下在紫微[2],为飞仙之主。千变万化,有德不德,随感应物,厥迹无常。授轩辕于峨嵋,教帝喾于牧德,大禹闻长生之诀,尹喜受道德之旨[3]。至于丹书紫字,升玄飞步之经;玉石金光,妙有灵洞之说。如此之文,不可胜纪。其为教也,咸蠲去邪累,澡雪心神,积行树功,累德增善,乃至白日升天,长生世上[4]。所以秦皇、汉武,甘心不息。灵帝[5]置华盖于濯龙,设坛场而为礼。及张陵[6]受道于鹄鸣,因传天宫章本千有二百,弟子相授,其事大行。斋祠跪拜,各成法道。有三元九府[7]、百二十官,一切诸神,咸所统摄。又称劫数[8],颇类佛经。其延康、龙汉、赤明、开皇之属,皆其名也。及其劫终,称天地俱坏。其书多有禁秘,非其徒也,不得辄观。至于化金销玉,行符敕水,奇方妙术,万等千条,上云羽化飞天,次称消灾灭祸。故好异者往往而尊事之。

【注释】

[1]玉京:天帝所居之处。

[2]紫微:即紫微垣。星官名,三垣之一。

[3]牧德:台名。尹喜:元·刘道明《武当福地总真集》载:其人系西周康王时大夫,号文始先生。西周末,尹喜夜观天象,见有紫气西飘,预测将有一位大道家经过函谷关。果然,老子骑牛而来,尹喜受《道德经》。

[4]蠲:音 juān,除去。白日升天:谓道人修炼得道后,白昼升天界成仙。

[5]灵帝:东汉灵帝刘宏。按:据《后汉书·祭祀志》,此应为汉桓帝事。"桓帝即位十八年,好神仙事。延熹八年(165),初使中常侍之陈国苦县祠老子。九年,亲祠老子于濯龙……设华盖之坐,用郊天乐。"

[6]张陵(34—156):后改名张道陵,字辅汉,沛国丰邑(今江苏丰县)人。五斗米道教创立者。东汉顺帝时修道于鹄鸣山(今四川大邑县境),创五斗米道,尊老子为教主,以《老子》为经典,制作道书24篇以统道民。

[7]三元:又称三官,道教中有职有权的三位天神。

[8]劫数:谓注定的劫难。

初文帝[1]入宾于晋,从者务勿尘,姿神奇伟,登仙于伊阙之山寺。识者咸云魏祚[2]之将大。太祖[3]好老子之言,诵咏不倦。天兴[4]中,仪曹郎董谧因献服食仙经数十篇。于是置仙人博士,立仙坊,煮炼百药,封西山以供其薪蒸[5]。令死罪者试服之,非其本心,多死无验。太祖犹将修焉。太医周澹,苦其煎采之役,欲废其事。乃阴令妻货[6]仙人博士张曜妾,得曜隐罪。曜惧死,因请辟谷[7]。太祖许之,给曜资用,为造静堂于苑中,给洒扫民二家。而炼药之官,仍为不息。久之,太祖意少懈,乃止。

世祖时,道士寇谦之,字辅真,南雍州刺史赞之弟,自云寇恂之十三世孙。早好仙道,有绝俗之心。少修张鲁之术,服食饵药,历年无效[8]。幽诚上达,有仙人成公兴,不知何许人,至谦之从母家佣赁[9]。谦之尝觐其姨,见兴形貌甚强,力作不倦,请回赁兴代已使役。乃将还,令其开舍南辣田。谦之树下坐算,兴垦一发致勤,时来看算。谦之谓曰:"汝但力作,何为看此?"二三日后,复来看之,如此不已。后谦之算七曜[10],有所不了,惘然自失。兴谓谦之曰:"先生何为不怿?"谦之曰:"我学算累年,而近算《周髀》不合,以此自愧。且非汝所知,何劳问也。"兴曰:"先生试随兴语布之。"俄然便决。谦之叹伏,不测兴之浅深,请师事之。兴固辞不肯,但求为谦之弟子。未几,谓谦之曰:"先生有意学道,岂能与兴隐遁?"谦之欣然从之。兴乃令谦之洁斋三日,共入华山。令谦之居一石室,自出采药,还与谦之食药,不复饥。乃将谦之入嵩山[11]。有三重石室,令谦之住第二重。历年,兴谓谦之曰:"兴出后,当有人将药来。得但食之,莫为疑怪。"寻有人将药而至,皆是毒虫臭恶之物,谦之大惧出走。兴还问状,谦之具对,兴叹息曰:"先生未便得仙,政可为帝王师耳。"兴事谦之七年,而谓之曰:"兴不得久留,明日中应去。兴亡后,先生幸为沐浴,自当有人见迎。"兴乃入第三重石室而卒。谦之躬自沐浴。明日中,有叩石室者,谦之出视,见两童子,一持法服,一持钵及锡杖。谦之引入,至兴尸所,兴欻然而起[12],著衣持钵,执杖而去。先是,有京兆灞城人王胡儿,其叔父亡,颇有灵异。曾将胡儿至嵩高别岭,同行观望,见金室玉堂,有一馆尤珍丽,空而无人,题曰"成公兴之馆"。胡儿怪而问之,其叔父曰"此是仙人成公兴馆,坐失火烧七间屋,被谪为寇谦之作弟子七年。"始知谦之精诚远通,兴乃仙者谪满而去。

谦之守志嵩岳,精专不懈,以神瑞[13]二年十月乙卯,忽遇大神,乘云驾龙,导从百灵,仙人玉女,左右侍卫,集止山顶,称太上老君。谓谦之曰:"往辛亥年,嵩岳镇灵集仙宫主,表天曹,称自天师张陵去世已来,地上旷诚,修善之人,无所师授。嵩岳道士上谷寇谦之,立身直理,行合自然,才任轨范,首处师位,吾故来观汝,授汝天师之位,赐汝《云中音诵新科之诫》二十卷。号曰'并进'。"[14]言:"吾此经诫,自天地开辟已来,不传于世,今运数应出。汝宣吾《新科》,清整道教,除去三张伪法[15],租米钱税,及男女合气之术。大道清虚,岂有斯事。专以礼度为首,而加之以服食闭练。"使王九疑人长客之等十二人,授谦之服气导引口诀之法。遂得辟谷,气盛体轻,颜色殊丽。弟子十余人,皆得其术。

【注释】

[1]文帝:魏孝文帝元宏。

[2]祚:福运。

[3]太祖:即北魏道武帝拓跋珪。

[4]天兴:拓跋珪年号,398—404 年。

[5]西山:在今山西大同市。薪蒸:薪柴。

[6]货:谓买通。

[７]辟谷:不吃五谷。方士道家以之作为修炼成仙的方法之一。

[８]张鲁(?—216):张陵之孙,字公祺。三国时,弃官修道,道教徒尊为"系师"。

[９]佣赁:受雇于人,从事役杂。

[10]七曜:日、月、火、水、木、金、土称之。

[11]将:引领。

[12]欻然:猝然,忽然。欻:音 xū。

[13]神瑞:北魏明元帝拓跋嗣年号,414—416 年。

[14]并进:原注:疑"并进"下有脱文。

[15]三张伪法:谓张陵、张衡、张鲁所传之道法。或谓张陵、张鲁、张角。

泰常[1]八年十月戊戌,有牧土上师李谱文[2]来临嵩岳,云:老君之玄孙,昔居代郡桑乾,以汉武之世得道,为牧土宫主,领治三十六土人鬼之政。地方十八万里有奇,盖历术一章之数也。其中为方万里者有三百六十方。遣弟子宣教,云嵩岳所统广汉平土方万里,以授谦之。作诰曰:"吾处天宫,敷演真法,处汝道年二十二岁,除十年为竟蒙,其余十二年,教化虽无大功,且有百授之劳。今赐汝迁入内宫,太真太宝九州真师、治鬼师、治民师、继天师四录。修勤不懈,依劳复迁。赐汝《天中三真太文录》,劾召百神,以授弟子。《文录》有五等,一曰阴阳太官,二曰正府真官,三曰正房真官,四曰宿宫散官,五曰并进录主。坛位、礼拜、衣冠仪式各有差品[3]。凡六十余卷,号曰《录图真经》。付汝奉持,辅佐北方泰平真君,出天宫静轮之法[4]。能兴造克就,则起真仙矣。又地上生民,末劫垂及,其中行教甚难。但令男女立坛宇,朝夕礼拜,若家有严君,功及上世。其中能修身练药,学长生之术,即为真君种民。"药别授方,销练金丹、云英、八石、玉浆之法,皆有决要。上师李君手笔有数篇,其余,皆正真书曹赵道复所书。古文鸟迹,篆隶杂体,辞义约辩,婉而成章。大自与世礼相准,择贤推德,信者为先,勤者次之。又言二仪之间有三十六天,中有三十六宫,宫有一主。最高者无极至尊,次曰大至真尊,次天覆地载阴阳真尊。次洪正真尊,姓赵名道隐,以殷时得道,牧土之师也。牧土之来,赤松、王乔之伦[5],及韩终、张安世、刘根、张陵,近世仙者,并为翼从。牧土命谦之为子,与群仙结为徒友。幽冥之事,世所不了,谦之具问,一一告焉。《经》云:佛者,昔于西胡得道,在三十二天,为延真宫主。勇猛苦教,故其弟子皆髡形染衣[6],断绝人道,诸天衣服悉然。

始光初[7],奉其书而献之,世祖乃令谦之止于张曜之所,供其食物。时朝野闻之,若存若亡,未全信也。崔浩独异其言,因师事之,受其法术。于是上疏,赞明其事曰:"臣闻圣王受命,则有大应。而《河图》《洛书》,皆寄言于虫兽之文。未若今日人神接对,手笔粲然,辞旨深妙,自古无比。昔汉高虽复英圣,四皓[8]犹或耻之,不为屈节。今清德隐仙,不召自至。斯诚陛下俸踪轩黄,应天之符也,岂可以世俗常谈,而忽上灵之命。臣窃惧之。"世祖欣然,乃使谒者奉玉帛牲牢,祭嵩岳,迎致其余弟子在山中者。于是崇奉天师,显扬新法,宣布天下,道业大行。浩事天师,拜礼甚谨。人或讥之。浩闻之曰:"昔张释之为王生结袜[9]吾虽才非贤哲,今奉天师,足以不愧于古人矣。"及嵩高道士四十余人至,遂起天师道场于京城之东南,重坛五层,遵其新经之制。给道士百二十人衣食,齐肃祈请,六时礼拜[10],月设厨会数千人。

【注释】

[1]泰常:北魏明元帝拓跋嗣年号,416—423 年。

[2]李谱文:号牧土上师,自云老君之玄孙,于汉武时得道。

[3]差品:等级。

[4]静轮之法:本佛教义理。佛教谓无常、不净、苦三者相依而转,皆坚固而难以摧破,犹如铁轮,称三轮。道借其义,以喻其理。

[5]伦:辈。

[6]髡:音 kūn,剃发。

[7]始光:北魏太武帝年号,424—428 年。

[8]四皓:谓秦末隐居商山的东园公、角里先生、绮里季、夏黄公。四人须眉皆白,称商山四皓。汉高祖召,不应。

[9]张释之:西汉大臣。字季,南阳郡堵阳(今河南方城东)人。景帝召见王隐士,赐坐。隐士命释之为其结袜。事后有人问隐士为何当廷折辱释之。释之曰:欲使其知刚强易折的道理。

[10]六时:佛教分一昼夜为六时,道教因之。

世祖将讨赫连昌,太尉长孙嵩难之[1],世祖乃问幽征于谦之。谦之对曰:"必克。陛下神武应期,天经下治,当以兵定九州,后文先武,以成太平真君。"真君三年[2],谦之奏曰:"今陛下以真君御世,建静轮天宫之法,开古以来,未之有也。应登受符书,以彰圣德。"世祖从之。于是亲至道坛,受符录。备法驾,旗帜尽青,以从道家之色也。自后诸帝,每即位皆如之。恭宗见谦之奏造静轮宫,必令其高不闻鸡鸣狗吠之声,欲上与天神交接,功役万计,经年不成。乃言于世祖曰:"人天道殊,卑高定分。今谦之欲要以无成之期,说以不然之事,财力费损,百姓疲劳,无乃不可乎?必如其言,未若因东山万仞之上,为功差易。"世祖深然恭宗之言,但以崔浩赞成,难违其意,沉吟者久之,乃曰:"吾亦知其无成,事既尔,何惜五三百功。"

九年,谦之卒,葬以道士之礼。先于未亡,谓诸弟子曰:"及谦之在,汝曹可求迁录。吾去之后,天宫真难就。"复遇设会之日,更布二席于上师坐前。弟子问其故,谦之曰:"仙官来。"是夜卒。前一日,忽言"吾气息不接,腹中大痛",而行止如常,至明旦便终。须臾,口中气状若烟云,上出窗中,至天半乃消。尸体引长[3],弟子量之,八尺三寸。三日已后,稍缩,至敛量之,长六寸。于是诸弟子以为尸解变化而去,不死也。

【注释】

[1]长孙嵩:北魏代(今山西大同)人。太武即位,迁太尉,晋爵北平王。

[2]真君:太平真君,太武帝年号,440—451 年。

[3]引长:谓变长。

时有京兆人韦文秀,隐于嵩高,征诣京师。世祖曾问方士金丹事,多曰可成。文秀对曰:"神道幽昧,变化难测,可以暗遇,难以预期。臣昔者受教于先师,曾闻其事,未之为也。"世祖以文秀关右豪族,风操温雅,言对有方,遣与尚书崔赜诣王屋山合丹[1],竟不能就。时方士至者前后数人。河东[2]祁纤,好相人。世祖贤之,拜纤上大夫。颍阳[3]绛略、闻喜吴劭,道引养气,积年百余岁,神气不衰。恒农[4]阎平仙,博览百家之言,然不能达其意,辞占应对,义旨可听。世祖欲授之官,终辞不受。扶风[5]鲁祈,遭赫连屈子暴虐,避地寒山,教授弟子数百人,好方术,少嗜欲。河东罗崇之,常饵松脂,不食五谷,自称受道于中条山[6]。世祖令崇还乡里,立坛祈请。崇云:"条山有穴,与昆仑、蓬莱相属。入穴中得见仙人,与之往来。"诏令河东郡给所须。崇入穴,行百余步,遂穷。后召至,有司以崇诬罔不道,奏治之。世祖曰"崇修道之人,岂至欺妄以诈于世,或传闻不审,而至于此。古之君子,进人以礼,退人以礼。今治之,是伤朕待贤之意。"遂赦之。又有东莱[7]人王道翼,少有绝俗之志,隐韩信山[8],四十余年,断粟食荽[9],通达经章,书符录。常隐居深山,不交世务,年六十余。显祖闻而召焉。青州刺史韩颓遣使就山征之,翼乃赴都。显祖以其仍守本操,遂令僧曹给衣食,以终其身。

太和[10]十五年秋,诏曰:"夫至道无形,虚寂为主。自有汉以后,置立坛祠,先朝以其至顺可归,用立寺宇。昔京城之内,居舍尚希。今者里宅栉比,人神猥凑[11],非所以祇崇至法,清敬神道。可移于都南桑干之阴[12],岳山之阳,永置其所。给户五十,以供斋祀之用,仍名为崇虚寺。可召诸州隐士,员满九十人。"

迁洛移邺,踵如故事[13]。其道坛在南郊,方二百步,以正月七日、七月七日、十月十五日,坛主、道士、高人一百六人,以行拜祠之礼。诸道士罕能精至,又无才术可高。武定六年[14],有司执奏罢之。其有道术,如河东张远游、河间赵静通等,齐文襄王别置馆京师而礼接焉[15]。

【注释】

[1]合丹:调制丹药。

[2]河东:今属山西。

[3]颍阳:今河南许昌。闻喜:今山西闻喜。

[4]恒农:今河南三门峡市境。

[5]扶风:今陕西长安县西。

[6]中条山:位于今山西黄河北岸。

[7]东莱:今属山东。

[8]韩信山:位于今山东莱州境,传说西汉名将韩信曾隐于此山,故名。

[9]荽:即芫荽,音 yán suī,通称香菜。

[10]太和:北魏孝文帝元宏年号,477—499 年。

[11]猥凑:杂凑。

[12]桑干:桑干水,在今山西大同附近。

[13]故事:谓旧制。

[14]武定六年:550 年。武定,东魏孝静帝元善见年号。

[15] 河间:今属河北。齐文襄王:北齐世宗文襄帝高澄。

北魏·郦道元

【提要】

本文选自《水经注》(巴蜀书社 1985 年版)。

在中国历史上,很长时间内人们都认为黄河发源于昆仑山,因此,昆仑山在古人心中就是一座神山。

昆仑山上自然也会有琼楼玉宇、亭台楼阁,不仅如此,住在上面的西王母及其他神仙还有着世俗之人所没有的各种法力。我们的祖先们把心中生活的理想、各种期盼用丰富的想象力展现在《山海经》《神异经》等神话色彩浓厚的书籍中,郦道元在述说黄河源头时也把它行诸文字。

今按《山海经》曰:昆仑墟在西北,帝之下都[1]。昆仑之墟,方八百里,高万仞,上有木禾,面有九井,以玉为槛,面有九门,门有开明兽守之,百神之所在[2]。郭璞[3]曰:此自别有小昆仑也。又按《淮南之书》,昆仑之上,有木禾、珠树、玉树、璇树[4],不死树在其西,沙棠、琅玕在其东[5],绛树在其南,碧树、瑶树在其北[6]。旁有四百四十门,门间四里,里间九纯[7],纯丈五尺。旁有九井,玉横维其西北隅,北门开,以纳不周之风[8]。倾宫、旋室、悬圃、凉风、樊桐,在昆仑阊阖之中,是其疏圃[9]。疏圃之池,浸之黄水,黄水三周复其源,是谓丹水,饮之不死。河水出其东北陬[10],赤水出其东南陬,洋水出其西北陬,凡此四水,帝之神泉,以和百药,以润万物。昆仑之丘或上倍之,是谓凉风之山,登之而不死;或上倍之,是谓玄圃之山,登之乃灵,能使风雨;或上倍之,乃维上天,登之乃神,是谓太帝之居。禹乃以息土填鸿水[11],以为名山,掘昆仑虚以为下地,则以仿佛近佛图调之说。阿耨达六水[12],葱岭、于阗二水之限[13],与经史诸书,全相乖异。

又按《十洲记》,昆仑山在西海之戌地,北海之亥地[14]。去岸十三万里,有弱水[15],周匝绕山,东南接积石圃,西北接北户之室,东北临大阔之井,西南近承渊之谷。此四角大山,实昆仑之支辅也。积石圃南头,昔西王母告周穆王云去咸阳四十六万里,山高平地三万六千里,上有三角,面方,广万里,形如偃盆[16],下狭上广。故曰昆仑山有三角。其一角正北,干辰星之辉,名曰阆风巅[17];其一角正西,名曰玄圃台;其一角正东,名曰昆仑宫。其处有积金,为天墉城,面方千里,城上安金台五所,玉楼十二。其北户山、承渊山又有墉城,金台玉楼,相似如一。渊精之阙,光碧之堂,琼华之室,紫翠丹房,景烛日晖,珠霞九光,西王母之所治,真官仙灵之所宗。上通旋机,元气流布,玉衡常理,顺九天而调阴阳,品物群生,希奇特出,皆在于此,天人济济,不可具记。其北海外,又有钟山,上有金台玉阙,亦元气之所含,天帝居治处也。考东方朔之言,及《经》五万里之文,难言佛图调、康泰之《传》是矣。六合之内,水泽之藏,大非为巨,小非为细,存非为有,隐非为无,其所苞者广矣。于中同名异域,称谓相乱,亦不为寡。

至如东海方丈[18],亦有昆仑之称。西洲铜柱,又有九府之治。东方朔《十洲记》曰:方丈在东海中央,东西南北岸,相去正等,方丈面各五千里,上专是群龙所聚,有金玉琉璃之宫,三天司命所治处[19],群仙不欲升天者,皆往来也。张华[20]叙东方朔《神异经》曰:昆仑有铜柱焉,其高入天,所谓天柱也。围三千里,圆周如削,下有回屋,仙人九府治。上有大鸟,名曰希有,南向,张左翼覆东王公,右翼覆西王母,背上小处无羽,万九千里,西王母岁登翼上,之东王公也。故其柱铭曰:昆仑铜柱。其高入天,圆周如削,肤体美焉。其鸟铭曰:有鸟希有,绿赤煌煌,不鸣不食,东覆东王公,西覆西王母,王母欲东,登之自通,阴阳相须,惟会益工。《遁甲开山图》曰:五龙见教,天皇被迹,望在无外柱州昆仑山上。荣氏《注》云:五龙治在五方,为五行神。五龙降天皇兄弟十二人,分五方为十二部,法五龙之迹,行无为之化,天下仙圣治。在柱州昆仑山上,无外之山,在昆仑东南万二千里,五龙、天皇皆出此中,为十二时神也。《山海经》曰:昆仑之丘,实惟帝之下都,其神陆吾,是司天之九部,及帝之囿时。然六合之内,其苞[21]远矣。幽致冲妙[22],难本以情,万像遐渊,思绝根寻,自不登两龙于云辙,骋八骏于龟途,等轩辕之访百灵,方大禹之集会计,儒墨之说,孰使辨哉。

又出海外,南至积石山[23]下,有石门。

【作者简介】

郦道元(466 或 472—534),北魏地理学家、散文家。字善长,范阳(今河北涿州人)。自幼好学,爱好游览。著《水经注》40 卷。《水经注》不仅是一部地理巨著,而且也是一部独具特色的山水游记。

【注释】

[1]昆仑墟:即昆仑山。下都:谓陪都。

[2]木禾:传说中一种高大的谷类植物。开明兽:传说中的神兽名。

[3]郭璞(276—324):晋代学者、文学家。字景纯,河东闻喜(今属山西)人,曾注释《山海经》。

[4]璇树:传说中的赤玉树。

[5]沙棠:木名。木材可造船,果实可食。琅玕:像珠子的美石。

[6]瑶树:传说中一种玉白色的树。

[7]纯:量词。一纯一丈五尺。

[8]不周:即不周山。传说中的山名,在昆仑西北。

[9] 倾宫:巍峨的宫殿。望之欲倾,故称。悬圃:传说中的神仙居处,在昆仑顶。凉风:仙山名,在昆仑山。樊桐:传说中的山名。阆阖:阆阖宫,传说天上神仙居住的宫殿。疏圃:昆仑山上池名。

[10] 河:指黄河。陬:音 zōu,山的角落。

[11] 息土:犹息壤。

[12] 阿耨达:即昆仑山。耨:音 nòu。

[13] 葱岭:昆仑山以西群山称之。于阗:今新疆和田。

[14]《十洲记》:旧本题汉东方朔撰,地理著作。戌地:西北偏西方向。亥地:西北偏北方向。

[15] 弱水:水名。泛指险而遥远的河流。

[16] 偃盆:谓形如仰卧的盆。

[17] 阆风巅:山名,在昆仑之巅。

[18] 方丈:神山名。

[19] 三天:古代天体学说认为,天有浑天、宣夜、盖天,道教称清微天、禹余天、大赤天为三天。司命:神名,掌管生命。

[20] 张华(232—300):西晋文学家,字茂先,范阳方城(今河北固安)人。《晋书》称其:"学业优博,辞藻温丽,朗赡多通,图纬方伎之书,莫不详览。"

[21] 苞:犹"源"。

[22] 幽致冲妙:谓深奥玄妙。

[23] 积石山:位于今青海。

邺 城

北魏·郦道元

【提要】

本文选自《水经注》(巴蜀书社 1985 年版)。

邺城,位于今河北省临漳县城西南 20 公里处,三国魏、后赵、冉魏、前燕、东魏、北齐的都城。故城在今漳河之北,北临漳河故道。建安九年(204),曹操大规模营建邺城北城,后作为王城。魏文帝曹丕称帝移都洛阳,仍以邺为曹魏的五都之一。

《水经注》记载:邺北城东西 7 里,南北 5 里,城门 7 座,南面 3 座,东西面各 1 座,北面 2 座。经实地勘探的东、南、北三面城墙和城西北的金虎台、铜爵台基址,城南北 1 700 米,东西 2 400 米。城墙宽 15～18 米。现已确定门址的位置为:南面自西而东为凤阳门、中阳门、广阳门;东面的建春门;西面的金明门;北面的广德门。城内发现大道 6 条,分别通向各面城门,并将城内划分为几个功能不同的区域。

考古发掘表明,邺城采取以宫殿区为中心的平面规制,城区采用中轴线对称形式,功能分区明确,改变了两汉以来都城宫殿区分散的布局,对隋唐的都城规划产生了很大影响,在中国城市发展史上具有重要意义。

魏

魏武[1]又以郡国之旧,引漳[2]流自城西东入,迳铜雀台下[3],伏流入城东注,谓之长明沟也。

渠水又南,径止车门下。魏武封于邺,为北宫,宫有文昌殿。沟水南北夹道,枝流引灌,所在通溉,东出石窦堰下,注之隍水。故魏武《登台赋》曰:引长明,灌街里,谓此渠也。石氏于文昌故殿处,造东、西太武二殿,于济北谷城之山,采文石为基,一基下五百武直宿卫[4]。屈柱跗瓦[5],悉铸铜为之,金漆图饰焉。又徙长安、洛阳铜人,置诸宫前,以华国也[6]。

城之西北有三台,皆因城为之基,巍然崇举,其高若山。建安十五年魏武所起,平坦略尽。《春秋古地》云:蔡邱,地名,今邺西三台是也。谓台已平,或更有见,意所未详。

中曰铜雀台,高十丈,有屋百余间。台成,命诸子登之,并使为赋。陈思王[7]下笔成章,美捷当时。亦魏武望奉常王叔治[8]之处也。昔严才与其属攻掖门[9],修闻变,车马未至,便将官属步至宫门。太祖在铜雀台望见之,曰:彼来者必王叔治也。相国钟繇曰:旧,京城有变,九卿各居其府,卿何来也?修曰:食其禄,焉避其难?居府虽旧,非赴难之义。时人以为美谈矣。

石虎更增二丈,立一屋,连栋接榱,弥覆其上,盘回隔之,名曰命子窟。

又于台上起五层楼,高十五丈,去地二十七丈。又作铜雀于楼巅,舒翼若飞。南则金虎台,高八丈,有屋百九间。北曰冰井台,亦高八丈,有屋百四十五间。上有冰室,室有数井。井深十五丈,藏冰及石墨焉。石墨可书,又然之难尽,亦谓之石炭。又有粟窖及盐窖,以备不虞。今窖上犹有石铭存焉。左思《魏都赋》曰:三台列峙而峥嵘者也。

城有七门,南曰凤阳门,中曰中阳门,次曰广阳门,东曰建春门,北曰广德门,次曰厩门,西曰金明门,一曰白门,凤阳门。三台洞开,高三十五丈。石氏作层观架,其上置铜凤,头高一丈六尺。东城上,石氏立东明观,观上加金博山,谓之锵天。北城上有齐斗楼,超出群榭,孤高特立。其城东西七里,南北五里,饰表以砖,百步一楼。凡诸宫殿门台隔雉[10],皆加观榭,层甍反宇,飞檐拂云,图以丹青,色以轻素。当其全盛之时,去邺六七十里,远望苕亭,巍若仙居。

魏因汉祚,复都洛阳,以谯[11]为先人本国,许昌[12]为汉之所居,长安为西京之遗迹,邺为王业之本基,故号五都也。今相州刺史及魏郡治。

(按:楷体小字为郦道元注文)

【注释】

[1]魏武:即曹操。

[2]漳:漳水。发源于山西,流入卫河。

[3]铜雀台:建安十五年曹操所建。周围殿屋百余间,连榱接栋,侵彻云汉。铸大孔雀置于楼顶,舒翼奋尾,势若飞动,故名。

[4]武直:禁卫宫殿的值班武士。

[5]跗:音 fū,通"跗",脚背。跗瓦:弓拱状青灰小瓦。

[6]华国:谓增彩都城。

[7]陈思王:曹植。

［8］王叔治：王修。本袁谭(袁绍子)部属。谭被杀,修号啕顿足求于曹,请准己为其收尸。操嘉其义,允之。

［9］掖门:宫殿两旁的小门。

［10］堆:墙。

［11］谯:今安徽亳州。

［12］许昌:今属河南。

洛阳伽蓝记原序(节选)

北魏·杨衒之

【提要】

本文选自《〈洛阳伽蓝记〉校注》(上海古籍出版社 1978 年新版)。

《洛阳伽蓝记》,5 卷,北魏杨衒之撰。

《洛阳伽蓝记》以记佛寺为纲,较为全面地记录了北魏定都洛阳时期的佛教文化与社会生活,具有较高的历史、文化及文学价值。

自东汉明帝修建白马寺起,印度佛教立足中国,到魏晋南北朝时勃兴,江南江北寺院林立。5 世纪初北魏建都平城(今山西大同)时,便已在云冈大量修建庙宇,雕塑佛像。太和十八年(494),锐意改革的魏孝文帝决定把都城迁到洛阳,并着手进行了一系列的改革。随着社会财富积累渐丰,佛教寺院建造亦遍地开花。史载,从魏孝文帝到 536 年孝静帝迁都邺城前,全国僧尼已达 200 万,佛寺多达 3 万余所,仅洛阳城内外就有佛寺 1 376 所,"寺夺民居,三分且一"(《魏书·释老志》)。

寺院勃兴,耗尽民力。一方面,寺院庄严堂皇的建筑物与风景优美的园林是广大劳动人民智慧的结晶;另一方面,它们的建成全赖贵胄百姓之力,久而久之,社会财富尽归寺院矣。

伽蓝,梵文 Samgharama(僧伽蓝摩)音译的略称,意思是"众园"或"僧院",即佛教寺院。

作者的叙述以洛阳的寺院为纲。全书 5 卷,按城内、城东、城南、城西、城北次序展开,由里及外,说寺院,表门名,兼记市里、官署、道路、桥梁、宅第、名胜古迹等。全书记录的大小寺院近百所。据其记述,今人范祥雍便绘制出一幅北魏时期京城洛阳地理图。杨氏描绘寺院,或微观,或宏观;或立体,或平面;或穷单体建筑,或述建筑群,不一而足。细细研磨其文字,我们眼前立刻就活脱脱出现一幅有声有色的北魏佛事、风俗画卷:寺院的庄严、贵胄平民的狂热、佛事场面的隆重、中外僧侣的交流辩难,甚至里巷生活,丰富且生动。

本文为该书原序。介绍的是洛阳城佛教兴衰及城之规制,详述城门方位以利介绍佛寺。

三　坟五典[1]之说,九流百代[2]之言,并理在人区[3]而义兼天外。至于一乘二谛[4]之原,三明六通[5]之旨,西域备详,东土靡记[6]。自顶日感梦[7],满月流光[8],阳门饰豪眉之像[9],夜台图绀发之形[10]。尔来[11]奔竞,其风遂广。至晋永嘉[12],唯寺四十二所。

逮皇魏受图[13],光宅嵩洛,笃信弥繁,法教逾盛。王侯贵臣,弃象马如脱屣;庶士豪家,舍资财若遗迹。于是昭提[14]栉比,宝塔骈罗。争写天上之姿,竞摸山中之影。金刹与灵台[15]比高,广殿共阿房等壮。岂直木衣绨绣,土被朱紫而已哉!

暨永熙多难,皇舆迁邺[16],诸寺僧尼亦与时徙。至武定五年[17],岁在丁卯,余因行役,重览洛阳。城郭崩毁,宫室倾覆。寺观灰烬,庙塔丘墟。墙被蒿艾[18],巷罗荆棘。野兽穴于荒阶,山鸟巢于庭树。游儿牧竖,踯躅于九逵[19];农夫耕稼,艺黍于双阙[20]。麦秀之感,非独殷墟;黍离之悲,信哉周室。

京城表里,凡有一千余寺,今日寥廓[21],钟声罕闻。恐后世无传,故撰斯记。然寺数最多,不可遍写,今之所录,上大伽蓝。其中小者,取其详世谛事[22],因而出之。先以城内为始,次及城外,表列门名,以远近为五篇。余才非著述,多有遗漏。后之君子,详其阙焉。

太和十七年,高祖迁都洛阳,诏司空公穆亮营造宫室[23]。洛阳城门,依魏、晋旧名[24]。

东面有三门。北头第一门曰建春门,汉曰上东门。阮籍[25]诗曰:"步出上东门"是也。魏、晋曰建春门,高祖因[26]而不改。次南曰东阳门,汉曰中东门,魏、晋曰东阳门,高祖因而不改。次南曰青阳门,汉曰望京门,魏、晋曰清明门,高祖改为清阳门。

南面有四门。东头第一门曰开阳门。初,汉光武迁都洛阳,作此门始成,而未有名,忽夜中有柱自来在楼上。后琅琊郡[27]开阳县言南门一柱飞去,使来视之,则是也。遂以"开阳"为名。自魏及晋,因而不改,高祖亦然。次西曰平昌门,汉曰平门,魏、晋曰平昌门,高祖因而不改。次西曰宣阳门,汉曰津门,魏、晋曰津阳门,高祖因而不改。

西面有四门。南头第一门曰西明门,汉曰广阳门,魏、晋因而不改,高祖改为西明门。次北曰西阳门,汉曰雍门,魏、晋曰西明门,高祖改为西阳门。次北曰阊阖门,汉曰上西门,上有铜璇玑玉衡,以齐七政[28]。魏、晋曰阊阖门,高祖因而不改。次北曰承明门。承明者,高祖所立,当金墉城前东西大道[29]。迁京之始,宫阙未就,高祖住在金墉城。城西有王南寺,高祖数诣寺,沙门论义,故通此门,而未有名,世人谓之新门。时王公卿士常迎驾于新门。高祖谓御史中尉李彪曰:"曹植诗云:'谒帝承明庐'[30]。此门宜以'承明'为称。"遂名之。

北面有二门。西头曰大夏门,汉曰夏门,魏、晋曰大夏门。尝造三层楼,去地二十丈。洛阳城门楼皆两重,去地百尺,惟大夏门甍栋[31]干云。东头曰广莫门,汉曰谷门,魏、晋曰广莫门,高祖因而不改。自广莫门以西,至于大夏门,宫观相连,被诸城上也。

【作者简介】

　　杨衒之,《魏书》《北史》均不立传,生平事迹已不可考。曾任北魏抚军司马、奉朝请的他,亲身经历了北魏中后期的全盛与变乱。东魏孝静帝武定五年(547),杨衒之重经洛阳,看到"城郭崩毁,宫室倾覆,寺观灰烬,庙塔丘墟"(《洛阳伽蓝记》原序),昔日金碧辉煌、鳞次栉比的寺院宫观都成了鸟兽之所与牧嬉之地,感慨之余作《洛阳伽蓝记》。

【注释】

　　[1]三坟五典:相传为我国最早的典籍。语出《左传·昭公十二年》。孔安国曰:伏羲、神农、黄帝之坟,谓之以三坟;少昊、颛顼、高辛、唐、虞之书,谓之五典。或谓三坟指连山、归藏、乾坤三易。常常"三坟五典、八索九丘"连称。

　　[2]九流百代:谓学说众多且流长。九流:九家。

　　[3]人区:谓人间。

　　[4]一乘二谛:谓佛教条理。一乘:即大乘。二谛:实义,谓理、事。

　　[5]三明六通:佛教术语。三明:谓过去宿命明、现在天眼明、未来漏尽明。再加天耳、他心、神足便称六通。

　　[6]靡:没有。

　　[7]顶日感梦:谓汉明帝梦见神人,身有目光,侍臣傅毅谓佛。于是孝明遣人赴大月支(今新疆以西阿富汗、印度一带)抄写佛经42章。典出《牟子理惑论》。

　　[8]满月流光:袁宏《后汉记》载:"帝梦见金人长大,项有日月光。"杨以骈文道出,一句分为两句。或谓"满月"为佛面,亦通。

　　[9]阳门:开阳门,洛阳城南面东头第一门。豪眉:谓佛寿眉。句谓汉明帝在南宫清凉台及开阳门上塑佛像。

　　[10]夜台:陵墓。明帝预修寿陵,名显节,其上亦塑佛像。绀发:谓佛发呈深青带红的琉璃色。

　　[11]尔来:谓那时以来。汉明帝以来,佛法渐兴。

　　[12]永嘉:晋怀帝司马炽年号,307—313年。

　　[13]受图:受命。谓受皇命。

　　[14]昭提:即招提,四方。常用作寺名。

　　[15]灵台:此谓洛阳城南三台,汉光武所筑。高六丈,方二十步。

　　[16]永熙:后魏孝武帝元修年号,532—534年。邺:魏孝武迁邺,是为东魏。邺位于今河北临漳西南。

　　[17]武定:东魏孝静帝年号,543—549年。

　　[18]蒿艾:谓杂草灌木丛生。蒿:音hāo,一种二年生草本植物。

　　[19]牧竖:谓放牧之人。踯躅:谓游逛。九逵:大道。

　　[20]双阙:谓宫前两旁的楼台。洛阳十二门,皆有双阙石桥。

　　[21]寮廓:谓破败。

　　[22]谛:谓确然可信。

　　[23]太和:北魏孝文帝元宏年号,477—499年。穆亮:孝文时历任侍中、尚书右仆射。穆亮与尚书李冲、将作大匠董爵共营洛京。

　　[24]魏、晋:曹魏和西晋均曾以洛阳为都。

　　[25]阮籍:三国时魏诗人。诗句出其《咏怀诗》。

[26] 因:因袭。

[27] 琅琊郡:即今山东胶南、诸城一带。此为诞怪之言尔。

[28] 璇玑:谓观测天象之仪器。七政:谓日、月、金、木、水、火、土,合称七政。

[29] 金墉城:魏明帝曹叡依邺城三台之制所建之城。考古发现,其城长千余米,宽二百余米。

[30] 李彪:顿丘(今河南浚县)人。孝文时曾六次充任使者赴南齐,后迁御史中尉。曹植:曹操之妻卞氏所生第三子,世称陈思王。诗句出《赠白马王彪》。

[31] 甍栋:谓屋脊。甍:音 méng。

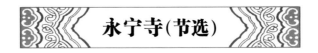

永宁寺(节选)

北魏·杨衒之

【提要】

本文选自《〈洛阳伽蓝记〉校注》(上海古籍出版社 1978 年新版)。

《洛阳伽蓝记》中描述北魏佛寺建筑最为翔实的当推《永宁寺》。

永宁寺为孝明帝母灵太后临朝听政(516)时建造,历时两年建成。这座皇家寺院呈长方形,占地 6 万余平方米。核心部分是位于寺庙中央的一座 9 层方形木塔,塔"举高九十丈"。塔后主佛殿形如太极殿,千余间僧房楼观依次排列在佛塔及大殿两侧及前后,院墙形制亦仿宫墙,四面正中各开一门。墙外碧水环绕,遍植绿柳青槐等各色植物,为洛阳一时胜景。

据载,永宁寺塔平面呈正方形,每面各层都有三门六窗。塔刹上有相轮 30 重(一说为 13 重),周围垂金铃,再上为金宝瓶。宝瓶下铁索 4 根,引向塔之四角,索上亦悬金铃;塔柱围以锦绣,门窗涂红漆,门扉五行金钉,并金环铺首……可惜该塔建成 16 年后,遭雷电击毁。2001 年起,考古工作者对永宁寺进行了全面发掘,发现木塔的地下基础规模惊人:1 万平方米的范围内,均有厚实的夯土体。

北魏造像之风极盛,永宁寺亦不例外。1979 年,遗址塔基中发掘出各种造像10 余种。比丘像:昂眉,细长眼,鼻尖高,嘴微翘,面丰腴,仪容安祥俊秀;文吏像:容清秀,顶发髻,戴笼冠;武士像:戴圆盔,深目高鼻,络绾胡须,表情威武。甚至还有侍女像。种种造像或立或坐,形态各异,造型精致,形态秀丽。此外,还发掘出瓦当、瓦、象牙等物品。

永宁寺,熙平元年灵太后胡氏所立也[1]。在宫前阊阖门[2]南一里御道西。其寺东有太尉府,西对永康里,南界昭玄曹,北邻御史台[3]。

阊阖门前御道东,有左卫府[4]。府南有司徒府[5]。司徒府南有国子学[6],堂内有孔丘像,颜渊问仁、子路问政在侧。国子南有宗正寺,寺南有太庙,庙南有护军府,府南有衣冠里[7]。御道西有右卫府,府南有太尉府,府南有将作曹,曹南有九级府,府南有太社,社南有凌阴里,即四朝时藏冰处也[8]。

中有九层浮图[9]一所,架木为之,举高九十丈。有刹[10]复高十丈,合去地一千尺。去京师百里,已遥见之。初掘基至黄泉[11]下,得金像三十躯[12]。太后以为信法之征,是以营建过度也[13]。刹上有金宝瓶,容二十五石[14]。宝瓶下有承露金盘三十重[15],周匝皆垂金铎[16],复有铁锁四道,引刹向浮图。四角锁上亦有金铎,铎大小如一石瓮子[17]。浮图有九级,角角皆悬金铎,合上下有一百二十铎。浮图有四面,面[18]有三户六窗,户皆朱漆。扉[19]上有五行金钉,合有五千四百枚。复有金钚铺首[20],殚土木之功,穷造形之巧。佛事精妙,不可思议。绣柱金铺[21],骇人心目。至于高风永夜[22],宝铎和鸣,铿锵之声,闻及十余里。

浮图北有佛殿一所,形如太极殿[23]。中有丈八金像一躯,中长金像十躯,绣珠像三躯,金织成像五躯,玉像二躯,作工奇巧,冠于当世[24]。僧房楼观一千余间,雕梁粉壁,青琐绮疏,难得而言[25]。栝柏松椿,扶疏檐霤[26]。丛竹香草,布护阶墀[27]。是以常景碑云:"须弥宝殿,兜率净宫,莫尚于斯也[28]。"

外国所献经像皆在此寺,寺院墙皆施短椽,以瓦覆之,若今宫墙也。四面各开一门,南门楼三重,通三道,去地二十丈,形制似今端门[29]。图以云气,画彩仙灵[30]。绮钱[31]青琐,辉赫丽华。拱门有四力士、四狮子,饰以金银,加之珠玉,庄严焕炳,世所未闻[32]。东西两门亦皆如之。所可异者,唯楼二重。北门一道,不施屋,似乌头门[33]。四门外,树以青槐,亘以绿水,京邑行人,多庇其下[34]。路断飞尘,不由弃云之润;清风送凉,岂藉合欢之发[35]。

……

装饰毕功,明帝与太后共登之,视宫内如掌中,临京师若家庭。以其目见宫中,禁人不听升[36]。衍之尝与河南尹胡孝世[37]共登之,下临云雨,信哉不虚。时有西域沙门菩提达摩者,波斯国胡人也[38]。起自荒裔[39],来游中土,见金盘炫日,光照云表;宝铎含风,响出天外。歌咏赞叹,实是神功。自云:"年一百五十岁,历涉诸国,靡不周遍。而此寺精丽,阎浮所无也[40]。极佛境界,亦未有此。"口唱南无,合掌连日[41]。至孝昌二年[42]中,大风发屋拔树,刹上宝瓶随风而落,入地丈余。复命工匠更铸新瓶。

……

永熙三年二月,浮图为火所烧,帝登凌云台望火,遣南阳王宝炬,录尚书长孙稚将羽林一千救赴火所[43]。莫不悲惜,垂泪而去。火初从第八级中,平旦[44]大发。当时雷雨晦冥,杂下霰雪[45]。百姓道俗,咸来观火,悲哀之声,振动京邑。时有三比丘,赴火而死。火经三月不灭,有火入地寻柱,周年犹有烟气。

……

【注释】

[1]熙平:北魏孝明帝年号,516—518年。灵太后胡氏:司徒胡国珍女,宣武帝元恪妃,孝

明帝元诩母。元诩年幼即位,她临朝称制。灵太后暴虐淫靡,朝中倾轧渐烈,太后毒杀孝明帝,后尔朱氏纵兵入洛,将其溺死于黄河。

[2] 阊阖门:洛阳宫城的正南门。

[3] 太尉府:北魏设三公,太尉掌武事。昭玄曹:掌管宗教事务。御史台:御史掌纠劾,其署名御史台。

[4] 左卫府:北魏设左、右卫将军,故名。

[5] 司徒府:司徒亦为三公之一,掌民政教化。

[6] 国子学:即太学,古代最高学府。

[7] 宗正寺:掌管皇族宗人事务的官署。护军府:护军将军掌武选,领营兵。

[8] 将作曹:掌管宗庙、宫殿、陵园等土木工程之将作大匠的官署。署自汉时设,北魏沿袭。四朝:谓西晋时武帝、惠帝、怀帝、愍帝四世。

[9] 浮图:梵语 stupa 译音,即塔。举高:谓塔高。

[10] 刹:音 chà,塔顶所立杆柱。

[11] 黄泉:谓地下深处。

[12] 躯:即尊。

[13] 过度:谓塔既高又美,超出想象。

[14] 石:音 dàn,重量单位。一石约合今 120 斤。

[15] 承露金盘:谓相轮。三十重:或谓十三重。相轮下粗上细,层层递接,逐渐缩小而成圆锥体。

[16] 金铎:镏金铜铃。

[17] 一石瓮子:谓能容一石的大缸。

[18] 面:谓每面。

[19] 扉:门扇。

[20] 金钚铺首:谓门环。铺首:谓门环底座,铜制兽首,口衔门环,钉于门上。

[21] 绣柱:谓彩绘之柱。金铺:谓铺金饰塔。

[22] 永夜:长夜。

[23] 太极殿:皇宫正殿。曹魏时营建,北魏因之。

[24] 中长:中等身长。绣珠像:谓珍珠绣缀而成的佛像。

[25] 青琐:谓门户上画的青色连琐纹。绮疏:刻花窗棂。

[26] 栝:音 kuò,桧树,也称圆柏。扶疏:谓树叶四布茂密。檐霤:谓屋檐。

[27] 布护:谓分布覆盖。墀:音 chí,阶面。

[28] 常景:人名。博字擅文,仕北魏,曾为洛阳宫殿门阁命名。须弥:印度神话中山名,谓是人类居住的世界中心。兜率:梵天名,佛书称其一天为人间四百年。须弥、兜率皆指天上。尚:超过。

[29] 端门:正门。指宫城正门。

[30] 仙灵:指神仙灵异之物。

[31] 绮钱:室内壁带上排列的金钉衔壁。

[32] 力士:指金刚力士,此谓四天王。焕炳:光彩鲜活貌。

[33] 乌头门:亦谓棂星门、乌头大门。门有双表,高八尺至二丈二尺,门扇下半用木板,上半用条木为棂,门上无屋盖。

[34] 亘:横贯。庇:谓遮阴。

[35] 弇云之润:谓云兴雨下的湿润。弇:音 yǎn,通"渰",含雨之云。合欢:谓团扇。

[36] 明帝:即北魏肃宗孝明帝,6 岁即位,在位 12 年。

[37] 胡孝世:未详。

[38] 沙门:僧人。菩提达摩:南天竺人。由南至北,久在中国。传为禅宗初祖。

[39] 荒裔:荒僻偏远之地。

[40] 阎浮:佛家所称须弥山四方咸海中四大州之一,上胜之州也。亦称剡浮、阎浮提。

[41] 南无:音 ná mó,梵语译音,谓归礼。

[42] 孝昌:孝明帝年号,525—527 年。

[43] 永熙:孝武帝元修年号,532—534 年。凌云台:位于宣阳门内,台高二十丈,远可望黄河孟津。王宝炬:孝武时位太尉任尚书令。长孙稚:稚字承业,孝武时转太傅录尚书事。羽林:皇帝禁卫军。

[44] 平旦:清晨。

[45] 霰雪:珠状雪,俗称米雪。霰:音 xiàn。

景明寺(节选)

北魏·杨衒之

【提要】

本文选自《〈洛阳伽蓝记〉校注》(上海古籍出版社 1978 年新版)。

景明寺为北魏宣武帝元恪景明年间(500—503)在洛阳兴建的一座皇家寺院。北魏崇佛的政策,促成云冈石窟的开凿及永宁寺的建立,宣武帝秉承先帝遗风,开凿龙门石窟,并建景明寺。

杨衒之对景明寺的描绘主要集中在寺的形胜之美和作为佛诞日的每年四月八日法会。形胜着墨不多,寺的大小、方位、环境乃至"复殿重房""青台紫阁"等建筑结构一一交代;佛诞日法会把人们带入一个热闹非凡的宗教氛围之中。从皇帝到王公大臣,从僧侣到庶民百姓,无不纷纷与此盛会。佛像出行前一日,洛阳各寺都送佛像至景明寺。多时,佛像达千余尊。八日,出行队伍中以避邪的狮子为前导,宝盖幡幢等迤逦随后,音乐百戏,诸般杂耍,热闹非凡。西域僧人见此情景常常也是啧啧称叹。

景明寺,宣武皇帝所立也[1]。景明年中立,因以为名。在宣阳门外一里御道东[2]。

其寺东西南北,方五百步。前望嵩山、少室,却负帝城[3]。青林垂影,绿水为

文[4]。形胜之地,爽垲独美[5]。山悬堂观[6],光盛一千余间[7]。复殿重房,交疏对
霤[8]。青台紫阁,浮道相通[9]。虽外有四时,而内无寒暑[10]。房檐之外,皆是山
池。竹松兰芷,垂列阶墀[11]。含风团露[12],流香吐馥。至正光年中[13],太后始造
七层浮图一所,去地百仞[14]。是以邢子才碑文云:"俯闻激电,旁属奔星"是也[15]。
妆饰华丽,侔于永宁。金盘宝铎,焕烂霞表[16]。

寺有三池,萑[17]蒲菱藕,水物生焉。或黄甲紫鳞,出没于繁藻[18];或青凫白
雁[19],浮沉于绿水。磑硙舂簸[20],皆用水功。

伽蓝之妙,最为称首[21]。时世好崇福[22],四月七日,京师诸像皆来此寺,尚书
祠部曹录像凡有一千余躯[23]。至八日,以次入宣阳门,向阊阖宫前受皇帝散
花[24]。于时金花映日,宝盖浮云,幡幢若林,香烟似雾[25]。梵乐法音,聒动天
地[26]。百戏腾骧,所在骈比[27]。名僧德众,负锡为群[28];信徒法侣,持花成薮[29]。
车骑填咽,繁衍相倾[30]。时有西域胡沙门见此,唱言佛国[31]。至永熙年中,始诏
国子祭酒邢子才为寺碑文[32]。

【注释】

[1]宣武皇帝:即魏世宗元恪,500—515 年在位。景明寺即以其第一个年号"景明"命名。

[2]宣阳门:即洛阳城正南门。御道:皇帝专门车道。

[3]嵩山、少室:嵩山在洛阳东南,少室为其最西峰。却负:背负。

[4]垂影:谓树荫满地。文:同"纹"。

[5]爽垲:明朗干燥。

[6]堂观:谓佛堂寺观。句谓寺观像悬挂在山崖。

[7]光盛:谓寺院殿宇金碧辉煌。

[8]交疏:谓交相错落的窗户。霤:音 liù,屋檐,以利雨水。

[9]浮道:谓楼台间架于空中的通道。

[10]"虽外"二句:谓佛殿深邃,冬暖夏凉。

[11]芷:音 zhǐ,白芷,一种香草。阶墀:台阶。

[12]团露:集聚露珠。团:聚也。

[13]正光:魏孝明帝元诩年号,520—525 年。

[14]太后:胡太后。详见《永宁寺》。浮图:塔。仞:长度单位。汉时一仞合七尺。

[15]邢才子:即邢邵。详见《永宁寺》。激电、奔星:均谓塔之高。属:通"瞩",看。

[16]金盘:此谓相轮。宝铎:鎏金铜铃。焕灿:灿烂。表:外。

[17]萑:音 huán,芦苇类植物。

[18]黄甲紫鳞:谓龟、鱼类动物。繁藻:指水底植物繁盛。

[19]青凫白雁:谓野鸭类水禽。

[20]磑:同"碾"。硙:音 wèi,石磨。舂:捣米。句谓利用水力带动碾子、石磨加工谷物。

[21]称首:谓第一。

[22]崇福:拜佛祈福。

[23]尚书祠部曹:掌管礼制的官署。躯:尊。

[24]散花:谓皇帝向佛献花。

[25]宝盖:华盖,帝王专用。幡幢:佛事时所用旗帜。幢:音 chuáng。香烟:焚香燃起的

烟雾。

[26]梵乐法音:谓佛教的音乐和唱经声。聒:音 guō,嘈杂。

[27]百戏:古代杂技乐舞表演的总称。腾骧:飞跃腾挪。骧:音 xiāng。骈比:谓人熙熙攘攘。

[28]德众:信众。锡:谓锡杖。

[29]信徒法侣:谓信佛护法的善男信女。薮:音 sǒu,指花丛。

[30]填咽:谓游人填塞道路。繁衍:谓人多。倾:斜,谓人挤来搡去,立足不稳。

[31]唱言:赞美。句谓西域僧人赞美来到了佛国。

[32]永熙:魏孝武帝元修年号,532—534 年。国子祭酒:官名,国子监长官。

西京杂记(节选)

西汉·刘 歆

卷 一

汉高帝七年。萧相国营未央宫。因龙首山制前殿,建北阙。未央宫周回二十二里九十五步五尺,街道周回七十里。台殿四十三,其三十二在外,其十一在后。宫池十三,山六。池一、山一,亦在后宫。门闼凡九十五。

武帝作昆明池,欲伐昆吾夷,教习水战。因而于上游戏养鱼,鱼给诸陵庙祭祀,余付长安市卖之。池周回四十里。……

成帝设云帐、云幄、云幕于甘泉紫殿,世谓三云殿。汉掖庭有月影台、云光殿、九华殿、鸣鸾殿、开襟阁、临池观,不在簿籍,皆繁华窈窕之所栖宿焉。

赵飞燕女弟居昭阳殿。中庭彤朱而殿上丹漆,砌皆铜沓,黄金涂白玉阶。壁带往往为黄金釭,含蓝田璧,明珠、翠羽饰之。上设九金龙,皆衔九子金铃,五色流苏,带以绿文紫绶,金银花镮。每好风日,幡旄光影,照耀一殿。铃镮之声,惊动左右。中设木画屏风,文如蜘蛛丝缕。玉几、玉床、白象牙簟、绿熊席,席毛长二尺余。人眠而拥毛自蔽,望之不能见,坐则没膝。其中杂熏诸香,一坐此席,余香百日不歇。有四玉镇,皆达照无瑕缺。窗扉多是绿琉璃,亦皆达照,毛发不得藏焉。椽桷皆刻作龙蛇萦绕其间,鳞甲分明,见者莫不就栗。匠人丁缓、李菊,巧为天下第一。缔构既成,向其姊子樊延年说之,而外人稀知,莫能传者。

积草池中有珊瑚树,高一丈二尺,一本三柯。上有四百六十二条,是南越王赵他所献。号为烽火树,至夜光景常欲燃。

昆明池,刻玉石为[鲸]鱼。每至雷雨,鱼常鸣吼,鬐尾皆动。汉世祭之以祈雨,往往有验。

初修上林苑。群臣远方各献名果异树。亦有制为美名以标奇丽。梨十:紫梨、青梨(实大)、芳梨(实小)、大谷梨、细叶梨、缥叶梨、金叶梨(出琅琊王野家,太守王唐所献)、瀚海梨(出瀚海北,耐寒不枯)、东王梨(出海中)、紫条梨;枣七:弱枝枣、玉门枣、棠枣、青华枣、梬枣、赤心枣、西王枣(出昆仑山);栗四:侯栗、榛栗、瑰栗、峄阳栗(峄阳都尉曹龙所献,大如拳);桃十:秦桃、榹桃、湘核桃、金城桃、绮叶桃、紫文桃、霜桃(霜下可食)、胡桃(出西域)、樱桃、含桃;李十五:紫李、绿李、朱李、黄李、青绮李、青房李、同心李、车下李、含枝李、金枝李、颜渊李(出鲁)、羌李、燕李、蛮李、侯李;柰三:白柰、紫柰(花紫色)、绿柰(花绿色);查三:蛮查、羌查、猴查;椑三:青椑、赤叶椑、乌椑;棠四:赤棠、白棠、青棠、沙棠;梅七:朱梅、紫叶梅、紫华梅、同心梅、丽枝梅、燕梅、猴梅;杏二:文杏(材有文采)、蓬莱杏(东郭都尉于吉所献,一株花杂五色六出,云是仙人所食);桐三:椅桐、梧桐、荆桐;林檎十株。枇杷十株。橙十株。安石榴。楟十株。白银树十株。黄银树十株。槐六百四十株。千年长生树十株。万年长生树十株。扶老木十株。守宫槐十株。金明树二十株。摇风树十株。鸣风树十株。琉璃树七株。池离树十株。离娄树十株。白俞椆、杜椆、桂、蜀漆树十株。楠四株。枞七株。栝十株。楔四株。枫四株。余就上林令、虞渊得朝臣所上草木名二千余种,邻人石琼就余求借,一皆遗弃。今以所记忆列于篇右。

卷　　三

茂陵富人袁广汉,藏镪巨万,家僮八九百人。于北邙山下筑园,东西四里,南北五里。激流水注其内,构石为山,高十余丈,连延数里。养白鹦鹉、紫鸳鸯、牦牛、青兕,奇兽怪禽委积其间。积沙为洲屿,激水为波潮。其中致江鸥、海鹤,孕雏产鷇,延漫林池。奇树异草,靡不具植。屋皆徘徊连属,重阁修廊,行之移晷不能遍也。广汉后有罪诛,没入为官园,鸟兽草木皆移植上林苑中。

五柞宫有五柞树,皆连三抱,上枝荫覆数十亩。其宫西有青梧观,观前有三梧桐树,树下有石麒麟二枚,刊其胁为文字,是秦始皇郦山墓上物也。头高一丈三尺,东边者前左脚折,折处有赤如血。父老谓其有神,皆含血属筋焉。

高祖初入咸阳宫,周行库府,金玉珍宝不可称言。其尤惊异者,有青玉五枝灯。高七尺五寸,作蟠螭,以口衔灯,灯燃,鳞甲皆动,焕炳若列星而盈室焉。复铸铜人十二枚,坐皆高三尺,列在一筵上,琴、筑、笙、竽,各有所执,皆缀花采,俨若生人。筵下有二铜管,上口高数尺。出筵后,其一管空,一管内有绳,大如指,使一人吹空管,一人纽绳,则众乐皆作,与真乐不异焉。有琴长六尺,安十三弦、二十六徽,皆用七宝饰之,铭曰"璠玙之乐"。玉管长二尺三寸,二十六孔,吹之则见车马山林,隐辚相次,吹息亦不复见,铭曰"昭华之管"。有方镜,广四尺,高五尺九寸,表里有明人直来,照之影则倒见,以手扪心而来,则见肠胃五脏历然无硋。人有疾病在内,则掩心而照之,则知病之所在。又女子有邪心,则胆张心动。秦始皇常以照宫人,胆张心动者则杀之。高祖悉封闭,以待项羽。羽并将以东,后不知所在。

卷　　六

魏襄王冢,皆以文石为椁,高八尺许,广狭容四十人。以手扪椁,滑液如新。中有石床、石屏风,婉然周正。不见棺椁、明器踪迹。但床上有玉唾壶一枚,铜剑二枚,金玉杂具,皆如新物。王取服之。

哀王冢以铁灌其上,穿凿三日乃开,有黄气如雾,触人鼻目,皆辛苦不可入。以兵守之,七日乃歇。初至一户无扃钥。石床方四尺,床上有石几,左右各三石人立侍,皆武冠带剑。复入一户,石扉有关钥,叩开见棺椁,黑光照人,刀斫不入。烧锯截之,乃漆杂兕革为棺,厚数寸,累积十余重。力不能开,乃止。复入一户,亦石扉,开钥,得石床,方七尺,石屏风、铜帐钩一具,或在床上,或在地下,似是帐糜朽而铜钩堕落。床上,石枕一枚,尘埃朏朏甚高,似是衣服。床左右,石妇人各二十,悉皆立侍,或有执巾栉镜镊之象,或有执盘捧食之形。无余异物,但有铁镜数百枚。

（选自《传世藏书》,海南国际新闻中心 1996 年版）

按:《西京杂记》的作者历来聚讼纷纭,莫衷一是。唐时魏征奉命广搜天下图书,《西京杂记》即在其列,可是《隋书·经籍志》却并未考证出其真正作者。

鲁迅《中国小说史略》对《西京杂记》有较为详细的考证,称其为刘歆撰。笔者从鲁迅说。

说 文 解 字 序

东汉·许 慎

古者包羲氏之王天下也,仰则观象于天,俯则观法于地,视鸟兽之文与地之宜,近取诸身,远取诸物,于是始作《易》八卦,以垂宪象。及神农氏结绳为治而统其事,庶业其繁,饰伪萌生。黄帝之史仓颉,见鸟兽蹄迒之迹,知分理之可相别异也,初造书契。"百工以乂,万品以察,盖取诸夬";"夬扬于王庭"。言文者宣教明化于王者朝廷,君子所以施禄及下,居德则忌也。仓颉之初作书,盖依类象形,故谓之文。其后形声相益,即谓之字。文者,物象之本;字者,言孳乳而浸多也。著于竹帛谓之书,书者如也。以迄五帝三王之世,改易殊体。封于泰山者七有二代,靡有同焉。

《周礼》:八岁入小学,保氏教国子,先以六书。一曰指事。指事者,视而可识,察而见意,上下是也;二曰象形。象形者,画成其物,随体诘诎,日月是也;三曰形声。形声者,以事为名,取譬相成,江河是也;四曰会意。会意者,比类合谊,以见指㧑,武信是也;五曰转注。转注者,建类一首,同意相受,考老是也;六曰假借。假借者,本无其字,依声托事,令长是也。及宣王太史籀著《大篆》十五篇,与古文或异。至孔子书《六经》,左丘明述《春秋传》,皆以古文,厥意可得而说。其后诸侯力政,不统于王,恶礼乐之害己,而皆去其典籍。分为七国,田畴异亩,车途异轨,律令异法,衣冠异制,言语异声,文字异形。秦始皇初兼天下,丞相李斯乃奏同之,罢其不与秦文合者。斯作《仓颉篇》,中车府令赵高作《爰历篇》,太史令胡毋敬作《博学篇》,皆取史籀大篆,或颇省改,所谓小篆者也。是时秦烧灭经书,涤除旧典,大发隶卒,兴役戍,官狱职务繁,初有隶书,以趣约易,而古文由此绝矣。自尔秦书有八体:一曰大篆,二曰小篆,三曰刻符,四曰虫书,五曰摹印,六曰署书,七曰殳书,八曰隶书。

汉兴有草书。尉律:学童十七以上始试,讽籀书九千字,乃得为吏;又以八体试之。郡移大史并课,最者以为尚书史。书或不正,辄举劾之。今虽有尉律不课,小学不修,莫达其说久矣。

孝宣皇帝时,召通仓颉读者,张敞从受之;凉州刺史杜业、沛人爰礼、讲学大夫秦近,亦能言之。孝平皇帝时,征礼等百余人,令说文字未央廷中,以礼为小学元士,黄门侍郎扬雄采以作《训纂篇》。凡《仓颉》以下十四篇,凡五千三百四十字,群书所载,略存之矣。及亡新居摄,使大司空甄丰等校文书之部,自以为应制作,颇改定古文。时有六书:一曰古文,孔子壁中书也;二曰奇字,即古文而异者也;三曰篆书,即小篆,秦始皇帝使下杜人程邈所作也;四曰左书,即秦隶书;五曰缪篆,所以摹印也;六曰鸟虫书,所以书幡信也。

壁中书者,鲁恭王坏孔子宅而得《礼记》《尚书》《春秋》《论语》《孝经》。又北平侯张苍献《春秋左氏传》,郡国亦往往于山川得鼎彝,其铭即前代之古文,皆自相似。虽叵复见远流,其详可得略说也。而世人大共非訾,以为好奇者也,故诡更正文,向壁虚造不可知之书,变乱常行,以耀于世。诸生竞逐说字解经谊,称秦之隶书为仓颉时书,云:父子相传,何得改易?乃猥曰:马头人为长,人持十为斗,虫者屈中也。廷尉说律,至以字断法,"苛人受钱","苛"之字"止句"也。若此者甚众,皆不合孔氏古文,谬于史籀。俗儒啬夫玩其所习,蔽所希闻,不见通学,未尝睹字例之条,怪旧艺而善野言,以其所知为秘妙,究洞圣人之微恉。又见《仓颉》篇中"幼子承诏",因曰古帝之所作也,其辞有神仙之术焉。其迷误不谕,岂不悖哉!

《书》曰:"予欲观古人之象。"言必遵修旧文而不穿凿。孔子曰:"吾犹及史之阙文,今亡也夫!"盖非其不知而不问,人用己私,是非无正,巧说衺辞,使天下学者疑。盖文字者,经艺之本,王政之始,前人所以垂后,后人所以识古。故曰:"本立而道生","知天下之至啧而不可乱也"。今叙篆文,合以古籀,博采通人,至于小大,信而有证。稽撰其说,将以理群类,解谬误,晓学者,达神恉。分别部居，不相杂厕也。万物咸赌，靡不兼载。厥谊不昭，爰明以谕。其称《易》孟氏、《书》孔氏、《诗》毛氏、《礼》《周官》《春秋》《左氏》《论语》《孝经》，皆古文也。其于所不知，盖阙如也。

（选自《说文解字注》，上海古籍出版社 1981 年版）

汉书·郊祀志(节选)

东汉·班　固

初，天子封泰山，泰山东北阯古时有明堂处，处险不敞。上欲治明堂奉高旁，未晓其制度。济南人公玉带上黄帝時明堂图。明堂中有一殿，四面无壁，以茅盖，通水，水环宫垣，为复道，上有楼，从西南入，名曰昆仑，天子从之入，以拜祀上帝焉。于是上令奉高作明堂汶上，如带图。及是岁修封，则祠泰一、五帝于明堂上坐，合高皇帝祠坐对之。祠后土于下房，以二十太牢。天子从昆仑道入，始拜明堂如郊礼。毕，燎堂下。而上又上泰山，自有秘祠其颠。而泰山下祠五帝，各如其方，黄帝并赤帝所，有司侍祠焉。山上举火，下悉应之。还幸甘泉，郊泰畤。春幸汾阴，祠后土。

明年，幸泰山，以十一月甲子朔旦冬至日祀上帝于明堂，(后每)〔毋〕修封。其赞飨曰："天增授皇帝泰元神策，周而复始。皇帝敬拜泰一。"东至海上，考入海及方士求神者，莫验，然益遣，几遇之。

乙酉，柏梁灾。十二月甲午朔，上亲禅高里，祠后土。临勃海，将以望祀蓬莱之属，几至殊庭焉。上还，以柏梁灾故，受计甘泉。公孙卿曰："黄帝就青灵台，十二日烧，黄帝乃治明庭。明庭，甘泉也。"方士多言古帝王有都甘泉者。其后天子又朝诸侯甘泉，甘泉作诸侯邸。勇之乃曰："粤俗有火灾，复起屋，必以大，用胜服之。"于是作建章宫，度为千门万户。前殿度高未央。其东则凤阙，高二十余丈。其西则商中，数十里虎圈。其北治大池，渐台高二十余丈，名曰泰液，池中有蓬莱、方丈、瀛州、壶梁，象海中神山龟鱼之属。其南有玉堂璧门大鸟之属。立神明台、井干楼，高五十丈，辇道相属焉。

（选自《汉书》，中华书局 1962 年版）

西 都 赋

东汉·班　固

有西都宾问于东都主人曰："盖闻皇汉之初经营也，尝有意乎都河洛矣。辍而弗康，实用西迁，作我上都。主人闻其故而睹其制乎？"主人曰："未也。愿宾摅怀旧之蓄念，发思古之幽情。博我以皇道，弘我以京京。"宾曰："唯唯。汉之西都，在于雍州，实曰长安。"左据函谷二崤之阻，表以太华终南之山。右界褒斜陇首之险，带以洪河泾渭之川。众流之隈，汧涌其西。华实之毛，则九州之上腴焉；防御之阻，则天地之隩区焉。是故横被六合，三成帝畿。周以龙兴，秦以虎视。及至大汉受命而都之也，仰悟东井之精，俯协河图之灵。奉春建策，留侯演成。天人合应，以发皇明。乃眷西顾，实惟作京。

"于是睎秦岭，睋北阜。挟沣灞，据龙首。图皇基于亿载，度宏规而大起。肇自高而终平，世增饰以崇丽。历十二之延祚，故穷泰而极侈。建金城而万雉，呀周池而成渊。披三条之广路，立

243

十二之通门。内则街衢洞达，闾阎且千。九市开场，货别隧分。人不得顾，车不得旋。阗城溢郭，旁流百廛。红尘四合，烟云相连。

"于是既庶且富，娱乐无疆。都人士女，殊异乎五方。游士拟于公侯，列肆侈于姬姜。乡曲豪举，游侠之雄。节慕原尝，名亚春陵。连交合众，骋骛乎其中。若乃观其四郊，浮游近县，则南望杜霸，北眺五陵。名都对郭，邑居相承。英俊之域，绂冕所兴。冠盖如云，七相五公。与乎州郡之豪杰，五都之货殖。三选七迁，充奉陵邑。盖以强干弱枝，隆上都而观万国也。

"封畿之内，厥土千里。逴踔诸夏，兼其所有。其阳则崇山隐天，幽林穹谷。陆海珍藏，蓝田美玉。商洛缘其隈，鄠杜滨其足。源泉灌注，陂池交属。竹林果园，芳草甘木。郊野之富，号为近蜀。其阴则冠以九嵕，陪以甘泉，乃有灵宫起乎其中。秦汉之所极观，渊云之所颂叹，于是乎存焉。下有郑白之沃，衣食之源。提封五万，疆场绮分。沟塍刻镂，原隰龙鳞。决渠降雨，荷插成云。五谷垂颖，桑麻铺棻。东郊则有通沟大漕，溃渭洞河。泛舟山东，控引淮湖，与海通波。西郊则有上囿禁苑，林麓薮泽，陂池连乎蜀汉。缭以周墙，四百余里。离宫别馆，三十六所。神池灵沼，往往而在。其中乃有九真之麟，大宛之马，黄支之犀，条支之鸟。逾昆仑，越巨海。殊方异类，至于三万里。

"其宫室也，体象乎天地，经纬乎阴阳。据坤灵之正位，仿太紫之圆方。树中天之华阙，丰冠山之朱堂。因瑰材而究奇，抗应龙之虹梁。列棼橑以布翼，荷栋桴而高骧。雕玉瑱以居楹，裁金璧以饰珰。发五色之渥彩，光焰朗以景彰。于是左城右平，重轩三阶。闺房周通，门闼洞开。列钟虡于中庭，立金人于端闱。仍增崖而衡阈，临峻路而启扉。徇以离宫别寝，承以崇台闲馆。焕若列宿，紫宫是环。清凉宣温，神仙长年。金华玉堂，白虎麒麟。区宇若兹，不可殚论。增盘崔嵬，登降炤烂。殊形诡制，每各异观。乘茵步辇，惟所息宴。后宫则有掖庭椒房，后妃之室。合欢增城，安处常宁。茝若椒风，披香发越。兰林蕙草，鸳鸾飞翔之列。昭阳特盛，隆乎孝成。屋不呈材，墙不露形。裹以藻绣，络以纶连。随侯明月，错落其间。金釭衔璧，是为列钱。翡翠火齐，流耀含英。悬黎垂棘，夜光在焉。于是玄墀扣砌，玉阶彤庭。硬础采致，琳珉青荧。珊瑚碧树，周阿而生。红罗飒繉，绮组缤纷。精曜华烛，俯仰如神。后宫之号，十有四位。窈窕繁华，更盛迭贵。处乎斯列者，盖以百数。左右庭中，朝堂百寮之位。萧曹魏邴，谋谟乎其上。佐命则垂统，辅翼则成化。流大汉之恺悌，荡亡秦之毒螫。故令斯人扬乐和之声，作画一之歌。功德著乎祖宗，膏泽洽乎黎庶。又有天禄石渠，典籍之府。命夫惇诲故老，名儒师傅。讲论乎六艺，稽合乎同异。又有承明金马，著作之庭。大雅宏达，于兹为群。元元本本，殚见洽闻。启发篇章，校理秘文。周以钩陈之位，卫以严更之署。总礼官之甲科，群百郡之廉孝。虎贲赘衣，阍尹阍寺。陛戟百重，各有典司。周庐千列，徼道绮错。辇路经营，修除飞阁。自未央而连桂宫，北弥明光而亘长乐。凌殑道而超西墉，掍建章而连外属。设璧门之凤阙，上觚棱而栖金爵。内则别风之嶕峣，眇丽巧而耸擢。张千门而立万户，顺阴阳以开闤。

"尔乃正殿崔嵬，层构厥高，临乎未央。经骀荡而出驺娑，洞枌橑以与天梁。上反宇以盖戴，激日景而纳光。神明郁其特起，遂偃蹇而上跻。轶云雨于太半，虹霓回带于棼楣。虽轻迅与僄狡，犹愕眙而不能阶。攀井干而未半，目眴转而意迷。舍櫺槛而却倚，若颠坠而复稽。魂悸怳以失度，巡回涂而下低。既惕惧于登望，降周流以彷徨。步甬道以萦纡，又杳窅而不见阳。排飞闼而上出，若游目于天表，似无依而洋洋。前唐中而后太液，览沧海之汤汤。扬波涛于碣石，激神岳之嶈嶈。滥瀛洲与方壶，蓬莱起乎中央。于是灵草冬荣，神木丛生。岩峻崷崪，金石峥嵘。抗仙掌以承露，擢双立之金茎。轶埃壒之混浊，鲜颢气之清英。骋文成之丕诞，驰五利之所刑。庶松乔之群类，时游从乎斯庭。实列仙之攸馆，非吾人之所宁。

"尔乃盛娱游之壮观，奋泰武乎上囿。因兹以威戎夸狄，耀威灵而讲武事。命荆州使起鸟，诏梁野而驱兽。毛群内阗，飞羽上覆。接翼侧足，集禁林而屯聚。水衡虞人，修其营表。种别群分，部曲有署。罘网连纮，笼山络野。列卒周匝，星罗云布。于是乘銮舆，备法驾，帅群臣。披飞廉，入苑门。遂绕酆鄗，历上兰。六师发逐，百兽骇殚。震震爚爚，雷奔电激。草木涂地，山渊反覆。蹂躏其十二三，乃拗怒而少息。

“尔乃期门佽飞，列刃钻鍭，要趹追踪。鸟惊触丝，兽骇值锋。机不虚掎，弦不再控。矢不单杀，中必叠双。飑飑纷纷，矰缴相缠。风毛雨血，洒野蔽天。平原赤，勇士厉，猿狖失木，豺狼慑窜。

尔乃移师趋险，并蹈潜秽。穷虎奔突，狂兕触蹷。许少施巧，秦成力折。掎僄狡，扼猛噬。脱角挫脰，徒搏独杀。挟师豹，拖熊螭。曳犀犛，顿象罴。超洞壑，越峻崖。蹷崭岩，钜石隤。松柏仆，丛林摧。草木无余，禽兽殄夷。于是天子乃登属玉之馆，历长杨之榭。览山川之体势，观三军之杀获。原野萧条，目极四裔。禽相镇压，兽相枕藉。然后收禽会众，论功赐胙。陈轻骑以行炰，腾酒车以斟酌。割鲜野食，举烽命釂。飨赐毕，劳逸齐。大路鸣銮，容与徘徊。集乎豫章之宇，临乎昆明之池。左牵牛而右织女，似云汉之无涯。茂树荫蔚，芳草被隄。兰茝发色，晔晔猗猗。若摛锦布绣，烛燿乎其陂。鸟则玄鹤白鹭，黄鹄䴔鹳。鸧鸹鸨鸮，凫鹥鸿雁。朝发河海，夕宿江汉。沉浮往来，云集雾散。于是后宫乘輚辂，登龙舟，张凤盖，建华旗。袪黼帷，镜清流。靡微风，澹淡浮。棹女讴，鼓吹震。声激越，謍厉天。鸟群翔，鱼窥渊。招白鹇，下双鹄。揄文竿，出比目。抚鸿罿，御矰缴。方舟并骛，俯仰极乐。遂乃风举云摇，浮游溥览。前乘秦岭，后越九嵕。东薄河华，西涉岐雍。宫馆所历，百有余区，行所朝夕，储不改供。礼上下而接山川，究休祐之所用。采游童之讙谣，第从臣之嘉颂。于斯之时，都都相望，邑邑相属。国藉十世之基，家承百年之业。士食旧德之名氏，农服先畴之畎亩。商循族世之所鬻，工用高曾之规矩。粲乎隐隐，各得其所。

“若臣者，徒观迹于旧墟，闻之乎故老。十分而未得其一端，故不能遍举也。”

（选自《昭明文选》，中华书局 1977 年版）

东京赋

东汉·张　衡

安处先生于是似不能言，怃然有间，乃莞尔而笑曰：“若客所谓，末学肤受，贵耳而贱目者也！苟有胸而无心，不能节之以礼，宜其陋今而荣古矣！由余以西戎孤臣，而悝缪公于宫室，如之何其以温故知新，研核是非，近于此惑？

“周姬之末，不能厥政，政用多僻。始于宫邻，卒于金虎。嬴氏搏翼，择肉西邑。是时也，七雄并争，竞相高以奢丽。楚筑章华于前，赵建丛台于后。秦政利觜长距，终得擅场，思专其侈，以莫己若。乃构阿房，起甘泉，结云阁，冠南山。征税尽，人力殚。然后收以太半之赋，威以参夷之刑。其遇民也，若薙氏之芟草，既蕴崇之，又行火焉！喋喋黔首，岂徒跼高天、蹐厚地而已哉？乃救死于其颈！驱以就役，唯力是视，百姓弗能忍，是用息肩于大汉而欣戴高祖。

“高祖膺箓受图，顺天行诛，杖朱旗而建大号。所推必亡，所存必固。扫项军于垓下，绁子婴于轵涂。因秦宫室，据其府库。作洛之制，我则未暇。是以西匠营宫，目玩阿房。规摹逾溢，不度不臧。损之又损之，然尚过于周堂。观者狭而谓之陋，帝已讥其泰而弗康。

“且高既受命建家，造我区夏矣。文又躬自菲薄，治致升平之德。武有大启土宇，纪禅肃然之功。宣重威以抚和戎狄，呼韩来享。咸用纪宗存主，飨祀不辍，铭勋彝器，历世弥光。今舍纯懿而论爽德，以春秋所讳而为美谈，宜无嫌于往初，故蔽善而扬恶，祇吾子之不知言也。必以肆奢为贤，则是黄帝合宫，有虞总期，固不如夏癸之瑶台，殷辛之琼室也。汤武谁革而用师哉？盍亦览东京之事以自寤乎?

“且天子有道,守在海外。守位以仁,不恃隘害。苟民志之不谅,何云岩险与襟带?秦负阻于二关,卒开项而受沛。彼偏据而规小,岂如宅中而图大。昔先王之经邑也,掩观九隩,靡地不营。土圭测景,不缩不盈。总风雨之所交,然后以建王城。审曲面势,溯洛背河,左伊右瀍。西阻九阿,东门于旋。盟津达其后,太谷通其前。回行道乎伊阙,邪径捷乎轘辕。大室作镇,揭以熊耳。底柱辍流,镡以大岯。温液汤泉,黑丹石缁。王鲔岫居,能鳖三趾。宓妃攸馆,神用挺纪。龙图授羲,龟书畀姒。召伯相宅,卜惟洛食。周公初基,其绳则直。苌弘魏舒,是廓是极。经途九轨,城隅九雉。度堂以筵,度室以几。京邑翼翼,四方所视。汉初弗之宅,故宗绪中圮。

“巨猾间亹,窃弄神器。历载三六,偷安天位。于时蒸民,罔敢或贰。其取威也重矣!我世祖忿之,乃龙飞白水,凤翔参墟。授钺四七,共工是除。欃枪旬始,群凶靡余。区宇乂宁,思和求中。睿哲玄览,都兹洛宫。曰止曰时,昭明有融。既光厥武,仁洽道丰。登岱勒封,与黄比崇。

“逮至显宗,六合殷昌。乃新崇德,遂作德阳。启南端之特闱,立应门之将将。昭仁惠于崇贤,抗义声于金商。飞云龙于春路,屯神虎于秋方。建象魏之两观,旌六典之旧章。其内则含德章台,天禄宣明。温饬迎春,寿安永宁。飞阁神行,莫我能形。濯龙芳林,九谷八溪。芙蓉覆水,秋兰被涯。渚戏跃鱼,渊游龟蠵。永安离宫,修竹冬青。阴池幽流,玄泉洌清。鹎鶋秋栖,鹘鸼春鸣。雎鸠丽黄,关关嘤嘤。于南则前殿灵台,合欢安福。谚门曲榭,邪阻城洫。奇树珍果,钩盾所职。西登少华,亭候修敕。九龙之内,实曰嘉德。西南其户,匪雕匪刻。我后好约,乃宴斯息。于东则洪池清蘌,渌水澹澹。内阜川禽,外丰葭菼。献鳖蜃与龟鱼,供蜗䗪与菱芡。其西则有平乐都场,示远之观。龙雀蟠蜿,天马半汉。瑰异谲诡,灿烂炳焕。奢未及侈,俭而不陋。规遵王度,动中得趣。

“于是观礼,礼举仪具。经始勿亟,成之不日。犹谓为之者劳,居之者逸。慕唐虞之茅茨,思夏后之卑室。乃营三宫,布教颁常。复庙重屋,八达九房。规天矩地,授时顺鄉。造舟清池,惟水泱泱。左制辟雍,右立灵台。因进距衰,表贤简能。冯相观祲,祈褫禳灾。

“于是孟春元日,群后旁戾。百僚师师,于斯胥洎。藩国奉聘,要荒来质。具惟帝臣,献琛执贽。当觐乎殿下者,盖数万以二。尔乃九宾重,胪人列。崇牙张,镛鼓设。郎将司阶,虎戟交铩。龙辂充庭,云旗拂霓。夏正三朝,庭燎晢晢。撞洪钟,伐灵鼓,旁震八鄙,軯礚隐訇。若疾霆转雷而激迅风也。

“是时称警跸已,下雕辇于东厢。冠通天,佩玉玺,纡皇组,要干将。负斧扆,次席纷纯,左右玉几,而南面以听矣。然后百辟乃入,司仪辨等,尊卑以班,璧羔皮帛之贽既奠,天子乃以三揖之礼礼之。穆穆焉,皇皇焉,济济焉,将将焉,信天下之壮观也。乃羡公侯卿士,登自东除。访万机,询朝政。勤恤民隐,而除其眚。人或不得其所,若己纳之于隍。荷天下之重任,匪怠皇以宁静。发京仓,散禁财。赉皇寮,逮舆台。命膳夫以大飨,饔饩浃乎家陪。春醴惟醇,燔炙芬芬。君臣欢康,具醉熏熏。千品万官,已事而踆。勤屡省,懋乾乾。清风协于玄德,淳化通于自然。宪先灵而齐轨,必三思以顾愆。招有道于侧陋,开敢谏之直言。聘丘园之耿絜,旅束帛之戋戋。上下通情,式宴且盘。

“及将祀天郊,报地功,祈福乎上玄,思所以为虔。肃肃之仪尽,穆穆之礼殚。然后以献精诚,奉禋祀,曰:‘允矣,天子者也。’乃整法服,正冕带。珩紞纮綖,玉笄綦会。火龙黼黻,藻绰鞶厉。结飞云之袷辂,树翠羽之高盖。建辰旒之太常,纷焱悠以容裔。六玄虬之弈弈,齐腾骧而沛艾。龙辀华轙,金鋄镂钖。方釳左纛,钩膺玉瓖。銮声哕哕,和铃铁铁。重轮贰辖,疏毂飞軨。羽盖威蕤,葩瑵曲茎。顺时服而设副,咸龙旂而繁缨。立戈迤戛,农舆辂木。属车九九,乘轩并毂。珂弩重旃,朱旄青屋。奉引既毕,先辂乃发。鸾旗皮轩,通帛綪旆。云罕九斿,阘戟轇輵。鬒髦被绣,虎夫戴鹖。驸承华之蒲梢,飞流苏之骚杀。总轻武于后陈,奏严鼓之嘈囋。戎士介而扬挥，戴金钲而建黄钺。清道案列，天行星陈。肃肃习习，隐隐辚辚。殿未出乎城阙，旆已反乎郊畛。盛夏后之致美，爰敬恭于明神。

“尔乃孤竹之管，云和之瑟。雷鼓䨻䨻，六变既毕。冠华秉翟，列舞八佾。元祀惟称，群望咸秩。飏槱燎之炎炀，致高烟乎太一。神歆馨而顾德，祚灵主以元吉。然后宗上帝于明堂，推光武以作配。辩方位而正则，五精帅而来摧。尊赤氏之朱光，四灵懋而允怀。于是春秋改节，四时迭代。蒸蒸之心，感物曾思。躬追养于庙祧，奉蒸尝与禴祠。物牲辩省，设其楅衡。毛炰豚胉，亦有和羹。涤濯静嘉，礼仪孔明。万舞奕奕，钟鼓喤喤。灵祖皇考，来顾来飨。神具醉止，降福穰穰。

“及至农祥晨正，土膏脉起。乘銮辂而驾苍龙，介驭间以剡耜。躬三推于天田，修帝籍之千亩。供禘郊之粢盛，必致思乎勤己。兆民劝于疆场，感懋力以耘耔。春日载阳，合射辟雍。设业设虡，宫悬金镛。鼖鼓路鼗，树羽幢幢。于是备物，物有其容。伯夷起而相仪，后夔坐而为工。张大侯，制五正。设三乏，厞司旌。并夹既设，储乎广庭。于是皇舆夙驾，牽于东阶，以须消启明。扫朝霞，登天光于扶桑。天子乃抚玉辂，时乘六龙。发鲸鱼，铿华钟。大丙弭节，风后陪乘。摄提运衡，徐至于射宫。礼事展，乐物具。王夏阕，驺虞奏。决拾既次，雕弓斯彀。达余萌于暮春，昭诚心以远喻。进明德而崇业，涤饕餮之贪欲。仁风衍而外流，谊方激而遐骛。日月会于龙狵，恤民事之劳疚。因休力以息勤，致欢忻于春酒。执銮刀以袒割，奉觞豆于国叟。降至尊以训恭，送迎拜乎三寿。敬慎威仪，示民不偷。我有嘉宾，其乐愉愉。声教布濩，盈溢天区。

“文德既昭，武节是宣。三农之隙，曜威中原。岁惟仲冬，大阅西园。虞人掌焉，先期戒事。悉率百禽，鸠诸灵囿。兽之所同，是谓告备。乃御小戎，抚轻轩。中畋四牡，既佶且闲。戈矛若林，牙旗缤纷。迄上林，结徒营。次和树表，司铎授钲。坐作进退，节以军声。三令五申，示戮斩牲。陈师鞠旅，教达禁成。火列具举，武士星敷。鹅鹳鱼丽，箕张翼舒。轨尘掩迒，匪疾匪徐。驭不诡遇，射不翦毛。升献六禽，时膳四膏。马足未极，舆徒不劳。成礼三殴，解罘放麟。不穷乐以训俭，不殚物以昭仁。慕天乙之弛罟，因教祝以怀民。仪姬伯之渭阳，失熊罴而获人。泽浸昆虫，威振八隅。好乐无荒，允文允武。薄狩于敖，既璅璅焉。岐阳之搜，又何足数。

“尔乃卒岁大傩，殴除群厉。方相秉钺，巫觋操茢。侲子万童，丹首玄制。桃弧棘矢，所发无臬。飞砾雨散，刚瘅必毙。煌火驰而星流，逐赤疫于四裔。然后凌天池，绝飞梁。捎魑魅，斮獝狂。斩蝼蛇，脑方良。囚耕父于清泠，溺女魃于神潢。残夔魖与罔像，殪野仲而歼游光。八灵为之震慑，况魃蜮与毕方。度朔作梗，守以郁垒。神荼副焉，对操索苇。目察区陬，司执遗鬼。京室密清，罔有不韪。

“于是阴阳交和，庶物时育。卜征考祥，终然允淑。乘舆巡乎岱岳，劝稼穑于原陆。同衡律而一轨量，齐急舒于寒燠。省幽明以黜陟，乃反旆而回复。望先帝之旧墟，慨长思而怀古！俟阊风而西遐，致恭祀乎高祖。既春游以发生，启诸蛰于潜户。度秋豫以收成，观丰年之多稌。嘉田畯之匪懈，行致赉于九扈。左瞰旸谷，右睨玄圃。眇天末以远期，规万世而大摹。且归来以释劳，膺多福以安悆。总集瑞命，备致嘉祥。圉林氏之驺虞，扰泽马与腾黄。鸣女床之鸾鸟，舞丹穴之凤皇。植华平于春圃，丰朱草于中唐。惠风广被，泽洎幽荒。北燮丁令，南谐越裳。西包大秦，东过乐浪。重舌之人九译，佥稽首而来王。

“是以论其迁邑易京，则同规乎殷盘；改奢即俭，则合美乎斯干；登封降禅，则齐德乎黄轩。为无为，事无事，永有民以孔安。遵节俭，尚素朴。思仲尼之克己，履老氏之常足。将使心不乱其所在，目不见其可欲。贱犀象，简珠玉。藏金于山，抵璧于谷。翡翠不裂，玳瑁不蔟。所贵惟贤，所宝惟谷。民去末而反本，咸怀忠而抱悫。于斯之时，海内同悦，曰：‘吁！汉帝之德，侯其祎而！’盖蓂荚为难莳也，故旷世而不觌。惟我后能殖之，以至和平，方将数诸朝阶。然则道胡不怀，化胡不柔？声与风翔，泽从云游。万物我赖，亦又何求？德寓天覆，辉烈光烛。狭三王之趢趡,轶五帝之长驱。蹝二皇之退武,谁谓驾迟而不能属?东京之懿未罄,值余有犬马之疾,不能究其精详。故粗为宾言其梗概如此。

"若乃流遁忘反,放心不觉,乐而无节,后离其戚,一言几于丧国,我未之学也。且夫挈瓶之智,守不假器。况纂帝业,而轻天位。瞻仰二祖,厥庸孔肆。常翘翘以危惧,若乘奔而无辔。白龙鱼服,见困豫且。虽万乘之无惧,犹怵惕于一夫。终日不离其辎重,独微行其焉如?夫君人者,黈纩塞耳,车中不内顾。珮以制容,銮以节涂。行不变玉,驾不乱步。却走马以粪车,何惜騕褭与飞兔。方其用财取物,常畏生类之殄也。赋政任役,常畏人力之尽也。取之以道,用之以时。山无槎枿,畋不麛胎。草木蕃庑,鸟兽阜滋。民忘其劳,乐输其财。百姓同于饶衍,上下共其雍熙。洪恩素蓄,民心固结。执谊顾主,夫怀贞节。怂奸慝之干命,怨皇统之见替。玄谋设而阴行,合二九而成谲。登圣皇于天阶,章汉祚之有秩。若此故王业可乐焉。

"今公子苟好剿民以媮乐,忘民怨之为仇也;好殚物以穷宠,忽下叛而生忧也。夫水所以载舟,亦所以覆舟。坚冰作于履霜,寻木起于蘖栽。昧旦丕显,后世犹怠。况初制于甚泰,服者焉能改裁。故相如壮上林之观,杨雄骋羽猎之辞。虽系以隤墙填堑,乱以收置解罘。卒无补于风规,祇以昭其愆尤。臣济多以陵君,忘经国之长基。故函谷击柝于东,西朝颠覆而莫持。凡人心是所学,体安所习。鲍肆不知其臭,玩其所以先入。咸池不齐度于蛙咬,而众听或疑。能不惑者,其唯子野乎?"

客既醉于大道,饱于文义。劝德畏戒,喜惧交争。囷然若醒,朝罢夕倦,夺气褫魄之为者,忘其所以为谈,失其所以为夸。良久乃言曰:"鄙哉予乎!习非而遂迷也,幸见指南于吾子。若仆所闻,华而不实;先生之言,信而有征。鄙夫寡识,而今而后,乃知大汉之德馨,咸在于此。昔常恨三坟五典既泯。仰不睹炎帝帝魁之美,得闻先生之余论。则大庭氏何以尚兹?走虽不敏,庶斯达矣。"

(选自《昭明文选》,中华书局 1977 年版)

南 都 赋

东汉·张　衡

于显乐都,既丽且康!陪京之南,居汉之阳。割周楚之丰壤,跨荆豫而为疆。体爽垲以闲敞,纷郁郁其难详。

尔其地势,则武阙关其西,桐柏揭其东。流沧浪而为隍,廓方城而为墉。汤谷涌其后,淯水荡其胸。推淮引湍,三方是通。

其宝利珍怪,则金彩玉璞,随珠夜光。铜锡铅锴,赭垩流黄。绿碧紫英,青腹丹粟。太一余粮,中黄瑴玉。松子神陂,赤灵解角。耕父扬光于清泠之渊,游女弄珠于汉皋之曲。

其山则崆峎嵼崵,嵣峀嶵剌。岞崿峣嵬,嶔峨屹嵸。幽谷嶜岑,夏含霜雪。或崐嶙而纲连,或豁尔而中绝。鞠巍巍其隐天,俯而观乎云霓。

若夫天封大狐,列仙之陬。上平衍而旷荡,下蒙笼而崎岖。坂坻巀嶭而成甗,谿壑错缪而盘纡。芝房菌蠢生其隈,玉膏滵溢流其隅。昆仑无以逾,阆风不能逾。

其木则柽松楔樱,樠柏杻檀。枫柙栌枥,帝女之桑。楟柰梬桐,梜柘檍檀。结根竦本,垂条蝉媛。布绿叶之萋萋,敷华蕊之蓑蓑。玄云合而重阴,谷风起而增哀。攒立丛駢,青冥肝瞑。杏蔼蓊郁于谷底,森蓴蓴而刺天。虎豹黄熊游其下,毂玃猱狿戏其巅。鸾鸳鹓雏翔其上,腾猿飞蠝栖其间。其竹则篈笼篁箘,筱筀箖箘。缘延坻阪,澶漫陆离。阿那蓊茸,风靡云披。

尔其川渎,则淮沣浼浕,发源岩穴。潜廅洞出,没滑潗濈。布濩漫汗,济沇洋溢。总括趋欲,箭驰风疾。流湍投濈，砏汃輣軋。长输远逝，漻泪淢汩。其水虫则有蝹龟鸣蛇，潜龙伏螭。鳣鲤鲖鳍，䵷鼋鲛鳖。巨蚌函珠，驳瑕委蛇。

于其陂泽，则有钳卢玉池，赭阳东陂。贮水渟洿，亘望无涯。其草则有薡苎薠莞，蒋蒲兼葭。藻茆菱芡，芙蓉含华。从风发荣，斐披芬葩。其鸟则有鸳鸯鹄鹥，鸿鸹鸳鹅。鹍鸡鹍鹤，鹔鹴鹔鸠。嘤嘤和鸣，澹淡随波。

其水则开窦洒流，浸彼稻田。沟浍脉连，隄塍相辖。朝云不兴，而潢潦独臻。决渫则暵，为湝为陆。冬稌夏穱，随时代熟。其原野则有桑漆麻苎，菽麦稷黍。百谷蕃庑，翼翼与与。

若其园圃，则有蓼蕺蘘荷，薯蔗姜䪤，菥蓂芋瓜。乃有樱梅山柿，侯桃梨柰。桩枣若留，穰橙邓橘。其香草则有薜荔蕙若，薇芜苏荏。晻暧蓊蔚，含芬吐芳。若其厨膳，则有华芗重秬，滍皋香秔。归雁鸣鵽，黄稻鳞鱼，以为芍药。酸甜滋味，百种千名。春卵夏笋，秋韭冬菁。苏荼紫姜，拂彻膻腥。酒则九酝甘醴，十旬兼清。醪敷径寸，浮蚁若萍。其甘不爽，醉而不酲。

及其纪宗绥族，禴祠蒸尝。以速远朋，嘉宾是将。揖让而升，宴于兰堂。珍羞琅玕，充溢圆方。琢瑂狎猎，金银琳琅。侍者蛊媚，巾帼鲜明。被服杂错，履蹑华英。儇才齐敏，受爵传觞。献酬既交，率礼无违。弹琴抚箫，流风徘徊。清角发徵，听者增哀。客赋醉言归，主称露未晞。接欢宴于日夜，终恺乐之令仪。

于是暮春之禊，元巳之辰，方轨齐轸，被于阳濒。朱帷连网，曜野映云。男女姣服，骆驿缤纷。致饰程蛊，偠紹便娟。微眺流睇，蛾眉连卷。于是齐僮唱兮列赵女。坐南歌兮起郑舞。白鹤飞兮茧曳绪。修袖缭绕而满庭，罗袜蹑蹀而容与。翩绵绵其若绝，眩将坠而复举。翘遥迁延，蹁蹮蹁跹。结九秋之增伤，怨西荆之折盘。弹筝吹笙，更为新声。寡妇悲吟，鹍鸡哀鸣。坐者凄欷，荡魂伤精。

于是群士放逐，驰乎沙场。骚骥齐镳，黄间机张。足逸惊飚，镞析毫芒。俯贯鲂鲔，仰落双鸧。鱼不及窜，鸟不暇翔。尔乃抚轻舟兮浮清池，乱北渚兮揭南涯。汰瀺灂兮船容裔，阳侯浇兮掩凫鹥。追水豹兮鞭魍魉，惮夔龙兮怖蛟螭。

于是日将逮昏，乐者未荒。收驩命驾，分背回塘。车雷震而风厉，马鹿超而龙骧。夕暮言归，其乐难忘。此乃游观之好，耳目之娱。未睹其美者，焉足称举。

夫南阳者，真所谓汉之旧都者也。远世则刘后甘厥龙醢，视鲁县而来迁。奉先帝而追孝，立唐祀乎尧山。固灵根于夏叶，终三代而始蕃。非纯德之宏图，孰能揆而处游！

近则考侯思故，匪居匪宁。秽长沙之无乐，历江湘而北征。曜朱光于白水，会九世而飞荣。察兹邦之神伟，启天心而寤灵。

于其宫室，则有园庐旧宅，隆崇崔嵬。御房穆以华丽，连阁焕其相徽。圣皇之所逍遥，灵祇之所保绥。章陵郁以青葱，清庙肃以微微。皇祖歆而降福，弥万祀而无衰。帝王臧其擅美，咏南音以顾怀。且其君子，弘懿明睿，允恭温良。容止可则，出言有章。进退屈伸，与时抑扬。

方今天地之睢剌，帝乱其政，豺虎肆虐，真人革命之秋也。尔其则有谋臣武将，皆能攫戾执猛，破坚摧刚。排捷陷扃，蹩踏咸阳。高祖阶其涂，光武揽其英。是以关门反距，汉德久长。及其去危乘安，视人用迁。周召之俦，据鼎足焉，以厎王职。缙绅之伦，经纶训典，赋纳以言。是以朝无阙政，风烈昭宣也。于是乎鲵齿眉寿，鲐背之叟，蟠蟠然被黄发者，喟然相与歌曰："望翠华兮葳蕤，建太常兮裶裶。驷飞龙兮骙骙，振和鸾兮京师。总万乘兮徘徊，按平路兮来归。"岂不思天子南巡之辞者哉！遂作颂曰：

皇祖止焉，光武起焉。据彼河洛，统四海焉。本枝百世，位天子焉。永世克孝，怀桑梓焉。真人南巡，睹旧里焉。

（选自《昭明文选》，中华书局1977年版）

三都赋 并序

西晋·左 思

　　盖诗有六义焉,其二曰赋。杨雄曰:"诗人之赋丽以则。"班固曰:"赋者,古诗之流也。"先王采焉,以观土风。见"绿竹猗猗",则知卫地淇澳之产;见"在其版屋",则知秦野西戎之宅。故能居然而辨八方。然相如赋上林而引"卢橘夏熟",杨雄赋甘泉而陈"玉树青葱",班固赋西都而叹以出比目,张衡赋西京而述以游海若。假称珍怪,以为润色,若斯之类,匪唇于兹。考之果木,则生非其壤;校之神物,则出非其所。于辞则易为藻饰,于义则虚而无征。考之果木,则生非其壤;校之神物,则出非其所。于辞则易为藻饰,于义则虚而无征。且夫玉卮无当,虽宝非用;侈言无验,虽丽非经。而论者莫不诋讦其研精,作者大氐举为宪章。积习生常,有自来矣。

　　余既思摹二京而赋三都,其山川城邑则稽之地图,其鸟兽草木则验之方志。风谣歌舞,各附其俗;魁梧长者,莫非其旧。何则?发言为诗者,咏其所志也;升高能赋者,颂其所见也。美物者贵依其本,赞事者宜本其实。匪本匪实,览者奚信?且夫任土作贡,虞书所著;辨物居方,周易所慎。聊举其一隅,摄其体统,归诸诂训焉。

蜀 都 赋

　　有西蜀公子者,言于东吴王孙,曰:盖闻天以日月为纲,地以四海为纪。九土星分,万国错跱。崤函有帝皇之宅,河洛为王者之里。吾子岂亦曾闻蜀都之事欤?请为左右扬摧而陈之。

　　夫蜀都者,盖兆基于上世,开国于中古。廓灵关以为门,包玉垒而为宇。带二江之双流,抗峨眉之重阻。水陆所凑,兼六合而交会焉;丰蔚所盛,茂八区而菴蔼焉。

　　于前则跨蹑犍牂,枕倚交趾。经途所亘,五千余里。山阜相属,含溪怀谷。岗峦纠纷,触石吐云。郁葐蒀以翠微,崛巍巍以峨峨。干青霄而秀出,舒丹气而为霞。龙池濊瀑溃其隈,漏江伏流溃其阿。泪若汤谷之扬涛,沛若蒙汜之涌波。于是乎邛竹缘岭,菌桂临崖。旁挺龙目,侧生荔枝。布绿叶之萋萋,结朱实之离离。迎隆冬而不凋,常晔晔以猗猗。孔翠群翔,犀象竞驰。白雉朝雊,猩猩夜啼。金马骋光而绝景,碧鸡儵忽而曜仪。火井沈荧于幽泉,高焰飞煽于天垂。其间则有虎珀丹青,江珠瑕英。金沙银砾,符采彪炳,晖丽灼烁。

　　于后则却背华容,北指昆仑。缘以剑阁,阻以石门。流汉汤汤,惊浪雷奔。望之天回,即之云昏。水物殊品,鳞介异族。或藏蛟螭,或隐碧玉。嘉鱼出于丙穴,良木攒于褒谷。其树则有木兰梫桂,杞櫹椅桐,棱枒楔枞。榠楠幽蔼于谷底,松柏蓊郁于山峰。擢修干,竦长条。扇飞云,拂轻霄。羲和假道于峻歧,阳乌回翼乎高标。巢居栖翔,聿兼邓林。穴宅奇兽,窠宿异禽。熊黑咆其阳,雕鹗轹其阴。猿狖腾希而竞捷,虎豹长啸而永吟。

　　于东则左绵巴中,百濮所充。外负铜梁于宕渠,内函要害于膏腴。其中则有巴菽巴戟,灵寿桃枝。樊以蒳圃,滨以盐池。蝎蛆山栖,龟龙水处。潜龙蟠于沮泽,应鸣鼓而兴雨。丹沙艳炽出其坂,蜜房郁毓被其阜。山图采而得道,赤斧服而不朽。若乃刚悍生其方,风谣尚其武。奋之则宾旅,玩之则渝舞。锐气剽于中叶,跷容世于乐府。

　　于西则右挟岷山,涌渎发川。陪以白狼,夷歌成章。峒野草昧,林麓黝儵。交让所植,蹲鸱所伏。百药灌丛,寒卉冬馥。异类众伙,于何不育?其中则有青珠黄环,碧砮芒消。或丰绿荑,或蕃丹椒。麋芜布濩于中阿,风连莚蔓于兰皋。红葩紫饰,柯叶渐苞。敷蕊葳蕤,落英飘飖。神农是尝,卢跗是料。芳追气邪,味蠲疠痟。

　　其封域之内,则有原隰坟衍,通望弥博。演以潜沫,浸以绵雒。沟洫脉散,疆里绮错。黍稷油油,粳稻莫莫。指渠口以为云门,洒滮池而为陆泽。虽星毕之滂沲,尚未齐其膏液。

　　尔乃邑居隐赈，夹江傍山。栋宇相望，桑梓接连。家有盐泉之井，户有橘柚之园。其园则林檎枇杷，橙柿楟榉。樲桃函列，梅李罗生。百果甲宅，异色同荣。朱樱春熟，素柰夏成。若乃大火流，凉风厉。白露凝，微霜结。紫梨津润，榍栗罅发。蒲陶乱溃，若榴竞裂。甘至自零，芬芬酷烈。其园则有蒟蒻茱萸，瓜畴芋区。甘蔗辛姜，阳蓲阴敷。日往菲薇，月来扶疏。任土所丽，众献而储。

　　其沃瀛则有攒蒋丛蒲，绿菱红莲。杂以蕴藻，糅以苹蘩。总茎柅柅，裹叶萋萋。黄实时味，王公羞焉。其中则有鸿俦鹄侣，振鹭鹈鹕。晨凫旦至，候雁衔芦。木落南翔，冰泮北徂。云飞水宿，呼唬清渠。其深则有白鼋命鳖，玄獭上祭。鳣鲔鳟魴，鳂鳢鲨鲿。差鳞次色，锦质报章。跃涛戏濑，中流相忘。

　　于是乎金城石郭，兼市中区。既丽且崇，实号成都。辟二九之通门，画方轨之广涂。营新宫于爽垲，拟承明而起庐。结阳城之延阁，飞观榭乎云中。开高轩以临山，列绮窗而瞰江。内则议殿爵堂，武义虎威。宣化之闼，崇礼之闱。华阙双邈，重门洞开。金铺交映，玉题相晖。外则轨躅八达，里闬对出。比屋连甍，千庑万室。亦有甲第，当衢向术。坛宇显敞，高门纳驷。庭扣钟磬，堂抚琴瑟。匪葛匪姜，畴能是恤？

　　亚以少城，接乎其西。市廛所会，万商之渊。列隧百重，罗肆巨千。贿货山积，纤丽星繁。都人士女，祛服靓妆。贾贸墆鬻，舛错纵横。异物崛诡，奇于八方。布有橦华，鸟有桄榔。邛杖传节于大夏之邑，蒟酱流味于番禺之乡。舆辇杂沓，冠带混并。累毂叠迹，叛衍相倾。喧哗鼎沸，则咙聒宇宙；嚣尘张天，则埃壒曜灵。阛阓之里，伎巧之家。百室离房，机杼相和。贝锦斐成，濯色江波。黄润比筒，籯金所过。

　　侈侈隆富，卓郑埒豪。公擅山川，货殖私庭。藏镪巨万，鈲揽兼呈。亦以财雄，翕习边城。三蜀之豪，时来时往。养交都邑，结俦附党。剧谈戏论，扼腕抵掌。出则连骑，归从百两。若其旧俗，终冬始春。吉日良辰，置酒高堂，以御嘉宾。金罍中坐，肴槅四陈。觞以清醥，鲜以紫鳞。羽爵执竞，丝竹乃发。巴姬弹弦，汉女击节。起西音于促柱，歌江上之飉厉。纤长袖而屡舞，翩跹跹以裔裔。合樽促席，引满相罚。乐饮今夕，一醉累月。

　　若夫王孙之属，邰公之伦。从禽于外，巷无居人。并乘骥子，俱服鱼文。玄黄异校，结驷缤纷。西逾金堤，东越玉津。朔别期晦，匪日匪旬。蹴蹋蒙笼，涉躐寥廓。鹰犬倐眒，尉罗络幕。毛群陆离，羽族纷泊。翕响挥霍，中网林薄。屠麖麋，翦旄麈。带文蛇，跨雕虎。志未骋，时欲晚。追轻翼，赴绝远。出彭门之阙，驰九折之阪。经三峡之峥嵘，蹑五屼之蹇浐。戟食铁之兽，射噬毒之鹿。晶豽氓于蓲草，弹言鸟于森木。拔象齿，戾犀角，鸟铩翮，兽废足。

　　殆而揭来，相与第如滇池，集于江洲。试水客，舣轻舟。娉江斐，与神游。罨翡翠，钓鳀鲉。下高鹄，出潜虬。吹洞箫，发棹讴。感鳏鱼，动阳侯。腾波沸涌，珠贝汜浮。若云汉含星，而光耀洪流。将缫獠者，张布幕，会平原。酌清酤，割芳鲜。饮御酣，宾旅旋。车马雷骇，轰轰阗阗。若风流雨散，漫乎数百里间。斯盖宅土之所安乐，观听之所踊跃也。焉独三川，为世朝市？

　　若乃卓荦奇诵，倜傥罔已。一经神怪，一纬人理。远则岷山之精，上为井络。天帝运期而会昌，景福肸蠁而兴作。碧出苌弘之血，鸟生杜宇之魄。安变化而非常，羌见伟于畴昔。近则江汉炳灵，世载其英。蔚若相如，皭若君平。王褒皣晔而秀发，杨雄含章而挺生。幽思绚道德，摛藻捴天庭。考四海而为儁，当中叶而擅名。是故游谈者以为誉，造作者以为程也。至乎临谷为塞，因山为障。峻岨塍埒长城，豁险吞若巨防。一人守隘，万夫莫向。公孙跃马而称帝，刘宗下辇而自王。由此言之，天下孰尚？故虽兼诸夏之富有，犹未若兹都之无量也。

　　　　　　　　　　　　　　（选自《昭明文选》，中华书局 1977 年版）

吴都赋

东吴王孙輾然而咍,曰:“夫上图景宿,辨于天文者也。下料物土,析于地理者也。古先帝代,曾览八纮之洪绪。一六合而光宅,翔集遐宇。鸟策篆素,玉牒石记。乌闻梁岷有陟方之馆、行宫之基欤?而吾子言蜀都之富,禺同之有。玮其区域,美其林薮。矜巴汉之阻,则以为袭险之右。徇蹲鸱之沃,则以为世济阳九。龌龊而算,顾亦曲士之所叹也。旁魄而论都,抑非大人之壮观也。何则?土壤不足以摄生,山川不足以周卫。公孙国之而破,诸葛家之而灭。兹乃丧乱之丘墟,颠覆之轨辙。安可以俪王公而著风烈也?玩其碛砾而不窥玉渊者,未知骊龙之所蟠也。习其弊邑而不睹上邦者,未知英雄之所躔也。

“子独未闻大吴之巨丽乎?且有吴之开国也,造自太伯,宣于延陵。盖端委之所彰,高节之所兴。建至德以创洪业,世无得而显称。由克让以立风俗,轻脱蹝于千乘。若率土而论都,则非列国之所觖望也。故其经略,上当星纪。拓土画疆,卓荦兼并。包括干越,跨蹑蛮荆。婺女寄其曜,翼轸寓其精。指衡岳以镇野,目龙川而带垌。

“尔其山泽,则嵬嶷峣屼,巊冥郁岪。溃渱泮汗,滇淼漭漫。或涌川而开渎,或吞江而纳汉。磈磈巍巍,滮滮涆涆。磤硁乎数州之间,灌注乎天下之半。百川派别,归海而会。控清引浊,混涛并濑。渍薄沸腾,寂寥长迈。濞焉汹汹,隐焉礚礚。出乎大荒之中,行乎东极之外。经扶桑之中林,包汤谷之滂沛。潮波汩起,回复万里。歊雾漨浡,云蒸昏昧。泓澄奫潫,澒溶沆瀁。莫测其深,莫究其广。澶湉漠而无涯,惣有流而为长。瑰异之所丛育,鳞甲之所集往。

“于是乎长鲸吞航,修鲵吐浪。跃龙腾蛇,鲛鲻琵琶。王鲔鯸鲐,鲫龟鳝鲭,乌贼拥剑,鼋鼍鲭鳄,涵泳乎其中。葺鳞镂甲,诡类舛错。溯洄顺流,唸喁沈浮。鸟则鹍鸡䴔䴖,鹴鹄鹭鸿。鶢鶋避风,候雁造江。鸂鶒鹔鸘,鹔鹤鹙鸧。鹳鸥鷁鸬,泛滥乎其上。湛淡羽仪,随波参差。理翮整翰,容与自玩。雕啄蔓藻,刷荡漪澜。鱼鸟聱耴,万物蠢生。芒芒黖黖,慌罔奄欻,神化翕忽,函幽育明。穷性极形,盈虚自然。蚌蛤珠胎,与月亏全。巨鼇赑屃,首冠灵山。大鹏缤翻,翼若垂天。振荡汪流,雷抃重渊。殷动宇宙,胡可胜原!

“岛屿绵邈,洲渚冯隆。旷瞻迢递,迥眺冥蒙。珍怪丽,奇隙充。径路绝,风云通。洪桃屈盘,丹桂灌丛。琼枝抗茎而敷蕊,珊瑚幽茂而玲珑。增冈重阻,列真之宇。玉堂对霤,石室相距。蔼蔼翠幄,嫋嫋素女。江斐于是往来,海童于是宴语。斯实神妙之响象,嗟难得而觌缕!

“尔乃地势坱圠,卉木跃蔓。遭薮为圃,值林为苑。异荂苞蘛,夏晔冬蒨。方志所辨,中州所羡。草则藿蒳豆蔻,姜汇非一。江蓠之属,海苔之类。纶组紫绛,食葛香茅。石帆水松,东风扶留。布濩皋泽,蝉联陵丘。夤缘山岳之岊,幂历江海之流。扤白蒂,衔朱蕤。郁兮葰茂,晔兮菲菲。光色炫晃,芬馥肸蠁。职贡纳其包匦,离骚咏其宿莽。木则枫柙櫲樟,栟榈枸桹。绵杬杶栌,文欀桢橿。平仲桾櫏,松梓古度。楠榴之木,相思之树。宗生高冈,族茂幽阜。擢本千寻,垂荫万亩。攒柯挐茎,重葩殗叶。轮囷虯蟠,插壇鳞接。荣色杂糅,绸缪缛绣。宵露霮䨴,旭日晻時。与风飖飏,飀浏飕飗。鸣条律畅,飞音响亮。盖象琴筑并奏,笙竽俱唱。其上则猿父哀吟,犻子长啸。狖鼯猓然,腾趠飞超。争接悬垂,竞游远枝。惊透沸乱,牢落翚散。其下则有枭羊麡狼,猰貐貙象。乌菟之族,犀兕之党。钩爪锯牙,自成锋颖。精若燿星,声若震霆。名载于山经,形镂于夏鼎。

“其竹则筼筜箖箊,桂箭射筒。柚梧有篁,篻簩有丛。苞笋抽节,往往萦结。绿叶翠茎,冒霜停雪。橚矗森萃,蓊茸萧瑟。檀栾蝉蜎,玉润碧鲜。梢云无以逾,嶰谷弗能连。鹙鸧食其实,鹓雏扰其间。其果则丹橘余甘,荔枝之林。槟榔无柯,椰叶无阴。龙眼橄榄,棎榴御霜。结根比景之阴,列挺衡山之阳。素华斐,丹秀芳。临青壁,系紫房。鹧鸪南翥而中留,孔雀綷羽以翱翔。山鸡归飞而来栖,翡翠列巢以重行。其琛赂则琨瑶之阜,铜锴之垠。火齐之宝,骇鸡之珍。赪丹明玑,金华银朴。紫贝流黄,缥碧素玉。隐赈崴襄,杂插幽屏。精曜潜颖,硅谬山谷。碕岸为之不枯,林木为之润黩。隋侯于是鄙其夜光,宋王于是陋其结绿。

"其荒陬谲诡,则有龙穴内蒸,云雨所储。陵鲤若兽,浮石若桴。双则比目,片则王余。穷陆饮木,极沈水居。泉室潜织而卷绡,渊客慷慨而泣珠。开北户以向日,齐南冥于幽都。其四野则畛畷无数,膏腴兼倍。原隰殊品,窊隆异等。象耕鸟耘,此之自与。穞秀菰穗,于是乎在。煮海为盐,采山铸钱。国税再熟之稻,乡贡八蚕之绵。

"徒观其郊隧之内奥,都邑之纲纪。霸王之所根柢,开国之所基趾。郛郭周匝,重城结隅。通门二八,水道陆衢。所以经始,用累千祀。宪紫宫以营室,廓广庭之漫漫。寒暑隔阂于辽宇,虹蜺回带于云馆。所以跨跱焕炳万里也。造姑苏之高台,临四远而特建,带朝夕之濬池,佩长洲之茂苑。窥东山之府,则瑰宝溢目;瞰海陵之仓,则红粟流衍。起寝庙于武昌,作离宫于建业。阊阖间之所营,采夫差之遗法。抗神龙之华殿,施荣楯而捷猎。崇临海之崔巍,饰赤乌之暐晔。东西胶葛,南北峥嵘。房栊对櫎,连阁相经。阛阓谲诡,异出奇名。左称弯碕,右号临硎。雕栾镂楶,青琐丹楹。图以云气,画以仙灵。虽兹宅之夸丽,曾未足以少宁。思比屋于倾宫,毕结瑶而构琼。高闱有闶,洞门方轨。朱阙双立,驰道如砥。树以青槐,亘以绿水。玄荫眈眈,清流亶亶。列寺七里,侠栋阳路。屯营栉比,解署棋布。横塘查下,邑屋隆夸。长干延属,飞甍舛互。

"其居则高门鼎贵,魁岸豪杰。虞魏之昆,顾陆之裔。歧嶷继体,老成弈世。跃马叠迹,朱轮累辙。陈兵而归,兰锜内设。冠盖云荫,闾阎阗噎。其邻则有任侠之靡,轻訬之客。缔交翩翩,傧从弈弈。出蹑珠履,动以千百。里宴巷饮,飞觞举白。翘关扛鼎,拼射壶博。鄱阳暴谑,中酒而作。

"于是乐只衎而欢饫无匮,都辇殷而四奥来暨。水浮陆行,方舟结驷。唱棹转毂,昧旦永日。开市朝而并纳,横阛阓而流溢。混品物而同廛,并都鄙而为一。士女伫眙,商贾骈坒。纻衣绤服,杂沓似萃。轻舆按辔以经隧,楼船举帆而过肆。果布辐凑而常然,致远流离与珂珬。绩賄纷纭,器用万端。金镒磊砢,珠琲阑干。桃笙象簟,韬于筒中;蕉葛升越,弱于罗纨。僮昏荣猎,交贸相竞。喧哗喤呷,芬葩荫映。挥袖风飘,而红尘昼昏;流汗霡霂而中逵泥泞。

"富中之甿,货殖之选。乘时射利,财丰巨万。竞其区宇,则并疆兼巷;矜其宴居,则珠服玉馔。趫材悍壮,此焉比庐。捷若庆忌,勇若专诸。危冠而出,竦剑而趋。虎带鲛函,扶揄属镂。藏镟于人,去戚自间。家有鹤膝,户有犀渠。军容蓄用,器械兼储。吴钩越棘,纯钧湛卢。戎车盈于石城,戈船掩乎江湖。

"露往霜来,日月其除。草木节解,鸟兽腯肤。观鹰隼,诫征夫。坐组甲,建祀姑。命官帅而拥铎,将校猎乎其区。乌浒狼毷,夫南西屠。儋耳黑齿之酋,金邻象郡之渠。蚳虮风厉,轹雪警捷,先驱前涂。俞骑骋路,指南司方。出车槛槛,被练锵锵。吴王乃巾玉辂,轺骕骦。旂鱼须,常重光。摄乌号,佩干将。羽旄扬蕤,雄戟耀芒。贝胄象弭,织文鸟章。六军祸服,四骐龙骧。峭格周施,罿罻普张。罠蹄琐结,罠蹯连纲。陆以九疑,御以沅湘。辖轩蓼扰,毂骑炜煌。袒裼徒搏,拔距投石之部。猿臂骿胁,狂趭犷猓。鹰瞵鹗视,趹蹴翊䠇。若离若合者,相与腾跃乎莽罝之野。干卤殳铤,旸夷勃卢之旅。长殳短兵,直发驰骋。僵仆垂井,衔枚无声。悠悠旆旌者,相与聊浪乎昧莫之坰。钲鼓叠山,火烈熛林。飞焰浮烟,载霞载阴。菣攟雷碨,崩峦弛岑。乌不择木,兽不择音。麀麚麌麌,幕六骏,追飞生。弹鹖鹞,射猱狿。白雉落,黑鸱零。陵绝嶙嶣,聿越巉险。跐逾竹柏,獼猱杞柚。封豨莸,神螭掩。刚镞润,霜刃染。

"于是弭节顿辔,齐镳驻跸。徘徊倘佯,寓目幽蔚。览将帅之拳勇,与士卒之抑扬。羽族以觜距为刀铍,毛群以齿角为矛铗,皆体著而应卒。所以挂扨而为创痏,冲踔而断筋骨。莫不蚴锐挫芒,拉捽摧藏。虽有石林之岸崿,请攘臂而靡之;虽有雄虺之九首,将抗足而跐之。颠覆巢居,剖破窟宅。仰攀骏狨,俯蹴犴獏。刳剖熊罴之室,剿掠虎豹之落。猩猩啼而就禽,鼯鼯笑而被格。屠巴蛇,出象骼。斩鹏翼,掩广泽。轻禽狡兽,周章夷犹。狼跋乎纮中,忘其所以睒睗,失其所以去就。魂褫气慑而自踢跦者,应弦饮羽,形偾景僵者,累积而增益,杂袭错缪。倾薮薄,倒岬岫。岩穴无豜貒,翳荟无鷹鹬。思假道于丰隆,披重霄而高狩。笼鸟兔于日月,穷飞走之栖宿。

"㠄涧阒,冈岵童。罾罦满,效获众。回靶乎行邪,睨观鱼乎三江。泛舟航于彭蠡,浑万艘而既同。弘舸连舳,巨槛接舻。飞云盖海,制非常模。叠华楼而岛峙,时仿佛于方壶。比鹢首而有裕,迈余皇于往初。张组帏,构流苏。开轩幌,镜水区。槁工楫师,选自闽禺。习御长风,狎玩灵胥。责千里于寸阴,聊先期而须臾。棹讴唱,箫籁鸣。洪流响,渚禽惊。弋磻放,稽鹤鸧。虞机发,留鸡鹥。钩铒纵横,网罟接绪。术兼詹公,巧倾任父。筌鉅鳟,鲡鳔鲹。罩两鲋,罾鳊虾。乘鲎鼋鼍,同罦共罗。沈虎潜鹿,罦轳僔束。微鲸辈中于群犗,擭枪暴出而相属。虽复临河而钓鲤,无异射鲋于井谷。

"结轻舟而竞逐,迎潮水而振缗。想萍实之复形,访灵夔于鲛人。精卫衔石而遇缴,文鳐夜飞而触纶。北山亡其翔翼,西海失其游鳞。雕题之士,镂身之卒。比饰虬龙,蛟螭与对。简其华质,则乱费锦缋。料其虓勇,则雕悍狼戾。相与昧潜险,搜瑰奇。摸蝳蝐,扪觜蜷。剖巨蚌于回渊,濯明月于涟漪。

"毕天下之至异,讫无索而不臻。溪壑为之一罄,川渎为之中贫。哂澹臺之见谋,聊袭海而徇珍。载汉女于后舟,追晋贾而同尘。汩乘流以砏汸,翼飐风之飙飙。直冲涛而上濑,常沛沛以悠悠。汔可休而凯归,揖天吴与阳侯。指包山而为期,集洞庭而淹留。数军实乎桂林之苑,飨戎旅乎落星之楼。置酒若淮泗,积肴若山丘。飞轻轩而酌绿酃,方双辔而赋珍羞。饮烽起,醲鼓震。士遗倦,众怀欣。幸乎馆娃之宫,张女乐而娱群臣。罗金石与丝竹,若钧天之下陈。登东歌,操南音。胤阳阿,咏韎任。荆艳楚舞,吴愉越吟。翕习容裔,靡靡愔愔。

"若此者,与夫唱和之隆响,动钟鼓之铿锽。有殷坻颓于前,曲度难胜。皆与谣俗汁协,律吕相应。其奏乐也,则木石润色;其吐哀也,则凄风暴兴。或超延露而驾辩,或逾绿水而采菱。军马弭髦而仰秣,渊鱼竦鳞而上升。酣湑半,八音并。欢情留,良辰征。鲁阳挥戈而高麾,回曜灵于太清。将转西日而再中,齐既往之精诚。

"昔者夏后氏朝群臣于兹土,而执玉帛者以万国。盖亦先生之所高会,而四方之所轨则。春秋之际,要盟之主。阖闾信其威,夫差穷其武。内果伍员之谋,外骋孙子之奇。胜强楚于柏举,栖劲越于会稽。阙沟乎商鲁,争长于黄池。徒以江湖崄陂,物产殷充。绕霤未足言其固,郑白未足语其丰。士有陷坚之锐,俗有节概之风。睢盱则挺剑,喑呜则弯弓。拥之者龙腾,据之者虎视。麾城若振槁,搴旗若顾指。虽带甲一朝,而元功远致。虽累叶百叠,而富强相继。乐湑衍其方域,列仙集其土地。桂父练形而易色,赤须蝉蜕而附丽。中夏比焉,毕世而罕见,丹青图其珍玮,贵其宝利也。舜禹游焉,没齿而忘归,精灵留其山阿,玩其奇丽也。剖判庶士,商摧万俗。国有郁鞅而显敞,邦有湫厄而踡跼。伊兹都之函弘,倾神州而韫椟。仰南斗以斟酌,兼二仪之优渥。

"繇此而揆之,西蜀之于东吴,小大之相绝也,亦犹棘林萤耀,而与夫桥木龙烛也。否泰之相背也,亦犹帝之悬解,而与桎梏疏属也。庸可共世而论巨细,同年而议丰确乎?暨其幽遐独邃,寥廓闲奥。耳目之所不该,足趾之所不蹈。倜傥之极异,谲诡之殊事,藏理于终古,而未寤于前觉也。若吾子之所传,孟浪之遗言,略举其梗概,而未得其要妙也。"

(选自《昭明文选》,中华书局 1977 年版)

魏 都 赋

魏国先生有睟其容,乃盰衡而诰曰:"异乎交益之士,盖音有楚夏者,土风之乖也;情有险易者，习俗之殊也。虽则生常，固非自得之谓也。昔市南宜僚弄丸，而两家之难解。聊为吾子复玩德音，以释二客竞于辩囿者也。

"夫泰极剖判，造化权舆。体兼昼夜，理包清浊。流而为江海，结而为山岳。列宿分其野，荒裔带其隅。岩冈潭渊，限蛮隔夷，峻危之窍也。蛮陬夷落，译导而通，鸟兽之氓也。正位居体者，以中夏为喉，不以边垂为襟也。长世字甿者，以道德为藩，不以袭险为屏也。而子大夫之贤者，尚弗曾庶翼等威，附丽皇极。思禀正朔，乐率贡职。而徒务于诡随匪人，宴安于绝域。荣其文身，骄其险棘。缪默语之常伦，牵胶言而逾侈。饰华离以秋然，假偃强而攘臂。非醇粹之方壮，谋蹐驳于王义。孰愈寻靡荓于中逵，造沐猴于棘刺。剑阁虽嶙，凭之者蹶，非所以深根固蒂也。洞庭虽濬，负之者北，非所以爱人治国也。彼桑榆之末光，逾长庚之初辉。况河异之爽垲，与江介之湫湄。故将语子以神州之略，赤县之畿；魏都之卓荦，六合之枢机。

"于时运距阳九，汉网绝维。奸回内赑，兵缠紫微。翼翼京室，眈眈帝宇，巢焚原燎，变为煨烬，故荆棘旅庭也。殷殷寰内，绳绳八区，锋镝纵横，化为战场，故麋鹿寓城也。伊洛榛旷，崤函荒芜。临菑牢落，鄢郢丘墟。而是有魏开国之日，缔构之初。万邑譬焉，亦独蔂藟之与子都，培塿之与方壶也。

"且魏地者，毕昴之所应，虞夏之余人。先王之桑梓，列圣之遗尘。考之四隈，则八埏之中；测之寒暑，则霜露所均。卜偃前识，而赏其隆，吴札听歌而美其风。虽则衰世，而盛德形于管弦；虽逾千祀，而怀旧蕴于遐年。尔其疆域，则旁极齐秦，结凑冀道。开胸殷卫，跨蹑燕赵。山林幽峡，川泽回缭。恒碣礧碨于青霄，河汾浩涆而皓溔。南瞻淇澳，则绿竹纯茂；北临漳滏，则冬夏异沼。神钲迢递于高巘，灵响时惊于四表。温泉毖涌而自浪，华清荡邪而难老。墨井盐池，玄滋素液。厥田惟中，厥壤惟白。原隰畇畇，坟衍斥斥。或鳞磥而复陆，或㠁朗而拓落。乾坤交泰而絪缊，嘉祥徽显而豫作。是以兆朕振古，萌柢畴昔。藏气谶纬，闷象竹帛。迥时世而渊默，应期运而光赫。暨圣武之龙飞，肇受命而光宅。

"爰初自臻，言占其良。谋龟谋筮，亦既允臧。修其郛郭，缮其城隍。经始之制，牢笼百王。画雍豫之居，写八都之宇。鉴茅茨于陶唐，察卑宫于夏禹。古公草创，而高门有闶；宣王中兴，而筑室百堵。兼圣哲之轨，并文质之状。商丰约而折中，准当年而为量。思重爻，摹大壮。览荀卿，采萧相。俦拱木于林衡，授全模于梓匠。遐迩悦豫而子来，工徒拟议而骋巧。阐钩绳之筌绪，承二分之正要。揆日晷，考星耀。建社稷，作清庙。筑曾宫以回匝，比冈隒而无陂。造文昌之广殿，极栋宇之弘规。对若崇山崛起以崔嵬，髣若玄云舒蜺以高垂。瑰材巨世，插塸参差。枌橑复结，栾栌叠施。丹梁虹申以并亘，朱桷森布而支离。绮井列疏以悬蒂，华莲重葩而倒披。齐龙首而涌霤，时梗概于澎池。旅楹闲列，晖鉴抶振。榱题黮黮，阶陛嶙峋。长庭砥平，钟虡夹陈。风无纤埃，雨无微津。岩岩北阙，南端逌遵。竦峭双碣，方驾比轮。西辟延秋，东启长春。用觐群后，观享颐宾。

"左则中朝有艳，听政作寝。匪朴匪斫，去泰去甚。木无雕锼，土无绨锦。玄化所甄，国风所禀。于前则宣明显阳，顺德崇礼。重闱洞出，锵锵济济。珍树猗猗，奇卉萋萋。蕙风如薰，甘露如醴。禁台省中，连闼对廊。直事所繇，典刑所藏。蔼蔼列侍，金蜩齐光。诘朝陪幄，纳言有章。亚以柱后，执法内侍。符节谒者，典玺储吏。膳夫有官，药剂有司。肴醳顺时，媵理则治。于后则椒鹤文石，永巷壸术。楸梓木兰，次舍甲乙。西南其户，成之匪日。丹青焕炳，特有温室。仪形宇宙，历像贤圣。图以百瑞，绰以藻咏。芒芒终古，此焉则镜。有虞作绘，兹亦等竞。

"右则疏圃曲池，下湿高堂。兰渚莓莓，石濑汤汤。弱菱系实，轻叶振芳。奔龟跃鱼，有瞭吕梁。驰道周屈于果下，延阁胤宇以经营。飞陛方辇而径西，三台列峙以峥嵘。亢阳台于阴基，拟华山之削成。上累栋而重霤，下冰室而沍冥。周轩中天，丹墀临焱。增构峨峨，清尘影影。云雀踶甍而矫首，壮翼摛镂于青霄。雷雨窈冥而未半，曒日笼光于绮寮。习步顿以升降，御春服而逍遥。八极可围于寸眸，万物可齐于一朝。长涂牟首，豪徼互经。晷漏肃唱，明宵有程。附以兰锜，宿以禁兵。司卫闲邪，钩陈罔惊。

"于是崇墉濬洫，婴堞带浃。四门辚辚，隆厦重起。凭太清以混成，越埃壒而资始。藐藐标危，亭亭峻趾。临焦原而不怳，谁劲捷而无愁？与冈岑而永固，非有期乎世祀。阳灵停曜于其表，阴祇濛雾于其里。菀以玄武，陪以幽林。缭垣开圃，观宇相临。硕果灌丛，围木竦寻。篁篠怀风，蒲陶结阴。回渊灊，积水深。蒹葭赞，萑蒻森。丹藕凌波而的砾，绿芰泛涛而浸潭。羽翮颉颃，鳞介浮沉。栖者择木，雊者择音。若咆渤澥与姑余，常鸣鹤而在阴。表清籞，勒虞箴。思国恤，忘从禽。樵苏往而无忌，即鹿纵而匪禁。朕朕坰野，奕奕畜宙。甘荼伊蠚，芒种斯阜。西门溉其前，史起灌其后。潓流十二，同源异口。畜为屯云，泄为行雨。水潡粳稌，陆莳稷黍。黝黝桑柘，油油麻纻。均田画畴，蕃庐错列。姜芋充茂，桃李荫翳。家安其所，而服美自悦。邑屋相望，而隔逾奕世。

"内则街冲辐辏，朱阙结隅。石杠飞梁，出控漳渠。疏通沟以滨路，罗青槐以荫涂。比沧浪而可濯，方步櫩而有逾。习习冠盖，莘莘蒸徒。斑白不提，行旅让衢。设官分职，营处署居。夹之以府寺，班之以里闬。其府寺则位副三事，官逾六卿。奉常之号，大理之名。厦屋一揆，华屏齐荣。肃肃阶闼，重门再局。师尹爰止，毗代作桢。其间闾则长寿吉阳，永平思忠。亦有戚里，寘官之东。闬出长者，巷苞诸公。都护之堂，殿居绮窗。舆骑朝猥，蹀敒其中。营客馆以周坊，饯宾侣之所集。玮丰楼之闳闶，起建安而首立。茸墙幂室，房庑杂袭。剞劂闳掇，匠斫习习。广成之传无以畴，稾街之邸不能及。廓三市而开廛，籍平遂而九达。班列肆以兼罗，设阛阓以襟带。济有无之常偏，距日中而毕会。抗旗亭之峣薜，侈所规之博大。百隧毂击，连轸万贯，凭轼捶马，袂幕纷半。壹八方而混同，极风采之异观。质剂平而交易，刀布贸而无算。财以工化，贿以商通。难得之货，此则弗容。器周用而长务，物背窳而就攻。不鬻邪而豫贾，著驯风之醇酘。白藏之藏，富有无隄。同赈大内，控引世资，宾嫁积堣，琛币充牣。关石之所和钧，财赋之所厎慎。燕弧盈库而委劲，冀马填厩而驵骏。

"至乎勍敌纠纷，庶土罔宁。圣武兴言，将曜威灵。介胄重袭，旌旗跃茎。弓珧解檠，矛铤飘英。三属之甲，缦胡之缨。控弦简发，妙拟更嬴。齐被练而钑戈，袭偏裻以谶列。毕出征而中律，执奇正以四伐。硕画精通，目无匪制。推锋积纪，铦气弥锐。三接三捷，既昼亦月。克翦方命，吞灭咆烋。云撤叛换，席卷虔刘。祲威八纮，荒阻率由。洗兵海岛，刷马江洲。振旅辒辒，反旆悠悠。凯归同饮，疏爵普畴。朝无刓印，国无费留。

"丧乱既弭而能宴，武人归兽而去战。萧斧戢柯以柙刃，虹旍摄麾以就卷。斟洪范，酌典宪。观所恒，通其变。上垂拱而司契，下缘督而自劝。道来斯贵，利往则贱。图圃寂寥，京庾流衍。于时东鳀即序，西倾顺轨。荆南怀憓，朔北思膍。绵绵迥涂，骤山骤水。襁负贶贽，重译贡篚。鬘首之豪，镂耳之杰。服其荒服，敂祆魏阙。置酒文昌，高张宿设。其夜未遽，庭燎晢晢。有客祁祁，载华载裔。炭炭冠緌，累累辫发。清酤如济，浊醪如河。冻醴流澌，温酎跃波。丰肴衍衍，行庖旙旙。悁悁酝宴，酣湑无哗。延广乐，奏九成。冠韶夏，冒六茎。僷响起，疑震霆。天宇骇，地庐惊。亿若大帝之所兴作，二嬴之所曾聆。金石丝竹之恒韵，匏土革木之常调。干戚羽旄之饰好，清讴微吟之要妙。世业之所日用，耳目之所闻觉。杂糅纷错，兼该泛博。鞮鞻所掌之音，韎昧任禁之曲。以娱四夷之君，以睦八荒之俗。

"既苗既狩，爰游爰豫。藉田以礼动，大阅以义举。备法驾，理秋御。显文武之壮观，迈梁驺之所著。林不槎枿，泽不伐夭。斧斨以时，罾罟以道。德连木理，仁挺芝草。皓兽为之育薮，丹鱼为之生沼。乔云翔龙，泽马丁阜。山图其石，川形其宝。莫黑匪乌，三趾而来仪；莫赤匪狐，九尾而自扰。嘉颖离合以蕈蕈，醴泉涌流而浩浩。显祯祥以曲成，固触物而兼造。盖亦明灵之所酬酢，休征之所伟兆。

"吱吱率土,迁善闑匭。沐浴福应,宅心醇粹。余粮栖亩而弗收,颂声载路而洋溢。河洛开奥,符命用出。翩翩黄鸟,衔书来讯。人谋所尊,鬼谋所秩。刘宗委驭,巽其神器。窥玉策于金縢,案图箓于石室。考历数之所在,察五德之所莅。量寸旬,涓吉日。陟中坛,即帝位。改正朔,易服色。继绝世,修废职。徽帜以变,器械以革。显仁翌明,藏用玄默。菲言厚行,陶化染学。雠校篆籀,篇章毕觌。优贤著于扬历,匪薄形于亲戚。本枝别干,蕃屏皇家。勇若任城,才若东阿。抗旍则威曕秋霜,摛翰则华纵春葩。英喆雄豪,佐命帝室。相兼二八,将猛四七。赫赫震震,开务有谧。故令斯民睹泰阶之平,可比屋而为一。

"算祀有纪,天禄有终。传业禅祚,高谢万邦。皇恩绰矣,帝德冲矣。让其天下,臣至公矣。荣操行之独得,超百王之庸庸。追亘卷领与结绳,睠留重华而比踪。尊卢赫胥,羲农有熊。虽自以为道洪化以为隆,世笃玄同,奚遽不能与之踸踔而齐其风?是故料其建国,析其法度。谘其考室,议其举厝。复之而无斁,申之而有裕。非疏粝之士所能精,非鄙俚之言所能具。

"至于山川之俥诡,物产之魁殊。或名奇而见称,或实异而可书。生生之所常厚,淆美之所不渝。其中则有鸳鸯交谷,虎涧龙山。掘鲤之淀,盖节之渊。祇祇精卫,衔木偿怨。常山平干,巨鹿河间。列真非一,往往出焉。昌容练色,犊配眉连。玄俗无影,木羽偶仙。琴高沈水而不濡,时乘赤鲤而周旋。师门使火以验术,故将去而林燔。易阳壮容,卫之稚质。邯郸蹒步,赵之鸣瑟。真定之梨,故安之栗。醇酎中山,流湎千日。淇洹之笋,信都之枣。雍丘之粱,清流之稻。锦绣襄邑,罗绮朝歌。绵纩房子,缣总清河。若此之属,繁富伙够。非可单究,是以抑而未罄也。盖比物以错辞,述清都之闲丽。虽选言以简章,徒九复而遗旨。览大易与春秋,判殊隐而一致。末上林之隃墙,本前修以作系。

"其军容弗犯,信其果毅。纠华绥戎,以戴公室。元勋配管敬之绩,歌钟析邦君之肆。则魏绛之贤,有令闻也。闲居隘巷,室迩心遐。富仁宠义,职竞弗罗。千乘为之轼庐,诸侯为之止戈。则干木之德自解纷也。贵非吾尊,重士逾山。亲御监门,嚣嚣同轩。掎秦起赵,威振八蕃。则信陵之名,若兰芬也。英辩荣枯,能济其厄。位加将相,窒隙之策。四海齐锋,一口所敌,张仪、张禄亦足云也。

"摧惟庸蜀与鸲鹆同窠,句吴与鼁黾同穴。一自以为禽鸟,一自以为鱼鳖。山阜猥积而踦岖,泉流逬集而映咽。隰壤瀸漏而沮洳,林薮石留而芜秽。穷岫泄云,日月恒翳。宅土熇暑,封疆障疠。蔡莽螫刺,昆虫毒嘬。汉罪流御,秦余徙怪。宵貌蔽陋,禀质遳脆。巷无杼首,里罕耆耋。或魋髻而左言,或镂肤而钻发。或明发而耀歌,或浮泳而卒岁。风俗以韰果为嫿,人物以戕害为艺。威仪所不摄,宪章所不缀。由重山之束厄,因长川之裾势。距远关以窥阃,时高槛而陞制。薄成绵幂,无异蛛蝥之网;弱卒琐甲,无异螗螂之卫。

"与先世而常然,虽信险而剿绝。揆既往之前迹,即将来之后辙。成都迄已倾覆,建邺则亦颠沛。顾非累卵于叠棋,焉至观形而怀怛!权假日以余荣,比朝华而菴蔼。览麦秀与黍离,可作谣于吴会。"

先生之言未卒,吴蜀二客,瞪焉相顾,睒焉失所。有靦瞢容,神惢形茹。弛气离坐,愕墨而谢。曰:"仆党清狂,怵迫闽濮。习蓼虫之忘辛,玩进退之惟谷。非常寐而无觉,不睹皇舆之轨躅。过以仉剟之单慧,历执古之醇听。兼重悂以眩缪,偭辰光而罔定。先生玄识,深颂靡测。得闻上德之至盛,匪同忧于有圣。抑若春霆发响,而惊蛰飞竞。潜龙浮景,而幽泉高镜。虽星有风雨之好,人有异同之性。庶觌蔀家与剥庐,非苏世而居正。且夫寒谷丰黍,吹律暖之也。昏情爽曙,箴规显之也。虽明珠兼寸,尺璧有盈。曜车二六,三倾五城,未若申锡典章之为远也。"亮曰:日不双丽,世不两帝。天经地纬,理有大归。安得齐给守其小辩也哉!"

(选自《昭明文选》,中华书局 1977 年版)

诗　品

南朝梁·钟　嵘

气之动物,物之感人,故摇荡性情,行诸舞咏。照烛三才,辉丽万有;灵祇待之以致飨,幽微藉之以昭告;动天地,感鬼神,莫近于诗。

昔《南风》之词,《卿云》之颂,厥义夐矣。夏歌曰:"郁陶乎予心。"楚谣曰:"名予曰正则。"虽诗体未全,然是五言之滥觞也。逮汉李陵,始著五言之目矣。古诗眇邈,人世难详,推其文体,固是炎汉之制,非衰周之倡也。自王、扬、枚、马之徒,词赋竞爽,而吟咏靡闻。从李都尉迄班婕妤,将百年间,有妇人焉,一人而已。诗人之风,顿已缺丧。东京二百载中,惟有班固《咏史》,质木无文。降及建安,曹公父子笃好斯文,平原兄弟郁为文栋,刘桢、王粲为其羽翼。次有攀龙托凤,自致于属车者,盖将百计。彬彬之盛,大备于时矣。尔后陵迟衰微,迄于有晋。太康中,三张、二陆、两潘、一左,勃尔复兴,踵武前王,风流未沫,亦文章之中兴也。永嘉时,贵黄、老,稍尚虚谈。于时篇什,理过其辞,淡乎寡味。爰及江表,微波尚传,孙绰、许询、桓、庾诸公诗,皆平典似《道德论》,建安风力尽矣。先是郭景纯用俊上之才,变创其体。刘越石仗清刚之气,赞成厥美。然彼众我寡,未能动俗。逮义熙中,谢益寿斐然继作。元嘉中,有谢灵运,才高词盛,富艳难踪,固已含跨刘、郭,陵轹潘、左。故知陈思为建安之杰,公幹、仲宣为辅。陆机为太康之英,安仁、景阳为辅。谢客为元嘉之雄,颜延年为辅。斯皆五言之冠冕,文词之命世也。夫四言,文约意广,取效《风》《骚》,便可多得。每苦文繁而意少,故世罕习焉。

五言居文词之要,是众作之有滋味者也,故云会于流俗。岂不以指事造形,穷情写物,最为详切者耶?故诗有三义焉:一曰兴,二曰比,三曰赋。文已尽而意有余,兴也;因物喻志,比也;直书其事,寓言写物,赋也。宏斯三义,酌而用之,干之以风力,润之以丹彩,使味之者无极,闻之者动心,是诗之至也。若专用比兴,患在意深,意深则词踬。若但用赋体,患在意浮,意浮则文散,嬉成流移,文无止泊,有芜漫之累矣。若乃春风春鸟,秋月秋蝉,夏云暑雨,冬月祁寒,斯四候之感诸诗者也。

嘉会寄诗以亲,离群托诗以怨。至于楚臣去境,汉妾辞宫;或骨横朔野,魂逐飞蓬;或负戈外戍,杀气雄边;塞客衣单,孀闺泪尽;或士有解佩出朝,一去忘返;女有扬蛾入宠,再盼倾国。凡斯种种,感荡心灵,非陈诗何以展其义?非长歌何以骋其情?故曰:《诗》可以群,可以怨。"使穷贱易安,幽居靡闷,莫尚于诗矣。故词人作者,罔不爱好。

今之士俗,斯风炽矣。才能胜衣,甫就小学,必甘心而驰骛焉。于是庸音杂体,人各为容。至使膏腴子弟,耻文不逮,终朝点缀,分夜呻吟。独观谓为警策,众睹终沦平钝。次有轻薄之徒,笑曹、刘为古拙,谓鲍照羲皇上人,谢朓今古独步。而师鲍照,终不及"日中市朝满";学谢朓,劣得"黄鸟度青枝"。徒自弃于高明,无涉于文流矣。观王公绅之士,每博论之余,何尝不以诗为口实。随其嗜欲,商榷不同,淄、渑并泛,朱紫相夺,喧议竞起,准的无依。近彭城刘士章,俊赏之士,疾其淆乱,欲为当世诗品,口陈标榜,其文未遂,感而作焉。

昔九品论人,《七略》裁士,校以宾实,诚多未值。至若诗之为技,较尔可知。以类推之,殆均博弈。方今皇帝,资生知之上才,体沉郁之幽思,文丽日月,赏究天人。昔在贵游,已为称首。况八纮既奄,风靡云蒸,抱玉者联肩,握珠者踵武。固以瞰汉、魏而不顾,吞晋、宋于胸中。谅非农歌辕议,敢致流别。嵘之今录,庶周旋于闾里,均之于谈笑耳。

一品之中,略以世代为先后,不以优劣为诠次。又其人既往,其文克定。今所寓言,不录存者。夫属词比事,乃为通谈。若乃经国文符,应资博古,撰德驳奏,宜穷往烈。至乎吟咏情性,亦何贵于用事?"思君如流水",既是即目;"高台多悲风",亦惟所见;"清晨登陇首",羌无故实;"明月照积雪"，讵出经、史。观古今胜语，多非补假，皆由直寻。颜延、谢庄，尤为繁密，于时化之。故大明、泰始中，文章殆同书抄。近任昉、王元长等，词不贵奇，竞须新事，尔来作者，浸以成俗。遂乃句无虚语，语无虚字，拘挛补衲，蠹文已甚。但自然英旨，罕值其人。词既失高，则宜加事义，虽谢天才，且表学问，亦一理乎！陆机《文赋》，通而无贬；李充《翰林》，疏而不切；王微《鸿宝》，密而无裁；颜延论文，精而难晓；挚虞《文志》，详而博赡，颇曰知言：观斯数家，皆就谈文体，而不显优劣。至于谢客集诗，逢诗辄取；张骘《文士》，逢文即书：诸英志录，并义在文，曾无品第。嵘今所录，止乎五言。虽然，网罗今古，词文殆集。轻欲辨彰清浊，掎摭病利，凡百二十人。预此宗流者，便称才子。至斯三品升降，差非定制，方申变裁，请寄知者尔。

昔曹、刘殆文章之圣，陆、谢为体贰之才，锐精研思，千百年中，而不闻宫商之辨，四声之论。或谓前达偶然不见，岂其然乎？尝试言之：古曰诗颂，皆被之金竹，故非调五音，无以谐会。若"置酒高堂上""明月照高楼"，为韵之首。故三祖之词，文或不工，而韵入歌唱，此重音韵之义也，与世之言宫商异矣。今既不被管弦，亦何取于声律邪？齐有王元长者，尝谓余云："宫商与二仪俱生，自古词人不知之。唯颜宪子乃云'律吕音调'，而其实大谬。唯见范晔、谢庄颇识之耳。尝欲进《知音论》，未就。"王元长创其首，谢朓、沈约扬其波。三贤或贵公子孙，幼有文辩，于是士流景慕，务为精密，襞积细微，专相凌架。故使文多拘忌，伤其真美。余谓文制，本须讽读，不可蹇碍，但令清浊通流，口吻调利，斯为足矣。至平上去入，则余病未能；蜂腰、鹤膝，间里已具。陈思赠弟，仲宣《七哀》，公幹思友，阮籍《咏怀》，子卿"双凫"，叔夜"双鸾"，茂先寒夕，平叔衣单，安仁倦暑，景阳苦雨，灵运《邺中》，士衡《拟古》，越石感乱，景纯咏仙，王微风月，谢客山泉，叔源离宴，鲍照戍边，太冲《咏史》，颜延入洛，陶公《咏贫》之制，惠连《捣衣》之作，斯皆五言之警策者也。所以谓篇章之珠泽，文彩之邓林。

（选自《〈诗品〉注》，人民文学出版社 1961 年版）

隋 唐 五 代

高祖本纪上（节选）

唐·魏　征　等

【提要】

　　本文选自《隋书》卷一（中华书局1973年版）。

　　隋朝的典章制度对唐代的影响是深远的，包括都城制度。

　　在这篇文字中，隋文帝阐述了新建大兴城的理由、选择龙首原作为新都城址的考虑，并且任命了负责都城营造的官员。

　　宇文恺是大兴城的主要设计者。大兴城采用东西对称的结构，由宫城、皇城、外廓城三个部分组成，城内街道宽敞，异常整齐。大兴城从北向南，依次东西有6条坡岗，称为"六坡"。宇文恺把皇宫、官署、寺院等建筑在六坡的高地上，显得庄严雄伟，气势磅礴。城内南北向大街有11条，东西向大街有14条，构成城内交通的主要干线。大兴城设有两个市场，东叫都会，西称利人，对称地分布在皇城外东南和西南。两市是手工业和商业的集中地区。

　　(开皇[1]二年)六月丙申，诏曰："朕祇奉[2]上玄，君临万国，属生人之敝，处前代之宫。常以为作之者劳，居之者逸，改创之事，心未遑也[3]。而王公大臣陈谋献策，咸云羲、农以降，至于姬、刘，有当代而屡迁，无革命而不徙[4]。曹、马[5]之后，时见因循，乃末代之晏安，非往圣之宏义。此城从汉，凋残日久，屡为战场，旧经丧乱。今之宫室，事近权宜，又非谋筮从龟，瞻星揆日，不足建皇王之邑，合大众所聚[6]。论变通之数，具幽显之情同心固请，词情深切。然则京师百官之府，四海归向，非朕一人之所独有。苟利于物，其可违乎！且殷之五迁，恐人尽死，是则以吉凶之土，制长短之命。谋新去故，如农望秋，虽暂劬劳[7]，其究安宅。今区宇宁一，阴阳顺序，安安以迁，勿怀胥怨[8]。龙首山川原秀丽，卉物滋阜，卜食相土[9]，宜建都邑，定鼎之基永固，无穷之业在斯。公私府宅，规模远近，营构资费，随事条奏。"仍诏左仆射高颎、将作大匠刘龙、巨鹿郡公贺娄子干[10]、太府少卿高龙叉等创造新都……

　　(十二月)丙子，名新都曰大兴城。

【作者简介】

　　魏征(580—643)，字玄成，馆陶(今河北馆陶)人，一说巨鹿下曲阳(今河北晋县)人。隋末，辗转事唐高宗李渊太子李建成，任太子洗马。玄武门之变后，李世民即位，喜他直率，擢谏议大夫。魏征好犯颜直谏,前后陈谏二百余事,深受太宗器重,迁为尚书左丞。受诏监修梁、陈、齐、周、隋史,又总编《群书治要》。书成,进官左光禄大夫,封郑国公。

【注释】

[1]开皇:隋文帝杨坚年号,581—600 年。

[2]祇奉:敬奉。

[3]未遑:谓未安。

[4]羲、农、伏羲、神农。姬、刘:谓姬周、刘汉。革命:谓改朝换代。

[5]曹、马:谓曹魏、司马氏晋代。

[6]谋筮从龟:谓卜筮。瞻星揆日:观星相,测月影。此谓规划设计。

[7]劬劳:辛苦劳累。劬:音 qú,劳累。

[8]胥怨:相怨。多指百姓对上的怨恨。

[9]滋阜:犹阜盛。卜食相土:谓择地建都。

[10]高颎(?—607):字昭玄,自云渤海修人。聪明过人,懂军事,渐受重用。然妒心重,终被炀帝诛杀。刘龙:北齐时以修宫室称旨,致位通显。大兴城营造中,刘龙掌迁都制度,具体谋划设计则推宇文恺。贺娄子干(534—593):字万寿,关右(今陕西潼关)人,隋朝名将。

唐·魏　征　等

【提要】

本文选自《隋书》(中华书局 1973 年版)。

作为隋代著名的法学家,牛弘在奏文中详细论述了上古以来的明堂制度。

明堂制度萌芽于上古社会的晚期,成熟于西周初年,消亡于明代末年,是我国古代社会礼制体系中最为重要的制度之一。但明堂究竟是 5 室、9 室还是大室一间,历来争论不休。即使到今天,考古学所得的古代建筑遗迹也没有发现 5 室或 9 室的明堂。

文中,作者引经据典,详细历数各代明堂规制之后,主张在大兴城中还是按照周朝法度营造明堂,"五室九阶,上圆下方,四阿重屋,四旁两门"。

同一时期,讨论明堂制度的还有宇文恺等人。

牛弘,字里仁,安定鹑觚人也,本姓尞氏[1]。祖炽,郡中正。父允,魏侍中、工部尚书、临泾公,赐姓为牛氏。弘初在襁褓,有相者见之,谓其父曰:"此儿当贵,善爱养之。"及长,须貌甚伟,性宽裕,好学博闻。在周,起家中外府记室、内史上士。俄转纳言上士,专掌文翰[2],甚有美称。加威烈将军、员外散骑侍郎,修起居注。其后袭封临泾公。宣政[3]元年,转内史下大夫,进位使持节、大将军,仪同三司。

开皇[4]初,迁授散骑常侍、秘书监……

三年,拜礼部尚书,奉敕修撰《五礼》[5],勒成百卷,行于当世。弘请依古制修立明堂,上议曰:

窃谓明堂者,所以通神灵,感天地,出教化,崇有德。《孝经》曰:"宗祀文王于明堂,以配上帝。"《祭义》云:"祀于明堂,教诸侯孝也。"黄帝曰合宫,尧曰五府,舜曰总章,布政兴治,由来尚矣[6]。《周官·考工记》曰:"夏后氏世室,堂修二七[7],广四修一。"郑玄[8]注云:"修十四步,其广益以四分修之一,则堂广十七步半也。""殷人重屋,堂修七寻,四阿重屋。"郑云:"其修七寻,广九寻也。""周人明堂,度九尺之筵,南北七筵,五室,凡室二筵。"[9]郑云:"此三者,或举宗庙,或举王寝,或举明堂,互言之,明其同制也。"马融、王肃、干宝所注,与郑亦异,今不具出[10]。汉司徒马宫议云:"夏后氏世室,室显于堂,故命以室[11]。殷人重屋,屋显于堂,故命以屋。周人明堂,堂大于夏室,故命以堂。夏后氏益其堂之广百四十四尺,周人明堂,以为两序间大夏后氏七十二尺。"若据郑玄之说,则夏室大于周堂,如依马宫之言,则周堂大于夏室。后王转文,周大为是。但宫之所言,未详其义。此皆去圣久远,礼文残缺,先儒解说,家异人殊。郑注《玉藻》亦云:"宗庙路寝,与明堂同制。"[12]《王制》曰:"寝不逾庙。"明大小是同。今依郑玄注,每室及堂,止有一丈八尺,四壁之外,四尺有余。若以宗庙论之,祫享之时[13],周人旅酬六尸[14],并后稷为七,先公昭穆二尸,先王昭穆二尸,合十一尸,三十六主,及君北面行事于二丈之堂,愚不及此。若以正寝论之,例须朝宴。据《燕礼》:"诸侯宴,则宾及卿大夫脱屦升坐。"是知天子宴,则三公九卿并须升堂。《燕义》又云:"席,小卿次上卿。"言皆侍席。止于二筵之间,岂得行礼?若以明堂论之,总享之时,五帝各于其室。设青帝[15]之位,须于木室之内,少北西面。太昊[16]从食,坐于其西,近南北面。祖宗配享者,又于青帝之南,稍退西面。丈八之室,神位有三,加以簠簋笾豆[17],牛羊之俎,四海九州美物咸设,复须席上升歌,出樽反坫,揖让升降,亦以隘矣。据兹而说,近是不然。

案刘向《别录》及马宫[18]、蔡邕等所见,当时有《古文明堂礼》《王居明堂礼》《明堂图》《明堂大图》《明堂阴阳》《太山通义》《魏文侯孝经传》等,并说古明堂之事。其书皆亡,莫得而正。今《明堂月令》者,郑玄云:"是吕不韦著,《春秋十二纪》之首章,礼家钞合为记。"蔡邕、王肃云:"周公所作。"《周书》内有《月令》第五十三,即此也。各有证明,文多不载。束皙[19]以为夏时之书。"刘瓛[20]云:"不韦鸠集儒者,寻于圣王月令之事而记之。不韦安能独为此记?"今案不得全称《周书》,亦未即可为秦典,其内杂有虞、夏、殷、周之法,皆圣王仁恕之政也。蔡邕具为章句,又论之曰:"明堂者,所以宗祀其祖以配上帝也。夏后氏曰世室,殷人曰重屋,周人曰明堂。东曰青阳,南曰明堂,西曰总章,北曰玄堂,内曰太室。圣人南面而听,向明而治,人君之位莫不正焉。故虽有五名,而主以明堂也。制度之数,各有所依。堂方一百四十四尺,坤之策也,屋圆楣径二百一十六尺,乾之策也。太庙明堂方六丈,通天屋径九丈,阴阳九六之变,且圆盖方覆,九六之道也[21]。八闼以象卦[22],九室以象州,十二宫以应日辰。三十六户,七十二牖,以四户八牖乘九宫之数也。户皆外设而不闭,示天下以不藏也。通天屋高八十一尺,黄钟九九之实也。二十八柱布四方,四方七宿之象也。堂高三尺,以应三统[23],四向五色,各象其行。水阔二十四丈,象二十四气,于外以象四海。王者之大礼也。"观其模范天地[24],则象阴阳,必据古文,义不虚出。今若直取《考工》,不参《月令》,青阳总章[25]之号不得而称,九月享帝之礼不得而用。汉代二京所建,与此说悉同。

建安之后,海内大乱,京邑焚烧,宪章泯绝。魏氏三方未平,无闻兴造。晋则侍中裴頠[26]议曰:"尊祖配天,其义明著,而庙宇之制,理据未分。宜可直为一殿,以崇严父之祀,其余杂碎,一皆除之。"宋、齐已还,咸率兹礼。此乃世之通儒,时无思术,前王盛事,于是不行。后魏代都所造,出自李冲[27],三三相重,合为九室。檐不覆基,房间通街,穿凿处多,迄无可取。及迁宅洛阳,更加营构,五九纷竞,遂至不成,宗配之事,于焉靡托。

今皇猷遐阐,化覃海外,方建大礼,垂之无穷[28]。弘等不以庸虚,谬当议限。今检明堂必须五室者何?《尚书·帝命验》曰:"帝者承天立五府,赤曰文祖,黄曰神斗,白曰显纪,黑曰玄矩,苍曰灵府。"郑玄注曰:"五府与周之明堂同矣。"且三代相沿,多有损益,至于五室,确然不变。夫室以祭天,天实有五,若立九室,四无所用。布政视朔,自依其辰。郑司农云:"十二月分在青阳等左右之位。"不云居室。郑玄亦言:"每月于其时之堂而听政焉。"《礼图》画个,皆在堂偏,是以须为五室。明堂必须上圆下方者何?《孝经·援神契》曰:"明堂者,上圆下方,八窗四达,布政之宫。"《礼记·盛德篇》曰:"明堂四户八牖,上圆下方。"《五经异义》称讲学大夫淳于登亦云:"上圆下方。"郑玄同之。是以须为圆方。明堂必须重屋者何?案《考工记》,夏言"九阶,四旁两夹窗,门堂三之二,室三之一。"殷、周不言者,明一同夏制。殷言"四阿重屋",周承其后不言屋,制亦尽同可知也。其"殷人重屋"之下,本无五室之文,郑注云:"五室者,亦据夏以知之。"明周不云重屋,因殷则有,灼然可见。《礼记·明堂位》曰:"太庙天子明堂。"言鲁为周公之故,得用天子礼乐,鲁之太庙与周之明堂同。又曰:"复庙重檐,刮楹达向,天子之庙饰。"[29]郑注:"复庙,重屋也。"据庙既重屋,明堂亦不疑矣。《春秋》文公十三年:"太室屋坏。"《五行志》曰:"前堂曰太庙,中央曰太室,屋其上重者也。"服虔亦云:"太室,太庙太室之上屋也。"《周书·作洛篇》曰:"乃立太庙宗宫路寝明堂,咸有四阿反坫,重亢重廊。"[30]孔晁注曰[31]:"重亢累栋,重廊累屋也。"依《黄图》所载,汉之宗庙皆为重屋。此去古犹近,遗法尚在,是以须为重屋。明堂必须为辟雍者何[32]?《礼记·盛德篇》云:"明堂者,明诸侯尊卑也。外水曰辟雍。"《明堂阴阳录》曰:"明堂之制,周圜行水,左旋以象天,内有太室以象紫宫。"此明堂有水之明文也。然马宫、王肃以为明堂、辟雍、太学同处,蔡邕、卢植亦以为明堂、灵台、辟雍、太学同实异名。邕云:"明堂者,取其宗祀之清貌,则谓之清庙,取其正室,则曰太室,取其堂,则曰明堂,取其四门之学,则曰太学,取其周水圜如璧,则曰璧雍。其实一也。"其言别者,《五经通义》曰:"灵台以望气,明堂以布政,辟雍以养老教学。"三者不同。袁准[33]、郑玄亦以为别。历代所疑,岂能辄定? 今据《郊祀志》云:"欲治明堂,未晓其制。济南人公玉带上黄帝时《明堂图》,一殿无壁,盖之以茅,水圜宫垣,天子从之。"以此而言,其来则久。汉中元[34]二年,起明堂、辟雍、灵台于洛阳,并别处。然明堂亦有壁水,李尤《明堂铭》云"流水洋洋"是也。以此须有辟雍。

夫帝王作事,必师古昔,今造明堂,须以礼经为本。形制依于周法,度数取于《月令》,遗阙之处,参以余书,庶使该详沿革之理[35]。其五室九阶,上圆下方,四阿重屋,四旁两门,依《考工记》《孝经》说。堂方一百四十四尺,屋圆楣径二百一十六尺,太室方六丈,通天屋径九丈,八闼二十八柱,堂高三尺,四向五色,依《周书·月令》论。殿垣方在内,水周如外,水内径三百步,依《太山盛德记》《觐礼经》。仰观俯察,皆有则象,足以尽诚上帝,祇配祖宗,弘风布教,作范于后矣。弘等学不稽古,辄申所见,可否之宜,伏听裁择。

上以时事草创,未遑制作,竟寝不行。

【注释】

[1] 鹑觚:音 chún gū,今甘肃灵台。尞:音 liào。

[2] 文翰:公文书信。

[3] 宣政:北周武帝宇文邕年号,578 年。

[4] 开皇:隋文帝杨坚年号,581—600 年。

[5] 五礼:中国古代的礼分为吉、凶、军、宾、嘉五类,称为五礼。

[6] 尚:风气。

[7] 修:高。二七:十四步。

[8] 郑玄(127—200):东汉末经学大师,字康成,北海高密(今山东高密)人。

[9] 筵:竹席。

[10] 马融(79—166):字季长,东汉右扶风茂陵(今陕西兴平东)人,东汉著名学者。王肃(195—256):字子雍,生于会稽(今浙江绍兴),三国魏著名学者、经学家。干宝(? —336):字令升,新蔡(今河南新蔡)人,东晋史学家、文学家、志怪小说创始人。

[11] 世室:即明堂。

[12] 路寝:古代天子、诸侯的正厅。

[13] 袷:音 jiá,双层的,多。

[14] 旅酬:谓祭礼完毕后众亲宾一起宴饮,相互敬酒。尸:神像、神主牌。

[15] 青帝:古代神话中的五天帝之一,是位于东方的司春之神,又称苍帝、木帝。

[16] 太昊:即伏羲氏。

[17] 簠簋:音 fǔ guǐ,盛食物的方形、圆形器皿。笾豆:祭祀或宴会盛食物的竹、木器具。

[18] 马宫:西汉东海郡戚县(今山东微山县)人,王莽时为太师。

[19] 束皙(261—303):字广微,晋阳平元城(今河北大名东)人,整理《竹书纪年》及《穆天子传》。

[20] 刘瓛:字子圭,沛国相(今安徽淮北)人,先后仕齐、梁,学问精深。

[21] 九六:谓阴阳。

[22] 八闼:八达。闼:音 tà,小门。

[23] 三统:谓夏、商、周三代的正朔。亦称三正。

[24] 模范:效仿。

[25] 青阳总章:均谓明堂。

[26] 裴頠(267—300):字逸民,河东闻喜(今山西闻喜)人,西晋哲学家。著有《崇有论》。

[27] 李冲(450—498):字思顺,陕西狄道(今甘肃临洮)人,北魏大臣,奉诏营建新都洛阳。

[28] 皇猷:谓帝王教化。遐阐:谓远扬。化覃:谓泽披。

[29] 刮楹:刮磨过的楹柱。

[30] 重亢:重叠的正梁。

[31] 孔晁:入秦朝为五经博士,有《逸周书注》八卷。

[32] 辟雍:古代国家所设的大学,源于西周。校址圆形,围以水池,前门外有便桥。

[33] 袁准:字孝尼,陈郡扶乐(今属河南)人,入晋拜给事中,博学大儒,有《仪礼丧服经》。

[34] 中元:东汉光武帝刘秀年号,56—57 年。

[35] 庶使:谓力求。该详:完备详尽。

宇文恺传(节选)

唐·魏 征 等

【提要】

本文选自《隋书》(中华书局 1973 年版)。

宇文恺长于营造,相继主持规划、修建了长安城和洛阳城。

长安大兴城开皇二年(582)六月破土兴建,第二年三月初步竣工。大兴城气象雄伟,规模宏大。全城分宫城、皇城和外廓城三个部分。宫城北面的广大地区是禁苑。总面积大约 83 平方公里。大兴城运用了里坊制的设计原则,南北向大街和东西向大街把全城分成 110 个方块,称"里"(唐朝称"坊");城里街道宽阔平直,整齐划一。共有南北大街 11 条,东西大街 14 条。加上里内街道及与住宅相通的巷、曲等,构成了便利的城内交通网。此外,还引浐水的龙首渠等水源入城,方便了航运,增添城市的灵气。

大兴城的规划布局对后世的中国城市以及一些邻国城市的兴建影响深远,日本的平城京和平安京,无论从官城位置和坊市配置,还是从街道的设计和名称等,基本上都是仿效长安城建造的。

大业元年(605),又主持规划建造洛阳城。洛阳城规划设计原则和大兴城一致,只是在形式上不完全对称、规模略小,但宫殿比大兴城更加富丽堂皇。

宇文恺对我国古代建筑技术的发展作出了巨大的贡献。他生前曾著有《东都图记》20 卷、《释疑》1 卷和《明堂图议》2 卷,但后来大都失传了。

宇文恺[1],字安乐,杞国公忻之弟也。在周,以功臣子,年三岁,赐爵双泉伯,七岁,进封安平郡公,邑二千户。恺少有器局[2]。家世武将,诸兄并以弓马自达,恺独好学,博览书记,解属文,多伎艺,号为名父公子。初为千牛,累迁御正中大夫、仪同三司。

高祖为丞相,加上开府中大夫。及践阼,诛宇文氏,恺初亦在杀中,以其与周本别,兄忻有功于国,使人驰赦之,仅而得免。后拜营宗庙副监、太子左庶子。庙成,别封甄山县公,邑千户。

及迁都,上以恺有巧思,诏领营新都副监。高颎虽总大纲,凡所规画,皆出于恺。后决渭水达河,以通运漕,诏恺总督其事。后拜莱州[3]刺史,甚有能名。

兄忻被诛,除名于家,久不得调。会朝廷以鲁班故道久绝不行,令恺修复之。既而上建仁寿宫[4],访可任者,右仆射杨素言恺有巧思,上然之,于是检校将作大匠。岁余,拜仁寿宫监,授仪同三司,寻为将作少监。文献皇后[5]崩,恺与杨素营山陵事,上善之,复爵安平郡公,邑千户。

炀帝即位,迁都洛阳,以恺为营东都副监,寻迁将作大匠。恺揣帝心在宏侈,于是东京制度穷极壮丽。帝大悦之,进位开府,拜工部尚书。及长城之役,诏恺规度之[6]。时帝北巡,欲夸戎狄,令恺为大帐,其下坐数千人[7]。帝大悦,赐物千段。又造观风行殿[8],上容侍卫者数百人,离合为之,下施轮轴,推移倏忽,有若神功。戎狄见之,莫不惊骇。帝弥悦焉,前后赏赉不可胜纪。

……

【注释】

[1] 宇文恺(555—612):字安乐,出身贵族,三岁赐爵双泉伯,七岁封为安平郡公,厌武好文,尤喜营造。

[2] 器局:器量,度量。

[3] 莱州:今属山东。

[4] 仁寿宫:隋文帝所建,595 年落成,唐时改建为九成宫。故址在今陕西麟游。

[5] 文献皇后(553—602):独孤氏,隋文帝杨坚妻。

[6] 规度:规划设计。

[7] "时帝北巡"数句:608 年,炀帝第二次北巡,至五原郡(今内蒙古包头西北)巡视长城。夸:谓(在戎狄面前)炫耀。

[8] 观风行殿:一种殿脚设轮轴,可移动的宫殿。开间为三,可纳数百人,房间可开合;不用时还可拆卸装运。

唐·李世民

【提要】

本文选自《全唐文》(上海古籍出版社 1990 年版)。

贞观二十一年(647)七月,李世民下诏修建玉华宫。其时,太宗虽不到 50 岁,但由于操劳过度,风疾缠身,尤其是害怕暑热。虽有九成宫、翠微宫供其纳凉消夏,但他仍觉其非小即热,不能称心如意。因此,李世民决定在玉华山再建一处既凉爽又宽敞的避暑离宫。

在这篇 700 余字的诏书中,他向全国臣民说明营建玉华宫的必要性。统一国家、救世安民,鞍上马下夙夜辛劳;还说自己本想节俭从事,却无奈因严重风疾而痛苦不堪;况且作为皇帝,注重养性全生,确是为国为民的。

《建玉华宫手诏》下颁后,太宗就令阎立德本着俭约的原则设计营造。工期原计划为一年,结果半年就竣工了。第二年,即贞观二十二年(648)二月,太宗初次巡幸玉华宫时,又令于珊瑚谷显道门内,再添建紫微殿 13 间。至此,玉华宫巍峨的"九殿五门"共同构成壮观的宫殿建筑群落。

朕闻上代无为,檐茅而砌土;中季华用,刓[1]玉而台琼。燥湿之致虽同,奢俭之情则异。

朕承皇王之绪,执造化之纲,包万类于心端,图八纮[2]于目际。夷夏一轨,区宇大同,虽则德有劣于难名,道方参于至义。若乃制服垂裳之后,服牛羁马之君,弦弧剡矢之奇,运车浮舟之制,济时为美,功亦大焉[3]。至若浩浩九龄[4],炎炎七载,融山圻地,滔天襄陵,生人之艰劳亦极矣[5]。彼数德者,功莫高乎吞狄[6];此两灾者,劳又甚乎裁宫。今虽菲食卑宫,有惭于曩哲[7];安人济难,不恧于前贤[8]。

然而人皆轻见重闻,贵耳贱目。德虽微也,以其古而为大;功虽巨也,以其今而成小,不亦谬哉? 每流鉴于前经,尝披怀而自勖[9]。思所以收骄闲逸,卷欲除华。而顷年已来,忧劳顿结,暨至兹岁,风疾弥时。嗟乎! 济世之威,患攒躬而靡制;回天之力,痛沈已而难移。重以景炽流金,风扬溽暑,遭回[10]几席,旭暮增劳。俯仰岩廊,寝兴添弊,虽冀廓景延凉,荡兹虚惙[11]。

近因群下之志,南营翠微[12],本绝丹青之工,才假林泉之势。峰居险乎蚁睫,山迳险乎焦原,虽一己之可娱,念百僚之有倦[13]。所以载怀爽垲,爰制玉华,故遵意于朴淳,本无情于壮丽。尺版尺筑,皆悉折庸[14];寸作寸功,故非虚役。犹恐遐迩乖听,方舆怨咨,非其乐劳人而竭力,好峻宇而雕墙。但以养性全生,不独在私在己;怡神祈寿,良以为国为人。比者屡有征行,非无疲顿,前岁问罪辽左,去秋巡幸灵州,皆以翦害除凶,怀柔服叛,岂欲矜辙迹骋盘游而已哉[15]。

今复土木频兴,营缮屡动,永言思此,深念人劳。一则以为惭,一则以为愧。何则?匈奴为患,自古弊之。十月防秋,人血丹于水脉[16];千里转战,汉骨皓于塞垣[17]。当此之疲,人不堪命,尚兴未央之役,犹起甘泉之功。今则毳幕穹庐,取为郡县,天山瀚海,分为苑池[18]。去已往之长劳,成将来之永逸。譬迥一年力役,创此新宫,想志士哲人,不以为言也[19]。布告黎庶,明此意焉。

【作者简介】

唐太宗李世民(599—649),唐代军事家、政治家、书法家。他开创了历史上著名的"贞观之治",将中国封建社会推向鼎盛时期。即位后,他主持制定了一套从中央到地方的完整而严密的职官制度。兴学校,纳善言,任用贤能,开拓疆域,奠定了唐王朝强大的基础。

【注释】

[1] 陛:音 shì,台阶两旁所砌斜石。

[2] 八纮:犹八极,天下。

[3] 制服垂裳:谓制定礼仪制度。服牛羁马:役乘牛马。犹辛劳为国。弦弧剡矢:谓征战沙场。剡:音 yǎn。举:举起。

[4] 九龄:九年。

[5] 坼:音 chè,裂。滔天襄陵:谓洪水滔天。

[6] 吞狄:谓唐太宗与突厥作战。狄:我国古代中原称呼北方一个少数民族。

[7] 菲食卑宫:谓饮食菲薄,宫室简陋。曩:音 nǎng,过去。

[8] 恧:音 nǜ,惭愧。

[9] 勖:音 xù,勉励。

[10] 邅回:回旋,转来转去。邅:音 zhān,转。

[11] 惙:音 chuò,气短疲惫。

[12] 翠微:唐宫名。为太宗避暑而建,位于终南山。

[13] 蚊睫:蚊虫的眼睫毛。喻极小的处所。焦原:巨石名。《尸子》卷下:"茗国有礁原,广寻长五百步,临万仞之谿。茗国莫敢近也。"

[14] 折庸:谓简省。

[15] 比者:挨着,接连。辽左:谓征高丽。灵州:谓在灵州(今宁夏宁武西南)接受突厥一部归降。

[16] 防秋:北方游牧部落常趁秋高马肥时南侵,边军戒备增强,称之。

[17] 塞垣:谓边城。

[18] 毳幕穹庐:谓游牧民族居住的毡帐。毳:音 cuì。瀚海:其含义随时代而变。今贝加尔湖,一说呼伦贝尔湖。唐代是蒙古高原大沙漠以北及其迤西今准噶尔盆地一带广大地区的泛称。

[19] 迥:远。

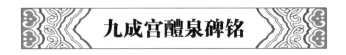

九成宫醴泉碑铭

唐·魏 征

【提要】

本文选自《全唐文》(上海古籍出版社 1990 年版)。

这篇碑铭详细记述了九成宫的来历和建筑的雄伟壮观,歌颂了唐太宗的武功文治和节俭之德。从简改造仁寿宫,规模减了又减,太过奢华的尽数去除,最后得到"高阁周建,长廊四起,栋宇胶葛,台榭参差"的九成宫;文中详细介绍了宫城内发现醴泉的经过,并引经据典说明醴泉的出现是由于"天子令德"所致。作为谏官,魏征还是要说"居高思坠,持满戒盈"的劝诫之言。

九成宫位于今陕西宝鸡麟游县,开皇十五年(595)三月建成。隋文帝 6 次到此避暑。唐贞观五年(631)唐太宗加以修缮和扩建,改名为九成宫。以后,太宗曾 5 次到此,每次住半年左右。高宗时,改名为万年宫,后又复名九成宫。

《九成宫醴泉铭》碑由书法家欧阳询书写,被誉为楷书之宗。唐代画家李思训作《唐九成宫纨扇图》,生动形象地描绘了九成宫的景象。

维贞观六年孟夏之月,皇帝避暑乎九成之宫[1],此则隋之仁寿宫也。冠山抗殿,绝壑为池,跨水架楹,分岩耸阙[2]。高阁周建,长廊四起,栋宇胶葛[3],台榭参差。仰视则迢递百寻,下临则峥嵘千仞[4]。珠璧交映,金碧相辉,照灼云霞,蔽亏日月。观其移山回涧,穷泰极侈[5],以人从欲,良足深尤。至于炎景流金[6],无郁蒸之气;微风徐动,有凄清之凉。信安体之佳所,诚养神之胜地。汉之甘泉,不能尚也[7]。

皇帝爰在弱冠,经营四方,逮乎立年,抚临亿兆,始以武功一海内,终以文德怀远人[8]。东越青邱,南逾丹徼,皆献琛奉贽,重译来王[9]。西暨轮台,北拒玄阙,并地列州县,人充编户[10]。气淑年和,迩安远肃,群生咸遂,灵贶毕臻[11]。虽藉二仪[12]之功,终资一人之虑。

遗身利物,栉风沐雨,百姓为心,忧劳成疾。同尧肌之如腊,甚禹足之胼胝[13]。针石屡加,腠理犹滞[14]。爰居京室,每弊炎暑,群下请建离宫,庶可怡神养性[15]。圣上爱一夫之力,惜十家之产,深闭固拒,未肯俯从。

以为隋氏旧宫,营于曩代[16],弃之则可惜,毁之则重劳,事贵因循,何必改作。于是斫彫为朴,损之又损,去其太甚,葺其颓坏,杂丹墀以砂砾,间粉壁以涂泥,玉砌接于土阶,茅茨续于琼室[17]。仰观壮丽,可作鉴于既往;俯察卑俭,足垂训于后昆[18]。此所谓至人无为,大圣不作,彼竭其力,我享其功者也。然昔之池沼,咸引谷涧,宫城之内,本乏水源,求而无之,在乎一物,既非人力所致,圣心怀之不忘。

粤以四月甲申朔旬有六日己亥,上及中宫,历览台观,闲步西城之阴,踌躇高阁之下,俯察厥土,微觉有润,因而以杖导之,有泉随而涌出,乃承以石槛,引为一渠[19]。其清若镜,味甘如醴。南注丹霄[20]之右,东流度于双阙。贯穿青琐,萦带紫房[21]。激扬清波,涤荡瑕秽。可以导养正性,可以澄莹心神。鉴映群形,润生万物。同湛恩之不竭,将元泽之常流[22]。匪惟乾象之精,盖亦坤灵之宝[23]。谨按《礼纬》云:"王者刑杀当罪,赏锡当功,得礼之宜,则醴泉出于阙庭。"[24]《鹖冠子》曰:"圣人之德,上及太清,下及太宁,中及万灵,则醴泉出。"[25]《瑞应图》曰:"王者纯和,饮食不贡献,则醴泉出,饮之令人寿。"[26]《东观汉纪》曰:"光武中元元年,醴泉出于京师,饮之者痼疾皆愈。"[27]然则神物之来,实扶明圣,既可蠲兹沉痼,又将延彼遐龄[28]。是以百辟卿士,相趋动色[29]。我后固怀挹抱,推而弗有[30]。虽休勿休,不徒闻于往昔;以祥为惧,实取验于当今。斯乃上帝元符,天子令德,岂臣之末学,所能丕显[31]?但职在记言,属兹书事,不可使国之盛美,有遗典策。敢陈实录,爰勒斯铭。其词曰:

> 惟皇抚运,奄壹寰宇[32]。千载应期,万物斯睹[33]。功高大舜,勤深伯禹[34]。绝后光前,登三迈五[35]。握机蹈矩,乃圣乃神[36]。武克祸乱,文怀远人。书契未纪,开辟不臣[37]。冠冕并袭,琛贽咸陈[38]。大道无名,上德不德。元功潜运,几深莫测。凿井而饮,耕田而食。靡谢天功,安知帝力?上天之载,无臭无声。万类资始,品物流形[39]。随感变质,应德效灵。介焉如响,赫赫明明。杂沓景福,葳蕤繁祉[40]。云氏龙官,龟图凤纪[41]。日含五色,乌呈三趾[42]。颂不辍工,笔无停史。上善降祥,上智斯悦。流谦润下,潺湲皎洁[43]。萍旨醴甘,冰凝镜澈。用之日新,挹之无竭[44]。道随时泰,庆与泉流。我后夕惕,虽休勿休。居崇茅宇,乐不般游。黄屋非贵,天下为忧。人玩其华,我取其实。还淳反本,代文以质。居高思坠,持满戒溢。念兹在兹,永保贞吉[45]。

【注释】

[1]贞观:唐太宗李世民年号,627—649年。乎:于。九成宫:位于今陕西宝鸡。宫殿建于隋开皇十三年(593),宇文恺任设计和现场指挥。唐贞观五年,唐太宗加以修缮扩建,改名九成宫。九成谓九重或九层,言其高大。太宗来此达5次。

[2]冠山:谓栋宇覆盖山顶。抗殿:兴举营建宫殿。槛:谓桥桩柱。

[3]胶葛:谓房屋纵横交错。

[4]迢递:高远貌。峥嵘:高峻貌。

[5]穷泰:谓过度奢侈。

[6]炎景:酷暑。流金:谓熔化金银,喻其热。

[7]甘泉:汉有甘泉宫,亦离宫。尚:比。

[8]弱冠:太宗辅其父起兵,年十八,故称。经营:谓领守、管理。立年:三十而立。亿兆:百姓。

[9]青邱:传说中的海外国名。丹徼:古时称南方边疆为丹徼。徼:音jiǎo,边界。献琛

奉贽:敬献珍宝。重译来王:谓来朝之人语言不同,重重翻译方达来意。

[10] 暨:抵、到。轮台:古西域地名。在今新疆轮台县。唐时指今乌鲁木齐。玄阙:古代传说中北方极远之地。

[11] 气淑年和:谓阴阳调和,风调雨顺。灵贶:神灵降福。贶:音 kuàng,赏赐。

[12] 二仪:谓天地。

[13] "同尧肌"二句:谓尧忧劳治天下,风吹日晒,肤如干腊。大禹治水,脚满老茧,面色鳌黑。胼胝:音 pián zhī,俗称老茧。

[14] 针石:谓针灸。腠理:皮肤、肌肉的纹理,气血流通之处。

[15] 弊:仆倒,犹不胜。

[16] 曩代:过去的年代。曩:音 nǎng,过去。

[17] 太甚:谓奢华的营构。墀:音 chī,台阶。茅茨:茅屋。琼室:谓奢华的屋室。

[18] 后昆:后世子孙。

[19] 中宫:皇后所居之宫。石槛:石条。

[20] 丹霄:宫殿名。

[21] 青琐:谓宫门。紫房:谓皇太后所居宫室。

[22] 湛恩:深恩。元泽:谓天子恩泽。

[23] 乾象:天象。旧以为天象变化与人事有关。坤灵:大地的灵秀之气。

[24] 《礼纬》:释经之书,后人伪托孔子所作。锡:赐。

[25] 《鹖冠子》:汉以前的一部古书,书讲道、法,十九篇。太宁:谓大地。

[26] 《瑞应图》:梁孙柔之撰。谈阴阳五行。

[27] 《东观汉纪》:东汉官修本朝纪传体史书。

[28] 蠲:音 juān,除去。沉痼:积久难治之病。遐龄:谓长寿。

[29] 百辟:众诸侯。

[30] 后:君王。抳挹:音 huī yì,谦让。

[31] 上帝:上天。元符:符命。丕:大。

[32] 抚运:顺应时运。奄壹:统一。奄:同。

[33] 应期:谓承天命而为帝。

[34] 伯禹:禹曾受封伯爵,故称。

[35] 登三迈五:谓比超三皇五帝。

[36] 握机蹈矩:谓掌天下权柄,遵守礼法。

[37] 开辟不臣:谓开天辟地以来不臣服者。

[38] 琛贽:谓珍宝财货。

[39] 品物流形:谓万物演化。

[40] 杂沓:众多貌。景:大。葳蕤:音 wēi ruí,繁盛貌。繁祉:多福。

[41] 云氏:传说黄帝受命时有云瑞,故以云命官。龙官:传说伏羲时有龙瑞,故以龙命官。

[42] 乌呈三趾:传说中太阳内的三足神鸟。因称太阳为三足乌、金乌。

[43] 流谦:《易·谦》:"地道变盈而流谦。"即谓流散盈满以广布于虚处。潺湲:音 chán yuán,水缓慢流动貌。

[44] 挹:音 yì,舀。

[45] 贞吉:纯正美好。

从驾幸少林寺

唐·武则天

【提要】

　　本诗选自《全唐诗》(中华书局 1960 年版)。

　　武则天这首诗是陪驾高宗皇帝游览少林寺后写下的。作为诗人,武则天的刻画描摹能力令人惊叹:"攒""插"二字,把少林山中的云雾霞光写得动感、灵性十足,而"日宫""月殿"二句则写尽少林建筑的因山就涧。

　　不仅如此,诗中还交代了隋末的那场大火。"实赖能仁力,攸资善世威"说的就是少林棍僧与唐王朝的渊源。《少林寺碑》等文献记载:王世充等放火烧尽少林寺大半殿宇后,13 棍僧愤而营救唐王。虽然究竟是否王世充放的火并无确证,但李世民当上皇帝以后,很快重建少林寺却见于信史。正因为如此,武则天当上皇帝后,对此寺同样眷顾有加。

　　陪銮游禁苑,侍赏出兰闱[1]。云偃攒峰盖,霞低插浪旂[2]。
　日宫疏涧户,月殿启岩扉。金轮转金地,香阁曳香衣。
　铎吟轻吹发,幡摇薄雾霏[3]。昔遇焚芝火[4],山红连野飞。
　花台无半影,莲塔有全辉。实赖能仁力,攸[5]资善世威。
　慈缘兴福绪,于此罄归依。风枝不可静,泣血竟何追。

【作者简介】

　　武则天(624—705),并州文水(今属山西)人,唐高宗李治皇后,唐代女政治家。性巧慧,多权术,深得高宗宠爱。

　　高宗死,李显继位为中宗,尊武氏为皇太后,由太后临朝称制。翌年,废李显为庐陵王,立李旦为睿宗,武太后掌实权。690 年,废李旦自立为则天皇帝,改国号为周,改元天授,史称"武周"。

　　武则天称帝后,大开科举,破格用人;奖励农桑,发展经济;知人善任,容人纳谏。她掌理朝政近半个世纪,社会稳定,经济发展,为后来"开元盛世"打下基础。但逼害王后、萧妃,杀害亲子,大封武氏诸王,重用酷吏,冤狱丛生,武则天又受到历史的谴斥。

　　李白尊武则天为唐朝"七圣"之一。

【注释】

　　[1]銮:谓皇帝。兰闱:谓后宫。

［2］旂:音 qí,一种有铃的旗。

［3］霏:雾露密貌。

［4］焚芝火:谓隋大业十四年(618)少林寺"为山贼所劫,塔院被焚,灵塔尚存"(少林寺网站·寺院历史大事记)。

［5］攸:所。

阎立德 阎立本传

五代后晋·刘 昫

【提要】

本文选自《旧唐书》(中华书局 1975 年版)。

本文简要介绍了阎立德、阎立本这两位初唐杰出的画家、土木工程家的人生经历。

阎立德(? —656),入唐后完成了包括翠微宫、玉华宫、高祖陵寝、昭陵等重大工程,所制衮冕也极称帝旨,他身跻八座自然情在理中。而其弟阎立本(601—673),同样参与兄长领衔的这些重大工程,所以能在立德卒后迅速任工部尚书、右丞相。

当然,阎立本为今人所知的是他的画作,反映汉藏联姻的《步辇图》已成国宝。

阎立德,雍州万年[1]人,隋殿内少监毗之子也。其先自马邑[2]徙关中。毗初以工艺知名,立德与弟立本,早传家业。武德中[3],累除尚衣奉御,立德所造衮冕大裘等六服并腰舆伞扇[4],咸依典式,时人称之。贞观初,历迁将作少匠,封太安县男。

高祖崩,立德以营山陵功[5],擢为将作大匠。贞观十年,文德皇后崩,又令摄司空,营昭陵[6]。坐怠慢解职。俄起为博州刺史。十三年,复为将作大匠。十八年,从征高丽,及师旅至辽泽,东西二百余里泥淖,人马不通。立德填道造桥,兵无留碍,太宗甚悦。寻受诏造翠微宫及玉华宫,咸称旨,赏赐甚厚。俄迁工部尚书。二十三年,摄司空,营护太宗山陵。事毕,进封为公。显庆元年卒[7],赠吏部尚书、并州都督。

【作者简介】

刘昫(887—946),字耀远,五代涿州归义(今河北雄县)人。有文才。后唐明宗时拜相,兼判三司。当政期间,曾改革财政弊端。后晋时,受封为谯国公。开运二年(945)领衔上《唐书》二百卷(即《旧唐书》)。

【注释】

[1] 雍州万年:今陕西临潼。

[2] 马邑:今山西朔县。

[3] 武德:唐高祖李渊年号,618—626 年。

[4] 衮冕:古代帝王和上公的礼服、礼冠。腰舆:手挽的便舆。高仅及腰,故名。

[5] 山陵:帝王或王后的陵墓。

[6] 昭陵:唐太宗李世民的陵墓。位于今陕西礼泉县东北。凿山建陵,规模很大。

[7] 显庆:唐高宗李治年号,656—661 年。

立本,显庆中累迁将作大匠,后代立德为工部尚书,兄弟相代为八座[1],时论荣之。总章元年[2],迁右相,赐爵博陵县男。立本虽有应务之才,而尤善图画,工于写真。《秦府十八学士图》及贞观中《凌烟阁功臣图》,并立本之迹也,时人咸称其妙。太宗尝与侍臣学士泛舟于春苑,池中有异鸟随波容与[3]。太宗击赏数四,诏座者为咏,召立本令写焉。时阁外传呼云:"画师阎立本。"时已为主爵郎中,奔走流汗,俯伏池侧,手挥丹粉,瞻望座宾,不胜愧赧[4]。退诫其子曰:"吾少好读书,幸免面墙,缘情染翰,颇及侪流[5]。唯以丹青见知,躬斯役之务,辱莫大焉!汝宜深诫,勿习此末伎。"立本为性所好,欲罢不能也。及为右相,与左相姜恪对掌枢密。恪既历任将军,立功塞外;立本唯善于图画,非宰辅之器。故时人以《千字文》为语曰:"左相宣威沙漠,右相驰誉丹青。"咸亨元年[6],百司复旧名,改为中书令。四年卒。

【注释】

[1] 八座:亦作八坐。隋唐以六尚书、左右仆射及令为八座。谓高官。

[2] 总章元年:668 年。

[3] 容与:起伏貌。

[4] 愧赧:因惭愧而脸红。赧:音 nǎn。

[5] 侪流:同辈。侪:音 chái。

[6] 咸亨元年:670 年。咸亨:唐高宗李治年号。

滕 王 阁 序

唐·王 勃

【提要】

本文选自《王子安集》(上海古籍出版社 1992 年影印版)。

王勃为文"壮而不虚,刚而能润,雕而不碎,按而弥坚"(杨炯《王勃集序》),探亲途中路过洪州(今江西南昌),写下这篇名作。

贞观十三年(639)六月,唐高祖李渊第22子、唐太宗李世民之弟滕王李元婴受封为滕王,后迁洪洲任都督。李元婴优游无度、骄纵恣肆,常常"以丸弹人,观其走避则乐"(《新唐书》)。顽劣的李元婴善画蝴蝶,有"滕派蝶画"鼻祖之誉。亦精通音乐、歌舞。653年于洪州城西赣江之滨建起高阁,目的便是"极亭榭歌舞之盛"。

滕王李元婴所建的滕王阁已无史料可考,但这就是王勃所见到的滕王阁。历史上,滕王阁屡毁屡建达28次之多,世所罕见。唐元和十五年(820),王仲舒第二次重修,韩愈《新修滕王阁记》记载其形制:阁呈方形,东西长七丈五、南北阔八丈、高四丈六,六开间。附属建筑亦不少。1926年,滕王阁最后一次被毁于北洋军阀邓如琢之手。1983年10月开始了第29次重修工作,1989年落成。我们看到的滕王阁占地47 000平方米,阁有9层,高57.5米,是一座大型仿宋建筑。

滕王阁修成22年之后,即唐上元二年(675),青年王勃应洪州都督阎伯屿之邀,登阁赴宴,写下脍炙人口的《秋日登洪州滕王阁饯别序》(即《滕王阁序》),滕王阁从此名扬四海。

王勃写滕王阁,精心构画、浓墨重彩,为我们提供了一幅色彩缤纷、摇曳生辉的美丽画卷。三秋季节,"潦水尽而寒潭清,烟光凝而暮山紫"。长洲江畔,"层台耸翠,上出重霄;飞阁翔丹,下临无地"。文章色彩变化万千:紫电清霜、飞阁流丹、层峦耸翠、青雀黄龙之轴……紫、白、青、丹、黄,繁色复彩夺目而来,纷纷攘攘,加上若有还无的"烟光凝",眼前山川顿时有了灵气;近景,"鹤汀凫渚,穷岛屿之萦回;桂殿兰宫,即冈峦之体势"。中景,"山原旷其盈视,川泽纡其骇瞩"。远景,"虹销雨霁,彩彻区明。落霞与孤鹜齐飞,秋水共长天一色。渔舟唱晚,响穷彭蠡之滨;雁阵惊寒,声断衡阳之浦"。近、中、远,犹如电影长镜头,由近渐推渐远,滕王阁、周围山川、田园、云树或历历可数、或薄烟缥缈、或杳杳一线,极富层次感和纵深感。名句"落霞与孤鹜齐飞,秋水共长天一色"更是一幅水天相接,人、物一体的水墨画轴。整篇赋作,色彩与声音缠绕交织,阁之雕、画与水天烟树虚实相托,诵之抑扬顿挫、嘴角生香;念之,余音袅袅,绕梁而不绝萦耳。

韩愈情不自禁地称赞说:"江南多临观之类,而滕王阁独为第一。"(《新修滕王阁记》)

豫章[1]故郡,洪都新府。星分翼轸,地接衡庐[2]。襟三江而带五湖,控蛮荆而引瓯越[3]。物华天宝,龙光射牛斗之墟[4];人杰地灵,徐孺下陈蕃之榻[5]。雄州雾列,俊采星驰[6]。台隍枕夷夏之交,宾主尽东南之美[7]。都督阎公之雅望,棨[8]戟遥临;宇文新州之懿范,襜帷暂驻[9]。十旬休假,胜友如云[10];千里逢迎,高朋满座。腾蛟起凤,孟学士之词宗[11];紫电青霜,王将军之武库[12]。家君作宰,路出名区[13];童子何知,躬逢胜饯[14]。

时维九月,序属三秋[15]。潦水尽而寒潭清[16],烟光凝而暮山紫。俨骖騑于上路,访风景于崇阿[17]。临帝子之长洲,得天人之旧馆[18]。层台耸翠,上出重霄;飞阁流丹,下临无地[19]。鹤汀凫渚,穷岛屿之萦回[20];桂殿兰宫,即冈峦之体势[21]。

披绣闼,俯雕甍[22]。山原旷其盈视,川泽纡其骇瞩[23]。闾阎扑地,钟鸣鼎食之家[24];舸舰迷津,青雀黄龙之舳[25]。虹销雨霁,彩彻区明[26]。落霞与孤鹜齐飞,秋水共长天一色。渔舟唱晚,响穷彭蠡之滨;雁阵惊寒,声断衡阳之浦[27]。

遥襟甫畅,逸兴遄飞[28]。爽籁发而清风生,纤歌凝而白云遏[29]。睢园绿竹,气凌彭泽之樽[30];邺水朱华,光照临川之笔[31]。四美具,二难并[32]。穷睇眄于中天,极娱游于暇日[33]。天高地迥,觉宇宙之无穷[34];兴尽悲来,识盈虚之有数[35]。望长安于日下,指吴会于云间[36]。地势极而南溟深,天柱高而北辰远[37]。关山难越,谁悲失路之人;萍水相逢,尽是他乡之客。怀帝阍而不见,奉宣室以何年[38]?

嗟乎!时运不齐,命途多舛。冯唐易老,李广难封[39]。屈贾谊于长沙,非无圣主[40];窜梁鸿于海曲,岂乏明时[41]?所赖君子安贫,达人知命。老当益壮,宁移白首之心?穷且益坚,不坠青云之志。酌贪泉而觉爽,处涸辙以犹欢[42]。北海虽赊,扶摇可接[43];东隅已逝,桑榆非晚[44]。孟尝高洁,空怀报国之情[45];阮籍猖狂,岂效穷途之哭[46]!

勃,三尺微命,一介书生。无路请缨,等终军之弱冠[47];有怀投笔,慕宗悫之长风[48]。舍簪笏于百龄[49],奉晨昏于万里。非谢家之宝树,接孟氏之芳邻[50]。他日趋庭,叨陪鲤对[51];今晨捧袂,喜托龙门[52]。杨意不逢,抚凌云而自惜[53];钟期既遇,奏流水以何惭[54]!

呜呼!胜地不常,盛筵难再。兰亭已矣,梓泽丘墟[55]。临别赠言,幸承恩于伟饯[56];登高作赋,是所望于群公[57]。敢竭鄙诚,恭疏短引[58]。一言均赋,四韵俱成[59]。请洒潘江,各倾陆海云尔[60]。

【作者简介】

王勃(649 或 650—675 或 676),字子安,绛州龙门(今山西河津)人。王勃才华早露,对策高第,弱冠即授朝散郎。上元(唐高宗李治年号,674—676)中,王勃南下探亲,渡海溺水,惊悸而死。

【注释】

[1]豫章:郡名。治今南昌。豫章郡,汉至南北朝沿设。隋开皇九年(589)罢豫章郡而置洪州,唐沿设,治仍为南昌。

[2]翼轸:洪州对应星空分野属翼轸二宿。衡:今湖南衡山。庐:今江西庐山。

[3]控:控制。三江:说法不一,或谓古长江分三股入海,故称。五湖:谓太湖、鄱阳湖、青草湖、洞庭湖、彭蠡湖。瓯越:谓今浙江一带。

[4]龙光:谓宝剑之光。牛斗:谓牵牛星和北斗星。

[5]徐孺:徐孺子。豫章人,后汉高士。陈蕃(?—168):字仲举,汝南平舆(今河南平舆北)人。志行高洁,历任乐安、豫章太守。为豫章太守时不接待宾客,唯为徐孺子设一榻,来则放下,去则悬之。

[6]雄州:谓富庶大州。俊采:俊朗才杰之士。

[7]台隍:城池。隍:无水的护城壕。夷夏:谓洪州地处中原、荆楚交界处。

[8]棨:音 qǐ,带套的戟。此谓仪仗之器。

[9]"宇文"二句:谓新州(今属广东)的宇文刺史的车马亦在此暂留。襜帷:谓车马。襜:音 chān。

[10]十旬休假:唐制官衙每十天休假一天,故云。

[11] 孟学士：生平不详。词宗：词林宗主。

[12] 紫电：宝剑名。青霜：谓剑锋寒气若霜。武库：武器库。喻韬略满腹。

[13] 家君：王勃父王福畤时任交趾(今越南河内)令，王勃探亲，路过洪州。

[14] 童子：自称。谓无知少年。

[15] 序：谓四季节气的次序。三秋：九月是秋天的第三个月，故称。

[16] 潦水：雨后积水。

[17] 俨：庄严貌。骖騑：谓车马。

[18] 帝子：谓滕王李元婴。下文"天人"同。

[19] "飞阁"二句：谓架悬空中的阁道，流光溢彩，不见地面。

[20] 汀：音 tīng，水边陆地。渚：水中小洲。

[21] "桂殿兰宫"二句：谓华美的宫室体势起伏如山冈。

[22] 闼：音 tà，宫门小者称之闼。甍：音 méng，屋脊。

[23] "山原"二句：谓立此阁上，视野极开阔。骇：惊奇。

[24] 闾阎：市井。阎：里中门称之。

[25] 舸舰：大船。舸：音 gě。青雀黄龙：谓船头形饰，或作鸟头，或为龙头。

[26] 区明：谓天宇明朗。

[27] 彭蠡：指鄱阳湖。衡阳：今湖南衡阳，境内有回雁峰。浦：水边。

[28] 遄：音 chuán，急速。句谓登楼后，旷远的胸怀开始舒畅，超逸的意趣迅速飞扬。

[29] 爽籁：谓萧管。纤歌：谓娇美的歌声。遏：止。

[30] 睢园：指西汉文帝次子梁孝王刘武在睢阳(今河南商丘)以自然景色为基础修建了一个很大的花园，称东苑(菟园、梁园)。《汉书》：梁孝王筑东苑，方三百里，广睢阳城长十里。孝王好宾客，常在睢园宴请文人雅士，后以睢园指称文人俊杰聚集之所。彭泽：今属江西，陶渊明曾为彭泽令。

[31] 邺水：谓邺都(今河南临漳)，曹操在此筑有园池。朱华：谓荷花。临川：谓谢灵运。谢曾任临川太守。

[32] 四美：谢灵运《拟魏太子邺中集序》："天下良辰、美景、赏心、乐事四者难并。"二难：谓贤主、嘉宾。

[33] 睇眄：音 tì miǎn，谓浏览，极目远眺。

[34] 迥：远。

[35] 盈虚：谓世间万物盛衰。数：规律。

[36] 吴会：谓吴郡，治所在今江苏苏州。

[37] 南溟：南海。天柱：《神异经》："昆仑之上，有铜柱焉，其高入天，所谓天柱也。"北辰：北极星。

[38] "怀帝阍"二句：谓怀念朝廷而不能如贾谊那样就召于宣室。帝阍：谓朝廷。宣室：汉长安宫室名，汉文帝在此召见贾谊。

[39] 冯唐：西汉安陵(今咸阳东北)人，贤臣。文、景时为官本骑都尉、楚国相。武帝时，时人荐举他，已 90 余岁，不堪职任矣。李广：汉武帝时抗击匈奴的名将，功勋卓著，未获封侯。

[40] 贾谊(前 200—前 168)：西汉洛阳人，多所建议，但被佞臣所诮，贬为长沙太傅。

[41] 梁鸿：东汉章帝时人。过京师时曾作《正噫》以讽时政，触犯章帝，逃至齐鲁，又入吴地，以为人舂米度日。

[42] 贪泉：《晋书·吴隐之传》载，吴为广州刺史，赴任至石门逢贪泉，饮而吟诗"古人云此

水,一箪怀千金。试使夷齐饮,终当不易心"。赴任后,非但不贪,清操愈厉。涸辙:积水干枯的车辙。语出《庄子·逍遥游》,谓身处困境仍不改欢乐。

[43] 赊:遥远。扶摇:大风。

[44] 东隅、桑榆:分指日出、日落处。

[45] 孟尝:字伯周,东汉廉吏。曾官合浦太守,清行出俗,能干绝群。桓帝时再受荐举,不用,年七十终老于家。

[46] 阮籍:西晋竹林七贤之一。史载常驾车出门,由马乱走。行之不通后,恸哭而返。

[47] 终军:字子云,汉武帝时为谏议大夫。《汉书·终军传》:"南越与汉和亲,乃遣军使南越,说其王,欲令入朝,比内诸侯。军自请,愿受长缨,必羁南越王而致之阙下。"终军死时方二十,称弱冠。

[48] 投笔:谓汉班超投笔从戎西赴建功立业。宗悫:字元干,南朝宋南阳人。少时,叔父问其志,悫曰:"愿乘长风,破万里浪。"悫:音 què,诚实、谨慎。

[49] 簪笏:谓官职。百龄:谓一生。

[50] 谢家宝树:《世说新语》载:谢安问子侄志向,谢玄曰:譬如芝兰玉树,欲使其生于庭阶耳。后因以芝兰玉树喻优秀子弟。孟氏芳邻:《列女传》载:孟母为培养孟子优良品德,三次迁居,邻塾而止。此谓愿与贤人交往。

[51] 趋庭:快步走过庭前。叨陪:谓陪侍或随同。鲤:谓孔鲤。父孔丘每有问话,恭谨应答。

[52] 捧袂:拱手谨持貌。龙门:东汉李膺声望极隆,士有受其迎接者,名为登龙门。

[53] 杨意:汉武帝时狗监杨得意。司马相如受他推荐而得见武帝,遂名扬天下。《史记》载:"飘飘有凌云之气,似游天地之间。"

[54] 钟期:钟子期,善听琴,遇伯牙鼓琴,有高山流水之誉。此谓自己赋诗作序。

[55] 梓泽:晋巨富石崇在洛阳建金谷园,常邀文人雅士宴集。

[56] 伟饯:谓饯别宴会规模盛大。

[57] 群公:指参加宴会的宾主。

[58] 短引:短小的引言。有抛砖引玉之意。

[59] "一言"二句:古人集会赋诗,各分一言(字),诗作以此字所属之韵吟诵,四韵八句成篇。此次宴集王勃所吟之诗为:滕王高阁临江渚,佩玉鸣銮罢歌舞。画栋朝飞南浦云,珠帘暮卷西山雨。行云潭影日悠悠,物换星移几度秋。阁中帝子今何在,槛外长江空自流。

[60] 潘江、陆海:钟嵘《诗品》:"陆才如海,潘才如江。"潘岳、陆机均为西晋文人。

临 高 台

唐·王 勃

【提要】

本诗选自《王子安集》(上海古籍出版社 1982 年影印版)。

王勃这首诗前半部分讲的是站在高台之上看到的长安城宏伟建筑和宽阔道路,紫阁丹楼照天耀日,璧房锦殿玲珑连绵。不仅宫阙,外戚的府第同样恢宏壮大。

接着,笔锋一转,详细摹画长安妓院的奢靡景象及其纨绮子弟、游侠之人的心态。

《临高台》就是一幅唐代长安的风俗图卷。

临高台,高台迢递绝浮埃,瑶轩绮构何崔嵬[1],鸾歌凤吹清且哀。
俯瞰长安道,萋萋御沟草,斜对甘泉路,苍苍茂陵树[2]。
高台四望同,佳气郁葱葱。
紫阁丹楼纷照曜,璧房锦殿相玲珑。
东迷长乐观,西指未央宫[3]。
赤城映朝日,绿树摇春风。
旗亭百队开新市,甲第千甍分戚里[4]。
朱轮翠盖不胜春,叠榭层楹相对起。
复有青楼大道中,绣户文窗雕绮栊[5]。
锦衣昼不襞,罗帏夕未空[6]。
歌屏朝掩翠,妆镜晚窥红。
为君安宝髻,蛾眉罢花丛。
尘间狭路黯将暮,云间月色明如素。
鸳鸯池上两两飞,凤凰楼下双双度。
物色正如此,佳期那不顾。
银鞍绣毂盛繁华,可怜今夜宿倡家。
倡家少妇不须矉,东园桃李片时春[7]。
君看旧日高台处,柏梁铜雀生黄尘[8]。

【注释】

[1]迢递:迢远绵延。崔嵬:高耸貌。

[2]甘泉:汉长安有甘泉宫。茂陵:汉武帝刘彻陵墓,位于今西安西北40公里处。

[3]迷:充满、弥漫。长乐、未央:均汉长安宫名。

[4]旗亭:古代观察、指挥集市的处所,上立有旗,故称。甍:音 méng,屋脊,屋栋。戚里:此指帝王外戚聚居之地。

[5]青楼:谓妓院。栊:笼槛。

[6]襞:音 bì,折叠衣裙。罗帏:罗帐。

[7]矉:音 pín,皱眉。东园:谓园圃,或谓汉孝宣皇后陵墓,位于宣帝陵东,故称。

[8]柏梁:汉台名。故址在今陕西长安县汉长安故城内。铜雀:台名。汉末曹操所建。周围殿屋一百二十间,连椽接栋,侵彻云汉。铸大铜雀于楼顶,舒翼奋尾,势若冲飞,故名。

唐·卢照邻

【提要】

本诗选自《全唐诗》（中华书局 1960 年版）。

这是卢照邻的代表作。在这首长篇七言古诗中，诗人以铺陈的笔法，描绘当时京都长安的现实生活场景，流露出对美好生活的热爱和对权贵骄奢淫逸生活的讽喻，同时抒发了怀才不遇的寂寥和牢骚。

全诗分四层。第一层从"长安大道连狭斜"到"娼妇盘龙金屈膝"，描写长安宫阙、车马、豪宅的富丽和权贵们的豪奢生活；第二层从"御史府中乌夜啼"到"燕歌赵舞为君开"，以市井娼家为中心，绘出王孙公子、军官侠客纵情声色的夜游图；第三层从"别有豪华称将相"到"即今惟见青松在"，摹写权贵互相倾轧、得意骄纵之形；第四层以汉代穷居著书的扬雄自况，寄寓怀才不遇的感慨。

长安大道连狭斜，青牛白马七香车[1]。
玉辇纵横过主第，金鞭络绎向侯家[2]。
龙衔宝盖承朝日，凤吐流苏带晚霞[3]。
百丈游丝争绕树，一群娇鸟共啼花。
啼花戏蝶千门侧，碧树银台万种色。
复道交窗作合欢，双阙连甍垂凤翼[4]。
梁家画阁天中起，汉帝金茎云外直[5]。
楼前相望不相知，陌上相逢讵相识[6]。
借问吹箫向紫烟，曾经学舞度芳年。
得成比目何辞死，愿作鸳鸯不羡仙[7]。
比目鸳鸯真可羡，双去双来君不见。
生憎帐额绣孤鸾，好取门帘帖双燕[8]。
双燕双飞绕画梁，罗纬翠被郁金香。
片片行云著蝉鬓，纤纤初月上鸦黄[9]。
鸦黄粉白车中出，含娇含态情非一。
妖童宝马铁连钱，娼妇盘龙金屈膝[10]。
御史府中乌夜啼，廷尉门前雀欲栖[11]。
隐隐朱城临玉道，遥遥翠帱没金堤[12]。

挟弹飞鹰杜陵北,探丸借客渭桥西[13]。
俱邀侠客芙蓉剑,共宿娼家桃李蹊[14]。
娼家日暮紫罗裙,清歌一啭口氛氲[15]。
北堂夜夜人如月,南陌朝朝骑似云[16]。
南陌北堂连北里,五剧三条控三市[17]。
弱柳青槐拂地垂,佳气红尘暗天起。
汉代金吾千骑来,翡翠屠苏鹦鹉杯[18]。
罗襦宝带为君解,燕歌赵舞为君开[19]。
别有豪华称将相,转日回天不相让[20]。
意气由来排灌夫,专权判不容萧相[21]。
专权意气本豪雄,青虬紫燕坐春风[22]。
自言歌舞长千载,自谓骄奢凌五公[23]。
节物风光不相待,桑田碧海须臾改[24]。
昔时金阶白玉堂,即今唯见青松在。
寂寂寥寥扬子居,年年岁岁一床书[25]。
独有南山桂花发,飞来飞去袭人裾[26]。

【作者简介】

卢照邻(约636—689),字升之,自号幽忧子,幽州范阳(今北京)人。唐高宗、武后时著名文学家,与骆宾王、王勃、杨炯并称"初唐四杰"。

少从名师,及长,博学能文。久沦小官。后染风疾,贫困交加,自沉颍水而亡。有《幽忧子集》流传。今人祝尚书有《卢照邻集笺注》。

【注释】

[1]狭斜:谓小巷。七香车:谓以多种香木制成的小车。

[2]第:府第。帝赐房屋有甲乙次第,故称。

[3]宝盖:即华盖。流苏:五彩羽毛或丝线制成的穗子。

[4]复道:空中廊道。交窗:花格窗。合欢:即夜合花。句谓复道、交窗上刻镂的夜合花。甍:屋脊。《太平御览》载:建章宫圆阙临北道,风在上,故号凤阙也。

[5]梁家:谓东汉外戚梁冀家。梁冀为东汉顺帝梁皇后兄,曾在洛阳大起宅第。金茎:谓承露盘的铜柱,位于建章宫,高二十丈。

[6]讵:同"岂"。

[7]比目:鱼名。《尔雅》谓:不比不行。多喻男女相爱。

[8]帐额:帐帷前的横幅。双燕:喻爱情。

[9]行云:谓发型如云。蝉鬓:谓似蝉翼的发式。鸦黄:嫩黄色。

[10]妖童:轻薄子弟。铁连线:谓马的毛色有钱状花纹。屈膝:谓车门上的铰链。

[11]乌夜啼:用西汉朱博故事。《汉书》载:"(御史)府中列柏树,常有野乌数千,栖宿其上,晨去暮来,号曰朝夕乌。"雀欲栖:《史记·汲郑列传》:"始翟公为廷尉,宾客阗门,及废,门外可设罗雀。"二句暗示执法功能废弛。

[12] 巘:音 xiǎn,本"帷",此谓堤上树林。

[13] 挟弹飞鹰:谓打猎。探丸借客:谓行侠杀吏。借客:助人。

[14] 桃李蹊:谓妓女住处。语出《史记·李将军列传》,此桃李借为美色,蹊则指嫖客纷来踏出的小径。

[15] 氛氲:香气浓郁。氲:音 yūn。

[16] 北堂:谓娼家。人如月:谓娼家女美貌。

[17] 北里:长安妓女集中的地方。剧、条:道路。控:连接。句中数字言其多。

[18] 金吾:即金吾大将军。此借指武将。屠苏:美酒名。

[19] 罗襦:丝绸短衣。燕歌赵舞:战国时燕赵多舞女。此谓美妙的歌舞。

[20] 转日回天:谓左右皇帝的意志。

[21] 灌夫:汉武时将军,勇猛任侠,交结窦婴,与丞相田蚡不和。终被田蚡陷害。萧相:萧望之,汉宣帝时御史大夫,遭排挤自尽。

[22] 青虬紫燕:宝马名。坐春风:谓春风得意,打马驰骋。

[23] 凌:超过。五公:说法不一。谓汉著名权贵张汤、杜周、萧望之、史丹、冯奉世。或谓田蚡、张安世、朱博、平晏、韦赏。

[24] 节物风光:谓节令、时序。桑田碧海:即沧海桑田。

[25] 扬子:扬雄。在长安仕宦不得志,闭门著《太玄》《法言》。一床书:指读书自娱的隐居生活。

[26] 裾:衣襟。

帝 京 篇

唐·骆宾王

【提要】

本诗选自《全唐诗》(中华书局 1960 年版)。

该诗作于上元三年(676)前后,与卢照邻的《长安古意》一起被称为描写长安胜景的姊妹篇。

全诗分为四层,第一层(从"山河千里国"至"交衢直指凤凰台"),描述长安地理形势的险要奇伟和宫阙的磅礴气势;第二层(由"剑履南宫入"到"宁知四十九年非")重点描绘长安王侯贵戚骄奢纵欲的生活;第三层(从"古来荣利若浮云"至"罗伤翟廷尉")以精练的笔法,把西汉一代帝王将相、皇亲国戚的生死倾轧和世态炎凉状写得淋漓尽致;最后,"已矣哉,归去来。"诗人列举了汉代著名的贤才志士,认为其升滞都不取决于个人才识,而取决于统治者的好恶。

诗歌开篇五言,四句一韵,气势千钧,一举破题;继而写长安的远景,天地广阔,四面八方,尽收笔底,为我们展现了一幅庞大壮丽的长安立体图景;又绘长安近景,宫殿直入云宵,禁闱温馨艳冶,大道宽畅通达,复道凌空,斜巷交织,皇居壮观、繁华,气度非凡,天子的尊贵、威严夺人魂魄。闻一多称其为"洋洋洒洒的鸿篇巨作",诚然。

山河千里国,城阙九重门。

不睹皇居壮,安知天子尊[1]。

皇居帝里崤函谷,鹑野龙山侯甸服[2]。

五纬连影集星躔,八水分流横地轴[3]。

秦塞重关一百二,汉家离宫三十六[4]。

桂殿嵚岑对玉楼,椒房窈窕连金屋[5]。

三条九陌丽城隈,万户千门平旦开[6]。

复道斜通颊鹊观,交衢直指凤凰台[7]。

剑履南宫入,簪缨北阙来[8]。

声名冠寰宇,文物象昭回[9]。

钩陈肃兰戺,璧沼浮槐市[10]。

铜羽应风回,金茎承露起[11]。

校文天禄阁,习战昆明水[12]。

朱邸抗平台,黄扉通戚里[13]。

平台戚里带崇墉,炊金馔玉待鸣钟[14]。

小堂绮帐三千户,大道青楼十二重。

宝盖雕鞍金络马,兰窗绣柱玉盘龙。

绣柱璇题粉壁映,锵金鸣玉王侯盛。

王侯贵人多近臣,朝游北里暮南邻。

陆贾分金将宴喜,陈遵投辖正留宾[15]。

赵李经过密,萧朱交结亲[16]。

丹凤朱城白日暮,青牛绀幰红尘度。

侠客珠弹垂杨道,倡妇银钩采桑路[17]。

倡家桃李自芳菲,京华游侠盛轻肥。

延年女弟双凤入,罗敷使君千骑归[18]。

同心结缕带,连理织成衣。

春朝桂尊尊百味,秋夜兰灯灯九微。

翠幌珠帘不独映,清歌宝瑟自相依。

且论三万六千是,宁知四十九年非[19]。

古来荣利若浮云,人生倚伏信难分。

始见田窦相移夺,俄闻卫霍有功勋[20]。

未厌金陵气,先开石椁文[21]。

朱门无复张公子,灞亭谁畏李将军[22]。

相顾百龄皆有待,居然万化咸应改[23]。

桂枝芳气已销亡,柏梁高宴今何在[24]。

春去春来苦自驰,争名争利徒尔为。

久留郎署终难遇,空扫相门谁见知[25]。

当时一旦擅豪华,自言千载长骄奢。

倏忽抟风生羽翼,须臾失浪委泥沙[26]。

黄雀徒巢桂,青门遂种瓜[27]。

黄金销铄素丝变,一贵一贱交情见。

红颜宿昔白头新,脱粟布衣轻故人。

故人有湮沦,新知无意气。

灰死韩安国,罗伤翟廷尉[28]。

已矣哉,归去来。

马卿辞蜀多文藻,扬雄仕汉乏良媒[29]。

三冬自矜诚足用,十年不调几遭回[30]。

汲黯薪逾积,孙弘阁未开[31]。

谁惜长沙傅,独负洛阳才[32]。

【作者简介】

骆宾王(约619—约687),字观光,婺州义乌(今浙江义乌)人,为"初唐四杰"中最富于传奇色彩的文学家。

骆宾王七岁时赋《咏鹅》诗,时称神童。父早逝,家窘困,落魄无羁,崇尚侠义,性格豪爽,富于反抗和冒险精神。嗣圣元年(684)九月,骆宾王加入徐敬业(即李敬业)讨伐武则天的队伍,作《代李敬业传檄天下文》,名扬天下。有《骆临海集》十卷传世。

【注释】

[1]"不睹"二句:萧何营未央宫,汉高祖刘邦见城阙壮甚,怒。萧何曰:"天子以四海为家,非壮丽无以重威,且无令后世有以加也。"(见《汉书·高帝纪》)

[2]崤:音 xiáo,山名,在今河南陕县东。函谷:关名,在今河南灵宝。鹑野:星宿名,为秦地分野。龙山:谓长安周围山形有帝王之气。侯甸:诸侯封国。甸:城外称郊,郊外称甸。

[3]五纬:金、木、水、火、土五星总称。星躔:谓五星足迹(经过此地)。躔:音 chán,天体的运行。八水:古长安有八条河流经,分别是泾、渭、灞、浐、滈、潦、涝、潏。

[4]"秦塞"二句:互文。谓秦汉时期长安离宫别馆,高台重关数量众多。

[5]嵚岑:音 qīn cén,高耸貌。窈窕:幽深貌。

[6]隈:音 wēi,城墙弯曲的地方。平旦:清晨。

[7]鹍鹊观:观名,汉武帝建,在甘泉宫。鹍:音 zhī。凤凰台:秦穆公女弄玉善吹箫,梦萧史。萧史亦善吹箫,每合奏,彩凤翩舞,穆公筑台嫁女,名凤凰台。

[8]剑履、簪缨:谓文臣、武将。

[9]声名:谓形象。文物:谓业绩。太宗于凌烟阁图画功臣画像。昭回:喻日月的光辉。

[10]毗:音 shì,台阶两旁所砌的斜石。璧沼:谓学省,借指太学和皇帝选士之所。

[11]"铜羽"二句:汉武帝作通天台于甘泉宫,"去地百余丈,望云雨悉在其下,望见长安城。"(《三辅黄图》)铜羽、金茎:均谓此台檐柱等物。

[12]天禄阁:汉代国家藏书、校书处。昆明:池名。在汉长安上林苑,汉武帝开凿。

[13]邸:大屋,谓官员府邸。抗:匹敌。戚里:谓里巷。

[14]墉:城墙。馔:音 zhuàn,美食。

[15]陆贾分金:《史记》载:吕后时,陆贾自度不能用,乃病免家居,分发财产给五子。此谓官吏退休后的生活。陈遵投辖:汉人陈遵好客,客人乘车来,遵取下车轴挡铁以留客。辖:安于车轴末端的挡铁,用以挡住车轮。

[16]赵李:汉成帝皇后赵飞燕、婕妤李平。此谓宦贵之家。经过:交往。萧朱交结:《汉书·萧育传》:萧育"少时与陈咸、朱博为友,著闻当世"。

[17]侠客:游侠之人。倡妇:歌妓。二句描绘长安社会生活图景。

[18]延年:李延年是汉武帝时人,父母兄妹均通音乐,作"北方有佳人"轰动京城。平阳公主荐其妹舞之,因为武帝嫔妃。罗敷使君:此谓佳人才子。二句称帝与宠妃、市井男女男欢女爱。

[19]四十九年非:春秋卫大夫蘧伯玉,名瑗,贤闻天下。《淮南子》载:蘧伯玉年五十而知四十九年非。谓自省。

[20]田窦:田蚡、窦婴,均为西汉权臣,相互倾轧。卫霍:卫青、霍去病,皆西汉名将,北击匈奴,立下赫赫战功。

[21]金陵:谓六朝都城建康。二句谓浮华奢靡如过眼烟云,转瞬即逝。椁:棺椁。

[22]张公子:汉成帝所宠男嬖张放,每每一同出游,帝常以张家奴自称。李将军:西汉名将李广闲居,夜饮归,至霸陵亭,守尉醉呵李广。广骑曰:"故李将军。"尉曰:"今将军尚不得夜行,何乃故尔!"(《史记·李广列传》)

[23]万化:谓万物。

[24]桂枝芳气:西汉武帝为后宫嫔妃修筑桂宫,有多条道路通往未央宫。柏梁:台名。汉武帝时营建,以香柏为梁。武帝曾在此置酒诏群臣和衷共济。

[25]郎署:官府属吏、奴婢工作的地方。

[26]抟风:谓乘风。抟:音 tuán。

[27]青门种瓜:邵平在秦为东陵侯,汉立,沦为平民,遂在长安东青门外种瓜度日。瓜奇甜,人呼"东陵瓜"。

[28]韩安国:西汉名臣。《史记》载:"安国坐法抵罪,蒙狱吏田甲辱安国。安国曰:'死灰独不复燃乎?'田甲曰:'然即溺之。'"翟廷尉:《史记·汲郑列传》载下邽翟公事,谓仕途沉浮见世态炎凉。

[29]马卿:指司马相如,文才杰出,得狗监荐举入朝。

[30]十年不调:西汉时张释之,善断狱,敢直谏,十年不升迁。邅回:徘徊。邅:音 zhān,转,改变方向。

[31]汲黯:西汉名臣,性倨直。曾言于汉武帝:"陛下用群臣如积薪耳,后来者居上。"(《史记·汲郑列传》)孙弘:即公孙弘。汉武帝丞相,封平津侯。善揣帝意,对朝臣阴鸷,睚眦必报。杀主父偃,放逐董仲舒均出自他的阴谋。

[32]长沙傅:贾谊,洛阳人,西汉大儒。曾贬任长沙王太傅,怀才不遇,忧郁而死。

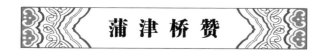

蒲 津 桥 赞

唐·张　说

【提要】

本文选自《全唐文》(上海古籍出版社 1990 年版)。

古蒲津桥,位于今山西永济市西部蒲州古城西门外。它是横跨在黄河上的第一座浮桥,时建时毁,断断续续存在了 1 900 多年。

蒲津桥始建于鲁昭公元年(前 541)。唐开元十二年(724)对蒲津桥作了加固和修建。两岸各铸铁牛 4 尊,以维河桥。牛下有柱连腹,入地丈余。牛旁各有 1 铁人,并有铁山 4 座,前后柱 36 根。

1989 年始,蒲津渡遗址文物陆续出土。其中唐开元铁牛,其数目之多、体积之大、分量之重(柱、座计内,轻者 45 吨,重者可达 70 吨)、铁质之优、造型之美、工艺之精、实用价值之大,举世罕见,为研究唐代政治、经济、军事、文化、桥梁架设、冶炼铸造以及黄河变迁等提供了可靠的依据,有极高的历史价值。

本文讲述的就是蒲津桥的历史及开元年间再造的经过。

《易》曰"利涉大川",济乎难也;《诗》曰"造舟为梁",通乎险也。域中有四渎,黄河是其长;河上有三桥,蒲津是其一[1]。隔秦称塞,临晋名关,关西之要冲,河东之辐凑,必由是也[2]。其旧制:横绗百丈,连舰十艘,辫修笮以维之,系围木以距之,亦云固矣[3]。然每冬冰未合,春沍初解,流澌峥嵘,塞川而下,如础如臼,如堆如阜,或扰或捆,或磨或切[4]:绠断航破,无岁不有[5]。虽残渭南之竹,仆陇坻之松[6],败辄更之,罄不供费,津吏成罪,县徒告劳,以为常矣。

开元十有二载(一作九年十二月)[7],皇帝闻之曰:"嘻,我其虑哉!"乃思索其极,敷祐于下,通其变,数纤不倦;相其宜,授彼有司。俾铁代竹,取坚易脆,图其始而可久,纾其终而就逸,受无疆惟休,亦无疆惟恤。于是大匠蒇事[8],百工献艺,赋晋国之一鼓[9],法周官之六齐[10],飞廉煽炭[11],祝融理炉[12],是炼是烹,亦错亦锻,结而为连锁,镕而为伏牛[13],偶立于两岸,襟束于中潬[14],锁以持航,牛以絷缆,亦将厌水物[15],奠浮梁。又疏其舟闲,画其鹢首,必使奔澌不突,积凌不溢。新法既成,永代作则。

原夫天意,有四旨焉:济人仁也,利物义也,顺事礼也,图远智也。仁以平心,义以和气,礼以成政,智以节财。心平则应,谐百神矣;气和则感,生万物矣;政成则乂,文之经矣[16];财节则丰,武之德矣。故天将储其祯,地将阜其用,人将盈其力:圣皇之道,乾乾翼翼[17],观艺而无穷,咏功而无极。

【作者简介】

张说(667—730),唐代文学家。字道济,一字说之。世居河东(今山西永济),徙家洛阳。年才弱冠,对策第一,授太子校书,累官至凤阁舍人、中书令,封燕国公。前后三次为相,掌文学之任凡三十年,为开元前期一代文宗。有《张说之集》传世。

【注释】

[1] 蒲津桥:在今山西永济与陕西大荔之间黄河上的古桥梁。

[2] "隔秦"数句:蒲津桥横跨黄河,东为蒲州镇,西是大庆关。

[3] "连舰"句:春秋时,秦公子铖离秦适晋,连舟为桥而渡黄河。修笮:谓长竹索。笮:音zuó,以竹皮编成的索。

[4] 春沍:谓冰凌。流澌:江河解冻时流动的冰块。扺:音zhuāng,撞。捆:音hùn,通"混"。

[5] 绠:音gěng,绳索。

[6] 陇坻:即陇山。

[7] 开元十有二载:724年。

[8] 蒇事:谓筹划桥事。蒇:音chǎn,完成,解决。

[9] 晋国一鼓:春秋战国时,晋国曾在国都征收"一鼓铁"的军赋。

[10] 六齐:谓六种铜锡比例不同的合金配方。

[11] 飞廉:风神。

[12] 祝融:帝喾时的火官,后尊为火神。

[13] 伏牛:谓蒲津桥铁牛,拴固桥索。

[14] 潬:音tān,水中沙堆。

[15] 厌:音yā,同"压"。

[16] 乂:音yì,治。

[17] 乾乾翼翼:朗朗庄严貌。

河 桥 赋

唐·阎伯玙

【提要】

本文选自《全唐文》(上海古籍出版社1990年版)。

与张说《蒲津桥赞》不同,这是一篇专摹蒲津桥胜状的赋文。

蒲津桥历经春秋、战国、秦、汉,直至唐,在不同的时期有不同的使命。春秋时期,此桥打通了秦晋往来的门户,奠定了秦晋之好的基础;战国时代,秦国几次修建蒲津桥,都是为了进攻韩、赵、魏诸国,完成统一大业;后魏时,齐王高欢再修蒲津桥,是为了进攻西魏;隋末,李渊集团起兵晋阳,改建、使用蒲津桥,此桥为灭隋兴唐起了莫大作用。

唐开元时重修此桥,铁牛、铁人、铁山、铁柱、铁索,蒲津桥焕然一新。远远望去,"既似乎瀑布之界天台,又似乎蓬莱之横海岛。虚其内则用当于无,疏其间则屈而且抱"。近观,"华柱上征,殊马援之标界;石台中耸,若鳌力之负山"。"梁势编绵,疑海鹏之点翼。"一座优雅而又神奇的浮桥!

壮三辅之雄极,非魏国其伊那[1]? 总魏国之繁隘,非斯桥而岂他? 条山[2]左临,高障东连于渤海;晋关右抱,浮梁[3]西截于长河。却顿铁牛,骇浮川之魍魉[4];旁飞画鹢,惊入浪之鼋鼍[5]。竹笮其维,不虞于奔涛擘赫[6];金锁斯缆,何惧于层冰皑峨[7]?

川有梁兮,闻闻于揭涉[8];王在镐兮,有格于来讹[9]。盖取诸益,其不谓何[10]? 故马卿之歘尔斯题,请观即事[11];尾生[12]之滥焉守死,夫奚足多? 岂比夫虹能象之,不可以来往;鹊能填兮,不可以经过? 若斯之利用吾宾,荐之士亦可歌;颂诸侯之盛绩,乐王化之雍和。

尔其薄烟霏霏,初日杲杲[13];远之而望,势侔神造。既似乎瀑布之界天台,又似乎蓬莱之横海岛。虚其内则用当于无,疏其间则屈而且抱。凭险作固,夹咽喉之重关;用否而通,连秦晋之长道。东西水浒,义非待于秦求;襟带山河,固可兼于魏宝。

尔其憧憧往还,曳曳空间[14]。华柱上征,殊马援之标界[15];石台中耸,若鳌力之负山[16]。伟哉武侯,时赏兹国。况天枢要,作限通塞;旁达无垠,下临不测。舟形崎峨,似火龙之饮川;梁势编绵,疑海鹏之点翼。其拯物也,有来斯适;其济时也,遐方不呕[17]。

非夫蓄巨川之运,回斡地之力,则何能抡梓材以当路,临要津而作式[18]? 守此道也,夫有何极? 然而物有成规,国有虚费;信彼才之可取,奚此桥之独贵? 使夫期不日以献,珠连城而出魏。

【作者简介】

阎伯玙(生卒年不详),开元时官华州郑县(今陕西华县)尉。天宝中,迁吏部郎中,出为袁州刺史,历抚州。征拜户部侍郎,未至卒。

【注释】

[1]三辅:谓京城附近。伊那:梵音,树,树林。

[2]条山:谓中条山。

[3]浮梁:浮桥,即蒲津桥。

[4]却顿:后退受阻。此谓铆固铁索。魍魉:音 wǎng liǎng,传说中的山川精怪。

[5]鹢:音 yì,水鸟名。鼋鼍:音 yuán tuó,大鳖和猪婆龙(扬子鳄)。

[6]竹笮:竹索。笮:音 zuó。擘赫:谓涛声撕天裂地。

[7]皑峨:谓皑白高耸。

[8]阒闻:谓极少听闻。阒:音 qù,寂静。揭涉:谓撩起衣裳过河。

[9]格:阻碍。��:行动。句谓王在镐京,往来不便。

[10]益:益卦。其辞曰:利有攸往,利涉大川。

[11]马卿:指司马相如。欻尔:迅速貌。欻:音 xū。

[12]尾生:典出《庄子·盗跖》:尾生与女子期于梁(桥)下,女子不来,水至不去,抱梁柱而死。溘:音 kè,突然。

[13]杲杲:音 gǎo gǎo,明亮貌。

[14]憧憧:chōng,往来不断貌。曳曳:飘动貌。

[15]马援:东汉大臣。征服交趾后,立铜柱以标疆界。

[16]鳌:音 áo,传说中海里的大龟(鳖)。《列子·汤问》:相传鳌鱼背负五座神山,使其不致沉没。

[17]遐方:远方。不亟:不急。

[18]抡:谓挥斧(砍劈)。梓材:优质木材。作式:谓架此浮桥。

嵩岳寺碑

唐·李 邕

【提要】

本文选自《全唐文》(上海古籍出版社 1990 年版)。

嵩岳寺位于河南登封县西北之少室山北麓五乳峰下。北魏太和二十年(496年,一说为太和二十一年),孝文帝为天竺僧佛陀禅师所建。孝昌三年(527)印度僧人菩提达摩于寺面壁修定达 9 年,传法慧可,创建禅宗,史称达摩为中土禅宗初祖,少林为祖庭。从此嵩岳寺缁素云集,禅法盛行。

本文讲述了嵩岳寺兴衰演变,盛赞有唐的殿塔耸伟、香火隆盛。始建于北魏初年的少林寺,历经隋、唐各朝代的增建扩展,我们今天看到的已是占地 3 万多平方米、由山门到最高的千佛殿长达 800 多米的七进殿堂大寺了。每一进均有主殿和附属建筑,自成一个独立的建筑群。虽然少林寺现有建筑多半是明、清两代时重建的,但基本上仍是仿效当年的规制。

这篇碑文讲述的就是嵩岳寺的历史和著名物件隐现历程,对寺内建筑、环境等的描写亦十分鲜活。

凡人以塔庙者,敬田[1]也,执于有为;禅寂者[2],慧门也,得于无物:今之作者,居然异乎!至若智常不生,妙用不动,心灭法灭,性空色空,喻是化城[3],竟非住处。所以平等之观,一洗于有无;自在之心,大通于权实。导师假其方便,法雨任其根茎,流水尽纳于海壖,聚沙俱成于佛道[4]:大矣广矣,不可得而谈也。

嵩岳寺者,后魏孝明帝之离宫也。正光元年[5],膀闲居寺,广大佛刹,殚极国财。济济僧徒,弥七百众;落落堂宇,踰[6]一千间。藩戚近臣,逝将依止;硕德圆戒,作为宗师。及后周不祥,正法无绪,宣皇悔祸[7],道叶中兴,明诏两京,光复二所,议以此寺为观,古塔为垆[8]。八部扶持[9],一时灵变,物将未可,事故获全。隋开皇五年[10],隶僧三百人,仁寿一载[11],改题嵩岳寺,又度僧一百五十人。逮豺狼恣睢,龙象凋落,天宫坠构,劫火潜烧,唯寺主明藏等八人,莫敢为尸,不暇匡补。且王充[12]西拒,蚁聚洛师。文武东迁,凤翔岩邑,凤承羽檄,先应义旗,辇粟供军,悉心事主[13]。及傅奕[14]进计以元嵩为师,凡曰僧坊,尽为除削,独兹宝地,尤见褒崇,实典殊科,明敕洊及[15],不依废省,有录勋庸,特赐田碾四所[16]。代有都维那惠果等[17],勤宣法要,大壮经行,追思前人,仿佛旧贯[18]。

十五层塔者,后魏之所立也。发地四铺而耸[19],陵空八相而圆,方丈十二,户牖数百,加之六代禅祖,同示法牙,重宝妙庄,就成伟丽:岂徒帝力,固以化开。其东七佛殿者,亦曩时之凤阳殿也。其西定光佛堂者,瑞像之戾止[20]。昔有石像,故现应身,浮于河,达于洛,离京毂也[21]。万辈延请,天柱不回,惟此寺也,一僧香花,日轮俄转。其南古塔者,隋仁寿二年[22]。置舍利于群岳,以抚天下,兹为极焉。其始也,亭亭孤兴,规制一绝;今兹也,岩岩对出,形影双美。后有无量寿殿者,诸师礼忏诵念之场也,则天太后护送镇国金铜像置焉。今知福利所资,演成其广:珠幡宝帐,当阳之铺有三;金络花鬘,备物之仪不一,皆光满秋月,色陵渥丹。穷海悬之国,工得天人之神妙:遥楼者,魏主之所构也。引流插竹,上激登楼,菱镜漾于玉池,金虬飞于布水。食堂前古铁钟者,重千斤,函二十石[23],正光[24]年中寺僧之所造也。

嵩岳寺塔(北魏正光四年,523 年)

昔兵戎孔殷[25],寇攘偕作,私邑窃而为宝,公府论而作仇。后有都维那惠登,发夕通梦,迟明独往,以一己之力,抗分众之徒,转战而行,踰碞而至:虽神灵役鬼,风雨移山,莫之捷也。西方禅院者,魏八极殿之余趾也。时有远禅师,坐必居山,行不出俗,四国是仰,百福攸归,明准帝庸,光启象设[26]。南有辅山者,古之灵台也。中宗孝和皇帝[27]诏于其顶,追为大通秀禅师造十三级浮图,及有提灵庙,极地之峻,因山之雄,华夷闻传,时序瞻仰。每至献春仲月,讳日斋辰,雁阵长空,云临层岭,委郁贞柏,掩映天榆。迢进宝阶,腾乘星阁。作礼者便登师子,围绕者更摄蜂王。其所由焉,所以然矣。

若不以达摩菩萨传法于可,可付于璨,璨受于信,信恣于忍,忍遗于秀,秀钟于今和上寂:皆宴坐[28]林间,福润寓内。其枕倚也。阴阳所启,居四岳之宗;其津梁也,密意所传,称十方之首:莫不佛前受记,法中出家,湛然观心,了然见性[29]。学无学,自有证明;因非因,本来清净。开顿渐者,欲依其根;设戒律者,将摄乎乱:然后微妙之义,深入一如[30];广大之功,遍满三界[31]。则知和雅所训,皆荷法乘;慈悲所加,尽为佛子。是以无言之教,响之若山;不舍之檀,列之如市。则有和上佺寺主坚意者,凭信之力,统僧之纲,崇现前之因,鸠[32]最后之施,相与上座崇泰、都维那昙庆等,至矣广矣,经之营之。身田底平,福河流注,今昔纷扰,杂事夥多。是以功累四朝,法崇七代,感化可以函灵应,缘起所以广元河。

故得尊容赫曦[33],光联日月,厦屋宏敞,势蹙山川[34]。回向有足度四生,镇重有足安万国,岂伊一邱一壑之异,一水一石之奇,禅林玲珑,曾深隐见,祥河皎洁,丹蘸澄明而已哉? 咸以为表于代者,业以成形;藏于密者,法亦无相,非文曷以陈大略[35]? 非石曷以示将来? 乃命道夹禅师,千里求蒙,一言书事。专精每极,临纸屡空[36]。丑迷津之未悟,期法主之可通。其词曰:

西域传,耆阇山,世尊成道于其间;南部洲,嵩岳寺,达摩传法于兹地。天之柱,帝之宫,赫奕奕兮飞九空;禅之门,觉之径,密微微兮通众圣。镇四国,定有力;开十方,慧有光。立丰碑之隐隐,表大福之穰穰[37]。

【作者简介】

李邕(678—747),字泰和,唐代书法家。广陵江都(今江苏扬州)人。官至汲郡、北海太守,世称李北海。以书法著名,杜甫赞云:"声华当健笔,洒落富清制。"传世碑刻有《麓山寺碑》《李思训碑》等;文章、诗歌很有影响,有《李北海集》六卷。

【注释】

[1]敬田:佛教语。谓恭敬供养佛法僧三宝,便会产生无量福分。田:谓产生福报。

[2]禅寂:佛教语。谓思虑寂静为禅寂。

[3]化城:一时幻化的城郭。佛教小乘境界。

[4]导师:谓佛菩萨。法雨:喻佛法。佛法如雨润物,故称。

[5]正光元年:520年。正光:北魏孝明帝元诩年号。

[6]裔:音yú,犹"逾"。

[7]宣皇:北周宣帝宇文赟。继武帝位后,立即允许再兴佛教。

[8]垓:疑为"垓",通"陔",台阶。

[9]八部:佛教分诸天神鬼及龙为八部。

[10]开皇五年:585年。开皇:隋文帝杨坚年号。

[11]仁寿一载:601年。仁寿:隋文帝年号。

[12]王充:隋将。唐初,王充盘踞洛阳,唐太宗往征之,挺身先进,斩俘七千。充退城中,不复出矣。

[13]岩邑:险要的城邑。羽檄:羽书。

[14]傅奕(555—639):相州邺(今河南安阳)人,唐初学者,精通天文历数,力除佛图,称佛

教"于百姓无补,于国家有害"。

[15] 洊:音 jiàn,再。

[16] 勋庸:功勋。田碾:谓田产。

[17] 都维那:北魏时所置僧官名称。

[18] 旧贯:旧制。

[19] 发地:谓起自地面。

[20] 戾止:来到。

[21] 京毂:谓国都。

[22] 仁寿二年:602年。

[23] 函二十石:谓钟中空部分可盛二十石谷。石:音 dàn。

[24] 正光:北魏孝明帝元诩年号,520—525年。

[25] 孔殷:繁多。

[26] 帝庸:谓帝德。庸:功劳。象设:佛像。

[27] 中宗:谓唐中宗李显。

[28] 宴坐:闲坐。

[29] 湛然:清澈貌。了然:明白貌。

[30] 一如:佛家语,不二曰一,不异曰如。犹言永恒真理。

[31] 三界:佛教谓众生轮回:欲界、色界和无色界。

[32] 鸠:谓聚集。

[33] 赫曦:光明貌。

[34] 蹙:音 cù,迫。

[35] 曷:何。

[36] 屡空:谓才拙无词。谦词。

[37] 穰穰:音 ráng,丰熟貌。

谏造寺观疏

唐·韦 凑

【提要】

本文选自《全唐文》(上海古籍出版社1990年版)。

韦凑行迹当武则天时代。由于武后的带动,唐朝大量修建寺庙、塑造佛像,广度僧尼。《新唐书》卷一二五记载:"武后铸浮屠,立庙塔,役无虚岁。"武则天甚至下令"盗佛殿内物,同乘御物"(《唐会要》),治罪极重。

深感时局之危的韦凑上了这封奏疏,引述商朝太戊及春秋宋景公的故事,点名网罗天下自在人心,而非广修大刹。不仅如此,他还述引本朝先主崇奉老子清静无为的旧制,试图说服停止营造寺观。可是,收效甚微。《唐会要》载,京兆名寺38所,属武则天时期建的便有10余所,并且规模巨大,装饰精美。

臣闻诸《易》曰:"何以守位曰仁,何以聚人曰财。"然则非财无以建国,国之府库,非自殖财[1],还资于人,赋敛而制也。人之货产[2],非自然生,劳筋苦骨竭力而致也。人所以甘于征赋者,知用之不为私也。资以散人,人有何怨? 若乃用之或不节,散之以非公,既尽而厚敛,则人不堪命,鲜不怨叛矣。

历观有先有天下者,未尝不以薄赋敛省徭役而兴焉,征税重人力殚而灭焉。并详诸载籍,列为龟镜[3]。然曩以边烽骤惊,戎幕荐兴,每应机须,颇倾帑藏。臣窃计即时库物,如此尝用,略支一岁,殊恐不足。而观寺兴工,土木所料,动至巨万,更空竭之,必不支年矣。顷年天下灾损流行,乏绝稍多,申奏相继,每延圣念,总令赈恤,更加赋税,则人交不堪,衣食靡供,调敛安出[4]? 傥边烽尚警,戎虏南牧,军资粮用,将何以济乎? 此臣所以深忧也。

今营观寺者,盖谓修德以禳灾也[5]。以臣寡闻,稽诸史册,人君修德,有异于是。昔殷大戊时,桑谷生朝,七日大拱[6]。太戊问伊陟[7],陟曰:"臣闻天不胜德。"帝其修德,太戊惧,早朝宴退,务抚百姓,三年,远方重译而至者六十国。桑谷[8]日枯,殷道中兴,此岂造寺观哉? 宋景公时,荧惑守心[9],公召子韦而问焉。子韦曰:"其祸当君,虽然,可移于相。"公曰:"相所以与理国者也。"曰:"可移于人。"公曰:"人死,寡人将谁为君乎?"曰:"可移于岁。"公曰:"岁饥,人饿必死,为人君而杀其人,谁以我为君乎?"子韦曰:"君有至德之言三,天必三赏君。今夕星必徙舍,君延二十一岁。"公曰:"子何知之?"对曰:"君有三善,故有三赏,星必三舍,舍行七星。星当一年,君延年二十一矣。"果如子韦之言。此由仁发于衷,亦非造寺观也。且修德者,谓跻万姓于仁寿[10],不徇私于一己。任忠直,退谄佞,省赋役也。自陛下御极,修之久矣,何灾不禳? 何祥不至? 而欲忽生灵之重命,崇栋宇于空祠,适足为忧,何益圣德? 此臣窃为陛下不取也。

况道德之宗,兴乎元元皇帝[11]。其经曰:"圣人后其身而身先,外其身而身存。以其无私,故能成其私。此乃抱素守真,薄以厚物,轻税节用,清净无为之旨也。"今欲困人弊国,峻宇雕墙,思竭输饰穷壮丽以希至道,其可得乎? 近古以来,修黄老术者,汉之文景,岂造寺观乎? 惟寡欲清心,爱人省费,而时康俗阜[12],海内晏然,此得之矣;秦始皇规一身之乐,忘神器之危,锐意神仙,将图羽化,此失之矣。伏愿陛下究道家之旨,备不虞之机,缓非急之作,务实府库,以育黎甿,则宝祚愈隆,寰瀛[13]永久矣。臣伏见敕停金仙、玉真两观,以救农时,可谓为得矣。今仍使司市木[14]仍旧,又大修观内,所费不停。国用将空,何以克济? 支度[15]一失,天下不安。

【作者简介】

韦凑(658—772),字彦宗,京兆万年(今陕西西安)人。永淳二年(683)入官,六迁司农少卿。先后两次出任陕、杭等州刺史。开元时迁右卫大将军,封彭城郡公。卒年65岁。

【注释】

[1] 殖财:谓增殖财货。

[2] 赀产:谓财产。赀:音 zī,通"资"。

[3] 龟镜:谓镜鉴。

[4] 调敛:赋税。

[5] 禳灾:消灾。

[6] 大戊:殷商帝,亦名太戊。大拱:谓粗大。拱:两手合围。

[7] 伊陟:太戊相。

[8] 桑谷:二木名。古时迷信以桑谷生于朝为不祥。

[9] 荧惑:即火星。古时星相中主刀兵。心:星宿名。宋之分野。古时天子按天上所列星宿位置分封诸侯。列宿所当的区域叫分野。

[10] 跻:音 jī,升,登。

[11] 元元皇帝:即玄元皇帝。唐尊老子之谓。

[12] 时康俗阜:谓天下安乐富庶。

[13] 寰瀛:谓天下。

[14] 市木:谓购办木材。

[15] 支度:计算,筹算。此谓开支。

开大庾岭路记

唐·张九龄

【提要】

本文选自《曲江集》(广东人民出版社 1986 年版)。

大庾岭,横亘绵延于江西大庾和广东南雄交界处,为南北交通要冲。相传汉武帝时,有庾姓将军在此筑城驻守,因名大庾岭,又称庾岭。这里山高路险,车不能行,是当时中原通岭南的交通瓶颈。

唐玄宗即位之初,即命张九龄主持开凿新路。本文首先交代修路背景,说明这条路对南北交通乃至海外商贸的重要性;接下来叙述其对工程的高度责任感和精心规划设计,也较为充分地反映了当地百姓参与修路的巨大热情。最后以来往行人及力役之人的赞叹结束全文。文章清清爽爽,干净利落。

大庾岭道路修通后,张九龄命道旁广植梅树,故今又名梅岭。《大余县志》载,大庾岭道驿道 10 里设一铺,60 至 80 里设驿站,并配有驿使、驿卒,主要传输朝廷令文和官方物资,成为我国古代南北交通大动脉。

先天二载,龙集癸丑,我皇帝御宇之明年也[1]。理内及外,穷幽极远,日月普烛,舟车运行,无不求其所宁,易其所弊者也。

初,岭东废路,人苦峻极[2]。行径夤缘[3],数里重林之表;飞梁岋嶭[4],千丈层崖之半。颠跻用惕,渐绝其元[5]。故以载则曾不容轨,以运则负之以背[6]。而海外诸国,日以通商,齿革羽毛之殷[7],鱼盐蜃蛤之利[8],上足以备府库之用,下足以赡江淮之求。而越人绵力薄材,夫负妻戴,劳亦久矣,不虞一朝而见恤者也[9]。不有圣政,其何以臻兹乎[10]?

开元四载冬十有一月[11],俾使臣左拾遗内供奉张九龄,饮冰载怀[12],执艺是度[13]。缘磴道,披灌莽,相其山谷之宜,革其坂险之故[14]。岁已农隙,人斯子来,役匪逾时,成者不日[15],则已坦坦而方五轨[16],阗阗而走四通[17],转输以之化劳,高深为之失险。于是乎镶耳贯胸之类[18],殊琛绝赆之人[19],有栖有息,如京如坻[20]。宁与夫越裳白雉之时,尉佗翠鸟之献,语重九译,数上千双,若斯而已哉[21]?

凡趣徒役者[22],聚而议曰:"虑始者功百而变常,乐成者利十而易业。一隅何幸,二者尽就[23]。况启而未通,通而未有斯事之盛,皆我国家元泽浸远[24],绝垠胥洎[25]。古所不载,宁可默而无述也? 盍刊石立纪,以贻来裔[26]?"是以追之琢之,树之不朽。

【作者简介】

张九龄(678—740),字子寿,韶州曲江(今广东韶关)人。武后神功年间进士,累官授左拾遗、中书侍郎同平章事、中书令。后受李林甫排挤,罢政事,贬为荆州长史。张九龄为人正直贤明,诗风朴实遒劲,对扭转初唐华靡诗风有贡献。有《张曲江集》二十卷传世。

【注释】

[1]先天:唐玄宗李隆基年号,712—713 年,先天二年为癸丑年。御宇:谓登基。

[2]岭东:大庚岭在五岭东端。峻极:谓人行北岭极艰难。

[3]夤缘:攀附(向上)。夤:音 yín。

[4]岋嶭:音 yè jié,高峻貌。

[5]惕:提心吊胆。元:百姓。

[6]曾:竟,乃。轨:车的两轮间距。谓路窄。

[7]齿:象牙。殷:丰富。

[8]蜃蛤:贝类。

[9]戴:头顶负物。不虞:不料。恤:怜悯。

[10]臻:音 zhēn,至,致。

[11]开元:唐玄宗年号,713—741 年。唐第二个盛世,称开元之治。

[12]左拾遗:谏官。饮冰:谓心怀忧惧。语出《庄子》。载怀:尽心。

[13]执艺是度:谓筹划、勘测、设计等,寻求最佳方案。

[14]磴:山上台阶。坂险之故:谓旧路上的艰险之处。

[15]人斯子来:谓百姓就如子女急父事般来了。

[16]方:并排,并列。

[17]阗阗:音 tiān,车辆行走发出的声音。

[18]镶耳:谓耳戴饰器,多以金属为之。镶:音 jù。贯胸:谓胸有孔窍,传说古代有贯胸

国。均指少数民族。

[19] 殊:断绝。琛、赆:财宝。赆:音 jìn。

[20] 京:高冈。坻:小山。语出《诗经·大雅》。

[21] 越裳白雉:周朝时,南海越裳氏献白雉给周公旦。尉佗翠鸟:汉文帝时,南越赵陀为免征伐,献翠鸟等珍异。

[22] 趣徒役者:谓行旅、服役之人。

[23] 一隅:谓偏远之地。就:做到。

[24] 元泽:谓天子的恩泽。寖:音 jìn,渐。

[25] 绝垠:谓极远的边地。胥泊:都浸润到。

[26] 盍:音 hé,何不。裔:后代。

石桥铭序

唐·张嘉贞

【提要】

本文选自《全唐文》(上海古籍出版社 1990 年版)。

开元十三年(725),唐中书令张嘉贞著文《石桥铭序》、柳涣撰写《洨河石桥铭》,称颂这座建于隋代的大石桥。

位于赵县城南的洨河上的大石桥,即今天我们所说的安济桥,是我国现存最早的敞肩式大型石拱桥。该桥全长 64.4 米、主拱跨径 37.02 米,拱券矢高 7.23 米,拱顶宽 9 米。主拱两端肩上各有两个小拱,大的跨度 3.81 米、小的跨度 2.85 米。主拱采用"切弧"原理,扩大了通水面积,降低了桥面坡度。桥体由 28 道并列券拱砌筑,并用勾石、收分、蜂腰、伏石"腰铁"连结加固,提高了整体性。因此,文中称"奇巧固护,甲于天下"。

桥面两侧有 42 块栏板和望柱,雕刻极为精美,尤其是栏板上雕的"斗子卷叶"和"行龙",比例适度,线条流畅,虽是半圆雕刻,但其艺术效果胜似透雕,其神态跃出栏板之外,是隋代石雕之精品。

敞肩式石拱桥不仅造型精巧,节省石料,减轻荷载,更为重要的是可以快速宣泄洪水,减少水流阻力。所谓"腰纤铁,蹙两涯,嵌四穴,苌以杀怒水之荡突",正是敞肩拱发挥的作用。

安济桥开启了世界"敞肩拱桥"的先河,是世界桥梁史上的一大奇迹。安济桥在 1961 年被列为全国重点文物保护单位。

赵郡洨河石桥[1],隋匠李春之迹也,制造奇特,人不知其所以为。试观乎用石之妙,楞平砒[2],斗方版,促郁缄(一作铖)[3],穹隆崇,豁然无楹,吁可怪也。又详乎义插骈毖[4],磨砻缄密[5],甃百象一[6],仍糊灰璺[7],腰纤铁(一作纤栓),蹙两涯[8],嵌四穴,茬[9]以杀怒水之荡突,虽怀山而固护焉[10]。非夫深智远虑,莫能创是。其栏槛华柱[11],锤斫龙兽之状,蟠绕拏踞[12],睢盱翕歘[13],若飞若动,又足畏乎!

夫通济利涉[14],三才一致[15],故辰象昭回[16],天河临乎析木[17];鬼神幽助,海石到乎扶桑。亦有停杯(一作林)渡河,羽毛填塞,引弓击水,鳞甲攒会者,徒闻于耳,不观于目。目所观者,工所难者,比于是者,莫之与京[18]。

【作者简介】

张嘉贞(665—729),蒲州猗氏(今山西临猗)人。则天朝,擢监察御史,累迁中书舍人。开元中,拜中书令,后出为定州刺史,知北平军事,累封河东侯。

【注释】

[1]洨河石桥:即今称赵州桥。

[2]碪:音 zhēn,砧板。谓平整。

[3]緅:音 zōu,绘饰。

[4]骈毖:谓比肩相连。毖:音 bì,比,比肩。

[5]砻:音 lóng,磨。缄密:细密貌。缄:音 zhì:密。

[6]甃:音 zhòu,用砖石修砌。句谓百块砖石砌在一起如一块般平整细密。

[7]璺:音 wèn,岩石的裂缝。

[8]蹙:迫。

[9]茬:谓向前。

[10]怀山:怀山襄陵。谓洪水汹涌奔腾溢上山陵。

[11]华柱:望柱。

[12]拏:音 ná,握持,搏斗。

[13]睢盱:音 suī xū,睁眼仰视貌。翕歘:音 xī xū,闪动貌。

[14]通济利涉:谓桥上往来通达,桥下舟行方便。

[15]三才:天、地、人谓之。

[16]辰象昭回:谓星辰光耀回转。

[17]析木:星次名。古代以析木次为燕的分野。

[18]京:本义为人工筑起的高土堆,象形字。此谓匹敌。

附:赵郡洨河石桥铭

唐·柳涣

于绎工妙,冲讯灵若[1]。架海维河,浮鼋役鹊[2]。伊制或微,兹模茬略[3]。析坚合异,超涯截壑。支堂勿动[4],观龙是跃。信梁而奇,在启为博。北走燕蓟,南驰温洛[5]。骓骓壮辕,殷殷雷薄[6]。携斧拖绣,骞骢视鹤[7]。艺入侔天,财丰颂阁。斫轮见嗟,错石惟作[8]。并固良球,人斯瞿瞿[9]。

【作者简介】

　　柳涣(生卒年不详),蒲州解(今山西永济)人。开元初年为中书舍人。

【注释】

　　[1]灵若:海神名。

　　[2]浮鼋役鹊:谓大鳖小鸟都来帮忙。

　　[3]荩略:谓竭忠尽善的谋略。

　　[4]支堂:谓桥墩。

　　[5]燕蓟:今北京一带。温洛:今洛阳一带。

　　[6]骓骓:音 fēi,马行走不停貌。薄:迫近。

　　[7]携斧拖绣:谓桥的体态干净利落,饰绣洒脱。骞骢:谓桥洞如马腹低陷。视鹤:谓桥拱如仙鹤脖颈。

　　[8]矸轮:谓切割、打磨石料。错石:安置石料。

　　[9]瞿睢:惊视貌。睢:音 huò。

春 台 望

唐·李隆基

【提要】

　　本诗选自《全唐诗》(中华书局 1960 年版)。

　　这首《春台望》写的是长安山河城郭的逶迤壮美,眼光所及,隐隐可见高耸华山、叠嶂终南;视野渐收,斑斓郊原生机勃勃,沟渠纵横佳气漫溢;繁树杂花之上初莺学鸣,白日蓝天之下大雁高歌。皇家的太液池、昆明水上同样生机盎然;宫殿更是檐接阁、栋连栋,参差巍峨,旨趣非一。

　　——摹写完这些,玄宗李隆基心中一定充满了惬意与满足,但嘴上依然说:"为想雄豪壮柏梁,何如俭陋卑茅室。"所谓念天下苍生,不学汉武作柏梁耳。

　　暇景属三春,高台聊四望[1]。

　　目极千里际,山川一何壮。

　　太华见重岩,终南分叠嶂[2]。

　　郊原纷绮错,参差多异状[3]。

　　佳气满通沟,迟步入绮楼[4]。

　　初莺一一鸣红树[5],归雁双双去绿洲。

太液池中下黄鹤,昆明水上映牵牛[6]。
闻道汉家全盛日,别馆离宫趣非一[7]。
甘泉逶迤亘明光,五柞连延接未央[8]。
周庐徼道纵横转,飞阁回轩左右长[9]。
须念作劳居者逸,勿言我后焉能恤。
为想雄豪壮柏梁,何如俭陋卑茅室。
阳乌黯黯向山沉,夕鸟喧喧入上林[10]。
薄暮赏余回步辇,还念中人罢百金[11]。

【作者简介】

李隆基(685—762),唐玄宗皇帝。睿宗第三子,始封楚王。少英武有权略,多才多艺,善骑射,通音律、历象之学,善书法。延和元年受禅为帝,庙号玄宗,在位44年(713—756)。

玄宗在位,裁汰冗官,整顿吏治;抑制奢靡,提倡节俭;重视发展农业生产,开元盛世(713—741)政局稳定,经济繁荣,文化昌盛,国强民富。但晚年玄宗又入奢靡,宠幸杨玉环,任凭李林甫、杨国忠弄权,终致"安史之乱",大唐从此衰败下去。

【注释】

[1]暇景:空闲时光。
[2]太华:谓西岳华山。其西有少华山,故称太华。
[3]绮错:谓五色斑斓。
[4]通沟:谓通畅的沟渠。
[5]初莺:谓初生的莺鸟。
[6]牵牛:星座名。俗称牛郎星。
[7]趣:趣旨。
[8]甘泉、明光:皆汉宫名。亘:通。五柞、未央:皆汉宫名。
[9]徼道:巡逻警戒的道路。
[10]阳乌:谓太阳。上林:上林苑。
[11]中人:宦官。

登 瓦 官 阁

唐·李 白

【提要】

本诗选自《李太白集》(岳麓书社1987年版)。

瓦官阁在今南京,梁武帝时在凤台山上建瓦官阁,高340尺,大江前环,平畴远映,平旦时影落江水,日暮时返影照郭,为东南形胜之地。

诗人为这座巨大的建筑物所吸引,在诗中先对阁的巍峨雄伟气象和阁内种种情景极力渲染,后半转到了凭眺,对瓦官阁周围荒凉颓废的景物抒发了沧桑之感,寄寓着诗人对世事的感慨。

晨登瓦官阁,极眺金陵城[1]。钟山对北户,淮水入南荣[2]。
漫漫雨花落,嘈嘈天乐鸣[3]。两廊振法鼓,四角吟风筝[4]。
杳出霄汉上,仰攀日月行[5]。山空霸气灭,地古寒阴生[6]。
寥廓云海晚,苍茫宫观平[7]。门余阊阖字,楼识凤凰名[8]。
雷作百山动,神扶万拱倾[9]。灵光何足贵,长此镇吴京[10]。

【作者简介】

李白(701—762),字太白,号青莲居士。祖籍陇西成纪(今甘肃天水)。李白的家世和出生地至今还是个谜,一说李白就诞生在安西都护府所辖的碎叶城(今吉尔吉斯斯坦北部托克马克附近),5岁时随父迁到绵州昌隆县(今四川江油)青莲乡。

李白性情豪放,喜爱纵横家的作风,爱好任侠之事,轻视财货,蔑视权贵。他是我国唐代伟大的浪漫主义诗人,被誉为"诗仙"。有《李太白全集》。

【注释】

[1]瓦官阁:在今南京西南。
[2]钟山:即紫金山。北户:北门。淮水:谓秦淮河。荣:屋檐两头翘起的部分。
[3]雨花落:传说梁武帝时,云光法师在金陵聚宝山讲经,感动上苍,落花如雨。
[4]法鼓:谓寺庙所设之鼓。风筝:悬于檐下的金属片,风吹作响。亦称铁(檐)马。
[5]杳:音 yǎo,旷远。
[6]霸气灭:六朝后,金陵不复为都,故称。
[7]寥廓:空阔。云海晚:谓天色渐暗时,云、气交合,苍茫混一。
[8]阊阖:神话中的天门。帝都引之为宫城正门。凤凰:凤凰楼,位于金陵西南凤凰山上。
[9]"雷作"二句:以夸张口气赞美瓦官阁之高大坚固。
[10]灵光:即鲁灵光殿。吴京:即金陵。三国吴曾在此定都。

和贾舍人早朝大明宫之作

唐·王　维

【提要】

本诗选自《王右丞集》(岳麓书社 1990 年版)。

王维这首诗描写的是朝拜的庄严景象。全诗写了早朝前、早朝中、早朝后三个细节,描绘了大明宫早朝的氛围与皇帝的威仪。"九天阊阖开宫殿,万国衣冠拜冕旒。"不写宫之高矗,但恢弘之气却震慑万方。全诗用语堂皇,造句伟丽,格调和谐。

绛帻鸡人送晓筹[1],尚衣方进翠云裘[2]。
九天阊阖开宫殿[3],万国衣冠拜冕旒[4]。
日色才临仙掌动[5],香烟欲傍衮龙浮[6]。
朝罢须裁五色诏,佩声归向凤池头[7]。

【作者简介】

王维(701—761),字摩诘,太原祁州(今山西祁县)人。累官右拾遗、监察御史、尚书右丞,世称王右丞。王维写了大量山水田园诗,被苏轼赞为"诗中有画",成为盛唐山水田园诗派的代表作家。王维多才多艺,除作诗外,又精通绘画、音乐、书法,达到了诗情画意完美结合的艺术境界。有《王右丞集》传世。

【注释】

[1]绛帻:谓以红布包头似鸡冠状。帻:音 zé,头巾。鸡人:谓头戴红巾的卫士,于朱雀门外叫更,以警百官,故名。晓筹:谓夜间计时的竹签。

[2]尚衣:官名。唐设尚衣局,职掌皇帝衣冕几案。翠云裘:饰有绿色云纹的皮衣。

[3]阊阖:天门。此谓帝宫之门。

[4]衣冠:谓百官。冕旒:音 miǎn liú,谓皇帝。

[5]仙掌:谓障扇,宫中仪仗用具。

[6]衮龙:谓皇帝龙袍。

[7]五色诏:以五色纸书写的诏书。

奉和圣制从蓬莱向兴庆阁道中留春雨中春望之作应制[1]

唐·王 维

【提要】

本诗选自《王右丞集》(岳麓书社 1990 年版)。

这首应制诗从"望"字着笔,从广阔的空间展现长安宫阙的形胜之要,再写唐玄宗出游盛况:车驾穿过垂柳夹道的重重宫门,进入专用复道,车中观赏宫苑中的百花,皇城的巍峨壮丽,长安城的绿树浓阴、细细春雨,诗人当心怡气爽。

全诗寥寥数语,尽显唐帝国的盛大气象,笔势雄浑,色彩明丽,结构圆熟,被后人奉为应制诗的楷模。

渭水自紫秦塞曲,黄山旧绕汉宫斜[2]。
銮舆迥出千门柳,阁道回看上苑花[3]。
云里帝城双凤阙,雨中春树万人家[4]。
为乘阳气行时令,不是宸游玩物华[5]。

【注释】

[1]圣制:皇帝写的诗。蓬莱:宫名,谓大明宫。兴庆:兴庆宫,唐玄宗为诸王时以旧宅改建。阁道:谓大明宫入曲江芙蓉园的复道。

[2]秦塞:谓长安城郊,古为秦地,故称。黄山:谓黄麓山,在今陕西兴平县北。

[3]迥出:远出。上苑:即上林苑。

[4]双凤阙:指大明宫含元殿前东西两侧的翔鸾、栖凤二阙。

[5]行时令:谓行迎春之礼。宸游:谓皇帝出游。宸:音 chén,皇帝居处。此指皇帝。

画 学 秘 诀

唐·王 维

【提要】

本文选自《王右丞集》(岳麓书社 1990 年版)。

王维是一位多才多艺的艺术家,音乐、诗歌、绘画都有很高成就。

王维用"破墨"新技法,以水墨的浓淡渲染山水,打破了青绿重色和线条勾勒的束缚,大大发展了山水画的笔墨新意境,初步奠定了中国水墨山水画的基础。"破墨"是指一种用浓淡墨色相破、渗透掩映,以达到滋润鲜活效果的用墨技法,此法所作山水,叫做"破墨山水"。王维的水墨画风,成为中唐以后中国古代山水文人画的主流,也深刻影响着中国园林的营造。

可以说,中国古典园林的掇山理水与王维的画论思想有着直接的渊源。王维列举的霁景、早景、晚景以及春夏秋冬四时景的意象组合,是自己山水画技法的总结,更是营山造水意境的需要。

大画道之中,水墨最为上。肇自然之性,成造化之功。或咫尺之图,写千里之景。东西南北,宛尔目前;春夏秋冬,生于笔下。初铺水际,忌为浮泛之山;次布路歧,莫作连绵之道。主峰最宜高耸,客山须是奔趋[1]。回抱处僧舍可安,水陆边人家可置[2]。村庄着数树以成林,枝须抱体;山崖合一水而泻瀑,泉不乱流。渡口只宜寂寂,人行须是疏疏[3]。泛舟楫之桥梁,且宜高耸;着渔人之钓艇,低乃无妨。悬崖险峻之间,好安怪木;峭壁巉岩之处,莫可通途。远岫与云容相接[4],遥天共水色交光。山钩锁处,沿流最出其中;路接危时,栈道可安于此。平地楼台,偏宜高柳映人家;名山寺观,雅称奇杉衬楼阁。远景烟笼,深岩云锁。酒旗则当路高悬,客帆宜遇水低挂。远山须宜低排,近树惟宜拔迸[5]……

塔顶参天,不须见殿。似有似无,或上或下。茅堆土埠,半露檐廒[6];草舍庐亭,略呈樯柠[7]。山分八面,石有三方,闲云切忌芝草样[8]。人物不过一寸许,松柏上现二尺长。

凡画山水,意在笔先。丈山尺树,寸马分人。远人无目,远树无枝。远山无石,隐隐如眉;远水无波,高与云齐:此是诀也。山腰云塞,石壁泉塞,楼台树塞,道路人塞。石看三面,路看两头。树看顶领[9],水看风脚:此是法也。凡画山水,平夷顶尖者巅,峭峻相连者岭。有穴者岫,峭壁者崖,悬石者岩。形圆者峦,路通者川。两山夹道,名为壑也;两山夹水,名为涧也。似岭而高者,名为陵也;极目而平者,名为坂也。依此者,粗知山水之仿佛也。观者先看气象,后辩清浊。定宾主之朝揖,列群峰之威仪[10]。多则乱,少则慢。不多不少,要分远近。远山不得连近山,远水不得连近水。山腰掩抱,寺舍可安;断岸坂堤,小桥可置。布路处则林木,岸绝处则古渡,水断处则烟树,水阔处则征帆,林密处则居舍。临岩古木,根断而缠藤;临流石岸,欹奇而水痕[11]。凡画林木,远者疏平,近者高密。有叶者枝嫩柔,无叶者枝硬劲。松皮如鳞,柏皮缠身。生土上者,根长而茎直;生石上者,拳曲而伶仃[12]。古木节多而半死,寒林扶疏而萧森。有雨不分天地,不辨东西。有风无雨,只看树枝;有雨无风,树头低压。行人伞笠,渔父蓑衣。雨霁则云收天碧,薄雾霏微,山添翠润,日近斜晖。早景则千山欲晓,雾霭微微,朦胧残月,气色昏迷。晚景则山衔红日,帆卷江渚[13],路行人急,半掩柴扉。春景则雾锁烟笼,长烟引素。水如蓝染,山色渐青。夏景则古木蔽天,绿水无波,穿云瀑布,近水幽亭。秋景则天如水色,簇簇幽林,雁鸿秋水,芦鸟沙汀。冬景则借地为雪,樵者负薪,渔舟倚岸,水浅沙平。凡画山水,须按四时。或曰烟笼雾锁,或曰楚岫云归[14],或曰秋天晓雾,或曰古冢断碑,或曰洞庭春色,或曰路荒人迷。如此之类,谓之画题。山头不得一样,树头不得一般[15]。山借树而为衣,树借山而为骨。树不可繁,要见山之秀丽;山不可乱,须显树之精神。能如此者,可谓名手之画山水也。

【注释】

[1] 奔趋:谓朝主峰聚合。

[2] 置:安置。

[3] 寂寂:安静貌。

[4] 岫:音 xiù,峰峦。

[5] 拔迸:谓挺拔而根节突起。

[6] 廒:音 áo,仓,此谓房舍。

[7] 樯柠:帆杆。

[8] 芝草样:谓画云如灵芝草形状。

[9] 颍:音 nǐng,顶。

[10] "定宾主"二句:谓宾不逼主,主托宾势。

[11] 攲:音 qī,侧、斜。

[12] 伶仃:孤单。

[13] 渚:音 zhǔ,水中小洲。

[14] 楚岫:谓楚地山峦。

[15] 一般:谓一般长短。

与高适薛据登慈恩寺浮图[1]

唐·岑 参

【提要】

本诗选自《全唐诗》(中华书局 1960 年版)。

岑参此诗描写的是登慈恩寺塔的过程和感受。从塔下往上看,巍巍寺塔如从地下涌出,孤高地直插云霄;随着脚步的上移,看到的是突兀一塔尽压神州,塔角挡住白日,七层摩接苍穹,就连高高飞翔的鸟儿也在它的下面,群山奔凑,驰道远指,苍茫暮色,五陵蒙蒙……怪不得作者惊呼鬼斧神工了。

慈恩寺为皇家寺院,玄奘受时为太子的李治之邀在此译经不倦,对佛教中国化贡献尤巨。

塔势如涌出,孤高耸天宫[2]。
登临出世界,磴道[3]盘虚空。
突兀压神州,峥嵘如鬼工[4]。
四角碍白日,七层摩苍穹。
下窥指高鸟,俯听闻惊风。
连山若波涛,奔凑如朝东。
青槐夹驰道[5],宫馆何玲珑。
秋色从西来,苍然满关中。
五陵[6]北原上,万古青蒙蒙。
净理了可悟,胜因夙所宗。

慈恩寺大雁塔

誓将挂冠去,觉道资无穷。

【作者简介】

岑参(715—770),原籍南阳(今属河南)。进士及第后累官左补阙、太子中允、嘉州刺史。数度出塞,诗中多有戎马生活、塞外奇险的内容,形成"语奇体峻、意亦造奇"的独特艺术风格,是著名的边塞诗人。有《岑嘉州集》流传。

【注释】

[1] 高适(约702—765):唐代诗人,官至左散骑常侍,封渤海县侯。薛据:唐诗人。河中宝鼎(今山西荣河县)人,为人骨鲠,官至水部郎中。慈恩寺:唐高宗李治在东宫时为追念其母文德皇后而立,故名。浮图:塔,谓大雁塔。

[2] 天宫:谓天帝、神仙所居处。

[3] 磴道:塔内登攀旋道。

[4] 鬼工:犹鬼斧神工。

[5] 驰道:天子所行之道。

[6] 五陵:汉五帝陵墓。高帝刘邦、惠帝刘盈、景帝刘启、武帝刘彻、昭帝刘弗陵。

嘉州凌云寺大弥勒佛石像记

唐·韦 皋

【提要】

本文选自《全唐文补编》(中华书局 2005 年 9 月版)。

乐山大佛开凿于唐玄宗开元初年(713)。当时,岷江、大渡河、青衣江三江于此汇合,水流直冲凌云山脚,势不可挡,洪水季节水势更猛,过往船只常触壁粉碎。

韦皋此文详细记录了乐山大佛开凿的缘由、经过以及期间发生的种种挫折和变故。其中凌云寺名僧海通尤令人敬仰。其面对地方官索贿的回答:"自目可剜,佛财难得。"以及"自抉其目,捧盘致之"的举动,至今读来仍让人感慨系之。海通之后,凿者继之,直至韦皋出使剑南川西节度使,捐俸钱,募工匠,继续开凿,朝廷也诏赐盐麻税款予以资助,历时 90 年大佛终告完成。

惟圣立教,惟贤启圣。用大而利博,功成而化神。即于空开尘刹之迷,垂其像济天下之险。嘉州凌云寺[1]弥勒石像,可以观其旨也。神用潜运,风涛密移,肸響[2]幽晦,孰原其故。在昔岷江,没日漂山,东至犍为[3],与凉山斗,突怒哮吼,雷霆百里,萦激触崖,荡为窿空[4],舟随波去,人亦不予。惟蜀雄都,控引吴楚。建兹沦溺,日月继及。

开元初,有沙门海通者,哀此习险[5],厥为天难。克其能仁,迥比造物[6]。以此山淙流激湍,峭壁万仞,谓石可改而下,江可积而平。若广开慈容,廓轮相,善因可作,众力可集。由是崇未来因,作弥勒像,俾前劫后劫,修之无穷。

于是规广长,图坚久。顶围百尺,目广二丈,其余相好,一以称之。工惟子来,财则檀施[7];江湖淮海,珍宝毕至;债师金工,亦罔不臻。

于是万夫竞力,千锤齐奋。大石雷坠,伏螭潜骇[8];巨谷将盈,水怪易空;时积日竟,日将月就,不数载而圣容俨然。昭昭亭亭,岌嶷青冥[9];如现大身,满虚空界;惊流怒涛,险自砥平;萧萧空山,寂照烟月。

由内及外,观心类境,则八风[10]澄而爱河静也。余以为人之生也,违道好径,故哲圣因其所欲,示之以进修。其行满于此,而福应在彼,理甚昭矣。至于夺天险以慈力,易暴浪为安流,何哉?详万缘本生于妄矣。知妄本寂,万缘皆空。空有尚无,险夷在焉。至圣寂照,非空非有。随感则应,唯识浅深。化于无源,奚有不变。非天下之至神,其孰能平斯险也?!

彼海上人发诚之至,救物之宏。时有郡吏将求贿于禅师[11],师曰:"自目可剜,佛财难得。"吏发怒曰:"尝试将来!"师乃自抉其目,捧盘致之。吏因大惊,奔走祈悔。夫专诚一意,至忘其身,虽回山转日,可也。况弘我圣道,励兹群心,安彼暴流?俾[12]其宁息,其应速宜矣。而工巨用广,其费亿万金。全身未毕,禅师去世。吁哦!力善归仁,为可继也。

其后有连帅章仇兼琼者,持俸钱廿万,以济其经费。开元中,诏赐麻盐之税,实资修营。事感天人,克遵前志。谅禅师经始之谋大,虑终之智朗。苟利物以便人,期亿劫以同济[13]。

贞元初,资天子命我守兹坤隅[14]。乃谋匠石,筹厥庸[15]。从莲花座上至于膝,工未就者几百尺。贞元五年,有诏郡国伽蓝,修旧起废。遂命工徒,以俸钱五十万佐其费。或丹采以彰之,或金宝以严之。至今十九年,而跌足成形[16],莲花出水,如自天降,如从地涌。像设备矣,相好具矣[17]。爰记本末,用昭厥功。

【作者简介】

韦皋(746—806),字城武,京兆万年(今西安)人。贞元初官至剑南西川节度使,驻守蜀地20余年,为政清廉,颇得民心。谥曰忠武。以文翰之美,冠于一时。南诏得其手笔,刻石以荣其国。卒年六十一。

【注释】

[1]嘉州:今四川乐山。凌云寺:位于岷江、青衣江、大渡河汇流处的栖鸾峰上,始建于唐初武德年间(618—626)。

[2]肸響:音 xī xiǎng,传播,散播。

[3]犍为:今四川宜宾犍为。

［4］陆:音 lán,涯岸危空谓之。

［5］开元:唐玄宗李隆基年号,713—741 年。沙门:和尚。习:重。

［6］迥:音 jiǒng,差别很大。

［7］檀施:布施。此谓赖人布施。

［8］螭:传说中无角之龙。

［9］岧岧:音 tiáo tiáo,高貌。峣嶷:高峻貌。

［10］八风:佛教语。谓世间能煽动人心之八事。

［11］贿:财物。

［12］俾:音 bǐ,使。

［13］亿劫:谓极长久。佛教言天地的形成到毁灭为一劫。

［14］贞元:唐德宗李适(kuò)年号,785—804 年。坤隅:西南方。

［15］庸:用。

［16］趺:音 fū,脚背。

［17］像设:谓大佛轮廓。相好:谓大佛神态仪容。

栈 道 铭

唐·欧阳詹

【提要】

本文选自《全唐文》(上海古籍出版社 1990 年版)。

《栈道铭》是一篇描述秦巴之间道路开凿的文字。

自古蜀道难,难于上青天。秦巴之间"有川不可以舟涉,有山不可以梯及",于是,官府悬绳以坠工匠,凿积石、架木栅于半空,让这自古畏途最终成为如砥大道,川陕之间"南之北之,踵武汤汤"。

在作者眼里,这是一件顺天意、得民心的大好事,于国于民均善莫大焉,故而要勒石为铭,传之后世。

秦之坤,蜀之良,连高夹深,九州之险也[1]。阴溪穷谷,万仞直下。奔崖峭壁,千里无土。亘隔呀绝,巉巉冥冥[2]。麋鹿无蹊[3],猿猱相望。自三代而往,蹄足莫之能越。秦虽有心,蜀虽有情,五万年间,敻[4]不相接。且秦之与蜀也,人一其性,物同所宜。嗜欲无余门,教化无余源,可贸迁,可亲昵[5]。擘坼地脉,暌离物理,岂造化之意乎[6]?

天实凝清而成,地实凝浊而形。当其凝也,如镕金下铸,腾云上浮,空隙有所不开,回翔有所不合[7]。澄结既定,窾缺生乎其中:西南有漏天,天之窥缺也;于斯有兹地,地之窾缺也。

天地也者,将以上覆下焘,含蓄万灵,可通必使而通者也[8]。苟有可通而未通,则圣贤代其工而通之,故有为舟以济川,为梯以逾山。唯兹地有川不可以舟涉,有山不可以梯及。粤有智虑,以全元造[9],立巨衡而举追氏,绠悬舻以下梓人[10]。猿垂绝冥,鸟傍危岑[11]。凿积石以全力,梁半空于木栅。斜根玉垒,旁缀青泥[12]。截断岸以虹矫,绕翠屏而龙踠[13]。坚劲胶固,云横砥平,总庸蜀之通途,统岐雍之康庄[14]。都邑之能步,山川之无胫。若水决防,如鸿向阳,南之北之,踚武汤汤[15]。跻峨峨以自若,临苍苍而不惧。繇是贽币以达,人神会同,稽礼乐之短长,量威力之污隆,可王者王,可公者公,而相次以风[16]。或曰:受琢之石长存,可构之材无穷。易刓代蠹[17],斯道也未始有终。

呜呼!为上怀来在乎德,为下昭德在乎义。德义之如今日,则或人之言有孚[18]。其反之,则石虽存恐不为琢,材虽多恐不为构。想夫往昔,有时而有,有时而无,是用惕惕,天下蚩蚩[19]。知圣贤创物之意之人寡,明德义固物之道之人稀。敢陈两端之要,铭诸斯道之左,庶主德义者存今日之所履,踚武汤者荷古人之攸作[20]。铭曰:

天覆地焘,本亦备设。大象难全,或漏或缺。损多益寡,圣贤代工。彼虽有缺,与无缺同。维北则秦,维南则蜀。地缺其间,坤维不续。斗起断岸,屹为两区[21]。秦人路绝,蜀火烟孤。天实不通,贤斯有造。钻坚剡劲[22],无蹊以道。若川匪舟[23],若陆匪车。缘危转虚,步骤交如。构虽在功,存亦由德。项怫刘怒,从完以踣[24]。隋落我营,自颠而植。地非革势,材不易林。踣植之致,惠怨之心。勿谓斯道不恒,勿谓斯道可久。礼不以礼,可有而无;恭不以恭,可无而有。创之之意如彼,固之之理若兹。彼知不易,兹而易知。勒石道左,其同我思[25]。

【作者简介】

欧阳詹(约756—800),字行周,晋江潘湖(今属福建晋江)人,中唐文学家、诗人和教育家。贞元八年(792)得中榜眼,官国子监四门助教。精诗善文,具有朴素唯物史观,并与韩愈、柳宗元共倡古文运动。其著述丰富,有《四门文集》10卷行世。

【注释】

[1]坤:地,地方。良:沃野。连高夹深:古秦巴之间,山峻涧深,高岚连绵,素有险在蜀道之称。

[2]呀绝:陡峭峻绝。巉巉:音 chán,高峻险要貌。

[3]蹊:小径。

[4]夐:音 xiòng,远。

[5]贸迁:贩卖以通有无,犹经商。亲昵:谓走亲戚。

[6]擘坼:开拆。睽离:拆开。睽:音 kuí,分离,隔开。

[7]镕:音 róng,铸造器皿的模型,此谓熔化的金属液体。

[8]焘:载,承受。含蓄:含载蓄养。

[9]粤:句首助词。元造:造化。

[10]追氏:传说中善治玉石者。缒:音 zhuì,以绳系物以坠之。纑:麻绳。梓人:工匠。

[11]危岑:高山。

[12]青泥:青色黏土,固封桩基。

[13]豌:音 wǎn,屈也。

[14]砥:磨刀石,谓开出的栈道。岐雍:谓秦中蜀地。

[15]"若水决防"二句:谓道路打通,往来如织。踵武:效法。汤汤:水流广阔浩大貌。

[16]贽币:谓财货贡赋。污隆:盛衰。

[17]刓:音 wán,削去棱角,凿刻。

[18]孚:信。

[19]惕惕:忧劳,戒惧。蚩蚩:同"嗤嗤",嘲笑貌。

[20]庶:希望。攸作:所作。

[21]斗起:犹陡起。屹:音 yì,高耸貌。

[22]剡:音 yǎn,削。

[23]匪:非,不是。

[24]项怫刘怒:项羽生气刘备愤怒。踣:音 bó,跌倒,灭亡。

[25]勒石:刻石,立碑。

曲 江 池 记

唐·欧阳詹

【提要】

本文选自《全唐文》(上海古籍出版社 1990 年版)。

这篇文章开篇便介绍曲江池的位置、规模以及离宫别馆的气象。接下来,交代天纹地脉,介绍有唐以来曲江池的拓展、建造与浚疏,重点落在对苑内气候、环境的描摹上;曲江池游园景象当然要详细描述,鼓乐齐鸣、游人如织、神仙奏钧、天人曳云,该是怎样的一幅繁华锦绣!

"以其广狭而方于大,则小矣;以其渊洞而谕夫深,则浅矣。"作者和中唐以来的其他文人一样,少不了要讽喻一番,小与大,既谕皇上以天下为怀,也谕庶民曲江虽是乐处但皇帝以之为小、为浅。正因如此,他要写此文令民有得而称帝德焉。

曲江池位于唐长安城东南隅,是唐代著名的风景区。其地本秦汉宜春苑,隋建都之初凿芙蓉池,为芙蓉园。唐代因水流屈曲,称曲江池,但苑仍名芙蓉园。园中以水景为主,岸线曲折,可以荡舟,池中种荷花。唐时游人甚多,以中和(二月初一)、上巳(三月初三)日园中最为热闹。

水不注川者，在薮泽[1]则曰陂、曰湖，在苑囿则为池、为沼。苑之沼，囿之池，力垦而成则多，天然而有则寡。兹池者，其天然欤？循原北崻，回冈旁转，圆环四匝，中成坳坎，窎窱港洞，生泉嗡源[2]。东西三里而遥，南北三里而近。当天邑别卜，缭垣未绕，乃空山之涞，旷野之湫[3]。然黄河作其左轾，清渭为其后沺，褒斜右走，太一前横[4]。崇山浚川，钩结盘护，不南不北，湛然中淳[5]。西北有地，平坦弥望，五六十里而无洼坳，紫盖凝而不散，黄旗郁以常在，实陶钧之至，造化之功[6]。沙汰一气之辰，财成六合之日，既以硗确，外为寰宇，敞无垠堮，以居亿兆，又选英精，内为区域，束以襟带，用宅君长[7]。若人斯生，支体具矣，有心以系其神焉；若堂斯考，廊庑设矣，有室以处其尊焉，彼如紫盖黄旗之气，岂陶钧造化者用宅君长英精之所耶？

夫物苟相表里，制必同象，泄夫外则廓以灵海，导夫内则融乎此湫[8]。历代帝王，未得而有，岂降巢宅土[9]之后，联绵千百之代，建卜都邑，不欲合夫天意而居乎？将天意尚伺其根深蒂固，可与终毕者而命处之。故涸于有隋，兆我皇唐之在孕，逮其季主，营之以须焉[10]。揆[11]北辰以正方，度南端而制极。堭隍划趾[12]，勾陈定位，地回帝室，湫成厥池。既由我署，才成伊去。真主巍巍，龙盘虎踞。爰自中而轨物，取诸象以正名。字曰曲江，仪形也。观夫妙用在人，丰功及物。则总天府之津液，疏皇居之垫隘，潢污入其洞澈，销涎瀱以下澄，污瘋随其佳气，荡郁攸而上灭，万户无重腲之患，千门就爽垲之致[13]。其流恶含和，厚生蠲疾[14]，有如此者。皎晶[15]如练，清明若空。俯睇冲融[16]，得渭北之飞雁；斜窥澹沴[17]，见终南之片石。珍木周庇，奇华中缛，重楼天矫以紫映，危榭巉岩以辉烛[18]。芬芳荫渗，混潾电诞，凝烟吐霭，泛羽游鳞[19]。斐郁郁以闲丽，谧徽徽而清肃[20]。其涵虚抱景，气象澄鲜，有如此者。

皇皇后辟[21]，振振都人，遇佳辰于令月，就妙赏乎胜趣。九重绣毂，翼六龙而毕降[22]；千门锦帐，同五侯而偕至。泛菊则因高乎断岸，被禊则就洁乎芳汕[23]。戏舟载酒，或在中流。清芬入襟，沉昏以涤；寒光炫目，贞白以生[24]。丝竹骈罗，缇绮交错，五色结章于下地，八音成文于上空[25]。砰轮[26]沸渭，神仙奏钧天于赤水；黝蔼敷俞，天人曳云霓于元都[27]。其洗虑延欢，俾入怡怿，有如此者。至若嬉游以节，宴赏有经，则纤埃不动，微波以宁，荧荧淳淳[28]，瑞见祥形。其或淫湎以情，泛览无斁[29]，则飘风暴振，洪涛喷射，崩腾骆驿，妖生祸规[30]，其栖神育灵，与善惩恶，有如此者。

小子幸因受遣，观光上国，身不佞而自弃，日无名以多暇，询奇览物，得之于斯。睨太始之元造，访前踪于硕老。天生地成之理，识之于性情；物仪人事之端，征之于耳目。夫流恶含和，厚生蠲疾，则去阴之慝[31]，辅阳之德也。涵虚抱景，气象澄鲜，则藻饰神州，芳荣帝宇也。洗虑延欢，俾人怡悦，则致民乐土，而安其志也。栖神育灵，与善惩恶，则俗知所劝，而重其教也。号惟天邑，非可谬创，一山一水，拳石草树，皆有所谓。兹池者，其谓之雄焉。意有我皇唐，须有此地以居之；有此地，须有此池以毗之[32]：佑至仁之亭毒[33]，赞无言之化育。至矣哉！以其广狭而方于大，则小矣；以其渊洞而谕夫深，则浅矣。而有功如彼，有德若此，代之君子，盖有知之而不述，令民无得而称焉。辄粗陈其旨，刊诸岸（一作"片"）石，庶元元[34]荷日用之力也。

【注释】

[１]薮泽:水草茂密的沼泽湖泊。

[２]坳坎:谓凹洼凸出之地。窅窱:音 qiǎo jiào,深空貌。港洞:相通。

[３]洑:音 pò,同"泊",陂池。湫:音 qiū,潭。

[４]褒斜:褒斜道,是一条贯穿关中平原与汉中盆地的山谷通道。南起褒谷口(今陕西汉中市褒城附近),北至斜谷口(今陕西眉县斜山谷关口),沿褒斜二水行,贯穿褒斜二谷,故名。褒斜道为古代关中通往巴蜀的干道。太一:太一宫,汉宫名。

[５]湛然:清澈貌。

[６]紫盖:紫色车盖,帝王仪仗之一。黄旗:帝王仪仗之一。陶钧:制作陶器所用的转轮。喻治国的大道。

[７]硗确:坚石。垠堮:音 yín è,边际。亿兆:百姓。

[８]象:样子。灵海:大海。古人以为海中多灵异物,故称。

[９]宅土:所居之地,亦谓领土、疆土。

[１０]"故涸"数句:曲江池乃宇文恺设计大兴城时,人工挖掘而成。唐因之,玄宗开元中凿池引水,环植花木,曲江池、芙蓉园一时致盛。

[１１]揆:音 kuí,度量,考量。

[１２]墉隍:谓离宫。墉:城墙。隍:无水的护城壕。趾:同"址",地基。

[１３]天府:天庭。此指皇城。潢污:聚积不流之水。涎漦:谓混浊之水。漦:音 chí,传说中龙所吐的涎沫。污盦:污秽之气。盦:音 è,原指洞穴,此指隐藏的污气。郁攸:暑气。重腿:谓乏力。腿:音 zhuì,脚肿。爽垲:凉爽干燥。

[１４]蠲:除去,驱除。

[１５]皎晶:晶莹亮白。晶:音 xiǎo,皎洁,明亮。

[１６]睇:斜视,犹视也。冲融:水波荡漾貌。

[１７]澹泞:水流动貌。

[１８]奇华:奇花。縟:繁密。夭矫:纵姿屈曲貌。萦映:回环映举。

[１９]溰溁:音 huàng yàng,波光粼粼貌。霭:水雾。

[２０]斐:五色相错貌。郁郁:繁茂貌。谧徽徽:安宁静谧貌。

[２１]后辟:帝王。

[２２]绣毂:指华丽的车子。六龙:天子车用六马。五侯:指权贵。

[２３]祓禊:古祭名。唐三月三上巳曲江池濯足游园最为热闹。沚:音 zhǐ,水中小洲。

[２４]贞白:清白。

[２５]缇绮:音 tí qǐ,谓赤色华服。

[２６]砰輣:音 pēng jū,戏水声。

[２７]黤蔼敷俞:谓人流如织。黤:音 yǎn,昏暗貌。元都:神仙所居之地。

[２８]荧荧:光闪烁貌。淳淳:音 tíng tíng,水平静貌。

[２９]斁,音 yì,厌也。

[３０]觌:音 dí,见。

[３１]慝:音 tè,邪秽恶瘴。

[３２]毗:音 pí,助佐。

[３３]亭毒:养育,化育。《老子》:"长之育之,亭之毒之。"高亨:"亭"当读为"成","毒"当读为"熟"。

[34] 元元:庶民百姓。

唐·吕令问

【提要】

本文选自《全唐文》(上海古籍出版社 1990 年版)。

云中古城位于今内蒙古自治区托克托县。古城地处平坦辽阔的土默川平原南部,北依大青山,南临黄河,为唐时要塞之一。

唐太祖李渊发迹于太原,唐朝亦非常重视边境守卫。赵武灵王首建的云中古城又在唐时繁荣热闹起来,"百堵齐矗,九衢相望,歌台舞榭,月殿云堂",城威严而繁华。

可是,在随后的日月里,云中古城又渐渐荒废了,"危堞既覆,高墉复夷,寥落残径,依稀旧堙,榛棘蔓而未合,苔藓纷乎相滋"。

可以说,云中古城的兴衰与唐代兴衰紧密相连。

正北曰并,有唐作京,密近戎狄,张皇甲兵[1]。尹也总居守之任,将也当节制之名,故卒乘辑睦[2],而王都肃清。于是断武谊,按亭燧,电转前旌,风飘横吹,杨叶箭的,莲花剑骑,下代郡而出雁门,抵平城而入胡地[3]。挟纩称暖,投醪必醉,则知抚之者诚难,用之者不易[4]。

是时阴闭群山,寒凋众木,川平塞迥,冰饮霜宿[5]。慷慨乎大荒,倘佯乎游目,区脱潜遁,屠耆慑逐。诉古城之谓何? 传魏家之所筑。伊昔晋京板荡[6],海悬沸腾,不有所命,将何以兴? 王师赫怒,爰整其旅,雾集云屯,龙骧凤举,弃万里之沙漠,傍五原之风土[7],肇为此都,实惟太祖。

夫其规典章,辨封疆,池桑乾之水[8],苑秦城之墙,百堵齐矗,九衢相望,歌台舞榭,月殿云堂。开儒士于璧沼[9],贮美人于玉房。翕习沸渭[10],荧荧煌煌。取威定霸,于是乎在;施令作法,罔或不臧。武破六州之内,文宅三川之阳[11]:何其壮也!

既而年代倏忽[12],市朝迁徙。干戈鼙鼓之雄,绮罗丝竹之美,孰不烟散雨绝,沙埋灰委? 树名欢而讵存[13]? 鸟称乐而俱死。危堞既覆,高墉复夷,寥落残径,依稀旧堙,榛棘蔓而未合,苔藓纷乎相滋。伏熊斗赞,腾麕聚麏,常鸣悍鹜,乍啸愁鸱[14]:不可胜纪,但令人悲。胡风起兮马嘶急,汉月生兮雁飞入。可怜久戍人,怀归空伫立。

有客志远才雄,秉义由衷,负诗书礼乐之用,蕴萧曹魏邴之风[15]。虏庭高枕,河源凿空,霜犯鬓而先白,尘染颜而少红。三为都护,五掌元戎,益封而广国,事利而业崇[16]。独见凌云而作赋,谁言坐树而论功者哉[17]?

【作者简介】

吕令问,玄宗时人,生卒年月不详。

【注释】

[1]并:并州,在今山西北部。为九州之一。其地约今河北保定和山西太原、大同一带。唐高祖李渊隋朝时为太原守。张皇:谓壮大。

[2]辑睦:团结和睦。

[3]武谊:谓武事。亭燧:烽火。杨叶箭的:《战国策》:"楚有养由基者,善射,去柳叶百步而射之,百发百中。"后谓箭艺高超者。平城:在今山西大同北。

[4]挟纩:披着绵衣。喻受人慰抚而感温暖。投醪:谓与军民同甘苦。醪:音láo,浊酒。

[5]雕:通"凋"。塞迥:谓塞闭。

[6]板荡:谓动荡不安。

[7]五原:关塞名,在今内蒙古五原县。

[8]桑乾:桑干河。今永定河上游,源出山西。

[9]璧沼:即璧池,古代学宫前半月形水池。后谓太学。

[10]翕习沸渭:和谐繁盛貌。

[11]三川:河、洛、伊三水谓之。

[12]倏忽:迅疾貌。倏:音shū。

[13]讵:音jù,无,难道。

[14]豶:音xuàn,似犬之兽名。鷩:音bì,雉属,似山鸡而小。鸱:音chī,一种凶猛的鸟,也称鸱鹰。句谓城为禽兽乐园,倍极荒凉。

[15]萧曹:萧何、曹参,均西汉大臣。魏邴:《三国志》:邴君所谓云中白鹤。句谓才干超群,品行高洁。

[16]都护:官名。汉宣帝置西域都护,至唐设六都护,安北其一也。元戎:大军。

[17]坐树:坐树不言。语出《后汉书·冯异传》,谓功高而不自矜。

柱 础 赋

唐·王 谭

【提要】

本文选自《全唐文》(上海古籍出版社 1990 年版)。

　　柱础,或称柱础石,它是承受屋柱压力的基石,在中国古代建筑中有着悠久的应用历史。

　　这篇赋介绍了柱础的出现,作为柱础石材料的开凿及辛苦,着重描述的是柱础石的加工及成型后"随风起润,逐日呈辉"的岁久峥嵘。

　　作者最后感叹朝兴国亡,发出"在位之有式,居必底平"的感叹,颇耐人寻味。

　　稽古太初[1],穴处巢居。则大壮[2]之垂象,上栋下宇,成其室庐。迨[3]于中叶,僭奢违道。木衣缇绁,土被文藻[4],列蟠螭于栏槛,拖长虹于欀橑[5]。谓桂柱之不坚,施柱础以侔其寿考[6];相万祀而一人,阶天地而相保。其始也,征士尚方,聚徒岩畔[7];经回溪之纡郁,梯嵯峨于天半[8]。披林离之修萝,刮莓苔之烂漫[9];曜云霞之彩驳,嘉锦章之辉焕[10]。图嵌空,设妙算。或攻或凿,叫啸相赞;磓山成雷,击石火散。初仿佛而缕析,忽砰硠以冰泮[11]。五丁[12]力殚,九牛流汗;自彼幽薮,登庸华观[13]。乃命王尔操绳,公输削墨[14];规上成范,方下为则。错坎缺之参差,开青荧之古色[15]。入红壁,对朱扉。廊回月皎,殿广星稀;随风起润,逐日呈辉。扣逶迤之环佩,拂回旋之舞衣。及夫荏苒时移,峥嵘岁久;堂惟荆棘,尘埋户牖。嗟建章之火流,何金石之可守?础则不易,人将谁寿?础兮础兮全坚固,曾见深宫几人故?

　　夫础之为德,既坚且贞;华而尚素,晦而尚清。象君子之待问,扣之则鸣;诚在位之有式[16],居必底平。平则可久,久则不倾。无靳固而守朴,非昭章而眩明[17]。庶夫人之锐意,览兹物而笃诚。

【作者简介】

　　王谓,生卒年不详。登开元进士第,官右补阙。存诗六首。

【注释】

　　[1]太初:谓太古时期。

　　[2]大壮:《易》六十四卦之一。《易·系辞下》:"上古穴居而野处,后世圣人易之以宫室,上栋下宇,以待风雨。"

　　[3]迨:音dài,及,到。

　　[4]缇绁:音tí xiāng,赤黄色和浅黄色的丝织物。此谓一般人在颜色上僭越。

　　[5]蟠螭:盘曲无角的龙。常用作器物装饰。欀橑:音xiāng lǎo,谓欀木制成的屋椽。

　　[6]侔:音móu,通"牟",求取。

　　[7]征士:指士兵(采石)。尚方:古代置办和掌管宫廷器物的官署。

　　[8]纡郁:谓曲折幽深。嵯峨:音cuó é,形容山势高峻。

　　[9]林离:不绝貌,众盛貌。莓苔:青苔。

　　[10]彩驳:五色斑斓貌。

　　[11]砰硠:音pēng hōng,轰隆貌。冰泮:冰冻融解,喻涣散,消失。泮:音pàn。

　　[12]五丁:神话中的5个力士。

[13] 幽薮:僻静的草泽。

[14] 王尔:古巧匠名。公输:即鲁班。

[15] 坎缺:谓楔口。青荧:青光闪映貌。

[16] 有式:有法式。

[17] 靳固:吝惜。眩明:耀眼。

长 城 赋

唐·陆 参

【提要】

本文选自《全唐文》(上海古籍出版社 1990 年版)。

在《长城赋》中,陆参将长城修造与秦朝的兴亡连在一起,历数秦朝大筑长城之过。

"干城绝,长城列。秦民竭,秦君灭。"文章一开头便直奔主旨。紧接着,百姓抛家别子、成千累万、劳累饥苦、披霜履雪修筑长城的情景一一历数:"咫尺之间,或什或伍。离娄瞠瞠,亦不暇数……人气氲氲,成一方之云;洒汗潇潇,成半空之雨……炎风炽烈,川原尽竭。枯肌外焚,内火中竭……苦雪初霁,阴风雨霜,冻髭折鬓,冰寒夜肠……饥兮不粟,寒兮不服。病不暇休,虮不暇沐。"结果造成巷无居人,田无稼民,秦民呜呜全都望长城而哭,于是自然得出秦朝在为江山稳固修筑长城的同时,也在为王朝挖掘坟墓的结论,"城未毕也,而秦已无"!

赋中,陆参对长城的宏伟与绵长也有精彩的描绘。"如山之成,如云之平。缭绕无际,亘如长鲸",写其长;"残阳不来,未昏而夕""鸟飞不前,其归翩翩……风不得驰,其声喧喧。下视关塞,蜗牛蝉联",状其高。如此巍巍长城,胡人临之,自然只有选择"不敢久视,亟趋而旋",退归漠北老家了。

长城已经成为中国历史的特殊载体,同样也是中国传统建筑技术发展的重要物质载体。绵延万里的长城是由城墙、敌楼、关城、墩堡、营城、卫所、镇城、烽火台等多种防御工事共同组成的一个完整的防御工程体系。在 2 000 多年连续的修筑过程中,我们的先民积累了丰富的建筑经验。秦始皇修筑万里长城时就总结出了"因地形,用险制塞"的布局经验;在材料和结构上采取"就地取材,因材施用"的原则,创造出多种结构方法。研究长城建筑的施工技术、工艺操作方法与技能、建筑工具以及长城结构、材料、艺术等,某种程度上就是研究中国建筑史。

干城绝[1],长城列。秦民竭[2],秦君灭。

呜呼悲夫! 可得而说。原夫恣无道,戮无辜。帝语其朕,亡秦者胡[3]。不可知也,疑是匈奴。于是先蒙恬,次扶苏[4]。帅兵伍,役刑徒。千里万里,雨骤而云趋。入胡之乡,却胡之王。北胡之党[5],削胡之疆。然后自于洮至于辽,江汉汤汤[6]。将池焉而共浚,太山巍巍;将城焉而共高,欲限华夷,决安危[7]。一世万世,有中原而称大帝。

想其初也,辟遐荒,穷下土[8]。极九泉而深,望九霄而树。千夫力殚,目不暇睹[9]。有力如虎,亦不暇努[10]。咫尺之间,或什而伍。离娄瞠瞠,亦不暇数[11]。人气氤氲[12],成一方之云;洒汗潇潇,成半空之雨。驾肩而趋,踵步而履[13]。纷纷嚣嚣,如日中之市。国不得而宁,役不得而停。伊朝继夕,自昏达明。时若炎风炽烈,川原尽竭。枯肌外焚,内火中竭。是民咿咿,忧秦未拔[14]。至若苦雪初霁,阴风雨霜。冻髭折鬓,冰寒夜肠。是民惶惶,忧秦未亡。民之既酷,载僵载仆[15]。饥兮不粟,寒兮不服。病不暇休,虮不暇沐[16]。基人之骸,压人之肉。少者不遑,老者不复[17]。秦民呜呜,向城而哭。边云夜明,列云铧也[18]。白日昼黑,扬尘沙也。筑之登登,约之阁阁[19]。远而听也,如长空散雹,蛰蛰而征,沓沓而营[20]。远而望也,如大江流萍[21]。其呼号也,怒风訇訇[22]。其鞭朴也,血流纵横。地祇业业,终朝忽訾[23]。星辰悠悠,畏相其接。而况于夷狄,而况于臣妾。其运输也,巷无居人,田无稼民。牛首溅溅,大车辚辚[24]。轮不暇徒,蹄不暇奔。其伤财也,极民之赋,虐民之赂[25],糊口而供,赤立而赴。饿殍塞路,亦不我顾。其民呶呶,面天而诉[26]。将以宏其基,恢其堵,尽韩齐之土[27];固其壁,崇其饰,竭亿兆之力[28]。太华方城,乃一拳之石[29]。

既而岌岫峥嵘,向秦而横[30]。如山之成,如云之平。缭绕无际,亘如长鲸[31]。竖亥汲汲,步不可及[32];掩映天汉,势不可算。邱陵峨峨,不及其半。影入沙碛,势侵西域[33]。残阳不来,未昏而夕[34]。其坚如金,其峻如林。崇高不可以目辨,远大不可以数寻。鸟飞不前,其归翩翩。云不得施,其阴绵绵[35]。风不得驰,其声喧喧[36]。下视关塞,蜗牛蝉联[37]。回顾宫阙,状如微烟。胡人骈连,望之巍然。如登青天,如临深渊。不敢久视,凫趋而旋[38]。

嗟乎!城即高大,民惟艰难。闻之者攘臂而切齿,睹之者涕泣而长叹。夫如是,刑不得不暴,政不得不烦。国不得不乱,民不得不残。谓其城可以固宗社,谓其暴可以定人寰。奈何敌不在远,忧不在胡。城未毕也,而秦已无。殊不知弃秦者身,寇秦者臣;丧秦者嗣,敌秦者民,而怒秦者鬼神,此可忧也。而秦弗忧,徒欲竭生民,垒胡尘[39]。万里而涂炭,十年而苦辛。然且丧其民,亡厥身,非城也?去仁义,积土石,非城也?是曰祸之门,是曰灭之根,安得而为防?安得而称长?!

呜呼!谓险之可恃,城之可保,则右彭蠡,左洞庭,不为尧之征[40];面伊阙,背羊肠,不为汤之亡[41]。是以处尧之宫,行尧之风,虽无是城也,不可得而乱,不可得而攻;用秦之威,布秦之非,虽有是城也,如藩垣之微,如阃阈之卑[42],无以防其患,扞其师[43]。不然者,秦无得而殃,城无得而荒。本以为御,而反以为亡者哉。

【作者简介】

陆参(生卒年不详),吴郡(今江苏苏州)人,进士及第,贞元年间(785—805)曾任祠部员外郎。

【注释】

[1]干城:盾牌和城墙。喻指将士。

[2]竭:谓民力耗尽。

[3]朕:音zhèn,征兆迹象。亡秦者胡:始皇统一海内后,曾得一句谶语:"亡秦者胡也。"时北方胡人日益壮大,于是始皇大修长城、驰道以御敌。

[4]蒙恬(? —前210):秦朝将领。始皇三十二年(前215)蒙恬受命领兵30万北击匈奴,逼退匈奴700余里,屯兵上郡(今陕西榆林西南),并沿黄河至阴山修城筑塞。恬后被赵高诬杀。扶苏(? —前210):始皇长子。政见与始皇不同,被派往上郡督军,与恬共治防御,赵高欲立胡亥,矫始皇令命其自杀。

[5]北:谓使胡人败北。

[6]洮:水名。在今山西闻喜涑水河上游。辽:地名。在今山西。后为纪念抗战名将左权易辽县为左权县。

[7]"将池"数句:谓蒙恬大军深浚沟池,高筑城墙,以限华夷。

[8]暇荒:边远荒僻之地。

[9]殚:尽。

[10]暇努:谓因累而力不济。

[11]离娄:传说中视力极好的人。瞠瞠:张目直视貌。

[12]氲氲:音yūn,极盛貌。

[13]驾肩:比肩。踵步:谓人多而脚步接踵。

[14]咿咿:凄清貌。未拔:谓未灭。

[15]载僵载仆:谓冻僵、仆倒。

[16]虮:音jǐ,虱卵,虮子。

[17]遑:犹"还"。

[18]云铧:谓缕状云朵。

[19]登登:筑城声。阁阁:谓版筑扎缚使墙牢固。

[20]蛰蛰:众多貌。沓沓:疾行貌。

[21]流萍:即浮萍,叶子椭圆而平,浮于水面。一年生草本植物。

[22]匍匐:音pīng hōng,低沉轰隆貌。

[23]地祇:谓地神。詟:音zhé,恐惧。

[24]濈濈:音jí,牛首频点貌。辚辚:车行声。

[25]赂:财物。

[26]呶呶:音náo,喋喋不休。

[27]恢:宽阔。韩齐之土:犹言韩齐民庶。

[28]亿兆:庶民百姓。

[29]"太华"句:谓以华山作为修筑长城的材料,不过一拳之石而已,可见长城用料之多、民力之苦。

[30]岌嶪:音jí yè,高峻貌。

[31] 亘:绵延。长鲸:大鲸鱼。

[32] 竖亥:谓逆竖胡亥。汲汲:惶惶急切貌。

[33] 沙碛:沙漠。碛:音 qì。侵:进攻。

[34] "残阳"句:谓长城之高。

[35] "云不得施"二句:谓长城之高,云阻而荫蔽山川。

[36] 喧喧:喧闹扰攘貌。

[37] 蜗牛:谓长城上下视人如蚁、牛如豆。

[38] 凫趋:谓如鸭子般缓行。

[39] 垒胡尘:谓以长城御胡人。

[40] 彭蠡:三苗之国,左洞庭而右彭蠡(鄱阳湖)。舜欲征,尧不许,曰施教化。

[41] "面伊阙"数句:指夏桀事。桀之居,左河济,右太华,伊阙(今河南龙门)在其南,羊肠(今山西壶关东南)在其北。虽据险而居,但德政不修,汤灭其而流放之。

[42] 藩垣:屏障。阃阈:音 kǔn yù,疆界。

[43] 扞:音 hàn,抵御。

筑 城 曲

唐·张 籍

【提要】

本诗选自《全唐诗》(中华书局 1960 年版)。

这是一篇刻画筑城力役艰苦遭遇的诗,在军吏的督促之下,千万劳工齐抱筑杵,寒无冬衣,渴无饮水,劳作不息。

千万座城池就这样筑成,千万名役夫做了"城下土"。

筑城去,千人万人齐抱杵[1]。

重重土坚试行锥[2],军吏执鞭催作迟。

来时一年深碛里[3],著尽短衣渴无水。

力尽不得抛杵声,杵声未定人皆死。

家家养男当门户,今日作君城下土。

【作者简介】

张籍(约 767—830),唐代著名诗人。字文昌,原籍苏州(今属江苏),迁居和州乌江(今安徽和县乌江镇)。幼家贫,但才思过人,为韩愈赏识。贞元十五年(799)中进士,历官水部员外郎、国子司业。是中唐新乐府运动的骨干。其乐府诗采用通俗、浅近,妇孺皆知的民间语言,以类似民谣的形式和素描手法,细致而真实地刻画风物,为白居易所推崇,与王建齐名,称"张王乐府"。有《张司业集》。

【注释】

［1］抱杵:谓抱杵筑城。

［2］试行锥:谓叠土成墙,以锥测其硬度。

［3］碛:音 qì,砂石之地。

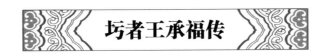

圬者王承福传

唐·韩 愈

【提要】

本文选自《韩愈全集校注》(四川大学出版社 1996 年版)。

圬者,即旧时的泥水匠。

王承福,系作者杜撰的名字。作者为一个从事所谓贱业的圬者立传,贵其鄙视富贵、独善其身。在韩愈眼里,圬者就是一位品行高洁的贤哲。圬者之口说出的富贵之家"有一至者焉,又往过之,则为墟矣",既是富贵不常在的社会现实,更是告诉世人,修德行善才是正道。

圬之为技,贱且劳者也,有业之,其色若自得者[1]。听其言,约而尽[2]。问之:王其姓,承福其名,世为京兆长安农夫。天宝之乱,发人为兵,持弓矢十三年,有官勋[3],弃之来归,丧其土田,手镘衣食[4],余三十年,舍于市之主人,而归其屋食之当焉[5],视时屋食之贵贱,而上下其圬之佣以偿之[6],有余,则以与道路之废疾饿者焉。

又曰:粟,稼而生者也,若布与帛,必蚕绩而后成者也,其他所以养生之具,皆待人力而后完也,吾皆赖之。然人不可遍为,宜乎各致其能以相生也[7]。故君者,理我所以生者也[8],而百官者,承君之化者也。任有小大,惟其所能,若器皿焉[9]。食焉而怠其事[10],必有天殃,故吾不敢一日舍镘以嬉。夫镘易能可力焉,又诚有功,取其直,虽劳无愧,吾心安焉。夫力易强而有功也,心难强而有智也,用力者使于人,用心者使人,亦其宜也,吾特择其易为而无愧者取焉。

嘻! 吾操镘以入贵富之家有年矣,有一至者焉,又往过之,则为墟矣;有再至三至者焉，而往过之，则为墟矣。问之其邻，或曰：噫！刑戮也。或曰：身既死，而其子孙不能有也。或曰：死而归之官也。吾以是视之，非所谓食焉怠其事，而得天殃者邪！非强心以智而不足，不择其才之称否，而冒之者邪[11]！非多行可愧，知其不可，而强为之者邪！将贵富难守，薄功而厚享之者邪！抑丰悴有时[12]，一去一来，而不可常者邪！吾之心悯焉，是故择其力之可能者行焉，乐富贵而悲贫贱，我岂异于人哉！

又曰：功大者其所以自奉也博，妻与子皆养于我者也，吾能薄而功小，不有之可也。又吾所谓劳力者，若立吾家而力不足，则心又劳也，一身而二任焉，虽圣者不可能也。

愈始闻而惑之，又从而思之，盖贤者也，盖所谓"独善其身者"也。然吾有讥焉，谓其自为也过多，其为人也过少，其学杨朱之道者邪[13]？杨之道，不肯拔我一毛而利天下，而夫人以有家为劳心，不肯一动其心以蓄其妻子，其肯劳其心以为人乎哉！虽然，其贤于世之患不得之而患失之者、以济其生之欲贪邪而亡道以丧其身者，其亦远矣！又其言有可以警余者，故余为之传，而自鉴焉[14]。

【作者简介】

韩愈(768—824)，唐代文学家、哲学家。唐宋八大家之一。字退之。河南河阳(今河南孟县)人。郡望昌黎，世称韩昌黎。晚年任吏部侍郎，又称韩吏部。谥号"文"，又称韩文公。德宗贞元八年(792)登进士第，任节度推官，其后任监察御史、阳山令等职。宪宗即位，为国子博士，官至刑部侍郎。

韩文雄奇奔放，汪洋恣肆，"如长江大河，浑浩流转"(苏洵《上欧阳内翰书》)。深于立意，巧于构思，语言精练，富有创造性；诗亦奇绝宏伟、别开生面，开创了李、杜之后的一个重要流派。有门人李汉所编的《昌黎先生集》传世。

【注释】

[1]色若自得：谓面露满足之色。
[2]约而尽：言语简约，表达干净。
[3]持弓矢：谓从军。官勋：谓军功。
[4]镘：音màn，抹墙工具。
[5]屋食之当：谓房租饭费相当的收入。
[6]"视时"二句：谓根据房租、饭费涨落调整涂刷活的价格(能抵平即可)。
[7]各致其能以相生：谓各尽其能，以相存活。
[8]理：治。
[9]若器皿：谓器皿方圆大小各不相同，用途各异。
[10]食焉怠其事：谓坐食俸禄不管事。
[11]称：指称职。冒：此谓争抢(官位)。
[12]丰悴：谓盛衰。悴：音cuì。
[13]杨朱：战国思想家，主张"为我"。
[14]自鉴：自以为鉴。

蓝田县丞厅壁记

唐·韩 愈

【提要】

本文选自《韩愈全集校注》(四川大学出版社 1996 年版)。

壁记,嵌在墙上的碑记。《封氏闻见记》:"朝廷百司诸厅皆有壁记,叙官制创制及迁授始末。原其作意,盖欲著前政履历,而发将来健羡焉。"

这虽然是一篇题在蓝田县丞厅壁上的文章,其实是一篇政论文。作者将崔立之的才华与其无事可做、县吏的仗势欺人与县丞的低声下气进行对比,揭露的是吏治的腐败、官场的倾轧及其对人才的摧折。

"庭有老槐四行,南墙巨竹千梃……"后半部的景物刻画,其实是县丞无奈心境的烘托。

丞之职所以贰令[1],于一邑无所不当问。其下主簿、尉,主簿、尉乃有分职。丞位高而偪,例以嫌不可否事[2]。文书行,吏抱成案诣丞[3],卷其前[4],钳以左手[5],右手摘纸尾[6],雁鹜行以进[7],平立,睨[8]丞曰:"当署。"丞涉笔占位署惟谨[9],目吏,问"可不可",吏曰"得",则退,不敢略省,漫不知何事[10]。官虽尊,力势反出主簿、尉下。谚数慢,必曰"丞"[11],至以相訾警[12]。丞之设,岂端使然哉[13]!

博陵崔斯立,种学绩文,以蓄其有,泓涵演迤,日大以肆[14]。贞元初,挟其能,战艺于京师,再进,再屈于人[15]。元和[16]初,以前大理评事言得失黜官,再转而为丞兹邑。始至,喟曰:"官无卑,顾材不足塞职[17]。"既噤不得施用[18],又喟曰:"丞哉,丞哉!余不负丞,而丞负余[19]。"则尽枿去牙角,一蹑故迹,破崖岸而为之[20]。

丞厅故有记,坏漏污不可读,斯立易桷与瓦[21],墁治壁[22],悉书前任人名氏。庭有老槐四行,南墙巨竹千梃[23],俨立若相持[24],水㵎除鸣[25],斯立痛扫溉[26],对树二松,日哦其间[27]。有问者,辄对曰:"余方有公事,子姑去。"

考功郎中、知制诰韩愈记[28]。

【注释】

[1]贰令:副职。次于令。

[2]偪:同"逼",仄。否:此谓决断。

[3]成案:已定夺的案件文书。

[4]卷其前:谓将文书的前半卷起。

[5] 钳:夹持。
[6] 摘纸尾:指卷末签署处。
[7] 雁鹜行:谓把等待签署的文书如大雁和水鸭一样列叠整齐。
[8] 睨:音 nì,斜看。
[9] 涉笔:取笔蘸墨。占位:谓估摸署名位置。
[10] 略省:谓多看一眼(文书)。漫:茫然。
[11] “谚数慢”二句:谚语曰:要说闲散,必数县丞。
[12] 訾謷:音 zǐ ào,讥嘲诋毁。
[13] 端使然:谓原本如此。
[14] 崔斯立:名立之,籍贯博陵。种学绩文:以耕织喻其为学。泓涵演迤:谓学问渊博绵远。迤:音 yǐ。
[15] 贞元:唐德宗李适年号,785—805 年。战艺:谓应试。
[16] 元和:唐宪宗李纯年号,806—820 年。
[17] 官无卑:谓官无大小之别。塞职:谓达到职位要求。
[18] 噤:音 jìn,闭口不说话。
[19] “余不负丞”二句:谓自己想尽丞职,而丞之职却让自己无能为力。
[20] 枿:音 niè,斩除。蹑:循。
[21] 桷:方椽。
[22] 墁:音 màn,涂抹。
[23] 梃:竿,棵。
[24] 持:峙。
[25] 虢虢:音 guó,激水貌。除:台阶。
[26] 痛扫溉:谓彻底清扫一番。
[27] 哦:低声吟诵。
[28] 考功郎中:吏部官职,掌官吏考课。知制诰:掌诏令文书撰拟。

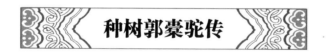

种树郭橐驼传

唐·柳宗元

【提要】

本文选自《柳河东集》(上海人民出版社 1974 年新 1 版)。

本文是郭橐驼的传记。郭橐驼是一位虚拟人物,但作者对他的籍贯、姓名、外貌、职业、特长均有所交代。文章采取对话的形式,把普通劳动者的经验和感悟集中到郭氏身上,以种树为喻讲为政之理。作者以繁笔写种树,简笔写养人,是一篇寓言论政的传记类好文章。

这篇文章也是唐代长安等大都市社会现实的影像记录,说明那时宫室、轩台营造的专业分工已经相当精细。

郭橐驼,不知始何名。病偻,隆然伏行,有类橐驼[1]者,故乡人号之"驼"。驼闻之曰:"甚善,名我固当。"[2]因舍其名,亦自谓"橐驼"云。

其乡曰丰乐乡,在长安西。驼业种树,凡长安豪富人为观游及卖果者,皆争迎取养。视驼所种树,或移徙,无不活;且硕茂早实以蕃[3]。他植者虽窥伺效慕,莫能如也。

有问之,对曰:"橐驼非能使木寿且孳[4]也,能顺木之天,以致其性焉尔。凡植木之性:其本欲舒,其培欲平,其土欲故,其筑欲密[5]。既然已,勿动、勿虑,去不复顾。其莳也若子[6],其置也若弃;则其天者全而其性得矣。故吾不害其长而已,非有能硕茂之也;不抑耗其实而已[7],非有能早而蕃之也。他植者则不然。根拳而土易[8]。其培之也,若不过焉则不及[9]。苟有能反是者,则又爱之太恩,忧之太勤,且视而暮抚,已去而复顾[10]。甚者,爪其肤以验其生枯[11],摇其本以观其疏密[12],而木之性日以离矣[13]。虽曰爱之,其实害之;虽曰忧之,其实仇之:故不我若也。吾又何能为哉?"

问者曰:"以子之道,移之官理,可乎[14]?"驼曰:"我知种树而已,理非吾业也[15]。然吾居乡,见长人者好烦其令[16],若甚怜焉,而卒以祸[17]。且暮吏来而呼曰:'官命促尔耕,勖尔植[18],督尔获,蚤缫而绪[19],蚤织而缕[20],字而幼孩[21],遂而鸡豚[22]。'鸣鼓而聚之[23],击木而召之,吾小人辍飧饔[24]以劳吏者且不得暇,又何以蕃吾生而安吾性耶?故病且怠。若是,则与吾业者,其亦有类乎?"

问者嘻曰:"不亦善夫!吾问养树,得养人术。"传其事,以为官戒也。

【作者简介】

柳宗元(773—819),唐代政治家、思想家、文学家和诗人。字子厚,祖籍河东郡解县(今山西永济)人,世称"柳河东"。顺宗时,和刘禹锡一同参加王叔文的"永贞革新"。失败后,被贬为永州司马,迁柳州刺史,四年后病逝于任所。有《柳河东集》45卷,《外集》2卷。

【注释】

[1]偻:音 lǒu,曲背。橐驼:音 tuó tuó,骆驼。
[2]固:原本。
[3]蕃:茂盛,多。
[4]孳:音 zī,繁殖,生息。
[5]故:熟土。密:结实。
[6]莳:音 shì,移栽。
[7]抑耗:谓抑制损耗。
[8]拳:拳曲。土易:谓新土换旧土。

[9] 培:培土。

[10] 太恩:谓过分关切。

[11] 爪:以指甲划开。

[12] 本:树干。

[13] 性:木的本性。

[14] 官理:为官之理。

[15] 理:治,谓为官治民。

[16] 长人者:指官员。长:音 zhǎng,治。

[17] 怜:怜爱。

[18] 勖:音 xù,勉励。

[19] 缲:音 sāo,同"缫",煮茧抽丝。绪:丝的头绪。

[20] 缕:线。

[21] 字:养育。

[22] 遂:喂大。

[23] 聚之:谓召集百姓。

[24] 飧饔:音 sūn yōng,谓用餐。飧:晚饭。饔:早饭。

桂州訾家洲亭记

唐·柳宗元

【提要】

本文选自《柳河东集》(上海人民出版社 1974 年新 1 版)。

訾家洲亭在桂林城东二里,唐元和十二年(817),裴行立建,柳宗元为之作记。

"环山洄江,四出如一,夸奇竞秀,咸不相让,遍行天下者,唯是得之。"文章一开头便盛赞桂林的灵山秀水,突出裴行立在此立亭的慧眼。继写亭位置的优越,东南西北皆揽胜,实是亭在画中,画中有亭,亭甲桂林。

文章起始突兀,写景恢弘绵远,奇异空灵。

大凡以观游名于代者,不过视于一方,其或旁达左右,则以为特异。至若不骛远,不陵危,环山洄江,四出如一,夸奇竞秀,咸不相让,遍行天下者,唯是得之[1]。

桂州多灵山,发地峭坚,林立四野。署之左曰漓水[2],水之中曰訾氏之洲。凡峤南之山川[3],达于海上,于是毕出,而古今莫能知。

元和十二年,御史中丞裴公来莅兹邦,都督二十七州诸军州事[4]。盗遁奸革,德惠敷施,期年政成[5]。而当天子平淮夷,定河朔,告于诸侯[6],公既施庆于下,乃合僚吏,登兹以嬉。观望悠长,悼前之遗[7]。于是厚货居氓,移于闲壤[8],伐恶木,刜奥草[9],前指后画,心舒目行。忽然若飘浮上腾,以临云气,万山面内,重江束隘[10],联岚含辉,旋视具宜,常所未睹,倏然互见[11]。以为飞舞奔走,与游者偕来。乃经工庀材[12],考极相方。南为燕亭,延宇垂阿,步檐更衣[13],周若一舍。北有崇轩,以临千里。左浮飞阁,右列闲馆。比舟为梁,与波升降[14]。苞漓山,涵龙宫,昔之所大,蓄在亭内。日出扶桑,云飞苍梧[15]。海霞岛雾,来助游物[16]。其隙则抗月槛于回溪,出风榭于篁中[17]。昼极其美,又益以夜。列星下布,灏气回合[18],邃然万变[19],若与安期、羡门接于物外[20]。则凡名观游于天下者,有不屈伏退让以推高是亭者乎?

　　既成以燕[21],欢极而贺。咸曰:昔之遗胜概者,必于深山穷谷,人罕能至,而好事者后得以为己功,未有直治城[22],挟阛阓[23],车舆步骑,朝过夕视,讫千百年,莫或异顾,一旦得之,遂出于他邦,虽博物辨口,莫能举其上者。然则人之心目,其果有辽绝特殊而不可至者耶[24]?盖非桂山之灵,不足以瑰观[25];非是州之旷,不足以极视;非公之鉴,不能以独得。噫! 造物者之设是久矣,而尽之于今,余其可以无藉乎[26]?

【注释】

　　[1]不骛远:谓无需远求。不陵危:谓无需登高。四出如一:谓四面景色皆美。

　　[2]漓水:桂江上游曰漓水,水清,奇峰叠影。

　　[3]峤:尖而高的山。

　　[4]莅:音 lì,到。

　　[5]盗遁奸革:谓盗贼逃遁,奸邪革除。敷施:布施。期年:一年。

　　[6]"当天子"句:814—817 年,各藩镇受宪宗命合力平定淮西吴元济叛乱,又讨平成德王承宗。

　　[7]"观望"二句:谓极月久远,伤悼胜地被人遗忘。

　　[8]氓:民众。句谓厚予财货使民迁居异地。

　　[9]刜:音 fú,刀砍。

　　[10]束隘:谓山川集聚而成要塞。

　　[11]倏然:迅疾貌。倏:音 shū。

　　[12]庀材:治理用材。庀:音 pǐ。

　　[13]垂阿:谓屋檐低垂。更衣:谓憩息处。

　　[14]比舟为梁:谓并船作桥。

　　[15]苍梧:山名,在今湖南境内。

　　[16]游物:谓云气等。

　　[17]抗:举出。月槛:月形槛杆。篁:竹林。

　　[18]灏气:谓阴阳交合之气。灏:音 hào。

　　[19]邃然:幽深貌。

　　[20]安期、羡门:均为成仙之人。

　　[21]燕:宴会。

[22] 直:同"值"。治城:地方官衙所在之城。

[23] 阛阓:音 huán huì,市区。

[24] 辽绝:遥远。

[25] 瑰观:珍奇之观。

[26] 藉:谓记以志庆。

梓人传

唐·柳宗元

【提要】

　　本文选自《柳河东集》(上海人民出版社 1974 年新 1 版)。

　　这是一篇非常珍贵的反映古代建筑师生活的文字。

　　柳宗元在文章一开头就单刀直入地说:"吾善度材,视栋宇之制,高深、圆方、短长之宜,吾指使而群工役焉。舍我,众莫能就一宇。"而且不无自豪,"故食于官府,吾受禄三倍;作于私家,吾收其直大半焉。"

　　文章运用对比的手法,将具体操作与谋划对而述之,突出谋划之功,宫室既成,"书于上栋,曰:'某年某月某日某建',则其姓字也。凡执用之工不在列"。梓人虽不能修复损坏的床脚,但指挥战役的将军是不用拿着刺刀搏杀的,他只需"左持引、右执杖而中处焉"。从这篇文字中,我们可以看到都料匠的职能、收入来源以及社会地位等具体情形。

　　营室如此,治国何尝不如此! 这就是柳宗元的为文宗旨。

　　裴封叔之第在光德里[1]。有梓人款其门,愿佣隙宇而处焉[2]。所职寻引、规矩、绳墨,家不居砻斫之器[3]。问其能,曰:"吾善度材[4],视栋宇之制,高深、圆方、短长之宜,吾指使而群工役焉。舍我,众莫能就一宇[5]。故食于官府,吾受禄三倍;作于私家,吾收其直大半焉。"他日,入其室,其床阙足而不能理[6],曰:"将求他工。"余甚笑之,谓其无能而贪禄嗜货者。

　　其后京兆尹将饰官署,余往过焉[7]。委群材,会众工[8]。或执斧斤,或执刀锯,皆环立向之。梓人左持引、右执杖而中处焉[9]。量栋宇之任,视木之能举,挥其杖曰:"斧!"彼执斧者奔而右;顾而指曰:"锯!"彼执锯者趋而左。俄而斤者斫、刀者削,皆视其色[10],俟其言,莫敢自断者。其不胜任者,怒而退之,亦莫敢愠焉。画宫于堵,盈尺而曲尽其制,计其毫厘而构大厦,无进退焉[11]。既成,书于上栋,曰"某年某月某日某建",则其姓字也。凡执用之工不在列。余圜视大骇,然后知

中国古代建筑文献集要(修订本)

其术之工大矣。

继而叹曰："彼将舍其手艺,专其心智,而能知体要者欤? 吾闻劳心者役人,劳力者役于人,彼其劳心者欤? 能者用而智者谋,彼其智者欤? 是足为佐天子、相天下法矣[12]! 物莫近乎此也。

彼为天下者,本于人。其执役者,为徒隶,为乡师、里胥[13];其上为下士;又其上为中士、为上士;又其上为大夫、为卿、为公。离而为六职,判而为百役[14]。外薄四海,有方伯、连率[15]。郡有守,邑有宰,皆有佐政[16]。其下有胥吏,又其下皆有啬夫、版尹[17],以就役焉,犹众工之各有执技以食力也。彼佐天子、相天下者,举而加焉,指而使焉,条其纲纪而盈缩焉,齐其法制而整顿焉,犹梓人之有规矩、绳墨以定制也。择天下之士,使称其职;居天下之人,使安其业。视都知野[18],视野知国,视国知天下,其远迩细大,可手据其图而究焉,犹梓人画宫于堵而绩于成也[19]。能者进而由之,使无所德;不能者退而休之,亦莫敢愠。不衒能[20],不矜名,不亲小劳,不侵众官,日与天下之英才讨论其大经,犹梓人之善运众工而不伐艺也。夫然后相道得而万国理矣。相道既得,万国既理,天下举首而望曰:"吾相之功也。"后之人循迹而慕曰:"彼相之才也。"士或谈殷周之理者,曰伊、傅、周、召[21],其百执事之劳勤而不得纪焉,犹梓人自名其功而执用者不列也。大哉相乎! 通是道者,所谓相而已矣。

其不知体要者反此:以恪勤为功,以簿书为尊,衒能矜名,亲小劳,侵众官,窃取六职百役之事,听听于府庭[22],而遗其大者远者焉,所谓不通是道者也。犹梓人而不知绳墨之曲直、规矩之方圆、寻引之短长,姑夺众工之斧斤刀锯以佐其艺,又不能备其工,以至败绩用而无所成也。不亦谬欤?

或曰:"彼主为室者,傥或发其私智[23],牵制梓人之虑,夺其世守而道谋是用,虽不能成功,岂其罪耶? 亦在任之而已。"余曰:不然。夫绳墨诚陈,规矩诚设,高者不可抑而下也,狭者不可张而广也。由我则固,不由我则圮[24]。彼将乐去固而就圮也,则卷其术,默其智,悠尔而去[25],不屈吾道,是诚良梓人耳。其或嗜其货利,忍而不能舍也;丧其制量,屈而不能守也;栋挠屋坏[26],则曰"非我罪也。"可乎哉? 可乎哉!

余谓梓人之道类于相,故书而藏之。梓人,盖古之审曲面势者,今谓之都料匠云[27]。余所遇者,杨氏,潜其名[28]。

【注释】

[1]裴封叔:名墐,河东闻喜人。唐德宗贞元三年(787)进士,曾任京兆府参军、万年令等职。柳宗元二姐夫。

[2]梓人:木工。本文中类建筑师。款:叩击。佣:租借。隙宇:闲置的房屋。

[3]寻引:测量长度的工具。八尺为寻,十丈为引。规矩:测量方圆的工具。规:校正圆形的工具。矩:曲尺。砻:音 lóng,磨刀等。斫:砍。

[4]度:测量,计算。

[5]就:建成。

[6]阙:通"缺"。

[7]京兆尹:京城最高行政长官。饰:整修。

[8]委:堆积。

[9]杖:木尺。中处:站在中间。

[10]色:眼色。

[11]宫:谓屋宇图样。堵:墙壁。曲尽:全面周详。

[12]法:效法。

[13]执役者:谓劳作者。徒隶:服劳役的犯人。乡师:乡长。里胥:里长。唐百户一里,五里一乡。

[14]离:区分。六职:谓吏、户、礼、兵、刑、工六部。判:区分。

[15]薄:近。方伯:诸侯。连率:诸侯的首领。

[16]佐政:副职。

[17]啬夫:古代官吏名,司空的属官。啬,音 sè。版尹:职掌地方户籍的官吏。

[18]都:都城。

[19]绩于成:谓获得成功。绩:搓麻成线,引申为功绩。

[20]衒:音 xuàn,炫耀,自夸。

[21]尹:伊尹,协助商汤建立商朝。傅:傅说,助殷王武丁中兴。周:周公旦,助周武王建国,辅周成王平定内乱。召:召公姬奭(shì),助武王灭商,成王时与周公同佐政。

[22]听听:音 yǐn,微笑貌。

[23]傥或:假如。

[24]圮:音 pǐ,倒塌。

[25]悠尔:悠闲自得貌。

[26]挠:弯曲。

[27]都料匠:总管木工及安排工程材料之职官。

[28]潜其名:他的名字叫潜。

池上篇并序

唐·白居易

【提要】

本文选自《白居易集》(中华书局 1979 年版)。

这是研究中国古代园林的一篇重要作品。

唐穆宗长庆四年(824),白居易在洛阳置地筑宅、凿池,年营月造,方圆 17 亩的土地上,屋占三分之一,水占五分之一,竹占九分之一。池塘竹树环绕,池中莲风荷影,竹篁荫舍清心,屋舍颇得林泉清幽之趣。

本文由一篇长长的序言和诗歌组成。绪言先交代白氏园的位置、大小等,再叙全园规划布局的时间及经过,最后记述作者憩游春风秋月、莲香鱼跃、竹烟水影之趣,享受石、鹤、莲、舫"尽日更无客"的境外之乐。而诗则是对序言的小结,表达的是就园终老的志趣。

都城风土水木之胜,在东南偏。东南之胜,在履道里。里之胜,在西北隅。西闬北垣第一第[1],即白氏叟乐天退老之地。地方十七亩,屋室三之一,水五之一,竹九之一,而岛树桥道间之。初,乐天既为主,喜且曰:虽有台,无粟不能守也,乃作池东粟廪。又曰:虽有子弟,无书不能训也,乃作池北书库。又曰:虽有宾朋,无琴酒不能娱也,乃作池西琴亭,加石樽焉[2]。乐天罢杭州刺史时,得天竺石一、华亭鹤二以归。始作西平桥,开环池路。罢苏州刺史时,得太湖石、白莲、折腰菱、青板舫以归;又作中高桥,通三岛径。罢刑部侍郎时,有粟千斛,书一车,泊臧获之习筦、磬、弦歌者指百以归[3]。先是颍川陈孝山与酿法酒,味甚佳[4]。博陵崔晦叔与琴,韵甚清[5]。蜀客姜发授《秋思》[6],声甚淡。弘农杨贞一与青石三,方长平滑,可以坐卧[7]。太和三年夏[8],乐天始得请为太子宾客,分秩于洛下[9],息躬于池上。凡三任所得,四人所与,泊吾不才身,今率为池中物矣。每至池风春,池月秋,水香莲开之旦,露清鹤唳之夕:拂杨石,举陈酒,援崔琴,弹姜《秋思》,颓然自适,不知其他。酒酣琴罢,又命乐童登中岛亭,合奏《霓裳·散序》,声随风飘,或凝或散,悠扬于竹烟波月之际者久之。曲未竟,而乐天陶然已醉,睡于石上矣。睡起偶咏,非诗非赋。阿龟握笔,因题石间。视其粗成韵章,命为《池上篇》云尔。

> 十亩之宅,五亩之园。有水一池,有竹千竿。
>
> 勿谓土狭,勿谓地偏。足以容膝,足以息肩。
>
> 有堂有亭,有桥有船。有书有酒,有歌有弦。
>
> 有叟在中,白须飘然。识分知足,外无求焉。
>
> 如鸟择木,姑务巢安。如龟居坎,不知海宽。
>
> 灵鹤怪石,紫菱白莲。皆吾所好,尽在我前。
>
> 时引一杯,或吟一篇。妻孥[10]熙熙,鸡犬闲闲。
>
> 优哉游哉[11]!吾将终老乎其间。

【作者简介】

白居易(772—846),唐代诗人,与元稹并称"元白"。字乐天,号香山居士、醉吟先生,生于郑州新郑。元和二年(807)授翰林院学士,次年授左拾遗。元和十年,因越职言事被贬为江州司马。由此开始,白居易人生理想及审美情趣发生重大转折,虽然仍关心民事,但饮酒、弹琴、赋诗、游山玩水和"栖心释氏"成为其生活常态,写下了大量园林、建筑美文。

白居易一生留下诗文3 800多篇,亲手编为《白氏长庆集》,后改名《白氏文集》,共75卷,现有71卷流传于世。

【注释】

[1]闬:音hàn,门,里门。

［2］石樽:石制酒器。

［3］洎:音jì,到,及。臧获:奴婢。筦:同"管",管乐器。指百:犹言十人,十人百指尔。句谓通乐器的奴婢。

［4］颍川:郡名,治所今河南禹州市。陈孝山:生平不详。

［5］博陵:郡名。在今河北境。崔晦叔:崔玄亮字。生卒年月不详。山东磁州(今河北磁县,古属博陵郡)人。贞元十一年(795)进士。元和初,被荐入朝。迁监察御史,转任侍御史。宪宗时,历官密、歙、湖三州刺史。文宗太和四年(830)改谏议大夫,升散骑常侍。终官虢州刺史。与白居易等往来唱和,有《三州唱和集》。

［6］姜发:生平不详。

［7］弘农:郡名,治所在今河南灵宝。杨贞一:生平不详。

［8］太和:唐文宗李昂年号,827—836 年。

［9］分秩:谓分拨俸禄。

[10] 孥:音nú,孩子。闲闲:悠闲貌。

[11] 优哉游哉:悠闲自得貌。

太湖石记

唐·白居易

【提要】

本文选自《白居易集》(中华书局 1979 年版)。

白居易深爱太湖石,为唐代奇石鉴赏方法创始人之一。

文章先述赏石历史、爱石之人,接着细数太湖石的各种形状、品质,把气候变化对湖石自然美的影响通过联想描述得曲尽万端。

白居易这篇文章在中国古代赏石历史上有着重要的地位。他之后,爱石成癖、对石下拜的北宋米芾更是总结出"瘦、透、漏、皱"四字审石法则,被后人沿用至今。

古之达人,皆有所嗜:玄晏先生嗜书,嵇中散嗜琴,靖节嗜酒,今丞相奇章公嗜石[1]。石无文、无声、无臭、无味,与三物不同,而公嗜之,何也?众皆怪之,吾独知之。昔故友李生名约有云[2]:苟适吾志,其用则多。诚哉是言,适意而已;公之所嗜,可知之矣。公以司徒保厘河洛[3],治家无珍产,奉身无长物。惟城东置一第,南郭营一墅,精葺宫宇[4],慎择宾客,性不苟合,居常寡徒。游息之时,与石为伍。

石有族,聚太湖为甲,罗浮天竺之徒次焉。今公之所嗜者甲也。先是公之僚吏多镇守江湖,知公之心,唯石是好。乃钩深致远,献瑰纳奇[5],四五年间,累累而至。公于此物,独不廉让,东第南墅,列而置之[6]。富哉石乎!厥状非一:有盘拗秀出如灵丘鲜云者[7],有端俨挺立如真宫神人者[8],有缜润削成如珪瓒者[9],有廉棱锐刿如剑戟者[10]。又有如虬如凤,若跧若动[11],将翔将踊;如鬼如兽,若行若骤,将攫将斗[12]。

风烈雨晦之夕,洞穴开皑[13],若欱云喷雷,嶷嶷然有可望而畏之者[14];烟霁影丽之旦,岩堮霮霸[15],若拂岚扑黛[16],蔼蔼然有可狎而玩之者,昏旦之交,名状不可。撮要而言,则三山五岳,百洞千壑,覼缕簇缩[17],尽在其中。百仞一拳,千里一瞬,坐而得之,此所以为公适意之用也。

常与公迫视熟察,相顾而言,岂造物者有意于其间乎?将胚浑凝结,偶然成功乎[18]?然而自一成不变以来,不知几千万年,或委海隅,或沦湖底,高者仅数仞,重者殆千钧。一旦不鞭而来,无胫而至,争奇骋怪,为公眼中之物[19]。公又待之如宾友,亲之如贤哲,重之如宝玉,爱之如儿孙。不知精意有所召邪?将尤物有所归邪?孰为而来邪?必有以也。

石有大小,其数四等,以甲乙丙丁品之,每品有上中下,各刻于石阴,曰"牛氏石甲之上""丙之中""乙之下"。噫!是石也,百千载后,散在天壤之内,转徙隐见,谁复知之?欲使将来与我同好者,睹斯石,览斯文,知公之嗜石之自。

会昌三年五月丁丑记[20]。

【注释】

[1] 玄晏:皇甫谧,魏晋间医学家、文学家。嵇中散:嵇康,三国魏人,竹林七贤之一。靖节:陶渊明。奇章:牛僧孺,唐朝大臣。

[2] 李约:字存博,自称萧斋,官兵部员外郎。诗语言朴实、感情沉郁。

[3] "公以"句:谓牛僧孺任户部侍郎时整顿黄河、洛水一带税收。

[4] 葺:音 qì,用茅草盖屋。

[5] 钩深致远:谓石搜自僻深,献于堂前。

[6] 廉让:谓推辞。东第南墅:谓房舍内外。

[7] 灵丘鲜云:谓顶端如云状的石头。

[8] 真宫神人:谓仙人。

[9] 缜:音 zhěn,细密。珪瓒:谓美玉。瓒:音 zàn。

[10] 廉棱锐刿:谓棱角尖利。

[11] 跧:音 quán,蜷伏。

[12] 骤:急行。攫:音 jué,夺取。

[13] 皑:音 ái,白色。

[14] 欱:音 hē,吮吸,吸饮。嶷嶷:音 nì,高貌。

[15] 堮:音 è,同"崿",山崖。霮霸:音 dàn duì,谓露重如云。

[16] 拂岚扑黛:谓石润苍苍。黛:青黑色。

[17] 覼缕簇缩:谓委曲聚缩。覼:音 luó。

[18] 胚浑:混沌。传说中宇宙形成前的景象。

[19] 骋怪:谓炫示怪异。

[20] 会昌:唐武宗李炎年号,841—846 年。

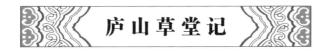

庐山草堂记

唐·白居易

【提要】

本文选自《白居易集》(中华书局1979年版)。

庐山,又名匡山、匡庐,相传周朝匡氏七兄弟在此筑庐,故名。

唐元和十年(815),白居易被贬江州司马,次年在庐山香炉峰下营建此草堂。

本文从草堂选址开始逐步展开,描述草堂简单的陈设及周边宜人的景致:东有瀑布,南有古松方池,西有悬泉,北有悬崖积石,"春有锦绣谷花,夏有石门涧云,秋有虎溪月,冬有炉峰雪",一年四季景色常新。作者对庐山草堂建筑描写率真落笔,简朴却不陋鄙;对草堂四周景物环境,落笔似闲云野鹤,倾吐的全是天成意趣,抒发的是发自内心的爱恋和不舍,建筑与山水在他笔下物我一体。

《庐山草堂记》被后人视为中国园林学的奠基作品之一。"匡庐奇秀,甲天下山",白居易的这句赞叹,已成为千百年来人们对庐山的判词。

匡庐奇秀,甲天下山。山北峰曰香炉,峰北寺曰遗爱寺[1]。介峰寺间,其境胜绝[2],又甲庐山。

元和十一年秋,太原人白乐天见而爱之,若远行客过故乡,恋恋不能去。因面峰腋寺,作为草堂[3]。明年春,草堂成。三间两柱,二室四牖,广袤丰杀,一称心力[4]。洞北户,来阴风,防徂暑也[5];敞南甍,纳阳日,虞祁寒也[6]。木斫而已,不加丹[7];墙圬而已,不加白[8]。碱阶用石,幂窗用纸,竹帘纻帏,率称是焉[9]。堂中设木榻四,素屏二,漆琴一张,儒、道、佛书各两三卷。

乐天既来为主,仰观山,俯听泉,旁睨竹树云石[10]。自辰及酉,应接不暇[11]。俄而物诱气随,外适内和,一宿体宁,再宿心恬,三宿后颓然嗒然,不知其然而然[12]。

自问其故,答曰:是居也,前有平地,轮广[13]十丈,中有平台,半平地;台南有方池,倍平台。环池多山竹野卉,池中生白莲、白鱼。又南,抵石涧,夹涧有古松、老杉,大仅十人围,高不知几百尺,修柯戛云,低枝拂潭,如幢竖,如盖张,如龙蛇走[14]。松下多灌丛,萝茑叶蔓,骈织承翳,日月光不到地,盛夏风气如八九月时[15]。下铺白石,为出入道。堂北五步,据层崖积石,嵌空垤块,杂木异草,盖覆其上[16]。绿阴蒙蒙,朱实离离[17],不识其名,四时一色。又有飞泉植茗,就以烹煇,好事者见,可以永日[18]。堂东有瀑布,水悬三尺,泻阶隅,落石渠,昏晓如练色,夜中如环佩琴筑声[19]。堂西倚北崖右趾,以剖竹架空,引崖上泉,脉分线悬,自檐注砌,累累如贯珠,霏微如雨露,滴沥飘洒,随风远去[20]。其四旁耳目杖屦可及者[21],春有锦绣谷花,夏有石门涧云,秋有虎溪月,冬有炉峰雪。阴晴显晦,昏旦含吐,千变万状,不可殚记、辙缕而言,故云甲庐山者[22]。

噫!凡人丰一屋,华一簀,而起居其间,尚不免有骄稳之态[23]。今我为是物主,物至致知,各以类至[24],又安得不外适内和,体宁心恬哉!且永、远、宗、雷辈十八人,同入此山,老死不返,去我千载,我知其心以是哉[25]。矧予自思从幼迨老,若白屋,若朱门,凡所止,虽一日二日,辄覆簀土为台,聚拳石为山,环斗水为池,其喜山水,病癖如此[26]。一旦蹇剥[27],来佐江郡,郡守以优容抚我,庐山以灵胜待我,是天与我时,地与我所,卒获所好,又何以求焉?尚以冗员所羁,余累未尽,或往或来,未遑宁处[28]。待予异时弟妹婚嫁毕,司马岁秩满[29],出处行止,得以自遂,则必左手引妻子,右手抱琴书,终老于斯,以成就我平生之志。清泉白石,实闻此言。

时三月二十七日,始居新堂。四月九日,与河南元集虚、范阳张允中、南阳张深之、东西二林寺长老凑、朗、满、晦、坚等,凡二十有二人,具斋施茶果以落之,因为《草堂记》[30]。

【注释】

[1]香炉:位于庐山天池山西北,与东林寺南北相望。遗爱寺:原名紫云庵,白居易改为今名。

[2]胜绝:谓景致极佳。

[3]腋:谓近。

[4]袤:长度,长。丰杀:大小。

[5]徂:音 cú,始,开始。

[6]甍:音 méng,屋脊。虞:预料。祁:大,盛。

[7]斫:音 zhuó,砍,削。

[8]圬:抹泥。

[9]幂:音 mì,覆盖,罩。纻:音 zhù,麻,麻织物。帏:帐帷。

[10]睥:斜视。

[11]辰:上午7—9时。酉:下午5—7时。

[12]物诱气随:谓心气随景物转换。嗒然:心境空灵、物我两忘貌。嗒:音 tà。

[13]轮广:谓方圆。南北为轮,东西为广。

[14]柯:树枝。戛:音 jiá,敲击。幢:旗幡。

[15]萝茑:一年生蔓草。茑:音 niǎo。承翳:谓挡住阳光。

[16]嵌空:凌空。垤块:小山丘。垤:音 dié。

[17]离离:累累而迷离貌。

[18]煇:音 chǎo,炊,烧煮。永日:谓消磨时日。

[19]筑:古弦乐器。

[20]右趾:谓西山脚下。霏微:雨雾蒙蒙貌。

[21]屦:麻、葛等制成的鞋。

[22]觊缕:音 luó lǚ,谓语言的详尽有序。

[23]丰一屋:谓盖一幢好房子。箦:音 zé,竹席。

[24]各以类至:谓感受因物而至。

[25]永:慧永,东晋高僧。远:慧远,东晋高僧。宗:宗炳,南朝宋人,筑室庐山,隐而不仕。雷:雷次宗,南朝宋人。游庐山,事慧远。

[26]矧:音 shěn,况且。篑:音 kuì,盛土竹筐。拳石:拳头大小的石块。

[27]蹇剥:卦名,谓不顺利。

[28]遑:闲暇。

[29]岁秩满:唐制,地方官员一般三年为一任期,期满曰"秩满"。

[30]元集虚:唐河内人,结庐五老峰下,不复出仕。东西二林:谓庐山东林、西林二寺。落:宫室建成时举行的祭典。

养 竹 记

唐·白居易

【提要】

本文选自《白居易集》(中华书局 1979 年版)。

本文写于贞元十九年(803)校书郎任上。

白居易在长安常乐里借德宗朝故相关播旧宅居住。文中,作者首先写竹子直、空、贞等特点,亦竹亦人,赞"君子多树之";第二段以竹写人,竹实人虚;第三段由竹而人,以竹衬人。全文围绕篇首主旨展开,以竹喻人生,阐述树德修身处世之道,文章清爽、利落。

竹似贤,何哉? 竹本固,固以树德,君子见其本,则思善建不拔者。竹性直,直以立身,君子见其性,则思中立不倚者;竹心空,空似体道[1],君子见其心,则思应用虚受者;竹节贞,贞以立志,君子见其节,则思砥砺名行、夷险一致者。夫如是,故君子人多树之,为庭实焉。

贞元十九年春,居易以拔萃选及第,授校书郎[2],始于长安求假居处[3],得常乐里故关相国私第之东亭而处之。明日,履及于亭之东南隅[4],见丛竹于斯。枝叶殄瘁[5],无声无色。询于关氏之老,则曰:"此相国之手植者。自相国捐馆[6],他人假居,由是,筐篚者斩焉,彗帚者刈焉[7]。刑余之材,长无寻焉,数无百焉[8],又有凡草木杂生其中,莠茸荟郁[9],有无竹之心焉。居易惜其尝经长者之手,而见贱俗人之目,剪弃若是,本性犹存,乃芟蘙荟[10],除粪壤,疏其间,封其下[11],不终日而毕。于是日出有清阴,风来有清声,依依然,欣欣然,若有情于感遇也。

嗟乎! 竹,植物也,于人何有哉? 以其有似于贤,而人爱惜之,封植之,况其真贤者乎? 然则竹之于草木,犹贤之于众庶。呜呼! 竹不能自异,惟人异之[12];贤不能自异,惟用贤者异之。故作《养竹记》,书于亭之壁,以贻其后之居斯者,亦欲以闻于今之用贤者云。

【注释】

　　[1] 体道:谓体悟君子之道。

　　[2] 校书郎:职掌校雠典籍。

　　[3] 假居处:谓借居所。

　　[4] 履:步行。

　　[5] 殄瘁:音 tiǎn cuì,谓破败残病。

　　[6] 捐馆:病逝。

　　[7] 筐篚者:指编制竹器的手艺人。彗帚者:洒扫清洁者。刈:音 yì,割。

　　[8] 数:总数。

　　[9] 萋茸:杂草茂盛貌。萋:音 běng。荟郁:繁密貌。

　　[10] 芟:音 shān,割草。蘙荟:谓浓密杂草。蘙:音 yì。

　　[11] 封:培土。

　　[12] 自异:谓自有异殊。

香炉峰下新卜山居,草堂初成,偶题东壁

唐·白居易

【提要】

　　本诗选自《白居易集》(中华书局 1979 年版)。

　　这首诗写于江州司马任上。作者介绍自己新修的草堂结构、构件完毕后,极写草堂好处,兼表续建意愿。堂格随人高,在于茅盖竹构。

架三间新草堂,石阶桂柱竹编墙。

南檐纳日冬天暖,北户迎风夏月凉。

洒砌飞泉才有点,拂窗斜竹不成行[1]。

来春更葺东厢屋,纸阁芦帘著孟光[2]。

【注释】

　　[1]"洒砌"二句:言草堂位于飞泉附近,新栽的竹子尚不成行。介绍草堂环境。

　　[2]葺:音 qì,用茅草盖屋。孟光:东汉梁鸿妻,与夫一起隐居山中。

正月三日闲行

唐·白居易

【提要】

　　本诗选自《白居易集》(中华书局 1979 年版)。

　　这首诗是白居易任苏州刺史时写下的诗篇。

　　冰雪融化,万物苏醒,树梢吐绿,红桥凌波,鸳鸯双双戏绿水,翠鸟只只歇巷头,一幅升平安宁的江南水乡水墨图卷。

黄鹂巷口莺欲语,乌鹊河头冰欲销[1]。

绿浪东西南北水,红栏三百九十桥。

鸳鸯荡漾双双翅,杨柳交加万万条。

借问春风来早晚? 只从前日到今朝。

【注释】

　　[1]黄鹂:巷名。乌鹊:河名。

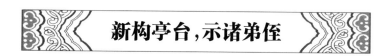

新构亭台,示诸弟侄

唐·白居易

【提要】

　　本诗选自《白居易集》(中华书局 1979 年版)。

这首诗作者描绘的是新建茅屋的情况。先从屋说起,茅草、窗牖、芦帘、竹簟,还有主人的黄葛衣,非常契合晚年白居易人在尘世内心在方外的理想。

住在这里的他,或长啸山林之内,或卧看云帆飞舞,枝上果、田中葵,想吃便摘,加上意趣相投的一帮朋友相随,自在!

平台高数尺,台上结茅茨[1]。
东西疏二牖,南北开两扉。
芦帘前后卷,竹簟当中施。
清泠白石枕,疏凉黄葛衣[2]。
开襟向风坐,夏日如秋时。
啸傲颇有趣,窥临不知疲。
东窗对华山,三峰碧参差。
南檐当渭水,卧见云帆飞。
仰摘枝上果,俯折畦中葵[3]。
足以充饥渴,何必慕甘肥。
况有好群从,旦夕相追随。

【注释】

[1]茅茨:茅屋。

[2]黄葛衣:黄葛麻织的衣服。

[3]畦:音 qí,田地。

修香山寺记

唐·白居易

【提要】

本文选自《全唐文》(上海古籍出版社 1990 年版)。

香山寺位于河南龙门东山,始建于北魏熙平元年(516)。唐天授元年(690)重修,名为"香山寺"。唐文宗太和六年(832),白居易捐出为密友元稹撰写墓志铭的润笔费,修缮此寺。本文就是叙述这一过程。

名人名山名寺,香山寺从此名声大振。不仅如此,白居易还把自己在洛阳 12 年所写的 800 首诗,编为《白氏洛中集》,放在香山寺藏经堂内。晚年白居易曾常住寺内,自号"香山居士",和胡杲、吉旼、郑据、刘真、卢真、张浑、李元爽、僧如满等结为"香山九老公"。卒后葬于香山寺北。

如今,古朴浑厚的香山古寺依然掩映于苍松翠柏之中。

洛都四郊,山水之胜,龙门首焉。龙门十寺,观游之胜,香山首焉。

香山之坏久矣,楼亭骞崩[1],佛僧暴露。士君子惜之,予亦惜之,佛弟子耻之,予亦耻之。顷予为庶子宾客分司东都,时性好闲游,灵迹胜概[2]靡不周览。每至兹寺,慨然有葺完之愿焉。迨今七八年,幸为山水主,是偿初心、复始愿之秋也。似有缘会,果成就之。

噫!予早与故元相国微之[3]定交于生死之间,冥心于因果之际。去年秋,微之将薨,以墓志文见托。既而元氏之老状其臧获、舆马、绫帛洎银鞍、玉带之物[4],价当六七十万,为谢文之赠,来致于予。予念平生分,文不当辞,赠不当纳。自秦抵洛,往返再三,讫不得已,回施兹寺。因请悲知僧清闲主张之,命谨干将士复掌治之,始自寺前亭一所,登寺桥一所,连桥廊七间,次至石楼一所,连(楼一所),廊六间,次东佛龛大屋十一间,次南宾院堂一所,大小屋共七间,凡支坏补缺,垒隤[5]覆漏,朽槾[6]之功必精,赭垩[7]之饰必良,虽一日必葺[8],越三月而就。譬如长者坏宅,郁为导师化城[9]。于是龛像无燥湿陊泐之危[10],寺僧有经行宴坐之安,游者得息肩,观者得寓目。关塞之气色,龙潭之景象,香山之泉石,石楼之风月,与往来者耳目,一时而新。士君子佛弟子,豁然如释憾刷耻之为。

清闲上人与予及微之,皆夙旧也,交情愿力,尽得知之。憾往念来,欢且赞曰:"凡此利益,皆名功德,而是功德,应归微之,必有以灭宿殃,荐冥福也。"予应曰:"呜呼!乘此功德,安知他劫,不与微之结后缘于兹土乎?因此行愿,安知他生不与微之复同游于兹寺乎?"言及于斯,涟而涕下。

唐太和六年[11]八月一日,河南尹太原白居易记。

【注释】

[1]骞崩:谓损坏坍塌。

[2]胜概:美景。

[3]微之:元稹字。元稹(779—831),河南洛阳人,唐文学家。倡乐府,与白居易并称"元白"。

[4]臧获:奴婢。洎银鞍:谓镀银的鞍座。

[5]隤:音 tuí,倒塌的(墙垣)。

[6]朽槾:音 wū màn,涂抹(墙壁)。

[7]赭垩:音 zhě è,赤白土,用作建筑涂料。

[8]葺:此谓完工。

[9]导师:谓菩萨。化城:一时幻化的城郭。佛教喻小乘境界。后指佛寺。

[10]陊:音 duò,小崩谓陊。泐:音 lè,裂纹。

[11]太和六年:832 年。太和:唐文宗李昂年号。

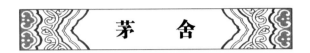

茅 舍

唐·元 稹

【提要】

本诗选自《元稹诗》(中华书局 1982 年版)。

这首诗反映的是南方民居的面貌:茅苫盖顶,竹子作栋,檐梁歪斜,楹柱压弯,一沾火星便化为灰烬。火烧过后,又重新搭盖。

新任洪州牧见此情形,惊讶不已。于是,召集劳役,建大邸,营高屋,力图改变这种原始的乡村面貌。州牧的做法虽然惠民良多,但也造成了役力繁多、工徒嗟怨的问题。

但从全诗来看,作者对这种改变民居面貌的做法还是很赞赏的。

楚俗不理居,居人尽茅舍。茅苫竹梁栋,茅疏竹仍鳞[1]。
边缘堤岸斜,诘屈檐楹亚[2]。篱落不蔽肩,街衢不容驾。
南风五月盛,时雨不来下。竹蠹茅亦干,迎风自焚炧[3]。
防虞[4]集邻里,巡警劳昼夜。遗烬[5]一星然,连延祸相嫁。
号呼怜谷帛,奔走伐桑柘[6]。旧架已新焚,新茅又初架。
前日洪州牧,念此常嗟讶[7]。牧民未及久,郡邑纷如化。
峻邸俨相望,飞甍远相跨[8]。旗亭红粉泥,佛庙青鸳瓦[9]。
斯事才未终,斯人久云谢。有客自洪来,洪民至今藉[10]。
惜其心太亟[11],作役无容暇。台观亦已多,工徒稍冤咤[12]。
我欲他郡长,三时务耕稼。农收次邑居,先室后台榭。
启闭既及期,公私亦相借。度材无强略,庀役有定价[13]。
不使及僭差,粗得御寒夏。火至殊陈郑,人安极嵩华[14]。
谁能继此名,名流袭兰麝[15]。五袴[16]有前闻,斯言我非诈。

【作者简介】

元稹(779—831),字微之,河南(今河南洛阳)人。举贞元九年(813)明经科,十九年书判拔萃科。累官监察御史,官至同中书门下平章事,暴卒于武昌军节度使任上。与白居易同为早期新乐府运动倡导者,诗亦与白居易齐名,世称"元白"。有《元氏长庆集》等。

【注释】

[1] 茅苫:谓茅草覆盖屋顶。苫:音 shān。罅:音 xià,裂缝。

[2] "边缘"二句:谓茅草屋屋檐拱翘歪斜,楹柱被压弯扭曲。亚:驼形弯曲。

[3] 蠹:蛀虫。焚炾:燃烧焚毁。炾:音 xiè。

[4] 虞:意料,预料。

[5] 烬:谓火星。

[6] 谷帛:谓粮食家财。桑柘:指建房材料。柘:音 zhè,一种常绿灌木。

[7] 洪州:州名,治所今江西南昌。牧:州长官。嗟讶:嗟叹惊讶。

[8] 峻邸:谓高峻的房屋。甍:音 méng,屋脊。

[9] 旗亭:酒楼。悬旗为酒招,故称。

[10] 藉:谓受惠泽。

[11] 亟:急。

[12] 稍:稍微。冤咤:埋怨。咤:叹息声。

[13] 庀役:营建役务。庀:音 pǐ,治理。

[14] 嵩华:谓安全感如同嵩山、华山。

[15] "名流"句:谓名字流传如兰花、麝香般芬芳。

[16] 五袴:谓善政。《汉书·廉范传》:范为蜀郡太守,毁削先禁民夜作,严使储水备患。民歌曰:"廉叔度,来何暮? 不禁火,民安作。平生无襦今五袴。"后遂以之称颂地方官行善政。

过吴门二十四韵

唐·李 绅

【提要】

本诗选自《全唐诗》(中华书局 1960 年版)。

这是描摹苏州的上佳诗篇。诗从吴都特征写起,楼宇、长洲、乡老放歌,写到花寺、虎丘,风物民俗一一进入视野,绘出一幅唐代苏州风景画卷。

诗分前后两部分。第一部分至"余俗尚吴钩",写的是苏州风物民俗;后一部分则是作者寻访旧居及感叹。李德裕为相后,同道李绅身份亦渐显赫,到苏州自然也前呼后拥,"还持沧海诏,从此布皇猷"表达的则是要为百姓谋求福祉的愿望。

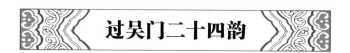

烟水吴都郭,阊门架碧流[1]。绿杨深浅巷,青翰往来舟[2]。

朱户千家室,丹楹百处楼[3]。水光摇极浦[4],草色辨长洲。

忆作麻衣翠,曾为旅棹游[5]。放歌随楚老,清宴奉诸侯[6]。

花寺听莺入,春湖看雁留。里吟传绮唱,乡语认歈讴[7]。
桥转攒虹饮,波通斗鹢浮[8]。竹扉梅圃静,水巷橘园幽。
缝堵荒麋苑,穿岩破虎丘[9]。旧风犹越鼓,余俗尚吴钩[10]。
故馆曾闲访,遗基亦遍搜[11]。吹台山木尽,香径佛宫秋。
帐殿菰蒲掩,云房露雾收[12]。苎萝妖覆灭,荆棘鬼包羞[13]。
风月俄黄绶,经过半白头[14]。重来冠盖客,非复别离愁[15]。
候火分通陌,前旌驻外邮[16]。水风摇彩旆,堤柳引鸣驺[17]。
问吏儿孙隔,呼名礼敬修。顾瞻殊宿昔,语默过悲忧。
义感心空在,容衰日易偷。还持沧海诏,从此布皇猷[18]。

【作者简介】

李绅(772—846),字公垂,祖籍亳州(今属安徽),定居无锡。幼年丧父,由母教以经义。15岁时读书于惠山。青年时目睹农民终日劳作而不得温饱,以同情和愤慨的心情,写《悯农》诗2首,被誉为悯农诗人。

李绅元和元年(806)中进士,补国子监助教,累官至尚书右仆射门下侍郎,封赵国公。与元稹、白居易共倡新乐府诗体(史称"新乐府运动")。史载,李绅为官后渐次豪奢,喜食鸡舌,至一餐耗费活鸡三百余只;且喜要权威,以至族叔成其"孙",友人抓为囚;李绅热衷结党,为官酷暴,百姓纷纷逃出他的治境。有《追昔游诗》三卷、《杂诗》一卷存于《全唐诗》。另有《莺莺歌》,保存在《西厢记诸宫调》中。

【注释】

[1]吴都:今江苏苏州。阊门:谓城郭门。

[2]青翰:舟名。

[3]楹:柱子。

[4]浦:水边,岸。

[5]麻衣:丧服。谓少年丧父,随母定居无锡之事。棹:船桨。旅棹:谓乘船。

[6]楚老:苏州曾为楚地,故老人称楚老。

[7]绮唱:谓美妙的歌声。歈讴:愉快地歌唱。歈:音yú,欢悦。

[8]攒:音cuán,聚。斗鹢:船名。鹢:音yì,一种船头上画有鹢鸟的船。

[9]麋苑:麋鹿之苑。虎丘:位于苏州城外,号称"江左丘壑之表"。

[10]吴钩:剑名,形似剑而曲。吴王夫差命国中作金钩,有人杀掉自己两个儿子,以血涂钩献给吴王。

[11]故馆:谓少年时居住的地方。

[12]菰蒲:杂草。菰:音gū。

[13]苎萝:苎草藤萝。二句谓鬼妖出没的地方现在已是杂草丛生了。

[14]黄绶:黄色印绶。指自己任观察使。

[15]冠盖:官吏的服饰和车乘。指官吏。

[16]候火:谓传递消息。通"陌":谓沿途驿站。前旌:谓随从。邮:驿舍。

[17]旆:古代旗边垂饰。驺:音zōu,骑马的侍从。此指马。

[18]猷:音yóu,谋划,计谋。

奉和礼部尚书酬杨著作竹亭歌

唐·权德舆

【提要】

本诗选自《全唐诗》(中华书局 1960 年版)。

这是一首应酬之作。刻画的主要是杨著作所建竹亭的周围环境和主人的闲暇生活。竹亭位于长安终南山,林竹茂密、溪流欢畅,云遮雾霭,鸟鸣清幽;亭子主人亦官亦隐,看鸿雁灭入天际,听松涛飒飒籁籁,或念佛,或唱曲,偶尔密友造访,自得也,悠游也,夕阳西下,履声扣磴,自在!

权德舆的园林思想值得深入探究。

直城朱户相逦连,九逵丹毂声阗阗[1]。
春官自有花源赏,终日南山当目前[2]。
晨摇玉佩趋温室,莫入竹溪疑洞天。
烟销雨过看不足,晴翠鲜飙逗深谷[3]。
独谣一曲泛流霞,闲对千竿连净绿。
萦回疏凿随胜地,石磴岩扉光景异[4]。
虚斋寂寂清籁吟,幽涧纷纷杂英坠[5]。
家承麟趾贵,剑有龙泉赐,上奉明时事无事[6]。
人间方外兴偏多,能以簪缨狎薜萝[7]。
常通内学青莲偈[8],更奏新声白雪歌。
风入松,云归栋,鸿飞灭处犹目送[9]。
蝶舞闲时梦忽成,兰台有客叙交情[10],返照中林曳履声。
直为君恩催造膝,东方辨色谒承明。

【作者简介】

权德舆(759—818),字载之,天水略阳(今甘肃秦安)人。德宗朝征为太常博士,转右补阙,后为起居舍人兼知制诰,迁中书舍人。宪宗朝拜礼部尚书,同中书门下平章事,出为山南西道节度使。四岁能诗,老不废书。诗多为应制酬赠之作,然文雅蕴藉,风流自然。

【注释】

[1]直城:汉京都城门名。九逵:谓通衢大道数量之多。阗阗:音 tián,谓声音宏大。

　　[2]春官:礼部别称。武则天光宅年间(684)曾改礼部为春官,后春官遂为礼部别称。当:犹"在"。

　　[3]逗:谓停留。犹布满。

　　[4]疏凿:谓因形就势,稍加整治而建竹亭。

　　[5]杂英:杂花。

　　[6]麟趾:谓仁德睿智。龙泉:剑名。春秋时名龙渊剑。

　　[7]薜萝:荆棘野草。

　　[8]青莲偈:谓念佛。白雪歌:谓高雅之乐。

　　[9]鸿飞:大雁飞翔。

　　[10]兰台:汉代宫内藏书处。后泛指书房。古时,入主人书房叙谈者均为密友。

白侍郎大尹自河南寄示池北新葺水斋即事

唐·刘禹锡

【提要】

　　本诗选自《刘禹锡集》(上海人民出版社 1975 年版)。

　　这首诗是刘禹锡为白居易晚年在洛阳营造的馆舍写的。

　　馆舍选择的地点既无名山,亦无秀水。房屋亭榭全是白居易据己心中画图营构的。砌曲岸、植竹林、移花草、放游鱼,面积不大的池园也被心中自有方外的白居易侍弄得"潭心澄晚镜,渠口起晴雷"。

　　此诗当与《池上篇》合起来读。

公府有高政[1],新斋池上开。再吟佳句后,一似画图来。

结构疏林下,夤缘[2]曲岸隈。绿波穿户牖,碧甃叠琼环。

幽异当轩满,清光绕砌回[3]。潭心澄晚镜,渠口起晴雷。

瑶草缘堤种,松烟上岛栽[4]。游鱼惊拨刺,浴鹭喜毰毸[5]。

为客烹林笋,因僧采石苔。酒瓶常不罄,书案任成堆。

檐外青雀舫,坐中鹦鹉杯[6]。蒲根抽九节,莲萼捧重台[7]。

芳讯此时到,胜游何日陪?共讥吴太守,自占洛阳才。

【作者简介】

　　刘禹锡(772—842),字梦得,洛阳(今河南洛阳)人。贞元九年(793)进士,官监察御史。王叔文改革失败,被贬为朗州司马,后又任连州、夔州、和州、苏州、汝州等刺史,迁太子宾客分司。

有《刘宾客集》,又称《刘中山集》《刘梦得集》。

【注释】

[1]高政:谓政绩突出。

[2]结构:谓屋舍选址、营造。夤缘:依循,绵延。夤:音 yín。

[3]幽异:谓奇异美景。清光:水波。

[4]瑶草:传说中的香草。此谓珍奇草卉。

[5]拨剌:鱼击水跳跃发出的响声。剌:音 là。毰毸:音 péi suī,张羽貌。

[6]青雀舫:船首画有青雀图案的船,泛谓华贵之船。鹦鹉杯:谓以鹦鹉螺壳制成的酒杯。

[7]"蒲根"二句:谓池中环境。

机 汲 记

唐·刘禹锡

【提要】

本文选自《刘禹锡集》(上海人民出版社 1975 年版)。

机汲是一种机械汲水装置,由滑轮和绳索组成,发明于唐朝。它吸收了辘轳和筒车的优点,借助架空索道和滑轮,把上下垂直运动变为大跨度的斜向运动,是辘轳汲水法的重大发展。其动力结构是曲柄辘轳,省功省力效率高,是江河两岸农田灌溉的利器。

刘禹锡在朗州(今湖南常德)任司马时,住在江边,但用水很不方便。有个工匠为他安置了一个汲水的机械装置,解决了抽水的问题。文章中,刘禹锡详细描述了汲水机的各种装置和汲水、运水的过程,并参照过去肩扛手提的万般劳顿和种种不便,赞美了人的智慧。

滨江[1]之俗,不饮于凿,而皆饮之流。予谪居之明年,主人授馆于百雉之内[2]。江水沄沄,周墉间之[3]。一旦,有工爰来,思以技自贾[4]。且曰:"观今之室庐,及江之涯,间不容亩,顾积块岿焉而前耳[5]。请用机以汲,俾蠢然之状莫我遏已[6]。"予方异其说,且命之饬力焉[7]。

工也储思环视,相面势而经营之[8]。由是比竹以为畚[9],置于流中。中植数尺之臬,辇石以壮其趾,如建标焉[10]。索绹以为纲[11],縻于标垂[12],上属数仞之端[13],亘空以峻其势[14],如张弦焉[15]。锻铁为器,外廉如鼎耳[16],内键如乐鼓[17],牝牡相函[18],转于两端,走于索上,且受汲具[19]。及泉而修绠下缒,盈器而圆轴上

(明)王祯《农书》所绘的高转筒车

引[20]。其往有建瓴之驶,其来有推毂之易[21]。瓶缱不嬴,如搏而升[22]。枝长澜,出高岸,拂林杪,逾峻防[23]。刳蟠木以承澍[24],贯修筎以达脉[25],走下潺潺,声寒空中。通洞环折,唯用所在[26]。周除而沃盥以蠲,入爨而锜釜以盈[27]。饪铼之余,移用于汤沐[28]。濯浣之末,泄注于圃畦[29]。虽濆涌于庭,莫尚其沛洽也[30]。

昔予尝登埤,捆然念悬流之莫可遽挹[31],方勉保佣[32],督臧获[33],斸而挈之[34],至于裂肩龟手[35]。然犹家人视水如酒醪之贵[36]。今也一任人之智,又从而信之,机发于冥冥,而形于用物[37]。灏溔东流[38],赴海为期。斡而迁焉,逐我颐指[39]。向之所谓阻且艰者,莫能高其高而深其深也。

观夫流水之应物,植木之善建[40]。绳以柔而有立,金以刚而无固[41]。轴卷而能舒,竹圆而能通。合而同功,斯所以然也[42]。今之工咸盗其古先工之遗法,故能成之[43],不能知所以为我也。智尽于一端,功止于一名而已。噫,彼经始者其取诸"小过"欤[44]!

【注释】

[1] 江:谓沅江。又说此文作于刘任夔州(今四川奉节)刺史时。江指长江。

[2] 主人:谓时任朗州刺史的宇文宿。授馆:安排馆舍。百雉:谓城墙。

[3] 沄沄:音 yún,水流湍急旋转貌。周墉间之:谓馆舍周围城墙隔开了江水。

[4] 贾:谓自荐。

[5] 积块:谓城墙。

[6] 俾:音 bǐ,使。莫我遏:不能阻挡我。

[7] 饬力:尽力。

[8] 储思:谓反复考虑。相面势:勘查地形高下。经营:谓谋划。

[9] 畚:音 běn,畚箕。此谓盛水器皿。

[10] 臬:音 niè,标杆。辇石:以车载石。趾:指(标杆)基址。

[11] 索绹:谓搓绳。绠:音 gēng,粗大绳索。

[12] 縻:音 mí,系。标垂:标杆顶端。

[13] 属:连接。仞:长度单位,七尺或八尺为一仞。

[14] 亘:横贯。

[15] 张弦:张开的弓弦。

[16] 廉:谓所锻器物上的突出部分。

[17] 键:机关。

[18] 牝牡:谓机关中锁孔与锁门,一凸一凹。

[19] 受汲具:谓带动了汲水器具。

[20] 修绠:长绳。绠:音 gěng。缒:音 zhuì,绳系物而下送。

[21] 往:谓从上往下。建瓴:犹高屋建瓴,其势极畅爽。来:从下往上。推毂:谓转动车轮。

[22] 繘:音 jú,汲水器的系绳。羸:音 lèi,缠绕。搏:抓,扑。犹鹰抓鸡。

[23] 林杪:谓林中树木顶上。杪:音 miǎo,树梢。峻防:谓城墙。

[24] 刳:音 kū,挖空。澍:音 shù,水。

[25] 修筠:长竹。筠:音 yún。达脉:谓打通竹节以导水流。

[26] 通洞环折:谓穿洞而曲折回环。

[27] 周除:谓竹制水管环绕阶前。蠲:音 juān,清洗,清洁。爨:音 cuàn,指厨房。锜釜:音 qǐ fǔ,锅。

[28] 饪馃:做饭。馃:音 sù,食物。

[29] 濯浣:音 zhuó huàn,沐浴。

[30] 潆:音 fèn,地底喷出的水。沛洽:谓丰沛便捷。

[31] 陴:音 pí,城上女墙。撊然:猛然。撊:音 xiàn。挹:音 yì,舀(水)。

[32] 保佣:仆佣。

[33] 臧获:奴婢。

[34] 斞:音 jū,舀。

[35] 龟:音 jūn,皮开裂。

[36] 酒醪:谓酒。醪:音 láo,汁渣混合的酒。

[37] 冥冥:深远。物:谓眼前这套汲水装置。

[38] 灏淼:音 hào yǎo,水大貌。

[39] 斡:音 wò,旋转,往复。迁:移。

[40] 善建:谓善于树立。

[41] 有立:奏效。无固:谓随人需而被制成各种形状。

[42] 合而同功:谓木、绳、金、竹组合成机汲装置而使取水方便。

[43] 遗法:谓接筒引水法,古已有之,时人不断加以改进。

[44] 小过:《易·小过》:"小过,亨,利贞。可小事,不可大事。"作者引此意指后出转精,能成大事。

蕲州新城门颂

唐·符　载

【提要】

本文选自《全唐文》(上海古籍出版社 1990 年版)。

唐德宗(742—805)时,藩镇将领朱滔、李希烈、朱泚等纷纷叛乱,德宗被迫不断出逃避难。叛乱平定之后,德宗对强藩巨镇的父死子代、据地称雄,再也无可奈何。加上朝臣倾轧、宦官猖獗,各地纷纷高筑墙以求自保。

蕲州地势相对平坦,无险可据。文中说,"民大愁恐",可见这位御史中丞修筑城墙可算是一件民心工程了。既然是民心工程,大家自然奋勇争先,齐心协力,修筑好的城墙当然巍峨险峻,足以佑护百姓了。

城于防,《春秋》书之,重时也。城于蕲[1],與人诵之,美功也。何可谓之功?曰余得言之矣。大唐庚辰岁秋九月,岳鄂观察使御史中丞郑公前牧于蕲春[2],始佩铜虎符。是年冬十一月,蔡人不虔[3],天子诏诸侯之师诛破之。我有疆场,与人腹背,虑祸甚剧,为虞落然[4],民大愁恐,若寇暴至。是邦也,凤昔无事,人傲慢,垂百余祀,城隍不张,颓墉坏堞[5],仅为平野。

公乃度旧址,量客土,备畚锤,啸丁壮,勃焉而兴。于是谨刀布以索力[6],考鼛鼓以荡气,严进退以设令,立师伍以程课[7],烝徒雷呼,万锤星飞,诛惰耸劳,间无留时。凡甲子五癸,即崒然城成矣[8]。墉高三雉[9],门容两辙,周回一千八百四十步,门台睥睨[10],霞艳云截[11],如崇山断岸,邈不可向,议金汤者,我居首焉。

日者嗣曹王皋讨希烈之叛[12],于此尝具板干[13],作为坏筑,役徒巨亿,经费称是,树而复溃,卒无能名。风俗耆老以为蛟螭灵怪[14],蟠窟固护,使人不见其绩也。公躬自省视,循理辨物,心祷且计,辅之至诚,遂用坚缜。

呜呼!蕲城,楚旧封也,疆淮蔡,迩申息[15],地当隘束,实生攻夺。若向时敌者驱铁衣[16],出穆陵[17],袭我无备,摇脰而至,即江淮之南,吾见其波动矣。然俾夫大藩倚其固,属郡抱其势,千里士庶,高枕而卧,寇不致萌弯弓捻矢之意者,新城之谓也。由是大君听民间威声闻望,以公有文武上才,秉心塞渊,可以防方隅,可以握权贵,故拔自倅牧,雄居盛府。山川幢盖,皆旧物也,寄任之重,夐无其邻[18]。夫贤为世出,绩因时达,微新城,吾见公之力才事业,其埋郁不扬乎[19]?鲰生作颂[20],颂以后。辞曰:

> 庚辰之岁,鹑首有彗[21],人用五兵。维彼蕲下,疆及风马,实启戎情。在昔无虞,蔑其闉阇,埤堞颓倾[22]。我公作守,恢拓荒旧,乃新其城。百堵言言,四阿屏颜,矗如云平[23]。扼衡据会,寇不敢过,生人休戚。维兹盛烈,遭时而发,鸿振芳名。我有贞石,不追不琢,孰闻风声。是用作颂,冀兹不朽,与日永明。

【作者简介】

符载(生卒年不详),字厚之,蜀人。初隐庐山,后出仕,累官至监察御史。书法、文章并称善。

【注释】

[1]蕲:音 qí,今湖北蕲春一举。

［2］庚辰岁:唐德宗贞元十六年(800)。郑公前:生平不详。

［3］不虔:不恭敬,谓反叛。

［4］落然:荒废貌。凄凉、冷落。

［5］颓墉坏堞:谓城墙颓败。

［6］刀布:货币。

［7］程课:考核检查。

［8］甲子五癸:谓五十天。崒:音 zú,高耸险峻貌。

［9］雉:城墙面积单位。长三丈高一丈为一雉。

［10］睥睨:音 pì nì,城墙上锯齿形的女墙。

［11］赩:音 xì,大红色。

［12］希烈:即李希烈。782 年,唐五镇叛乱,其中淮西节度使李希烈兵势最炽。唐嗣曹王皋击其部将陈质之众于黄州。

［13］板干(榦):古代筑城筑墙的用具。榦:夹板两旁支撑的木柱。

［14］耉老:年高的人。耉:音 gǒu。蛟螭:犹蛟龙。

［15］申息:均为周国名。在今河南境内。

［16］铁衣:谓士卒。

［17］穆陵:穆陵关,在今湖北麻城北。

［18］幢盖:赤幢如曲盖。故为将军刺史的仪仗。因亦用以称刺史、郡守。夐:音 xiòng,远。

［19］堙郁:窒塞不明。堙:音 yīn。

［20］鲰生:愚陋之人。作者自谦。鲰:音 zōu。

［21］鹑首:星宿名。朱鸟七宿中的井宿和鬼宿。古人以为天有彗则人间有灾异。

［22］闉:音 yīn,瓮城。阇:音 dū,城门上的台。埤:音 pì,矮墙。堞:音 dié,城上齿状矮墙。

［23］言言:高大貌。孱颜:险峻貌。

重修汉未央宫记

唐·裴素

【提要】

本文选自《全唐文》(上海古籍出版社 1990 年版)。

本文较为详细地介绍了唐武宗修缮未央宫的起因、修造原则及过程,对修缮完成后宫殿的规模和外貌也有浓墨重彩的描绘。

鱼志宏是大太监鱼朝恩的养子,充任御林禁卫。在中晚唐,内宫主持国家此类大事屡见不鲜。

未央宫,西汉建成后一直作为处理朝政的地方,王莽、东汉献帝、西晋、前赵、前秦、后秦、西魏、北周等各朝代的皇帝都曾在此处理朝政，是中国历史上最有名的宫殿之一。隋唐时期，未央宫划入唐长安城的禁苑。

皇帝嗣位之年，众灵悦附，日月所照，莫不砥属[1]。是以远夷慕义，琛赆鼎来[2]。用文明以为理，洞风露之所启。草木畅茂，山川景清，击壤鼓腹[3]，莫识由乎帝力矣。尝因胜日，圣思闲远。倦大厦之讲习，想鲜原之游衍[4]。乃命法驾，备宫驭。细草迎辇，神飙引衣[5]。超然肆行，造适自得。视往昔之遗馆，获汉京之余址。遨风光以遐瞩，眇思古以论都。襟灵洋洋[6]，周视若感者久之。于是召左护军中尉志宏指示之曰："此汉遗宫也。其金马石渠[7]，神池龙阙[8]，往往而在。朕常以古事况今，亦欲顺考古道，训齐天下也。至是遐历，恍然深念[9]。且欲存列汉事，悠扬古风耳。昔人有思其人，犹爱其树。况悦其风，登其址乎？吾欲崇其颓基，建斯余构。勿使华丽，爰举旧规而已。庶得认其风烟，时有以凝神于此也。"于是命工度材，审曲面势[10]，裁成法度，以就斯宫。

攒栌拱，密玉石[11]。碧瓦龙错，层轩鸟跂[12]。崇墉粉静，璇题月照[13]。舒廊[14]四注以云委，隆台分据而山屹。蟠虬蜿蜒[15]，鳞动栭桷；蹲兽却骋，姿雄栏槛。宏袤乎豁达，跨临乎泾渭。绿竹凝远，繁松蔼深[16]；奇树流光，丹墀墀绕[17]。于是辟戏马之广场，开远目之闲馆。天地景新，山川势重。回太华之秀气[18]，列终南之翠屏[19]。九峻而固护[20]，八水分流以萦带。而又扬太液之波，缭周帝之垣[21]。原隰成文，丹素含华[22]。翼楼杳以分张，雄虹直而中峙。神机一发，廓若悬寓。祥烟瑞彩，郁郁葱葱。瞻回途以下济，抚璇玑而高视[23]。见秦川风物，汉原逦迤。感前王兴废，知稼穑艰难。吾君用此镜是非，阐思虑，岂独资耳目，纵游玩也？凡殿宇成构，总三百四十九间，工徒役指万计[24]。武夫奋力，将校呈规。然而材匪藻棁[25]，涂惟俭静。经之营之，不日而成也。

按汉史，高祖初定天下，悦卜洛之邑[26]，为天地之中，有周室遗风，将都之。娄敬谏曰："陛下取天下，与周室异，不可居也。夫洛阳四战之地[27]，岂若秦川天府之国，山河形胜，真百二之势乎[28]。"高祖是日驾如长安。其后七年，北击韩王信，相国萧何居守而营未央宫。因龙首山，作前后殿，建观阙街道，周回七十里，台殿四十所。帝还见之，怒曰："何治宫室之过度也！"何曰："天子以四海为家，非壮丽无以重威德。"帝悦而就居焉。

自汉元年乙未岁至圣唐会昌元年之辛酉，凡一千四十有七年矣[29]。其倾颓毁圮，悠然邈然，竟无有存者。我后[30]缅慕古昔之兴时，即其旧而新是图，筑撧基而绳修木。不侈不约，巍然巗然[31]。时以通览无方，周视有截[32]，则有若志宏奉圣君之旨也。志宏姓鱼氏，代宗皇帝之功臣朝恩之孙也。以绩效而封国公，由忠义而位上将。自总右广，贞心冠古[33]。陛下龙升大宝，光启帝运。左右同德，东西一心。变生人之耳目，焕大明之徽懿。武力忠壮，元机天启[34]。式是万旅，吾唐有人[35]。由是委以腹心，寄之环列[36]。上曰："忠为令德，有若士良、志宏，为吾左右矣。"

明年,上亲见祖考,郊天神。雪洒川原,尘清城阙。阳和风扇,绿野烟澹。是月也,三辰承初,以表无事。上乃顾新宫,回玉辇,列骑云动,彩仗天旋。乃出金凤,由是乎造于未央。俯仰周视,肃威神而煌煌,游焉息焉,容与悦怿[37]。晴山屏开以四绕,故城巉然而隐嶙[38]。鲜风美景,薰然入座[39]。上从容言曰:"吾今建是殿,且锡之以嘉名。其殿曰通光,其东曰韶芳亭,其西曰凝思亭,乃立皋门曰端门[40],其应门题曰未央宫[41]。所以志大臣之忠力,且不忘吾好古也。"乃命侍臣曰:"尔为我记之,刻以贞石[42],传示乎不朽。"臣素任当承旨,不敢固让,惶恐拜舞而文之。时会昌元祀濡大泽之明月也[43]。谨记。

【作者简介】

裴素(生卒年不详),平州(今河北卢龙)人。宝历(825—827)初进士。官至中书舍人。

【注释】

[1]嗣位:唐武宗李炎公元840年即帝位。在位共7年,但改弊政,灭佛教,给历史印象深刻。砥属:平定归服。

[2]琛赆鼎来:谓奇珍异宝献奉而来。赆:音jìn。

[3]击壤鼓腹:语出《庄子》:"夫赫胥氏三时,民居不知所为,行不知所之,含哺而熙,鼓腹而游。"谓太平盛世。

[4]鲜原:谓生机勃勃之郊原。游衍:谓恣意游逛。

[5]神飙:谓迅疾若有神灵的风。

[6]襟灵:襟怀。

[7]金马:金马门,未央宫宫门之一。石渠:石渠阁,汉时国家典籍所藏之地。

[8]神池:昆明池中有灵沼,名神池。

[9]遐历:谓游历。

[10]审曲面势:原指工匠做器物时审度材料的曲直。后谓区别情况,安排营造。

[11]栌:柱头上承大梁的方木。

[12]跂:音qǐ,跐脚(伸颈)貌。

[13]崇墉:高墙。璇题:玉饰的椽头。

[14]舒廊:长廊。

[15]蟠虬:谓旋绕纠结。

[16]蔼深:繁茂幽深貌。

[17]丹墀:谓红色殿堂地面。墀:第二个"墀",指宫殿四周高高的层层台阶。

[18]太华:华山。

[19]终南:终南山。

[20]嵷:音zōng,数峰并峙的山。嶻嶭:音jié xuē,高峻貌。

[21]周帝:西周时,长安名镐京。

[22]原隰:原野。隰:音xí。

[23]璇玑:古代玉饰的观测天象的仪器。此谓楼阁扶栏类装饰。

[24]工徒役指:谓营缮人员。

[25]藻棁:谓纹饰画藻。棁:音zhuō,梁上短柱。

[26] 洛之邑:谓洛阳。

[27] 四战:谓四面受敌。

[28] 百二:以二敌百。喻山河险固之地。

[29] 汉元年:前206年,刘邦称帝。会昌:唐武宗年号,841—846年。

[30] 后:谓唐武宗。

[31] 嶷然:屹立貌。

[32] 有截:齐整貌。

[33] 右广:谓右军。

[34] 徽懿:美好。懿:音yì。元机:玄机,谓微妙之理。

[35] 式:法,法度,规矩。作动词。

[36] 环列:谓皇宫禁卫。

[37] 容与:悠闲自得貌。悦怿:欢乐,愉快。

[38] 巉然:高峻险要貌。隐嶙:拔地而起。突兀貌。

[39] 薰然:谓陶陶然。薰:一种香草。

[40] 皋门:王宫的外门。

[41] 应门:王宫的正门。

[42] 贞石:碑石。

[43] 元祀:元年。即840年。

唐·史 俊

【提要】

本文选自《全唐诗》(中华书局1960年版)。

楠木向来是官殿、大寺楹柱的上等之材,可是经过千百年没有节制的砍伐,到史俊时代原本广泛分布在我国南方地区的楠木就退缩至巴州这样的深山老林了。

作者对楠木的特点和品格描述得较为细致。此诗也是古代诗歌中少见的专写楠木之诗。

近郭城南山寺深,亭亭奇树出禅林。

结根幽壑不知岁,耸干摩天凡几寻[1]。

翠色晚将岚气合,月光时有夜猿吟[2]。

经行绿叶望成盖,宴坐黄花长满襟[3]。
此木尝闻生豫章,今朝独秀在巴乡[4]。
凌霜不肯让松柏,作宇由来称栋梁。
会待良工时一眄,应归法水作慈航[5]。

【作者简介】

史俊(生卒年不详),历官监察御史,曾任巴州刺史。

【注释】

[1]寻:古代长度单位,八尺为一寻。
[2]岚气:山中雾气。
[3]宴坐:闲坐。黄花:楠木开圆锥形黄花。
[4]豫章:今属江西。巴乡:谓巴州,今四川巴中。
[5]眄:斜视。慈航:佛教语,谓菩萨以慈悲之心度人。

营 缮 令

唐·李 昂

【提要】

本文选自《唐会要》卷三十一(中华书局 1955 年版)。

唐朝统一后,吸取隋亡的教训,殿宇营造都较为简朴,但贞观以后,逐渐奢靡,至唐玄宗时,兴作繁多。安史之乱以后,大臣更是追求奢豪,亭馆第舍,财穷为止,当时称为"木妖"。

为控制建筑规模,太和六年(832)六月,唐文宗李昂颁布《营缮令》,详细规定各级官员到平民百姓的房屋规模、房间数量、装饰样式,甚至细到悬鱼、对凤、瓦兽、通袱、乳梁这样的装饰纹样。这些规定充分体现了中国封建社会严格的等级制度。

王公已下,舍屋不得施重拱藻井[1]。三品已上堂舍,不得过五间九架;厅厦两头门屋,不得过五间五架。五品已上堂舍,不得过五间七架;厅厦两头门屋,不得过三间两架,仍通作乌头大门。勋官各依本品[2]。六品七品已下堂舍,不得过三间五架,门屋不得过一间两架。非常参官,不得造轴心舍,及施悬鱼、对凤、瓦兽、通袱、乳梁装饰[3]。其祖父舍宅,门荫子孙,虽荫尽,听依仍旧居住。其士庶公私第宅,皆不得造楼阁,临视人家。近者或有不守敕文,因循制造。自今以后,伏请禁断。又庶人所造堂舍,不得过三间四架;门屋一间两架,仍不得辄施装饰。又准律。诸营造舍宅,于令有违者,杖一百。虽会赦令,皆令改正,其物可卖者听卖。若经赦百日不改去,及不卖者,论如律。

【作者简介】

李昂(809—840),即唐文宗。初名李涵,唐穆宗第二子,被宦官立为帝后改名为李昂,在位14年。期间,去奢从俭,勤于政务,期成名君,但既受制于宦官,又受制于朋党,又再受制于藩镇。被宦官软禁后郁郁而终,终年32岁。

【注释】

[1]藻井:古建筑中一种装饰性木结构顶棚,呈穹隆状,饰花纹、雕刻和彩画。

[2]勋官:授予有功官员的一种荣誉称号,没有实职。唐勋官凡12等,起正二品,至从七品。

[3]非常参官:非日常上朝的官吏。轴心舍:谓工字殿平面,唐常用于官署的厅堂。"施悬鱼"等:均谓厅堂装饰。袱:《新唐书》作"栿"。

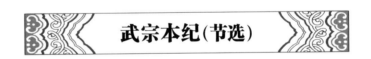

武宗本纪(节选)

五代·刘　昫　等

【提要】

本文选自《旧唐书》(岳麓书社1997年版)。

我国历史上发生过"三武一宗"灭佛事件。"三武"指北魏太武帝拓跋焘、北周武帝宇文邕、唐武宗李炎,一宗指周世宗柴荣。"会昌灭佛"发生在唐武宗会昌年间(841—846)。

佛教西汉末年传入中国后,在中国化的过程中不断与本土文化、经济及宗教发生矛盾。"会昌灭佛"便是佛教与封建国家发生经济上的冲突、与道教争夺宗教地位的结果。

唐武宗李炎在845年下诏:拆去山野招提和兰若4万所,还俗僧人近10万人。会昌五年(845)规定西京留4寺,每寺留僧10人,东京留2寺,其余节度观察使所治州34处可以各留1寺,留僧照西京例。其他刺史所在州不得留寺。并派御史4人巡行天下,督促实行。共废寺(朝廷赐名号的僧居)4 600余所,僧尼还俗26万人,释放奴婢15万人,没收良田数千万顷。凡被释放的奴婢,每人分给田百亩,编入国家户籍;寺院佛像用来铸钱、铸农具,金银像收归国库。民间佛像限一月送交官府,如违犯则给予处罚。这样一来,会昌末年全国两税户比宪宗"元和中兴"时增加了两倍多,成为安史之乱后国家最盛时期。灭佛运动十分成功。

（会昌五年)秋七月[1]庚子,敕并省天下佛寺。中书门下条疏闻奏:"据令式,诸上州国忌日官吏行香于寺,其上州望各留寺一所,有列圣尊容,便令移于寺内;其下州寺并废。其上都、东都两街请留十寺[2],寺僧十人。"敕曰:"上州合留寺,工作精妙者留之;如破落,亦宜废毁。其合行香日,官吏宜于道观[3]。其上都、下都每街留寺两所,寺留僧三十人。上都左街留慈恩、荐福,右街留西明、庄严[4]。"中书又奏:"天下废寺,铜像、钟磬委盐铁使铸钱,其铁像委本州铸为农器,金、银、鍮石等像销付度支[5]。衣冠士庶之家所有金、银、铜、铁之像,敕出后限一月纳官,如违,委盐铁使依禁铜法处分。其土、木、石等像合留寺内依旧。"又奏:"僧尼不合隶祠部,请隶鸿胪寺[6]。其大秦、穆护等祠,释教既已厘革,邪法不可独存[7]。其人并勒还俗,递归本贯充税户[8]。如外国人,送还本处收管。"八月,制:

朕闻三代已前,未尝言佛,汉魏之后,像教浸兴。是由季时,传此异俗,因缘染习,蔓衍滋多。以至于蠹耗国风[9],而渐不觉;诱惑人意,而众益迷。洎于九州山原,两京城阙,僧徒日广,佛寺日崇。劳人力于土木之功,夺人利于金宝之饰,遗君亲于师资[10]之际,违配偶于戒律之间。坏法害人,无逾此道。且一夫不田,有受其饥者;一妇不蚕,有受其寒者。今天下僧尼,不可胜数,皆待农而食,待蚕而衣。寺宇招提[11],莫知纪极,皆云构藻饰,僭拟宫居。晋、宋、齐、梁,物力凋瘵,风俗浇诈,莫不由是而致也[12]。况我高祖、太宗,以武定祸乱,以文理华夏,执此二柄,足以经邦,岂可以区区西方之教,与我抗衡哉!贞观、开元,亦尝厘革,铲除不尽,流衍转滋。朕博览前言,旁求舆议,弊之可革,断在不疑。而中外诚臣,协予至意,条疏至当,宜在必行。惩千古之蠹源,成百王之典法,济人利众,予何让焉。其天下所拆寺四千六百余所,还俗僧尼二十六万五百人,收充两税户,拆招提、兰若四万余所,收膏腴上田数千万顷,收奴婢为两税户十五万人[13]。隶僧尼属主客,显明外国之教。勒大秦、穆护、祆三千余人还俗,不杂中华之风[14]。于戏!前古未行,似将有待;及今尽去,岂谓无时。驱游惰不业之徒,已逾十万;废丹臒[15]无用之室,何啻[16]亿千。自此清净训人,慕无为之理;简易齐政,成一俗之功。将使六合黔黎[17],同归皇化。尚以革弊之始,日用不知,下制明廷,宜体予意。

【注释】
[1]秋七月:会昌五年(845),唐武宗李炎下诏废寺还俗僧尼,史称"会昌灭佛"。
[2]上都:京都长安。东都:洛阳。
[3]行香:谓帝后忌辰设斋焚香以祀。
[4]慈恩:慈恩寺。位于长安东南曲江北,唐高宗李治为太子时所建。荐福:荐福寺。唐

皇帝为超度高宗亡灵而建。寺内有一座密檐式砖构佛塔,称小雁塔。西明:西明寺。原为隋杨素旧宅,入唐为太宗爱子魏王李泰宅。658年立为寺。该寺占地12.2公顷。庄严:庄严寺。位于长安永阳坊。

　　[5]鍮石:谓含铜量很高的石头,或谓铜与炉甘石(菱锌矿)共炼而成的黄铜。鍮:音 tōu。

　　[6]祠部:祠部曹,属礼部,掌祠祀、天文漏刻、卜祝、医药及僧尼簿籍。鸿胪寺:官署名。唐代鸿胪寺主要负责外交、藩国觐见及宗教事务。

　　[7]厘革:改革。

　　[8]本贯:谓户籍所在地。

　　[9]蠹耗:侵蚀损耗。

　　[10]师资:犹师徒。

　　[11]招提:寺院别称。

　　[12]凋瘵:衰败、困乏。瘵:音 zhài。浇诈:浮薄诈伪。

　　[13]两税:780年,唐宰相杨炎建议推行以户税和地税代替租庸调的新税制,分夏秋两季征收。兰若:寺庙。

　　[14]大秦:古罗马帝国。其景教(基督教)于贞观九年(635)传入中国,吸引者众。穆护:唐代称祆教传教士。祆:音 xiān,祆教。即拜火教,波斯人琐罗亚斯德创立,崇拜火。今印度、伊朗还有信徒。

　　[15]丹腹:赤色颜料。腹:音 huò,赤石风化后的东西,可做颜料。

　　[16]啻:音 chì,仅,只有。

　　[17]黔黎:百姓。

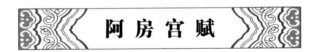

阿 房 宫 赋

唐·杜 牧

【提要】

　　本文选自《樊川文集》(上海古籍出版社1978年版)。

　　"彼狡童兮,夫何足议"(《旧唐书》)的唐敬宗李湛短短三年就挥洒完了一个宝历朝,却留下了杜牧这篇千年传颂的《阿房宫赋》。

　　唐敬宗李湛(809—826),唐穆宗长子。唐朝第14位皇帝,824—826年在位,享年19岁。即位后,只知在后宫嬉戏,奢侈荒淫。"宝历(李湛年号)大起宫室,广声色,故作《阿房宫赋》。"只知昼夜游乐的李湛无心理国,政出宦官王守澄、权臣李逢吉,最终导致官府工匠突起暴动攻入宫廷。自己也被宦官刘克明等杀害。

　　《史记》记载,秦始皇嫌都城咸阳人多、宫廷狭小,就在渭水以南营造新宫。调民夫70万,至秦朝灭亡,尚未完工。因宫前殿在"阿房",人们便称它为"阿房宫"。

公元前206年，项羽入函谷关，焚烧秦宫室，大火三月不灭，阿房宫被焚。

《阿房宫赋》得到"古来之赋此为第一"的崇高评价。文章前半部铺陈阿房宫，极尽工笔，驰骋譬喻，极度夸张地描摹其规模之大、歌舞之盛、美人之多、珍宝之丰、靡费之巨；后两段抒情议论，指出骄奢淫侈必致亡国，其意图与情愫令人深思。通观全文，杜牧想象力之丰富、文辞之华美、气势之磅礴，令人叹为观止。

杜牧后，融叙事、抒情、议论为一炉的"散赋"渐渐兴盛起来。

六　王毕，四海一。蜀山兀，阿房出。覆压三百余里，隔离天日[1]。骊山北构而西折，直走咸阳。二川[2]溶溶，流入宫墙。五步一楼，十步一阁；廊腰缦回，檐牙高啄[3]；各抱地势，钩心斗角[4]。盘盘焉，囷囷焉，蜂房水涡，矗不知其几千万落[5]。长桥卧波，未云何龙？复道行空，不霁何虹？高低冥迷，不知西东。歌台暖响，春光融融[6]；舞殿冷袖，风雨凄凄[7]。一日之内，一宫之间，而气候不齐。

妃嫔媵嫱，王子皇孙，辞楼下殿，辇来于秦。朝歌夜弦，为秦宫人。明星荧荧，开妆镜也[8]；绿云扰扰，梳晓鬟也[9]；渭流涨腻，弃脂水也[10]；烟斜雾横，焚椒兰也[11]。雷霆乍惊，宫车过也；辘辘远听，杳不知其所之也。一肌一容，尽态极妍，缦立远视，而望幸焉[12]；有不得见者三十六年[13]。

燕赵之收藏，韩魏之经营，齐楚之精英，几世几年，剽掠其人，倚叠如山。一旦不能有，输来其间[14]。鼎铛玉石，金块珠砾[15]，弃掷逦迤，秦人视之，亦不甚惜。

嗟乎！一人之心，千万人之心也。秦爱纷奢，人亦念其家。奈何取之尽锱铢，用之如泥沙[16]？使负栋之柱，多于南亩之农夫；架梁之椽，多于机上之工女；钉头磷磷，多于在庾之粟粒[17]；瓦缝参差，多于周身之帛缕；直栏横槛，多于九土之城郭[18]；管弦呕哑[19]，多于市人之言语。使天下之人，不敢言而敢怒。独夫之心，日益骄固。戍卒叫，函谷举，楚人一炬，可怜焦土[20]！

呜呼！灭六国者六国也，非秦也。族秦者秦也[21]，非天下也。嗟夫！使六国各爱其人，则足以拒秦；使秦复爱六国之人，则递三世可至万世而为君，谁得而族灭也？秦人不暇自哀，而后人哀之；后人哀之而不鉴之，亦使后人而复哀后人也。

【作者简介】

杜牧(803—852)，字牧之。京兆万年(今陕西西安)人。唐代诗人、书法家，人号"小杜"。太和年间进士及第，官至中书舍人。他主张凡为文以意为主，以气为辅，以辞采章句为之兵卫，善于吸收、融化前人的长处，铸成独特风格。有《樊川集》传世。

【注释】

[1]隔离天日：谓殿宇遮天蔽日。

[2]二川:指渭水和樊川。

[3]檐牙高啄:谓翘起的檐角就像高高反翘的鸟喙。

[4]钩心斗角:谓屋角交错相连,如钩向心,如角相斗。

[5]盘盘焉:盘旋交织貌。囷囷焉:曲屈貌。囷:音 qūn。

[6]"歌台"二句:谓皇帝临幸处,歌舞大作,暖意如春。

[7]"舞殿"二句:谓皇帝不到,舞殿如晦,冷冷凄清。

[8]荧荧:闪烁发亮貌。

[9]绿云:谓宫女发髻高耸如云。

[10]"渭水"二句:谓宫女梳洗用过的含有胭脂、粉黛的水使渭水都浮起一层油腻。

[11]椒兰:谓香料。

[12]缦:没有花纹的丝织品,常用来做帐帘。此谓如缦帐般久久翘首张望。

[13]三十六年:始皇在位 36 年,为帝 12 年。喜罗宫人,深宫女子不得见幸者极多。

[14]输来:始皇在渭水北岸仿修六国宫室,尽充搜刮而来的财物宫女。

[15]铛:音 chēng,烙饼用的平底锅,句谓把宝鼎当作锅用,玉当石头使。

[16]锱铢:谓极微小。

[17]磷磷:谓钉头突出,列排如磷石。

[18]栏、槛:泛谓阿房宫各种栏杆。

[19]管弦呕哑:谓音乐歌唱。

[20]戍卒叫:谓陈胜、吴广起义。楚人:谓项羽焚烧阿房宫。

[21]族:灭族。古代刑罚一种,一人有罪,灭三族或九族。

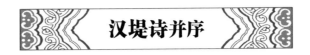

汉堤诗并序

唐·卢 肇

【提要】

本诗选自《全唐诗》(中华书局 1960 年版)。

这是唐代描写堤坝修筑的一篇长诗。

诗歌采用纪实的写法,详细摹绘了汉江洪水毁堤和卢公带领百姓修堤的宏大场面。从开头至"饥伤喘呼"为第一部分,描摹洪水摧堤毁房,给襄阳地区人民造成的深重灾难;"斯为淫痍"至"来赐我生"为第二部分,刻画的是卢公轻车简从考察被毁堤坝,动员人民修堤和百姓不分老幼齐上阵筑堤的宏大场面;第三部分写的是大堤修成之后的巍峨情景和当地百姓的欢愉场面,所谓"堤固万年丰"。

从中我们可以看到唐代大型工程建造中的细密分工和组织情状。

上元年秋[1]，汉水大溢，啮襄堤以入[2]。既沉汉郛，遂灭岘趾[3]。栋榱且流，压溺无算，襄之城仅以门免。三日水去，陷为大涂[4]。余民栖于楚山[5]，号不敢下，馁踬相捥[6]，其能全者十六七。上大忧曰：襄惟东南，实脰荆海[7]。若气不息，吾躬曷瘳[8]。今天下灾于有汉，庭垣尽潴，骸骼在涤[9]。有婴在井，母实号之。今襄人尽坠，吾号尚及哉。咨乃卿士，畴能振之，以易吾乱。咸以地官范阳公旧理南粤[10]，岛夷率化，甘于民心。俾践于襄，必克底义[11]。上谕以往。

公既至，省汉之溺，由旧防之不固几五十载。又询之，汉水之不犯襄郛，惟是甚灾，既鱼士庶[12]，灾或能嗣，孰以遏之？募民新汉之堤，食敌其功，资三其食[13]。因故堤之址，广倍之，高再倍之。距襄之郊，缭半百里[14]。明年春，堤成。公具以疏，上大欢，复襄之疲民一祀[15]，赈谷十万斛。民既保宁，讴歌怡愉。既而舒苏，不知襄之灾也。

昔狄败卫侯于荥泽，齐桓公率诸侯城缘陵以居之，而卫国忘亡，君子是以称桓公之德[16]。今公之为是堤也，襄有卫人之思焉。而况以天子之慈以生厥民，曷齐桓之尚焉？噫！五材之生沴也，必极于物[17]。物之既极，天必资明哲以苏之，理之常也。古之人有力保一邑，勇御一寇，谓之有功，尚以金石载之。况捍大灾，救大患[18]。其美若是，岂得无称焉？是宜以声诗播之，登于乐府。惟汉亦有《瓠子之歌》[19]，是可类之。谨按正考甫作商诗，公子奚斯命太史克请于周，作鲁诗，皆其国之公族也[20]。肇于公为族孙，幸力于文，所不宜默。惟岘之碑曰羊公，惟堤之诗曰卢公，是古今之相光昭也，其谁曰不然。诗曰：

> 阴沴奸阳，来暴于襄[21]。洎入大郛，波端若铓[22]。
>
> 触厚摧高，不知其防。骇溃颠委，万室皆毁[23]。
>
> 灶登蛟鼍，堂集鳣鲔[24]。惟恩若雏，母不能子。
>
> 洪溃既涸，闿闳其虚[25]。以隳我堵，以剥我庐[26]。
>
> 酸伤顾望，若践丘墟[27]。帝曰念嗟，朕曰南顾[28]。
>
> 流灾降慝，天曷台怒[29]。滔滔襄郊，捽我婴孺[30]。
>
> 于惟余旰，饥伤喘呼[31]。斯为淫痍，孰往膏傅[32]。
>
> 惟汝元寮，金举明哲[33]。我公用谐，苴茅杖节[34]。
>
> 来视襄人，噢咻提挈[35]。不日不月，哈乎抃悦[36]。
>
> 乃泳故堤，陷于沙泥。缺落坳圮，由东讫西[37]。
>
> 公曰呜呼，汉之有堤。实命襄人，不力乃力[38]。
>
> 则及乃身，具锸与畚[39]。汉堤其新，帝廪有粟。
>
> 帝府有缗，尔成尔堤[40]。必锡尔勤，襄人怡怡[41]。
>
> 听命襄浒，背囊肩杵[42]。奔走蹈舞，分之卒伍。
>
> 令以麾鼓，寻尺既度。日月可数，登登岤岤[43]。
>
> 周旋上下，披岘斫楚[44]。飞石挽土，举筑殷雷[45]。
>
> 骇汗霏雨，疲癃鳏独[46]。奋有筋脊，呀吁来助[47]。
>
> 提筐负筥，不劳其劳[48]。杂沓笑语，咸曰卢公，来赐我生[49]。

斯堤既成,蜿蜒而平。确尔山固,屹如云横[50]。

汉流虽狂,坚不可蚀。代千年亿,与天无极[51]。

惟公之堤,昔在人心。既筑既成,横之于南。

萌渚不峻,此门不深[52]。今复在兹,于汉之阴。

斯堤已崇,兹民获祐。龆童相庆,室以完富[53]。

贻于襄人,愿保厥寿。繄公之功,赫焉如昼[54]。

捍此巨灾,崒若京阜[55]。天子赐之,百姓载之。

族孙作诗,昭示厥后。

【作者简介】

卢肇(818—882),字子发,号乐轩,唐宜春(今属江西)人。会昌三年(843),中状元。累官歙州、吉州刺史。清廉谨慎,勤政亲民,但性格耿直,节操凛然。工诗善赋擅文章,有《文标集》《庙堂龟鉴》《卢子史录》《逸史》《愈风集》《大统赋注》等传世。

【注释】

[1]上元:唐高宗李治年号,674—676 年。

[2]啮:音 niè,咬,此谓冲破。

[3]郛:音 fú,外城。岘趾:谓岘山脚下。岘:音 xiàn。

[4]涂:泥。大涂:谓成为大泥淖。

[5]楚山:即荆山,在今湖北襄樊境内。

[6]馁踬:音 něi zhì,饥饿颠仆。

[7]脰:音 dòu,颈项,此谓连接。荆海:谓今江汉平原。

[8]瘳:音 chōu,疾愈谓之。

[9]胔:音 zì,肉。淖:烂泥。

[10]地官:古代六官之一,掌土地和百姓。南粤:今广东广西一带。

[11]克:胜任。乂:音 yì,治理。

[12]鱼:以……鱼。

[13]"募民"句:谓对修堤有功的百姓论功行赏。三:谓三倍。

[14]缭:环绕。

[15]祀:年。句谓免襄民一年税赋。

[16]狄败卫侯:周惠王十七年(前 660)冬,狄人入卫。卫懿公与狄人战于荧泽而败,死之。卫都朝歌沦陷。后赖齐桓公之助复国。荧泽:今河南淇县北。

[17]沴:音 lì,灾气,恶气。

[18]捍:音 hàn,抵御。

[19]《瓠子之歌》:元封二年(前 109),汉武帝亲临现场督察堵塞黄河瓠子决口。瓠子:瓠子堤,在今河南濮阳西南。

[20]正考甫:春秋时宋襄公之臣,慕周宣王之臣尹吉甫作周颂而作商颂。公子奚:即奚斯,鲁僖公之臣。

[21]沴:音 lì,传说中的灾气、恶气。句谓暴雨成灾。襄:即今湖北襄阳一带。卢中状元后,曾在武昌节度使卢商帐下充任幕僚。卢商(778—848),字为臣,范阳(今河北涿州市)人。

举进士,累迁大理卿、苏州刺史,入为刑部侍郎、京兆尹、同中书门下平章事。大中元年罢为武昌节度使。拜户部尚书卒。

[22] 洎:音 jì,洪峰。郛:音 fú,外城。铓:刀锋。

[23] 颠委:谓摧毁。委:通"萎",衰颓。

[24] 蛟鼍:蛇鳄。鼍:音 tuó,一种鳄鱼。鳣鲔:鱼类。鳣:音 zhān,类鲟。鲔:音 wěi,鲟鱼。

[25] 闬:音 hàn,闾里的门。闳:音 hóng,巷门。谓街市。

[26] 隳:音 huī,毁坏。堵:墙。

[27] 丘墟:荒丘废墟。

[28] 嗟:叹惜。

[29] 慝:音 tè,邪恶,谓淫雨。曷台:为什么。台:音 yí。

[30] 捽:音 zuó,拔取,夺走。

[31] 甿:同"氓",音 méng,老百姓。

[32] 淫痍:谓巨大创伤。痍:音 yí,创伤。孰:哪里。膏傅:富安之地。傅:通"附",附近,地方。

[33] 元寮:谓朝廷大员。寮:音 liáo,通"僚"。佥:音 qiān,都、皆。

[34] 我公:谓卢商。苴茅:茅草做的鞋履。此谓轻车简从。

[35] 噢咻:音 yǔ xǔ,安抚,抚慰病痛。提挈:谓抚民。

[36] 咍乎:(民众)喜悦貌。咍:音 hāi。抃悦:鼓掌欢悦。抃:音 biàn,鼓掌。

[37] "缺落"二句:谓防洪大堤被洪水到处冲开豁口。坳:音 ào,凹下的地方。

[38] 不力:谓不要怜惜。

[39] 锸:音 chā,铁锹。畚:音 běn,箕畚,盛土等。

[40] 缗:音 mín,指税钱。

[41] 锡:赐,嘉奖。怡怡:愉悦貌。

[42] 浒:音 hǔ,水边。

[43] 登登:谓堤防逐渐变高。业业:音 yè,高峻貌。

[44] 岘:岘首山,在今湖北襄阳县南。楚:灌木。

[45] 殷雷:谓筑杵声汇在一起,声如盛雷。

[46] 骇汗霏雨:谓挥汗如雨。癃:音 lóng,老者。

[47] 筋膂:青筋暴突的脊背。膂:音 lǚ。

[48] 筥:音 jǔ,圆形竹筐。

[49] 卢公:即卢商。

[50] 确尔:坚固貌。

[51] "代千年亿"二句:谓大堤固若金汤,千秋万代与天同寿。

[52] 渚:水中小块陆地。

[53] 齯童:老幼。齯:音 ní,老人齿落复生。

[54] 繄:音 yī,句首语气词。

[55] 捍:抵御。崒:音 zú,高耸貌。

琉璃窗赋

唐·王棨

【提要】

本文选自《全唐文》(上海古籍出版社 1990 年版)。

这篇赋介绍的是中国古代建筑材料之——琉璃。作者从各个侧面详尽介绍琉璃的特性,描绘了琉璃所具有的独特品质。

中国古代称玻璃为琉璃。历来国人对玻璃的称谓,一般系指透明似水晶的为玻璃,透明度差而光泽接近釉彩的叫琉璃。

由于琉璃的珍贵,只有皇家、权贵及大富人家才能使用得起。因此,作者不免也要告诫一番"国以奢亡"的道理。

彼窗牖之丽者,有琉璃之制焉[1]。洞彻而光凝秋水,虚明而色混晴烟。皓月斜临,陆机之毛发寒矣[2];鲜飙如透,满奋之神容凛然。

始夫创奇宝之新规,易疏寮之旧作[3]。龙鳞不足专其莹,蝉翼安能拟其薄。若乃孕美澄凝,沦精灼烁。栋宇廓以冰耀,房栊炯其电落[4]。深窥公子,中眠云母之屏;洞见佳人,外卷水精之箔。表里玲珑,霜残露融。列远岫以秋绿,入轻霞而晚红。满榻琴书,杳若冰壶之内。盈庭花木,依然瑶镜之中[5]。

故得绣户增光,绮堂生白。睹悬虱之旧所,疑素蟾之新魄[6]。碧鸡毛羽,微微而雾縠旁笼[7];玉女容华,隐隐而银河中隔。几误梁燕,遥分隙驹[8]。比曲栿而顿别,想圭窦以终殊[9]。迥以视之,虽皎洁兮斯在;远而望也,则依微而若无。由是蝇泊如悬,虫飞无碍。光寒而珠烛相连,影动而琼英俯对。不羡石崇之馆,树列珊瑚[10];岂惭韩嫣之家,床施玳瑁[11]。如是价重琐闼,名珍绮疏[12]。彻纱帷而晃朗,连角簟而清虚[13]。倘徵其形,王母之宫可匹;若语其巧,大秦之璧焉如[14]。

然而国以奢亡,位由侈失。帝辛为象箸于前代,令尹惜玉缨于往日[15]。其人可数,其类非一。何用崇瑰宝兮极精奇,置斯窗于宫室。

【作者简介】

王棨(生卒年不详),字辅之,福清(今属福建)人。咸通三年(862)进士。累官太常博士、水部郎中。

【注释】

［1］琉璃:用铝和钠的硅酸化合物烧制成的釉料,常见的有绿色和金黄色两种,多加在黏土的外层,烧制成缸、盆、砖瓦等。

［2］陆机(261—303):字士衡,华亭(今上海松江)人,一作吴郡(今江苏苏州)人,西晋书法家、文学家。其《平复帖》为稀世珍宝。

［3］寮:音liáo,小窗。

［4］房栊:窗棂,亦指房屋。

［5］瑶镜:喻圆月。

［6］悬虱:《列子》载:纪昌学射,牛毛系虱于南窗,日夜凝视,三年后,虱大如车轮,举射之,矢贯虱心而毛不绝。素蟾:月的别称。

［7］碧鸡:谓形状如鸡的玉。縠:音hú,有皱纹的纱。

［8］梁燕:梁上的燕子。隙驹:日,光阴。

［9］圭窦:形状如圭的墙洞。

［10］石崇(249—340):西晋文学家。字季伦,生于青州,小名齐奴。官荆州刺史、侍中,巨富。其家所藏珊瑚树高六七尺。

［11］韩嫣:字王孙,汉武帝男宠,常与其共卧起,床施玳瑁,金为弹丸。

［12］琐闼:镌刻连琐图案的宫中小门。

［13］晃朗:明亮貌。角簟:细竹篾编成的席。

［14］大秦:古书中对罗马帝国的称呼。

［15］帝辛:即商纣王。

水 殿 赋

唐·黄 滔

【提要】

本文选自《全唐文》(上海古籍出版社1990年版)。

隋炀帝在扬州大建离宫,高大的楼船就是他奢华享乐的一个去处。

本文详细描绘了炀帝龙舟楼船的雄伟气势、豪华装饰,想必在这样高高的楼船上观赏嫔妃莲步、歌伎柳腰,看着烟雨江南,听着丝竹齐奏别是一番享受吧。

作者同样描述了隋朝短短三十多年便灰飞烟灭的景象,且点明隋炀帝不学"汤武推仁",才导致"銮辂而飘成覆辙,楼船而堕作沉舟"。

昔隋炀帝,幸江都宫,制龙舟而碍日,揭水殿以凌空[1]。诡状奇形,虽压洪流之上;崇轩峻宇,如张丹禁之中[2]。当其城苑兴阑,烟波思起。截通魏国之路,凿改禹门之水[3]。

于是怪设堂殿,妙盘基址。屏开于万象之外,岳立于千艘之里。还于玉阙,控鳌海以峥嵘;稍类云楼,拔蜃江而耸峙[4]。皆以彩饰无比,雕镌罕量[5]。装羽毛而摇裔,叠琼璧而荧煌。镜豁四隅,远近之风光写入。花明八表,古今之壮丽攒将[6]。

天子乃纵巡游,极驾驭,登巨舰以龙跃,扩深局而虎踞。旌旗剑戟以络野,珠翠歌钟而触处。三十六宫之云雨,浈洞随来[7]。一千余里之烟尘,冥蒙扑去[8]。百幅帆立,千夫脚奔。上摇乌兔,下窜蛟鼋。天河邂逅以惊杀,地轴参差而轧翻[9]。兰桌桂楫之骈阗[10],行辞洛口。鸳瓦虹梁之岌嶪,坐彻夷门[11]。启闭讵常,登临罔毕[12]。雷訇之竹箭冲过,辐凑之木兰贮出[13]。柳丝两岸,袤为朱槛之春;水调千声,送下青淮之日[14]。

既而遄惊鬼瞰,遽及神谋[15]。銮辂而飘成覆辙,楼船而堕作沉舟。宝祚皇风,一倾亡于下国;霞窗绣柱,大零落于东流。

嗟夫!驾作祸殃,树为罪咎。穿河彰没地之象,泛水示沉泉之丑。血化兆庶,财殚万有。所以汤武推仁,不得不加兵于癸受[16]。

【作者简介】

黄滔(840—911),字文江,莆田(今属福建)人。唐乾宁二年(895)进士,官国子四门博士,因宦官乱政,愤然弃职回乡。黄滔是晚唐著名诗人,《全唐诗》收录其诗作100多首。

【注释】

[1]江都:今江苏扬州。

[2]丹禁:谓帝王所居的紫禁城。

[3]魏国:战国时其位置大致在今河南北部至山西南部一带。禹门:传说大禹治水在今江南一带。

[4]蜃江:指运河。

[5]罕量:谓难以计数。

[6]攒将:谓汇集。

[7]浈洞:汹涌貌。浈:音hòng。

[8]冥蒙:幽暗浓密貌。

[9]地轴:谓大地。轧翻:谓变化多端。

[10]骈阗:谓桨楫林立。

[11]岌嶪:高耸貌。夷门:泛指城门。

[12]讵:无,非。

[13]竹箭、木兰:均为船名。

[14]青淮:谓炀帝下淮扬。

[15]遄:音chuán,快速,疾速。

[16]癸:兵器。句谓商汤周武灭夏、灭商。

唐·杜荀鹤

【提要】

本诗选自《全唐诗》(中华书局1960年版)。

杜荀鹤此诗短短八句四十字,写尽苏州城市的蕴藉风流,枕河人家、水巷小桥、菱藕绮罗,还有未眠月夜的乡思渔歌。

江南造城、造园莫不枕水凌澜,因此,无论是城还是园,尽都灵动飞扬。

君到姑苏见,人家尽枕河。
古宫[1]闲地少,水巷小桥多。
夜市卖菱藕,春船载绮罗[2]。
遥知未眠月,乡思在渔歌。

【作者简介】

杜荀鹤(846—904),字彦之,号九华山人,池州石埭(今安徽石台)人。出身寒微。数次应考不第。后经朱温表荐事后晋,授翰林学士、主客员外郎,患重疾,旬日而卒。其诗语言通俗、风格清新,后人称"杜荀鹤体"。有《杜荀鹤文集》三卷流传。

【注释】

[1]古宫:春秋时,苏州曾作为吴国都城。唐以来,得到大力开发。
[2]绮罗:谓丝绸。

唐·刘 沧

【提要】

本诗选自《全唐诗》(中华书局1960年版)。

作者使用的是由远及近的写作手法。暮色苍茫的黄昏时分,苍苍云楼欲动欲走入清渭,鸳鸯瓦覆盖的屋顶从高高的绿杨林中试欲飞出。接下来,作者便展开想象的翅膀,歌舞、弄花、朝拜皇帝……锦绣宫中的日子一定是堆金叠粉,惬意非常。

此诗写长安宫殿的手法很奇特,并不直接摹刻建筑的体量形制,"动""入""飞""出"四个动词却写尽建筑的灵动与神奇。建筑如不充满灵性,又怎能飞动?

西上秦原见未央[1],山岚川色晚苍苍。
云楼欲动入清渭,鸳瓦如飞出绿杨[2]。
舞席歌尘空岁月,宫花春草满池塘。
香风吹落天人语,彩凤五云朝汉皇[3]。

【作者简介】

刘沧(生卒年不详),字蕴灵,河南(今河南洛阳)人。曾客居齐鲁,或以为鲁人。唐宣宗大中八年(854)进士及第,调华原尉,后官龙门令。诗极清丽,善于琢句,长于怀古。

【注释】

[1] 秦原:犹秦中。未央:汉宫名,唐人多以汉写唐。
[2] 鸳瓦:鸳鸯瓦。
[3] 五云:五彩祥云。

对筑墙判

唐·卢 侑

【提要】

本文选自《全唐文》(上海古籍出版社 1990 年版)。

这是唐代大量判文中关于重修市井墙垣的一篇。

坊墙因雨倒塌,两边街坊都称应该让受益方自己修筑,因为修缮墙体要钱财、要劳役。双方争来争去,最后官员出面率全体街坊一同修筑。墙好了,黔娄猗顿虽家产、境况不同,大家又都是大唐好子民。正所谓"版筑不妨当面"。

洛阳县申界内坊墙因雨颓倒,比令修筑[1]。坊人诉称皆合当面自筑[2]。不伏,率坊内众人共修[3]。

帝王是宅,河洛之阳。云阙岩岩,列绮城之万雉[4];环途隐隐,分体国之九经[5]。重闬交关[6],楼台相距,属阴风回扇,累日沉辉,洒洪雨于四溟,布族云于千里[7]。烟凝万井,萍汛中衢[8]。半露宫墙,坐见室家之好;全额环堵,行瞻湫隘之居[9]。且揆务黄图[10],参荣赤县,理虽谨察故典,遵牧黎人,必使沟洫广开,垣墙甚厚,因兹法令,正叶随时[11]。坊人以东里北郭,则邑居各异;黔娄猗顿,乃家产不侔[12]。奚事薄言,仁遵恒式,既资众力,须顺人心。垣高不可及肩,板筑何妨当面?

【作者简介】

卢俌(生卒年不详),唐中宗朝为右补阙,迁秘书少监。开元时,为修图书副使。

【注释】

[1]比令:谓官员紧接着命(修复)。
[2]合:应当。当面:犹受益方。
[3]不伏:不服。
[4]岩岩:高大耸立貌。万雉:极言城墙周围之广。
[5]体国:体国经野,谓分划区间。九经:谓大道。
[6]闬:音 hàn,门。
[7]四溟:谓天下。族云:谓凝聚的云气。
[8]烟凝:指乌云密布(市井)。萍汛:指洪水,萍:犹浮(水)。
[9]湫隘:谓街巷狭小。
[10]揆务:谓研究。黄图:《三辅黄图》,借指畿辅。
[11]正叶:和洽。叶:音 xié。
[12]黔娄:语出《列女传》:黔娄死,曾子往吊,见以布被覆尸,覆头则足见,覆足则头见。曾子曰:"斜引其被则敛矣。"黔妻曰:"斜而有余,不如正而不足也。"后以之喻安贫乐道的贤德之妻。猗顿:战国时大富商。后以之称富户。

太 湖 石 歌

唐·吴 融

【提要】

本诗选自《全唐诗》(中华书局 1960 年版)。

赏石之风起于商周,盛于唐。作者在这篇诗中,一连用了五个"又如",狙击的战士、枯死的防风、老虎的额头、成人枫、疥疤柏,这都是横看竖看、左看右看这块太湖石的印象。

继写石头的去路。不见得要安身豪门大第,小山丛桂为伴、方池钓畔便能与栏轩争辉。观此诗可见唐人赏石意趣。

洞庭山下湖波碧,波中万古生幽石。
铁索千寻取得来,奇形怪状谁能识。
初疑朝家正人立[1],又如战士方狙击。
又如防风死后骨,又如於菟活时额[2]。
又如成人枫,又如害瘿柏[3]。
雨过上停泓,风来中有隙[4]。
想得沉潜水府时,兴云出雨蟠蛟螭[5]。
今来硉矹林庭上[6],长恐忽然生白浪。
用时应不称娲皇,将去也堪随博望[7]。
噫嘻尔石好凭依,幸有方池并钓矶[8]。
小山丛桂且为伴,钟阜白云长自归[9]。
何必豪家甲第里,玉阑干畔争光辉。
一朝荆棘忽流落,何异绮罗云雨飞。

【作者简介】

吴融(？—903),字子华,越州山阴(今浙江绍兴)人。曾隐居茅山,徙居苏州。累官左补阙、中书舍人、兵部侍郎、户部侍郎。晚唐诗人中,吴融作为温(庭筠)、李(商隐)诗风的追随者,其最大特色则在于将温、李的缛丽温馨引向凄冷清疏之路。

【注释】

[1]朝家:朝廷。

[2]防风:药草名。羽状复叶,叶片狭长。於菟:古代楚人称老虎。於:音 wū。菟:音 tù。

[3]瘿:音 yǐng,树上隆起的块状物。

[4]泓:深而广的水。

[5]蟠蛟螭:均谓龙。螭:音 chī,一种没角的龙。

[6]硉矹:音 lù wù,大石貌。

[7]娲皇:即女娲,传说曾补天。博望:古山名。位于今安徽当涂东南,与和县西梁山隔江相对如门,故又称天门山。

[8]钓矶:钓鱼时坐的岩石。

[9]钟阜:神话传说中地处极北、气候苦寒的钟山。

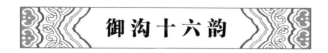

御沟十六韵

唐·吴 融

【提要】

本诗选自《全唐诗》(中华书局 1960 年版)。

曲江盘曲九回,其岸曲折多姿、林木繁茂、繁花周环,自然景色十分秀美。隋文帝修筑大兴城,曲江池被包进大兴城内,取名"芙蓉园"。唐玄宗开元年间,在芙蓉园的基础上,对曲江园林进行了大规模的修葺营造,引黄渠水入池以扩大水面,浚池底、通梁道、造彩舟、植莲花、种曲柳、辟杏园,曲江池成为京城胜景。

这首诗按照曲江流向详细介绍了两岸景色、建筑。"激石珠争碎,萦堤练不收",激激水流,银白银白地,顺势倾泻,沿途鹤鸣鸟歌、鱼翔浅底,风也温柔、月也温柔,大唐气象在建筑、园林上体现得淋漓尽致。

一水终南下,何年派作沟。穿城初北注,过苑却东流[1]。
绕岸清波溢,连宫瑞气浮。去应涵凤沼,来必渗龙湫[2]。
激石珠争碎,萦堤练不收[3]。照花长乐曙,泛叶建章秋[4]。
影炫金茎表,光摇绮陌头。旁沾画眉府,斜入教箫楼[5]。
有雨难澄镜,无萍易掷钩。鼓宜尧女瑟,荡必蔡姬舟[6]。
皋著通鸣鹤,津应接斗牛[7]。回风还激激,和月更悠悠[8]。
浅忆筋堪泛,深思杖可投。只怀泾合虑,不带陇分愁[9]。
自有朝宗乐,曾无溃穴忧[10]。不劳夸大汉,清渭贯神州。

【注释】

[1]北注、东流:此谓曲江。曲江九折、循终南山北流经乐遊原,穿城过芙蓉园东去。是隋唐时著名风景区(曲江池)。

[2]湫:音 qiū,水池。

[3]练:煮得柔软而洁白的丝麻织品。此谓小流。

[4]长乐:宫名。汉高祖刘邦就秦兴庆宫改建而成,故址在汉长安城东南隅。建章:宫名,建于汉武帝太初元年(前 104)。

[5]画眉府:汉京兆尹张敞,以为妇画眉闻名,后多借指夫婿。此当指帝王女府第。教箫楼:谓华清宫。唐玄宗在此教习梨园弟子演练歌舞。

[6]尧女:《列女传》曰:湘君。舜帝妻。蔡姬:即蔡文姬,汉末著名琴家、才女。

[7] 皋:音 gāo,沼泽湿地。

[8] 潋潋:音 liàn,水波流动貌。

[9] 泾合虑:曲江入城注入渭水,在长安城北合泾水东流入黄河,故称。

[10] 朝宗:谓小水流注大水。

唐·顾 云

【提要】

本诗选自《全唐诗》(中华书局 1960 年版)。

这是秦代以来描写大型构筑活动诗作中为数极少的歌颂之作。

筑城了,家家户户出丁出财,役夫们精神焕发、毫无倦色,酒管够、饭管饱,还有能工巧匠胸有成竹地谋划。"画阁团团真铁瓮,堵阔巉岩齐石壁",矗立的城池坚固且华丽,当要冲、接岩崖、连石壁,锦旗翻飞,锦江映城壁。

大家为何齐心协力? 因为城得立,西川百姓"从兹始是中华人"。

三十六里西川地,围绕城郭峨天横[1]。

一家人率一口矍,版筑才兴城已成[2]。

役夫登登无倦色,馔饱觞酣方暂息[3]。

不假神龟出指踪,尽凭心匠为筹画[4]。

画阁团团真铁瓮,堵阔巉岩齐石壁[5]。

风吹四面旌旗动,火焰相烧满天赤。

散花楼晚挂残虹,濯锦秋江澄倒碧[6]。

西川父老贺子孙,从兹始是中华人。

【作者简介】

顾云(? 一约894),字垂象,池州(今安徽池州)人。咸通十五年(860)进士及第,任高骈淮南从事。后退居雪川(今浙江吴兴南),闭门著书。大顺(唐昭宗年号,890—891 年)中,与羊昭业、卢知猷、陆希声、钱翊、冯渥、司空图等分修宣、懿、僖三朝实录,书成,加虞部员外郎。乾宁(唐昭宗年号,894—898 年)初卒。存诗一卷。

【注释】

[1]西川:川西。峨:高耸貌。

［2］甓:音 pì,砖。版筑:谓筑墙。句谓筑城速度之快。

［3］登登:筑城夯土的声音。

［4］神龟:卜占风水。指踪:谋划。心匠:谓心中自有城池之人。

［5］画阁:城上彩饰的楼阁。

［6］濯锦秋江:即锦江。岷江流经成都附近一段称之。濯锦,锦彩鲜润逾于常,故名。

筑 塘 疏

五代·钱 镠

【提要】

　　本文选自《全唐文补编》(中华书局 2005 年版)。

　　钱塘江入海的杭州湾呈平面收缩(湾口南汇嘴至镇海断面宽 100 公里,向内约 110 公里至尖山,低水河宽收缩为 10 公里),加上今乍浦以上的河床急剧抬升,潮波剧烈变形,在尖山稍下形成涌潮,经常出现流速达 5～7 米/秒的水流。强劲的涌潮、宽浅的江道、主流的频繁摆动,对两岸堤塘及其他各类建筑物破坏力极大。因此,岸崩、塘毁史不绝书。

　　钱镠这封呈给朝廷的奏疏中,详细记述了海潮危害、修筑海塘长度以及经费开支。《吴越备史·杂考》翔实记录了修筑海塘细节:又以大竹,破之为笼,长数十丈,中实巨石,取罗山大木长数丈,植之,横为塘,依匠人为防之制,又以木立于水际,去岸二九尺,立九木,作九重……由是潮不能攻,沙土渐积,塘岸益固。竹笼石塘的建成,是钱塘江海塘由土塘发展到石塘的重要转折。

　　由于防治海潮收到了良好效果,两浙民间称他为“海龙王”。

　　为筑塘御潮,请复古基,以卫民生事。窃惟之江水源,自衢、婺、睦等州各道[1],汇入富春[2],奔腾而入。潮汐由杭州之盐官、秀州之海盐各路,汇入鳖子门而入[3]。每昼夜两次冲击,岸渐成江。近年以来,江大地窄。

　　溯自唐贞观[4]以前,居民修筑,不费官币。塘堤不固,易于崩坍。迨后兵革频兴[5],民亦屡迁,遂废修塘之工。海飓大作,怒涛掀簸,堤岸冲啮殆尽。自秦望山东南十八堡[6],数千万亩田地,悉成江面。民不堪命,群诉于臣。臣目击平原沃野,尽成江水汪洋。虽值干戈扰攘之后,即兴筑塘修堤之举。

　　春秋时白圭筑堤,壅于邻国,孟子讥以为仁人所恶[7]。臣今按神禹之古迹,考前人之治堤,其水仍导入海,不伤邻界,则土地复而邻无患,塘之不可不筑,一也;况民为社稷之本,土为百物所生。圣人云:有土斯有财。塘之不可不筑,二也;经始于开平四年八月[8],竣事于是年十月。功成,计费十万九千四百四十缗[9]。堤长三十三万八千五百九十三丈,以御江涛。外加土塘,内筑石堤,不辞鞭石畚土之劳[10],以图经久乐利之计。塘之不可不筑,三也;况风气所凝,人材所聚。昔之汪洋浩荡,今成沃野平原,东南水土长生,亦可以储精气之美,人文之盛。今则征科有据,常赋无亏,岁获屡登,民亦奠业。

臣非敢沽名,以邀斯民之戴德,实不忍以沃壤之区,投之江汉耳。兹塘已筑,将见安澜,永庆海晏河清矣。谨将筑塘缘由,据实奏明。伏惟睿鉴。谨奏。开平四年十月。

【作者简介】

钱镠(852—932),字具美,临安人。唐乾符初受募为偏将,因军功先后授镇海等军节度使,后梁开平元年(907)封吴越王,龙德三年(923)称吴越国王。竹笼石塘修成后,钱镠还疏通杭州城内、外运河,并建浙江、龙山两闸(一说在钱氏掌权时期),以沟通钱塘江。又疏浚杭州西湖、越州鉴湖,并引西湖水入城内运河,使杭州渐渐成为当时我国东南的大都会。

【注释】

[1] 衢:今浙江衢州。婺:今浙江金华。睦:今浙江淳安西。

[2] 富春:即富春江,是钱塘江从桐庐到萧山段别称。

[3] 盐官:今属浙江海宁。秀州:今浙江嘉兴。鳖子门:钱塘江入海口南大门称之。

[4] 贞观:唐太宗李世民年号,627—649年。

[5] 迨:及,到。

[6] 秦望山:处会稽群山中,海拔543米。

[7] 白圭:名丹。曾任魏国宰相,筑堤治水闻名。孟子谓"以邻为壑"。

[8] 开平:五代后梁太祖朱温年号,907—910年。

[9] 缗:音 mín,一千文铜钱谓之。

[10] 鞭石:《艺文类聚》载:始皇作石桥,欲过海观日出处。于时有神人,驱石下海,嫌其慢,鞭之,石尽流血,悉赤,至今犹尔。后以鞭石为神助。

题麦积山天堂

唐·王仁裕

【提要】

本诗选自《全唐诗》(中华书局1960年版)。

麦积山位于甘肃省天水市东南,平均海拔在1 400米至2 200米之间。因山体呈圆锥状,酷似农家的麦垛而得名。麦积山山峰西南面为悬崖峭壁,著名的麦积山石窟就开凿在这峭壁上,北魏、西魏、北周三朝开始的造像活动至明、清都不曾中断。重峦叠嶂、青松似海、飞瀑如练、冬无严寒、夏无酷暑的麦积山也集聚了众多名刹大观。

这首诗写的就是悬崖峭壁上的建筑,绝顶处路危人少,厅堂上平分落日;袅袅云雾拥入怀,吟吟松涛濯尘耳,快哉人生。"檐前"二句把屋写活,视者、分者是人还是屋宇,恐怕如此高绝的房屋也有了灵性吧。

蹑尽悬空万仞梯[1],等闲身共白云齐。
檐前下视群山小,堂上平分落日低。
绝顶路危人少到,古岩松健鹤频栖。
天边为要留名姓,拂石[2]殷勤身自题。

麦积山

【作者简介】

王仁裕(880—956),字德辇,天水(今属甘肃)人。初为秦州判官,历后唐、后晋、后汉,终户部尚书。后周显德(954—959)初卒。仁裕晓音律,喜为诗。尝集平生所作诗为《西江集》,今编为一卷。

【注释】

[1]蹑:蹑脚。指小心攀登。
[2]拂石:刻石。

许客户于坊市修营屋宇敕

后唐·李嗣源

【提要】

本文选自《全唐文》(上海古籍出版社 1990 年版)。

五代时期,战乱频仍,民不聊生,屋舍园田荒芜无数。为了国家富强,民众生息,后唐明宗发布了这道诏书。

开宗明义,明宗要求各地"务广人烟",若闻房间屋已竣工,即行绥安抚慰之策,务求和谐安定。而且那些抛荒的官舍、寺院,如果有人居住,"便任永远为主"……总之,为了民生安定、国富民强。

凡兴舍宇,务广人烟,既闻完葺之期,式叶绥安之道[1]。况京城之内,已有条流,县邑之中,可援事例。应诸县有临街店舍田地,宜准敕许人收买,依限修盖,其佐官宅基,旧属县廨宇,并寺院伽蓝地,如人户已盖造屋舍居止,不在起移之限,便任永远为主[2]。如更别占据空地,作园圃及种莳苗稼[3],仍仰县司与寺家决定,办得修盖,即许识认。

(唐)千佛洞壁画中之住宅(甘肃敦煌)

【作者简介】

李嗣源(867—933),唐沙陀部人,生于应州金城(今山西应县)。本名邈佶烈。即帝位后又更名李亶,为后唐明宗。他起初跟随李克用征战多年,屡立战功。后兵变夺位,926年即帝位。即位后,革除弊政、废除苛法、诛杀宦官、精简宫人,解民疾苦。在位期间,战争稀少,屡有丰年,人民获得了短期的喘息。933年11月李嗣源病重。他命第五子李从厚赶回京城继位。次子李从荣便趁李从厚还未赶回京城发动兵变,攻打宫门,被击败后,满门杀绝。李嗣源知情后受惊而死。

【注释】

[1]完葺:竣工。叶:音 xié,和恰。此作动词。

[2]廨宇:官舍。伽蓝:寺院。

[3]莳:移栽,栽种。

题景焕画应天寺壁天王歌

五代·欧阳炯

【提要】

本诗选自《全唐诗》(中华书局1960年版)。

应天寺位于成都城南牧马山麓,现占地40余亩。关于该寺始建年代说法不一,笔者比较倾向于唐代。因为这座寺庙为唐帝敕建,是唐玄宗、肃宗两代皇帝避难之处,大量随帝丹青高手在庙中作壁画,且免于唐武宗大规模灭佛之难,所以,北宋时成都府尹李之纯在《大慈寺画记》中记寺中共有各类壁画15 500壁以上,还有上千尊雕塑、铸像,是当时中国首屈一指的"艺术之宫"。

这篇长诗分为三个部分。开头至"留与后人教敌手",刻画的是孙位所画佛像的鬼斧神工;第二部分从"后人见者皆心惊"到"半面女郎安小儿",写的则是景朴所画内容。"其所画天王部众,人鬼相杂,矛戟鼓吹,纵横驰突,交加戛击,欲有声响。而鹰犬之类,皆三五笔而成,弓弦斧柄之属,并掇笔而描,如从绳而正矣。"(宋·黄休复《益州名画录》)而最后一部分则是作者的感受与感叹。

佛教建筑必有画。景焕画、欧阳炯诗和草书僧梦龟的录诗于廊壁的书法并称"应天三绝",可惜今已不传。

锦城东北黄金地[1],故迹何人兴此寺。

白眉长老重名公,曾识会稽山处士[2]。

寺门左壁图天王,威仪部从来何方[3]。
鬼神怪异满壁走,当檐飒飒生秋光。
我闻天王分理四天下,水晶宫殿琉璃瓦[4]。
彩仗时驱狒狱装,金鞭频策骐驎马[5]。
毗沙大像何光辉,手擎巨塔凌云飞[6]。
地神对出宝瓶子,天女倒披金缕衣[7]。
唐朝说著名公画,周昉毫端善图写[8]。
张僧繇是有神人,吴道子称无敌者[9]。
奇哉妙手传孙公[10],能如此地留神踪。
斜窥小鬼怒双目,直倚越狼高半胸。
宝冠动总生威容,趋跄左右来倾恭[11]。
臂横鹰爪尖纤利,腰缠虎皮斑剥红。
飘飘但恐入云中,步骤还疑归海东。
蟒蛇拖得浑身堕,精魅搦来双眼空[12]。
当时此艺实难有,镇在宝坊称不朽。
东边画了空西边,留与后人教敌手[13]。
后人见者皆心惊,尽为名公不敢争。
谁知未满三十载,或有异人来间生。
匡山处士名称朴,头骨高奇连五岳[14]。
曾持象简累为官,又有蛇珠常在握[15]。
昔年长老遇奇踪,今日门师识景公。
兴来便请泥高壁,乱抢笔头如疾风。
逡巡队仗何颠逸,散漫奇形皆涌出[16]。
交加器械满虚空,两面或然如斗敌。
圣王怒色览东西,剑刃一挥皆整齐。
腕头狮子咬金甲,脚底夜叉击络鞮[17]。
马头壮健多筋节,乌觜弯环如屈铁[18]。
遍身蛇虺乱纵横,绕颔髑髅干孑裂[19]。
眉粗眼竖发如锥,怪异令人不可知。
科头巨卒欲生鬼,半面女郎安小儿[20]。
况闻此寺初兴置,地脉沉沉当正气[21]。
如何请得二山人,下笔咸成千古事。
君不见明皇天宝年,画龙致雨非偶然[22]。
包含万象藏心里,变现百般生眼前。
后来画品列名贤,唯此二人堪比肩[23]。
人间是物皆求得,此样欲于何处传。
尝忧壁底生云雾,揭起寺门天上去[24]。

【作者简介】

欧阳炯(896—971),益州华阳(今四川成都)人,仕前后蜀,官至门下同平章事。后降宋,任翰林学士。其词多写艳情,载《花间集》中。

【注释】

[1]锦城:即今成都。应天寺本名大圣慈寺(今名大慈寺)。或谓始建于梁天监年间(502—519)。唐玄宗避安史之乱,驻跸于此,赐名。唐僖宗避黄巢之乱驻跸于此,赐名应天寺。唐宋时,应天寺有各种壁画15 500壁以上,多出自顶尖画家之手,艺术水准远在敦煌壁画之上。除此以外,还有大量精美雕塑等。

[2]会稽山处士:即孙位,会稽(今浙江绍兴)人,其人物画开五代画法先路,其《高逸图》现藏上海博物馆。

[3]天王:佛教中有四大天王,即护国天王、增长天王、广目天王及多闻天王,护持东南西北四方佛法。部从:部属。

[4]四天下:谓天下四方。

[5]狒狖装:谓原始粗朴的装束。狖:音chù,兽名。骐骥马:传说中的神马。

[6]毗沙:毗沙门天王,即四天王中的北方多闻天王、财宝天王,在唐代极显一时。巨塔:毗沙天王左手持宝塔、右手持戟是常见的造型。

[7]金缕衣:金镂玉衣。

[8]周昉:唐画家,字景玄,又字仲朗,京兆(今西安)人。其《簪花仕女图》是唐代仕女画的又一高峰。

[9]张僧繇:南朝梁吴中(今江苏苏州)人,尤擅寺院佛像壁画,以凹凸画法进行创作,物象立体感很强。吴道子(约685—758):又名道玄,阳翟(今河南禹县)人,有"画圣"之称。所画佛像立体感极强。衣带飘飘如飞,人称"吴带当风"。现存《送子天王图》(宋摹本)。

[10]孙公:即孙位。唐广明二年(881),黄巢攻入长安,孙随僖宗李儇(xuān)入蜀,居成都。传世作品有《高逸图》。

[11]趋:小步急走。跄:音qiāng,不稳貌。倾恭:恭敬。

[12]搦:音nuò,握、拿。二句谓蛇蟒、妖孽等被仙神捉拿后魂飞精脱。

[13]敌手:谓实力相当的对手。

[14]匡山处士:即景朴,名焕。在应天寺画《西方天王及部从》壁画两堵。匡山:在今四川江油县境。

[15]象简:象牙做的朝笏。蛇珠:谓卓越的才华,指绘画本领。

[16]逡巡:迟疑不前貌。逡:音qūn。颠逸:颠狂放逸。

[17]夜叉:佛教所说一种吃人的鬼。络鞮:皮制长筒靴。鞮:音dī,革履。

[18]乌觜:即乌嘴。觜:音zuǐ。

[19]虺:音huǐ,毒蛇。颔:下巴。孑裂:破裂。孑:音jié。

[20]科头:谓不戴冠帽,裸露头髻。

[21]沉沉:厚重貌。

[22]天宝:唐玄宗李隆基年号,742—755年。

[23]画品:品评画家及其作品的论著。

[24]壁底:谓墙壁底部。二句谓景焕所画栩栩如生。

莫 高 窟 记

佚 名

【提要】

本文选自《全唐文补编》(中华书局 2005 年版)。

莫高窟,又名"千佛洞",位于敦煌市东南 25 公里处、鸣沙山东麓的断崖上,是我国三大石窟艺术宝库之一。洞窟始凿于前秦建元二年(366),后经历代增修,今存洞窟 492 个,壁画 45 000 平方米,彩塑雕像 2 415 尊,是我国现存石窟艺术宝库中规模最大、内容最丰富的一座。1987 年被联合国教科文组织列为世界文化遗产。

莫高窟的艺术特点主要表现在建筑、塑像和壁画三者的有机结合上。窟形建制分为禅窟、殿堂窟、塔庙窟、穹隆顶窟等多种形制;彩塑分圆塑、浮塑、影塑、善业塑等;壁画类别分尊像画、经变画、故事画、佛教史迹画、建筑画、山水画、供养画、动物画、装饰画等不同内容,系统反映了十六国、北魏、西魏、北周、隋、唐、五代、宋、西夏、元等十多个朝代及东西方文化交流的各个方面,成为人类稀有的文化宝藏。

本文介绍的是前秦至唐咸通年间莫高窟开凿中石窟、石像、僧堂之著者。

右在州东南廿五里三危山上[1]。秦建元年中,有沙门乐僔杖锡西游至此[2]。遥礼其山,见金光如千佛之状,遂架空镌岩,大造龛像。次有法良禅师东来,多诸神异。复于僔师龛侧,又造一龛。伽蓝之建,肇于二僧。晋司空索靖题壁,号仙严寺[3]。

自兹以后,镌造不绝,可有五百余龛。又至延载二年[4],禅师灵隐共居士阴祖等造北大像,高一百卅尺。又开元年中[5],僧处彦与乡人马思忠等造南大像,高一百廿尺。开皇年中,僧善喜造讲堂[6]。

从初置窟至大历三年戊申,即四百四年[7]。又至今大唐庚午,即四百九十六年。时咸通六年正月十五记[8]。

【注释】

[1]三危山:在今甘肃敦煌东南。

[2]建元:前秦苻坚年号,365—385 年。杖锡:谓僧人出行。

[3]索靖(239—303):字幼安,敦煌人。西晋书法家。官征西司马,尚书郎,封安乐亭侯。

［4］延载:唐武则天年号,694 年。按:延载无二年。称"二年"疑有误。

［5］开元:唐玄宗李隆基年号,713—741 年。

［6］开皇:隋文帝杨坚年号,581—600 年。

［7］大历:唐代宗李豫年号,766—779 年。

［8］咸通:唐懿宗李漼年号,860—874 年。

三 皇 本 纪

唐·司马贞

【索隐】 太史公作《史记》,古今君臣宜应上自开辟,下迄当代,以为一家之首尾。今阙三皇而以五帝为首者,正以《大戴礼》有《五帝德》篇,又《帝系》皆叙自黄帝以下,故因以五帝本纪为首。其实三皇以还,载籍罕备,然君臣之始,教化之先,既论古史,不合全阙。近代皇甫谧作《帝王代纪》,徐整作《三五历》,皆论三皇已来事,斯亦近古之一证。今并采而集之,作《三皇本纪》。虽复浅近,聊补阙云。

太昊庖牺氏,风姓,代燧人氏,继天而王。母曰华胥,履大人迹于雷泽,而生庖牺于成纪。蛇身人首,有圣德。仰则观象于天,俯则观法于地,旁观鸟兽之文与地之宜,近取诸身,远取诸物,始画八卦,以通神明之德,以类万物之情。造书契,以代结绳之政。于是始制嫁娶,以俪皮为礼。结网罟,以教佃渔,故曰宓羲氏。养牺牲以庖厨,故曰庖牺。有龙瑞,以龙纪官,号曰龙师。作三十五弦之瑟。木德王,注春令,故《易》称帝出乎震,《月令》孟春其帝太昊是也。都于陈,东封太山。立十一年崩。其后裔当春秋时有任、宿、须句、颛臾,皆风姓之胤也。

女娲氏亦风姓,蛇身人首,有神圣之德,代宓牺立号,曰女希氏。无革造,惟作笙簧,故《易》不载,不承五运。一曰,女娲亦木德王,盖宓牺之后,已经数世,金木轮环,周而复始,特举女娲,以其功高,而充三皇,故频木王也。当其末年也,诸侯有共工氏,任智刑以强霸,而不王,以水乘木,乃与祝融战。不胜而怒,乃头触不周山崩,天柱折,地维缺。女娲乃炼五色石以补天,断鳌足以立四极,聚芦灰以止滔水,以济冀州。于是地平天成,不改旧物。

女娲氏没,神农氏作。炎帝神农氏,姜姓,母曰女登,有娲氏之女,为少典妃,感神龙而生炎帝。人身牛首,长于姜水,因以为姓。火德王,故曰炎帝。以火名官,斫木为耜,揉木为耒,耒耨之用,以教万人。始教耕,故号神农氏。于是作蜡祭,以赭鞭鞭草木,始尝百草,始有医药。又作五弦之瑟教人。日中为市,交易而退,各得其所。遂重八卦为六十四爻。初都陈,后居曲阜。立一百二十年崩,葬长沙。神农本起烈山,故《左氏》称烈山氏之子曰柱,亦曰历山氏,《礼》曰"历山氏之有天下"是也。神农纳奔水氏之女,曰听诙为妃,生帝哀。哀生帝克,克生帝榆罔。凡八代五百三十年,而轩辕氏兴焉。其后有州、甫、甘、许、戏、露、齐、纪、怡、向、申、吕,皆姜姓之后,并为诸侯,或分四岳。当周室,甫侯、申伯为王贤相,齐、许列为诸侯,霸于中国。盖圣人德泽广大,故其祚胤繁昌久长云。

一说三皇谓天皇、地皇、人皇,为三皇。既是开辟之初,君臣之始,图纬所载,不可全弃,故兼序之。

天地初立,有天皇氏,十二头。澹泊无所施为,而俗自化。木德王,岁起摄提。兄弟十二人,立各一万八千岁;地皇十一头,火德王,姓十一人,兴于熊耳、龙门等山,亦各万八千岁;人皇九头,乘云车,驾六羽,出谷口。兄弟九人,分长九州,各立城邑,凡一百五十世,合四万五千六百年。

自人皇巳后,有五龙氏、燧人氏、夫庭氏、柏皇氏、中央氏、卷须氏、栗陆氏、骊连氏、赫胥氏、尊卢氏、浑沌氏、昊英氏、有巢氏、朱襄氏、葛天氏、阴康氏、无怀氏。斯盖三皇以来有天下者之号。但载籍不纪,莫知姓王年代,所都之处。而《韩诗》以为自古封太山、禅梁甫者,万有余家,仲尼观之,不能尽识。《管子》亦曰,古封太山七十二家,夷吾所识十有二焉,首有无怀氏。然则无怀之前,天皇巳后,年纪悠邈,皇王何升而告?但古书亡矣,不可备论,岂得谓无帝王耶?故《春秋纬》称自开辟至于获麟,凡三百二十七万六千岁,分为十纪,凡世七万六千年。一曰九头纪,二曰五龙纪,三曰摄提纪,四曰合雒纪,五曰连通纪,六曰序命纪,七曰修飞纪,八曰回提纪,九曰禅通纪,十曰流讫纪。盖流讫当黄帝时,制九纪之间,是以录于此,补纪之也。

(选自《二十五史》,上海古籍出版社 1986 年版)

尚 书 序

唐·孔颖达

古者伏羲氏之王天下也,始画八卦、造书契,以代结绳之政,由是文籍生焉。伏羲、神农、黄帝之书,谓之"三坟",言大道也;少昊、颛顼、高辛、唐、虞之书,谓之"五典",言常道也。至于夏商周之书,虽设教不伦,雅诰奥义,其归一揆,是故历代宝之,以为大训。八卦之说,谓之"八索",求其义也。九州之志,谓之"九丘"——丘,聚也,言九州所有,土地所生,风气所宜,皆聚此书也。《春秋左氏传》曰:"楚左史倚相,能读三坟、五典、八索、九丘",即谓上世帝王遗书也。

先君孔子,生于周末,睹史籍之烦文,惧览之者不一,遂乃定礼乐、明旧章,删《诗》为三百篇,约史记而修《春秋》,赞《易》道以黜八索,述职方以除九丘。讨论坟典,断自唐虞,以下讫于周,芟夷烦乱,剪截浮辞,举其宏纲,撮其机要,足以垂世立教,典谟训诰誓命之文,凡百篇,所以恢弘至道,示人主以轨范也。帝王之制,坦然明白,可举而行,三千之徒,并受其义。及秦始皇灭先代典籍,焚书坑儒,天下学士,逃难解散,我先人用藏其书于屋壁。汉室龙兴,开设学校,旁求儒雅,以阐大猷。济南伏生,年过九十,失其本经,口以传授,裁二十余篇,以其上古之书,谓之《尚书》。百篇之义,世莫得闻。

至鲁共王好治宫室,坏孔子旧宅,以广其居,于壁中得先人所藏古文虞夏商周之书及《传》《论语》《孝经》,皆科斗文字。王又升孔子堂,闻金石丝竹之音,乃不坏宅,悉以书还孔氏。科斗书废已久,时人无能知者,以所闻伏生之书,考论文义,定其可知者,为隶古定,更以竹简写之,增多伏生二十五篇。伏生又以《舜典》合于《尧典》,《益稷》合于《皋陶谟》,《盘庚》三篇合为一,《康王之诰》合于《顾命》,复出此篇,并序,凡五十九篇,为四十六卷。其余错乱磨灭,弗可复知,悉上送官,藏之书府,以待能者。

承诏为五十九篇作传,于是遂研精殚思,博考经籍,采摭群言,以立训传,约文申义,敷畅厥旨,庶几有补于将来。

书序,序所以为作者之意,昭然义见,宜相附近,故引之各冠其篇首,定五十八篇。既毕,会国有巫蛊事,经籍道息,用不复以闻。传之子孙,以贻后代,若好古博雅君子,与我同志,亦所不隐也。

(选自《十三经注疏》,中华书局 1980 年影印本)

通典·食货志(节选)

唐·杜 佑

昔黄帝始经土设井以塞争端,立步制亩以防不足。使八家为井,井开四道而分八宅,凿井于中。一则不泄地气,二则无费一家,三则同风俗,四则齐巧拙,五则通财货,六则存亡更守,七则出入相司,八则嫁娶相媒,九则无有相贷,十则疾病相救。是以情性可得而亲,生产可得而均,均则欺凌之路塞,亲则斗讼之心弭。既牧之于邑,故井一为邻,邻三为朋,朋三为里,里五为邑,邑十为都,都十为师,师十为州。夫始分之于井则地着,计之于州则数详。迄乎夏殷,不易其制。

周制:大司徒令五家为比,使之相保;五比为闾,使之相受;四闾为族,使之相葬;五族为党,使之相救;五党为州,使之相赒;五州为乡,使之相宾。

及三年则大比,大比则受邦国之比要。遂人掌邦之野,以土地之图经田野,造县鄙形体之法。五家为邻,五邻为里,四里为酂,五酂为鄙,五鄙为县,五县为遂,皆有地域沟树之。使各掌其政令刑禁,以岁时稽其人民,而授之田野,简其兵器,教之稼穑。里有序而乡有庠,序以明教,庠则行礼而视化焉。

齐桓公用管仲。管仲曰:"夫善牧者,非以城郭也,辅之以什,司之以伍。伍无非其里,什无非其家,故奔亡者无所匿,迁徙者无所容。不求而得,不召而来,故人无流亡之意,吏无备追之忧。故主政可行于人,人心可系于主。"是以制国,郊内则以五家为轨,轨十为里,里四为连,连十为乡,乡五为帅,国内十五乡,自五至帅。郊外则三十家为邑,邑十为卒,卒十为乡,乡三为县,县十为属。属有五,自五至属各有官长,以司其事,以寓军政焉。而齐遂霸。

(选自《通典》,中华书局 1984 年 2 月第 1 版)

二十四诗品

唐·司空图

1. 雄浑

大用外腓,真体内充。返虚入浑,积健为雄。备具万物,横绝太空。荒荒油云,寥寥长风。超以象外,得其环中。持之非强,来之无穷。

2. 冲淡

素处以默,妙机其微。饮之太和,独鹤与飞。犹之惠风,荏苒在衣。阅音修篁,美曰载归。遇之匪深,即之愈希。脱有形似,握手已违。

3. 纤秾

采采流水,蓬蓬远春。窈窕深谷,时见美人。碧桃满树,风日水滨。柳阴路曲,流莺比邻。乘之愈往,识之愈真。如将不尽,与古为新。

4. 沉著

绿杉野屋,落日气清。脱巾独步,时闻鸟声。鸿雁不来,之子远行。所思不远,若为平生。海风碧云,夜渚月明。如有佳语,大河前横。

5. 高古

畸人乘真,手把芙蓉。泛彼浩劫,窅然空踪。月出东斗,好风相从。太华夜碧,人闻清钟。虚伫神素,脱然畦封。黄唐在独,落落元宗。

6. 典雅

玉壶买春,赏雨茅屋。坐中佳士,左右修竹。白云初晴,幽鸟相逐。眠琴绿阴,上有飞瀑。落花无言,人淡如菊。书之岁华,其曰可读。

7. 洗炼

如矿出金,如铅出银。超心炼冶,绝爱缁磷。空潭泻春,古镜照神。体素储洁,乘月返真。载瞻星辰,载歌幽人。流水今日,明月前身。

8. 劲健

行神如空,行气如虹。巫峡千寻,走云连风。饮真茹强,蓄素守中。喻彼行健,是谓存雄。天地与立,神化攸同。期之以实,御之以终。

9. 绮丽

神存富贵,始轻黄金。浓尽必枯,淡者屡深。雾余水畔,红杏在林。月明华屋,画桥碧阴。金樽酒满,伴客弹琴。取之自足,良殚美襟。

10. 自然

俯拾即是,不取诸邻。俱道适往,著手成春。如逢花开,如瞻岁新。真与不夺,强得易贫。幽人空山,过水采蘋。薄言情悟,悠悠天钧。

11. 含蓄

不著一字,尽得风流。语不涉难,若不堪忧。是有真宰,与之沉浮。如漉满酒,花时返秋。悠悠空尘,忽忽海沤。浅深聚散,万取一收。

12. 豪放

观花匪禁,吞吐大荒。由道返气,处得以狂。天风浪浪,海山苍苍。真力弥满,万象在旁。前招三辰,后引凤凰。晓策六鳌,濯足扶桑。

13. 精神

欲返不尽,相期与来。明漪绝底,奇花初胎。青春鹦鹉,杨柳楼台。碧山人来,清酒满杯。生气远出,不著死灰。妙造自然,伊谁为裁。

14. 缜密

是有真迹,如不可知。意象欲生,造化已奇。水流花开,清露未晞。要路愈远,幽行为迟。语不欲犯,思不欲痴。犹春于绿,明月雪时。

15. 疏野

惟性所宅,真取不羁。控物自富,与率为期。筑室松下,脱帽看诗。但知旦暮,不辨何时。倘然适意,岂必有为。若其天放,如是得之。

16. 清奇

娟娟群松,下有漪流。晴雪满竹,隔溪渔舟。可人如玉,步屧寻幽。载瞻载止,空碧悠悠,神出古异,淡不可收。如月之曙,如气之秋。

17. 委曲

登彼太行,翠绕羊肠。杳霭流玉,悠悠花香。力之于时,声之于羌。似往已回,如幽匪藏。水理漩洑,鹏风翱翔。道不自器,与之圆方。

18. 实境

取语甚直,计思匪深。忽逢幽人,如见道心。清涧之曲,碧松之阴。一客荷樵,一客听琴。情性所至,妙不自寻。遇之自天,泠然希音。

19. 悲慨

大风卷水,林木为摧。适苦欲死,招憩不来。百岁如流,富贵冷灰。大道日丧,若为雄才。壮士拂剑,浩然弥哀。萧萧落叶,漏雨苍苔。

20. 形容

绝伫灵素,少回清真。如觅水影,如写阳春。风云变态,花草精神。海之波澜,山之嶙峋。俱似大道,妙契同尘。离形得似,庶几斯人。

21. 超诣

匪神之灵,匪几之微。如将白云,清风与归。远引若至,临之已非。少有道契,终与俗违。乱山乔木,碧苔芳晖。诵之思之,其声愈希。

22. 飘逸

落落欲往,矫矫不群。缑山之鹤,华顶之云。高人惠中,令色氤氲。御风蓬叶,泛彼无垠。如不可执,如将有闻。识者已领,期之愈分。

23. 旷达

生者百岁,相去几何。欢乐苦短,忧愁实多。何如尊酒,日往烟萝。花覆茅檐,疏雨相过。倒酒既尽,杖藜行歌。孰不有古,南山峨峨。

24. 流动

若纳水馆,如转丸珠。夫岂可道,假体如愚。荒荒坤轴,悠悠天枢。载要其端,载同其符。超超神明,返返冥无。来往千载,是之谓乎。

(选自《二十四诗品探微》,齐鲁书社 1983 年版)

笔 法 记

五代后梁·荆 浩

太行山有洪谷,其间数亩之田,吾常耕而食之。

有日登神钲山,四望回迹。入大岩扉,苔径露水,怪石祥烟。疾进其处,皆古松也。中独围大者,皮老苍藓,翔鳞乘空,蟠虬之势,欲附云汉。成林者爽气重荣,不能者抱节自屈。或回根出土,或偃截巨流。挂岸盘溪,披苔裂石。因惊其异,遍而赏之。

明日,携笔复就写之。凡数万本,方如其真。明年春来,于石鼓岩间,遇一叟。因问,具以其来所由而答之。叟曰:"子知笔法乎?"曰:"叟仪形野人也。岂知笔法耶?"叟曰:"子岂知吾所怀耶!"闻而惭骇。

叟曰:"少年好学,终可成也。夫画有六要:一曰气,二曰韵,三曰思,四曰景,五曰笔,六曰墨。"

曰:"画者华也,但贵似得真。岂此挠矣。"

叟曰:"不然。画者,画也。度物象而取其真物之华,取其华物之实。取其实,不可执华为实。若不知术,苟似可也,图真不可及也。"

曰:"何以为似,何以为真?"

叟曰:"似者得其形,遗其气;真者气质俱盛。凡气传于华,遗于象,象之死也。"谢曰:"故知书画者。名贤之所学也,耕生知其非本。玩笔取与,终无所成。惭惠受要,定画不能。"

叟曰:"嗜欲者,生之贼也。名贤纵乐,琴书图画。伐去杂欲,子既亲善。但期终始所学,勿为进退。图画之要,与子备言。气者,心随笔运,取象不惑;韵者,隐迹立形,备仪不俗;思者,删拨大要,凝想形物;景者,制度时因,搜妙创真;笔者,虽依法则,运转变通,不质不形,如飞如动;墨者,高低晕淡,品物浅深,文彩自然,似非因笔。"

复曰:"神妙奇巧。神者,亡有所为,任运成象;妙者,思经天地,万类性情,文理合仪,品物流笔;奇者,荡迹不测,与真景或乖异,致其理偏,得此者亦为有笔无思;巧者,雕缀小媚,假合大经,强写文章,增貌气象。此谓实不足而华有馀。凡笔有四势,谓筋肉骨气。笔绝而断谓之筋,起伏成实谓之肉,生死刚正谓之骨,迹画不败谓之气。故知墨太质者失其体,色微者败正气,筋死者无肉,迹断者无筋,苟媚者无骨。夫病有二:一曰无形,二曰有形。有形病者,花木不时,屋小人大。或树高于山桥,不登于岸可度。形之类是也。如此之病,不可改图。无形之病,气韵俱泯,物象全乖。笔墨虽行,类同死物,以斯格拙,不可删修。子既好写云林山水,须明物象之源。夫木之生,为受其性。松之生也,枉而不曲。遇如密如疏,匪青匪翠。从微自直,萌心不低。势既独高,枝低复偃。倒挂未坠于地下,分层似叠于林间。如君子之德风也,有画如飞龙蟠虬。狂生枝叶者,非松之气韵也。柏之生也,动而多屈,繁而不华。捧节有章,文转随日,叶如结线,枝似衣麻。有画如蛇如索,心虚逆转,亦非也。其有楸桐椿栎,榆柳桑槐,形质皆异。其如远思,即合一一分明也。山水之象,气势相生。故尖曰峰,平曰顶,圆曰峦,相连曰岭,有穴曰岫,峻壁曰崖,崖间崖下曰岩,路通山中曰谷,不通曰峪,峪中有水曰溪,山夹水曰涧。其上峰峦虽异,其下冈岭相连。掩映林泉,依稀远近。夫画山水无此象,亦非也。有画流水,下笔多狂。文如断线,无片浪高低者,亦非也。夫雾云烟霭,轻重有时。势或因风,象皆不定。须去其繁章,采其大要。先能知此是非,然后受其笔法。"

曰:"自古学人,孰为备矣。"

叟曰:"得之者少。谢赫品陆探微为胜,今已难遇亲踪;张僧繇所遗之图,甚亏其理。夫随类赋彩,自古有能。如水晕墨章,兴我唐代。故张璪员外树石,气韵俱盛。笔墨积微,真思卓然,不贵五彩。旷古绝今,未之有也。曲庭与白云尊师气象幽妙,俱得其玄。动用逸常,深不可测。王右丞笔墨宛丽,气韵高清。巧写象成,亦动真思。李将军理深思远,笔迹甚精。虽巧而华,大亏墨彩。项〔容〕(客)山人树石顽涩,棱角无踪。用墨独得玄门,用笔全无其骨。然于放逸,不失真元气象。元大创巧媚。吴道子笔胜于象,骨气自高。树不言图,亦恨无墨。陈员外及僧道芬以下,粗升凡格,作用无奇。笔墨之行,甚有形迹。今示子之径,不能备词。"

遂取前写者异松图呈之。叟曰:"肉笔无法,筋骨皆不相转,异松何之能用?我既教子笔法,乃赍素数幅。"命对而写之。叟曰:"尔之手,我之心,吾闻察其言而知其行。子能与我言咏之乎?"谢曰:"乃知教化,圣贤之职也。禄与不禄,而不能去善恶之迹。感而应之,诱进若此,敢不恭命?"因成古松赞曰:"不凋不容,惟彼贞松。势高而险,屈节以恭。叶张翠盖,枝盘赤龙。下有蔓草,幽阴蒙茸。如何得生?势近云峰。仰其擢干,偃举千重。巍巍溪中,翠晕烟笼。奇枝倒挂,徘徊变通。下接凡木,和而不同。以贵诗赋,君子之风。风清匪歇,幽音凝空。"

叟嗟异久之。曰:"愿子勤之,可忘笔墨而得真景。吾之所居,即石鼓岩间,所字即石鼓岩子也。"曰:"愿从侍之。"叟曰:"不必然也。"遂亟辞而去。

别日访之而无踪。后习其笔术尝重所传。今遂修集,以为图画之轨辙耳。

(选自《全唐文补编》,中华书局 2005 年版)

张怀深造佛窟记

佚 名

再出龙城之外,腾云嘉气,遍满山川。鼓乐弦歌,共奏箫韶之曲。才拜貔貅之秩,续加曳履之荣。五稔三迁,增封万户。宠遇祖先之上,威加大漠之中。亚夫未比于当年,忠勇有同于纪信。六州万里,风化大开。悬鱼兼去兽之歌,合浦致见珠之咏。西戎北狄,不呼而自归;南域吐浑,擢雄风而请誓。此乃公之长策之所致乎!

时属有故,华土不宁。公乃以河西襟带,戎汉交驰。谋静六蕃,以为军势。若乃隍中辑晏,劫虏失狼顾之心;渭水便桥,庶无登楼之患。军食丰泰,不忧寇攘。此乃公之德政,其在斯焉。加以河西异族交杂,羌龙、嗢末、退浑数十万众。驰城奉质,愿效军锋。四时通欵塞之文,八节继野人之献。不劳振旅,军无□灶之俦;偃甲休戈,但有接飞之象。此乃公之威感,人皆具瞻。时因景泰,五稼丰登。深募良缘,克诚建福。宕泉金地,方拟镌龛。公乃海量宏博,胸纳百川。洞赜(择)幽微,不为儿戏。遂于北大像之北,欲建龙龛。以山峻崔嵬,有妨镌凿。遍问诸下,无敢枝梧。公乃喟然叹曰:移山覆海,其非圣人乎? 哥舒决海,贰师劈山,吾当效焉。

即日兴工,横开山面,公以虔诚注意,上感天神。前驱沧海之龙,后拥雨师之卒。黄云四合,盘旋宕谷之中;掣电明光,直上碧岩之上。才当夜半,地吼鳌声。未及晨鸡,山摧一面。谷风凛烈,荡石吹沙。猛兽奔窜于岑岑,飞鸟拕空而戢翼。须史陨石,大若盘陁。积垒堆阜于东,终截断涧。流于西渚,既平峭崅,然后施工。攒铁锤以扣石,架钢錾以傍通。日往月来,俄成广室。连云耸出,不异鹫岭之峰;峭状烟霞,有似育王之室;门当嵬崿,凿成香积之宫;再换星霜,化出蓬莱之倾;金楼玉序,徘徊多奉璧之仙;暖磴祥云,每睹琼瑶之什;班轮妙尽,构天匠以济功;紫殿龙轩,对凤楼而青翠;释迦金象,趺宝坐以垂衣;少分玉豪,想延王之初教;疑从刀利,下降人间。

八部奉宝盖之珍,四王献纯陁之供。晖光赫奕,玉步金莲。侍从龙天,悉周旋而邈塑。装间众人,尽瞻依体。挂仰六殊,疑闻四谛。龛内诸壁,图缋真容。或则净居方丈,芥纳须弥;或则九会华严,化出百千之界;或则击珠贫子,乘谕三车;或乃流水济鱼,共赞医王之妙。楞伽山上,萃百亿之神仙;如意宝珠,溥施群生于有截。十二上愿,定国安人。能随喜于所求,必鉴心于至信。大悲慈氏,诞圣迹于儴伽;佉鸡山足,间捧舍兰而作礼;宝台指叹,致群迷于一如;无去无来,导有缘于五盖;西宫极乐,池多苔菌之莲;宝马蒙台,共赞本生之曲。文殊助化,钵下降龙。大圣普贤,来自上王之国;劝持劝发,能坚护念之心;誓伏魔恐,直止无依之地;四王帝主,奉以琼花。梵释之天,来供妙果。虚空侧塞,梵响玲玲。螺见凝空,珊瑚玉叶。阶铺异锦,满砌红莲。百和旃檀,氛氲宝室。龛内丹腹,尽用真沙。骆驿长安,驾兹宝货。家财撒施,工价兼多。庆窟设斋数千人供,庆僧荐福,已报国恩。散丝缃与工人,用酬劳苦。巍巍乎,大矣哉,胜司斯毕,功将就焉。

夫人颍川郡君陈氏。柔容美德,淑行兼仁。闺门处治理之心,抚下施贞明之爱。居尊不弃于蚕桑,在贵不忘于(下缺)亦受宠光,花笺出降于(下缺)虔诚奉托,共建莲台。远(下缺)延晖、次延礼、次延兴、次延嗣、次(下缺)称龙驹。学通九部之书,更(下缺)堪柱石。他年捧钺永德(下缺)继擒龙之族。宗人燉煌释门(下缺)三年之内。实效驱驰,成吾(下缺)。

(选自《全唐文补编》,中华书局 2005 年版)

五 台 山 赋

佚 名

大唐之东,此山最隆。巨出四维之表,高树六合之耸。翠峤以峻嶒,台分重阁;开素云之谧溜,寺秀莲宫。原夫京白,清凉名传。或化应灵迹,遐闻海内。然圣踪而远逾天下,烟萝暮暮。茁碧洞之泉,松桧森森。示红霓之影,望王磐平地平金。楼上方寒,凝彩窦多逆隋德。然有声之遒遒,置花影之重重。览万树之仙巢,迥无凡鸟;积千年之水□,屈深有龙。月照清冥,云间崇楼。台台习位斗射,葡柳希间;宛宛松罗偓约,冰名飒飘。天涯客至,魂府人游。烟云洴而珠落,云海日轮。□□当栖,乍涉危峦。效仿而手援日月,初攀绝顶;夜布而下临星辰,是之来迎。元见山寺濛濛,金色之世界。为天人之帝家,愿普前于文殊。威仪大段。

(选自《全唐文补编》,中华书局 2005 年版)

后　记

应同济大学出版社之邀,从 2003 年初冬开始了《中国古代建筑文献精选(先秦至五代)》(现书名更为"中国古代建筑文献集要")的编选工作。

中国是世界上文明从未中断过的国家,上古以来各类文献浩如烟海,卷帙浩繁。而中国古代建筑文献大多散落在经、史、子、集等各种典籍之中,宋以前尤其如此。

19 世纪中叶以来,随着西学的传入,建筑亦渐渐成为一门显学,各种样式的建筑物纷纷在饱受外侮的中华大地矗立起来,上海外滩俨然成为远东万国建筑博览馆,中国的建筑不再是清一色的中轴对称、斗拱飞檐、雕梁画栋了。

然而,在黄土、耕作农业、宗法血缘制等自然、经济、社会生活方式数千年传承不易的传统中国,等级森严的礼教制度同样深深地印烙在建筑之上。如果说宫殿堂室体现的是礼教和身份,那么苑囿庭池则是宴乐冶游之所,正应了"独善其身"的需求。对于天子,对于达官士绅"济天下"与"善其身"二者同样缺一不可。而这些内容,在文献典籍之中都有体现。

数千年的建筑发展历程,中国建筑逐渐形成了以木构架房屋为主,平面拓展的院落式布局为主的独特建筑体系。但是,佛教、伊斯兰教等外来文化的传播,为古代中国建筑样式、建筑技术的丰富作出了极大贡献,如塔,如佛像雕刻艺术等。

中国地域广阔,南北东西路途遥远,欲通达来往,修路架桥、水陆交通自也是常常要做的,其间的艰辛自不待说,智慧亦常常令人折服。抵御强敌,护卫社稷,修长城、筑高墙、深壕沟,地不分南北、国不问大小,无不如此……

在营国造城、描梁画栋的建筑活动中,我们的祖先显示出过人的智慧,展现出高超的技艺。随着时代的更迭、时间的流逝,无数精湛的技艺今天都已经湮没到沉沉历史大幕的背后,无从稽考了。虽然考古发现不时地让一些东西重见天日,可是这只是冰山之一角,远不足以展现中华先民建筑思想的博大与精深。

幸运的是,文献中还是能够找到祖先智慧的吉光片羽,将其汇聚一处,还是能够让人窥见中国古代建筑辉煌历史的大致脉络。正因为如此,同济大学出版社发弘愿,决心爬梳典籍,编辑此书。

感谢著名古建筑学家、同济大学建筑与城市规划学院路秉杰教授不辞年高,繁忙公务中拔冗为之审阅,并亲撰序言以督勉晚生;感谢出版社社长支文军,编辑封云研究员时时引导、督促,编辑曾广钧、张德胜、潘向蓁的辛勤工作;感谢妻刘艳丽的鼓励与支持。没有他们的关怀和帮助,这个册子是不可能面世的!

由于能力所限,收集典籍材料、提要注释原文、核校文字出处的过程缓慢而吃力,断断续续历时四年有余。寒气渐浓季节,端坐暖阳窗前,摩挲桌上手稿,心中满怀怵惕,如若因为自己的见寡识陋,导致读者迷茫困惑,则罪莫大焉!因此,恳请海内方家将此选本作为批判之对象,告知陋缺,以利匡正谬误!

编　者
丁亥年深秋于同济园
壬辰年末校改于寓所